AF328983

REMARQUES
SUR LES SPHACÉLARIACÉES

Par M. Camille SAUVAGEAU.

Les Sphacélariacées constituent, parmi les Algues brunes, l'un des groupes les plus naturels et les plus anciennement établis; leur port particulier les rend facilement reconnaissables. Cependant, la distinction précise des espèces est parfois délicate, comme en témoigne une synonymie compliquée, soit parce que certaines espèces, qui ont entre elles une grande ressemblance, vivent souvent mélangées, soit surtout parce que les états sous lesquels on les rencontre ne sont pas toujours comparables. En effet, on les trouve fréquemment à l'état stérile, et leur forme d'hiver peut différer de leur forme d'été; en outre, les organes de multiplication ou propagules, ceux de reproduction, sporanges uniloculaires, sporanges pluriloculaires (oogones?), anthéridies, sont souvent portés par des individus différents, ce qui ajoute à la variété des aspects. De plus, dans la majeure partie des espèces, on ne connaît pas la totalité de ces organes; les comparaisons sont donc forcément incomplètes; telle espèce a montré jusqu'ici uniquement des propagules, telle autre une seule sorte d'organes reproducteurs. Il est donc utile, non seulement de rechercher les organes reproducteurs encore ignorés, mais aussi d'étudier avec soin la morphologie du thalle qui, dans certains cas, peut donner d'utiles indications pour la caractéristique et les affinités des espèces.

Chapitre I. — Généralités.

Geyler [66] a décrit le mode d'accroissement des Sphacélariacées dans un Mémoire qui est resté classique. Il a montré que les parties dressées du thalle sont de deux sortes : ou bien des pousses à accroissement illimité, ou *pousses indéfinies* (Làngtriebe), qui jouent souvent le rôle d'*axe*, ou bien des pousses à accroissement limité, ou *pousses définies* (Kurztriebe), portées par les précédentes, et qui correspondent à des *branches* ou *rameaux*. Les pousses capables d'accroissement sont terminées par une grosse cellule, le *sphacèle,* qui se retrouve à tout âge au sommet des axes; au contraire, le sphacèle du sommet des rameaux diminue graduellement d'importance, et les pousses définies se terminent finalement en pointe plus ou moins obtuse.

Le sphacèle est l'organe et le siège de l'allongement. Par une cloison transversale, il isole inférieurement une cellule, ou *article primaire* (primäre Gliederzelle), qui ne modifiera ultérieurement ni sa hauteur ni son diamètre, mais se divisera transversalement en deux moitiés ou *articles secondaires* (secundäre Gliederzellen). Ceux-ci subissent ensuite un cloisonnement longitudinal plus ou moins complexe, suivant les cas, et parfois aussi un nouveau cloisonnement transversal.

Les rameaux croissent sur l'axe de deux façons. Chez les genres *Chætopteris, Sphacelaria* et *Cladostephus,* ils ont pour origine l'une des cellules d'un article secondaire (généralement l'article supérieur), qui produit une protubérance devenant le sphacèle du rameau. Chez les genres *Stypocaulon, Halopteris* et *Phloiocaulon,* ils naissent directement d'une protubérance latérale du sphacèle de l'axe. Des poils peuvent être portés par l'une ou l'autre sorte de pousses. Il est à remarquer que les trois espèces de *Sphacelaria* étudiées par Geyler portent des poils, et que ces poils naissent directement du sphacèle, comme naissent les pousses définies des *Stypocaulon* et *Halopteris.* Mais l'auteur n'en tire aucune conclusion, et ne cherche pas à interpréter cette ramification.

Quelques années après, M. Magnus [73] a publié un Mémoire pour démontrer que les genres dont les pousses définies naissent d'une protubérance du sphacèle de l'axe, comme ceux qui portent des poils se séparant du sphacèle, ont une ramification sympodiale. Mais ce Mémoire ne paraît pas avoir été favorablement apprécié; le titre en est cité dans les index bibliographiques, mais c'est tout; on ne tient pas compte des idées de l'auteur (1).

---

1. Les erreurs d'observation relevées par M. Magnus dans le Mémoire de Geyler continuent même à rester classiques. C'est ainsi que l'on trouve dans plusieurs Traités de Botanique, comme exemple de ramification, le dessin d'un sommet de *Stypocaulon scoparium* emprunté à Geyler, et que M. Magnus a montré être inexact.

Ceci vient probablement de la critique que Pringsheim en a faite [73, p. 372 et p. 404] dans un important travail sur les Sphacélariacées paru la même année que celui de M. Magnus. Pringsheim se préoccupait plutôt des passages et de la gradation des Sphacélariacées les plus simples aux plus élevées, mais incidemment, et pour contredire M. Magnus, il affirme que la ramification est monopodiale, parfois avec une tendance à la dichotomie, et qu'il n'a jamais observé de sympode. Dix-sept ans plus tard, M. Reinke [90, p. 211] dit : « Avec Pringsheim, je considère la ramification du *Stypocaulon*... etc., comme monopodiale, car, à mon avis, Magnus n'a fourni aucun argument convaincant à l'appui de son interprétation extraordinairement compliquée. »

Cependant, M. Magnus était dans le vrai, et je montrerai dans le présent Mémoire que la ramification sympodiale est très fréquente dans la famille des Sphacélariacées.

*
* *

Pringsheim [73] cherchait à démontrer qu'une constante gradation existe dans la structure du thalle et dans celle des sporanges uniloculaires et pluriloculaires des Sphacélariacées, et aussi que les espèces inférieures présentent des rapports avec les *Ectocarpus.*

Une réelle affinité paraît réunir, en effet, les Sphacélariacées aux Ectocarpées, et j'ai récemment indiqué, dans un tableau [99,2], comment on pouvait apprécier leurs relations avec les plantes voisines. Cependant, certains caractères importants isolent les Sphacélariacées.

C'est ainsi que la coloration du thalle en noir par l'eau de Javelle, découverte par M. Reinke, leur reste spéciale. Le principe qui réagit, encore ignoré, paraît être plutôt un produit organique élaboré par la cellule qu'un composé minéral directement absorbé dans l'eau ambiante, et fixé par incrustation sur la membrane. Cette réaction, caractéristique avec les exemplaires frais ou conservés en herbier ou dans l'alcool, est plus faible ou imparfaite sur des matériaux conservés dans les liquides renfermant de l'acide chromique ou picrique ; elle est d'autant plus intense que la partie considérée est plus âgée. D'ailleurs, la substance réagissante n'est pas toujours identique, car la coloration obtenue, franchement noire pour certaines espèces, est d'un noir vert pour d'autres espèces.

On peut ajouter comme caractères : la présence de chromatophores en disques ou en grains, jamais en lames ni en rubans, et aussi l'existence à peu près constante de tanin, soit diffus dans la plupart des cellules, comme chez le *Battersia,* soit cantonné dans certaines cellules périphériques ou centrales du thalle dressé, comme chez divers *Sphacelaria*; cet appareil sécréteur mériterait d'être étudié de plus près.

J'ai indiqué [98,1] que les poils des Myrionémacées se distinguent de ceux de la plupart des autres Phéosporées par leur origine endogène. Or, toutes les Sphacélariacées sont dans le même cas, que les poils soient isolés, géminés ou en touffes. Ce caractère les éloigne des Ectocarpacées.

Pringsheim n'admet pas de différence absolue entre les sporanges uniloculaires et les sporanges pluriloculaires, car, chez les Ectocarpacées et Sphacélariacées inférieures (*Ectoc. granulosus* et *Sphac. olivacea*), les sporanges vidés semblent de l'une ou de l'autre sorte, suivant que la mince membrane qui sépare les zoospores disparaît totalement lors de la déhiscence, ou persiste plus ou moins ; la différenciation n'y est donc pas encore nettement acquise. J'ai déjà fait remarquer [96, p. 226] que cette manière de voir provient d'un examen insuffisant, car les sporanges uniloculaires ne forment jamais de logettes, et que si Pringsheim a réellement vu et confondu les deux sortes de sporanges de l'*Ect. granulosus,* comme on pourrait le supposer d'après sa description, ses sporanges uniloculaires n'ont pas été revus depuis. Or, j'ai trouvé à Guéthary, en mars 1898, de nombreuses touffes d'*Ect. granulosus* portant des sporanges uni- et pluriloculaires. Les premiers sont inéquilatéraux comme les seconds, mais à un degré moindre, sessiles et courbés contre le rameau qui les porte, mais très nettement arrondis à leur partie supérieure ; malgré leur ressemblance, ils sont faciles à distinguer, tout au moins quand ils sont pleins. Pringsheim ne connaissait donc pas plus les sporanges uniloculaires de l'*Ect. granulosus* (1) que ceux de l'*Ect. siliculosus ;* la disparition des

1. L'*Ect. granulosus* représenté par Harvey [46] porte des sporanges uniloculaires nettement pédicellés. Or, j'ai étudié deux échantillons authentiques de

traces des logettes, plus rapide chez ces deux plantes que chez d'autres espèces, fut la cause de son erreur.

Les organes pluriloculaires du *Sph. olivacea* sont aussi réellement cloisonnés (1); je les ai étudiés sur des exemplaires d'Helgoland conservés dans l'alcool, que je dois à l'obligeance de M. Kuckuck. Mais en sectionnant ces organes mûrs, on ne voit ni logettes ni méat axial, et seulement la trace des logettes sur les parois. Cependant, sur les quelques sporanges vidés que j'ai vus, complètement affaissés, je n'ai aperçu aucune perforation pour la sortie des zoospores : Pringsheim ne paraît pas non plus avoir constaté leur déhiscence. Par contre, il l'a vue chez le *Clad. verticillatus* : « Si les déhiscences auxquelles j'ai assisté, dit-il, sont normales, elles ne se feraient pas comme chez les *Ectocarpus* par une ouverture terminale unique, mais indépendamment pour chaque logette. » M. Reinke ne dit rien de cette déhiscence des organes pluriloculaires, mais M. Kuckuck |97| l'a observée et figurée sur le *Sphac. saxatilis* (2), et il la compare à celle de l'*Ect. Reinboldii*.

Cette déhiscence, que j'ai décrite pour les organes pluriloculaires du *Sph. Hystrix* |98,2|, paraît générale chez les Sphacélariacées. Elle est indépendante pour chaque logette périphérique; à ce moment, vers le milieu de chacune, s'élève une petite verrue de plus en plus saillante, due à la poussée de l'élément inclus, qui sort enfin et reste un instant arrondi et immobile. La déhiscence des logettes est généralement simultanée; l'organe

son herbier, et j'ai trouvé uniquement des sporanges pluriloculaires sessiles et largement insérés, comme on les connaît; ils ne pourraient être confondus avec les déformations dues à une Chytridiacée décrite par M. Perceval Wright chez plusieurs *Ectocarpus* (*On a Species of* Rhizophydium *Parasitic on Species of* Ectocarpus; Transact. of the Royal Irish Academy, 1877).

Les sporanges uniloculaires de cette espèce sont sans doute moins rares qu'on pourrait le supposer; je tiens de M. Bornet qu'il les a vus sur des exemplaires récoltés le 2 juillet 1850 à Nacqueville (près de Cherbourg), mais ces exemplaires portaient uniquement des sporanges de l'une ou de l'autre sorte.

On sait que la question de savoir si les anthéridies de l'*Ect. secundus* sont réellement pluriloculaires n'était pas tranchée. Or, j'ai contrôlé, soit en sectionnant, soit en écrasant les anthéridies voisines de la maturité, puis en colorant la membrane, que les logettes correspondent bien à des cloisons complètes qui se dissolvent ensuite entièrement. Ces anthéridies ne sont donc pas des sporanges uniloculaires transformés. On trouvera probablement des sporanges uniloculaires chez l'*Ect. secundus* et aussi des anthéridies chez l'*Ect. granulosus*.

1. Ceci s'applique à la fois aux anthéridies et aux sporanges pluriloculaires.

2. M. Kuckuck (*in litt.*) nomme actuellement *Sph. saxatilis* la plante qu'antérieurement il nommait *Sph. furcigera* var. *saxatilis*. — L'auteur dit qu'il a observé le même phénomène chez le *Sph. tribuloides*.

Sphacélariacées des côtes françaises. En mars dernier, par exemple, j'ai examiné à l'île de Ré des milliers de sporanges pluriloculaires du *Clad. verticillatus,* qui tous avaient la même coloration et la même dimension des logettes.

Mais si l'on se reporte aux belles planches dessinées par M. Kuckuck pour le Mémoire de M. Reinke [91,2], on voit que certains organes pluriloculaires d'espèces exotiques possèdent des logettes beaucoup plus petites que les dimensions habituelles. On pourrait même affirmer, avec peu de chances de se tromper, que ceux représentés chez les *Sphacelaria cæspitula* (Pl. IV, fig. 2), *Stypocaulon funiculare* (Pl. VIII, fig. 8), *Phloiocaulon spectabile* (Pl. XI, fig. 11) et *Anisocladus congestus* (Pl. XII, fig. 10) sont des anthéridies et non des sporanges.

M. Askenasy a bien voulu me communiquer les exemplaires de *Sph. furcigera* récoltés par l'expédition de la « Gazelle ». Or, les sporanges pluriloculaires sont bien de deux sortes ; une méprise est impossible sous ce rapport, et l'inégalité de taille des logettes ne provient pas d'une différence d'âge correspondant à un cloisonnement plus ou moins avancé, car on les trouve aussi à l'état de vacuité avec la petite ouverture circulaire spéciale à chacune.

Enfin, je dirai plus loin que le *Sph. olivacea* d'Helgoland présente des organes pluriloculaires globuleux à petites logettes, ressemblant singulièrement à des anthéridies, et d'autres, plus allongées, à logettes plus grandes, assurément d'une autre nature.

La nature mâle des organes pluriloculaires à petites logettes des *Sph. Hystrix* et *Hal. filicina* n'est pas douteuse ; celle des *Sph. furcigera* et *Sph. olivacea* est presque évidente par comparaison, et enfin celle des quatre espèces représentées par M. Reinke repose sur l'exactitude vraisemblable des dessins. D'autres espèces doivent présenter des anthéridies, mais, quoi qu'il en soit, leur présence chez les précédentes établit un lien nouveau avec les Cutlériacées et les Tiloptéridacées.

Celle des autres organes pluriloculaires, probablement femelles dans certains cas, reste cependant douteuse. Aussi, pour éviter une interprétation prématurée, je désignerai dans ce qui suit ceux qui ne sont pas des anthéridies par le vieux nom de sporanges pluriloculaires. Ce que nous savons des *Ectocarpus* doit,

en effet, nous rendre très prudents dans l'interprétation non
directement vérifiée de leur rôle, car les Sphacélariacées présentent peut-être autant de variété dans la manière dont ces
organes se comportent. On peut même s'attendre à y trouver
une plus grande complexité dans la sexualité. Elles ont, en
effet, des propagules qui n'existent point chez les *Ectocarpus* et
dont la présence souvent abondante (*Sph. Hystrix, Sph. furcigera)* a dû retentir sur le fonctionnement des éléments sexuels
et y apporter un certain trouble. Il semble donc, à priori, qu'une
étude de la sexualité, supposée hétérogamique, isogamique ou
nulle, devra être entreprise de préférence chez les plantes qui,
jusqu'à présent, sont considérées comme privées de propagules,
telles que les *Halopteris* ou les *Cladostephus.*

** **

Les premiers auteurs se sont surtout occupés du thalle dressé
et de la forme des organes reproducteurs. M. Reinke a en outre
étudié avec soin le mode de fixation du thalle, et il indique
|90 ; 91,2| la présence d'un disque basilaire, sur lequel naissent
les parties dressées, comme un caractère général de la famille.
Ce disque, qu'il compare au thalle rampant des *Ralfsia, Lithoderma* et *Aglaozonia* [par ex. 91,2, p. 4 et 7] est rampant, crustacé, à plusieurs épaisseurs de cellules, sauf sur le bord, où
l'accroissement se fait par le cloisonnement des cellules marginales. Toutefois, M. Reinke l'a vu seulement chez quelques
espèces, car les échantillons d'herbier sont rarement complets :
Battersia mirabilis, où il constitue la majeure partie de la
plante ; *Sph. olivacea,* chez lequel Pringsheim l'avait seulement
entrevu ; *Chæt. plumosa* et *Clad. verticillatus,* où il est largement développé ; *Sph. cirrosa,* pour lequel l'auteur en repré-
sente de très petits |89,2, pl. 42| qui semblent provenir d'un
propagule germant suivant la manière indiquée par M. de Jane-
zewski |73|, et enfin chez le *Sph. racemosa.* Lorsque M. Reinke
divise le genre *Sphacelaria* en espèces autonomes et en espèces
parasites, il admet que, chez ces dernières, « le disque basilaire
est enfoncé dans le tissu des Algues de plus grande taille sur
lesquelles il croît » [90, p. 208]. L'intérêt de ce disque s'est
encore augmenté lorsque M. Kuckuck |94| a décrit le nouveau

genre *Sphaceloderma* réduit à un thalle rampant duquel naissent directement des sporanges sessiles et qui, par suite, serait la Sphacélariacée la plus inférieure.

Le rapprochement de ce thalle rampant avec celui des *Lithoderma* et *Aglaozonia* nous indique des rapports qui n'étaient pas soupçonnés. J'en ai tenu grand compte quand j'ai parlé des affinités entre les Cutlériacées et les Sphacélariacées [98,2 ; 99,3]. Mais, actuellement, je serais beaucoup plus réservé sur ce sujet. En effet, la jeune lame rampante d'*Aglaozonia* [99,3] est un organe pour ainsi dire d'une seule pièce, un vrai parenchyme s'accroissant à la manière du thalle des Dictyotacées. Au contraire, le disque des Myrionémacées [98,1] est formé par le rapprochement, la juxtaposition ou la soudure des filaments disposés radialement ; autrement dit, chaque file radiale, plus ou moins indépendante de sa voisine, s'allonge uniquement par le cloisonnement de sa cellule périphérique, même si la soudure est parfaite. Or, M. Flahault a bien voulu m'envoyer le *Lithoderma fontanum* à l'état vivant, et je me suis rendu compte qu'il s'accroît comme une Myrionémacée et non comme un *Aglaozonia*. L'observation, comme toutes les fois qu'on étudie un thalle rampant de plusieurs épaisseurs de cellules, doit être faite sur la face inférieure et non sur la face supérieure. Vu de dessous, ce thalle a beaucoup de ressemblance avec celui du *Battersia* que j'ai représenté plus loin (1), mais la structure en épaisseur est bien différente : tandis que dans le *Battersia* les files verticales de cellules sont cloisonnées suivant la hauteur, dans le *Lithoderma*, elles le sont peu ou point. La ressemblance est plus grande avec le disque basilaire du *S. olivacea,* mais les files radiales de celui-ci sont très souvent cloisonnées radialement au lieu de rester simples. D'ailleurs, je montrerai plus loin que le *Sphaceloderma* n'est pas autre chose que le thalle rampant du *S. olivacea.* J'ai réussi à isoler des disques bien formés du *S. ra-*

---

1. La face inférieure du *Lithoderma* serait toutefois plus difficile à dessiner exactement, parce que presque toutes les cellules, sauf les plus jeunes, se prolongent en un court crampon fixateur qui gêne la mise au point au grossissement nécessaire pour le dessin à la chambre claire. On voit aussi facilement ces crampons sur les sections du thalle ; cependant, ils ne sont pas représentés sur les figures publiées par M. Flahault (*Sur le* Lithoderma fontanum, *Algue Phéosporée d'eau douce,* Bull. Soc. Bot. Fr., t. XXX, 1883) ; peut-être, comme cela arrive chez le *Myrionema vulgare,* n'existent-ils pas d'une façon constante ; mes échantillons avaient été récoltés en mai.

dicans; les cordons radiaux, vus de dessous, sont cloisonnés comme ceux du *S. olivacea,* mais de longueur inégale ; certains dépassent notablement leurs voisins, et quelques-uns, rampant au loin comme des stolons, vont fonder de nouveaux disques.

En résumé, on ne peut établir de parallélisme entre le thalle rampant des Sphacélariacées et celui de l'*Aglaozonia ;* la ressemblance est plus grande avec le *Lithoderma* et les Myrionémacées, sans qu'il y ait complète identification morphologique, ou tout au moins nous manquons jusqu'à présent de termes de passage tout à fait satisfaisants.

De plus, l'existence d'un disque bien caractérisé n'est pas assez générale pour figurer sans restriction dans la diagnose de la famille. Certaines espèces possèdent des cordons rampants, plus ou moins longs, qui jouent le rôle de stolons, portent les parties dressées, et constituent la portion la plus importante du thalle inférieur.

*
* *

La division des *Sphacelaria* en autonomes et parasites est un groupement artificiel. D'ailleurs, le parasitisme de certaines espèces n'est pas nécessaire ; ainsi, j'ai retrouvé à Guéthary le *Sph. furcigera* considéré comme parasite ; or, il y vivait sur les substratums les plus variés : parasite sur le *Cystoseira discors* et le *Padina pavonia,* pénétrant sur le *Codium adhaerens,* épiphyte sur le *Cladostephus verticillatus* et rampant sur l'Araignée de mer (*Maia Squinado*), les *Lithothamnion,* le sable, les pierres.

Dans les cas de parasitisme, l'emploi de l'eau de Javelle peut être utile pour limiter la partie pénétrante ; cependant, il ne faudrait pas attribuer au parasite toutes les cellules que l'on voit sur une coupe, à un faible grossissement, se colorer en noir. En effet, j'ai montré récemment [oo] que les *Sphacelaria* parasites exercent une action curieuse sur les cellules de la plante hospitalière en contact avec elles, car la lamelle moyenne intercellulaire prend aussi la propriété de réagir sous l'action de l'eau de Javelle ; la portion colorée d'une coupe est donc plus large que la partie endophyte du parasite.

*
* *

Lorsque j'ai entrepris la présente étude, je me proposais simplement de décrire les faits intéressants que m'ont présenté les Sphacélariacées du Golfe de Gascogne. Mais M. Bornet ayant bien voulu m'autoriser à comparer mes exemplaires à ceux de l'Herbier Thuret, j'ai été entraîné plus loin que je pensais, car j'ai étudié ensuite un certain nombre d'échantillons qui m'ont été obligeamment communiqués par MM. Askenasy, Börgesen, Flahault, Gran, Hariot, Kuckuck, Kjellman, Magnus, Norum, Reinbold, Rodriguez, Rosenvinge, Mlle A. Vickers, M. Perceval Wright (Herbier Harvey, de Trinity College), auxquels j'adresse mes meilleurs remerciements, ainsi qu'à MM. les Directeurs des Laboratoires maritimes de Concarneau, de Naples, de Plymouth et de Rovigno.

J'ai cru bon d'indiquer avec précision les localités et les dates de récolte des exemplaires étudiés, car la présence ou la nature des organes de reproduction peut varier avec la saison ; de plus, un certain nombre de plantes, distribuées en exsiccata, diffèrent de celles dont elles portent le nom. En indiquant les sources, j'espère faciliter les déterminations et les comparaisons aux Algologues qui possèdent des échantillons correspondants dans leurs collections.

Je n'ai pas cherché à faire une monographie des Sphacélariacées, ni même du genre *Sphacelaria* auquel j'ai accordé plus d'attention ; j'ai seulement voulu compléter, lorsque cela m'a paru utile, les descriptions de Geyler, Pringsheim, M. Magnus, M. Reinke... etc. Nos connaissances sur les Sphacélariacées sont encore trop incomplètes pour qu'une révision générale de ce groupe puisse être entreprise d'une manière profitable.

CHAPITRE II. — BATTERSIA MIRABILIS Reinke.

Cette plante, connue seulement à Berwick-on-Tweed, où M. Batters l'a découverte, a toute l'apparence d'un *Ralfsia* sur lequel feraient saillie de minuscules sores de sporanges uniloculaires pédicellés. M. Batters [89, p. 59] croyait même qu'elle se réduisait à ces sores, parasites sur le *Ralfsia*. M. Reinke [90, p. 205 et 91,2, p. 4] a montré que les sporanges et leur substratum sont une seule plante, et il a créé pour l'ensemble le genre *Battersia*. L'Herbier Thuret en renferme un exemplaire, récolté en février 1888, dont j'ai détaché un fragment qui me permet de compléter sur certains points la description de M. Reinke.

Comme M. Reinke l'a indiqué, le thalle est formé par plusieurs couches stratifiées, d'épaisseur variable, qui chevauchent l'une sur l'autre; sa croissance, d'après cet auteur, serait marginale, comme dans les *Lithoderma, Ralfsia* ou *Aglaozonia*. Ne pouvant étudier les bords d'un thalle entier, j'ai constaté, en décollant des strates superposées, que le mode d'accroissement en surface de chacun de ces petits thalles, vu de dessous, correspond à celui d'un *Lithoderma* ou d'une Myrionémacée, et, par conséquent, n'est point comparable à celui d'un *Aglaozonia*; une comparaison de la figure 2, *G*, avec celles que j'ai publiées ailleurs [98, 1 et 99, 3] suffit pour s'en rendre compte. Leur face supérieure montre des cellules plus petites (fig. 2, *J*), à parois notablement plus épaisses, plus solidement accolées l'une à l'autre et qui, parfois, ne laissent même plus apercevoir la disposition primitive en files radiales.

Des coupes montrent la hauteur inégale et le recouvrement irrégulier des strates, mais il faut séparer les files radiales pour distinguer leur mode de cloisonnement en épaisseur. Les dessins de la figure 1, représentant des fragments dissociés, expliquent les dimensions différentes des cellules des deux faces du thalle. Le premier cloisonnement est parallèle à la surface. Puis, des deux cellules ainsi formées, l'inférieure prendra de nouvelles cloisons parallèles à sa base sans cloisons perpendiculaires; la supérieure se cloisonnera, souvent à plusieurs reprises, dans deux directions perpendiculaires, de manière à former les cellules superficielles plus étroites. La structure est donc notablement différente de celle du *Lithoderma*.

Toutes ces cellules renferment des chromatophores. Les strates inférieures du fragment étudié, identiques aux strates supérieures plus jeunes, devaient être aussi vivantes que celles-ci au moment de la récolte; toutefois la matière tannique, d'un brun foncé, y était beaucoup plus abondante, tandis qu'elle manquait en certains points de la strate supérieure.

M. Reinke propose deux explications de la structure stratifiée du *Battersia*. Dans la première, des spores peuvent tom-

ber des sporanges uniloculaires sur le thalle déjà existant et s'y
développer en nouveaux thalles; mais le fait, s'il se présente,
n'est certainement pas assez constant pour expliquer cette structure, commune aux *Sphac. olivacea, Chætopteris*... etc. Dans la
seconde, des points d'arrêt ayant lieu dans la croissance marginale du thalle, [91,2, pl. 1, fig. 3], l'auteur suppose que l'une des

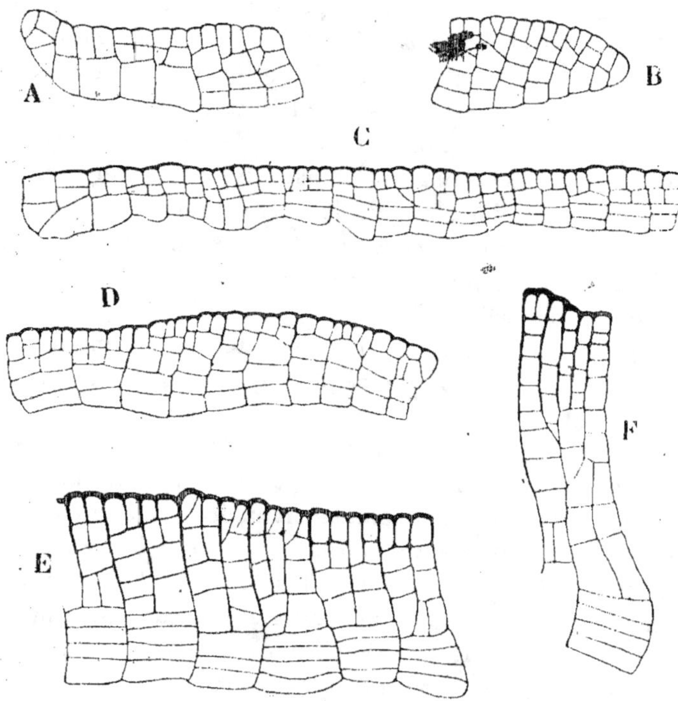

Fig. 1. — *Battersia mirabilis* Reinke. — Fragments dissociés de files radiales de plus en plus âgées de *A* à *F* (Gr. 200).

deux lèvres ainsi formées s'étend sur sa voisine en s'accroissant.
Mais la direction des files radiales montre que, si un vide se produit par arrêt du développement d'une ou de plusieurs d'entre
elles (fig. 2, *G*), les files voisines viennent combler le vide, sans
aller au delà, comme je l'ai indiqué naguère chez les Myrionémacées. Or, sur des coupes, j'ai vu nettement plusieurs rangées contiguës verticales d'un thalle s'élever au-dessus de lui, à
la suite d'un cloisonnement plus abondant, le déborder, s'étendre
à sa surface par croissance marginale, et former ainsi un nouveau

thalle appliqué sur le premier. On conçoit que le phénomène, se renouvelant de temps en temps, donne lieu aux strates superposées du *Battersia;* le thalle originel seul proviendrait de la

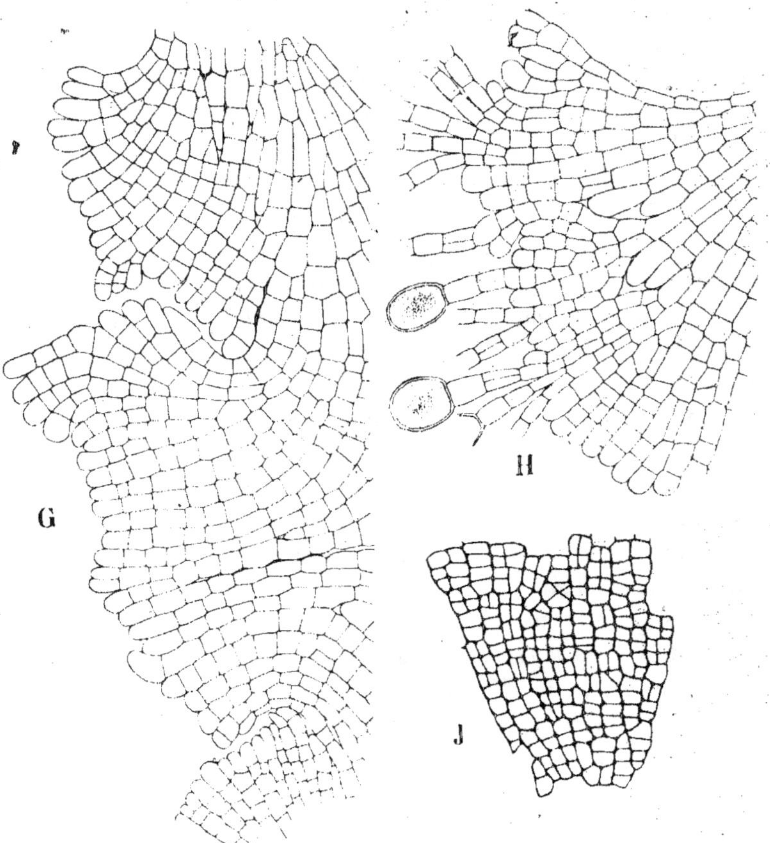

Fig. 2. — *Battersia mirabilis* Reinke. — *G*, Bord d'un thalle vu de dessous; *H*, Bord d'un thalle vu de dessous, dont certaines files radiales dépassent les autres et se terminent par un sporange; *J*, portion d'un thalle vu de dessus (Gr. 200).

germination d'un organe reproducteur ou de l'accroissement d'une bouture.

D'ailleurs, ce processus n'est pas exceptionnel, ni spécial au *Battersia* et aux autres Sphacélariacées à thalle inférieur. Les thalles d'*Aglaozonia parvula* (1) peuvent se comporter de même.

1. J'ai fait cette observation depuis la publication de mon Mémoire sur les Cutlériacées [99,3], et j'y reviendrai ultérieurement.

Les uns rampent directement à la surface des pierres, les autres sur des individus plus noirs et plus âgés, et j'en ai vu jusqu'à trois superposés. Or, ceux-ci proviennent de l'*Aglaozonia* qu'ils recouvrent, par une prolifération localisée de son épiderme supérieur, qui, bientôt, s'étale et forme un nouvel individu superposé au premier, mais adhérent seulement par ses rhizoïdes ; plus tard, la région de soudure, vieillie, finit par pourrir et la plante fille devient indépendante de la plante mère. C'est un procédé de multiplication végétative.

Le *Battersia,* comme l'*Aglaozonia,* se ramifie de deux façons : 1º dans son plan, par suite d'un arrêt localisé de cloisonnement marginal, et s'accroît ainsi en surface festonnée ; 2º perpendiculairement à son plan, par prolifération locale, mais cette sorte de cordon ombilical ne disparaît pas, la plante fille reste accolée à la plante mère et fait corps avec elle. Il n'y a pas multiplication végétative, mais seulement augmentation d'épaisseur du thalle composé. D'ailleurs, l'accroissement en épaisseur doit être très lent, car j'ai trouvé entre deux strates, une fois, une Myrionémacée bien développée, mais non encore fructifiée, et une autre fois une Floridée rampante ; il est donc possible que le thalle du *Battersia* continue à vivre durant plusieurs années.

Les sporanges uniloculaires, portés par des pédicelles simples ou ramifiés, sont les seuls organes reproducteurs connus. D'après M. Batters [89, pl. IX, fig. 2] et M. Reinke [90, p. 205, fig. 2, *b*, et 91,2, pl. I, fig. 5], un pédicelle est le prolongement d'une file verticale de cellules. Or, s'il en est parfois ainsi, il en est souvent autrement. En effet, des files radiales rampantes s'allongent plus que leurs voisines, dépassent la marge du thalle, en même temps qu'elles se redressent et deviennent le pédicelle d'un sporange, comme je l'ai représenté sur la figure 2, *H*, où deux des pédicelles se terminent par un sporange ; les autres sont tronqués. Si un certain nombre de files radiales contiguës se redressent simultanément pour devenir fructifères, les pédicelles, très serrés l'un contre l'autre, pourront donner, en coupe, l'illusion de files verticales se terminant en sporanges.

Certaines Sphacélariacées (*Cladostephus, Chætopteris, Sphacelaria olivacea...* etc.) possèdent un thalle rampant vivace sur lequel croissent les filaments dressés. Or, le *Battersia* ayant une grande ressemblance extérieure avec un thalle vivace de *Clado-*

stephus, on peut se demander s'il ne serait pas la partie inférieure d'une autre espèce, comme le *Sphaceloderma* est le thalle rampant du *Sphacelaria olivacea.* La présence de sporanges ne va pas à l'encontre de cette supposition, puisque le *Sphaceloderma* en produit aussi, et, d'ailleurs, les thalles rampants des autres espèces sont encore trop insuffisamment étudiés pour permettre d'affirmer qu'ils ne se comportent pas de même. Toutefois, je n'ai pas vu (et M. Reinke n'a pas représenté) de traces de filaments dressés dans l'épaisseur des strates du *Battersia* ni de rhizines entre ces strates. Dans l'état actuel de nos connaissances, il est donc préférable de considérer le *Battersia* comme un genre indépendant, avec cette restriction qu'on le rapportera peut-être, un jour ou l'autre, à une espèce munie d'un thalle dressé.

Chapitre III. — Sphacella subtilissima Reinke.

Cette plante parasite, découverte par M. Rodriguez, à Minorque, sur le *Carpomitra Cabreræ,* a été étudiée par M. Reinke [90, p. 206, et 91,2, p. 5]. L'Herbier Thuret en renferme des exemplaires récoltés en octobre et en novembre 1887 et janvier 1888, à une centaine de mètres de profondeur; M. Rodriguez a bien voulu m'en confier plusieurs conservés dans l'alcool, récoltés par lui le 30 septembre 1890. On peut donc la rencontrer durant une bonne partie de l'année.

Elle forme, surtout près du sommet des ramifications du *Carpomitra,* des pulvinules globuleux, très denses, ayant un à deux millimètres de rayon, qui m'ont paru commencer à envahir la plante hospitalière lorsque les filaments à extrémité libre qui la terminent viennent de se souder entre eux. Les pulvinules sont d'abord composés de nombreuses petites touffes; puis, la partie endophyte continuant son envahissement, tous les filaments dressés deviennent contigus.

La partie endophyte est composée de filaments irréguliers, plus ou moins enchevêtrés, parfois tellement serrés l'un contre l'autre qu'ils peuvent déborder à la surface du thalle hospitalier. Des filaments profonds, circulant dans l'épaisseur du *Carpomitra,* réunissent entre eux les massifs d'un même pulvinule. A l'inverse de la plupart des *Sphacelaria* parasites, le *Sphacella* désorganise profondément la plante hospitalière, ce qui tient peut-être à ce que les parois cellulaires du *Carpomitra* sont notablement plus minces et moins résistantes que celles des Laminaires et des Fucacées. On suit facilement cette action sur les coupes. Les cellules du *Carpomitra* situées au voisinage de filaments endophytes augmentent souvent de diamètre; leurs parois se gonflent beaucoup, et leur bord interne devient irrégulier; puis, la lamelle moyenne disparaît, et les cellules sont isolées de leurs voisines. L'eau de Javelle colore légèrement en noir la périphérie de ces cellules dissociées. Cette action du parasite s'exerce à distance, car on la constate parfois à plusieurs millimètres au-dessous des pulvinules. Mais elle n'est pas la seule : les coupes présentent d'autres massifs de cellules, réduits, au contraire, à une lamelle moyenne extrêmement min-

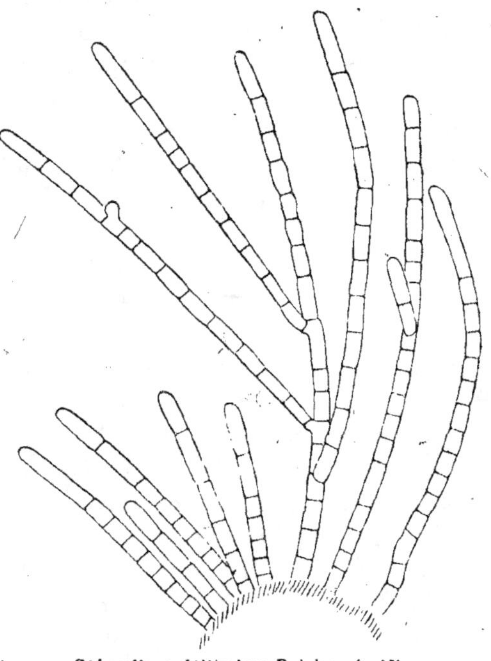

Fig. 3. — *Sphacella subtilissima* Reinke, de Minorque. — Filaments jeunes. (Gr. 150.)

ce, avec les angles d'union bien visibles. Cette action chimique de dissolution, due aussi au parasite, s'exerce donc en sens inverse de la précédente; je n'ai pu que constater cette dualité d'effets, sans en saisir la cause. Tôt ou tard, les points ainsi attaqués par le parasite se détachent fatalement du corps de la plante.

Les filaments dressés, monosiphoniés (fig. 3 et 4), mesurent 12-17 μ de largeur; parfois, les sporanges uniloculaires (les seuls organes reproducteurs connus) sont leurs seules productions latérales; d'autres fois, ils émettent d'assez nombreuses branches identiques à l'axe, qui le dépassent ou restent plus

courtes que lui, mais ont exactement la même largeur. Je n'ai vu
ni poils ni rhizoïdes. La hauteur des articles, bien moins cons-

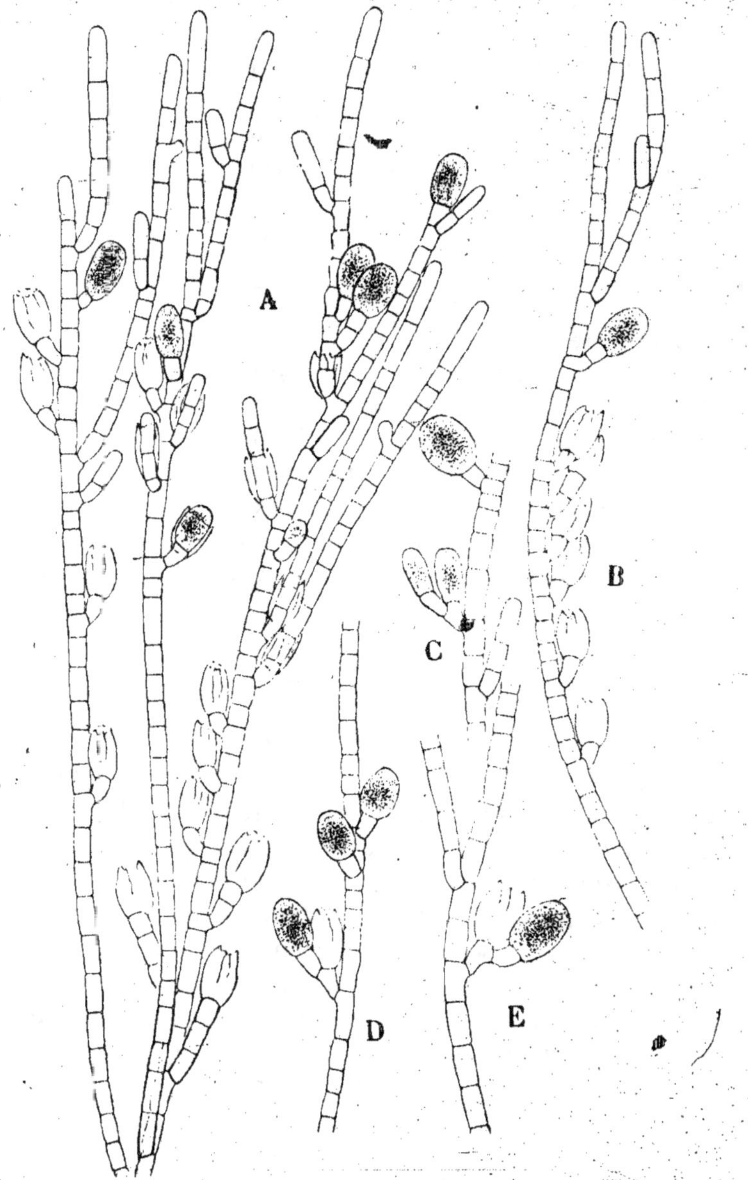

Fig. 4. — *Sphacella subtilissima* Reinke, de Minorque. — *A*, Filaments dressés ramifiés — *B, C, D, E*, fragments de filaments dressés, montrant l'insertion des sporanges. (Gr. 150.)

tante que chez les Sphacélariacées plus élevées, varie de 1-5 fois la largeur (15 à 60 μ). L'âge réciproque des cloisons n'est pas facile à déterminer à cause de leur minceur, mais sur les filaments jeunes (fig. 3), comme sur les filaments âgés, le cloisonnement de l'article primaire séparé du sphacèle, en articles secondaires, paraît manquer parfois. Ce caractère général de la famille est donc encore mal fixé chez le *Sphacella*. Certaines cloisons trans- versales semblent se former très tardivement, mais je n'ai rien observé qui autorise à dire, avec M. Reinke, que les cellules, dans lesquelles une de ces cloisons apparaît, s'allongent par accroissement intercalaire.

Certaines cellules, généralement courtes, renflées à leur partie supérieure, renferment plus de matière brune que les autres. Cependant, dans les exemplaires récoltés en janvier 1888, toutes les cellules en étaient également remplies, et le proto- plasme situé çà et là entre la paroi et l'amas tannique se colorait en noir par l'eau de Javelle, comme la membrane.

Les cloisons longitudinales sont exceptionnelles. J'en ai vu dans un filament, incliné dans une touffe, portant plusieurs ra- meaux très divariqués, insérés chacun sur une cellule divisée sui- vant sa longueur ; il prenait les caractères d'un filament rampant.

Les sporanges (fig. 4), ovoïdes, de 50-60 μ sur 30-35 μ, naissent de bas en haut sur le filament ; ils sont portés par un pédicelle redressé, généralement unicellulaire. Les cellules fertiles sont parfois régulièrement espacées de deux en deux, ou séparées par un nombre impair de cellules stériles (fig. 4, *B*), d'autres fois plus irrégulièrement distribuées. Il n'est pas rare qu'un sphacèle se transforme en sporange. J'ai trouvé plusieurs fois des zoospores restées dans un sporange vidé ; elles étaient rondes, de 5-7 μ de diamètre, entourées d'une mince membrane. La membrane des sporanges vidés persiste longtemps ; parfois, un nouveau sporange pousse à l'intérieur ; d'autres fois, c'est une branche longue (fig. 4, *A*), et on trouve même des filaments bien ramifiés dout la majeure partie des branches a cette origine, enfin, plus rarement, le pédicelle du sporange vidé pousse laté- ralement une autre cellule se terminant par un nouveau spo- range (fig. 4, *C, D, E*), de manière à produire un court sym- pode, limité à deux cellules.

L'Herbier Thuret renferme plusieurs touffes de *Sphacella*

parasites sur *Sporochnus*, récoltés en 1890 à Porto-Maurizio (Golfe de Gênes) par M. Strafforello. La plante a les mêmes caractères que celle de Minorque comme largeur des filaments, dimensions des sporanges et des zoospores enkystées. Toutefois, les articles sont presque tous longs et fertiles, et il suffit d'exa·miner la figure 5 pour admettre que le plus grand nombre d'entre eux, sinon tous, doivent être des articles primaires ; autrement, il faudrait supposer que le sphacèle des filaments jeunes a une hauteur inusitée. Le dédoublement des articles primaires, inconstant chez la plante de Minorque, devient donc exceptionnel, ou peut-être manque complètement sur celle de Porto-Maurizio.

De plus, la disposition des sporanges en court sympode devient la règle. Les filaments *F* et *G* de la figure 5 sont parmi les plus simples, mais les ramifications en sympode bifurqué, comme dans *K* sont parfois nombreuses et la disposition de la fructification devient très

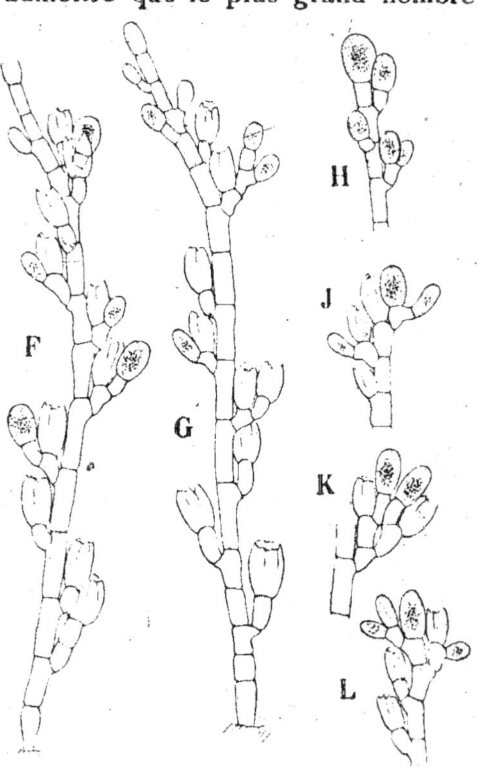

Fig. 5. — *Sphacella subtilissima* Reinke, de Porto-Maurizio. — *F, G,* Filaments dressés entiers. — *H, J, K, L,* fragments de filaments dressés montrant l'insertion des sporanges et la ramification des pédicelles. (Gr. 150.)

touffue. De nombreux filaments (fig. 5, *H, J, L*) se terminent par un sporange, et alors leur ramification au sommet tend aussi à devenir sympodiale.

Comme on le voit, les différences entre la plante de Porto-Maurizio et celle de Minorque sont assez sensibles. Toutefois, la première pourrait être considérée comme une plante ayant fructifié d'une manière plus abondante et plus complète, et dont le thalle, de ce fait, s'est développé moins vigoureusement. Si de nouvelles récoltes venaient à accentuer ces différences, il serait utile de créer pour la plante de Porto-Maurizio une variété, peut-être une seconde espèce.

CHAPITRE IV. — SPHACELARIA PULVINATA Reinke non Harvey.

Le *Sphacelaria pulvinata* de la Nouvelle-Zélande décrit par Hooker et Harvey a été étudié par M. Reinke [91, 2, p. 16 et pl. V]. Les premiers auteurs en connaissaient seulement les sporanges uniloculaires. M. Reinke, d'après des exemplaires de l'Herbier Harvey, a décrit en outre les sporanges pluriloculaires, et il a créé, pour d'autres exemplaires d'Australie, une variété *bracteata*. Grâce à l'obligeance de M. Perceval Wright et de M. Reinbold, j'ai eu entre les mains les matériaux étudiés par M. Reinke, et je me sépare de lui dans l'appréciation des caractères de cette plante.

Les exemplaires de Harvey, sur Fucacée, récoltés par Colenso, à sporanges uniloculaires, correspondent seuls au *S. pulvinata*. Celui à sporanges pluriloculaires, sur une autre Fucacée, et également de l'Herbier Harvey, portait la mention : « *Sphacelaria pygmæa* nobis in herb., Port Phillip », écrite de la main de Lenormand ; il devient le *S. pygmæa*. Enfin les échantillons australiens de la var. *bracteata,* sur lesquels M. Reinke appelait d'ailleurs l'attention des algologues, constitueront le *S. bracteata.* D'après d'autres matériaux d'étude, j'ai séparé une nouvelle espèce australienne, le *S. fæcunda,* voisine de celles-ci.

A. — Sphacelaria pulvinata Hooker et Harvey.

Sur le fond noir de la Fucacée, le *S. pulvinata* se détache bien, en lignes d'un brun clair de quelques millimètres à plus d'un centimètre de longueur, et de 1-2 millimètres de largeur, constituées par un duvet très dense n'atteignant pas un millimètre de hauteur. Les filaments dressés s'échappent directement du thalle hospitalier en passant entre les cellules périphériques ; les ramifications du thalle rampant qui le produisent doivent donc se faire uniquement dans l'intérieur de l'hôte ; les cellules périphériques de celui-ci noircissent par l'eau de Javelle avec autant d'intensité que celles du parasite.

Les filaments dressés, toujours simples, plus étroits à la base qu'au sommet, sont généralement un peu courbés (fig. 6). La largeur, en leur milieu, varie de 12 16 μ. Les filaments jeunes (fig. 6, *H*) sont plus droits et plus cylindriques. Le sphacèle des filaments ayant terminé leur croissance est généralement renflé

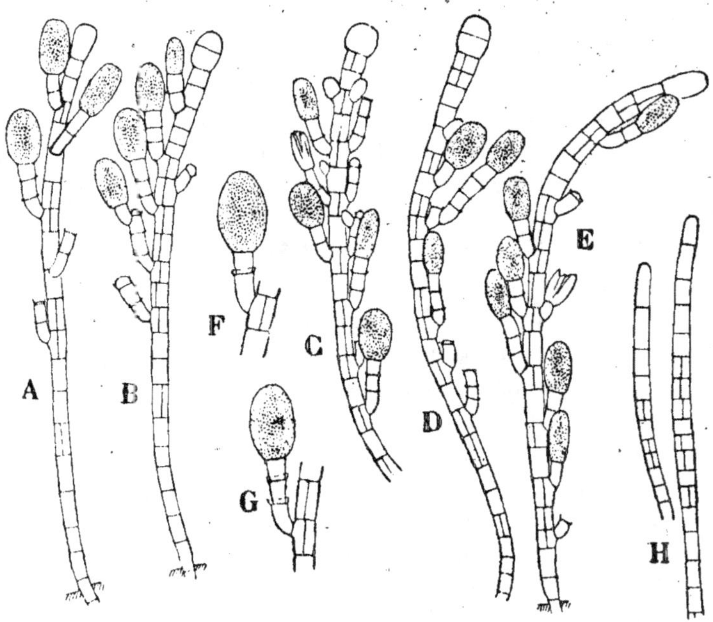

Fig. 6. — *Sphacelaria pulvinata* Hook. et Harv. — *A-E*, Plusieurs filaments dressés adultes. (Gr. 150.) — *F G*, Deux sporanges plus grossis, montrant la collerette des cellules du pédicelle. (Gr. 250.) — *H*, Deux filaments jeunes. (Gr. 150.)

(fig. 6, *B, C, D*), rempli de matière brune, tannique, et souvent divisé en deux transversalement, par une cloison très mince; à l'inverse de M. Reinke, il m'a semblé que le sphacèle ne se transforme que très exceptionnellement en sporange.

Les articles de la base sont simples; au-dessus, certains restent encore simples; les autres, et particulièrement ceux qui sont fertiles, prennent une unique cloison longitudinale; leur largeur égale 1-1 1/2 fois le diamètre.

Les sporanges, portés par un pédicelle unicellulaire redressé ou plus ou moins divariqué, d'abord cylindriques, deviennent

ovales en mûrissant et mesurent 40-46 µ sur 24-28 µ. Habituellement, ils naissent de l'article secondaire supérieur, et par
conséquent de deux en deux, mais il y a des exceptions; parfois
strictement unilatéraux, ils sont d'autres fois distiques ou nés sur
des génératrices variées. On en trouve, sur un même filament,
à tous les états de développement; ils paraissent mûrir sans
ordre, pour la raison suivante. La paroi d'un sporange vidé ne
tarde pas à disparaître; puis le pédicelle pousse un nouveau
sporange porté aussi par un pédicelle unicellulaire placé dans
son prolongement; un troisième, parfois même un quatrième,
vient ensuite remplacer le second. C'est ainsi que les sporanges
de la figure 6 (*A* à *E*) paraissent pour la plupart portés par des
pédicelles de 2-3 cellules. Mais, comme on le voit sur les
dessins *F, G,* le second et le troisième pédicelle sont très légèrement tronconiques, et une minime collerette reste comme
trace de chaque sporange disparu. Plus rarement, le pédicelle
d'un sporange vidé en produit un autre, non dans son prolongement, mais latéralement (fig. 6, *B, D*); j'ai vu plusieurs filaments
dressés sur lesquels le premier pédicelle se comportait presque
toujours ainsi, comme on l'a dit pour le *Sphacella*.

Le parasitisme profond et l'aspect général de la plante la
rapprochent du *Sphacella subtilissima.* Comme M. Reinke l'a
fait remarquer, elle est la plus inférieure des *Sphacelaria* à
cause de ses nombreux articles monosiphoniés. Ce dernier
caractère fait même douter de l'utilité de la création du genre
Sphacella. Supérieure au *Sphacella* par la présence des cloisons
longitudinales, elle lui est inférieure par l'absence de rameaux.
Elle s'éloigne des autres espèces *S. bracteata* et *S. pygmæa,*
que M. Reinke y avait incorporées, par l'absence de poils et de
ramifications végétatives, et les parois latérales des articles
sont notablement plus minces.

Sphacelaria pulvinata Hook. et Harv.— Plante parasite, formant
un duvet rectiligne de moins d'un millimètre de hauteur. Filaments
dressés simples, plus étroits à la base qu'au sommet, souvent courbés;
la largeur, en leur milieu, varie de 12-16 µ. Articles aussi hauts ou plus
hauts que larges, les uns monosiphoniés, les autres, surtout ceux
fertiles, divisés par une cloison longitudinale. — Sporanges unilocu-
culaires d'abord cylindriques, puis ovales, de 40-46 µ sur 24-28 µ,
généralement portés par les articles secondaires supérieurs, unilatéraux,

distiques ou épars, à pédicelle uni ou pluricellulaire, redressé ou divariqué. Sporanges pluriloculaires et propagules inconnus.

Hab. sur les Fucacées; Nouvelle-Zélande (Colenso in Herbier
Harvey!)

Le plus inférieur des *Sphacelaria;* se rapproche du *Sphacella
subtilissima.*

B. — Sphacelaria bracteata Sauvageau mscr.

Sphacelaria pulvinata, var. *bracteata* Reinke.

M. Reinke [91, 2, p. 16 et pl. V, fig. 11] a distingué une variété
bracteata du *S. pulvinata,* dont les filaments dressés portent des
branches, lesquelles produisent sur leur cellule inférieure une
branche de deuxième ordre, axillaire, qui se ramifie en une grappe
de sporanges pluriloculaires. L'auteur considère cette plante
comme une variété et non comme une espèce distincte, parce
qu'il a vu des axes porter directement des grappes de sporanges, et qu'alors elle a la plus grande ressemblance avec son
S. pulvinata à sporanges pluriloculaires. Toutefois, il recom-
mande son étude en disant qu'un examen plus approfondi pourrait amener à la séparer comme espèce.

Le *S. bracteata* est en effet nettement distinct, en particulier,
par ses grappes de sporanges dont l'origine est toute spéciale.
Je l'ai étudié sur un fragment australien de *Cystophora* que je
dois à M. Reinbold, et qui provient de l'exemplaire examiné
par M. Reinke.

La plante forme de petites touffes denses, notablement plus
hautes que celles du *S. pulvinata* (1-1 1/2 millim.), et dont les
filaments dressés s'enfoncent aussi directement et profondément
dans le thalle hospitalier. Les filaments d'âge moyen (fig. 7,
A, B) vont généralement en s'élargissant légèrement de la base
au sommet; plus tard, le sommet s'atténue. La largeur prise au
milieu d'un filament, souvent de 15-16 μ, varie de 13-20 μ. Les
parois latérales, relativement épaisses, donnent à la plante une
certaine raideur; les articles secondaires, aussi hauts ou plus
hauts que larges, non divisés transversalement, prennent souvent
une, rarement deux cloisons longitudinales.

Les filaments portent généralement, dans leur moitié supérieure, un ou deux poils, parfois plus, qui naissent du sphacèle

(fig. 7, *B*) et la ramification est un sympode (1). Les parois de la cellule basilaire d'un poil sont aussi épaisses que celles du filament, de sorte que le poil paraît porté par un pédicelle unicellulaire qui persiste après sa chute et qui, en réalité, lui appartient ; parfois, cette cellule inférieure prend une cloison longitudinale (fig. 7, *K*). On voit la gaîne du poil sur les figures *B, K, M*. Les cellules du poil mesurent 45-75 µ sur 8-10 µ. Un filament dressé peut se prolonger directement en poil, mais le fait est rare.

Les filaments (fig. 9, *B*) portent parfois des rameaux qui peuvent s'élever à la même hauteur qu'eux, et restent stériles, mais c'est l'exception. Généralement un rameau correspond à la « bractée » de M. Reinke ; toutefois, la grappe sporangifère située à son aisselle ne lui appartient pas ; la bractée, au contraire, est le prolongement sympodial de cette grappe, comme le montre l'étude des rameaux jeunes.

Un article secondaire de l'axe pousse un prolongement latéral qui s'en sépare par une cloison ; puis, cette protubérance se redresse en s'allongeant, et prend une cloison horizontale (fig. 7, *C*) ; la cellule supérieure, dressée, est l'origine de la grappe fructifère ; la cellule inférieure est l'origine du rameau ou « bractée ». Mais, habituellement, la cellule origine de la grappe reste sans changement pendant un assez long temps, durant lequel la cellule basilaire s'allonge au-dessous de la cloison horizontale, donne une cellule qui se redresse, et devient le sphacèle du rameau (fig. 7, *D, F, G, J*). Assez fréquemment, la cellule qui naît dans le prolongement de la cellule basilaire, au lieu de se développer en un rameau, donne aussi une cellule origine d'une deuxième grappe fructifère (fig. 7, *E*), et c'est alors la deuxième cellule basilaire qui, en s'allongeant latéralement, produira le rameau (fig. 7, *M, N, O*). Dans ce cas, le sympode latéral est plus apparent ; il comprend trois articles au lieu de deux ; autrement dit, la « bractée » est un rameau de troisième ordre et non de deuxième ordre. Il est beaucoup plus rare (fig. 7, *H*) que la « bractée » soit un rameau de premier ordre, et que sa cellule basilaire produise latéralement le rameau

___

1. Pour le moment, je suppose admis que la présence de poils naissant du sphacèle entraîne la ramification sympodiale ; la démonstration en sera plus facile sur les plantes plus larges, à poils plus nombreux, et que j'ai examinées à l'état vivant, comme les *S. furcigera, tribuloides*, etc.

sporangifère. Enfin, les deux cas peuvent se superposer, comme on le voit sur la figure 7, *Q,* où le sympode a quatre articles.

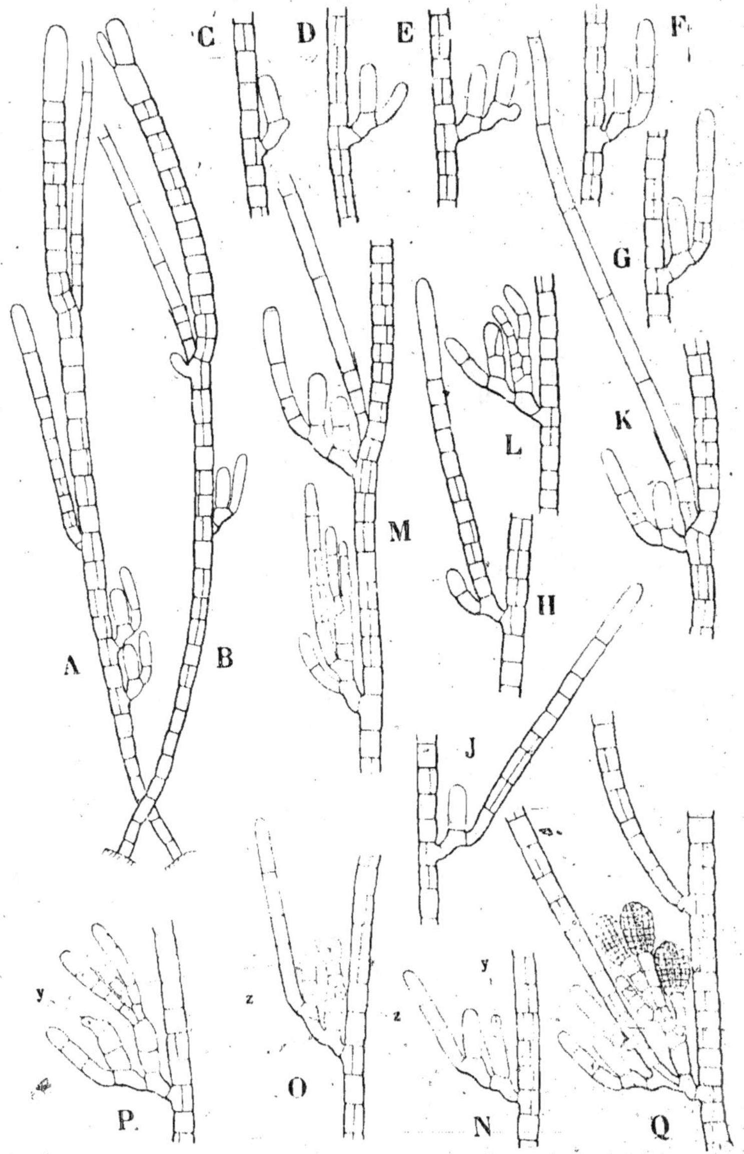

Fig. 7. — *Sphacelaria bracteata* Sauv. — *A, B,* Filaments dressés encore jeunes. (Gr. 150.) — *C* à *Q,* Développement et différents aspects des ramifications latérales. (Voy. le texte.) (Gr. 200.)

Une apparente complication se présente quand la protubérance, origine du sympode, prend naissance dans l'article secondaire situé au-dessous de l'insertion d'un poil (fig. 7, *K, M*) ;
celui-ci paraît alors axillaire, tandis qu'en réalité il est toujours
le premier formé et est même le prolongement de l'axe.

L'arbuscule sporangifère se forme d'une façon toute particulière. Le sommet de la cellule qui en est l'origine, et dont nous
avons vu le développement, pousse un (fig. 7, *N, P, y*), ou deux,
ou trois prolongements étroits, éloignés ou contigus, qui s'allongent ensuite en un pédicelle pauci- ou pluricellulaire (fig. 7,
L, M, O, P). Puis, un cloisonnement plus ou moins irrégulier se
fait dans la cellule, mais, parfois, il précède l'apparition de ces

protubérances au lieu de
la suivre. Les sporanges
portés par ces pédicelles
seront les premiers nés ;
puis d'autres pédicelles
apparaissent sur les cel-
lules inférieures ; les deux
protubérances marquées
z, de la figure 7, *O*, commencent à se dessiner, et,
plus tard, l'arbuscule sporangifère aura probable-
ment la plus grande res-
semblance avec celui

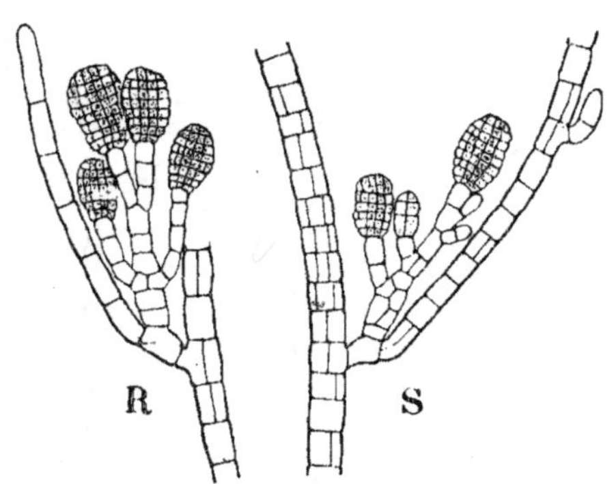

Fig. 8. — *Sphacelaria bracteata* Sauv. — *R, S,* Arbuscules sporangifères semblant nés à l'aisselle du
rameau ou bractée. (Gr. 200.)

adulte de la figure 8, *R*. Les arbuscules sporangifères des
figures 7, *Q*, et 8, *R, S*, représentent deux cas fréquents, mais
assez simples, car les pédicelles peuvent être plus nombreux et
de longueur plus inégale. Fréquemment, pendant cette évolution, le rameau continue à s'allonger et dépasse de beaucoup
la hauteur de l'appareil fructifère qui semble alors né à son
aisselle ; d'autres fois, il reste rudimentaire.

Les sporanges pluriloculaires, irrégulièrement cylindriques,
ou un peu renflés, mesurent 30-45 μ sur 18-20 μ. La déhiscence
des logettes est individuelle et les sporanges vidés présentent
un squelette axial qui m'a semblé dépourvu de méat médian.

Les arbuscules sporangifères décrits plus haut sont localisés sur la moitié inférieure des filaments dressés, mais ils ne

sont pas les seuls; on en trouve, et parfois nombreux, qui s'élèvent directement au-dessus du thalle hospitalier, entre les filaments dressés; leurs sporanges sont identiques aux précédents.

Le *S. bracteata* se rapproche du *S. pulvinata* par son parasitisme, sa petite taille, ses nombreux articles non cloisonnés transversalement. Toutefois, les filaments dressés portent des poils; ils ne sont donc pas simples, mais sont en réalité des sympodes. De plus, ils portent des rameaux latéraux, droits ou sympodiaux; il paraît peu probable que si l'on trouvait les sporanges pluriloculaires du *S. pulvinata*, ceux-ci affecteraient la disposition de ceux du *S. bracteata*.

Sphacelaria bracteata Sauvageau. — Plante parasite, formant des touffes de 1-1 1/2 millimètre de hauteur. Filaments endophytes pénétrant isolément entre les cellules périphériques de l'hôte. Filaments dressés, raides, de 13-20 μ de largeur. Articles secondaires à parois latérales épaisses, aussi hauts que larges, simples, ou divisés une fois, rarement deux fois, suivant la hauteur. Poils larges de 8-10 μ, à cellules de 45-75 μ, portés par un pédicelle unicellulaire persistant. Rameaux stériles toujours peu nombreux, de même largeur que le filament, et arrivant souvent à la même hauteur. Ramifications latérales fertiles, composées de 1-2 arbuscules sporangifères et d'une branche plus ou moins longue, semblable aux rameaux stériles, qui semble les porter à son aisselle. Arbuscules sporangifères s'élevant aussi directement de la surface de l'hôte. Sporanges pluriloculaires irrégulièrement cylindriques, de 30-45 μ sur 18-20 μ. Sporanges uniloculaires et propagules inconnus.

Hab. Parasite sur les Fucacées (*Cystophora*). Australie méridionale (Herbier Reinbold!).

C. — **Sphacelaria pygmæa** Lenormand in herb.

Cette espèce parasite est le *S. pulvinata* à sporanges pluriloculaires de M. Reinke. Elle formait de petites taches de plusieurs millimètres d'étendue, d'un brun clair, sur une Fucacée de Port Phillip (Australie), probablement un *Cystophora*.

Elle a bien plus de ressemblance avec le *S. bracteata* qu'avec le *S. pulvinata*. Sa taille, bien moindre (fig. 9, *A*), n'atteint pas un millimètre, mais, comme dans celle-ci, les filaments, à parois latérales épaisses, mesurent 12-20 μ, souvent 15-16 μ, en leur milieu, et la hauteur des articles, simples, ou à une cloison longitudinale, est égale à la largeur. Malgré sa taille plus faible, les poils sont aussi abondants, et les rameaux stériles le sont davantage. Les sporanges pluriloculaires, de même forme, mesurent 32-48 μ sur 24-28 μ; mais les arbuscules qui les portent, plus nombreux, ne proviennent jamais d'un sympode, et naissent directement sur le filament, parfois très rapprochés l'un de l'autre, comme on le voit sur les figures 9 et 10 de M. Reinke [91, 2, pl. V], mais souvent moins fréquents. Ils prennent aussi parfois leur origine dans l'article situé au-dessous d'un poil. Enfin les rameaux en portent aussi, mais en un point quelconque de leur hauteur, dirigés vers le haut ou vers le bas de la plante, comme naîtrait une branche de second ordre, mais non comme un sympode. J'ai isolé un très grand nombre de filaments sans trouver d'exception.

Les ramifications latérales du *S. bracteata* cumulaient généralement les fonctions végétative et reproductrice; la taille du *S. pygmæa* étant moitié moindre, et les fonctions de ses productions latérales étant généralement séparées, celles-ci paraissent plus fournies, même quand elles sont en nombre égal.

Enfin, comme dans le *S. bracteata,* des arbuscules sporangifères, plus ou moins longuement pédicellés, peuvent sortir directement du thalle hospitalier.

Malgré ses ressemblances avec le *S. bracteata,* le *S. pygmæa* en est donc facilement reconnaissable. La différence caractéristique repose sur une particularité de structure dont la constance est fort remarquable, et qu'un examen attentif ne peut laisser inaperçu. Des recherches faites sur place pourraient seules montrer si cette particularité est sous la dépendance de la station ou de la nature de la plante hospitalière.

Sphacelaria pygmæa Lenormand in herb. — Plante parasite formant d'étroits duvets de moins d'un millimètre de hauteur. Filaments endophytes pénétrant isolément entre les cellules périphériques de l'hôte. Filaments dressés raides, de 12-20 μ de largeur. Articles secondaires à parois latérales épaisses, aussi hauts que larges, simples, ou divisés une fois suivant la hauteur. Poils généralement portés par un pédicelle unicellulaire persistant. Rameaux de même largeur que le filament et arrivant souvent à la même hauteur. — Arbuscules sporangifères, pédicellés et divariqués, portés directement par le filament, moins souvent par les branches, ou s'élevant directement de la surface de l'hôte. Sporanges pluriloculaires irrégulièrement cylindriques, de 32-48 μ sur 24-28 μ. Sporanges uniloculaires et propagules inconnus.

Hab. Parasite sur Fucacées, Australie (Port Phillip) (Lenormand in Herb. Harvey!).

Diffère du *S. bracteata* par l'indépendance des rameaux et des arbuscules sporangifères.

D. — **Sphacelaria fœcunda** Sauvageau mscr.

J'ai rencontré cette espèce sur un *Cystophora retroflexa* de l'Herbier du Muséum (Victoria, Australie, ex Areschoug) et sur un *Cystophora scalaris* de la même collection (Australie, F. von Mueller). Elle a beaucoup de ressemblance avec les deux espèces précédentes, mais elle est plus grande (2-3 millimètres), plus ramifiée, et les sporanges pluriloculaires, nombreux, sont disposés simultanément comme dans le *S. bracteata* et le *S. pygmæa* (fig. 9, C). Elle est parasite entre les cellules périphériques de l'hôte.

Les filaments dressés ont 20 μ de largeur dans leur région moyenne. Les articles secondaires, aussi hauts ou plus hauts que larges, restent simples ou prennent une cloison longitudinale, rarement deux. Les poils, assez nombreux, surmontent une cellule basilaire comme dans le *S. bracteata*, souvent 2-4 cellules (fig. 9, D, F) ou même davantage (fig. 9, E); on voit mieux que dans les deux espèces précédentes qu'ils sont le prolongement de l'axe; le sphacèle dont ils se sont séparés s'infléchit ensuite sur le côté (fig. 9, G), et les filaments primaires ou secondaires sont disposés en zigzag parfois très apparent, comme il convient à un sympode. Les cellules sous-jacentes au poil peuvent se cloisonner longitudinalement, et l'on voit sur la figure 9, F, que l'une d'elles a produit une jeune ramification fructifère. Les poils sont larges de 10-16 μ, et les cellules adultes ont 80-130 μ; leur gaîne, bien visible, en est nettement séparée; elle semble persister un certain temps après leur mort. Les deux dessins *l* et *m* de la figure 9, C, représentent deux plantes où l'on reconnaît facilement le sympode principal; parfois l'axe est plus net, lorsque ce sympode porte seulement des branches courtes; d'autres fois, il l'est moins, lorsque les branches sont longues, peu divariquées, et elles-mêmes à ramification sympodiale.

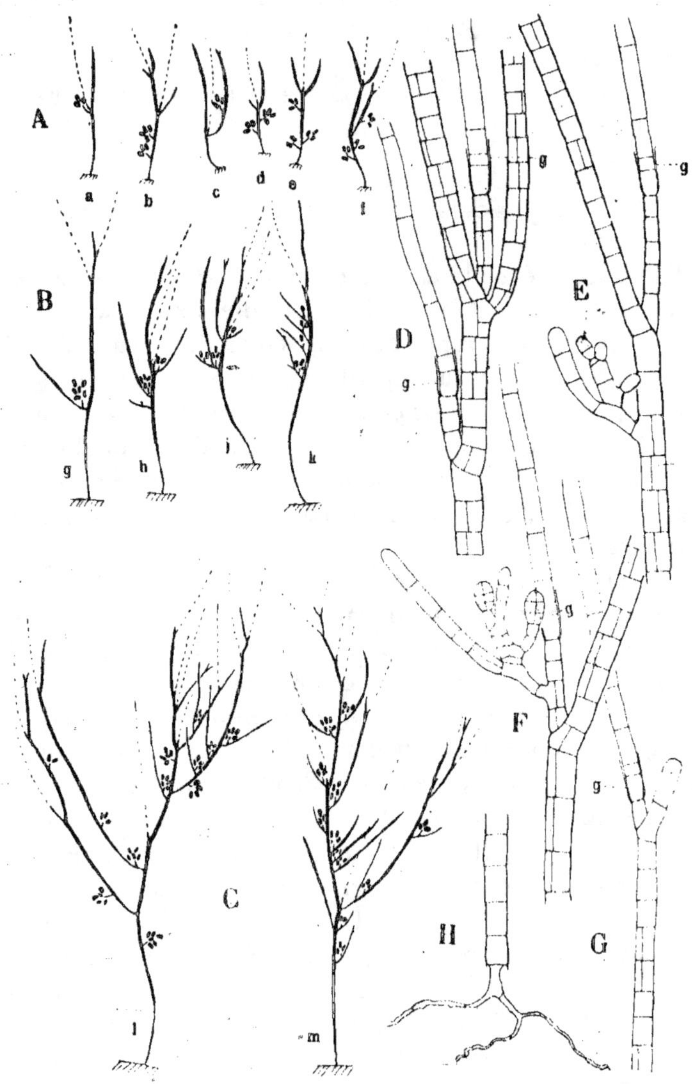

Fig. 9. — *A (a à f)*, *Sphacelaria pygmæa* Lenormand. — *B (g à k)*, *Sphacelaria bracteata* Sauv. — *C (l et m)*, *Sphacelaria fæcunda* Sauv. (*A, B, C*, Gr. 30 ; les poils sont indiqués par un trait pointillé.)

Sph. fæcunda. — *D à G*, Portions de filaments montrant les poils pédicellés. — *E, F*, Jeunes grappes fructifères naissant comme dans le *S. bracteata* ; celle de *F* est portée par le pédicelle du poil. — *H*, Extrémité inférieure d'un filament brisé, poussant un rhizoïde. (*D à H*, Gr. 200 ; *g*, gaîne du poil.)

Les sporanges pluriloculaires se développent en arbuscules par le procédé décrit et figuré pour le *S. bracteata.* Mais la cellule qui en est l'origine prend naissance tantôt à la base d'une branche (« bractée »), comme dans le *S. bracteata,* tantôt sur un article secondaire supérieur quelconque, comme dans le *S. pygmæa.* Les arbuscules de huit à dix sporanges ne sont pas rares; ceux qui s'élèvent directement de la plante hospitalière sont souvent les plus fournis. Les sporanges mûrs ont 28-32 μ sur 22-26 μ.

J'ai trouvé dans une touffe un paquet de filaments, brisés vers leur base, maintenus entre eux et à la plante hospitalière par une Myxophycée grêle, longue et enchevêtrée. Or, presque tous avaient produit à leur extrémité inférieure un rhizoïde grêle, plus ou moins ramifié (fig. 9, *H*). Ce phénomène n'est pas rare chez les Sphacélariacées, mais il est intéressant chez une plante parasite, et laisse supposer que le parasitisme ne lui est pas indispensable.

Les trois espèces *S. pygmæa, S. bracteata* et *S. fœcunda* sont très voisines l'une de l'autre. Leur couleur brun clair est la même sur les échantillons d'herbier; elles sont parasites, à filaments enfoncés non en masse, mais indépendamment, entre les cellules périphériques de l'hôte; les filaments dressés sont des sympodes; leur largeur, la hauteur des articles secondaires, l'épaisseur relativement grande de leurs parois, les dimensions des sporanges pluriloculaires, sont fort peu différentes. Les caractères distinctifs sont donc surtout la différence de taille, l'importance du pédicelle des poils, et particulièrement l'insertion des arbuscules sporangifères. On pourra être tenté de les considérer seulement comme des états ou des formes d'une seule espèce, et la preuve de leur indépendance serait difficile à donner, car il s'agit de plantes étudiées en faible quantité et récoltées sans indication de saison, de conditions d'existence, etc. Mais les espèces de *Sphacelaria* ont été jusqu'à présent trop réunies, trop synthétisées, et la séparation de ces trois espèces aura au moins l'avantage d'attirer sur elles l'attention d'algologues plus à même d'en faire une étude approfondie. D'ailleurs, j'ai trouvé dans les touffes de *S. bracteata* d'assez nombreux filaments jeunes, encore stériles ou à peine fructifiés, dont la taille égalait ou dépassait celle du *S. pygmæa;* celui-ci ne serait donc pas un état jeune du premier. De plus, la structure commune des arbuscules sporangifères ne peut être invoquée pour réunir ces trois espèces en une seule, car nous la retrouverons dans une autre espèce australienne, bien distincte, le *S. chorizocarpa,* qui possède en outre des sporanges uniloculaires disposés en sympode latéral comme ceux du *S. Borneti.*

Sphacelaria fœcunda Sauvageau. — Plante parasite, formant des touffes de 2-3 mm. de hauteur. Filaments endophytes pénétrant isolément entre les cellules périphériques de l'hôte. Filaments dressés raides, de 20 μ de largeur. Articles secondaires à parois latérales épaisses, aussi hauts ou plus hauts que larges, simples ou divisés une fois, rarement deux fois, suivant la hauteur. Poils de 10-16 μ, à cellules adultes de 80-130 μ, portés par un pédicelle uni ou pluricellulaire persistant. — Sporanges pluriloculaires irrégulièrement cylindriques, de 28-32 μ sur 22-26 μ. Arbuscules sporangifères portés soit à la base d'une branche, soit sur un article quelconque, ou s'élevant directement de la surface de l'hôte. Sporanges uniloculaires et propagules inconnus.

Hab. Parasite sur les Fucacées (*Cystophora retroflexa* et *C. scalaris*). Australie (Victoria).

Voisin des *S. pygmæa* et *S. bracteata.*

CHAPITRE V. — SPHACELARIA BORNETI Hariot
ET ESPÈCES VOISINES.

A. — **Sphacelaria Borneti** Hariot.

M. Hariot a vu le *S. Borneti* en 1883, sur une coquille de moule rapportée de la Terre-de-Feu [87, p. 57, et 88, p. 38]; elle y était en très petite quantité, et actuellement la plante originale est représentée seulement par deux préparations microscopiques, d'ailleurs assez maigres, l'une de M. Hariot, l'autre de M. Bornet; je les eues toutes les deux entre les mains.

Les filaments dressés ont (1) une largeur de 20-25 μ; les articles, relativement courts, assez fréquemment divisés par deux cloisons longitudinales, parfois même trois, ont 16-26 μ de

---

1. Les mesures prises par moi ne correspondent pas absolument à celles données par M. Hariot [87; 88]. — Il n'est pas inutile de faire remarquer que la plante du Cap Horn a 2 mm. de hauteur comme le dit M. Hariot dans son Mémoire de 1888, et non 2 cent., comme, par lapsus, il l'avait imprimé antérieurement [87].

hauteur. Le thalle rampant est irrégulier, formé de filaments enchevêtrés qui peuvent s'écarter en longs stolons sur lesquels croissent des filaments dressés. Les sporanges uniloculaires, décrits par l'auteur comme portés unilatéralement sur des rameaux spéciaux, sont en réalité sympodiques, le rameau fructifère n'étant autre chose que les pédicelles des sporanges successifs placés bout à bout. Cette distinction morphologique n'est pas sans importance : les sporanges pectinés de l'*Ectocarpus Hincksiæ*, par exemple, sont monopodiaux, ceux du *S. Borneti* sont sympodiaux. Les sporanges mûrs m'ont paru mesurer 32-36 μ sur 24-28 μ. La plante de la Terre-de-Feu devait être âgée, car plusieurs des cellules constituant le sympode avaient produit, dans la cavité de 1-2-3 sporanges vidés, un nouveau sporange dont le pédicelle était l'amorce d'un nouveau sympode ; il en résultait une disposition de l'appareil fructifère en arbuscules à branches sympodiales assez compliqué. Les sporanges pluriloculaires se voient sur les mêmes individus et sont isolés.

B. — **Sphacelaria Borneti** Reinke.

M. Reinke [90, p. 208 et 91,2, p. 15 et pl. V] rapporte au *S. Borneti* une plante plus haute (2 à 5 mm.), parasite sur de grandes Fucacées australiennes (*Cystophora*, etc.), dans le thalle desquelles elle pénètre assez profondément. L'auteur n'en donne pas les mesures, mais d'après les grossissements indiqués par les figures 2 et 3 [91,2, p. 37], la plante d'Australie paraît notablement plus large que celle de la Terre-de-Feu. Les sporanges uniloculaires sont disposés, dit l'auteur, comme dans le *S. Borneti*, et les sporanges pluriloculaires sont portés sur les mêmes filaments, par des pédicelles simples ou ramifiés. L'auteur rattache à cette espèce, comme variété, le *S. affinis* de Dickie, qui atteint 12 m m. de hauteur.

Le caractère sur lequel se fonde M. Reinke pour réunir ces plantes au *S. Borneti* est la disposition des sporanges uniloculaires. Bien que je connaisse la plante de M. Reinke seulement par sa description, je ne serais pas surpris qu'elle fût distincte de celle de M. Hariot, dont les dimensions tout au moins sont différentes. Par plusieurs de ses caractères, elle se rapproche bien plus de l'espèce que j'appelle plus loin *S. Reinkei*, si elle n'est pas identique.

C. — Sphacelaria sympodicarpa Sauvageau mscr.

La plante que j'appelle *S. sympodicarpa* est très voisine du *S. Borneti*. J'en ai trouvé une touffe encore jeune sur une coquille de Triton recueillie dans un casier à langoustes à Guéthary, le 15 août 1898. Le 15 septembre suivant, un *Cystoseira fibrosa* dragué, long de plus d'un mètre, en présentait de nombreux petits gazons, très denses, de 1-2 mm. de hauteur parfois 2,5 mm., dispersés sur l'axe principal, et mélangés au *Sphacelaria Plumula*.

Le *S. sympodicarpa,* nullement parasite, pénètre cependant légèrement entre les cellules du *Cystoseira* dans les points où l'épiderme est détruit. Le thalle rampant est formé de stolons irréguliers serrés l'un contre l'autre (fig. 10, *H*) qui portent des rhizoïdes, ou même se terminent en rhizoïdes s'enchevêtrant entre eux ; parfois ils s'étalent sur le substratum en se cloisonnant et imitent un commencement de disque. La figure 10, *B,* représente une germination trouvée dans une touffe ; le stolon rampant est dans le prolongement du filament dressé.

Les filaments dressés (fig. 10, *A*), étroits, raides, atténués vers le sommet, sont peu et irrégulièrement ramifiés, à rameaux non différents des filaments primaires. Lorsque la plante vieillit, de nouvelles branches, longues et plus ou moins ramifiées, s'élèvent des cellules de la région inférieure, et lui donnent un aspect plus touffu que dans la figure 10, *A*. Les parois latérales sont assez épaissés, sans l'être autant que dans les espèces du groupe *bracteata,* mais leur face interne y est beaucoup plus nette. Les filaments ont 13-19 µ de largeur ; toutefois, un filament tronqué s'allonge ensuite généralement en un autre plus étroit. Je n'ai vu aucun poil. En général, la hauteur des articles secondaires est 1-1 1/2 fois la largeur, mais fréquemment, vers le sommet des filaments, ils deviennent plus courts, et n'ont plus que les 3/4 de la largeur. Ceux de la base des filaments sont simples ; plus haut, ils prennent souvent une cloison longitudinale, rarement deux ; si l'article qui produit une branche est cloisonné suivant la longueur, il prend souvent une demi-cloison transversale, comme on le voit sur la figure 10, *J;* les

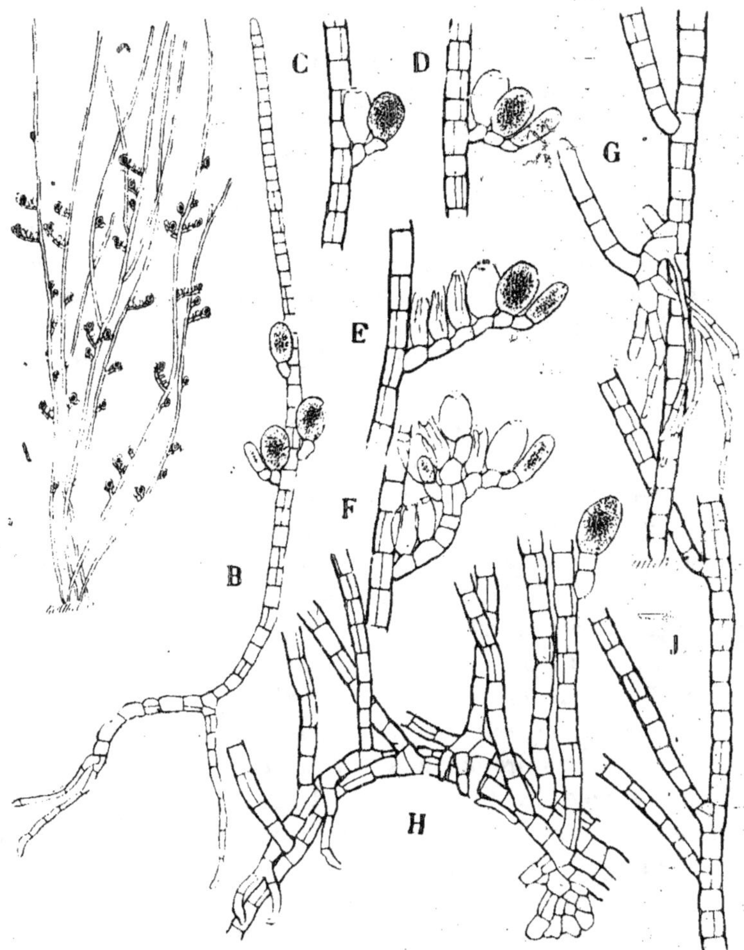

Fig. 10. — *Sphacelaria sympodicarpa* Sauv. — *A,* Quelques filaments isolés pour montrer le port de la plante, sa ramification irrégulière, et la disposition générale des sporanges. (Gr. 40.) — *B,* Germination trouvée dans la nature. (Gr. 150.) — *C, D, E, F,* Différents états du sympode sporangifère. — *G,* Rhizoïdes. — *H,* Portion d'un thalle rampant. — *J,* Portion d'un filament dressé portant trois branches, montrant la demi-cloison transversale. (*C* à *J,* Gr. 200.)

articles qui fournissent les sympodes fructifères ne présentent pas cette particularité.

Les branches et les sporanges sont distribués sans ordre. Un sporange qui naît sur un filament est porté par un pédicelle unicellulaire redressé; d'abord cylindrique, il s'arrondit tardivement, comme dans le *S. pulvinata,* et mesure 32-40 μ, parfois 44 μ sur 24-32 μ. Puis, son pédicelle pousse latéralement une protubérance qui devient le pédicelle d'un second sporange, et ainsi de suite; j'en ai vu jusqu'à huit placés bout à bout, et l'apparence est celle d'un rameau latéral sur lequel croissent des sporanges sessiles. La paroi des sporanges vidés persiste longtemps, et la figure 10, *E,* représente un cas fréquent : à l'extrémité du sympode est un sporange jeune, presque cylindrique; en arrière, un sporange mûr prêt à la déhiscence; le troisième est ouvert, mais à paroi très ferme; les trois autres, plus anciens, ont une paroi flasque, et le plus voisin de l'axe ne tardera pas à disparaître. On ne trouve pas deux sporanges d'égale maturité l'un près de l'autre (1). Si une cellule du sympode sporangifère prend une cloison longitudinale (fig. 10, *F*), chacune des cellules formées peut produire un sympode latéral et la ramification se complique. Il est possible que, sur des individus plus âgés, on trouve des arbuscules sporangifères composés de sympodes, comme sur la plante de M. Hariot.

Bien que j'aie détaché un fragment de chacune des nombreuses touffes que portait le *Cystoseira,* je n'ai vu ni propagules ni sporanges pluriloculaires.

Des rhizines ramifiées descendent parfois des cellules inférieures des filaments dressés; il m'a semblé que, une fois arrivées sur le substratum, elles peuvent ramper, grossir, et se transformer en stolons producteurs de filaments dressés.

Le *S. sympodicarpa,* très voisin du *S. Borneti* de M. Hariot, s'en distingue par un aspect plus grêle et un peu plus raide, la moindre largeur des filaments, le moindre cloisonnement longitudinal des articles, et la taille un peu plus grande des sporanges uniloculaires. Les mêmes différences sont encore plus accentuées avec le *S. Borneti* de M. Reinke. De plus ces deux espèces présentent sur un même individu des sporanges uniloculaires et des sporanges pluriloculaires, tandis que ceux-ci sont inconnus chez le *S. sympodicarpa.*

---

1. Sur la fig. 3 (*loc. cit.*) de la plante rapportée par M. Reinke au *S. Borneti,* les sporanges placés côte à côte paraissent également mûrs; c'est sans doute un lapsus attribuable au faible grossissement du dessin. De même dans les dessins 1 et 2 (Pl. IV, *loc. cit.*) de M. Hariot, tandis que la figure 3 est exacte.

Sphacelaria sympodicarpa Sauvageau. — Plante formant de petites touffes ou d'étroits gazons de quelques millimètres de diamètre, très denses. Filaments rampants enchevêtrés. Filaments dressés peu et irrégulièrement ramifiés, raides, longs de 1-2,5 millim., larges de 13-19 μ, légèrement atténués vers le sommet, dépourvus de poils, à branches semblables à l'axe. Articles secondaires hauts de 1-1 1/2 fois la largeur, simples ou divisés par une cloison longitudinale, rarement deux. — Sporanges uniloculaires de 32-44 μ sur 24-32 μ, distribués sans ordre sur les filaments, portés par un pédicelle unicellulaire dépendant d'un sympode sporangifère généralement simple, parfois composé. Sporanges pluriloculaires et propagules inconnus.

Hab. — Au-dessous du niveau de la basse mer, sur coquille de Triton et sur *Cystoseira fibrosa*. Guéthary (Basses-Pyrénées), Août et Septembre 1898.

Voisin du *S. Borneti* Hariot et du *S. chorizocarpa* Sauvageau.

D. — **Sphacelaria chorizocarpa** Sauvageau mscr.

Un grand exemplaire de *Cystophora monilifera* de l'Herbier Thuret (Busselton, Geographe Bay, Coll. P. F. Pries) portait de très nombreuses touffes de cette espèce parasite. Les touffes, olivacées, de 2-3 1/2 millimètres de hauteur, peu denses, formées de filaments grêles et souples, avaient, à l'œil nu, l'apparence d'un *Ectocarpus*.

Les filaments, larges de 16-20 μ, sont cylindriques ou à peine atténués au sommet ; leur paroi est moins épaisse que dans le *S. sympodicarpa,* et les articles hauts de 24-60 μ sont plus longs ; ils sont simples ou présentent une cloison longitudinale, mais je n'en ai jamais vu deux ; ces conditions rendent la plante plus flexible, plus souple. Certaines cellules, vers le sommet des filaments, sont parfois moins hautes que larges, mais elles sont peu nombreuses. Les branches, identiques aux filaments qui les portent, naissent irrégulièrement, sont longues et peu nombreuses, ou même manquent ; l'article sur lequel elles s'insèrent (fig. 11, *J*) prend souvent une demi-cloison transversale, comme dans le *S. sympodicarpa.*

Les poils sont peu abondants, et beaucoup de filaments en manquent ; ils sont insérés directement sur le filament (fig. 11, *L*), ou portés par une ou deux cellules (*K*, *C*), comme dans le *S. bracteata ;* leur gaîne, moins écartée du poil que ne l'indiquent les dessins *C*, *K*, *L*, est surtout visible par les réactifs colorants. Quand on les observe vers le sommet des filaments, on les voit situés dans leur prolongement, et la branche sympodiale qui est au-dessous est nettement inclinée (fig. 11, *K*, *L*). Ils sont larges du 10-12 μ. et les cellules adultes ont 60 μ; je les ai toujours vus courts, soit qu'ils le fussent réellement, soit que la plante eût été mal conservée.

Le *S. chorizocarpa* est parasite; ses filaments, relativement espacés, sont insérés entre les cellules périphériques du *Cystophora*, mais ne pénètrent pas au-dessous. Il doit donc se propager par des filaments circulant entre ces cellules, parallèlement à la surface de l'hôte.

Il porte des sporanges uniloculaires disposés comme ceux du *S. sympodicarpa*, et des sporanges pluriloculaires disposés comme ceux du *S. fœcunda ;* c'est pourquoi je l'ai appelé *S. chorizocarpa*. Certaines touffes portent bien uniquement l'une ou l'autre sorte de sporanges, mais ils sont mélangés sur d'autres touffes, et plus rarement sur un même filament.

Les sympodes latéraux à sporanges uniloculaires (fig. 11, *A*, *C*) sont identiques à ceux du *S. sympodicarpa ;* les sporanges mesurent 36-40 μ sur 24-28 μ. Parfois (*B*), une branche se termine par un sporange, et dans ce cas la cellule qui le supporte se prolonge latéralement en sympode fructifère. Du thalle hospitalier s'élèvent souvent de très courts filaments qui se comportent de même.

Les sporanges pluriloculaires, irrégulièrement cylindriques, de 36-48 μ sur 24-32 μ, présentent les différents modes d'origine décrits à propos du *S. fœcunda,* mais j'ai toujours trouvé leurs grappes très peu fournies. La cellule origine de la grappe se développe directement sur le filament et reste isolée (fig. 11, *D*), ou bien produit à sa base une autre cellule semblable (*E*, *F*) ou une « bractée » (*G*, *H*), qui reste généralement plus courte que dans les *S. bracteata* et *fœcunda.* Les dessins *G* et *H* représentent un cas très fréquent. Lorsque ces bractées sont nombreuses et d'une certaine longueur, les filaments paraissent plus ramifiés que ceux à sporanges uniloculaires.

Le *S. chorizocarpa,* très voisin du *S. sympodicarpa,* en diffère par son parasitisme, par ses filaments plus longs, peu ou point atténués, à articles plus longs et à parois moins épaisses,

par ses poils, par la présence de filaments à sporanges pluriloculaires dans les mêmes touffes que les filaments à sporanges
uniloculaires. Le *S. Borneti* Hariot a des filaments plus larges,

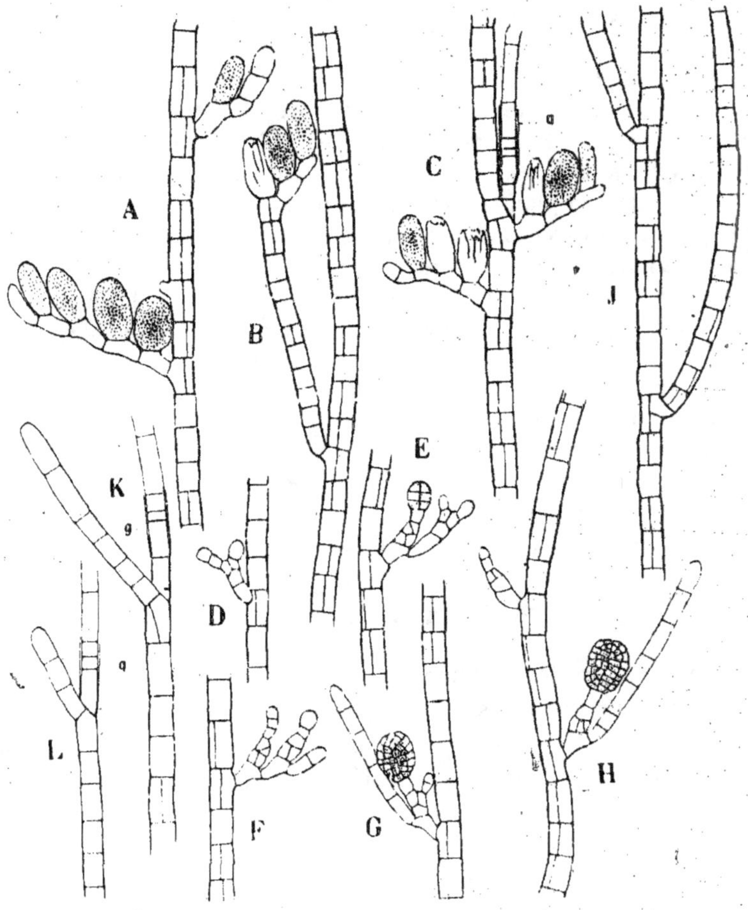

Fig. 11. — *Sphacelaria chorizocarpa* Sauv. — *A, B, C*, Fragments de filaments montrant
différents états du sympode à sporanges uniloculaires. — *D, E, F, G, H*, Différents
modes d'insertion des arbuscules de sporanges pluriloculaires; *D, E, F* représentent des
états jeunes. — *J*, Fragment de filament montrant la demi-cloison transversale de l'insertion des branches. — *K, L*, Sommet de filaments terminés par un poil. (*A* à *L*, Gr.
200; *g*, gaîne du poil.)

à articles plus divisés suivant la longueur, et ses sporanges
pluriloculaires sont insérés directement sur les filaments par un
court pédicelle. Il se rapproche aussi des *S. pygmæa, bracteata* et *fœcunda*, par les dimensions et la situation des sporanges

pluriloculaires, mais ces espèces, moins hautes, à parois plus épaisses, ont une allure raide que n'ont pas les filaments du *S. chorizocarpa.*

Sphacelaria chorizocarpa Sauvageau. — Plante parasite formant des touffes olivâtres (sur le sec), de 2-3 1/2 mm. de hauteur, lâches et souples, à filaments pénétrant isolément entre les cellules périphériques de l'hôte. Filaments dressés cylindriques, larges de 16-20 μ, à peine atténués au sommet, peu et irrégulièrement ramifiés, à branches longues, semblables à l'axe. Articles secondaires à parois minces, hauts de 1-3 fois la largeur, simples ou divisés par une cloison longitudinale. Poils peu nombreux, parfois absents, larges de 10-12 μ, à cellules longues de 60 μ, sessiles ou pédicellés. — Sporanges uniloculaires de 36-40 μ sur 24-28 μ, distribués sans ordre sur les filaments, portés par un pédicelle unicellulaire dépendant d'un sympode sporangifère. Sporanges pluriloculaires irrégulièrement cylindriques, de 36-48 μ sur 24-32 μ ; arbuscules sporangifères peu fournis, portés soit à la base d'une branche fructifère, soit sur un article quelconque. Propagules inconnus.

Hab. — Parasite sur les Fucacées (*Cystophora monilifera*), Australie (Géographe Bay).

Voisin des *S. sympodicarpa, S. Borneti* et *S. fœcunda.*

E. — Sphacelaria Reinkei Sauvageau mscr.

Cette espèce formait une dizaine de touffes rapprochées l'une de l'autre sur une grosse branche d'un *Cystophora subfarcinata* de l'Herbier Thuret (Georgetown, Tasmanie, F. von Mueller ded.); ces touffes, en pinceau quand elles sont jeunes, sont sphériques à l'âge adulte, mesurent 5-6 millimètres de rayon, et sont alors insérées par une base étroite.

Le *S. Reinkei* est nettement parasite; sa base pénètre en faisceau compact dans le tissu hospitalier, jusqu'au niveau des cellules à parois épaisses qui constituent la masse centrale de ce *Cystophora;* les filaments endophytes sont étroits (15-20 μ), généralement monosiphoniés, parallèles et accolés l'un à l'autre ; ceux du centre pénètrent un peu plus profondément, mais je ne les ai pas vu envoyer de prolongements dans le thalle hospitalier, et les touffes sont indépendantes.

Les filaments dressés diminuent graduellement de largeur de la base au sommet, à chaque ramification. Dans leur partie inférieure, ils mesurent généralement 45-60 μ de diamètre, tandis que les pousses indéfinies de la périphérie mesurent seulement 20-30 μ. On ne peut faire de distinction générale en axe et rameaux, car la ramification paraît être, au premier abord, une dichotomie égale. En effet, lorsqu'un sphacèle a fourni un certain nombre d'articles, il produit un poil, puis le filament se continue obliquement; mais la cellule située au-dessous de l'insertion du poil produit un rameau de même diamètre que le filament. Le filament et le rameau laissent entre eux un angle de 40-60°, et le poil reste inséré au fond de cette fourche. De sa base à son sommet, chaque filament de la touffe, d'aspect dichotome, est donc un sympode qui émet autant de branches qu'il entre d'axes successifs dans sa constitution; chaque branche étant à son tour l'origine d'un sympode nouveau. On verra plus loin que la branche se distingue assez facilement par la forme de l'article qui lui a donné naissance. Ces branches manquent parfois, et il s'en produit aussi d'autres qui naissent des articles secondaires supérieurs, à des niveaux quelconques, et compliquent la ramification; l'angle de celles-ci est plus variable.

Les poils mesurent 8 μ de largeur, et leur grande différence de diamètre avec les filaments les fait encore paraître plus étroits. Bien que j'en aie vu un grand nombre, je les ai toujours trouvés très-courts, réduits à 2-3 cellules entourées d'une gaîne (fig. 12, *C, E*), et les *S. Reinkei* que j'ai étudiés étant en bon état de conservation, il est possible que, même sur les plantes vivantes, les poils se tronquent de bonne heure.

La plupart des rameaux sont terminés par un sphacèle court, mais très net, et ces rameaux, approximativement cylindriques, sont des pousses indéfinies (Langtriebe). Mais on en trouve d'autres, moins nombreux, qui se terminent en pointe, et ne diffèrent des précédents que vers leur sommet, où il portent des poils bien plus rapprochés, et sans se ramifier (fig. 12, *C*); parfois même, les poils, dont la présence indique des portions du sympode, sont séparés seulement par deux articles secondaires; ce sont des pousses définies (Kurztriebe).

Les articles secondaires sont généralement moins hauts que larges (fig. 12, *A, B*). Leur cloisonnement ressemble beaucoup à celui du *S. radicans*. Chaque article prend plusieurs cloisons longitudinales, puis chaque cellule se cloisonne une fois trans-

versalement, vers son milieu, et souvent, mais moins régulièrement, chaque nouvelle cellule se cloisonne à son tour transversalement. Toutes ces cloisons sont fermes et relativement
épaisses. Mais les articles secondaires supérieurs présentent une
importante particularité : les cloisons longitudinales laissent
une cellule, plus large que les voisines, qui ne se divisera pas
transversalement, du moins en même temps que les autres; elle
est généralement remplie d'un composé brun tannifère, fait par-

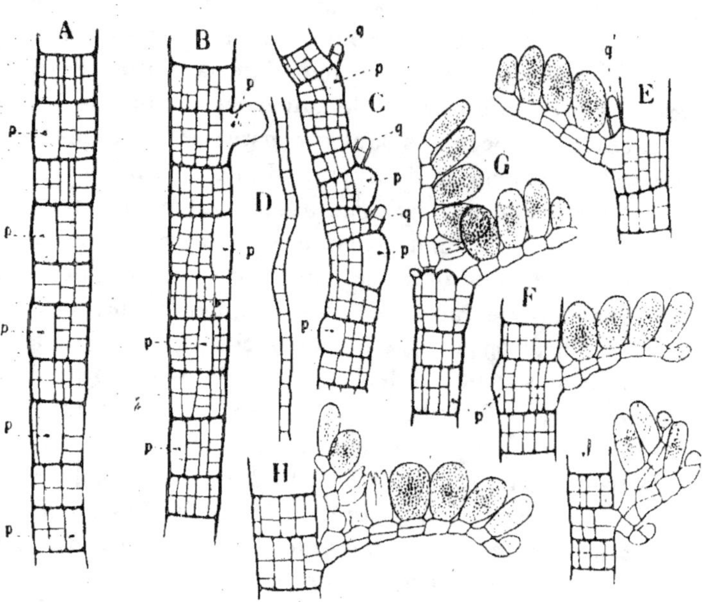

Fig. 12. — *Sphacelaria Reinkei* Sauv. — *A*, *B*, Portion de filament montrant le cloisonnement des articles. — *C*, Fragment d'une pousse définie, pris près du sommet. — *D*, Un
rhizoïde isolé. — *E* à *J*, Différents sympodes de sporanges uniloculaires. (*A* à *J*, Gr. 200;
p, péricystes, teintés par un pointillé ; *q*, poils.)

fois légèrement saillie latéralement et correspond aux *péricystes*
du *S. radicans*. Un article a rarement deux péricystes (fig. 12,
F). Les péricystes sont l'origine des rhizoïdes, des branches et des
sympodes fructifères; on les a indiqués par la lettre *p* sur la
figure 12. Toutefois, il n'est pas rare que les péricystes des articles d'un certain âge prennent deux cloisons en croix, mais on les
reconnaît cependant à leur contenu tannique dense et à la moindre épaisseur de ces cloisons. Ils se cloisonnent toujours quand

ils fournissent les productions latérales. Fréquemment, dans la portion supérieure des pousses définies, le péricyste sous-jacent à un poil se renfle, bien qu'il ne produise pas de branche, et rejette sur le côté les articles situés au-dessus. Si plusieurs poils successifs naissent du même côté, ces péricystes augmentent la convexité du sympode (fig. 12, *C*); s'ils naissent alternativement à gauche et à droite, ils exagèrent sa disposition en zigzag. Dans les pousses indéfinies, le péricyste sous-jacent à un poil se renfle aussi avant de produire le rameau, puis plus tard se cloisonne plusieurs fois; le rameau adulte se distinguera de l'axe, précisément parce qu'il est inséré sur le côté large de l'article secondaire.

Les rhizoïdes sont abondants dans la partie inférieure de la plante; ils sont étroits, à parois épaisses, et à cellules courtes (fig. 12, *D*), simples ou cloisonnées longitudinalement. Ils descendent le long des filaments, sans s'accoler à eux, et enveloppent leur base comme d'un manchon, sans s'entrecroiser ni s'enchevêtrer autant que dans certaines autres espèces. Je ne les ai pas vu porter de filaments ni de sporanges.

Les sporanges uniloculaires, disposés comme dans les espèces précédentes, ont aussi les mêmes dimensions : 35-45 µ, sur 24-28 µ. Un premier sporange naît toujours d'un péricyste ordinaire (fig. 12, *F, H, J*) ou d'un péricyste situé au-dessous d'un poil et qui n'a pas produit de rameau (fig. 12, *E*); le sympode, souvent perpendiculaire au filament, fait un angle variable. Sur certains filaments, les sympodes sporangifères sont très abondants, et la plupart des articles secondaires supérieurs en portent. Tandis que, dans les espèces précédentes, les cellules constituant le sympode restaient simples, dans le *S. Reinkei*, les plus âgées prennent une cloison horizontale, parfois même une cloison verticale (fig. 12, *E, F*). Ces sympodes se ramifient de façon variée (fig. 12, *H, J*). Enfin, les filaments tronqués poussent quelquefois dans leur prolongement 1-2-3 branches, chaque cellule intacte de la troncature pouvant en produire une; d'autres fois, ils produisent des sympodes sporangifères dressés ou diversement inclinés (fig. 12, *G*). Je n'ai vu ni propagules ni sporanges pluriloculaires.

La plante renferme une grande quantité du composé tannique brun. Le sphacèle en est toujours pourvu, et les péricystes forment sous le microscope de larges taches brunes; parfois les péricystes le cèdent à la production latérale dont ils sont l'origine, parfois le conservent; les cellules des sympodes sporangifères en renferment aussi, et enfin, au centre des sporanges mûrs, on trouve toujours une tache brune ayant approximativement là position et les dimensions que pourrait avoir un noyau cellulaire. La substance tannifère ne peut être considérée seulement comme une matière d'excrétion; elle est aussi une substance de réserve.

Le *S. Reinkei*, que je suis heureux de dédier au savant qui, dans ces derniers temps, a fait faire le plus de progrès à l'étude des Sphacélariacées, se rapproche des espèces précédentes par la disposition des sporanges uniloculaires, mais s'en éloigne nettement par la plus grande complexité de l'appareil végétatif; il est notablement plus élevé en organisation par sa différenciation en pousses indéfinies et en pousses définies; le cloisonnement des articles correspond à celui du *S. radicans.* Parmi les espèces à sympode sporangifère, c'est du *Sphacelaria* rapporté par M. Reinke [91, 2, pl. V, fig. 1-3] au *S. Borneti* qu'il paraît le plus voisin. Celui-ci est également parasite, à partie endophyte compacte; ses filaments dressés sont larges, à articles divisés longitudinalement et probablement transversalement; ses rhizoïdes sont longs, grêles, corticants, à parois épaisses et à cellules courtes. Mais l'espèce de M. Reinke porte en même temps des sporanges pluriloculaires, et les articles secondaires, s'ils sont divisés transversalement, le sont moins fréquemment [*loc. cit.,* fig. 2] que ceux du *S. Reinkei*. Il est difficile de se prononcer sur l'indépendance des deux plantes, car l'auteur, croyant sa plante identique à celle de M. Hariot, en a donné une description qui ne contient pas suffisamment de détails de structure pour permettre une détermination précise.

Sphacelaria Reinkei Sauvageau. — Plante parasite, formant des touffes sphériques de 5-6 mm. de rayon, indépendantes les unes des autres. Partie endophyte étroite, nettement limitée du substratum, formée de filaments étroits, parallèles, serrés en masse compacte. Filaments dressés d'apparence dichotome, de 45-60 μ de largeur à la base, de 20-30 μ au sommet sur les pousses indéfinies; pousses définies terminées en pointe. Rameaux naissant de l'article situé au-dessous d'un poil, ou d'un autre article secondaire supérieur. Poils étroits, de 8 µ de diamètre, probablement toujours courts, et situés dans l'angle d'une bifurcation. Articles secondaires généralement moins hauts que larges, à plusieurs cloisons longitudinales et cloisonnés au moins une fois transversalement. Articles secondaires supérieurs gardant généralement un péricyste indivis, tannifère; rameaux, rhizoïdes et sympodes sporangifères naissant des péricystes. Rhizoïdes nombreux à la base de la plante, descendant le long des filaments sans y adhérer, et finalement formant un manchon. — Sporanges uniloculaires de 35-45 µ sur 24-28 µ, portés par un pédicelle d'abord unicellulaire, puis cloisonné, dépendant d'un sympode sporangifère simple ou composé. Sporanges pluriloculaires et propagules inconnus.

Hab. — Parasite sur les Fucacées (*Cystophora subfarcinata*), Tasmanie (Georgetown).

Voisin du *S. Borneti* Reinke non Hariot.

F. — **Sphacelaria spuria** Sauvageau mscr.

Le *S. spuria* formait plusieurs mèches d'un brun roux, d'un centimètre de hauteur ou un peu plus, sur un *Cystophora botryocystis* de l'Herbier Thuret (Harvey, Australian Algæ, Brighton Beach, Port Phillip).

Il a le port bien connu d'un *S. Plumula*, mais est moins étalé (fig. 13, *A*). On y distingue des axes, ou pousses indéfinies, portant des rameaux pennés courts qui sont des pousses définies, mais dont certains se transforment aussi en pousses indéfinies. Ce qui sera dit plus loin avec détails sur la ramification du *S. Plumula*, pris comme type des espèces pennées, peut s'appliquer au *S. spuria*. Mais, si la ramification pennée est le cas très général, elle n'est pas absolument constante; on voit parfois, en effet, les rameaux, qui jusque-là étaient pennés, naître suivant une hélice (sans qu'il y ait torsion de l'axe), puis reprendre le mode penné. Une particularité qui frappe aussi tout d'abord, c'est la fréquente inégalité de hauteur des articles secondaires supérieurs et inférieurs. Les articles supérieurs, qui comme d'habitude sont les articles fertiles, sont souvent moins hauts que larges (fig. 13, *B*, *H*), tandis que les articles secondaires inférieurs sont généralement notablement plus hauts, parfois presque deux fois plus hauts que larges; cette différence de taille se constate, sur les pousses indéfinies, dès le cloisonnement transversal de l'article primaire, comme on le voit sur la figure 13, *C*, et n'est pas due à un allongement ultérieur. Cette particularité, très nette suivant toute la longueur de la plupart des pousses indéfinies, l'est beaucoup moins sur quelques autres.

Les rameaux, généralement courts (fig. 13, *A, B*), se terminent en pointe obtuse et portent habituellement 1-3 poils; ils sont alors plus ou moins ondulés, comme on le voit en *D*, où le rameau figuré a été choisi parmi l'un des plus petits, pour la commodité du dessin. Il est très rare que ces pousses définies soient elles-mêmes ramifiées. Les pousses indéfinies, au contraire, disposées comme les précédentes, et de même origine, sont ramifiées comme l'axe qui les porte (fig. 13, *A*); elles ne produisent jamais de poils et, par conséquent, leur ramification est monopodiale.

Sur les dessins *B* et *D*, j'ai indiqué les poils seulement par leur gaîne, mesurant 9-10 μ de diamètre, parce que les échantillons étudiés n'étant pas en parfait état de conservation, les poils avaient été en partie détruits, les cellules n'étaient plus indiquées, à l'intérieur de la gaîne, que par de petits amas protoplasmiques superposés, les membranes ayant disparu.

Le diamètre des pousses définies est très variable, mais celui des pousses indéfinies reste assez constant aux environs de 50 μ. Toutefois, les axes qui naissent directement sur le thalle rampant sont toujours très étroits à leur base, réduits même souvent à une seule série de cellules à leur point d'insertion (fig. 13, *E*), puis s'élargissent graduellement jusqu'à atteindre 50 μ.

Les articles secondaires des pousses indéfinies se divisent plusieurs fois suivant la longueur. Puis chaque cellule se cloisonne transversalement vers son milieu, et il n'est pas rare que les articles secondaires inférieurs subissent un nouveau cloisonnement transversal (fig. 13, *B, C, H*).

Les rhizoïdes sont nombreux et longs. Ils descendent le long des pousses indéfinies (fig. 13, *E, J*) d'un certain âge, se rejoignent le long des pousses indéfinies principales, et forment à la base de celles-ci un manchon feutré non adhérent, épais, dont le diamètre dépasse 160 μ, bien que le diamètre du filament lui-même soit plus réduit à ce niveau. D'après l'importance de cette cortication, on pourrait supposer que le *S. spuria* est

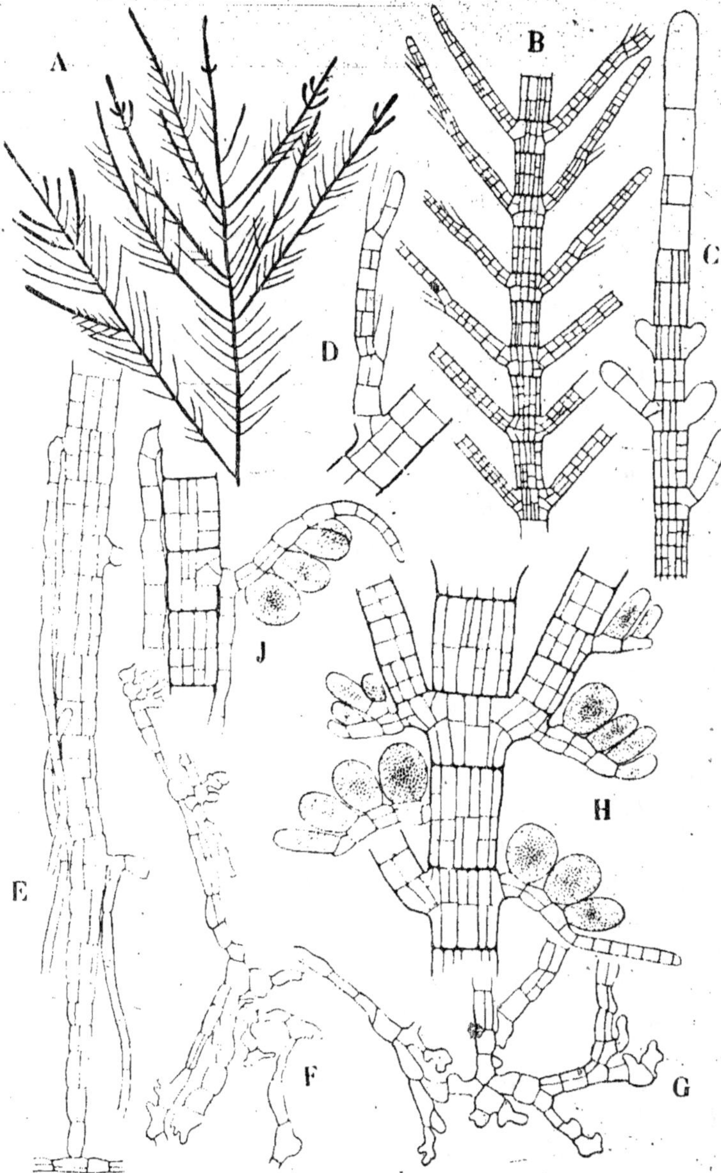

Fig. 13. — *Sphacelaria spuria* Sauv. — *A*, Un fragment de la plante, pour montrer la ramification générale. — *B*, Fragment d'une pousse indéfinie pour montrer l'inégalité de hauteur entre les articles secondaires inférieurs et supérieurs. — *C*, Sommet d'une pousse indéfinie. — *D*, Un très court rameau portant deux poils. — *E*, Partie inférieure d'un filament dressé encore jeune né sur un filament rampant. — *F*, *G*, Deux filaments du thalle rampant. — *H*, *J*, Différents cas d'insertion de sympodes sporangifères. (*A*, Gr. 15; *B*, *C*, Gr. 80; *D* à *J*, Gr. 200.)

susceptible d'acquérir une taille plus considérable que celle des échantillons que j'ai étudiés, comme celle du *S. plumigera* et du *Chætopteris plumosa,* par exemple. Comme nous l'avons vu, certains de ces rhizoïdes arrivent jusqu'au substratum, rampent à sa surface, et forment un véritable feutrage au pied de la plante. Les filaments rampants ne pénètrent pas dans le substratum ; ils sont extrêmement irréguliers (fig. 13, *F, G*), dans leurs ramifications, dans le diamètre et la forme de leurs cellules ; certaines de celles-ci émettent des digitations étalées. Ces filaments rampants produisent des filaments dressés, dont certains, bien qu'ils aient la nature d'axes, se terminent en pointe, comme les pousses définies, quand ils ont atteint deux à trois millimètres.

Les sporanges uniloculaires sont réunis par leurs pédicelles en sympode simple ou composé, dont les cellules se cloisonnent comme dans le *S. Reinkei* (fig. 13, *H, J*). Ces sympodes sporangifères apparaissent soit à la place d'un rameau qui ne s'est pas développé, et dans le plan général de ramification, soit aussi sur des articles secondaires inférieurs de l'axe, mais généralement dans la moitié supérieure de ceux-ci (fig. 13, *H*), soit enfin sur les rameaux, et, moins souvent, sur les rhizoïdes (fig. 13, *J*), et dans ce cas les sporanges peuvent être suspendus au sympode au lieu de s'appuyer sur lui. Enfin, le sympode sporangifère du *S. spuria* présente la particularité de se prolonger parfois en un filament de quelques cellules *(H, J),* qui rappelle, par son origine, la « bractée » des sporanges pluriloculaires des *S. chorizocarpa, bracteata* et *fœcunda.* Les sporanges sont tout à fait comparables à ceux des espèces précédentes ; ils sont également cylindriques quand ils sont jeunes, mais ils sont plus sphériques à l'état de maturité et mesurent alors 36-44 μ sur 32-36 μ.

Je n'ai trouvé ni propagules ni sporanges pluriloculaires.

Le *S. spuria,* que nous avons réuni aux espèces voisines du *S. Borneti,* n'a assurément d'autre rapport avec les plus inférieures d'entre elles, comme les *S. sympodicarpa* et *S. chorizocarpa,* que la disposition des sporanges uniloculaires sur un sympode latéral. Au point de vue de l'aspect général et de la ramification, il ressemble davantage aux espèces du groupe du *S. Plumula,* et en particulier au *S. plumigera* dont les articles secondaires présentent aussi des cloisons transversales, et au *S. racemosa* dont les rhizoïdes peuvent être fructifères. Les affinités du *S. spuria* sont multiples mais indécises ; la connaissance de la forme des organes pluriloculaires et des propagules aiderait peut-être à les préciser.

Sphacelaria spuria Sauvageau. — Plante formant des mèches d'un centimètre de hauteur. Thalle rampant à filaments enchevêtrés, très irréguliers dans leur ramification et dans la forme de leurs cellules, sur lesquels naissent les filaments dressés. Filaments dressés à ramification pennée ; rameaux courts, ou pousses définies, terminés en pointe et portant des poils ; rameaux longs, ou pousses indéfinies, identiques à l'axe, de 50 μ de largeur, dépourvus de poils. Articles secondaires des pousses indéfinies cloisonnés plusieurs fois longitudinalement, et au moins une fois transversalement. Articles secondaires supérieurs aussi hauts ou moins hauts que larges ; articles secondaires inférieurs généralement notablement plus hauts que larges. Rhizoïdes nombreux, corticants, enchevêtrés, formant autour de la base des filaments principaux un épais manchon feutré. — Sporanges uniloculaires de 36-44 μ sur 32-36 μ, portés par un pédicelle d'abord unicellulaire, puis cloisonné, dépendant d'un sympode sporangifère simple ou composé, qui parfois se prolonge en un court filament ; sympode porté par les articles secondaires inférieurs ou supérieurs des pousses indéfinies et définies, et parfois par les rhizoïdes. Sporanges pluriloculaires et propagules inconnus.

Hab. — Epiphyte sur les Fucacées (*Cystophora botryocystis*), Australie (Port Phillip).

Chapitre VI. — Sphacelaria radicans Auct.
et S. olivacea Auct.

Dillwyn a décrit et figuré, sous le nom de *Conferva olivacea* [9, n° 71, pl. C] et de *C. radicans* [9, n° 72, pl. C], deux plantes anglaises que C. Agardh [28, p. 29 et 30] a rangées dans le genre *Sphacelaria*. Si l'on compare la figure du *Conferva radicans* donnée par Dillwyn, avec la planche du *Phycologia britannica* de Harvey représentant le *Sphacelaria radicans*, on ne saurait douter que les deux Algues appartiennent à la même espèce. Les abondantes rhizines qui sortent des filaments du thalle, la forme et la disposition des sporanges, ne laissent aucune place à l'hésitation. Il en est tout autrement pour le *Conferva olivacea*, que Dillwyn a connu seulement à l'état stérile ; l'auteur le distingue du précédent, dont il est très voisin, par « son mode de croissance (filis... cœspitosis, implexis), ses filaments plus courts et ses articles plus longs ». Comme nous allons le voir, l'insuffisance de la description originale du *C. olivacea* fut la cause d'une grande confusion entre ces deux espèces, car, actuellement, le *S. olivacea* des auteurs anglais n'est pas le même que le *S. olivacea* des auteurs allemands. La question est complexe, et je crois nécessaire de l'exposer.

La description de ces deux plantes dans l'*English botany* [10, *C. radicans*, pl. 2138, et *C. olivacea*, pl. 2172]. n'ajoute rien à celle de Dillwyn, et les dessins sont inférieurs aux siens.

Mais, d'après Harvey [46, pl. 189], les deux espèces n'en sont qu'une, car le *S. olivacea* serait simplement plus rigide et émettrait moins de rhizoïdes, et il les réunit sous le nom de *S. radicans* (1). Il en a donné une bonne description et de bons dessins ; la plante forme des gazons denses ; ses filaments, peu et irrégulièrement ramifiés, à articles plus courts que le diamètre, émettent à différentes hauteurs de longs rhizoïdes divariqués, et portent de nombreux sporanges globuleux, sessiles, épars ou rassemblés. En outre des localités anglaises, Harvey cite comme distribution géographique : l'Islande, la mer Baltique, Helgoland (Binder !), et les Côtes de France (Chauvin !).

Vers la même époque, M. J. Agardh [48, p. 31] adopte au contraire le nom de *S. olivacea* pour le type spécifique, et conserve celui de *radicans* pour désigner une variété plus radicante du *S. olivacea*.

Grâce à l'obligeance de M. Perceval Wright, j'ai examiné, dans l'Herbier Harvey, cinq exemplaires anglais marqués *S. radicans* (dont l'un vient de Dillwyn) ou *S. olivacea*, réunis d'ailleurs sur la même feuille ou dans le même cahier, et qui correspondent bien, en effet, à une même espèce. Je n'y ai pas vu de plante d'Helgoland, mais M. Reinbold a bien voulu me communiquer deux échantillons de l'Herbier de Hambourg récoltés dans cette île par Binder, l'un sans date, l'autre en 1860, et marqués l'un et l'autre *S. olivacea* ; ils correspondent parfai-

1. Harvey dit : « ... and I consequently here unite the *S. olivacea* of authors, to the older *S. radicans* ». Or, il a sans doute fait erreur, car le *C. olivacea* est décrit par Dillwyn, p. 57, n° 71, et le *C. radicans*, p. 57 et 58, n° 72.

tement à la description du *Phycologia britannica*. Un exemplaire recueilli en 1860 ne provient assurément pas de la même récolte que celui vu par Harvey, mais c'est un sérieux indice de l'exactitude de la détermination faite par l'algologue anglais. D'ailleurs, Rabenhorst a publié dans les *Algen Sachsens* un *S. radicans* d'Helgoland, portant de nombreux sporanges géminés, vidés, qui répond complètement aux dessins de Harvey (1). Le *S. radicans* décrit dans le *Phycologia* existait donc réellement à Helgoland.

Si Pringsheim avait pris la peine de consulter les échantillons d'herbier, au lieu de s'en tenir à l'étude sur le vivant, i eût évité la confusion de nomenclature que la publication de son Mémoire a sinon causée, tout au moins accentuée.

Pringsheim [73, p. 389] a étudié le *S. olivacea* pendant plusieurs étés à Helgoland. Suivant la profondeur ou la nature du substratum, il l'a trouvé en gazons étendus ou en touffes isolées, très variable dans ses dimensions, dans l'abondance ou la rareté des rhizoïdes et des poils. Cette plante prend, dit-il, les formes attribuées par Kützing aux *S. olivacea, radicans* et *pusilla*, et en conséquence « le *S. olivacea* Dillwyn est identique au *S. radicans* Harvey ». Il en distingue quatre variétés à Helgoland : *cæspitosa, radicans, solitaria* et *elatior*, qualificatifs qu'il suppose probablement assez explicites pour le dispenser d'en donner les caractères distinctifs, et cependant, le lecteur serait embarrassé d'en établir une diagnose à l'aide du texte très confus de l'auteur.

D'ailleurs, Pringsheim paraît avoir confondu trois espèces. La plante qu'il avait surtout en vue, en fructification pendant ses séjours d'été, et dont il a fait connaître les sporanges uni- et pluriloculaires, est celle que l'on a pris l'habitude (Reinke, Kuckuck, etc.) de désigner sous le nom de *S. olivacea* Pringsh., tandis que lui-même la rapportait à celle du même nom de Dillwyn. Malgré les confusions de Pringsheim, nous verrons qu'elle reste bien caractérisée. Ayant trouvé des filaments dont

1. D'après l'étiquette de Rabenhorst, comme on le verra plus loin (p. 57), la plante a été récoltée en Juillet. Le *S. radicans* fructifie surtout pendant la saison froide. M. Kuckuck [94, p. 232] dit même qu'à Helgoland les sporanges se montrent de Décembre à Mars, mais qu'ils sont particulièrement nombreux en Janvier. Lloyd et M. Le Jolis [63, p. 80] disent aussi que la plante fructifie en hiver.

certaines cellules, assurément sous l'influence d'un parasite, se renflaient en sphère largement saillante et non pédicellée, il suppose que Harvey a établi son *S. radicans* sur de semblables déformations. Cette erreur se répétera jusqu'à M. Reinke. D'ailleurs il décrit des *broussins tuberculeux (traubige Brutkörperhaufen)* qu'on n'a pas revus depuis sur son *S. olivacea*, mais que j'ai rencontrés sur le *S. radicans* d'Helgoland. Selon toute vraisemblance, Pringsheim les a donc observés aussi sur le *S. radicans*, qu'il a eu entre les mains seulement à l'état stérile.

En outre, Pringsheim a décrit, chez son *S. olivacea*, des propagules à deux branches, semblables à ceux du *S. furcigera*. Mais il les trouve exclusivement sur sa variété *solitaria* qui, de plus, présente des poils, tandis que les autres variétés en manquent. Jusqu'à preuve du contraire, j'attribue la plante qui porte des propagules et des poils à une troisième espèce, non encore identifiée (1).

Les auteurs de Flores marines [Farlow, 81 ; Hauck, 85] furent influencés par les doutes de Pringsheim sur la vraie nature des sporanges décrits par Harvey. Leur diagnose est inspirée du Mémoire de Pringsheim, mais ils choisissent le nom de *S. radicans*, en donnant comme synonymes les *S. olivacea* de Pringsheim et de M. J. Agardh.

Quinze ans après le Mémoire de Pringsheim, M. Traill [88], dans une note très brève, suivie de commentaires de M. Holmes [88], annonce avoir retrouvé en Écosse (à Joppa) le *S. radicans* de Harvey et le *S. olivacea* (Dillw.) J. Ag. Les deux espèces sont différentes par leur habitat et leurs sporanges uniloculaires. Le *S. radicans*, d'un centimètre et demi de hauteur, croît au niveau de la basse mer, dans les endroits les plus exposés ; les sporanges sont bien sessiles, tels que Harvey les a représentés. Le *S. olivacea*, au contraire, de plus petite taille, et de diamètre moitié moindre, croît au niveau supérieur de la morte eau, dans des grottes, à l'ombre, mélangé au *Rhodochortôn Rothii*, et forme des feutrages denses, de plusieurs pieds d'étendue ; il fructifie aussi en hiver, mais les sporanges uniloculaires sont pédicellés et même portés par de courtes branches. Entre les deux espèces existent donc des différences de station, de di-

_____

1. En opposition avec M. Reinke [90, p. 206] et avec M. Reinbold [93, p. 27], qui font figurer ces propagules dans la diagnose du *S. olivacea*.

mensions, de port, de disposition des sporanges. M. Holmes [88, p. 80] répète que les spécimens de M. Traill ont bien les sporanges sessiles dans le *S. radicans* et « invariablement pédicellés » dans la plante feutrée; il ajoute qu'il a trouvé à Falmouth le *S. radicans* avec les sporanges sessiles à la partie supérieure et pédicellés à la partie inférieure des filaments.

Mais pour M. Batters [89, p. 60], ces deux espèces écossaises n'en font qu'une : le *S. radicans* de Harvey, avec deux variétés. L'une, f. *typica*, qui correspond au *S. radicans* de M. Traill, jamais feutrée, dont les filaments ont plus de deux rangées longitudinales de cellules, et pour laquelle l'auteur renvoie aux figures du *Phycologia britannica* et du *S. olivacea* v. *radicans* de Pringsheim, ce qui est bizarre; d'ailleurs, dit-il, les corps globuleux sessiles figurés par Harvey et Traill n'ont pas, d'après Pringsheim, la même nature que les sporanges pédicellés des autres Sphacélariacées. L'autre, f. *olivacea*, toujours feutrée, de deux rangées de cellules, à sporanges portés par un pédicelle de 1-3 cellules, croît à un niveau supérieur; ce serait le *S. olivacea* de M. Traill et de Dillwyn; il est à remarquer que, pour cette forme, l'auteur ne cite pas le Mémoire de Pringsheim. Cependant, deux ans après, dans sa Liste des Algues de la Clyde, M. Batters [91, p. 12] dit, sans restriction : *S. olivacea* Pringsheim = *S. radicans* Phyc. Brit. Et cette appréciation est encore modifiée dans la Liste des Algues britanniques publiée en collaboration avec M. Holmes [92, p. 81], où l'on trouve mentionnées, comme espèces distinctes, le *S. radicans* Harvey, sur différents points de la côte, et le *S. olivacea* Prinsgheim, en Écosse.

Or, examinant un échantillon très feutré authentique du *S. olivacea* de M. Traill, que renferme l'herbier de Trinity College, j'ai eu la surprise de constater que tous les sporanges, ou presque tous, sont sessiles et géminés comme dans le *S. radicans* de Harvey; la largeur des filaments correspond aussi bien. Comme il est impossible de supposer que les observateurs anglais se sont à ce point trompés, il faut admettre que leur *S. olivacea* n'est pas seul dans ses larges feutrages, mais mélangé à une forme du *S. radicans*, également feutrée, et restée inaperçue jusqu'à présent, c'est celle-ci que M. Traill avait distribuée par inadvertance.

J'ai vu aussi dans l'Herbier Thuret deux exemplaires authentiques du *S. radicans* f. *olivacea* de M. Batters. C'est bien la plante décrite par cet auteur et par M. Traill et, assurément, elle est spécifiquement différente du *S. radicans*.

Cet imbroglio est encore plus confus qu'il ne paraît, car le *S. olivacea* qui correspond aux parties les plus importantes de la description de Pringsheim a été retrouvé par M. Reinke dans la Baltique [89,2] et par M. Kuckuck à Helgoland [94]. Or, c'est une plante de petite taille, dont les filaments dressés, non enchevêtrés, sont portés par un thalle rampant épais, ferme, compact, de dimensions réduites, et qui, par conséquent, ne correspond nullement à la plante écossaise.

De cette critique historique, peut-être un peu longue, mais nécessaire pour préciser et vider la question, il ressort que Dillwyn ayant décrit et nommé deux espèces, dont l'une fut étudiée par Harvey, les auteurs anglais ont été constamment préoccupés de retrouver l'autre. Or, comme je l'ai dit plus haut, Dillwyn a caractérisé son *S. olivacea* d'une manière très insuffisante et inutilisable, et rien ne prouve que Harvey n'ait pas eu raison en le réunissant au *S. radicans*. Le mieux est donc d'oublier que Dillwyn a le premier employé ce nom spécifique.

Il nous reste alors le *S. radicans* de Harvey, bien caractérisé, et dont je propose de désigner la variété feutrée par le nom de var. *coactilis,* et d'autre part le *S. olivacea* dont Pringsheim, antérieurement à la publication de M. Traill, a décrit et figuré les sporanges uni- et pluriloculaires qui le rendent reconnaissable, et ce nom a par conséquent droit de priorité. Enfin, je nommerai *S. britannica* la plante grêle, à sporanges uniloculaires pédicellés, que MM. Traill, Holmes et Batters rapportaient au *Conferva olivacea* de Dillwyn.

J'ai maintenant à passer ces espèces en revue.

A. — **Sphacelaria radicans** Harvey.

Échantillons étudiés :

1. Bohuslän (Bahusia), Areschoug leg. sub nom. *S. olivacea;* Herb. Hambourg ; Reinbold comm.
2. Bohuslän, Fiskebackskil, 7 avril 1870, Kjellman leg. et comm. sub nom. *S. olivacea.*

3. Bohuslän, Gåsö, 7 janvier 1875, Kjellman leg. et comm. sub nom. *S. olivacea.*

4. Helgoland, Binder leg. sub nom. *S. olivacea;* Herb. Hambourg; Reinbold comm.

5. Helgoland, Binder leg. 1860, sub nom. *S. olivacea;* Herb. Hambourg; Reinbold comm.

6. Helgoland, Rabenhorst, Algen Sachs. resp. Mitteleuropa's; 876; *S. radicans* Harvey, An der Nordspitze von Helgoland, an Klippen, die etwas mit Erde bedeckt waren, im July 1859, gef. O. Bulnheim. — Herb. Thuret.

7. Helgoland, Kuckuck leg.; Herb. Hambourg; Reinbold comm.

8. Helgoland, 27 sept. 1893 et 4 janv. 1894; Kuckuck leg. et ded.

9.   ?   Lehmann leg. et ded. sub non *S. cirrosa* Ag. var. *simplex* Fröh. nov. var.; Herb. Montagne in Herb. Museum Paris, avec la mention écrite par Montagne : « à *S. olivacea* non diversa. »

10. Black Rocks, Edinbourg; Arnott leg., sub nom. *S. olivacea;* Herb. Harvey.

11. Red bay, Cushendall (Irlande); Harvey leg.; Herb. Harvey.

12. Brighton, Dillwyn leg.; Herb. Harvey.

13. Torbay, Mrs Griffiths leg.; Dickie ded; Herb. Montagne in Herb. Museum Paris.

14.   ?   *S. olivacea* (sans autre indication); Herb. Harvey.

15.   ?   John Cocks, Collection of British Sea-Weeds, n° 78; Herb. Thuret.

16. Calvados, Chauvin leg. 1833; Herb. Harvey.

17. Cherbourg, Rochers des Flamands, 26 déc. 1852; Thuret leg.; Herb. Thuret.

18. Cherbourg, Baie Sainte-Anne, 25 janv. 1853; Thuret leg.; Herb. Thuret.

19. Cherbourg, Baie Sainte-Anne, 18 août 1853; Thuret leg.; Herb. Thuret.

20. Brest, Sainte-Anne, août 1884; Le Dantec leg.; Herb. Thuret.

21. Belle-Ile, juillet 1851; Thuret leg.; Herb. Thuret.

22. Belle-Ile, février 1857 et 1859; Lloyd, Algues de l'Ouest n° 292; Herb. Thuret.

M. Reinke [89, 1, p. 40], à l'exemple de Pringsheim, considéra d'abord comme synonymes les deux espèces *S. radicans* et *S. olivacea.* Puis, après avoir étudié lui-même la plante de Harvey, il affirme nettement son indépendance [90 et 91,2], et le dessin de M. Kuckuck qui accompagne son Mémoire [91, 2,

pl. III, fig. 1] en représente pour la première fois les sporanges géminés et caractéristiques. M. Kuckuck [94, p. 229] en a ré-

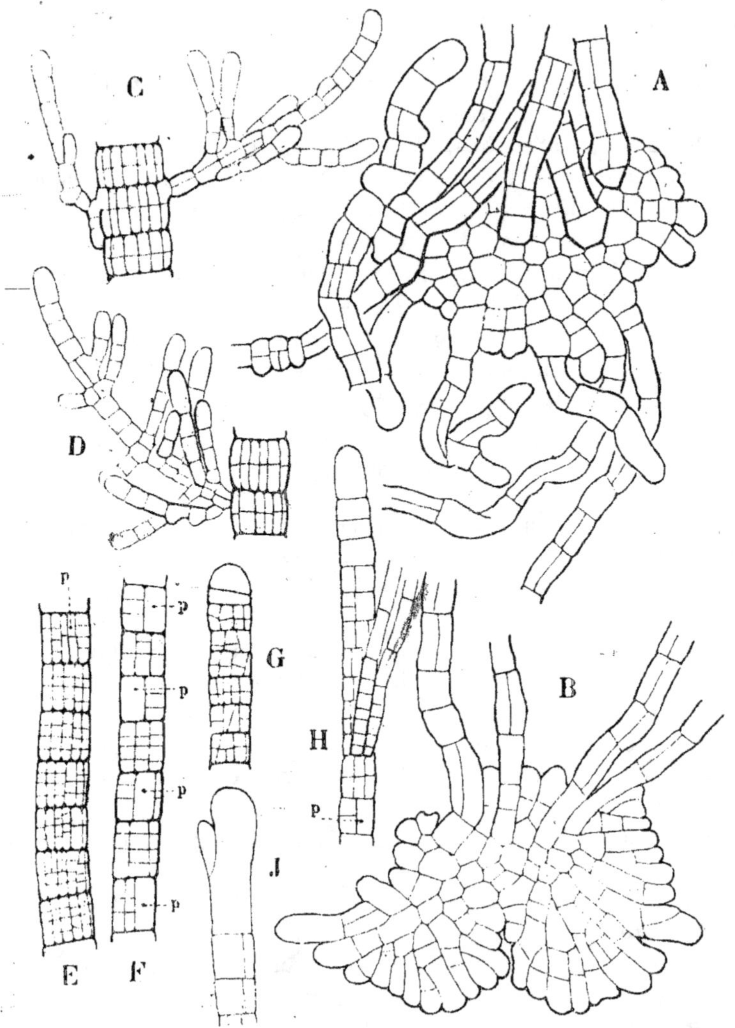

Fig. 14. — *Sphacelaria radicans* Harvey. — *A,* Thalle rampant vu de dessus, portant des filaments dressés dans le haut du dessin, et des stolons dans le bas. — *B,* Thalle rampant vu de dessous, émettant quatre stolons. — *C, D,* Broussins filamenteux. — *E, F, G,* Fragments de filaments dressés pour montrer le cloisonnement des articles secondaires (*A* à *G,* sur des exemplaires d'Helgoland, de M. Kuckuck, Gr. 150; les péricystes sont indiqués par un pointillé et par la lettre *p*). — *H,* Sommet de filament dressé montrant deux poils géminés. — *J,* Origine de ces poils aux dépens du sphacèle (*H, J,* d'après l'exemplaire donné par Chauvin à Harvey, Gr. 150).

colté de nombreux exemplaires à Helgoland et l'a décrite avec plus de précision. J'ai comparé ceux, conservés dans l'alcool, qu'il a eu l'obligeance de m'adresser, aux échantillons d'herbier cités plus haut ; leur étude me permet d'étendre nos connaissances sur cette espèce si longtemps discutée.

La plante forme des gazons d'étendue variable de 1-1 1/2 centimètre de hauteur, croissant sur les pierres et les rochers sablonneux. Les filaments dressés, de 35-55 µ de largeur, d'une certaine raideur, sont peu ramifiés ; les branches, semblables à l'axe, naissent à des intervalles longs et irréguliers ; mais, parfois, les filaments déjà âgés se ramifient vers leur sommet en corymbe plus serré. La hauteur des articles secondaires, considérés vers le milieu d'un filament, est à peu près égale à la largeur (fig. 14, *E*, *F*) ; à la base, ils sont plus étroits (fig. 14, *A*) ; enfin, sur les filaments âgés, le sphacèle perd de son activité, et les articles sont souvent plus aplatis (fig. 14, *G*), et finalement le sphacèle lui-même se cloisonne dans tous les sens. Chaque article prend des cloisons longitudinales ; on en voit de face 2-5 ; et aussi une cloison transversale qui s'étend généralement suivant toute la largeur. Dans certains filaments, le cloisonnement se continue dans les deux sens, à travers les cellules péricentrales (fig. 14, *E*) (1).

Pringsheim a décrit, sous le nom de « Brutzellen », dans son *S. olivacea* des cellules péricentrales qui gardent toute la hauteur des articles secondaires, et que j'appellerai *péricystes*. Elles existent aussi dans le *S. radicans,* où elles sont facilement reconnaissables à leur taille, et souvent à leur contenu jaune-brun, amorphe, tannique. Les péricystes se différencient vers le sommet, dès que les articles secondaires supérieurs, après avoir formé les premières cloisons longitudinales, prennent une cloison transversale qui épargne le péricyste dès lors différencié ; le cloisonnement continue ensuite dans les autres cellules sans que le péricyste y prenne part, tandis que sa couleur jaune se fonce davantage. On les voit bien dans la figure *F*. Parfois, les péricystes se cloisonnent aussi ; ainsi, le filament qui a fourni la figure 14, *E*, qui était long, simple et stérile, présentait des péricystes dans sa partie supérieure qui, au milieu du

---

1. Le terme de *cellules péricentrales,* usité pour les Sphacélariacées les plus élevées, n'est pas absolument exact pour le *S. radicans,* où parfois les cloisons se rejoignent au centre.

filament, avaient perdu leur caractère ; celui du premier et du cinquième articles du fragment représenté viennent de se cloisonner. Certains filaments en manquent, et c'est surtout dans ceux-là que le tannin s'accumule dans les cellules axiales, de la même hauteur que l'article.

En section transversale, la structure est variable (fig. 15, K) ; tantôt les cellules péricentrales entourent une cellule médiane simple ou cloisonnée ; tantôt certaines des cellules sont radiales. Sur des coupes intéressant en même temps deux articles, on voit parfois, en faisant varier la mise au point, que l'un avait le premier mode de structure, l'autre, le second. Ceci n'est d'ailleurs pas spécial au *S. radicans*, et montre que la structure des *Sphacelaria*, étudiée en coupe transversale, n'a pas la valeur spécifique qu'on lui attribue depuis Geyler (1).

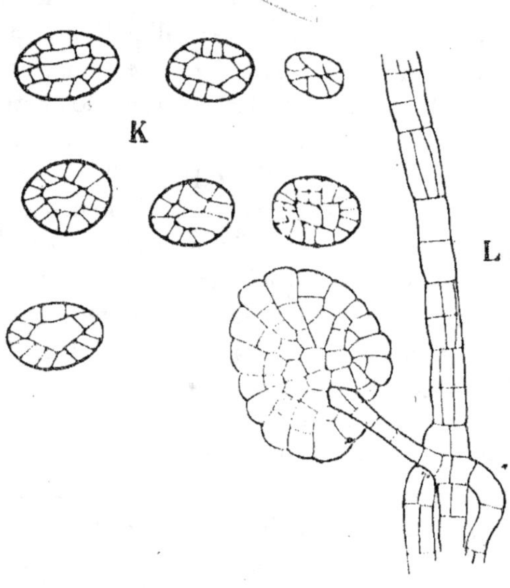

Fig. 15. — *Sphacelaria radicans* Harvey. — *K*, Sept sections transversales dans des filaments dressés d'Helgoland (Gr. 200). — *L*, Jeune disque rampant formé sur une plante récoltée par Thuret à Cherbourg en août 1853 (Gr. 150).

Jusqu'à présent, on n'a pas cité de poils chez le *S. radicans*, et en réalité les plantes en bon état de fructification n'en présentent point. Je les ai trouvés sur la plante donnée à Harvey par Chauvin en 1833 ; elle est stérile, et porte des poils naissant du sphacèle (fig. 14, *J, H*) ; j'en ai retrouvé ensuite, mais moins nombreux, sur l'exemplaire stérile récolté par M. Kjellman en avril 1870, et sur des plantes de l'Herbier Thuret récoltées en juillet à Belle-Ile, en août à Brest, et en août à Cherbourg, qui possédaient encore quelques sporanges géminés

1. Les coupes de la figure 15, *K*, devraient être circulaires ; elles ont été un peu aplaties par la pression du scalpel.

caractéristiques en bon état, et un bien plus grand nombre depuis longtemps vidés. Ainsi, la plante fructifiée en hiver n'a pas de poils, et est monopodique ; elle paraît stérile en été, porte des poils, et sa ramification est sympodique. Mais ces poils ne sont pas isolés comme chez la plupart des *Sphacelaria* ; ils naissent d'une protubérance simple du sphacèle qui se divise 1-2 fois longitudinalement en 2-3-4 cellules qui se prolongent en autant de poils, autrement dit, forment une petite touffe comme dans un *Stypocaulon*. Ceci écarte la supposition que les propagules représentés par Pringsheim sur la plante qui porte des poils simples pourraient appartenir au *S. radicans*.

Les nombreux rhizoïdes très divariqués, simples ou ramifiés, plus ou moins onduleux, de 25-30 μ de diamètre, possèdent des cloisons longitudinales et transversales, et peuvent porter des sporanges semblables à ceux des filaments, comme M. Kuckuck l'a déjà indiqué [94, p. 230, fig. 4]. Ils descendent rarement jusqu'au substratum, mais maintiennent entre eux les filaments dressés, et consolident les gazons.

Pringsheim a décrit et figuré, chez le *S. olivacea*, des productions (traubige Brutkörperhaufen) [73, pl. XXVII, fig. 10, 13, 15, 16, 17], que j'appellerai *broussins tuberculeux*, dont la nature le laisse perplexe, car il les compare successivement aux disques obtenus par la germination des zoospores, aux sporanges en grappe du *Sorocarpus*, et enfin aux propagules des Mousses. Or, M. Reinke [91, p. 7] et M. Kuckuck [94, p. 232] ont vainement cherché ces bizarres tubercules sur le *S. olivacea*, et je n'ai pas été plus heureux. Mais je les ai retrouvés sur le *S. radicans* d'Helgoland, et j'admets, jusqu'à preuve du contraire, que Pringsheim les a également observés sur le *S. radicans*. J'en ai compté parfois plus de vingt de taille variée sur un même filament ; certains ont une hauteur égale à plusieurs fois le diamètre du filament ; on en trouve plus rarement sur les rhizoïdes et les stolons rampants. Leur structure mamelonnée, formée de cellules cloisonnées, n'est pas facile à étudier, car, même sur des plantes propres, ils sont recouverts d'une couche de matières étrangères, exactement comme des sporanges à déhiscence imparfaite dont les zoospores se sont décomposées à la surface. Leur aspect jaune clair, leur demi-transparence, n'indiquent pas un tissu normal, mais plutôt des galles dues à l'action d'un parasite. Ils m'ont paru naître le plus souvent par paires, comme les sporanges, et probablement dans un péricyste ; le parasite pénétrerait au moment où la membrane de la cellule gonflée est plus mince et moins résistante.

Les mêmes exemplaires d'Helgoland présentent d'autres productions bizarres : les *broussins filamenteux*. Tandis que les précédents naissent surtout dans la région inférieure des filaments dressés, ceux-ci apparaissent plutôt dans la région supérieure. Ils sont composés de filaments assez courts, plus étroits que les branches normales (fig. 14, *C, D*), plus ou moins ramifiés et qui s'écartent généralement peu de l'axe ; ils sont mono-siphoniés, sauf sur les cellules qui portent une branche, et ont une certaine ressemblance avec les rameaux sporangifères du *S. racemosa* d'Angleterre (1). Sur des plantes décolorées par l'alcool et examinées à un faible grossissement, on pourrait confondre ces broussins parfois maigres, d'autres fois très touf-fus, avec des plantules étrangères épiphytes. De leur base (fig. 14, *C*) descend parfois un rhizoïde apprimé contre l'axe. Je ne connais rien de semblable à ces productions chez les autres Sphacélariacées ; peut-être peuvent-elles se détacher de l'axe et constituer des propagules ?

J'ai retrouvé les différents cas d'insertion des sporanges figurés par M. Kuckuck. Mais il m'a semblé que les péricystes en étaient souvent la cellule mère, qui se divisait transversale-ment en deux pour donner deux sporanges géminés ; les deux cellules situées au-dessous sont fréquemment tannifères. Les sporanges pédicellés étaient surtout nombreux dans les exem-plaires de Belle-Ile (Lloyd), mais alors même, ils naissent sou-vent géminés, et d'ailleurs les sporanges sessiles y étaient ce-pendant plus abondants que ceux pédicellés. Ils mesurent 42-65 μ sur 30-52 μ. Je n'ai point vu de sporanges pluriloculaires ; on sait que M. Kuckuck en a rencontré un unique exemplaire.

<hr>

1. Le *S. racemosa* n'a été cité à Helgoland ni par M. Reinke [91,1] ni dans es divers Mémoires de M. Kuckuck. Les *broussins filamenteux* étaient toujours portés par des filaments stériles, mêlés à des filaments fertiles de *S. radicans* bien caractérisés, mais je n'ai pas réussi à voir s'ils étaient portés par les mêmes disques ou par des disques différents. S'ils appartiennent au *S. racemosa* et non au *S. radicans*, il serait bizarre qu'aucun des nombreux broussins que j'ai vus ne produisît de sporanges, bien qu'à la date de la récolte (4 janvier 1894), cette plante dût être fertile.

Un gazon de *S. radicans* se compose d'un nombre considérable de petits disques rampants, minces, portant chacun plusieurs filaments dressés. Vus sur la face inférieure, ils sont formés de filaments accolés comme dans un *Myrionema* ou un *Lithoderma* (fig. 14, *B*) et l'on reconnaît facilement les files radiales constitutives; vus sur la face supérieure, les cellules sont plus régulièrement polygonales (fig. 14, *A*) et l'origine de la structure est moins nette. Le bord est parfois égal et régulier (fig. 14, *B*), mais toujours certaines files radiales, parfois presque toutes, s'allongent, dépassent la circonférence du disque et deviennent des stolons rampants (fig. 14, *A* et *B*), simples ou ramifiés, qui vont former plus loin de nouveaux disques; j'ai suivi quelques-uns de ces stolons sur plus de trois millimètres de longueur, c'est-à-dire plusieurs fois le diamètre d'un disque, et l'un d'eux formait, sur sa longueur, trois disques à différents états de développement. Pour produire un disque nouveau, une cellule du stolon émet, avant ou après s'être cloisonnée transversalement, de courts prolongements contigus, d'origine simultanée, ayant l'aspect de crampons; plus tard, chacun de ceux-ci s'allonge et devient une file radiale. Un semblable thalle rampant n'est donc comparable que très imparfaitement à un *Lithoderma* et nullement à un *Aglaozonia*. La figure 15, *L*, représente un disque formé par une courte branche née sur un stolon; c'est le seul que j'aie vu aussi régulier et qui eût cette origine.

Le *S. radicans* a donc là un moyen puissant de multiplication, qu'on est surpris de rencontrer chez une plante dont les filaments sont parfois couverts de sporanges. Si les broussins filamenteux ne sont pas des propagules, on conçoit que des thalles rampants, qui se forment avec autant de facilité et d'abondance, rendent inutile la présence de ces organes.

Sphacelaria radicans Harvey. — Plante formant des gazons de 1-1 1/2 cent. de hauteur. Thalle rampant composé de petits disques, dont certaines files radiales deviennent des stolons qui engendrent de nouveaux disques. Filaments dressés portés par les disques rampants, raides, peu ramifiés, sans différenciation en axe et rameaux, de 35-55 µ de largeur. Articles secondaires aussi hauts que larges, mais plus hauts à la base des filaments, à plusieurs cloisons longitudinales et se cloisonnant généralement une fois transversalement, souvent davantage.

Articles secondaires supérieurs gardant souvent une cellule indivise, tannifère, ou péricyste. Poils géminés par 2-3-4, mais se trouvant presque exclusivement sur les plantes stériles (en été?). Rhizoïdes nombreux, très divariqués. — Sporanges uniloculaires habituellement géminés et à base incluse dans le filament, de 42-65 μ sur 30-52 μ, parfois pédicellés, et, dans ce cas encore, naissant souvent par paires. Un unique sporange pluriloculaire a été vu par M. Kuckuck. Propagules inconnus.

Hab. Sur les pierres, les rochers sablonneux au niveau de la basse mer. Kattegat! Helgoland! Ecosse! Irlande! Angleterre! Normandie! Bretagne!

D'après M. Farlow [81, p. 76], les gazons du *S. radicans* de Harvey se retrouvent sur les côtes atlantiques du Nord des États-Unis ; les sporanges uniloculaires, agglomérés, sont portés par un pédicelle unicellulaire très court ; la plante porte des propagules grêles.

J'ai examiné deux échantillons de l'Herbier Thuret récoltés par M. Farlow, l'un à Portland, l'autre à Wood's Holl en juillet 1875, et un troisième provenant de Little Nahant, novembre 1871, que je dois à l'obligeance de M. Farlow. Les filaments ont la plus grande ressemblance avec ceux du *S. radicans* d'Europe ; malheureusement, ils étaient complètement stériles, et c'est pourquoi j'ai cru prudent de ne pas citer la plante américaine dans la liste précédente. De plus, l'exemplaire de Portland présentait, en mélange, d'autres filaments, sans péricystes, munis de sporanges uniloculaires à pédicelle de longueur variable, non sans ressemblance avec le *S. britannica*. Si les deux espèces, *S. radicans* et *S. britannica*, existent sur la côte américaine, il y aurait lieu de rechercher à laquelle appartiennent les propagules signalés par M. Farlow.

B. — **Sphacelaria radicans** var. **coactilis** Sauvageau mscr.

J'ai étudié dans l'Herbier de Trinity College un échantillon feutré marqué : « *Sphacelaria olivacea* Dillwyn. Joppa, about the high water mark of neap tides, 19, XII, 86 (sporangia) », sans l'indication du nom du collecteur. Mais la plante venait assurément de M. Traill, car la date est celle qu'il indique dans sa description, et la phrase ci-dessus s'y retrouve presque textuellement [88].

M. Traill avait certainement l'intention d'offrir le *S. britannica* à l'Herbier de Dublin, mais la plante est un *S. radicans* qui croissait parmi, facilement reconnaissable à ses nombreux sporanges uniloculaires caractéristiques.

Ses dimensions, sauf sa hauteur qui est de quelques millimètres, sont celles du type, dont elle se distingue par un enchevêtrement de filaments rampants et dressés donnant une texture feutrée. Elle a été enlevée d'une roche recouverte de grains de sable siliceux, incolores ou noirs. Les rhizoïdes, peu nombreux, mais très longs, vont aboutir à un grain de sable, s'y fixent et forment un disque qui peu à peu le recouvre complètement; l'aspect est remarquable surtout quand le grain de sable formant noyau est noir. Les disques basilaires émettent, comme dans le type, de très nombreux stolons produisant chacun un ou plusieurs nouveaux disques sphériques enveloppant aussi un grain de sable, desquels sortent des filaments dressés et de nouveaux stolons. Ces petits disques sont à cellules plus courtes et moins larges que les disques normaux, ce qui tient évidemment à la nature de leur substratum.

Bien que cette plante se rattache indubitablement au *S. radicans,* elle a cependant une allure assez particulière pour mériter d'être élevée au rang de variété. Elle est probablement sous la dépendance immédiate des conditions extérieures, et la cause de sa texture feutrée doit être attribuée bien plus au niveau auquel elle croît qu'à la nature du substratum; mais, même si l'on trouvait d'insensibles intermédiaires entre elle et des *S. radicans* plus ou moins exposés au choc des vagues, ou poussant à un niveau de submersion plus ou moins élevé, il semble qu'elle pourrait être conservée comme variété.

Var. **coactilis** Sauvageau. — *S. radicans* de plus petite taille, croissant de préférence à l'ombre, au niveau supérieur de la marée, avec le *S. britannica*, à filaments enchevêtrés formant un feutrage.

Hab. Joppa (Ecosse; Traill leg., Herb. Trinity College, Dublin!)

C. — **Sphacelaria britannica** Sauvageau mscr.

(*S. olivacea* Traill, Batters, etc...)

L'Herbier Thuret en renferme deux exemplaires récoltés à Berwick-on-Tweed par M. Batters, qui les rapporte, comme M. Traill, M. Holmes... etc., au *C. olivacea* de Dillwyn. L'un, du 27 janvier 1887, donné directement à M. Bornet, l'autre, de janvier 1888, distribué par Hauck et Richter dans le *Phykotheka universalis* sous le n° 320. J'ai étudié un fragment de chacun. La plante ne peut être rapportée ni au *S. radicans* de Harvey ni au *S. olivacea* de Pringsheim, et le *C. olivacea* de Dillwyn n'étant pas reconnaissable, je propose pour la plante écossaise le nom nouveau de *S. britannica*.

La plante forme des gazons feutrés de plusieurs pieds d'étendue, sur des rochers abrités, à l'ombre, ou dans des grottes, au niveau supérieur de la marée. Les filaments dressés, enchevêtrés, sont mous, souples, flexueux, de un centimètre environ de hauteur; leur largeur, très irrégulière sur un même filament, varie de 14 à 30 μ; certains présentent même çà et là des sortes de renflements atteignant 40-45 μ. Les articles secondaires, souvent un peu moins hauts que larges, de 10-16 μ, sont simples, ou présentent une cloison longitudinale, moins souvent deux (fig. 16, *C* à *L*), mais ne sont pas cloisonnés transversalement. La ramification, très irrégulière, sans distinction entre axe et branches, est très variablement divariquée, comme il convient à une plante dont les filaments sont à la fois souples et enchevêtrés.

Le thalle rampant est formé de stolons enchevêtrés, ramifiés, un peu plus larges que les filaments dressés qui en partent plus ou moins perpendiculairement (fig. 16, *A*). Certains filaments dressés, qui se sont couchés, ont aussi leurs branches perpendiculaires, et ne sont pas toujours faciles à distinguer des stolons. Je ne les ai pas vus se réunir en disque, ni produire de crampons fixateurs; parfois cependant, une extrémité (peut-être après une cassure) produit quelques cellules très aplaties, d'une seule épaisseur, appliquée sur le substratum (fig. 16, *B*). La plante a été recueillie sur un limon rougeâtre recouvrant le

rocher; il est possible que, sur un rocher plus nu, ces formations
s'élargissent davantage.

Les rhizoïdes que j'ai vus étaient courts (fig. 16, *C, D, L*);

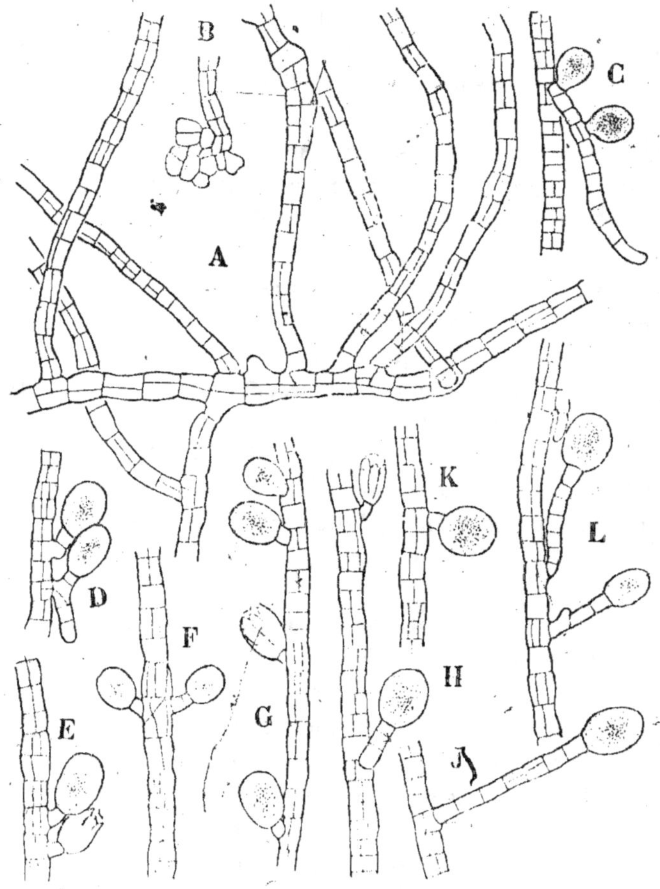

Fig. 16. — *Sphacelaria britannica* Sauv., de Berwick. — *A*, Thalle rampant portant des
filaments dressés. — *B*, Extrémité étalée d'un stolon rampant. — *C* à *L*, Fragments de
filaments dressés montrant le cloisonnement des articles et la disposition des sporanges
(*A* à *L*, Gr. 150).

d'ailleurs, s'ils devenaient longs et cloisonnés suivant la longueur, ils seraient sans doute assez difficiles à distinguer des
filaments.

Les sporanges uniloculaires (les seuls connus) sont sphériques ou un peu ovales, de 40-60 μ de diamètre, le plus souvent
de 40-50 μ, portés par un pédicelle inséré suivant un angle très

variable, généralement de 1-2-3 cellules, mais parfois notablement plus long (fig. 16, *J, L*). Ils sont isolés, à intervalles très irréguliers, rarement sur des articles consécutifs (fig. 12, *E*) ou plus rarement encore opposés (fig. 12, *F*). Les sporanges sessiles (fig. 12, *G*) sont exceptionnels et, à l'inverse de ceux du *S. radicans,* ils étaient séparés du filament par une cloison basilaire.

Cette espèce, qui correspond assurément à celle décrite par M. Traill, est donc bien distincte du *S. radicans* et du *S. olivacea,* par la souplesse et l'irrégularité des filaments, le cloisonnement des articles, la nature du thalle rampant, la forme et la disposition des sporanges uniloculaires.

Dans les échantillons que j'ai étudiés, j'ai trouvé quelques filaments stériles de *S. radicans*. Ils étaient enchevêtrés avec ceux du *S. britannica,* mais ne présentaient pas les nombreux disques de la plante de Joppa, ce qui tient probablement à la nature du substratum. Il ne me paraît pas douteux que les gazons feutrés du *S. britannica* de Berwick doivent parfois en présenter une plus grande proportion, peut-être même ydominante, comme dans la plante de Joppa.

J'ai examiné un échantillon de l'Herbier Montagne (in Herb. Museum, Paris) marqué *S. olivacea* Ag., Leith, Berkeley ded., qui était un mélange de *Cladostephus,* de *S. radicans* fructifié, et de *S. britannica* fructifié et bien caractérisé; mais quelques autres filaments, moins souples que ceux du *S. britannica,* à branches plus régulièrement dressées, portaient des sporanges pédicellés simples ou en courte grappe de 2-3 sporanges; ils m'ont paru en relation avec un disque et non avec un filament rampant, et correspondaient probablement à une quatrième espèce du mélange, plus rapprochée du *S. racemosa.*

Tous les auteurs, y compris M. J. Agardh, donnent le *S. simpliciuscula* Ag. comme synonyme de l'*Halopteris filicina.* Or, l'Herbier Bory de Saint-Vincent, incorporé dans l'Herbier Thuret, renferme deux petits exemplaires, portant la mention écrite de la main de Lyngbye « *S. simpliciuscula* Ag.?, Groenlandia, Gieseke ». Mais cette plante, dont je n'ai pas vu le thalle inférieur, est identique au *S. britannica* par ses filaments dressés et par ses sporanges uniloculaires ; toutefois, certains articles secondaires ont pris une cloison transversale entière, ou une demi-cloison.

M. Rosenvinge [94, p. 124] cite simplement le *S. olivacea* au Groenland ; mais l'édition danoise de son Mémoire [Grönlands Havalger, 1893, p. 905] fournit quelques indications dont l'auteur a bien voulu me donner la traduction : « croît dans la région qui découvre à basse mer, surtout dans les fentes des rochers surplombants ; trouvé aussi sur le test d'un crabe dragué à 4-5 brasses de profondeur. Il n'a été récolté jusqu'ici qu'à l'état stérile. L'Herbier de Lyngbye renferme un exemplaire de cette espèce recueillie au Groenland par Gieseke, sans indication de localité. » La plante de M. Rosenvinge doit être aussi le *S. britannica*, que l'on trouvera certainement plus au sud, sur la côte de Norvège.

Le *S. britannica* présente une certaine ressemblance avec le *S. saxatilis* de M. Kuckuck (Voy. précédemment, p. 5, en note), mais celui-ci, qui paraît d'ailleurs vivre dans les mêmes conditions, est plus court, ses filaments sont moins ramifiés, et il possède en outre des sporanges pluriloculaires sur les mêmes individus ou sur des individus séparés (1).

Sphacelaria britannica Sauvageau. — Plante formant de larges gazons feutrés d'environ un centimètre de hauteur. Thalle rampant formé de stolons enchevêtrés d'où partent les filaments dressés, Filaments dressés souples, flexueux, de diamètre irrégulier variant de 14-30 μ. Branches croissant à intervalles irréguliers, très variables en longueur, non distinctes de l'axe. Poils absents. Articles secondaires aussi hauts ou moins hauts que larges (10-16 μ), non cloisonnés transversalement, simples, ou à une, parfois deux cloisons longitudinales. — Sporanges uniloculaires sphériques ou ovales, de 40-46 μ de diamètre, à pédicelle plus ou moins divariqué, généralement de 1-2-3 cellules, parfois plus long, rarement nul. Sporanges pluriloculaires et propagules inconnus.

Hab. Au niveau de la marée haute, sur les rochers à l'ombre ou abrités. Écosse (Joppa, Traill ; Leith, Berkeley ! ; Berwick, Batters !) Groenland (Gieseke, Herb. Thuret !).

1. Dans la figure publiée par M. Kuckuck [97, p. 374, fig. 1], les dessins *K*, *N*, *O* ne s'appliquent pas, à mon avis, au *S. saxatilis*, sur lequel je n'ai jamais vu de poils, mais à la plante à propagules bifurqués, qui au contraire en porte.

D. — **Sphacelaria olivacea** Pringsheim.

Échantillons étudiés :

Kiel, décembre 1887 ; Reinke leg. ; Herb. Thuret.

Helgoland, 9 et 23 janvier 1893 ; 14 janvier 1894 ; Kuckuck leg. et comm.

M. Reinke [91, 2, p. 6, et 89, 2, pl. XLVI] a trouvé dans la Baltique une plante qu'il rapporte sans hésitation au *S. olivacea* étudié par Pringsheim à Helgoland. Cependant, sa taille est un peu moindre, dit-il, et les sporanges uniloculaires, les seuls vus par l'auteur, parfois isolés, sont souvent portés par un pédicelle ramifié en petite grappe, aussi rapproche-t-il ce *S. olivacea* du *S. racemosa.* Il a figuré un disque rampant très développé, seulement entrevu par Pringsheim. Les filaments dressés portent des poils qui naissent isolés ou contigus.

L'Herbier Thuret en renferme quelques filaments, mais l'unique et assez maigre préparation que j'en ai faite a suffi à fortifier mes doutes sur l'identité des plantes de Kiel et d'Helgoland. Le *S. olivacea* de M. Reinke n'a pas l'aspect de celui de Prinsgsheim, car les filaments sont plus ramifiés ; les articles secondaires, ne se divisant pas transversalement, sont par suite dépourvus de péricystes (Brutzellen) ; les pédicelles des sporanges sont plus longs et plus ramifiés, et les sporanges uniloculaires mûrs que j'ai vus mesuraient 55-60 μ sur 35-48 μ, c'est-à-dire notablement moins que ceux des exemplaires d'Helgoland ; je n'ai pas aperçu de poils sur les quelques filaments fructifères étudiés. Le *S. olivacea* de M. Reinke diffère donc un peu de celui d'Helgoland et pourrait bien appartenir à une autre espèce.

*
* *

Mais M. Kuckuck a récolté à Helgoland la plante de Pringsheim [94, p. 232] ; elle croît sur les rochers, les pierres, de vieilles coquilles, à la profondeur de 5-10 mètres, et atteint deux centimètres de hauteur. Les exemplaires que M. Kuckuck a eu la gracieuse obligeance de mettre à ma disposition étaient portés les uns par une Laminaire, les autres sur les pierres, et les plus longs filaments mesuraient 1/2 centimètre.

Les filaments dressés, de 20-25 μ de largeur sont raides, à ramification irrégulière et très peu fournie, sans différence sensible entre les axes et les rameaux. La hauteur des articles est variable (fig. 17, *F, G*), et ceux à péricystes sont souvent plus longs que les autres. On voit de face 1-2 cloisons longitudinales, rarement trois. La plupart des articles prennent une cloison transversale médiane, et les plus longs se divisent de nouveau. Quand les péricystes sont disposés vers l'observateur, leur hauteur indique celle des articles ; sinon, elle est plus difficile à apprécier, car les cloisons transversales primaires et secondaires ont approximativement la même épaisseur. D'ailleurs, les péricystes peuvent aussi se cloisonner ultérieurement ; comme Pringsheim l'a indiqué, ils sont fréquemment l'origine des branches et toujours l'origine des pédicelles des sporanges.

M. Kuckuck a retrouvé les disques basilaires signalés par M. Reinke [94, p. 232] ; ils peuvent se recouvrir et se superposer irrégulièrement comme chez le *Battersia*. Il ajoute que, sur les individus âgés dont les parties dressées ont disparu, la ressemblance de ce thalle rampant avec son nouveau genre *Sphaceloderma* est telle que l'on pourrait s'y méprendre. Mais le *Sphaceloderma helgolandicum*, la plus inférieure des Sphacélariacées, réduit à un thalle rampant, crustacé, de plusieurs épaisseurs de cellules, à croissance marginale, porte des sporanges uniloculaires réunis en sores, qui proviennent de la transformation directe d'une cellule superficielle sans pédicelle, comme les sporanges du *S. radicans* sortent des pousses dressées.

Cependant, sur des coupes du thalle rampant du *S. olivacea* j'ai vu côte à côte des pousses dressées à sporanges pluriloculaires et des sporanges uniloculaires en partie inclus ; on ne peut douter de leur commune origine, et le *Sphaceloderma helgolandicum* est le thalle rampant sporangifère du *S. olivacea*. J'ai représenté une de ces coupes sur la figure 17, *D*. En *E*, des cellules rampantes du bord d'un thalle se sont directement transformées en sporanges (1).

---

1. Cinq ans après avoir décrit le *Sphaceloderma*, M. Kuckuck [99, p. 375] faisait remarquer que, malgré de fréquentes recherches, il l'avait trouvé une seule fois, tandis qu'il avait récolté souvent le *S. olivacea*. Et, bien qu'il eût examiné celui-ci à des âges variés, sans y rencontrer de sporanges uniloculaires nés sur le thalle basilaire, il se demandait si le *Sphaceloderma* ne serait pas un disque de *S. olivacea* dépourvu de productions dressées, et si, dès lors, cette plante ne présentait pas un cas de « polymorphie » à ajouter à ceux, si intéressants, qu'il décrivait dans ce Mémoire. A vrai dire, il ajoutait que cette supposition lui paraissait cependant peu vraisemblable.

La présence de sporanges sur le thalle rampant, considérée

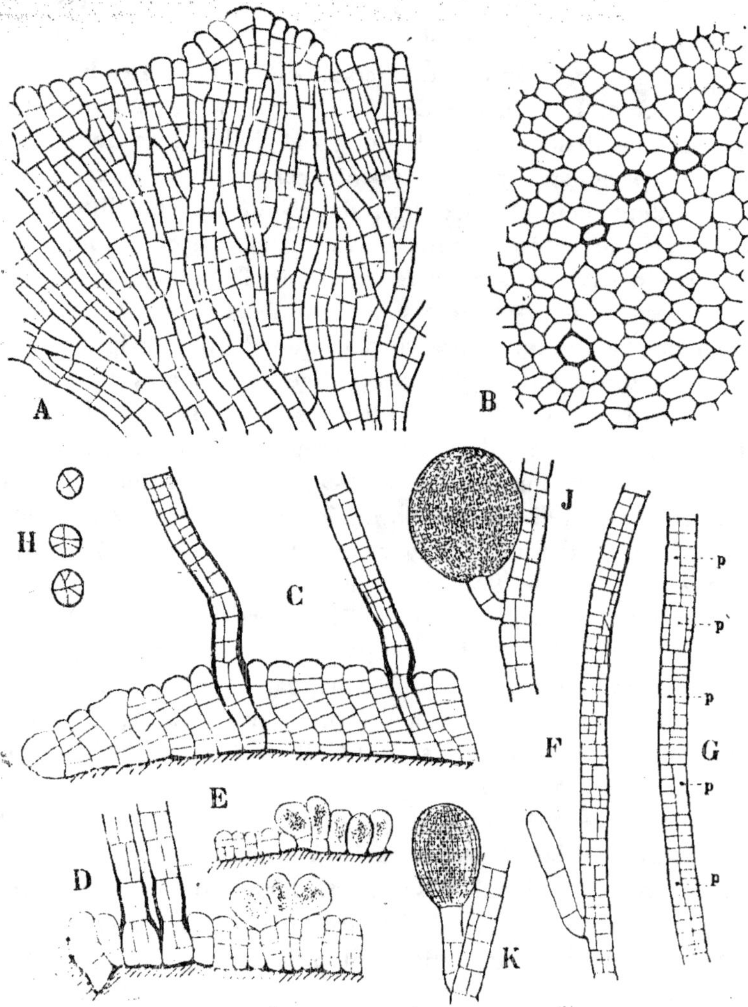

Fig. 17. — *Sphacelaria olivacea* Prings., d'Helgoland. — *A,* Portion du thalle rampant vu de dessous. — *B,* Portion du thalle rampant vu de dessus; les quatre cellules à contour plus épais étaient les points d'insertion de filaments dressés. — *C,* Portion d'une file radiale dissociée. — *D, E,* Coupes dans le thalle rampant montrant des sporanges de *Sphaceloderma*. — *F, G,* Fragments de filaments dressés pour montrer les péricystes et la variation de hauteur des articles secondaires. — *H,* Coupes transversales à la base des filaments dressés. — *J,* Sporange pluriloculaire sphérique mûr. — *K,* Sporange pluriloculaire allongé-piriforme non arrivé à maturité (*A* à *K*, Gr. 150; les péricystes sont indiqués par un pointillé et par la lettre *p*).

comme caractère générique, entraînerait la transformation du nom de la plante qui nous occupe en celui de *Sphaceloderma olivaceum*, mais l'étude des thalles rampants des Sphacélariacées n'est pas assez avancée pour cela ; ceux d'autres espèces sont peut-être aussi sporangifères.

Les files radiales d'un disque basilaire vu de dessous sont flabellées (fig. 17, *A*), chacune s'accroissant pour son compte comme dans un *Lithoderma* ou une Myrionémacée, mais elles sont fréquemment divisées suivant leur longueur par des cloisons plus minces. Sur la face supérieure, l'aspect n'est pas le même ; les cellules, irrégulièrement polygonales, sont serrées l'une contre l'autre, et la direction des files radiales n'est plus reconnaissable, comme on le voit sur la figure 17, *B*, où les quatre cellules marquées d'un trait plus fort sont les points d'insertion des filaments dressés. La même différence d'aspect entre les deux faces paraît se retrouver chez les autres Sphacélariacées à disque épais, et le thalle rampant représenté par M. Reinke [89, 2, pl. XLVI, fig. 2], bien que portant des filaments dressés, a bien plus l'allure d'une face inférieure que d'une face supérieure. Ces disques ne forment point de stolons multiplicateurs comme ceux du *S. radicans*.

Lorsqu'une section ne passe pas exactement par l'axe d'une file radiale (fig. 17, *D, E*, et Kuckuck 94, fig. 7), certaines cellules inférieures sont divisées suivant la hauteur, mais sur les parties disséquées, les files verticales sont simples (fig. 17 *C*) comme dans un *Lithoderma*. Sur les parties planes de la Laminaire, les thalles sont bien réguliers, mais dans les points où sa surface est usée, échancrée, ils pénètrent dans toutes les cavités et les comblent entièrement.

Les pousses dressées n'émettent point de rhizoïdes, et le thalle horizontal s'étend uniquement par cloisonnement marginal ; il a souvent une plus grande épaisseur entre les pousses dressées, où les rangées verticales de cellules tendent à s'élargir au sommet ; selon toutes apparences, certaines d'entre elles, dépassant les autres, s'étalent à leur surface, et sont l'origine d'un thalle nouveau, rampant, superposé au précédent. Les thalles se recouvrent en s'enchevêtrant, et avec moins de régularité que dans le *Battersia* ; ils vivent longtemps, car on trouve d'autres Algues intercalées entre les strates. Comme dans les *Cladostephus, Chætopteris*... etc., les pousses dressées sont caduques tandis que le thalle rampant, ou *Sphaceloderma*, est vivace.

Pringsheim a trouvé les sporanges uniloculaires et pluriloculaires des filaments dressés réunis sur les mêmes individus ; M. Kuckuck, au contraire, les a rencontrés sur des individus séparés (1). Tous les sporanges uniloculaires que j'ai vus étaient ovoïdes ou presque sphériques, relativement volumineux, de 85-105 μ sur 70-85 μ, portés par un pédicelle court, souvent de trois cellules. Sauf quand le pédicelle pousse sur une troncature, il est porté par un péricyste ; j'ai vu jusqu'à sept péricystes successifs produire chacun un pédicelle. Je n'ai vu aucun pédicelle ramifié sur la plante d'Helgoland, à l'inverse de celle de M. Reinke.

D'après Pringsheim, les sporanges pluriloculaires sont sphériques, et portés par des pédicelles plus longs que les uniloculaires. Mais M. Kuckuck [94, fig. 5, *B*] a ajouté qu'ils sont très variables dans leur forme, de l'état sphérique à l'état piriforme, les premiers étant cependant plus fréquents. Sur les touffes de *S. olivacea* récoltées en 1893, que M. Kuckuck a eu l'obligeance de me communiquer l'année dernière, je n'ai pas vu cette uniformité de longueur des pédicelles dont parle Pringsheim, mais j'ai constaté la variété dans la forme des sporanges, ou plus exactement deux formes bien tranchées. Les organes sphériques (fig. 17, *J*), volumineux, de 100-110 μ sur 80-95 μ, dont les petites masses cubiques de protoplasme, de 4 μ de côté, paraissaient correspondre, à cause de leurs petites dimensions, plutôt à des anthérozoïdes qu'à des zoospores. Les autres, piriformes ou allongés (fig. 17, *K*), de 80-90 μ sur 50-60 μ, étaient à logettes notablement plus grandes. Ce sont ces deux sortes de sporanges que j'avais en vue lorsque je disais précédemment (p. 8) que le *S. olivacea* paraissait avoir deux sortes d'organes pluriloculaires ; pour l'affirmer, d'après des échantillons non vivants, il eût fallu que les sporanges vidés montrent des logettes perforées, et j'ai dit (p. 5) que cet indice manquait chez cette espèce.

---

1. Il est fort possible que les deux cas se rencontrent. Mais Pringsheim dit que tous les sporanges uniloculaires qu'il a vus étaient vidés. Or, il ne m'a pas semblé que les sporanges uni- et pluriloculaires du *S. olivacea* puissent se distinguer les uns des autres avec certitude quand ils sont vidés depuis un certain temps, d'autant plus que la différence de longueur des pédicelles dont parle Pringsheim n'est nullement constante. On peut se demander si Pringsheim n'a pas considéré, comme étant uniloculaires, des sporanges pluriloculaires vidés.

Depuis, M. Kuckuck, qui a souvent étudié la plante sur le vivant, a bien voulu me prévenir que je faisais erreur, et que le *S. olivacea* d'Helgoland avait réellement une seule sorte d'organes pluriloculaires, mais de forme variable. A l'appui de son affirmation, il m'a communiqué une préparation faite avec un échantillon récolté en janvier 1894, sur laquelle, en effet, on voyait des sporanges à petites logettes, les uns sphériques, les autres cylindriques ou piriformes. Ceux que j'avais signalés, comme étant à logettes plus grandes, étaient donc probablement incomplètement cloisonnés, et les deux dessins *J* et *K* de la figure 17, qui, dans ma pensée, devaient représenter les deux sortes d'organes pluriloculaires, correspondent, bien plus probablement, le premier (*J*) à la forme la plus fréquente, sphérique, vue par Pringsheim, et le second (*K*) à la forme découverte par M. Kuckuck, mais non arrivée à maturité.

Les sporanges pluriloculaires du *S. olivacea* sont donc très remarquables par leurs grandes dimensions et par la variété de leur forme, et aussi par leur structure. Au lieu de se cloisonner autour d'un axe médian, persistant après la déhiscence, ils prennent simplement des cloisons perpendiculaires qui disparaissent avant la maturité; il m'a semblé que la déhiscence se fait par une ouverture unique, comme chez les *Ectocarpus*. D'ailleurs, on conçoit difficilement que des zoospores contenues dans un sac simple se frayent chacune un passage à travers la membrane, comme le font les zoospores incluses dans des logettes résistantes. Le pédicelle d'un sporange vidé peut s'accroître dans sa cavité. Tous ces caractères, bizarres chez une Sphacélariacée, méritent d'être suivis de plus près que je n'ai pu le faire, et il est à désirer que M. Kuckuck, qui a étudié avec tant de soin et de succès les Algues d'Helgoland, publie ses observations sur le *S. olivacea*.

Les propagules du *S. olivacea* sont inconnus, car je ne considère pas les propagules bifurqués, décrits par Pringsheim, comme appartenant à cette espèce.

M. Reinke [89,1, p. 39] citait le *S. olivacea* Pringsh. du Groenland, des côtes Scandinaves, d'Helgoland, de la Baltique, des côtes atlantiques d'Angleterre, de France et de l'Amérique du Nord. Je ne le connais bien caractérisé que d'Helgo-

land. On parlera plus loin des plantes distribuées sous ce
nom par M. Kjellman et par M. Foslie.

Sphacelaria olivacea Pringsheim. — Plante formant des touffes
peu étendues, de 1/2 centimètre de hauteur. Thalle rampant constituant un disque basilaire compact, à contours nettement limités,
adhérent au substratum, d'abord unique, puis à plusieurs strates irrégulièrement superposées ; strates à disposition flabellée sur la face
inférieure, formée de files radiales accolées et, çà et là, cloisonnées
suivant leur longueur, à cellules non régulièrement disposées sur la
face supérieure ; files radiales formées, en épaisseur, de cellules superposées, non divisées verticalement. Filaments dressés de 20-25 µ de
largeur, naissant chacun d'une file verticale de cellules du thalle rampant, assez raides, peu et irrégulièrement ramifiés, sans différenciation
en axe et branches. Articles secondaires de hauteur variable, souvent
plus grande que la largeur, montrant de face 1-2 cloisons longitudinales
et 1-2-3 cloisons transversales qui, dans les articles secondaires supérieurs respectent généralement un péricyste ; branches et pédicelles des
sporanges naissant des péricystes. Rhizoïdes et poils absents. — Sporanges uniloculaires portés soit par le thalle rampant, et alors sessiles
ou en partie inclus et de forme variable, soit par les filaments dressés,
et alors ovales, de 85-105 µ sur 70-85 µ, pédicellés, nés sur les mêmes
individus que les sporanges pluriloculaires (Pringsheim), ou sur des individus différents (Kuckuck). Sporanges pluriloculaires pédicellés, portés
par les filaments dressés, de forme variable, sphériques, cylindriques
ou piriformes, de 90-110 µ sur 70-95 µ, à logettes disparaissant avant
la maturité, et à ouverture de déhiscence unique. Propagules inconnus.

Hab. — Sur les pierres ou sur d'autres Algues, à quelques mètres
de profondeur. Helgoland (Pringsheim ! Kuckuck !), Kiel ? (Reinke).

E. — **Sphacelaria olivacea** Kjellman, non al.

Areschoug a distribué, dans ses *Algæ Scandinavicæ exsiccatæ* (n° 410), sous le nom de *Sphacelaria olivacea* (Dillw.)
Ag., avec la mention « fructifera », une plante recueillie par
M. Kjellman en Norvège arctique, à Talvig (Altenfjord), en
septembre 1876. M. Kjellman l'a distribuée sous le même nom
(mais sans la mention « fructifera ») dans ses *Plantæ in itineribus Suecorum polaribus collectæ*.

J'ai étudié dans l'Herbier Thuret un exemplaire de chacune
de ces collections ; ils étaient stériles. M. Kjellman a bien
voulu m'en communiquer trois autres, de son propre herbier ;

ils étaient dans le même état. C'est d'ailleurs ce que dit l'auteur dans son livre sur les Algues de la mer arctique [83, p. 276].

Toutefois, l'appareil végétatif de ce *Sphacelaria* ne correspond à celui d'aucune des espèces précédentes. Il forme un gazon assez dense, de 1/2 centimètre de hauteur, sur du bois de Conifère probablement submergé depuis longtemps. Les filaments dressés, d'environ 20 μ de largeur, peu ou point ramifiés, flexueux, d'apparence souple, dépourvus de poils, sont portés perpendiculairement et à intervalles irréguliers par les filaments rampants; ils sont formés à la base d'articles de hauteur égale à la largeur ou plus grande, et au sommet d'articles dont la hauteur est la moitié ou le tiers de la largeur; ils présentent fréquemment une ou deux cloisons longitudinales. Les filaments rampants circulent très peu au-dessous de la surface, entre les vaisseaux aréolés du bois, parallèlement à ces vaisseaux (et peut-être même parfois à leur intérieur), et se laissent facilement disséquer. J'en ai isolé de plusieurs millimètres de longueur, et ils sont assurément plus longs, parfois très réguliers, d'autres fois renflés çà et là en tubercules allongés et cloisonnés; ils portent des branches qui cheminent aussitôt parallèlement à la branche mère, soit côte à côte, soit séparées les unes des autres par la largeur d'un ou de plusieurs vaisseaux ponctués, sans jamais se réunir pour former un disque. Ils portent encore, surtout au niveau des renflements, des branches profondes s'enfonçant dans l'épaisseur du bois et produisant à leur tour d'autres filaments qui circulent aussi parallèlement à la surface.

Ce mode de végétation, comparable à celui de certains Champignons saprophytes, est exceptionnel chez une Algue. Il n'est pas accidentel, car la surface du bois envahi était suffisamment résistante pour permettre à des stolons de s'étaler superficiellement, ou à un disque de s'étendre, comme cela se voit chez d'autres espèces, et il est probablement caractéristique de celle-ci (1). C'est du *S. britannica* que la plante de M. Kjellman se rapproche le plus, mais ne lui est pas identique.

---

1. M. Kjellman [83, p. 275] dit que le *S. olivacea* « croît sur des pierres ou sur des pièces de bois, habituellement dans des endroits abrités ». S'il s'agit réellement de la même plante, il y aurait lieu de rechercher comment elle se comporte sur les pierres.

CHAPITRE VII. — SPHACELARIA PLUMULA Zanardini
ET QUELQUES AUTRES ESPÈCES PENNÉES.

A. — **Sphacelaria Plumula** Zanardini.

Échantillons étudiés :

Helgoland, 22 juin et 16 août 1893 ; Kuckuck leg. ; Herb. Thuret et
    Herb. Sauvageau et préparations communiquées par M. Kuckuck,
    des 31 mai, 22 juin, 3 août 1893, 20 août 1894, 4 juin et 20 juillet
    1897.

Bretagne, Brest ; Crouan leg. ; Algues marines du Finistère n° 42, sub
    nom. *Chætopteris plumosa*.

Bretagne, Concarneau ; 14 et 15 avril 1900 ; Sauvageau leg.

Golfe de Gascogne, Guéthary (Basses-Pyrénées) ; juin, juillet, août,
    septembre 1898 ; Sauvageau leg.

Minorque, 22 septembre 1890 ; Rodriguez leg. ; Herb. Thuret.

Naples, Station Zoologique ; 20 mars 1900.

Adriatique, Rovigno ; Hauck leg. 1878 ; Herb. Thuret.

Zanardini a donné de cette plante une bonne description
[60, t. I, p. 139, pl. 33], à laquelle les auteurs ultérieurs n'ont
rien ajouté d'important ; il a décrit la disposition pennée des
rameaux sur l'axe, et les propagules tribuliformes. D'après
M. Reinke [89, 2, p. 67 et pl. 48 ; 91, 2, p. 10], elle présente une
opposition très nette entre les axes et les rameaux distiques, et
pourrait bien n'être qu'une variété *pennata* du *S. tribuloïdes*.
Les frères Crouan l'ont récoltée à Brest, mais très rarement, à
la base des Zostères ou sur des coquilles de Pecten draguées ;
ils l'ont distribuée sous le nom de *Chætopteris plumosa* [52,
n° 42], puis l'ont décrite comme *Sph. pseudoplumosa* [67, p. 164,
et pl. 25, fig. 161]. M. Reinke fait remarquer avec raison que
les frères Crouan eurent le tort de prendre les propagules pour
des « spores se pluripartitant, encore fixées sur les ramules »,
mais il se demande inutilement si les sporanges figurés sur le
même dessin ne seraient pas des galles d'une Chytridiacée, car
la figure 4, comme on le voit à l'explication des planches, [67,
p. 254], se rapporte à une autre espèce, le *S. cirrosa*.

Cette espèce méditerranéenne, retrouvée à Helgoland et sur
la côte méridionale d'Angleterre, ne paraissait pas descendre au

sud de Brest (1). Je l'ai récoltée au printemps de 1900 à Concarneau (Finistère), et pendant tout l'été de 1898 à Guéthary (Basses-Pyrénées) [99, 1], mais toujours à un niveau inférieur à celui de la basse mer, sur d'autres Algues, sur des pierres, de vieilles coquilles et des Araignées de mer ; elle y est fréquemment associée à l'*Halopteris filicina*, comme Zanardini et Meneghini [42, p. 354] l'ont déjà remarqué pour la plante italienne. J'ai trouvé les sporanges uniloculaires jusqu'à présent inconnus. Choisissant cette espèce comme type des *Sphacelaria* pennés, je m'occuperai de sa morphologie avec quelques détails.

La plante peut affecter deux formes reliées par d'insensibles transitions. Celle que j'ai recueillie à Concarneau et à Guéthary par exemple, d'environ un centimètre de hauteur, est large, dressée, et approximativement triangulaire, les rameaux pennés diminuant graduellement de longueur vers le sommet de la fronde. Plusieurs frondes naissent très près l'une de l'autre sur une surface d'insertion très étroite, de sorte que la plante retirée de l'eau s'affaisse sur le substratum. L'autre forme ressemble plus à l'échantillon figuré par Zanardini ; elle est grêle, allongée, nettement pennée, terminée en point obtuse, à bifurcations de l'axe principal longues et peu nombreuses ; j'en ai trouvé les plus beaux exemplaires parmi des *Halopteris* reçus du Laboratoire de Naples en mars 1900 (2) ; certains, tronqués aux deux extrémités, mesuraient plus de quatre centimètres ; ils étaient adhérents, çà et là, à l'*Halopteris* et à un *Aglaozonia* par des rhizoïdes normaux ou par des extrémités de rameaux transformés en rhizoïdes. Cette seconde forme paraît être un état âgé de la première, car on trouve des états intermédiaires ; par exemple, les exemplaires que j'ai récoltés à Guéthary en septembre étaient notablement plus allongés que ceux de juin ; les exemplaires étudiés de Minorque sont plus longs que ceux-ci, et moins longs que ceux de Naples (3).

1. Cependant, Debray [82] cite le *Chætopteris plumosa* au Croisic. La présence de cette plante septentrionale me paraît douteuse au Croisic ; peut-être Debray l'a-t-il confondue avec le *S. Plumula*.

2. M. Falkenberg [79] ne cite pas le *S. Plumula* à Naples. M. Berthold [82, p. 507] y cite le *Chæt. plumosa* ; mais, d'après M. Reinke [89, 1, p. 41], la plante récoltée par M. Berthold est le *S. Plumula*. M. Ardissone [86, p. 92] cite le *S. Plumula* seulement de Porto-Maurizio, de Gênes et de l'Adriatique.

3. Meneghini [42, p. 351] distingue deux formes : l'une, de un décimètre de

La différence entre les axes, ou pousses indéfinies, et les rameaux pennés primaires, ou pousses définies, est fort nette (fig. 18, *A*, *B*, *C*), mais je veux montrer qu'elle est surtout apparente, que les rameaux se transforment fréquemment en axes, et que, réciproquement, ceux-ci peuvent se terminer comme des rameaux.

Considérons une fronde à ramification normale (fig. 18, *A*). Le sphacèle de l'axe produit des articles primaires se divisant en articles secondaires égaux, qui ne tardent pas à se cloisonner plusieurs fois suivant la longueur ; mais il ne se fait point de nouveau cloisonnement transversal, et ceci est un bon caractère différentiel des autres espèces pennées. Chaque article secondaire inférieur reste stérile, et chaque article secondaire supérieur produit une paire de rameaux, dont les premières cloisons longitudinales limitent l'insertion ; la cellule latéralement séparée est le sphacèle du rameau. Celui-ci fait saillie, s'allonge, et prend une cloison transversale x (fig. 18, *A*) qui isole un article primaire basilaire, lequel, pendant que le sphacèle s'allonge de nouveau, se divise par une cloison z jamais parallèle à x, en un article secondaire supérieur, qui semble à l'aisselle de la pousse, et un article secondaire inférieur, inclus dans l'axe, et qui paraît, au premier abord, appartenir à l'axe ; cette apparence s'accentuera encore davantage quand ces deux articles se cloisonneront longitudinalement. Puis, le rameau continue à s'allonger par division de son sphacèle et, diminuant peu à peu de diamètre, il se termine généralement en pointe obtuse. Les rameaux primaires restent simples ou produisent des rameaux secondaires épars, généralement non distiques.

Sur des frondes en voie rapide d'accroissement, le sommet non ramifié de l'axe, ou qui porte des rameaux à l'état d'ébauche, est souvent plus long que sur la figure 18, *A*. Puis, au contraire, cette hauteur diminue graduellement avec l'âge ; l'activité du sphacèle se ralentit. On voit par exemple, sur la figure 18, *B,* que les articles les plus jeunes sont déjà cloisonnés longitudinalement, et parfois le sphacèle est encore plus réduit ; les branches

hauteur, à fronde caulescente, l'autre, beaucoup plus courte. La première correspond vraisemblablement au *Chætopt. plumosa* que Meneghini confondait avec le *S. Plumula.*

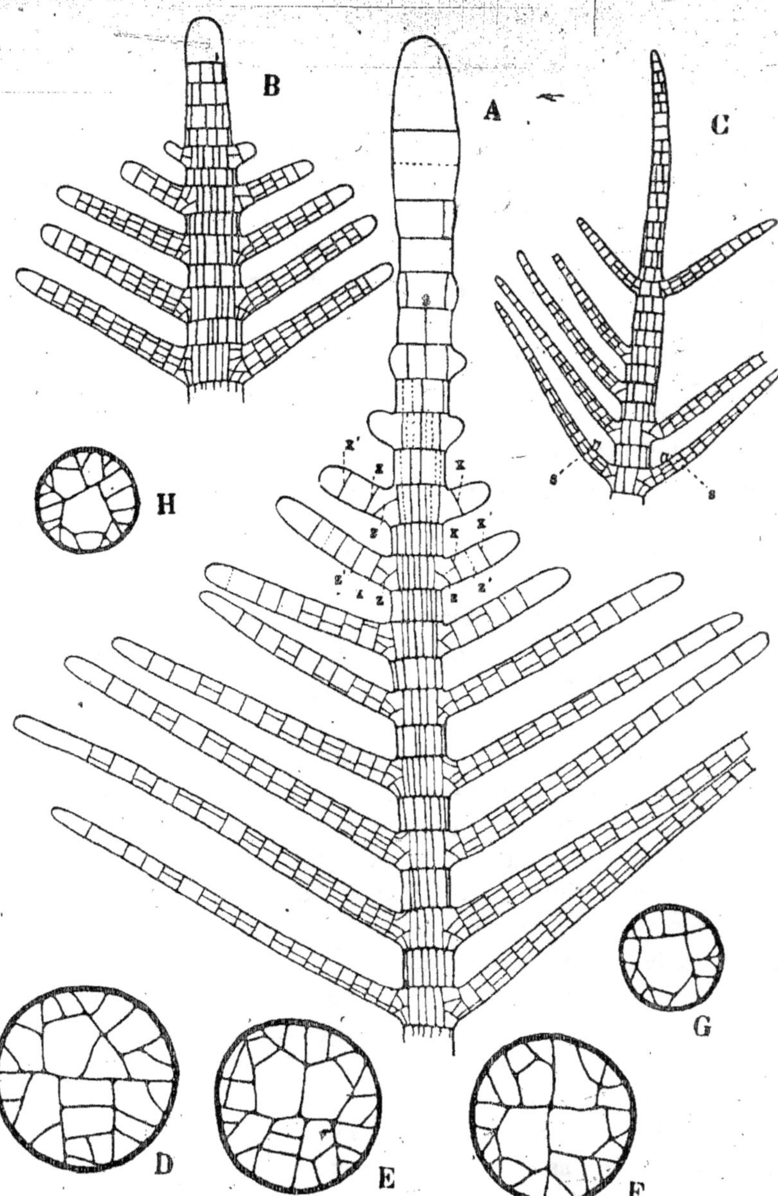

Fig. 18. — *Sphacelaria Plumula* Zanard. — *A*, Sommet normal d'une pousse indéfinie en
voie d'allongement. — *B*, Sommet d'une pousse indéfinie qui ne se divise plus que
très lentement. — *C*, Sommet d'une pousse indéfinie terminée en pointe et ne s'allongeant
plus; *s*, stérigmates persistants. (*A, B, C*, de Guéthary, Gr. 80.) — *D, E, F*, coupes
transversales dans des articles secondaires inférieurs voisins, à la base d'une pousse
indéfinie âgée, de Naples. — *G, H*, Coupes transversales dans des articles secondaires
inférieurs de pousses plus grêles, de Concarneau. (*D-H*, Gr. 200.)

primaires s'accroissent très lentement et restent courtes. Enfin, parfois, des axes parfaitement caractérisés se terminent en pointe (fig. 18, *C*), absolument comme des rameaux âgés, et prennent ainsi le caractères de pousses définies ; dans ce cas, il se fait presque toujours des interruptions dans la distribution des rameaux. Toute cette ramification primaire est strictement monopodiale ; un axe ne porte jamais de poils. Cependant, j'ai vu deux ou trois fois des plantes sur leur déclin séparer de leur sphacèle une ébauche de poil, composé de deux ou trois cellules seulement.

Le plus grand nombre des rameaux est également dépourvu de poils. Mais parfois certains se prolongent en un poil court (fig. 19, *K*), qui ne tarde pas à tomber et se réduit à sa gaine caliciforme (fig. 19, *L*), avec la cellule inférieure incluse et persistante. Plus souvent, le sphacèle du rameau se continue au delà du poil, et le rameau devient un sympode (fig. 19, *M* à *Q*); ce poil tombe habituellement peu après être sorti de sa gaine ; celui de la figure 19, *P*, est relativement long. C'est surtout sur des rameaux arrivés au terme de leur végétation que ces poils se forment, et alors chaque rameau en porte un seul; parfois ils apparaissent plus tôt et le rameau en porte deux ou trois à des niveaux variés.

La présence de ces poils, toujours peu nombreux, dont l'état adulte correspond à l'état jeune de ceux des espèces où ils sont bien caractérisés, ne peut être d'aucune utilité à la plante et ne modifie pas son aspect général. J'ai vu une seule exception sur une préparation de M. Kuckuck (du 3 août 1893) d'un fragment de la forme longue : quelques rameaux se prolongeaient en rhizoïdes, d'autres portaient un ou quelques poils bien développés, même deux fois plus longs que les rameaux primaires ; ils étaient larges de 10-12 μ. et les cellules longues de 120-200 μ.

Ce qui donne surtout aux exemplaires de Concarneau et de Guéthary leur plus grande largeur par rapport aux exemplaires méditerranéens (ou sans doute plus exactement aux individus jeunes par rapport aux individus âgés), c'est leur plus grande facilité à multiplier leurs axes, le phénomène paraissant avoir une troncature pour cause générale. Le sphacèle des axes, particu-

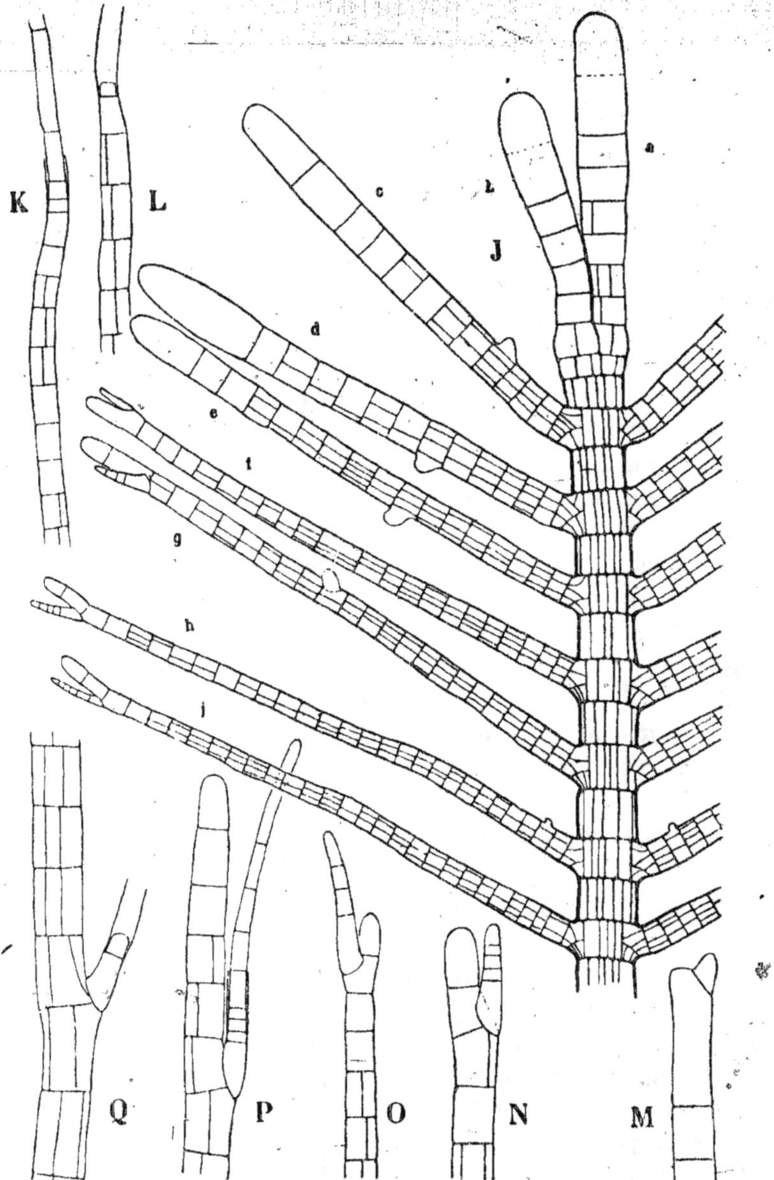

Fig. 19. — *Sphacelaria. Plumula* Zanard. — *J*, Sommet d'une pousse indéfinie tronquée, produisant, dans son prolongement, deux nouvelles pousses indéfinies *a* et *b*, et dont les rameaux primaires *c, d, e,* se transforment en pousses indéfinies, tandis que les rameaux *f, g, h, j*, presque arrivés au terme de leur croissance, ne sont pas modifiés. — *K, L,* Poils terminaux; *M, N, O, P, Q,* Poils latéraux sympodiaux à différents états de développement. (Sur des individus de Guéthary, *J*, Gr. 80; *K* à *Q*, Gr. 200.)

lièrement de ceux qui paraissent en voie de développement actif périt assez fréquemment (1). S'il est seul endommagé, l'article sous-jacent, devenu terminal, peut s'allonger dans sa cavité et le remplacer rapidement dans son fonctionnement sans que l'aspect général de la fronde soit changé. Mais si la blessure atteint aussi des cellules sous-jacentes, un plus long retard dans la réparation en résulte, et un ou plusieurs jeunes rameaux primaires, situés immédiatement au-dessous, grossissent leur sphacèle et continuent leur développement comme de véritables axes. Parfois même, des articles secondaires inférieurs de l'axe primitif, qui, comme on l'a vu, sont normalement stériles, deviennent fertiles et produisent aussi un axe de chaque côté, dans le plan général de ramification. Dans ce cas, plus tard, l'axe poussé dans le prolongement de l'ancien ayant continué à produire des rameaux normaux, la fronde comprendra une région inférieure et une région supérieure à rameaux pennés normaux séparées par un espace étroit portant des pousses indéfinies très rapprochées, dont les rameaux pennés sont situés dans le même plan que les précédents.

Si même la troncature arrive jusqu'à un article déjà cloisonné longitudinalement, chacune des 2-3-4 cellules de cet article peut s'allonger en sphacèle produisant un axe, et l'axe primitif paraîtra plus tard avoir subi une di-, tri-, ou tétratomie ; ou bien une seule de ces cellules s'allonge et alors l'axe est infléchi sur le côté. La figure 19, *J*, représente une plante dans ce cas : le sommet est bifurqué (*a*, *b*) ; à gauche, trois rameaux se sont transformés en axes (*c*, *d*, *e*) ; à droite, il y en avait quatre, ce qui faisait neuf pousses indéfinies ; au-dessous, les rameaux (*f*, *g*, *h*, *j* ....) ne sont pas modifiés.

Si un axe est brisé dans une partie éloignée du sommet, les cellules de la troncature produisent 2-3, parfois 4-5 nouvelles pousses indéfinies disposées en éventail dans le plan général, et qui habituellement poussent successivement. Si chacune des

---

1. On ne peut expliquer cette mort fréquente par une plasmolyse trop intense de cette grande cellule à parois minces, comme cela serait le cas pour une plante exposée au jeu des marées. La cause en est probablement plutôt un parasite qui vide le sphacèle de son contenu, et parfois les jeunes articles situés au-dessous, sans laisser de traces. Autrement, on ne voit pas pourquoi le sphacèle d'une plante exposée à des conditions extérieures constantes mourrait avant que la plante eût atteint tout son développement.

cellules de la troncature ne régénère pas un axe, c'est que certaines sont endommagées, ou que l'espace manque. On remarquera enfin que la prolifération peut se faire aux dépens d'un article secondaire supérieur ou inférieur.

Les rameaux primaires adultes, accidentellement tronqués, régénèrent aussi une ou deux branches semblables, mais parfois aussi une pousse indéfinie. Ainsi, on rencontre parfois un axe (inséré latéralement sur un autre), qui porte à sa base des branches éparses non distiques, puis des branches distiques régulièrement insérées par paires ; c'est qu'il a pour origine un rameau primaire transformé en pousse indéfinie.

En résumé, la différence entre les axes et les rameaux primaires, très nette à première vue, dans le *S. Plumula*, est plus apparente que réelle, puisque un rameau primaire quelconque peut, dans certaines conditions, devenir un axe.

La largeur d'un axe est de 100-120 μ ; mais elle est souvent notablement moindre à la base, en particulier sur les axes nés d'une troncature. Les articles secondaires, vus de face, montrent généralement 5-7 cloisons longitudinales (fig. 18, *A, B* ; 19, *J*). Habituellement, ils sont un peu moins hauts que larges ; parfois, en particulier sur les pousses indéfinies qui s'élèvent directement du thalle rampant, leur hauteur est à peine la moitié de la largeur et les rameaux, beaucoup plus rapprochés l'un de l'autre, donnent alors asile à des poussières, des Diatomées, etc., en plus grande abondance qu'avec l'écartement ordinaire.

Zanardini, Crouan, M. Reinke, ont figuré une coupe transversale de l'axe, mais leurs dessins concordent imparfaitement, et il ne pouvait en être autrement. On s'en rend compte par les sections *D, E, F* (fig. 18) pratiquées dans des articles secondaires inférieurs d'une partie âgée de la plante de Naples, et les articles secondaires supérieurs présentaient des variations plus grandes à cause des rameaux qui en naissent. Ces coupes montrent seulement que la première ou les deux premières cloisons sont diamétrales et que les cloisons ultérieures viennent s'appuyer sur elles ; les cellules périphériques sont irrégulières et forment rarement une couche continue autour des cellules centrales, parfois même 2-3 cellules, sur une même coupe, vont directement du centre à la périphérie. Les figures 18, *G, H,* sont prises dans des portions d'axes plus grêles de la plante de Concarneau.

Les rhizoïdes du *S. Plumula* ne sont jamais assez abondants pour produire une cortication complète. Ils naissent dans la portion inférieure de la plante, indifféremment et irrégulièrement, des articles secondaires inférieurs ou supérieurs ; certains descendent jusque sur le substratum où ils s'élargissent et se cloisonnent davantage. Les axes, nés sur la partie rampante restent toujours nus sur une certaine longueur, puis produisent des rameaux distiques ; plus tard, des rhizoïdes, plus gros que les précédents et toujours courts, naissent sur ces articles stériles de la base, et produisent tout près de leur insertion un nouvel axe dressé ; c'est en partie pour cette raison qu'une plante d'apparence touffue est insérée par une base très étroite, comme on l'a dit précédemment.

La plante s'appuie sur le substratum par des filaments rampants, courts, irréguliers, soudés l'un à l'autre, mais, comme l'a remarqué M. Kuckuck [94, p. 229] sans former, à proprement parler, de disque.

Des fragments brisés peuvent devenir des boutures en prolongeant en rhizoïdes une ou plusieurs cellules de leur section inférieure. J'ai vu l'un de ces rhizoïdes, après un certain parcours, se redresser en un axe. D'autre part, un bon nombre de rameaux primaires de la plante de Naples se prolongeaient directement en rhizoïdes, souvent plusieurs fois plus longs qu'eux, pour la fixer aux Algues voisines ; il en est probablement souvent ainsi dans la forme longue ou âgée du *S. Plumula*, qui, de dressée, devient décombante.

Le tannin, diffus, moins abondant que dans les espèces étudiées dans les chapitres précédents, est surtout localisé dans les sphacèles. Il s'accumule d'abord dans la cellule longue de l'axe qui est l'origine d'un rameau primaire et, après chaque cloisonnement, reste dans le sphacèle du rameau.

Les propagules, tribuliformes, sont portés par les rameaux primaires ou secondaires, en des points quelconques s'ils sont rares, en des points mieux déterminés si la fronde en produit beaucoup. Dans ce cas, le premier propagule apparaît sur la face supérieure du deuxième article secondaire supérieur (le premier

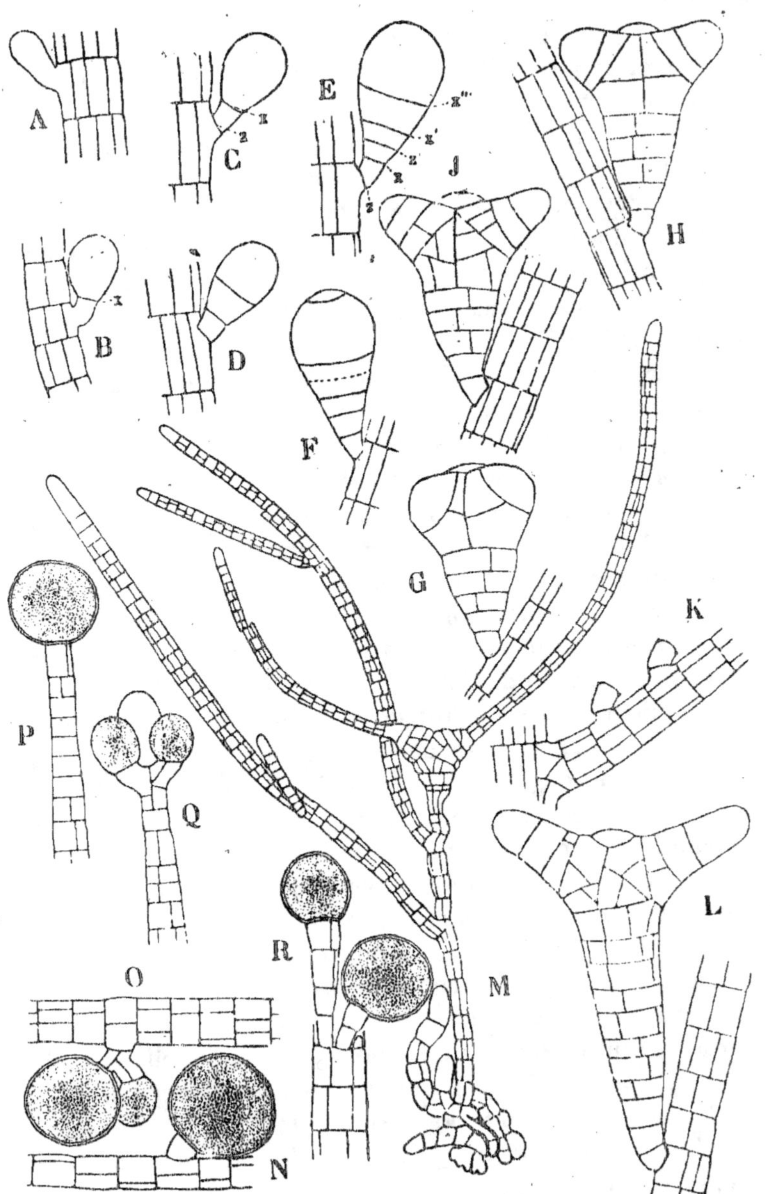

Fig. 20. — *Sphacelaria Plumula* Zanard. — *A* à *K*, Différents états du développement d'un propagule. — *L*, Propagule anormal. — *M*, Germination d'un propagule appartenant probablement au *S. Plumula*, trouvé dans un *Halopteris*. — *N, O*, Disposition habituelle des sporanges uniloculaires. — *P, Q, R*, Sporanges uniloculaires d'origine différente. (*M*, de Guéthary, Gr. 80 ; tous les autres de Concarneau, Gr. 200.)

article étant comme on l'a vu, en partie inclus dans l'axe) ; le deuxième propagule sur le troisième article secondaire supérieur, avec la même direction ; les suivants naissent à des intervalles moins réguliers et pas nécessairement dans le plan général de ramification. D'ailleurs, cette règle présente des exceptions. Après leur chute ils laissent un stérigmate persistant (fig. 18, C, et 20, K) qui peut bourgeonner une ou plusieurs fois en un nouveau propagule. Assez fréquemment, lorsqu'un rameau primaire manque sur un axe, un propagule se développe à sa place, mais tardivement ; les propagules nés sur des articles secondaires inférieurs de l'axe sont beaucoup plus rares. Les propagules occupent donc la place de branches des premier, deuxième ou troisième ordre ; ils se développent d'ailleurs exactement par le même processus qu'une branche primaire sur l'axe.

Ainsi, un propagule apparaît comme une protubérance (fig. 20, A) qui prend les caractères d'un sphacèle. La première cloison transversale se fait en dehors du rameau (fig. 20, B, x), et limite ce qui sera le stérigmate ; c'est un article primaire qui se divise ensuite en deux articles secondaires, par une cloison z située vers le niveau de l'insertion (fig. 20, C) ; l'article secondaire inférieur est donc en réalité la cellule même faisant partie du rameau mère. Puis, le sphacèle, qui pendant ce temps a grossi, va former le propagule proprement dit. Une nouvelle cloison x' limite un deuxième article primaire, qui se divise par une cloison parallèle z' en deux articles secondaires (fig. 20, D, E). Une troisième cloison x'' limite un troisième article primaire qui se comporte de même (fig. 20, E, F). Mais pendant que celui-ci se divise par une cloison z'', une nouvelle cloison parallèle apparaît au sommet, isolant une petite calotte qui représente le sphacèle épuisé, et qui chez d'autres espèces ($S.$ *biradiata*, etc.) se prolonge ultérieurement en poil. La grande cellule, limitée en haut par le sphacèle (F), représente un article primaire entier qui s'étale latéralement pour former les bras du propagule. C'est alors qu'apparaissent la première cloison longitudinale, médiane (G), puis deux cloisons en verre de montre, isolant les bras, correspondant chacun à un sphacèle latéral qui se divise ensuite en deux articles secondaires. Les deux grandes cellules sœurs du milieu se divisent aussi transversalement (G, H) par une cloison dont la présence est moins constante que celle des précédentes. Dès lors, le propagule a acquis sa forme définitive que ne modifient pas les cloisonnements ultérieurs (*J*). Le propagule tribuliforme est donc un rameau dont l'article primaire, sous-jacent au sphacèle terminal, émet deux branches sœurs qui, si elles s'accroissaient de suite, donneraient une dichotomie.

On rencontre de temps en temps des irrégularités dans le cloisonnement, comme par exemple dans le propagule de la figure 20, *L*, qui atteint une taille exceptionnelle. Les propagules mesurent généralement 100-130 µ (sans le stérigmate) sur 60-120 µ; celui de la figure 20, *L*, mesurait 225 µ sur 160 µ. Au moment de la déhiscence, et surtout après, la cellule terminale de chacune des trois pointes renferme un protoplasme plus abondant que les autres.

Je n'ai pas observé la germination des propagules, mais j'ai trouvé (Guéthary, juin 1898) dans une touffe d'*Halopteris* sur une Araignée de mer, une plantule (fig. 20, *M*) que je rapporte au *S. Plumula*, car les propagules de l'*Halopteris* sont encore ignorés, et le *S. tribuloïdes* croît à un niveau supérieur. Chacune des pointes a donné un filament, et celui qui provient de l'allongement de l'un des bras a produit un petit thalle rampant d'où s'élèvent déjà deux futures pousses dressées. Les filaments dressés ne sont pas ramifiés, il est vrai, mais on sait que les rameaux primaires n'apparaissent sur les axes qu'à partir d'une certaine hauteur.

Les sporanges uniloculaires étaient encore inconnus. Plusieurs des frondes récoltées à Concarneau en portaient un grand nombre à tous les états du développement, sur les mêmes individus que les propagules ou sur des individus séparés. Ils sont sphériques, très foncés, à membrane épaisse, de 55-80 µ de diamètre ; le pédicelle très court est généralement unicellulaire (fig. 20, *N*), parfois avec une cloison longitudinale (fig. 20, *O*).

Les premiers sporanges, comme les propagules, naissent fréquemment sur les deuxième et troisième articles secondaires supérieurs des rameaux primaires, puis plus irrégulièrement. Il est remarquable que ces sporanges se développent généralement là où ils ont le moins d'espace, c'est-à-dire dans le plan général de ramification ; aussi sont-ils souvent comprimés et déformés par le rameau situé au-dessus ou au-dessous de celui qui les porte, bien que leur pédicelle se recourbe légèrement, comme pour gagner de la place (fig. 20, *N,O)*. Je n'ai pas vu de sporange naître dans la cavité d'un sporange vidé, mais souvent le pédicelle bourgeonne et produit de nouveaux sporanges. Enfin il n'est pas rare qu'un sphacèle de rameau se transforme en sporange (fig. 20, *P*) ou que l'article situé au-dessous en produise deux (fig. 20, *Q*); souvent aussi un rameau tronqué prolifère et produit des sporanges plus ou moins longuement pédicellés (fig. 20, *R*), ce qui est d'ailleurs fréquent chez les *Sphacelaria*.

La disposition des sporanges uniloculaires du *S. Plumula* ne correspond donc ni à celle du *S. spuria*, où ils sont en sympode, ni à celle du *S. plumigera*, où ils sont plus longuement pédicellés.

Sphacelaria Plumula Zanard. — Plante formant, à l'état jeune et le plus fréquent, de petites touffes dressées de 1 centim. de hauteur, plus rarement et probablement à l'état âgé, des filaments décombants de plusieurs centim. de longueur. Thalle rampant très réduit, étroit, plus ou moins tuberculeux. Filaments dressés, ou pousses indéfinies, monopodiaux, à rameaux pennés ; articles secondaires divisés plusieurs fois suivant la hauteur et non suivant la largeur, larges de 100-120 µ, un peu moins hauts que larges, à structure interne inconstante. Rameaux primaires, ou pousses définies, terminés en pointe, nés sur les articles secondaires supérieurs, généralement simples, parfois pourvus de rameaux secondaires épars ; poils souvent absents, mais parfois présents au sommet, ou sympodiaux et près du sommet des rameaux, et habituellement très réduits. Rameaux primaires pouvant se transformer en pousses indéfinies, soit après la mort du sphacèle de l'axe, soit par suite d'une troncature. Rhizoïdes peu abondants, descendant appliqués contre l'axe, sans produire une cortication complète. — Sporanges uniloculaires sur des individus séparés ou sur les mêmes individus que les propagules, sphériques, de 55-80 µ de diamètre, portés par un pédicelle généralement unicellulaire, dans le plan général de ramification, les premiers naissent d'abord sur le deuxième, puis sur le troisième article secondaire des rameaux primaires, les autres plus irrégulièrement. Sporanges pluriloculaires inconnus. Propagules tribuliformes, de 100-130 µ sur 60-120 µ, naissant généralement d'abord sur le deuxième, puis sur le troisième article secondaire supérieur des rameaux primaires, les autres plus irrégulièrement ; stérigmates persistants, pouvant produire un nouveau propagule à la place de l'ancien.

Hab. — Sur des substratums variés (pierres, vieilles coquilles, crabes, Corallines, grandes Algues) au-dessous du niveau de la basse mer. Helgoland ! Bretagne ! Golfe de Gascogne ! Méditerranée !

Sphacelaria Plumula var. californica Sauvageau mscr.

L'Herbier Thuret renferme deux échantillons donnés par M. Farlow en 1879 sous le nom de *S. cirrosa*, récoltés par Cleveland à San Diego (Californie), d'une plante de 2-4 centimètres de hauteur qui ressemble plus au *S. Plumula* qu'à toute autre espèce. Deux autres exemplaires m'ont été envoyés par M. Farlow.

Cependant, elle possède un disque très net, duquel s'élèvent,

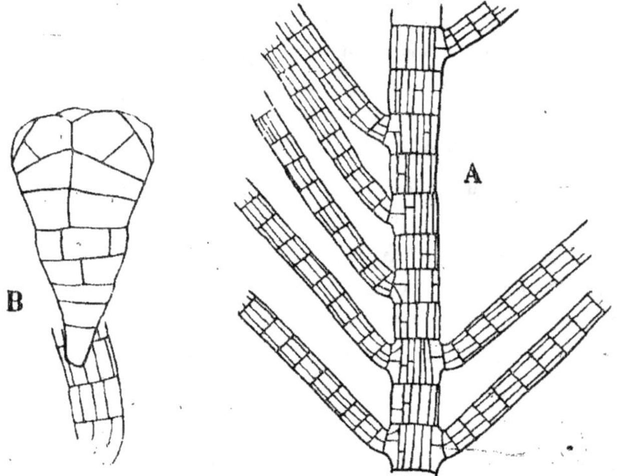

Fig. 21. — *Sphacelaria Plumula* Zanard. var. *californica* Sauv. — *A*, Fragment du thalle montrant l'insertion distique irrégulièrement pennée des rameaux primaires; certaines cellules des articles secondaires sont cloisonnées transversalement (Gr. 80). — *B*, Propagule (Gr. 200).

très près l'un de l'autre, les filaments dressés ou axes. Ceux-ci restent nus sur une longueur de cent à deux cents articles avant de produire des rameaux primaires ; ils sont plus étroits que ceux du vrai *S. Plumula*, mesurent seulement 60-80 μ, et je ne les ai pas vus porter de rhizoïdes. La plupart des cellules des articles secondaires sont simples comme dans le *S. Plumula*, mais on en voit souvent 1-2-3 qui possèdent une cloison transversale (fig. 21, *A*). Les rameaux primaires sont distiques, mais irréguliers dans leur distribution ; leur absence laisse des es-

paces vides d'un côté ou des deux côtés à la fois ; ils s'insèrent plus étroitement que dans le *S. Plumula* (fig. 21, *A*), ce·
qui contribue à donner à la plante un aspect plus grêle, et la
cloison qui sépare les deux premiers articles secondaires du rameau, parfois incliné comme dans le type, est plus souvent horizontale. Je n'ai vu de poils ni sur les axes ni sur les rameaux.

Les propagules étaient nombreux, mais je n'en ai pas trouvé
de détachés de la plante mère ; plus longs et proportionnelle-
ment moins larges que ceux du *S. Plumula*, ils mesurent 140-
160 μ sur 80-120 μ ; les bras sont plus étroits et plus courts, et
le corps du propagule semble comprendre un article primaire
de plus. On trouverait assurément sur des *S. Plumula*, d'Europe, des propagules semblables à celui dessiné (fig. 21, *B*),
mais ce dernier représente la forme commune des exemplaires
de Californie. Je n'ai pas trouvé de sporanges.

Je considère provisoirement cette plante, qui est peut-être
une espèce distincte (*S. californica?*), comme une variété
californica du *S. Plumula*, dont elle se distingue par son disque
basilaire, la longueur de la partie inférieure non ramifiée des
filaments dressés, le cloisonnement partiel transversal des articles secondaires, et la taille un peu différente des propagules.
Notre ignorance des propagules des *S. racemosa* et *S. plumigera* nous empêche de comparer ces espèces à la plante de
Californie. M. de Alton Saunders [98] ne cite pas le *S. Plumula*
sur la côte du Pacifique.

Sphacelaria Plumula var. cervicornis Sauvageau mscr.
(*Sphacelaria cervicornis* Agardh).

C. Agardh [27, p. 640] a créé le nom de *S. cervicornis* pour
une Algue rare de Trieste ; sa description, reproduite l'année
suivante [28, p. 33] dans des termes presque identiques, et trop
brève pour être précise, ne peut permettre une détermination.
Celle de J. Agardh [48, p. 33] est plus complète, mais cependant à
peine suffisante. Toutefois, certains points en sont à signaler :
« Fila..evidenter secunde-pinnata », « articuli.. fere quadratici..».
Il la considère comme différente du *S. cirrosa* et du *S. tribuloides*
auxquels certains auteurs ont voulu la réunir ; il n'a pas vu de
sporanges, mais il dit : « Propagula, illis Sph. tribuloidis subsi-

milia\ in quibusdam videre credidi. » Il l'indique dans l'Adriatique, la Méditerranée et la Mer Rouge.

Kützing [55, tab. 92, p. 27] en donne deux dessins, l'un d'après une plante de Trieste qui porte un propagule bifurqué comme ceux du *S. furcigera*, l'autre d'après une plante du Morbihan, à rameaux distiques, qui porte des sporanges uniloculaires. La plante figurée par Zanardini [60, t. 2, p. 44, tab. 90, *A*], à articles aplatis, porte aussi des sporanges uniloculaires, mais pas de propagules ; ses rameaux sont épars au lieu d'être distiques.

M. Falkenberg a retrouvé la plante à Naples [79, p. 242], et la conserve comme espèce distincte, en citant comme référence et sans commentaires, malgré leur discordance, les auteurs nommés plus haut. Mais Hauck [85, p. 345] l'appelle *S. cirrosa* var. *irregularis*, du nom d'une autre espèce de Kützing. M. Ardissone [86, p. 91] en fait une variété *cervicornis* du *S. cirrosa*, et cite dans la bibliographie l'échantillon n° 1439 de l'Erbario crittogamico italiano. M. Reinke [91, 2, p. 10], et M. de Toni [95, p. 504] en font un simple synonyme du *S. cirrosa*.

Les auteurs sont donc loin d'être d'accord sur la plante d'Agardh. J'ai étudié le n° 1439 de l'Erb. critt. ital. incorporé dans l'Herbier Thuret, distribué par M. Strafforello sous le nom de *S. cervicornis* Ag., avec la mention : « Al Porto Maurizio, su varie Alghe dell' alto mare. Autunno 1884. »

La ramification est irrégulière. En certains points, elle est aussi nettement distique et pennée que celle du *S. Plumula* ; en d'autres points, elle porte plusieurs rameaux, jusqu'à une quinzaine, strictement unilatéraux, mais la différence de diamètre entre les axes et les rameaux primaires est plus nette que dans le *S. Plumula* et les articles secondaires sont aussi hauts ou plus hauts que larges. De plus, on trouve çà et là deux rameaux primaires nés côte à côte sur deux cellules voisines d'un même article, ce que je n'ai jamais vu dans le *S. Plumula* ; il peut même y avoir irrégularité plus complète, les rameaux successifs naissant sur des génératrices variées, et la plante prend alors une grande ressemblance avec le *S. cirrosa*. Elle s'en rapproche encore plus lorsque l'axe âgé se termine en pointe devenue sympodique par le développement de 2-3-4 poils à intervalles rapprochés.

Mais la plante porte des propagules qui sont bien ceux du *S. Plumula* ; je n'ai pas vu de sporanges.

Cette plante semble donc bien correspondre à la description
de J. Agardh. Elle ne peut être identifiée au *S. tribuloides* dont
la ramification est différente, ni au *S. cirrosa*, même comme variété, à cause de ses propagules, et c'est du *S. Plumula* qu'elle
se rapproche le plus. Bien qu'elle possède des caractères intermédiaires entre le *S. cirrosa* et le *S. Plumula*, il serait préma-
turé de la considérer comme un hybride, puisque nous ne connaissons pas d'anthéridies chez la première espèce ni même
d'organes pluriloculaires chez la seconde. Une étude plus complète permettra peut-être de la rétablir comme espèce indépendante ; mais je propose, en attendant, de la considérer comme
une variété du *S. Plumula*. J'ai trouvé dans les Herbiers d'autres
plantes marquées *S. cervicornis*, mais qui ne correspondaient
pas à celle de M. Strafforello.

B. — Sphacelaria plumigera Holmes.

Échantillons étudiés :

Kattegat, Frederikshavn, janvier 1885 ; Börgesen leg. et ded.
Helgoland, août 1831 ; Lehmann ded. sub nom. *Sphac. plumosa* Ag. ;
    Herb. Montagne in Herb. Museum Paris.
Helgoland, 20 août 1894 ; Kuckuck leg. ; Herb. Thuret.
Helgoland, 23 janvier 1893 ; Kuckuck leg. et comm.
...? Die Algen der Nordsee und die mit denselben vorkommenden
    Zoophyten, von H. C. Threde. Erste Centurie, Hambourg, 1832 ;
    N° 93, *Sphacelaria plumosa* Ag. in Herb. Museum Paris.
Firth of Forth, Joppa, 1881 et 1882 ; Traill leg. et ded. ; Herb. Thuret.
Penzance (Angleterre) ; Hohenacker, Algæ marinæ siccatæ n° 266,
    sub nom. *Chætopteris plumosa ;* Herb. Thuret.

Longtemps confondue avec le *Chætopteris plumosa*, cette
espèce en fut distinguée pour la première fois par M. Holmes
[83, p. 141 et 142], et représentée par M. Batters [89, pl. X,
fig. 1-3] qui en faisait le type et la seule espèce d'un sous-genre
Pseudochætopteris [89, p. 63], parce qu'elle porte des rhizoïdes
corticants comme le *Chætopteris*. Elle a été trouvée sur plusieurs
points de la côte anglaise. M. Reinke l'ayant récoltée à Helgoland, où Hauck l'avait déjà signalée [85, p. 349], il l'a étudiée
de plus près [89, 2, p. 66, pl. 47 ; et 91, 2, p. 12]. J'en ai reçu de
M. Börgesen plusieurs beaux exemplaires de 5-7 cm. de hauteur
récoltés dans le Kattegat d'où on ne la connaissait pas encore.

Les auteurs ont insisté sur sa ressemblance avec le *Chæt. plumosa,* et sur la difficulté de la distinguer de celui-ci quand elle est stérile; on verra plus loin que la disposition et l'origine des rhizoïdes suffit cependant à la caractériser sûrement. D'ailleurs, ses rameaux primaires sont plus courts et plus réguliers que ceux du *Chætopteris* (1) et généralement non ramifiés.

Ce qui a été dit précédemment à propos de la ramification générale du *S. Plumula* peut s'appliquer au *S. plumigera;* cependant, le sommet des pousses indéfinies est généralement nu sur une plus grande longueur, et les rameaux primaires qui se transforment en axes, ou les axes qui s'élèvent des troncatures, sont moins nombreux que dans le *S. Plumula.* Les articles secondaires se cloisonnent longitudinalement (fig. 22, *C*), mais les cellules ainsi formées, au lieu de rester simples comme dans le *S. Plumula,* ne tardent pas à prendre une cloison transversale médiane, qui manque seulement exceptionnellement, comme dans l'article qui est au milieu de la figure 22, *C.* Dans les parties plus âgées, de nouvelles cloisons transversales apparaissent. Les sections transversales de l'axe montrent autant de variété que celles du *S. Plumula;* toutefois (fig. 22, *E*), la couche périphérique de cellules étroites est mieux caractérisée, et l'on ne voit plus de cellules allant directement du centre à la périphérie. Les articles secondaires, aussi hauts, ou plus souvent moins hauts que larges, ont 70-100 μ de diamètre, souvent moins dans la portion inférieure des axes; ainsi, les pousses indéfinies jeunes qui s'élevaient du thalle rampant de la figure 22, *A,* mesuraient 40 μ de diamètre.

Les rameaux primaires sont généralement très régulièrement disposés, de longueur égale, et simples. On en trouve cependant qui portent de nombreux rameaux, mais ils m'ont paru être des pédicelles de sporanges restés stériles et souvent plus allongés que les pédicelles fertiles. Leurs cloisons longitudinales ne vont pas jusqu'au centre (fig. 22, *F*), et laissent une cellule centrale renfermant du tannin. Les articles sont souvent cloisonnés en leur milieu (fig. 22, *C, D*), et ceux des rameaux fructifères, souvent un peu plus gros que les rameaux stériles, sont plus cloisonnés (fig. 22, *G*). Les rameaux, cylindriques quand ils sont

1. Cf. les deux dessins donnés par M. Reinke [89, 2] du *S. plumigera* (pl. 47, fig. 1) et du *C. plumosa* (pl. 49, fig. 1).

jeunes, diminuent ensuite graduellement de diamètre pour se terminer en pointe. Les poils manquent complètement sur les axes et sur la plupart des rameaux ; mais certains rameaux se terminent par un poil ou en portent tout près de leur sommet, qui sont géminés (fig. 22, *H, J, K*) et dont la base, plus ou moins cloisonnée, est persistante ; tous ceux que j'ai vus étaient tronqués (1).

J'ai vu un disque basilaire sur un échantillon de Joppa, et plusieurs disques sur ceux du Kattegat. La figure 22, *A*, en représente un vu de dessous ; il correspond à ceux étudiés précédemment. En section, je les ai toujours vus peu épais, irréguliers et recouverts d'un épais feutrage de rhizoïdes qui m'a empêché de les dissocier ; la figure *B* représente une des coupes qui m'ont paru se rapprocher le plus de la direction radiale, et les files verticales de cellules sont probablement simples comme dans le *S. olivacea ;* la face supérieure du disque est peu différente de la face inférieure.

Les rhizoïdes forment un manchon épais à la base de l'axe ; ils naissent dans le plan général de ramification, à partir d'une certaine distance du sphacèle, d'une cellule située dans la moitié supérieure d'un article secondaire inférieur (fig. 22, *D*), et descendent verticalement, appliqués sur l'axe ; puis, rencontrant le rameau inséré au-dessous, ils obliquent pour le contourner. Ensuite, ils se ramifient plus ou moins rapidement en branches descendantes apprimées sur l'axe, s'il n'est pas encore recouvert, ou recouvrant les rhizoïdes plus âgés, de manière à former une cortication dense, comme on le voit sur les figures 4 et 5 de M. Reinke [89, 2, pl. 47], et qui double presque le diamètre du filament, sans être cependant aussi importante que celle du *Chætopteris*. Les articles basilaires des rameaux produisent aussi des rhizoïdes sur leur face inférieure, qui s'ajoutent aux précédents. Habituellement, les rhizoïdes s'étalent sur le disque et forment un feutrage plus épais que lui ; mais j'ai vu un disque recouvert seulement de quelques rhizoïdes se terminant chacun en un disque très petit qui était assurément l'origine d'un individu nouveau ; toutefois, je n'ai pas pu déterminer si

---

1. Il est possible que, sur des échantillons vivants ou conservés dans l'alcool, ils soient longs et bien développés. On pourrait les confondre, sur les exemplaires d'herbier, avec des pédicelles de sporanges tronqués ou avortés qui se développent parfois au sommet des rameaux.

ces rhizoïdes sortaient du pied du filament dressé ou s'ils correspondaient à ceux décrits plus haut.

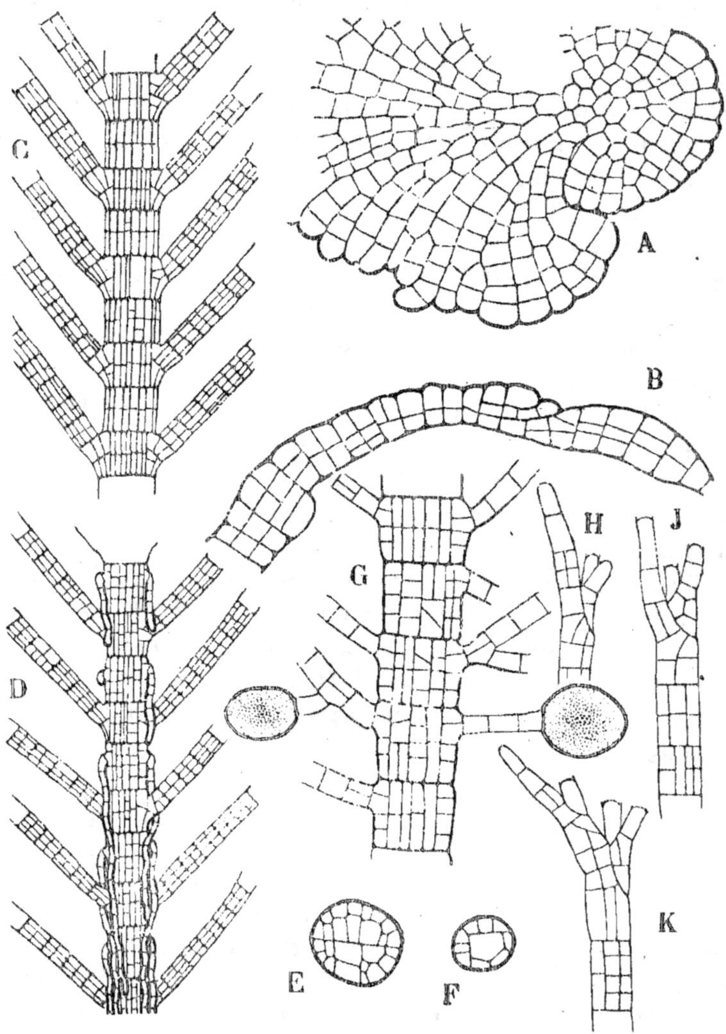

Fig. 22. — *Sphacelaria plumigera* Holmes, du Kattegat. — *A*, Portion d'un thalle rampant vu de dessous. — *B*, Coupe dans un thalle rampant; les rhizoïdes qui le recouvraient n'ont pas été représentés. — *C*, Fragment d'une pousse indéfinie, pris dans une partie jeune, pour montrer la différence du cloisonnement avec le *S. Plumula*. — *D*, Fragment d'une pousse indéfinie, dans une partie plus âgée que *C*, montrant l'origine des rhizoïdes. — *E*, Section transversale dans un article secondaire inférieur d'une pousse indéfinie âgée, débarrassée des rhizoïdes qui l'entourent. — *F*, Section transversale dans un rameau primaire. — *G*, Portion d'un rameau fructifère; deux sporanges seulement ont été représentés. — *H*, *J*, *K*, Sommets de rameaux primaires arrivés au terme de leur développement montrant les poils, simples ou géminés. (*A*, *B*, Gr. 150; *C*, *D*, Gr. 80; *E* à *K*, Gr. 200).

Les sporanges uniloculaires, arrondis ou ovoïdes, de 50-68 μ sur 40-52 μ, sont portés par des pédicelles plus ou moins divariqués, généralement de 3-5 cellules, simples ou ramifiés (fig. 22, *G*); les cellules du pédicelle qui portent une ramification ont une cloison longitudinale, les autres restent souvent simples. Je n'ai pas vu de pédicelle ramifié porter plus de quatre sporanges. Le nombre des pédicelles est très variable sur les rameaux sporangifères; parfois épars, ils sont habituellement situés dans le plan général de ramification, soit sur tous les articles secondaires, soit de deux en deux, mais toujours dans la moitié supérieure de l'article; les cellules latérales prennent plus souvent trois cloisons transversales que les cellules de face, comme on le voit sur la figure 22, *G*. Des pédicelles, disposés sans ordre, naissent aussi du sommet ou tout près du sommet des rameaux, mais je n'en ai jamais vu sur les rhizoïdes, tandis que, comme on sait, les sporanges du *Chætopteris* sont portés uniquement par les rhizoïdes.

Le *S. plumigera* stérile se distingue du *Chætopteris* par ses rameaux primaires moins longs, paraissant plus régulièrement distribués parce qu'ils sont rarement ramifiés, et par l'insertion latérale des rhizoïdes. Il se distingue du *S. Plumula* par les rhizoïdes corticants et par le cloisonnement transversal des articles secondaires des pousses indéfinies.

Les sporanges pluriloculaires et les propagules sont inconnus.

Sphacelaria plumigera Holmes. — Plante dressée, de plusieurs cm. de hauteur, ayant le port du *Chætopteris*. Thalle rampant, formant un disque basilaire compact, de quelques mm. de diamètre, à contour nettement limité, adhérent au substratum, peu épais, à disposition flabellée sur la face inférieure, et peu différente sur la face supérieure; files radiales formées en épaisseur de cellules superposées, probablement non divisées verticalement. Filaments dressés, ou pousses indéfinies, monopodiaux, à rameaux pennés; articles secondaires divisés plusieurs fois suivant la hauteur, et plus tard transversalement une fois, en leur moitié, ou davantage, larges de 70-100 μ, aussi hauts ou moins hauts que larges, à structure interne comprenant plusieurs cellules centrales et une couche de petites cellules périphériques. Rameaux primaires ou pousses définies, terminés en pointe, portés par les articles secondaires supérieurs, généralement simples, à structure interne comprenant une cellule centrale et une couche de cellules périphériques; poils souvent absents, mais parfois présents au sommet, ou sympodiaux et, près du sommet des rameaux, simples ou géminés. Rameaux primaires pouvant se transformer en pousses indéfinies, soit après la mort du sphacèle de l'axe, soit par suite d'une troncature. Rhizoïdes naissant dans le plan général de ramification, dans la moitié supérieure des articles secondaires inférieurs de l'axe, descendant appliqués contre lui pour former une cortication épaisse et complète, et ramper ensuite sur le disque basilaire. — Sporanges uniloculaires arrondis ou ovoïdes, de 50-68 µ sur 40-52 µ, portés par les rameaux primaires, à pédicelles épars, plus souvent pennés, simples ou un peu ramifiés, nés dans la moitié supérieure des articles secondaires. Sporanges pluriloculaires et propagules inconnus.

Hab. — Sur les rochers, vers la limite de la basse mer. Kattegat! Helgoland! Écosse! Angleterre!

Se distingue du *S. Plumula* par sa taille plus grande, son disque basilaire, ses articles secondaires divisés transversalement, ses rhizoïdes formant cortication épaisse, la disposition des sporanges uniloculaires, et du *Ch. plumosa* par la moindre longueur des rameaux primaires, le mode d'insertion des rhizoïdes et l'origine des pédicelles des sporanges uniloculaires.

C. — Sphacelaria racemosa Greville.

Exemplaires étudiés :

Spitzberg, Smeerenborg bay, juillet 1873; F. R. Kjellman leg. et ded. sub nom. *S. arctica* Harvey; Herb. Thuret.

Spitzberg, Kjellman leg.; Foslie ded. sub nom. *S. racemosa* f. *arctica* Harvey; Herb. Thuret.

Groenland, Expeditio Danica in Groenlandiam orientalem 1891-92; N. Hartz leg. 1er mars 1892; Rosenvinge ded.; Herb. Thuret et Herb. Sauvageau.

Baie de Baffin, Howgate Arctic Expedition; Algæ Groenlandicæ; coll. L. Kümlein; Gulf of Cumberland; Herb. Thuret.

Kiel, décembre 1888; Reinke leg. et ded. sub nom. *S. racemosa* Grev. f. *arctica;* Herb. Thuret.

Kiel, mars 1890; Reinbold leg. et ded. sub nom. *S. arctica* Harv.; Herb. Thuret.

Berwick-on-Tweed, janvier 1887; Batters leg. et ded. Herb. Thuret.

« La comparaison d'exemplaires anglais du *S. racemosa* avec le *S. arctica* des régions septentrionales et avec la forme correspondante de la mer Baltique, dit M. Reinke [91, 2, p. 11], ne me laisse aucun doute sur l'identité de ces plantes. » Je m'abrite derrière l'autorité de M. Reinke, qui a vu de nombreux échantillons vivants de la Baltique, pour suivre cette manière de voir, et je me contenterai de faire quelques remarques sur les différentes formes du *S. racemosa* (1).

Le *S. racemosa* paraît être fort rare sur les côtes anglaises. Greville, qui l'a décrit [24, pl. 96] d'après un échantillon recueilli par Richardson (Firth of Forth), l'a vainement cherché ensuite dans la même localité. Harvey [46, pl. 349] et J. Agardh [48, p. 31] l'ont étudié sur un fragment qui leur fut donné par Greville. M. Batters [89, p. 61] a été plus heureux ; il l'a récolté en janvier 1887 à Berwick-on-Tweed portant une abondante fructification ; j'ai examiné un exemplaire de l'Herbier Thuret donné par M. Batters. D'après ce même auteur [91, p. 12], le *S. racemosa* aurait été trouvé aussi dans les îles de Cumbrae et d'Arran, c'est-à-dire sur la côte ouest de l'Écosse, tandis que, dans la Liste des Algues britanniques publiée en collaboration avec M. Holmes [92, p. 81], cette espèce est citée seulement sur la côte est (Berwick).

Les dessins publiés par Greville et par Harvey se correspondent bien ; la plante a le port du *S. radicans*, mais les filaments produisent des grappes de sporanges uniloculaires volumineuses et isolées. M. Batters fait d'ailleurs remarquer que des exemplaires stériles de *S. racemosa* et de *S. radicans* sont difficiles à rapporter à l'une ou à l'autre espèce (2). La plante de Berwick porte un disque rampant, duquel s'élèvent des filaments dressés assez rapprochés, et dont certaines files radiales se prolongent en stolons ; je n'ai pas eu assez de matériaux à ma disposition pour l'étudier en coupe, mais il m'a semblé avoir plusieurs cellules d'épaisseur.

La plante de Berwick a un peu plus de 1 centim. de hauteur. Sur leur moitié inférieure les filaments sont simples, sté-

---

1. M. Reinke [91, 2] donne comme synonymes du *S. racemosa* les *S. Clevei* Grunow, *S. notata* Ag. et *S. arctica* Kjellm. Je ne connais le *S. Clevei* que par la description de Grunow publiée deux fois dans l'*Hedwigia* [74, p. 71 et 174], dans des termes identiques mais tout à fait insuffisants pour comprendre sa structure. Les deux autres espèces sont décrites par M. Kjellman dans des mémoires écrits en suédois et dont, par conséquent, j'ai eu le regret de ne pouvoir prendre connaissance (Om Spetsbergens marina, etc... et Handbock, etc.)

2. Voir précédemment page 94, en note. Jusqu'à présent, le *S. racemosa* n'a pas été cité à Helgoland ; peut-être a-t-il été confondu avec le *S. radicans*.

riles et dépourvus de rhizoïdes ; puis, ils portent quelques rameaux peu différents de l'axe, peu divariqués, insérés sans ordre, et sur lesquels je n'ai pas vu de poils. Les articles secondaires, généralement moins hauts que larges, présentent des cloisons longitudinales moins nombreuses à la base de la plante que plus haut ; ils sont cloisonnés transversalement en leur milieu, presque de part en part, et certaines cellules ont aussi une autre cloison transversale ; je ne puis affirmer s'il existe des péricystes. Les branches fructifères, portées dans la moitié supérieure de la plante, très ramifiées, naissent tantôt sur les articles secondaires de deux en deux, tantôt sur des articles superposés, ou même sur plusieurs cellules contiguës d'un même article et forment des bouquets touffus (1) ; leurs cellules sont simples ou divisées suivant la longueur. Les sporanges, d'abord allongés à l'état jeune, puis arrondis, mesurent $\overline{48\text{-}55}$ μ sur 40-52 μ. De la base des pédicelles part parfois un rhizoïde court, apprimé, ou qui ensuite devient très divariqué, et que j'ai vu porter d'autres branches fructifères.

Rien dans la plante de Berwick, tout au moins telle que je l'ai eue sous les yeux, ne rappelle le *S. Plumula*. Dans celle de la Baltique, haute de 1·7 centim. d'après M. Reinke [89, 2, p. 66], au contraire, les branches insérées sur les articles secondaires supérieurs sont fréquemment distiques, mais à intervalles variables, et souvent plusieurs unilatérales alternativement à gauche et à droite ; comme dans le *S. Plumula,* après une troncature, plusieurs pousses définies peuvent se transformer en pousses indéfinies ramifiées.

Les articles sont aussi hauts ou plus hauts que larges, à cloisons transversales moins nombreuses que dans la plante de Berwick. J'ai vu plusieurs fois sur des rameaux des poils sympodiaux, géminés, comme dans le *S. radicans,* le *S. plumigera* et le *Chætopteris*. M. Reinke a signalé aussi d'autres poils qui naissent tardivement, comme des ramifications et non du sphacèle ; j'ai constaté que, malgré leur origine différente, ils sont

---

1. Dans les dessins de Greville et de Harvey, les branches fructifères sont plus espacées et plus régulièrement réparties ; peut-être la ressemblance avec la plante de M. Batters est-elle cependant plus grande qu'elle ne paraît, car la large base des arbuscules représentés par Harvey correspond sans doute à plusieurs branches.

aussi endogènes; ils ont la valeur d'un rameau secondaire (1).

Mes échantillons étant incomplets, je n'ai pas pu constater l'existence du disque basilaire. Comme M. Reinke l'a remarqué, les rhizoïdes sont beaucoup plus nombreux que dans la plante anglaise; ils sont divariqués ou forment une cortication mince qui descend jusqu'à la base de la plante. Les grappes de sporanges uniloculaires sont aussi très nombreuses, nettement divariquées, mais on n'en voit généralement qu'une par article des pousses définies ou indéfinies; les pédicelles secondaires sont généralement moins longs que dans la plante anglaise, mais les sporanges ont la même dimension. Certaines branches végétatives se terminent à leur sommet par une de ces grappes. Enfin, certains rhizoïdes, divariqués et errants, présentent plusieurs grappes de sporanges éparses sur leur longueur; j'ai déjà signalé le fait pour la plante de Berwick, et leur présence est un point commun intéressant avec le *Chætopteris;* leur nombre est même probablement plus grand qu'il ne paraît, car il m'a semblé que certains sporanges qui naissaient de la région cortiquée étaient portés non par les filaments, mais par les rhizoïdes cortiquants; la présence de ces sporanges radicaux n'est signalée ni par M. Reinke ni par M. Reinbold.

M. Reinke a créé une variété *pinnata* pour des exemplaires (probablement stériles), trouvés seulement arrachés [89, 2, p. 66 et 91, 2, p. 12], à branches régulièrement pennées, et qu'il eut d'abord l'intention de rapporter au *S. Plumula*. Mais, d'après l'examen des figures données par l'auteur [89, 2, pl. 45, fig. 11 et 12], et surtout si les articles secondaires ont une cloison transversale, comme on peut le supposer d'après la figure 12, il me semble que cette plante appartient au *S. plumigera*. D'ailleurs, la découverte du *S. plumigera* par M. Börgesen dans le Kattegat, explique facilement qu'on puisse le trouver flottant à Kiel.

L'échantillon que j'ai étudié de l'Expédition danoise au Groenland était stérile; les rameaux primaires étaient nettement

1. M. Reinke représente [89,2, pl. 45, fig. 1] un fragment de plante où ces poils naissent en touffes; je n'en ai pas vu de semblables sur mes échantillons. On remarquera aussi que les articles secondaires y sont notablement plus cloisonnés que dans les autres dessins, ce qui contribue à donner à la plante un aspect singulier.

pennés, et au moins aussi écartés de l'axe que dans le *S. Plumula*. D'après M. Rosenvinge [98, p. 100], les sporanges uniloculaires sont souvent terminaux et uniques sur de courts ramuscules, mais parfois ces ramuscules portent plusieurs sporanges.

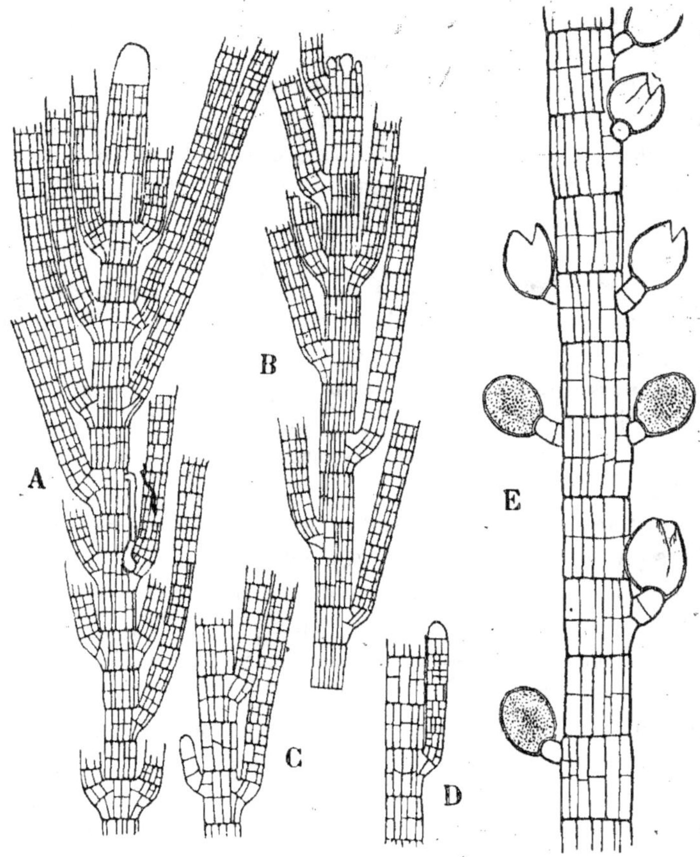

Fig. 23. — *Sphacelaria racemosa*, du Golfe de Cumberland. — *A*, Sommet d'une pousse indéfinie, à rameaux pennés. — *B*, Fragment d'une pousse indéfinie, à rameaux distiques alternes. — *C* (à gauche), et *D*, Rameaux nés comme des rameaux primaires, dans le plan général de ramification, mais tardivement, et plus étroitement insérés. — *E*, sporanges uniloculaires portés par un pédicelle uni- ou bicellulaire. (*A* à *D*, Gr. 80; *E*, Gr. 150.)

Sur la plante du Spitzberg, les rameaux opposés, pennés, sont fréquents, mais leur angle d'insertion est plus aigu que dans le *S. Plumula;* lorsqu'un sommet est tronqué, les deux rameaux situés au-dessous de la troncature se dressent verticalement et deviennent des pousses indéfinies. Les rhizoïdes, abondants à la base de la plante, produisent une cortication ; j'en ai vu un bouquet encore plus touffu que celui représenté par M. Reinke [*loc. cit.* fig. 9], et rien n'indiquait qu'il fût en relation avec un disque basilaire.

Les ramuscules sporangifères naissent indifféremment sur les pousses définies ou indéfinies ; le pédicelle, réduit à quelques cellules, porte un unique sporange terminal, parfois deux, rarement trois. J'ai mesuré des sporanges ayant 64 µ sur 60 µ, c'est-à-dire notablement plus gros que ceux des plantes de Berwick et de Kiel. Quelques-uns de ces pédicelles étaient portés par des rhizoïdes.

Les dissemblances avec la plante anglaise s'accentuent encore dans l'exemplaire du Golfe de Cumberland. Il forme une touffe de 4-5 centim. de haut, rappelant un peu, à première vue et à l'œil nu, un fragment de *Stypocaulon scoparium*. C'est qu'en effet, les branches très redressées, presque parallèles à l'axe et très longues, se sont collées contre lui par la dessiccation. Ici, la ramification est nettement distique, à branches soit opposées (fig. 23, *A*), soit alternes (fig. 23, *B*) ; ces figures *A* et *B* ont été prises sur des parties faciles à dessiner, mais les branches sont souvent plus redressées, et, tout en restant d'insertion distique, forment une sorte de pinceau terminal. Le sphacèle devient souvent très long, puis meurt ; les deux branches nées au-dessous s'allongent beaucoup et remplacent l'axe ; elles restent d'abord nues, puis plus haut portent des branches distiques ; leur sphacèle meurt à son tour et les branches du sommet se comportent comme les précédentes. J'ai compté sur un fragment huit de ces générations successives. Les branches sont insérées largement (fig. 23, *A*, *B*), mais d'autres branches, qui se forment plus tardivement dans les parties restées nues jusque-là, s'insèrent seulement sur un demi-article secondaire (fig. 23, *C*, à gauche, *D*). J'ai vu quelques rares poils géminés près de l'extrémité des rameaux.

Les sporanges uniloculaires ne sont pas rares ; j'en ai mesuré de 60-70 µ sur 52-60 µ. Ils sont portés par un pédicelle d'une seule, plus souvent de deux cellules (fig. 23, *E*), né sur un article secondaire supérieur. Parfois, l'une des cellules du pédicelle produit un autre pédicelle aussi court, mais je n'ai point vu à proprement parler de grappe.

Assurément, la plante du Spitzberg et surtout celle du Golfe de Cumberland présentent des différences considérables avec la plante anglaise. Si elles appartiennent à une même espèce, comme le dit M. Reinke, nous devons admettre que la longueur du pédicelle et le nombre des sporanges des grappes fructifères diminuent avec la latitude, en même temps que la taille des sporanges et celle de la plante augmentent, que sa ramification devient plus abondante et plus nettement pennée. Ce serait un exemple fort curieux de variation. Toutefois, ces plantes méritent une étude plus approfondie, faite sur des échantillons complets et récoltés à différentes époques de l'année.

C'est seulement sur l'exemplaire donné par M. Reinke à l'Herbier Thuret que j'ai vu des sporanges pluriloculaires. Les propagules sont inconnus.

Sphacelaria olivacea Foslie non al.

L'Herbier Thuret renferme deux exemplaires d'une plante récoltée par M. Foslie dans le Trondhjemfjord, le 24 mars 1896, et nommée par lui *S. olivacea* Pringsh; j'en possède moi-même un exemplaire donné par M. Foslie.

Cette plante, haute d'un centimètre, croît probablement en gazons très denses. Elle possède un thalle rampant bien développé qui, sur ses deux faces, ressemble à celui du *S. olivacea*, et qui en coupe m'a montré 2-3 épaisseurs de strates de même aspect que dans le *S. olivacea* (1). Les pousses dressées, à rameaux peu nombreux et épars, ne présentent pas de différence entre les axes et les rameaux; elles m'ont paru de cloisonnement varié et dépourvues de poils; mais toutes ces pousses dressées étaient tellement recouvertes de Diatomées ou d'autres petites Algues, ou abîmées et déformées par une Chlorophycée parasite que j'ai vue aussi dans un certain nombre d'exemplaires de *S. racemosa,* que je n'ai pu les étudier utilement.

---

1. Comme je l'ai dit plus haut, je n'ai pu étudier en coupe le thalle rampant du *S. racemosa*; je ne puis donc le comparer à celui de la plante de M. Foslie.

Mais un caractère tout particulier est le très grand nombre de petits disques, indépendants du disque basilaire, que produit la plante. Ils prennent naissance, soit directement en un point quelconque d'un filament, soit bien plus souvent au point d'insertion d'un rameau, par des rhizoïdes courts, serrés l'un contre l'autre, appliqués sur le filament, qui se cloisonnent comme les disques basilaires et produisent de nouvelles pousses dressées ; aussi, les filaments deviennent-ils très enchevêtrés. En outre, sur certaines pousses dressées, on trouve des rhizoïdes longs, très divariqués, parfois aussi nombreux que dans le *S. radicans* le mieux caractérisé.

Enfin, j'ai vu un certain nombre de sporanges uniloculaires, pédicellés, généralement en grappe, et j'en ai trouvé jusqu'à neuf sur un même pédicelle primaire. Ils rappellent ceux du *S. racemosa* et c'est la raison pour laquelle j'ai parlé ici du *S. olivacea* de M. Foslie, mais je ne sais si c'est à cette espèce qu'il doit être rapporté (1).

D. — Chætopteris plumosa Kützing.

Échantillons étudiés :

Spitzberg, Belsound ; Kjellman leg. juillet 1873 ; Plantæ in itineribus Suecorum polaribus collectæ ; Herb. Thuret.

Spitzberg, Mosselbay, décembre 1872 et janvier 1873 ; Kjellman leg. ; Herb. Thuret.

Groenland, Godhavn, juin 1834 ; Vahl leg. ; Herb. Thuret.

Groenland, Godhavn, août 1878 ; Kümlein leg. ; Howgate Artic Expedition ; Herb. Thuret.

Groenland, Ukalilik, 26 janvier 1895 ; P. H. Sorensen leg. ; Börgesen ded.

Islande, Prestsbukki, 8 septembre 1897 ; Helgi Jónsson leg. ; Börgesen ded.

Islande, Eyjafjordur, 24 juin 1898 ; Helgi Jónsson leg. ; Börgesen ded.

Norvège arctique, Kistrand, juillet 1891 ; Foslie leg. ; Herb. Thuret.

Norvège, Lyngbye leg. (Herb. Bory) ; Herb. Thuret.

Norvège, Haugesund, juillet 1900 ; Norum leg. et ded. (2).

---

1. M. Foslie [90, p. 108] cite dans le Finmark un *S. olivacea* récolté en juillet et août à l'état stérile, et qu'il rapporte à l'espèce de Pringsheim et à celle de M. Traill. Cette plante n'est peut-être pas la même que celle du Trondhjemfjord.

2. Je dois des remerciements tout spéciaux à M. Norum qui, en juillet dernier, à deux reprises, a bien voulu faire des dragages à une vingtaine de mètres pour

Norvège, Kristianiafjord, juillet 1900 ; Börgesen leg. et ded.

Bahusia, Fiskebäckskil, août ; Areschoug, Algæ scandinavicæ exsiccatæ n° 107 ; Herb. Thuret.

Bahusia, Lysekil, hiver 1874-75 ; Kjellman leg. ; Areschoug, Algæ scand., etc. n° 408 ; Herb. Thuret.

Suède, Gothenbourg, 26 juin 1871, Magnus leg. et ded. (Échantillon original).

Kiel, octobre 1888, Reinke leg. ; Hauck et Richter, Phykotheka universalis n° 318 ; Herb. Thuret.

Kiel, janvier 1889, Reinbold leg. ; Herb. Thuret.

Le genre *Chætopteris* fut créé par Kützing pour le *S. plumosa* de Lyngbye. Ses sporanges étant portés par des branches spéciales, M. Holmes y vit un caractère commun avec le *Cladostephus*, et l'appela *Clad. distichus*, puis, plus correctement, *Clad. plumosus* (1). Mais il abandonna cette manière de voir quand M. Batters [89, p. 64] eut montré, sans toutefois en bien saisir les différences, que la structure de l'axe ne concorde pas dans les genres *Chætopteris* et *Cladostephus* ; M. Batters fait avec raison remarquer que le principal caractère générique du *Chætopteris* doit être non la présence de rhizoïdes, que l'on trouve chez le *S. plumigera*, et comme nous l'avons vu chez le *S. spuria,* et à un moindre degré chez le *S. racemosa*, mais celle de rameaux sporangifères spéciaux, ignorés de Kützing.

M. Reinke a insisté [91, 2, p. 18] sur ce que les branches fructifères du *Chætopteris* et du *Cladostephus* ont une origine différente, puisque dans le premier elles sont produites par les rhizoïdes, et dans le second par le tissu secondaire de l'axe lui-même et non par les rhizoïdes. La principale différence entre les deux genres n'est donc pas, comme le dit M. de Toni [95, p. 497 et 512] dans le fait que les rameaux sont distiques chez le *Chætopteris* et verticillés chez le *Cladostephus*. La ressemblance des deux genres est tout à fait superficielle.

Le *C. plumosa* est strictement penné, et habituellement les rameaux primaires naissent uniquement sur les articles secon-

---

me procurer le *Chætopteris*. Dans l'un de ses envois, la plante était sur des pierres et des serpules, dans l'autre, sur le cuir d'un vieux soulier, en nombreux exemplaires.

1. Je ne saisis pas pourquoi M. Holmes [83, p. 142] cite cependant le *Cl. plumosus* et le *S. plumosa* comme deux plantes distinctes.

daires supérieurs. Mais, sur des exemplaires du Spitzberg et de
Haugesund, j'ai vu plusieurs frondes dont tous les articles sont
fertiles, aussi bien les inférieurs que les supérieurs. Le cloisonnement longitudinal et transversal des articles ressemble beaucoup
à celui du *S. plumigera,* mais, en opposition avec ce dernier,

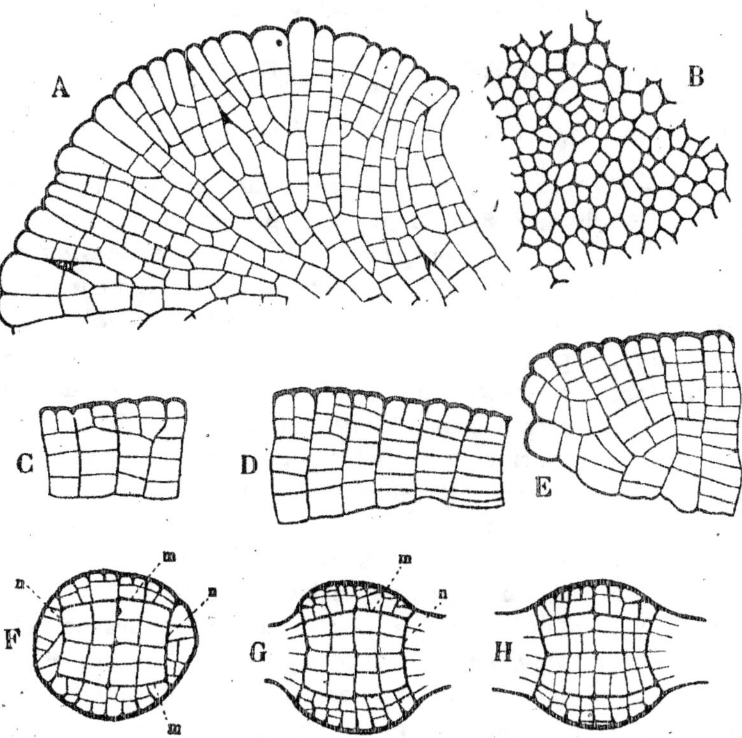

Fig. 24. — *Chætopteris plumosa* Kütz., de Haugesund. — *A,* Bord d'un thalle rampant, vu
de dessous. — *B,* Portion d'un thalle rampant, vu de dessus. — *C, D, E,* Fragments
dissociés de files radiales (*A* à *E,* Gr. 150). — *F, G, H,* Coupes transversales dans un
axe de la plante distribuée par Areschoug, nº 107; *F,* dans un article secondaire inférieur;
G, H, dans un article secondaire supérieur; *m, n,* côtés du rectangle limitant la partie
centrale; les rhizoïdes, qui formaient une couche épaisse autour de ces sections, n'ont
pas été représentés. (Gr. 200.)

les rhizoïdes peuvent naître de toutes les cellules de la surface
de l'axe, comme on le voit très bien sur les figures publiées par
M. Reinke [89, 2, fig. 4 et 5].

La structure des articles est plus constante et plus parfaite
que celle du *S. plumigera* et surtout que celle du *S. Plumula.*
Une section dans un article secondaire inférieur est arrondie,

un peu aplatie (fig. 24, *F*). On y distingue une région centrale et une région périphérique ; la première est un rectangle divisé, par deux cloisons en croix, en quatre cellules, dont chacune se divise pareillement, et l'on retrouve ainsi très généralement seize cellules centrales. La région périphérique comprend deux parties bien distinctes : 1° à gauche et à droite, en dehors des petits côtés du rectangle (*n*), une bande de cellules irrégulières qui, dans les articles secondaires supérieurs, vont dans le rameau, et qui, dans les articles secondaires inférieurs, produisent des rhizoïdes (1) ; 2° en haut et en bas, en dehors des grands côtés du rectangle (*m*), une bande d'une ou deux rangées de cellules irrégulières, à parois épaisses, nullement influencée par la formation des rameaux, et qui produit uniquement des rhizoïdes.

Dans les parties âgées de la plante, les seize cellules centrales sont à parois un peu plus épaisses que dans les parties jeunes, mais elles ne subissent pas d'autres modifications. Elles ne participent pas à la formation des rameaux, mais souvent, à leur niveau, elles prennent d'autres cloisons parallèles aux cloisons préexistantes, de préférence parallèles aux petits côtés du rectangle (Fig. 24, *H*). Mais, quel que soit l'âge de la partie considérée, je n'ai point vu d'accroissement secondaire comparable à celui du *Cladostephus*.

Les rameaux primaires, plus longs que ceux du *S. plumigera*, se terminent en pointe ; ils sont simples ou portent des rameaux secondaires d'insertion variée ou parfaitement distique. Bien que les exemplaires que j'ai reçus de M. Norum et de M. Börgesen fussent dans l'alcool et en parfait état de conservation, je n'y ai trouvé aucun poil ; un bon nombre d'exemplaires d'herbier étaient dans le même cas ; au contraire, les exemplaires de Kistrand, de Gothenbourg et de Kiel en présentaient. Sur ces derniers, l'axe en est toujours privé ; les rameaux primaires en présentent fréquemment de terminaux ou voisins de l'extrémité, et, sur les rameaux secondaires, on en voit souvent en deux ou trois points de leur longueur. Autrement dit : la structure de l'axe est monopodiale, celle des rameaux primaires aussi, sauf

---

1. Sur les trois dessins *F, G, H*, de la figure 24, on a supprimé la couche de rhizoïdes qui entourait la section, et, pour ne pas déformer les dessins, on a supposé entières les cellules périphériques qui se prolongeaient en rhizoïdes.

fréquemment à leur extrémité, et enfin les rameaux secondaires sont souvent un sympode bien caractérisé. M. Magnus [73, p. 5 et pl. 1], qui étudia autrefois le *Chætopteris* au point de vue de la ramification, et à qui revient le mérite d'avoir indiqué la nature sympodiale des rameaux, fait très justement remarquer que les poils sont simples ou géminés; cette particularité, qui se retrouve cependant sur les exemplaires de la Baltique, n'est pas mentionnée sur le dessin de M. Reinke [89, 2, pl. 49, fig. 3].

Le disque basilaire, découvert par M. Reinke, manque fréquemment sur les exemplaires d'herbier, car il adhère fortement au substratum, mais je l'ai étudié sur les plantes reçues de M. Norum. Celles qui croissaient sur du cuir présentaient un disque parfaitement caractérisé, mais impossible à détacher; sur les coupes, on le voit en effet pénétrer dans les lacunes superficielles du cuir et les combler complètement, en allant de l'une à l'autre. Sur les pierres, le disque avait un demi-centimètre au maximum, avec des bords festonnés, bien limités, sans stolons. De même que dans le *Battersia* et le *S. olivacea,* le thalle rampant âgé est formé de plusieurs strates plus au moins régulièrement superposées; le plus épais que j'ai vu en avait cinq : deux minces inférieures, et trois épaisses les recouvrant. D'ailleurs, sur un thalle examiné de dessus, on voit les disques se déborder mutuellement, plus ou moins recouverts par les rhizines qui descendent de l'axe; aussi, trouve-t-on fréquemment, entre deux disques superposés, une couche plus ou moins épaisse de rhizoïdes feutrés, qui parfois, et probablement quand l'axe qui les a formé est mort depuis un certain temps, sont désorganisés, creusant ainsi une lacune interne entre les disques bien vivants, ce qui indique que les parties dressées sont caduques et les parties rampantes vivaces.

La face inférieure (fig. 24, *A)* correspond à celle d'une Myrionémacée; parfois les files radiales subissent un cloisonnement radial comme dans le *S. olivacea,* mais moins accentué; la face supérieure est formée de cellules plus étroites et moins régulièrement disposées, à parois plus épaisses (fig. 24, *B*). Comme dans le *Battersia,* les files radiales dissociées se composent de deux couches (fig. 24, *C, D, E*); l'une inférieure, à cloisons toutes parallèles à la surface, l'autre, supérieure, avec une cloison perpendiculaire et plusieurs cloisons parallèles à la surface et dont le nombre augmente avec l'âge ; le cloisonnement vertical m'a toujours paru moindre que dans le *Battersia*. La multiplication des disques se fait aussi par une sorte de prolifération de quelques-unes des files verticales qui débordent ensuite leurs voisines. Les pousses dressées sont le prolongement d'une file verticale.

Des fragments détachés du *Chætopteris* se transforment facilement en boutures. J'en ai vu en assez grand nombre sur les échantillons de Haugesund, maintenus près de la plante mère par de petites Algues épiphytes, et dont les cellules de la section inférieure avaient produit, en s'allongeant, un faisceau de rhizoïdes généralement plus gros que les rhizoïdes corticants. Un de ces exemplaires était particulièrement intéressant : de sa section étaient sortis six longs rhizoïdes eux-mêmes recouverts, sur une grande partie de leur longueur, par les rhizoïdes corticaux qui s'étaient prolongés à leur surface ; sur les six, deux se terminaient en pointe obtuse, normale, deux avaient été tronqués par la dissection, et, des deux autres, l'un se terminait par un disque minuscule, l'autre par un disque, de petite taille il est vrai, mais parfaitement bien formé, avec files radiales régulières, et en voie d'accroissement. Ainsi, tandis que les rhizoïdes corticants, qui sont des parties normales, ne semblent nullement participer à la formation de disques nouveaux, nous voyons, au contraire des rhizoïdes anormaux, n'existant pas dans la plante entière et ayant une troncature pour cause, se comporter comme les stolons d'autres espèces, et produire un disque, partie essentielle et primordiale du *Chætopteris*. Or, les fragments détachés de *Chætopteris* ne semblent pas rares, car on en trouve de temps en temps en disséquant d'autres Algues ; peut-être suppléent-ils, dans la multiplication de la plante, à l'absence de propagules.

M. Reinke [89, 2, pl. 50, fig. 1], en représentant un sommet de rameau primaire renflé et très cloisonné, se demande si cette production, qu'il dit n'être pas rare, correspond aux propagules. Je ne pense pas qu'elle ait cette signification, car je l'ai retrouvée au sommet de plusieurs rameaux très jeunes, sur une préparation de *S. Plumula* de M. Kuckuck.

Les sporanges uni- et pluriloculaires sont portés par des individus différents. Il suffit de jeter un coup d'œil sur les beaux dessins publiés par M. Reinke [89, 2, pl. 50] pour se rendre compte de leur origine et de leur distribution.

Je ne discuterai pas la valeur du genre *Chætopteris*. J'ai intercalé les remarques que j'ai faites à son sujet parmi l'étude des *Sphacelaria,* parce qu'il se rapproche plus des *Sphacelaria* pennés que des autres genres de la famille. S'il n'était créé depuis longtemps, et adopté par tous les Algologues, peut-être vaudrait-il mieux le considérer simplement comme un *Sphacelaria*, à l'exemple de Lyngbye, car les *S. plumigera* et *spuria* possèdent aussi d'abondants rhizoïdes corticants, et les sporanges du *S. racemosa* sont parfois portés par les rhizoïdes. Cependant, la constance de l'insertion de ses sporanges peut justifier sa séparation comme genre distinct.

CHAPITRE VIII. — TROIS SPHACELARIA NOUVEAUX.

Les trois espèces réunies dans ce chapitre n'ont d'autre rapport entre elles que leur parasitisme et la présence de sporanges pluriloculaires.

A. — **Sphacelaria ceylanica** Sauvageau mscr.

Cette espèce formait de petites touffes, d'environ 3 millimètres de hauteur, à filaments fins et souples, ressemblant à ceux d'un *Ectocarpus,* sur un *Turbinaria vulgaris* (Ceylan, Harvey, n° 102) de l'Herbier du Muséum.

Elle est très nettement parasite ; la partie profonde, formée de filaments serrés l'un contre l'autre, en faisceau compact, se détache assez facilement, et tout d'une pièce, à la manière d'un *Ectocarpus Lebelii*. Parfois, la plante possède, en outre, un disque très bien formé, autour de sa base, à la surface du substratum ; elle est donc à la fois parasite et épiphyte.

Les filaments dressés, grêles et cylindriques, sont simples ou plus ou moins ramifiés, sans ordre (fig. 25, *A* et *B*); les rameaux arrivent à la même hauteur que les filaments principaux et ont souvent la même largeur, mais sont parfois plus étroits (fig. 25, *E*). Leur largeur, souvent de 16 μ, varie de 12-20 μ ; la hauteur des articles est égale à la largeur ou plus grande, souvent même le double de la largeur. Les articles, parfois simples, prennent généralement une cloison longitudinale; le demi-article qui produit une branche ou un sporange prend parfois une cloison transversale, mais le fait n'est pas général (fig. 25, *E*). Je n'ai pas vu de poils.

Les sporanges pluriloculaires, portés par un pédicelle uni-

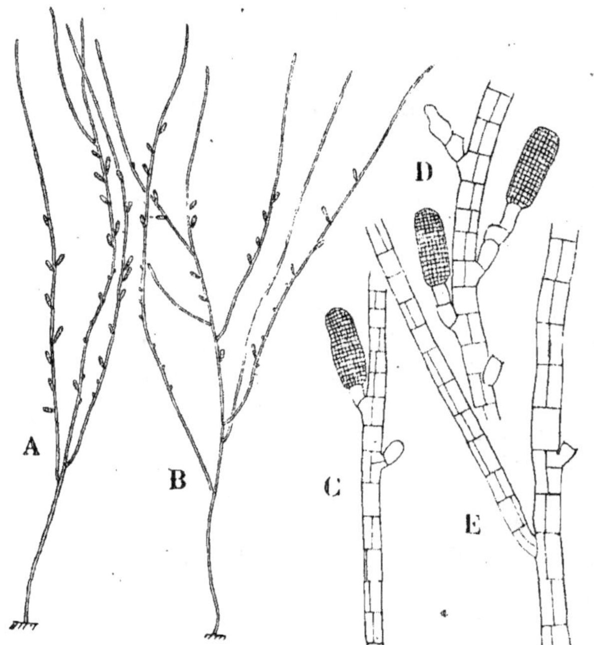

Fig. 25. — *Sphacelaria ceylanica* Sauv. — *A, B*, Filaments isolés d'une touffe montrant leur port et la disposition des sporanges pluriloculaires (Gr. 30). — *C, D*, Rameaux portant des sporanges pluriloculaires; les deux sporanges de *D* sont l'un de seconde, l'autre de troisième génération. — *E*, Filament portant un rameau plus étroit que lui; la demi-cloison transversale, absente au point d'insertion du rameau, existe au point d'insertion du pédicelle situé au dessus, mais l'inverse peut aussi se présenter (*C* à *E* Gr. 200).

cellulaire, redressé, né sur les articles secondaires supérieurs, sont longs et cylindriques, de 50-60 μ sur 15-20 μ, et divisés en nombreuses logettes, très petites et très régulièrement disposées, d'environ 3 μ de côté (1). La déhiscence se fait indépendamment

1. Lorsqu'on fait agir l'eau de Javelle sur le *S. ceylanica*, même avec précaution, la paroi des sporanges pluriloculaires jeunes, seulement cloisonnés transversalement, se distend notablement; ils deviennent ovales globuleux, et les masses protoplasmiques superposées restent isolées au milieu. Ils prennent ainsi la forme de beaucoup de sporanges uniloculaires.

pour chaque logette, mais je ne suis pas certain que le sporange possède un axe persistant. Les pédicelles, toujours unicellulaires, sont persistants ; parfois, après la disparition du sporange vidé, le pédicelle forme latéralement, plus rarement dans son prolongement, un second, parfois même un troisième pédicelle unicellulaire (fig. 25, *D*), mais on ne trouve pas simultanément deux sporanges. Je n'ai vu ni sporanges uniloculaires ni propagules.

Le *S. ceylanica* compte parmi les espèces les plus grêles du genre ; il a toutefois, comme on verra plus loin, une certaine ressemblance avec le *S. furcigera* à sporanges pluriloculaires.

Il diffère du *S. indica* de M. Reinke [91, 2, p. 8 et pl. III] en particulier par le moindre cloisonnement des articles secondaires, la forme plus cylindrique des sporanges pluriloculaires et les moindres dimensions de leurs logettes, et par l'absence de sporanges uniloculaires.

Sphacelaria ceylanica Sauvageau. — Plante d'abord parasite, puis à la fois parasite et épiphyte, formant de petites touffes de 3 millimètres de hauteur. Partie endophyte formée de filaments étroits, serrés l'un contre l'autre, en faisceau compact et pénétrant assez profondément. Filaments dressés cylindriques, larges de 12-20 μ, simples ou ramifiés sans ordre, à rameaux arrivant à la même hauteur, sans distinction précise entre axe et rameaux. Articles secondaires hauts de 1-2 fois la largeur, simples ou divisés par une cloison longitudinale. — Sporanges pluriloculaires à pédicelle unicellulaire redressé, isolés, longs, cylindriques, de 50-60 μ sur 15-20 μ, à petites logettes. Sporanges uniloculaires et propagules inconnus.

Hab. — Parasite sur les Fucacées (*Turbinaria vulgaris*). Ceylan.

B. — Sphacelaria intermedia Sauvageau mscr.

L'Herbier Thuret renferme un échantillon de *Turbinaria triquetra* récolté en novembre 1885, à l'île de Karaman (Mer Rouge) par M. Faurot, d'environ quarante centimètres de longueur, dont les feuilles, et en certains points les tiges, portent de nombreux exemplaires de ce *Sphacelaria*.

Le *S. intermedia* croît en touffes plus ou moins larges, de 2-4 millimètres de hauteur, très nettement parasites, mais peu profondément pénétrantes. La figure 26, *C*, représente une section dans une plante jeune ; les filaments endophytes, après avoir traversé les deux ou trois assises cellulaires périphériques viennent s'appuyer contre les grandes cellules internes du *Turbinaria*, et l'on voit parfois un filament pénétrer dans l'une d'elles en la perforant ; d'ailleurs leur action chimique, décelée par l'eau de Javelle se fait sentir sur la lamelle moyenne des cellules environnantes comme je l'ai dit antérieurement pour d'autres espèces [oo]. La touffe s'élargit en avançant en âge par l'augmentation du nombre des filaments endophytes, et l'on en compte parfois une douzaine sur une même section. En même temps, de sa base externe, elle émet aussi des filaments rampants, qui s'accolent en un disque bien caractérisé, étalé à la surface du substratum, portent de nouveaux filaments dressés, et concourent ainsi notablement à l'accroissement du diamètre de la touffe. La figure 26, *D*, représente l'une des files radiales d'un disque. La plante d'un certain âge est donc à la fois parasite et épiphyte.

Les filaments dressés, irrégulièrement cylindriques (fig. 26, *A* et *B*) se ramifient en arbuscules irréguliers, sans ordre ; les rameaux, le plus souvent épars et nés à intervalles variables, sont parfois unilatéraux et parfois opposés, et sont de la même largeur que les filaments qui les portent. De plus, dans une même touffe, on trouve des arbuscules trapus (aussi bien parasites qu'épiphytes), à filaments larges, de 80 μ de diamètre au maximum, et d'autres arbuscules plus grêles, plus élégants, à filaments de 20 μ au minimum, avec tous les intermédiaires ; la largeur la plus fréquente est de 40-60 μ. Sur les filaments larges, les articles secondaires, moins hauts que larges (fig. 26, *F*), la hauteur étant parfois la moitié du diamètre, présentent plusieurs cloisons longitudinales ; sur les filaments étroits, les articles, presque aussi hauts que larges (fig. 26, *H*), ont une ou deux cloisons longitudinales. Ils ne se cloisonnent pas transversalement.

J'ai vu un très grand nombre de rameaux se terminer par un sphacèle produisant un poil latéral, ou porter un poil très court à quelques articles de distance du sphacèle (fig. 26, *E*). Mais je n'ai jamais constaté de cloisons transversales à l'intérieur du poil, ni de poils en d'autres régions ; le poil meurt étant à l'état d'ébauche et disparaît ensuite complètement.

Les sporanges uniloculaires, sphériques, de 60-90 µ de dia-

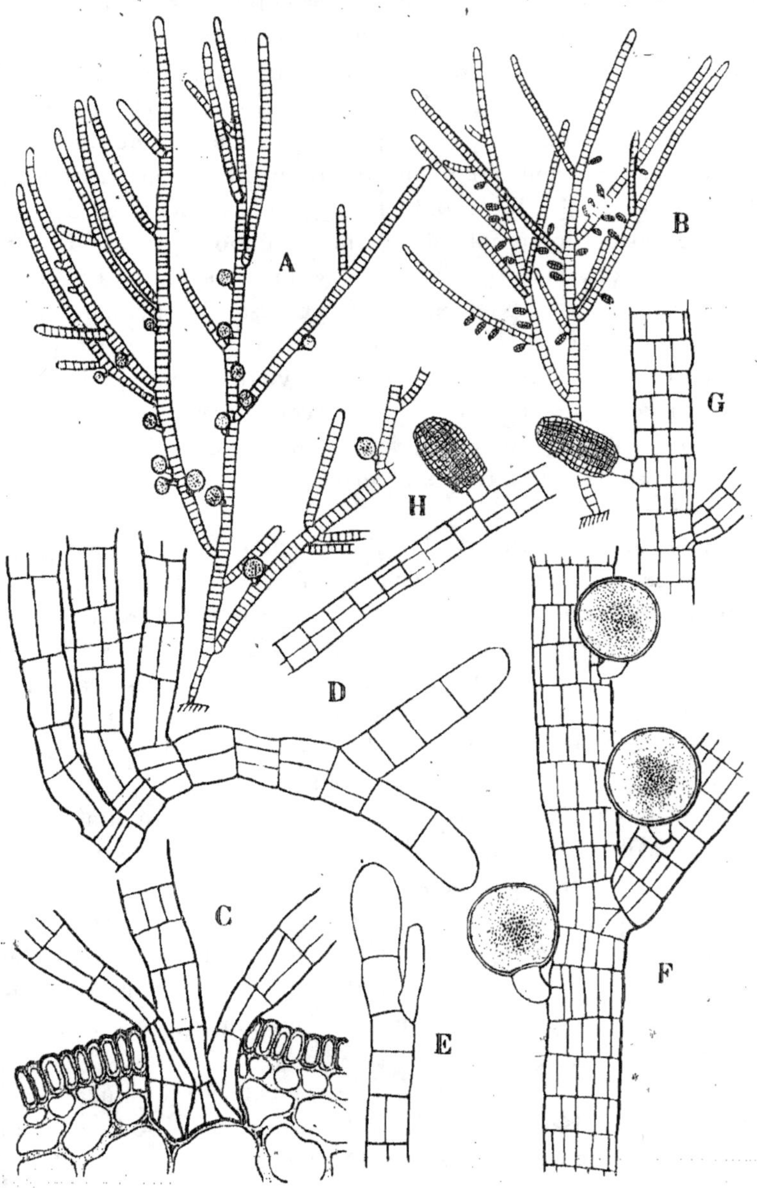

Fig. 26. — *Sphacelaria intermedia* Sauv. — *A*, Fronde large, à sporanges uniloculaires et *B*, fronde de largeur moyenne à sporanges pluriloculaires (Gr. 30) — *C*, Section dans la partie endophyte d'une plante jeune. — *D*, Une file radiale isolée d'un disque épiphyte. — *E*, Sommet d'un filament avec poil qui restera à l'état d'ébauche. — *F*, Sporanges uniloculaires. — *G*, *H*, Sporanges pluriloculaires (*C* à *H*, Gr. 200).

mètre, sont portés par un pédicelle unicellulaire, inséré sur une génératrice quelconque, mais habituellement sur les articles secondaires supérieurs (fig. 26, *A* et *F*); la cellule-mère porte souvent une cloison transversale (fig. 26, *F*). Je les ai trouvés uniquement sur des arbuscules à filaments gros ou de largeur moyenne.

Les sporanges pluriloculaires croissent dans les mêmes touffes, mais sur d'autres arbuscules, larges ou grêles. Ils sont souvent nombreux, plus longs que larges, de 50-60 μ sur 30-45 μ, portés par un pédicelle unicellulaire persistant, plus ou moins divariqué. Ils présentent un axe qui n'arrive pas jusqu'au sommet, avec méat médian. Sur plusieurs de ces sporanges, les logettes mesuraient 4 μ sur 4 μ environ ; j'ai vu des sporanges de même taille, à logettes plus grandes, mais peut-être n'étaient-ils pas arrivés à maturité, car la chose n'est pas toujours facile à élucider sur des exemplaires d'herbier.

Par sa ramification irrégulière, la forme et la disposition de ses sporanges uni et pluriloculaires, le *S. intermedia* n'est pas sans ressemblance avec le *S. cirrosa*, mais il s'en distingue par son parasitisme, par l'avortement précoce des poils, l'égalité du diamètre des axes et des rameaux, en même temps que l'inégalité du diamètre des différents arbuscules d'une même touffe, et la moindre hauteur des articles secondaires. Son nom d'*intermedia* rappelle les caractères intermédiaires entre les espèces parasites et épiphytes, entre celles à filaments monopodiaux et sympodiaux, et celles à rameaux rares et abondants.

Sphacelaria intermedia Sauvageau. — Plante d'abord parasite, puis à la fois parasite et épiphyte par un disque superficiel, formant des touffes larges, denses, hautes de 2-4 millimètres. Filaments endophytes larges, courts, réunis en masse peu serrée. Filaments dressés irrégulièrement cylindriques, ramifiés en arbuscules, sans distinction précise entre axe et rameaux, à diamètre variant considérablement, de 20-80 μ, suivant les arbuscules, s'élevant dans le prolongement des filaments endophytes, ou d'une couronne rampante épiphyte. Articles secondaires moins hauts que larges, ou presque aussi hauts que larges dans les filaments grêles, cloisonnés longitudinalement mais non transversalement. Poils avortant de très bonne heure sans laisser de trace sur les filaments. — Sporanges uniloculaires sphériques, de 60-90 μ de diamètre, portés par un pédicelle unicellulaire sur les arbuscules larges ou de largeur moyenne. Sporanges pluriloculaires allongés, de 50-60 μ sur 30-45 μ, portés par un pédicelle unicellulaire plus ou moins divariqué sur d'autres arbuscules, en particulier sur ceux grêles ou de largeur moyenne. Propagules inconnus.

Hab. — Parasite sur les Fucacées (tiges et feuilles de *Turbinaria triquetra*). Mer Rouge (Ile de Karaman). Herbier Thuret.

C. — Sphacelaria implicata Sauvageau mscr.

Deux *Cystophora* de l'Herbier du Muséum de Paris, un *C. scalaris* (Australie, F. von Mueller ded.) et un *C.* (*Blossevilléa*) *retorta* (Nouvelle-Zélande, presqu'île de Banks, Raoul leg. 1843), présentaient chacun plusieurs amas de filaments enchevêtrés, recouvrant les branches d'un court manchon, dus à des touffes isolées ou réunies du *Sphacelaria implicata*.

Le *S. implicata* est nettement parasite ; les filaments dressés, très ramifiés, atteignant près d'un centimètre de hauteur, sont enchevêtrés comme ceux d'un arbuste dans un buisson épais. Les caractères de son appareil végétatif présentent une grande ressemblance avec ceux du *S. Reinkei*. En effet, la ramification est la même, le cloisonnement des articles, la forme des péricystes, la disposition des poils, sont autant de caractères communs avec le *S. Reinkei*. Il existe cependant certaines différences : le *S. implicata,* un peu plus grand, est plus enchevêtré, les rameaux paraissent souvent moins régulièrement disposés et les pousses définies, terminées en pointe, sont plus nombreuses, mais ceci pourrait être attribué à une différence d'âge entre les exemplaires examinés ; toutefois, les rhizoïdes sont moins abondants, et la plupart des filaments dressés sont plus grêles quand ils sortent du substratum.

La portion endophyte du *S. Reinkei* et du *S. implicata* est constituée par des filaments étroits, accolés en faisceau compact ; dans le premier, les cellules du *Cystophora subfarcinata* en contact avec lui ne subissent pas de modification dans leur forme ; au contraire le faisceau endophyte du *S. implicata* qui pénètre dans le *Cystophora scalaris* est entouré d'une large couronne de cellules modifiées, beaucoup plus allongées radialement que leurs congénères, et à parois notablement plus minces, mais qui ne produit pas de déformation extérieure. Pour qu'une semblable modification se produise, il est nécessaire que la pénétration du parasite ait lieu quand la branche attaquée est encore très jeune et en voie d'accroissement.

Certaines touffes étaient complètement stériles ; d'autres présentaient des sporanges pluriloculaires, mais très inégale-

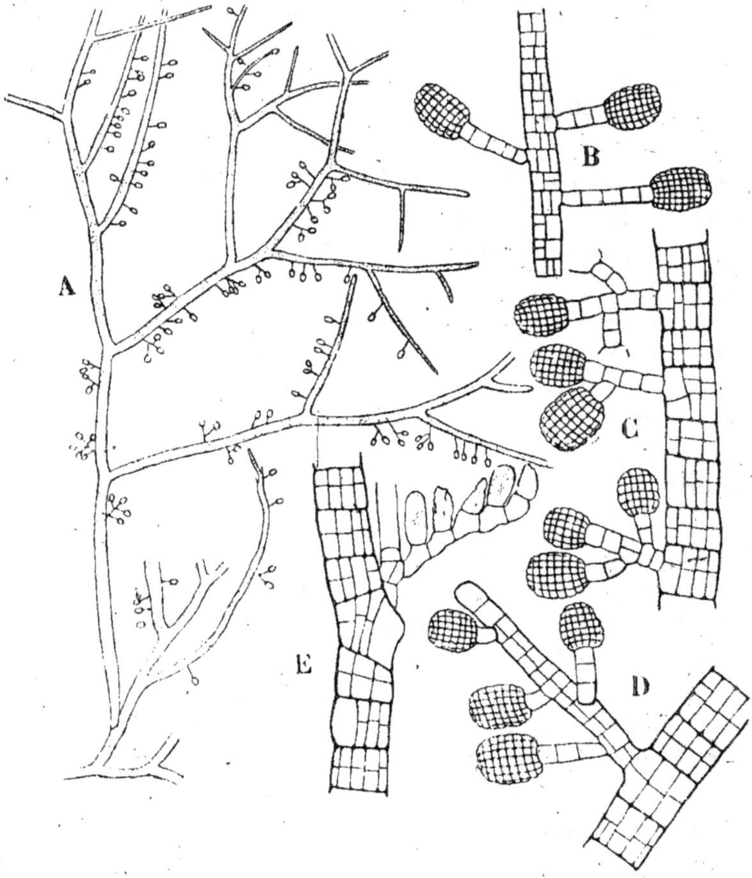

Fig. 27. — *Sphacelaria implicata* Sauv. — *A*, Fragment d'un arbuscule à sporanges pluriloculaires montrant leur irrégulière répartition (Gr. 30). — *B, C, D*, Différents cas d'insertion des sporanges pluriloculaires. — *E*, Un sympode de sporanges uniloculaires né sur la base d'un poil; trois des sporanges ont avorté, les deux autres n'arriveront pas à maturité (*B* à *E*, Gr. 200).

ment répartis : la plupart des filaments, ramifiés en arbuscules, étaient stériles, tandis que quelques autres étaient pourvus de sporanges pluriloculaires sur certaines de leurs branches ou sur la plus grande partie de leur longueur, comme sur la figure 27, *A*.

Ces sporanges sont toujours portés par un pédicelle, généralement de plusieurs cellules, simple (fig. 27, *B*) ou ramifié (fig. 27, *C*) et habituellement très divariqué, né sur un péricyste ; certains petits rameaux portent plusieurs pédicelles (fig. 27, *D*) et semblent des pédicelles composés. Les sporanges sont courts et trapus, d'environ 35-45 µ sur 25-32 µ.

La plante porte donc uniquement des sporanges pluriloculaires, comme les exemplaires de *S. Reinkei* que j'ai eus entre les mains portaient uniquement des sporanges uniloculaires. Cependant, sur les très nombreux arbuscules que j'ai disséqués, j'ai trouvé quatre ou cinq sympodes de sporanges uniloculaires et, chose curieuse, chaque fois, le sympode était porté sur la base d'un poil situé au fond d'une bifurcation ou en apparence latéral (fig. 27, *E*), tandis que je n'en ai point vu de semblablement disposés chez le *S. Reinkei* ; enfin, aucun de ces sporanges n'était arrivé à maturité ; le sympode de la figure 27, *E*, montre cinq sporanges, dont trois ont avorté, et si on le compare à ceux des espèces du groupe du *S. Borneti*, on comprend que même le plus ancien, encore cylindrique, n'arrivera pas à maturité.

Enfin, une touffe née sur le *Blossevillea* m'a montré, tout à fait à la base, parmi les filaments longs et ramifiés, stériles ou à sporanges pluriloculaires, des filaments courts, grêles, simples, sortant aussi du substratum et paraissant appartenir au même individu ; ils portaient des sympodes de 5-8 pédicelles successifs, mais sans aucun sporange, même avorté, bien que les traces d'insertion fussent parfaitement nettes, de sorte que je ne puis dire si ces sporanges arrivent réellement à maturité. Enfin, tandis que dans le *S. Reinkei* les articles des sympodes sporangifères sont fréquemment divisés horizontalement, je n'ai vu aucune cloison dans ceux du *S. implicata*.

La localisation toute particulière des sporanges uniloculaires du *S. implicata* empêche, tout au moins actuellement, de considérer cette plante comme la forme à sporanges pluriloculaires du *S. Reinkei*, et je crois prudent de séparer les deux espèces. D'ailleurs, les espèces de Sphacélariacées paraissent être si nombreuses dans les mers australiennes que deux plantes, aussi voisines par leur appareil végétatif, pourraient fort bien être distinctes par la disposition de leurs organes reproducteurs.

Sphacelaria implicata Sauvageau. — Plante parasite formant des touffes buissonnantes de près d'un centimètre de hauteur. Partie endophyte nettement limitée du substratum, formée de filaments étroits, parallèles, serrés en faisceau compact, et occasionnant une déformation des cellules hospitalières enveloppantes. Filaments dressés d'apparence dichotome, d'abord étroits à leur sortie du substratum, puis atteignant 40-55 μ dans leur plus grande largeur; ramifications nombreuses, les derniers rameaux étant des pousses indéfinies plus étroites, ou des pousses définies terminées en pointe. Rameaux naissant souvent du péricyste de l'article situé au-dessous d'un poil, parfois d'un autre article secondaire supérieur. Poils étroits, probablement toujours courts, et fréquemment situés dans l'angle d'une bifurcation. Articles secondaires généralement moins hauts que larges, à plusieurs cloisons longitudinales et cloisonnés au moins une fois transversalement. Articles secondaires supérieurs gardant généralement un péricyste indivis, tannifère. Rhizoïdes peu nombreux à la base de la plante, descendant le long des filaments sans y adhérer, fréquemment absents. — Sporanges uniloculaires disposés sur un sympode sporangifère, porté (toujours?) par la base des poils ou sur des filaments spéciaux, grêles et courts, s'élevant directement du substratum. Sporanges pluriloculaires courts, cylindriques, de 35-45 μ sur 25-32 μ, localisés sur certains arbuscules ou sur certains rameaux, portés par un pédicelle pluricellulaire, simple ou ramifié en grappe, né d'un péricyste. Propagules inconnus.

Hab.— Parasite sur les Fucacées. Australie *(Cystophora scalaris)*; Nouvelle-Zélande (Presqu'île de Banks, *Cystophora retorta*).

Voisin des *Sphacelaria Reinkei* Sauv. et *S. Borneti* Reinke non Hariot.

Chapitre IX. — Sphacelaria tribuloides Meneghini

et autres espèces a propagules tribuliformes.

M. Reinke [91,2] réunit sous le nom de *S. tribuloides* les *Sphacelaria* non parasites, à propagules « cordiformes », dont la ramification ne montre pas d'opposition nette en pousse indéfinies et définies. Il y fait rentrer le *S. brachygonia* de Montagne, dont il signale pour la première fois les propagules, et le *S. Novæ-Hollandiæ* de Sonder, étudié peu auparavant par M. Askenasy. L'auteur distingue donc seulement deux espèces à propagules tribuliformes : le *S. Plumula* et le *S. tri-*

buloides, et même il suppose que le premier pourrait bien n'être qu'une forme *pennata* du second.

L'examen d'un grand nombre d'échantillons m'a conduit à une appréciation toute différente. Non seulement je considère les *S. brachygonia* et *Novæ-Hollandiæ* comme suffisamment caractérisés, mais j'ai séparé deux autres espèces : le *S. cornuta* et le *S. Novæ-Caledoniæ,* et une étude plus complète des *Sphacelaria* des mers tropicales et australiennes en augmenterait vraisemblablement le nombre. La manière dont M. Reinke considère le *S. tribuloides,* assurément plus commode pour l'auteur et pour le lecteur, simplifie singulièrement les déterminations, mais il ne me paraît pas possible de conserver le même nom spécifique à des formes aussi différentes.

La forme des propagules n'est pas strictement constante; elle présente, sur un même filament, des variations dont on ne peut apprécier les limites que par l'examen de plusieurs échantillons. Sur certains individus très prolifiques, un stérigmate bourgeonne 2-3-4 fois pour produire un nouveau propagule après la chute du précédent, et les derniers propagules fournis, parfois plus réduits par épuisement, sont portés par de très longs pédicelles qui en changent l'aspect général (1). Pour faciliter les déterminations spécifiques, nous n'avons pas la ressource de comparer les autres organes reproducteurs; ainsi, bien que le *S. tribuloides* soit souvent cité dans les Listes d'Algues européennes, ses sporanges pluriloculaires ont été vus seulement à Rovigno, d'abord par Hauck [78], puis par M. Kuckuck, et ses sporanges uniloculaires sont inconnus. J'ai trouvé ces derniers, accompagnés par les propagules, sur deux espèces de la Nouvelle-Calédonie.

Il ne sera pas hors de propos de faire remarquer que les es-

1. Meneghini comparait la forme des propagules du *S. tribuloides* à celle des fruits du *Trapa natans,* ou Cornuelle. D'après lui [42, p. 337], en plus des deux cornes latérales que l'on voit de face, les propagules en auraient parfois deux autres, sur le diamètre perpendiculaire, mais beaucoup moins développées. Geyler [60, p. 518] dit qu'il n'a jamais vu ces deux cornes supplémentaires ; je ne les ai pas vues davantage. Ceci ne contredit pas la ressemblance des propagules avec le fruit du *Trapa natans* ; on sait que celui-ci a généralement quatre épines, mais certaines variétés n'en possèdent que deux. (Voy. par exemple C. Schrœter, Contribution à l'étude des variétés du *Trapa natans* L., Genève, 1899.)

pèces épiphytes ou parasites du groupe *tribuloides*, des régions chaudes, étant souvent mélangées à d'autres espèces, il est bon de ne détacher pour les conserver dans les herbiers, sur mica ou sur papier, que des exemplaires soigneusement vérifiés; il est même préférable de les laisser sur le substratum, ce qui évitera des erreurs ultérieures. De plus, les échantillons stériles sont inutiles. Cette remarque s'applique d'ailleurs aux autres espèces épiphytes.

Les espèces étudiées dans ce chapitre ont pour caractères communs :

Pas de différences, ou différences à peine sensibles, comme diamètre ou comme manière d'être, entre les axes et les rameaux. Jamais les parties dressées ne portent de rhizoïdes descendants. Rameaux isolés, alternes, non distiques, jamais opposés, à moins qu'ils ne naissent immédiatement au-dessous d'une troncature. Les articles présentent une ou plusieurs cloisons longitudinales, jamais de cloisons transversales, sauf parfois dans la cellule qui porte une production latérale. Les poils, plus ou moins nombreux, toujours isolés, naissent du sphacèle; leur présence indique les portions successives du sympode. Propagules de même origine, de même signification morphologique, et du même type que ceux du *S. Plumula*, à article sous-jacent au sphacèle avorté, largement renflé, plusieurs fois cloisonné, et prolongé en deux cornes plus ou moins marquées.

Les rameaux n'étant jamais distiques, les espèces du groupe *tribuloides* sont toujours faciles à distinguer du *S. Plumula*.

A. — Sphacelaria tribuloides Meneghini.

Échantillons étudiés :

1. Écosse, Dunbar; juillet 1884; Holmes ded.; Herb. Thuret.
2. Golfe de Gascogne, Guéthary; 22 août 1896, 30 août, 15 et 21 septembre 1898; Sauvageau leg.
3. Golfe de Gascogne, San Vicente de la Barquera; 6 septembre 1895 et 6 septembre 1896; Sauvageau leg.
4. Marseille, Cap Pinède; 30 octobre 1854; Thuret leg.; Herb. Thuret.
5. Presqu'île de Giens; 17 mai 1899; Sauvageau leg.

6. Gênes, 1845; var. *radicata* De Notaris sur *Cod. Bursa;* De Notaris ded.; Herb. Thuret.
7. Golfe de Gênes, Cornegliano; août 1858; Dufour leg. (Erbario crittogamico italiano, Sér. I, n° 132); Herb. Thuret.
8. Golfe de Gênes; septembre 1859; Ludov. Dufour leg. (Rabenhorst, Algen Sachs. resp. Mitteleuropa's, n° 913); Herb. Thuret.
9. Golfe de Gênes, S. Nazzaro; var. *radicata*, mai 1867; Dufour leg. (Erb. critt. ital., sér. II, n° 70); Herb. Thuret.
10. Minorque, Cala Mezquita; octobre 1875; Femenias ded.; Herb. Thuret.
11. Rovigno; avril 1894, 9 mai 1895, 5 octobre 1899; Kuckuck leg. et ded.
12. Rovigno; 1er juin 1900; Station Zoologique ded.
13. El Tor (Sinaï); Unio itiner. 1835; n° 476; *S. cervicornis* Ag.?; Mart. leg.; W. Schimper. Herb. Museum Paris.
14. El Tor (Sinaï); v. Frauenfeld leg.; Grunow ded. 1879, sub nom. *S. rigida* Hering; Herb. Thuret.
15. Ile Maurice; Collect. de Robillard; Herb. Gomont.
16. Bermudes, 1881; Farlow leg.; Herb. Thuret.
17. Key West; Farlow leg.; Herb. Thuret.
18. La Guadeloupe, Sainte-Anne; 10 avril 1870; Mazé et Schramm leg. n° 1786; Herb. Crouan in Herb. Thuret.
19. La Martinique, Fort-de-France; février 1860; Le Jolis ded.
20. La Barbade; mars 1899; Mlle A. Vickers leg. et ded.

Le *S. tribuloïdes* croît sur les pierres, les *Lithothamnion, Cystoseira, Codium,* etc., en touffes d'un brun foncé, raides, de 1/2 à 2 centimètres de hauteur.

La partie rampante est formée de stolons courts, d'où partent çà et là des filaments dressés (fig. 29, *A*) à la base desquels les cellules du stolon se prolongent latéralement en crampons constituant souvent un disque petit et irrégulier, d'où partent de nouveaux stolons et des filaments dressés plus serrés que les précédents. Je n'ai pas vu de prolongements endophytes sur des coupes faites à travers le *Cystoseira*. Lorsque le *S. tribuloïdes* croît sur un *Codium,* il émet de très nombreux stolons qui circulent à la surface de l'hôte, produisent des rhizoïdes qui pénètrent profondément entre les cellules de la plante hospitalière et sont, en ces points, l'origine de nouvelles touffes; certains filaments dressés de la périphérie de ces touffes s'infléchissent et se transforment en stolons. A la base de chaque touffe, née

sur le *Codium Bursa*, est un faisceau compact de rhizoïdes
droits, réguliers, parallèles, et accolés l'un à l'autre qui, sur le

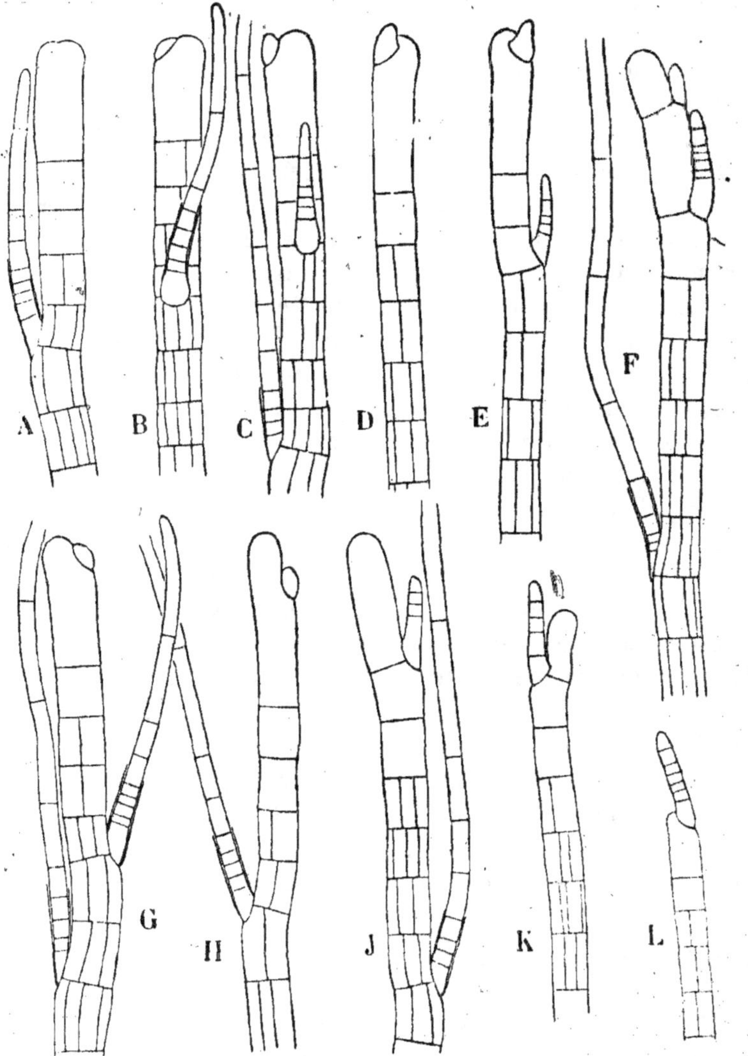

Fig. 28. — *Sphacelaria tribuloides* Menegh., de Guéthary. — *A* à *L*, Sommets de filaments
montrant l'origine des poils (Gr. 150).

Codium adhærens, sont plus irréguliers, plus toruleux, plus
ramifiés. De Notaris avait créé une variété *radicata* pour les
individus portés par le *Codium*, mais la plupart des petites

Phéosporées vivant sur un substratum spongieux se comportent de même, comme je l'ai indiqué autrefois à propos de l'*Ectocarpus virescens*.

Les filaments, à rameaux peu divariqués, arrivant à la même hauteur, mesurent 25-50 μ de diamètre, généralement 30-40 μ; les articles secondaires, habituellement un peu plus hauts que larges, présentent, vus de face, 1-2-3 cloisons longitudinales.

Les poils sont longs, et les cellules adultes mesurent 200–300 μ sur 15-20 μ; leur cellule basilaire persiste généralement après leur chute, et se reconnaît facilement des stérigmates par son insertion sur une cloison transversale. Ces poils sont plus ou moins abondants suivant les individus; ils étaient par exemple assez rares sur la plante de San Vicente, tandis qu'ils étaient nombreux sur les exemplaires récoltés à Guéthary quelques jours auparavant. La figure 28 représente différents stades du développement des poils, pris sur la plante de Guéthary. Les sphacèles qui, au moment considéré, ne produisent pas de poil, ont leur sommet arrondi (fig. 28, *J*); ceux à sommet aplati, très légèrement creusé au milieu, sont sur le point de produire un poil (fig. 28, *A*). A ce moment, le sphacèle a deux noyaux, l'un médian, l'autre au sommet sur le côté, et qui se sépare de la grande cellule par une cloison en verre de montre (1). Sur la figure 28, *A*, cette cloison n'était pas encore formée, mais le protoplasme, contracté par l'alcool, laissait un espace vide indiquant la place de la future cloison. La cellule en calotte deviendra le poil, tandis que la grande, continuant à se comporter comme un sphacèle, produira l'accroissement en longueur du filament. Plus tard, une cloison transversale viendra s'appuyer contre la cloison oblique et limitera au-dessous un article primaire qui se divisera, comme d'habitude, en deux articles secondaires.

On considère généralement, avec Geyler, Pringsheim, M. Reinke, la cellule en calotte, origine du poil, comme une production latérale du sphacèle, tandis qu'en réalité elle est le vrai sommet du filament, son sphacèle, comme M. Magnus l'a

1. Mes échantillons n'étaient pas fixés de manière à montrer si, dans ce cas, la division du noyau se fait suivant la largeur du sphacèle, ou bien, comme d'habitude, suivant sa longueur.

admis le premier, de même que la petite calotte que nous avons vue surmonter le propagule du *S. Plumula* est le sphacèle du propagule. La cloison en verre de montre correspond, morphologiquement, à celle qui se forme dans un sphacèle en voie d'accroissement pour limiter un article primaire ; seulement, elle est oblique au lieu d'être transversale. La cloison transversale qui, ultérieurement, s'appuiera vers le milieu de la cloison oblique, limitera : inférieurement, l'article primaire, qui appartient à la génération terminée par le poil, et supérieurement, la portion de la grande cellule qui devient le sphacèle d'une nouvelle génération du sympode. En s'accroissant, ce nouveau sphacèle reprend sa largeur primitive et rejette sur le côté la cellule en calotte.

Dans la figure 28, *B*, la cloison en verre de montre est bien formée, et la grande cellule commence déjà à s'élever au-dessus. Ceci est plus accentué en *C*, *D*, *E*, où le poil et le sphacèle de nouvelle génération semblent s'accroître avec une égale rapidité, mais le sphacèle ne tardera pas à prendre l'avance, car on voit en *C*, *E*, *F*, que le poil situé au-dessous du sphacèle (et qui termine la génération précédente) n'est pas encore sorti de sa gaine ; le futur poil reste ainsi parfois très en retard (*G*, *H*) et pourrait être pris pour une production latérale si l'on n'étudiait pas les stades plus jeunes. Au contraire, en *K*, le jeune poil dépasse le sphacèle de nouvelle génération et le rameau *L*, court et grêle, qui s'était développé après une troncature, porte un poil presque terminal, mais le fait était rare sur les plantes de Guéthary.

Si la cellule en calotte se produit au milieu du sommet du sphacèle, ou bien si la grande cellule ne s'accroît pas après la formation de la cloison en verre de montre, le filament, arrêté dans sa croissance, se termine par un poil. Les poils terminaux sont bien plus fréquents chez le *S. furcigera* que chez le *S. tribuloides*. Toutefois, un certain nombre de filaments de la plante de la presqu'île de Giens, et la plupart de ceux récoltés à Rovigno le 1ᵉʳ juin, diminuaient progressivement de diamètre, et alors le poil prend de l'avance sur le sphacèle de nouvelle génération, tend à devenir terminal (fig. 29, *B*, *D*) ou même devient terminal (fig. 29, *C*). En *B*, le poil s'est développé rapidement et le sphacèle, rejeté sur le côté, va produire tardivement une nouvelle génération. En *D*, les trois dernières générations du sympode sont très courtes, réduites chacune à un article primaire ; le dernier poil formé est presque terminal, le sphacèle est moins avancé que celui de *B*. Enfin, en *C*, l'accroissement du filament est définitivement arrêté ; il n'y a plus de sphacèle. Le poil des *Sphacelaria* n'est donc pas une production latérale ; on ne peut davantage le considérer comme une branche d'une dichotomie dont l'autre branche serait la continuation du filament ; il est le prolongement du filament puisque, lorsque les circonstances s'y prêtent, il est nettement terminal. Tout filament, tout rameau de *Sphacelaria* muni de poils est un sympode ; l'intervalle qui sépare deux poils successifs est l'une des générations d'un sympode, et le nombre des poils indique le nombre des générations constituantes. Habituellement ces générations sont d'autant plus courtes qu'elles sont plus rapprochées du sommet.

Les propagules naissent sur un article secondaire supérieur quelconque, souvent au-dessous d'un poil ; leur mode de développement est le même que pour le *S. Plumula*. Ils sont larges, et les cornes latérales sont peu marquées ; les dessins *F* et *G* (fig. 29) pris sur la plante de Guéthary, montrent leur forme la plus fréquente. Sur la plante de Giens (fig. 29, *H*), les cornes étaient plus développées ; ils avaient la même forme sur les individus de Rovigno, et parfois (fig. 29, *J*) les cornes étaient notablement plus longues et plus largement insérées, mais on trouve des formes de passage (1). Le n° 70 de l'*Erbario* portait peu de propagules ; la plupart ressemblaient à *H*, mais j'en ai vu deux semblables à *K* que j'ai dessiné pour montrer les variations dont ils sont capables sur un même pied. Les filaments de la plante de La Guadeloupe montraient simultanément toutes les variations de la figure 29 (2).

Bien que variant dans d'assez larges limites, la forme des

1. Les figures *F* et *G* ont été prises sur les exemplaires croissant sur un substratum résistant ; mais les plantes croissant sur *Codium*, à Guéthary, avaient des propagules semblables à ceux de Rovigno. Les propagules, comme les sphacèles, sont fréquemment envahis par les Chytridiacées qui les déforment plus ou moins, arrêtent ou modifient leur cloisonnement. Les formes dont il s'agit ici correspondent à des états sains.

2. Cette plante porte le n° 1786 qui est celui sous lequel l'espèce est citée par Mazé et Schramm [70, p. 112].

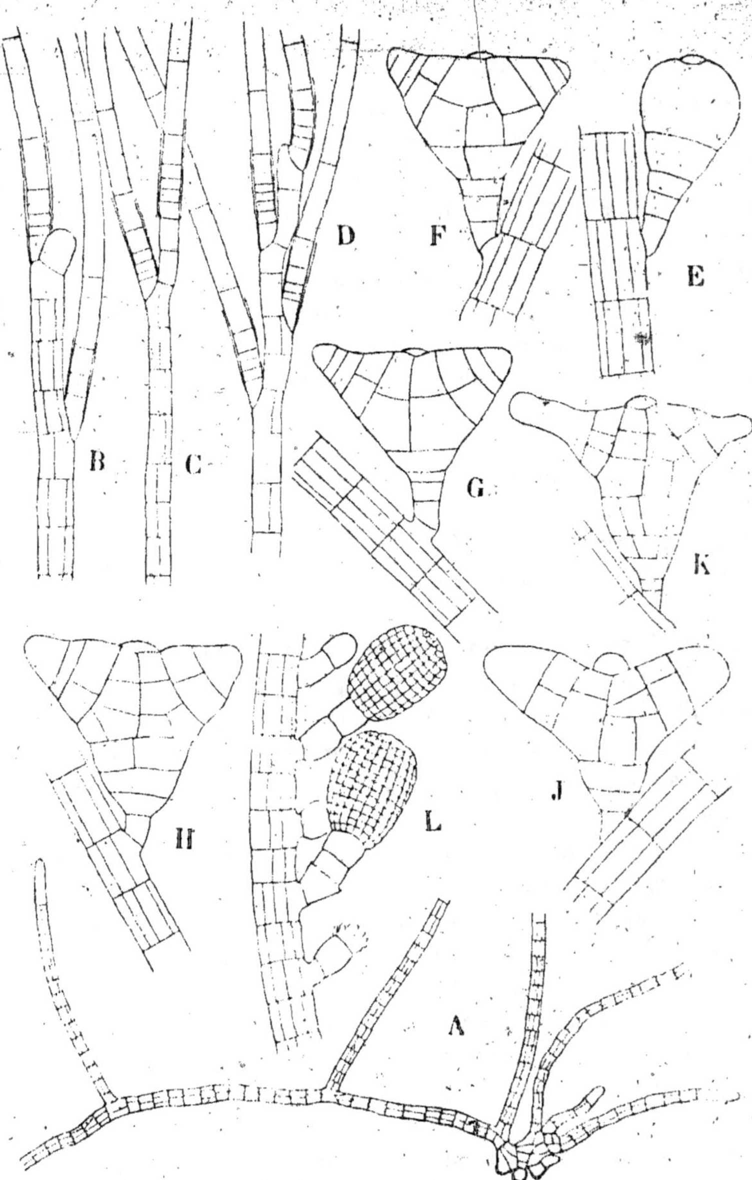

Fig. 29. — *Sphacelaria tribuloides* Menegh. — *A*, Thalle rampant sur un *Lithothamnion*, à Guéthary (Gr. 40). — *B, C, D*, Sommets de filaments terminés ou sur le point de se terminer par un poil, pris sur la plante de Giens (Gr. 150). — *E à K*, Différentes formes de propagules vus de face (Voy. le texte) (Gr. 200). — *L*, Sporanges pluriloculaires (Gr. 200)

propagules du *S. tribuloides* correspond cependant à un aspect général comparable, qui m'a paru nettement différent de celui des propagules des autres espèces dont il sera question plus loin. Mais la plante des Bermudes, bien qu'elle semblât saine, présentait sous ce rapport des variations extraordinaires généralement par manque de symétrie, comme une corne plus longue ou plus large ou plus redressée que l'autre, ou située dans le plan perpendiculaire. Peut-être ces anomalies tiennent-elles à l'âge de la plante qui avait été extrêmement fructifère, car j'ai compté plusieurs fois cinq stérigmates superposés; il serait cependant intéressant de rechercher si elles sont fréquentes aux Bermudes.

J'ai rapporté au *S. tribuloides* les échantillons de l'île Maurice à cause de la forme de leurs propagules, mais les filaments sont plus ramifiés, et les propagules sont de temps en temps opposés, plus rarement opposés à un rameau, j'ai même vu quelques rameaux opposés.

Mlle A. Vickers a récolté le *S. tribuloides* à La Barbade; elle a bien voulu m'en donner quelques exemplaires d'herbier, recueillis en mars 1899. Comme il sera dit plus loin, la plante grattée sur le substratum était mélangée au *S. Novæ-Hollandiæ*, mais le *S. tribuloides* muni de propagules en formait la plus grande partie. Parmi ces filaments, j'en ai trouvé trois légèrement plus grêles qui, outre des propagules, portaient des globules sphériques comme ceux du *S. Novæ-Hollandiæ* et que je suppose être des sporanges uniloculaires avortés, mais j'ai vu aussi quatre de ceux-ci transformés en sporanges pluriloculaires incomplètement développés. Malheureusement ces filaments étaient isolés, et je ne puis dire avec certitude s'ils appartenaient au *S. tribuloides;* d'ailleurs dans la plante de Rovigno, ils ne paraissent pas se réunir en grappes. Comme j'ai trouvé aussi parmi ces exemplaires quelques filaments de *S. furcigera,* les filaments à sporanges appartiennent peut-être à une quatrième espèce du mélange.

M. Kuckuck m'a complaisamment communiqué quelques préparations de *S. tribuloides* récolté à Rovigno en avril 1894 et portant des sporanges pluriloculaires. Ceux-ci naissent dans la portion inférieure de filaments qui portent des propagules dans leur portion supérieure; ils sont souvent unilatéraux (fig. 29 *L*, et Hauck, 78, Pl. III, fig. 16), portés par des articles moins hauts que larges, par conséquent plus courts que les autres articles. Ils sont cylindriques et brièvement pédicellés et mesurent 60-80 μ sur 50-55 μ. Les nouveaux sporanges naissent dans le prolongement des pédicelles des sporanges vidés et non latéralement.

*

Je dois à l'obligeance de M. Askenasy d'avoir pu étudier plusieurs des Phéosporées australiennes, dont il a publié la

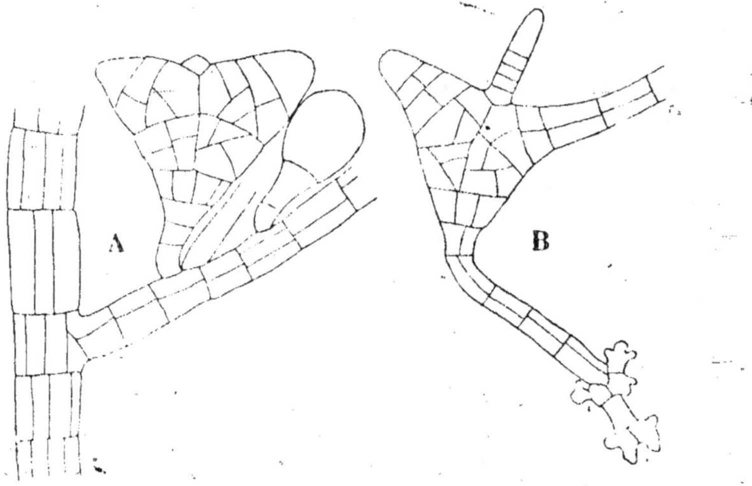

Fig. 30. — *Sphacelaria tribuloïdes* ? ou *nov. sp.* ? d'Adélaïde. — *A*, Rameau divariqué, portant un propagule jeune, et un propagule adulte vu de face, séparés par un poil réduit à sa gaine. — *B*, Propagule en germination (*A* et *B*, Gr. 200).

description [88 et 94]. Malheureusement les échantillons qu'il a eus à sa disposition étaient en quantité infime. Dans un tube qui avait renfermé le *S. Novæ-Hollandiæ* conservé dans l'alcool, j'ai trouvé un fragment de Fucacée, récolté à Adélaïde, sur lequel étaient fixés quelques filaments d'un autre *Sphacelaria* que je joins ici au *S. tribuloïdes,* mais qui en sera probablement séparé par les auteurs qui auront de plus abondants matériaux à leur disposition.

Le thalle inférieur est un stolon rampant tout à fait comparable à celui que j'ai représenté pour le *S. tribuloïdes* (fig. 29,

A) (1). Mais les filaments dressés sont bien particuliers. Ils se composent d'un axe terminé par un sphacèle, portant un certain nombre de poils, et émettant çà et là des rameaux souvent courts et simples, parfois plus longs et ramifiés, mais toujours assez fortement divariqués (fig. 30, *A*), et terminés eux-mêmes par un poil. L'ensemble donne bien l'impression d'un axe ou pousse indéfinie, portant des rameaux ou pousses défi-nies; la différenciation serait donc plus avancée que dans les autres espèces du groupe.

J'ai vu seulement deux propagules adultes (fig. 30, *A* et *B*). Le propagule *A* ressemble assez, par sa forme générale à ceux des *S. tribuloides,* mais son cloisonnement est plus abondant; il est né sur un rameau, au-dessous d'un poil. Le propagule *B*, sé-paré de la plante mère, est en voie de germination; la pointe basilaire et l'une des cornes ont germé en un cordon rampant qui s'étalait sur la Fucacée; le sphacèle avorté du propagule s'est allongé en poil comme dans le *S. biradiata.* Mais n'ayant vu que deux propagules, je ne puis savoir si le développement de ce poil est normal ou exceptionnel.

Cette plante rentre dans le groupe du *S. tribuloides* par ses propagules, mais s'éloigne des autres espèces par sa ramification générale.

B. — **Sphacelaria cornuta** Sauvageau mscr.

Je dois cette plante à M. Le Jolis qui a bien voulu m'en commu-niquer quelques touffes préparées sur mica (2); elles avaient été prises sur un *Turbinaria* récolté à Canala (Nouvelle-Calédonie).

Le *S. cornuta* forme des touffes de 1/2 centimètre de hauteur insérées sur une base étroite très probablement parasite. La ramification est la même que celle du *S. tribuloides,* toutefois les filaments diminuent graduellement de largeur de la base (30-35 µ) jusqu'au sommet (20-25 µ), mais sans se terminer en pointe, et il n'y a pas de distinction en pousses indéfinies et

---

1. Les cellules de la Fucacée se dissociaient sous la seule pression des aiguilles, et je n'ai pas pu distinguer si les parties étalées du thalle rampant étaient épi-phytes ou endophytes
2. Voy. p. 137, en note.

pousses définies. Les articles secondaires sont habituellement plus hauts que larges ; ceux de la base montrent : de face, 2-3 cloisons longitudinales ; ceux du sommet, 1-2 cloisons. Les poils sont disposés comme dans l'espèce précédente.

Les propagules et les sporanges uniloculaires, mélangés sur certains filaments, séparés sur d'autres, étaient très nombreux sur les quelques échantillons étudiés.

Les propagules ressemblent à ceux du *S. tribuloides,* mais

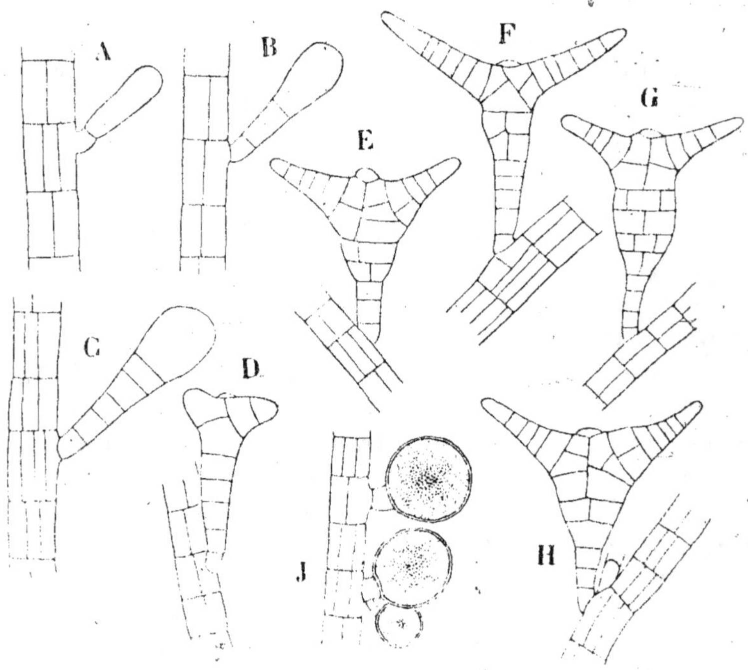

Fig. 31. — *Sphacelaria cornuta* Sauv. — *A* à *D,* Développement des propagules. — *E* à *H,* Différentes formes de propagules adultes vus de face. — *J,* Sporanges uniloculaires (*A* à *J,* Gr. 200.)

leur corps est plus grêle et les cornes sont bien plus allongées. J'en ai représenté différentes formes sur la figure 31 ; la figure 31, *H,* montre la forme la plus fréquente, mais des propagules, aussi grêles ou même plus grêles que *F,* ne sont pas rares et ceux-ci ont une certaine ressemblance avec ceux du *S. furcigera.* Leur développement se fait comme dans les *S. Plumula* et *tribuloides,* mais le sphacèle latéral qui les produit, au lieu d'être globuleux, est très allongé dès le début (fig. 31, *A*), et ne peut être confondu avec un futur sporange ; il se raccourcit et s'élargit pendant le cloisonnement du pied (fig. 31, *B, C, D*).

Les sporanges uniloculaires, sphériques, de 55-60 μ de diamètre, sont portés par un pédicelle unicellulaire court, fréquemment perpendiculaire au filament (fig. 31, *J*). Sur certains filaments, où ils sont très nombreux, ils naissent sur les articles secondaires de deux en deux. Parfois, un autre sporange se forme sur le pédicelle d'un sporange mûr ou vidé.

Le *S. cornuta* diffère du *S. tribuloides* par son parasitisme (?), la différence de largeur entre la base et le sommet des filaments, les propagules plus grêles et à cornes plus allongées, la présence de sporanges uniloculaires.

C. — **Sphacelaria brachygonia** Montagne.

Montagne [43, n° 69] a donné du *S. brachygonia* la description suivante : « Cœspitulosa, parvula, filis vagè ramosissimis, ramis supremis subfasciculatis fastigiatis apice sphacelatis, articulis diametro plùs quàm dimidiò brevioribus 4-8 siphoniis, medio obscure fuscis, geniculis pellucidis. » J. Agardh [48, p. 39] le rangeait parmi les *Species inquirendæ* ; Kützing [49, p. 464] le plaçait, d'après la seule description de Montagne qu'il reproduit, entre le *S. cirrosa* et le *S. tribuloides*. M. Reinke [91, 2, p. 97], qui a examiné des exemplaires originaux dans l'Herbier de Kiel, et qui paraît être le premier à en avoir vu les propagules, le considère comme une forme *crassa* du *S. tribuloides*.

Je l'ai étudié sur des exemplaires originaux de l'Herbier Montagne (in Herb. Muséum, Paris). L'un était marqué de la main de Montagne : « *Sphacelaria brachygonia* Montag., Voy. Bonite. Ins. Divæ Catharinæ ad Brasiliam ; Col. Gaudichaud. » Les deux autres exemplaires, de la même feuille d'herbier, ne portent aucune indication, mais ils proviennent assurément de la même récolte, car les échantillons se correspondent parfaitement, sont mélangés aux mêmes grains de sable et aux mêmes débris de Floridées.

Mais la plante est dans un état déplorable de conservation et ne peut être étudiée qu'avec beaucoup de précaution. On

sait d'ailleurs que « La Bonite » fit naufrage et qu'une partie
des collections de Gaudichaud, restées sous l'eau pendant plusieurs jours, fut perdue. Le mauvais état de la plante décrite
par Montagne est sans doute attribuable à cet accident; sur
certains filaments, les cloisons divisant les articles étaient en

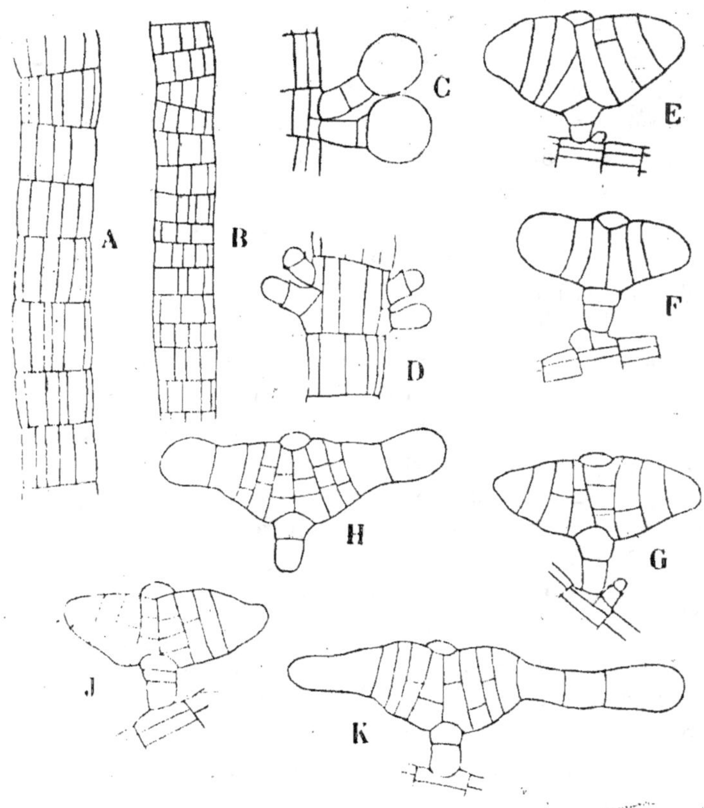

Fig. 32. — *Sphacelaria brachygonia* Mont. — *A*, *B*, Fragments de filaments montrant la
hauteur des articles moindre que la largeur. — *C*, Une paire de propagules jeunes. —
D, Deux paires de propagules nés sur un même article; trois propagules, réduits à leur
stérigmate, repoussent; le quatrième est à l'état d'ébauche. — *F*, Propagule jeune. —
E, *G*, *H*, *J*, Propagules adultes vus de face. — *K*, Propagule commençant à germer.
(*A*, *B*, Gr. 150; *C*, à *K* Gr. 200.)

parties dissoutes et le nombre des cellules n'était plus reconnaissable que par les masses protoplasmiques teintées par le tannin;
les cloisons qui sectionnent les propagules suivant la hauteur
étaient généralement bien conservées, mais certaines des cloisons
transversales avaient également disparu.

Le meilleur caractère de la diagnose de Montagne est la faible hauteur des articles, et encore est-il commun au *S. Novæ-Hollandiæ*. Sur certains filaments, les rameaux du sommet sont courts et subfasciculés, comme le dit Montagne, mais le fait n'est pas constant et peut être attribué à la mort de l'extrémité des filaments provoquant le développement de rameaux plus nombreux. Les articles « medio obscure fuscis, geniculis pellucidis » doivent cette apparence, qui n'est pas un caractère spécifique, car on la retrouve fréquemment dans les espèces tropicales, à ce que les cellules superficielles (ou radiales ?) sont presque toutes remplies d'un composé tannique d'un brun sombre qui s'est ramassé vers le centre des cellules par la dessiccation.

Le *S. brachygonia* a 1-2 cm. de hauteur. Les filaments mesurent 55-80 µ de largeur. La hauteur des articles, toujours moindre que la largeur, en est souvent les deux tiers (fig. 32, *A*), parfois seulement le tiers (fig. 32, *B*), une branche d'un filament pouvant avoir tous ses articles comme dans *A*, tandis que, sur une autre branche du même filament, ils seront courts comme dans *B*. Sur les rameaux longs et non ramifiés, le sphacèle est généralement très court.

Les propagules sont caractéristiques. Ils croissent généralement par deux, l'un au-dessus de l'autre, sur un même article (fig. 32, *C*), plus rarement isolés (*J*, *K*), ou par paires opposées (*D*). Tantôt les deux propagules jumeaux sont de même âge (fig. 32, *C*), tantôt d'âge différent, comme dans *E* et *F* où le second propagule se développe, ou comme dans *G* où le premier est déjà tombé. Le cloisonnement transversal cesse de très bonne heure dans l'ébauche du propagule et son sphacèle se renfle en sphère, comme s'il devait donner un sporange uniloculaire (fig. 32, *C*), puis sépare la calotte terminale ; la grosse cellule ainsi délimitée se cloisonne suivant la hauteur, en même temps qu'elle s'élargit suivant son diamètre transversal (fig. 32, *F*), et le propagule prend la forme d'un fuseau pédicellé, sectionné en tranches dans lesquelles apparaissent ensuite des cloisons (*E* à *K*). J'ai vu plusieurs fois la germination commencer sur des propagules encore attachés à la plante mère (*K*).

Cette forme en fuseau, bien différente de celle des autres espèces du groupe, n'est point une anomalie, mais l'état habituel chez le *S. brachygonia*, car les propagules étaient nombreux sur les exemplaires de Montagne et toujours avec cette forme ; toutefois, leur origine géminée ne facilite pas leur observation de face sur une plante en aussi mauvais état.

La plante récoltée par Gaudichaud paraît être, jusqu'à présent, le seul représentant du *S. brachygonia* (1) ; j'ai rapporté au *S. Novæ-Hollandiæ* l'échantillon provenant de La Martinique déterminé par Montagne comme *S. brachygonia*. (Voy. p. 140.)

D. — Sphacelaria Novæ-Hollandiæ Sonder.

Sonder [45, p. 50] a donné une première diagnose très insuffisante du *S. Novæ-Hollandiæ*, puis une seconde plus détaillée [citée d'après J. Agardh, 48, p. 32], dans laquelle il décrit les propagules, et il ajoute : « Valde accedit ad Sph. Tribuloidem Menegh. » Mais Kützing [49, p. 464] en faisait un synonyme du *S. tribuloides*. Harvey a cité le *S. Novæ-Hollandiæ* sans le décrire ni le figurer, dans son *Phycologia australica* [63, p. XIV], de différents points de l'Australie et aussi de la Nouvelle-Calédonie d'après un exemplaire de M. Le Jolis (2). Il l'a distribué en exsiccata dans ses *Australian Algæ*, sous le n° 107.

M. Askenasy [88, p. 21 et pl. V, fig. 15 et 16] le considère comme une espèce indépendante, et je me suis assuré, sur une préparation qu'il a eu l'obligeance de me communiquer, que la plante récoltée par « La Gazelle » est bien la même que celle distribuée par Harvey. Mais, d'après M. Reinke [91, 2, p. 9], le

1. Le *S. brachygonia* a été décrit en 1843, et le voyage de « la Bonite » a été effectué en 1836 et 1837. Mais, de 1831 à 1833, Gaudichaud avait déjà visité le Brésil, le Chili et le Pérou sur la frégate « l'Herminie ». Or, l'Herbier du Muséum renferme un petit échantillon de *S. brachygonia* marqué : « Brésil, Sainte-Catherine, Gaudichaud, 1831-33 » déterminé par Montagne : « *Sph. olivacea* Grev. ? *Sph. cæspitula* Lyngb. ? » qui nous montre les hésitations de l'auteur avant qu'il se soit décidé à créer une espèce nouvelle. Gaudichaud a donc récolté deux fois le *S. brachygonia* aux îles Sainte-Catherine, où par conséquent il ne doit pas être rare.

2. D'après M. Le Jolis (*in litt.*), les échantillons sur mica qui m'ont servi pour la description du *S. cornuta* sont les mêmes que celui qu'il avait envoyé à Harvey, et que ce dernier a cité comme *S. Novæ-Hollandiæ* de la Nouvelle-Calédonie. Mais ces *Sphacelaria* exotiques étant très souvent mélangés, comme je l'ai dit précédemment, on ne peut en conclure que la détermination de Harvey n'est pas exacte. — D'ailleurs, l'attribution à Sonder du *S. Novæ-Hollandiæ*, décrit ici, repose sur l'exactitude supposée de la détermination du n° 107 de Harvey, et non sur l'étude de la plante originale de Sonder que je n'ai pas eue entre les mains.

S. Novæ-Hollandiæ serait simplement un *S. tribuloïdes*, dont les propagules ont des angles plus arrondis que dans la plante d'Europe et serait intermédiaire entre le *S. tribuloïdes* de nos pays et le *S. brachygonia*. M. de Toni [95, p. 502] admet les conclusions de M. Reinke. Je crois devoir rétablir l'indépendance de cette espèce.

J'ai étudié l'exemplaire de l'Herbier du Muséum et celui de l'Herbier Thuret des *Australian Algæ*, Cape Riche, n° 107, distribués par Harvey. La plante a près d'un centimètre de hauteur ; elle forme des touffes denses et raides, ayant bien l'aspect du *S. tribuloïdes*, mais les filaments plus gros mesurent 55-80 µ de largeur. La ramification est irrégulière ; les rameaux, un peu rétrécis à leur point d'insertion (fig. 33, *A*), dressés contre le filament qui leur a donné naissance sont, comme dans un corymbe, d'autant plus courts qu'ils naissent plus haut (fig. 34, *A*). Le sphacèle est généralement bien développé. La hauteur des articles est moindre que la largeur (fig. 33, *A*), et il ne semble pas que l'on puisse distinguer, sur des échantillons stériles, le *S. Novæ-Hollandiæ* du *S. brachygonia*. Les poils, bien développés, mesurent 15-20 µ de largeur (1) et leurs cellules 200 µ de longueur.

La plante possède des rhizomes rampants portant des filaments dressés ; au niveau de l'insertion de ceux-ci sont de petits crampons fixateurs qui s'élargissent probablement plus tard en petits disques portant de nombreux filaments dressés ; le mode de végétation du thalle inférieur est probablement le même que dans le *S. tribuloïdes* ou le *S. Novæ-Caledoniæ*.

Les propagules n'étaient pas rares sur ces échantillons, mais peu étaient arrivés à maturité ; la figure 33, *B*, en représente un. Ils sont plus trapus, plus massifs que dans les *S. tribuloïdes* et *cornuta*, et leur section transversale est moins aplatie, plus circulaire. Si on les compare à ceux des *S. tribuloïdes, cornuta* et *brachygonia*, on remarquera que la cellule latérale du propagule qui, dans ceux-ci, se prolonge en corne ou bien en un filament de germination, se divise transversalement, dans le *S. Novæ-Hollandiæ*, en deux cellules superposées *a* et *b* (fig. 33, *B*) ; au moment de la germination, seule, la cellule *a* s'allongera ;

---

1. C'est par suite d'une faute d'impression que M. Askenasy donne 50 µ pour diamètre des poils.

le filament de germination des propagules du *S. Novæ-Hollandiæ*
est donc, morphologiquement, la moitié de celui des propagules des espèces précédentes. La présence de cette cloison
transversale est très constante dans les propagules mûrs de cette
espèce; on la retrouve aussi dans le *S. Novæ-Caledoniæ*.

Les propagules naissent sur les articles secondaires supérieurs et sont habituellement isolés; cependant, on en trouve
parfois deux sur un même article, mais nés à la même hauteur

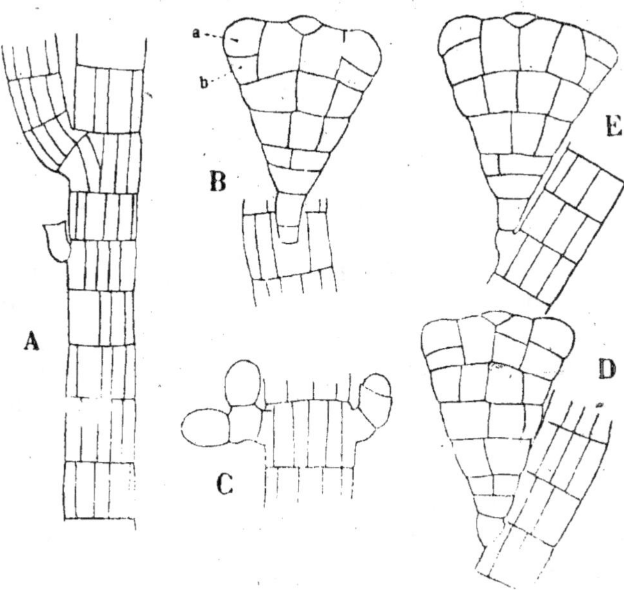

Fig. 33. — *Sphacelaria Novæ-Hollandiæ* Sond., d'après la plante de Harvey n° 107. — *A*,
Fragment de filament montrant l'insertion d'un rameau; au-dessous est un stérigmate
(Gr. 150). — *B*, Propagule adulte, vu de face (Gr. 200). — *C*, A gauche deux sporanges
uniloculaires avortés, à droite un stérigmate qui repousse (Gr. 200). — *D, E*, Propagules
adultes vus de face, pris sur la plante des îles Gambier (Gr. 200).

et non l'un au-dessus de l'autre comme chez le *S. brachygonia*.

On n'a pas cité jusqu'à présent d'autres organes reproducteurs chez cette espèce. Mais certains filaments de l'échantillon
de l'Herbier Thuret portaient en outre, dans leur partie inférieure,
des productions latérales représentant probablement des sporanges uniloculaires n'arrivant pas à maturité. Ce sont de petites
cellules arrondies, insérées sur un pédicelle unicellulaire très divariqué, isolées sur un article secondaire supérieur, ou opposées,
ou opposées à un propagule (fig. 33, *C*). Assez fréquemment,

sur le pédicelle, naissent une seconde, puis une troisième cellule semblable, sans que la première ait augmenté de volume. Les sporanges uniloculaires se développent de la même façon chez les *S. cornuta* et *Novæ-Caledoniæ*, mais les nouveaux sporanges n'apparaissent qu'au moment de la maturité, ou après la déhiscence des premiers sporanges.

L'exemplaire de l'Herbier Thuret du *S. Novæ-Hollandiæ* donné par J. Agardh (*Algæ Mullerianæ*, curante J. G. Agardh distributæ) n'appartient pas à cette espèce, car il porte des propagules de *S. cirrosa*.

L'Herbier Thuret renferme un *Sphacelaria* récolté à Mangaréva (îles Gambier) en août 1838 par Le Guillou (Decaisne ded.) que je rapporte au *S. Novæ-Hollandiæ*. Les filaments, de deux centimètres de hauteur, et par conséquent deux fois plus longs que ceux de la plante de Harvey, ont été coupés au niveau de la couche basilaire ; ils sont plus grêles (45-55 µ) et les poils sont plus nombreux ; ils portent de nombreux propagules en bon état de maturité ; les deux dessins *D* et *E* de la figure 33 ont été pris sur cette plante ; on y remarque la cloison transversale dont il a été question précédemment. — M. Askenasy le cite aussi à l'île Vavao.

Le *S. Novæ-Hollandiæ* existe aussi aux Antilles. J'ai étudié dans l'Herbier Montagne un échantillon portant écrit de la main de Montagne : « *S. brachygonia*, Martinique. Le Jolis ded. » ; c'est un mélange de *S. tribuloides* muni de propagules et d'une autre espèce plus large, ressemblant au *S. brachygonia*, mais stérile. Or, j'ai reçu de M. Le Jolis plusieurs exemplaires provenant de la même récolte que celui donné à Montagne (Fort-de-France, février 1860) ; ils m'ont présenté le même mélange ; toutefois, les filaments larges, correspondant à ceux identifiés par Montagne avec son *S. brachygonia* étaient pourvus de ces cellules disposées par 1-2-3, que j'ai signalées dans le *S. Novæ-Hollandiæ* et que je suppose être des sporanges uniloculaires n'arrivant pas à maturité, mais en plus grand nombre et un peu plus volumineux que dans la plante de Harvey ; les propagules étaient complètement absents. D'autre part, le *S. tribuloides* récolté par Mlle Vickers à La Barbade présentait aussi, en mélange, des filaments semblables aux précédents, mais pourvus à la fois des propagules caractéristiques du *S. Novæ-Hollandiæ* et de ces sporanges uniloculaires avortés. La plante de La Martinique n'ayant pas de propagules, et montrant par contre les productions globuleuses que, jusqu'à présent, je connais seulement chez le *S. Novæ-Hollandiæ,* je crois qu'elle doit être rapportée à cette espèce. Le *S. Novæ-Hollandiæ* existerait donc à La Barbade et à La Martinique.

En terminant, je ferai remarquer que les organes que je considère comme des sporanges uniloculaires avortés ne peuvent être attribués à l'action d'un parasite, et je rappelle que certains filaments de *S. tribuloïdes* (?) de La Barbade portaient des sporanges pluriloculaires qui paraissaient avoir la même origine (Voyez p. 130).

E. — Sphacelaria Novæ-Caledoniæ Sauvageau mscr.

J'ai trouvé cette nouvelle espèce sur la tige et les feuilles d'un *Turbinaria ornata* de l'Herbier du Muséum de Paris, récolté à Nouméa (Nouvelle-Calédonie) en avril 1869 par Balansa, et distribué sous le n° 902.

Elle formait des touffes denses d'environ 1 centim. de hauteur mélangées à des touffes de *S. furcigera.* Le *S. Novæ-Caledoniæ* est voisin du *S. Novæ-Hollandiæ* par la forme et la structure des propagules, mais s'en éloigne par d'autres caractères.

Les dessins *A* et *B* de la figure 34 représentent un fragment de chacune de ces deux espèces et montrent les différences de leur port. Le *S. Novæ-Hollandiæ* (*A*) est dressé, raide, à articles plus larges que hauts, à rameaux d'égale épaisseur, plus nombreux vers la périphérie, et arrivant à la même hauteur. Le *S. Novæ-Caledoniæ* (*B*), est plus souple et plus grêle, à articles presque aussi hauts que larges; on ne peut établir de différences précises entre les axes et les rameaux, mais les filaments les plus longs sont souvent plus larges, et portent des rameaux parfois notablement plus étroits; en outre, comme on le voit sur le dessin *B*, la ramification est plus éparpillée, les rameaux ayant des hauteurs inégales. Il y a comme une tendance, chez cette

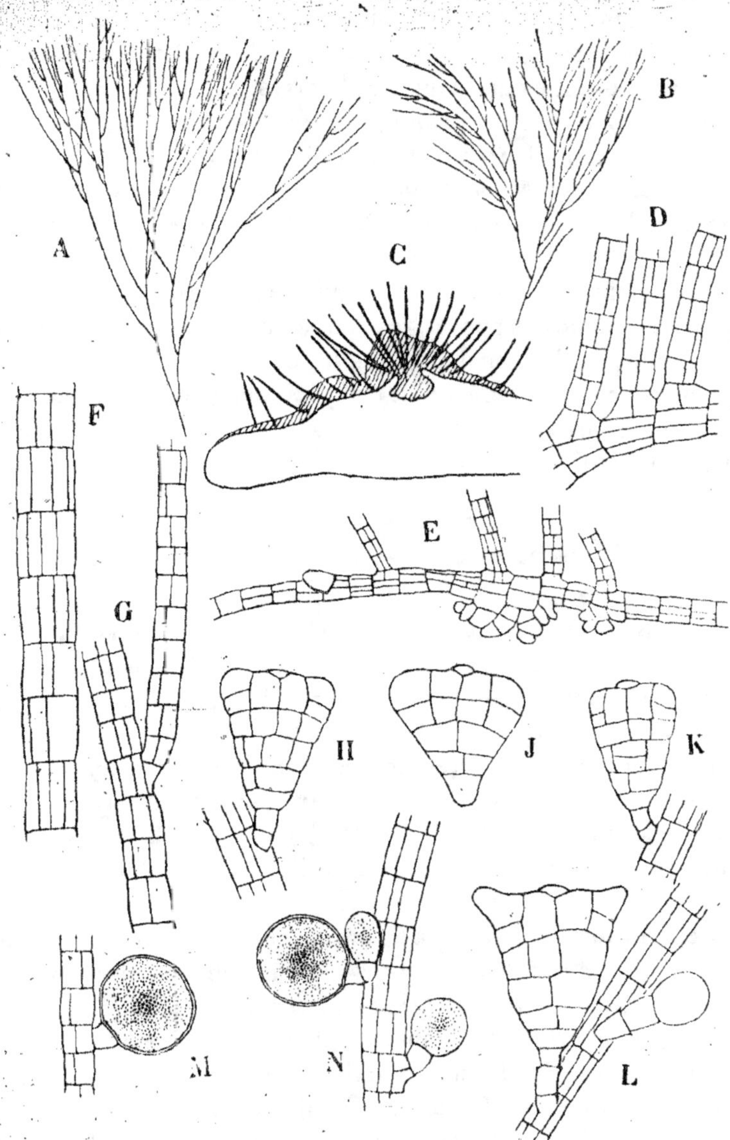

Fig. 34. — *Sphacelaria Novæ-Hollandiæ* Sonder (Harvey n° 107). — *A*, Port de la plante (Gr. 8).

Sphacelaria Novæ-Caledoniæ Sauv. — *B*, Port de la plante (Gr. 8). — *C*, Coupe dans une feuille de *Turbinaria* montrant le parasitisme et l'étalement du disque du *Sphacelaria* (Gr. 20). — *D*, Fragment du thalle rampant, pris sur le bord du disque (Gr. 150). — *E*, Stolon provenant d'une touffe (Gr. 80). — *F*, Un rameau large; *G*, Un rameau étroit inséré sur un autre de largeur moyenne (Gr. 150). — *H* à *L*, Propagules mûrs vus de face (Gr. 200). — *M*, *N*, Sporanges uniloculaires (Gr. 200).

espèce, à une différenciation en axe et en rameaux. La figure 34, *F*, montre un filament large, à articles présentant de face 2-3 cloisons longitudinales; la figure 34, *G,* un rameau étroit, à articles cloisonnés seulement une fois, inséré sur un autre de largeur moyenne; celui qui portait le sporange *M* était encore plus étroit. La largeur varie de 20 à 50 μ.

Le *S. Novæ-Caledoniæ* est parasite à la manière du *S. intermedia*. Une touffe est fixée par un thalle rampant, endophyte seulement sur un espace très restreint (fig. 34, *C*), puis étalé à la surface du substratum. A sa périphérie, ce thalle rampant émet des stolons qui produisent des filaments dressés espacés (*E*) au niveau desquels naissent des crampons aplatis, étalés, qui, probablement, deviennent plus tard un nouveau thalle rampant. Le stolon de la figure *E* était attaché, à droite, à une touffe, et se terminait à quelque distance à gauche par un long sphacèle. Le fragment *D* n'appartenait pas à un stolon isolé, mais faisait partie d'un thalle rampant massif. Sur le dessin *C*, on voit que les filaments dressés sont inclus, par leur base, dans un thalle rampant épais, que je n'ai pas réussi à disséquer, mais il m'a semblé que les filaments dressés naissent de bonne heure; puis, les cellules rampantes qui les séparent s'allongent sur leur face supérieure et constituent des files verticales de cellules qui, en se cloisonnant transversalement, augmentent beaucoup l'épaisseur du thalle rampant et peut-être aussi sa largeur pour lui donner la forme d'un disque. Ce thalle rampant devient donc comparable à celui du *S. olivacea*, du *Chætopteris*, etc., toutefois, il paraît toujours formé d'une seule couche et non de strates superposées comme dans ces espèces.

Les propagules naissent généralement isolés; leur forme est la même que dans le *S. Novæ-Hollandiæ*, comme on le voit sur les dessins *H* à *L* (fig. 34) représentant des propagules mûrs vus de face, mais leur taille est un peu moindre. Le propagule *L* commence à germer, et comme on l'a vu à propos du *S. Novæ-Hollandiæ*, la cellule qui germe correspond à une demi-cellule des propagules des *S. tribuloides, cornuta* et *brachygonia*.

Les sporanges uniloculaires étaient abondants, parfois mélangés aux propagules, parfois portés sur des rameaux spéciaux. Ils sont sphériques, parfois un peu aplatis (fig. 34, *M, N*) portés par un pédicelle unicellulaire, qui peut bourgeonner comme dans le *S. cornuta*, et rappellent les productions latérales du *S. Novæ-Hollandiæ* que j'ai rapportées à des sporanges avortés.

J'ai donné plus haut (p. 123) les caractères généraux du groupe *tribuloides*. Les caractères spécifiques reposent en partie sur les différences de forme des propagules, plus faciles à saisir sur les dessins qu'à exposer dans une diagnose. J'essaie de les résumer dans ce tableau :

1. Plante non parasite ; filaments étroits (25-50 μ) ; articles plus hauts que larges ; propagules cordiformes, à cornes largement insérées ; sporanges pluriloculaires. *S. tribuloides*.
2. Plante parasite? filaments étroits, plus larges à la base (30-35 μ) qu'au sommet (20-25 μ) ; articles plus hauts que larges ; propagules grêles, à cornes longues et étroites ; sporanges uniloculaires. *S. cornuta*.
3. Filaments larges (55-80 μ) ; articles moins hauts que larges ; propagules allongés transversalement en fuseau et naissant par deux superposés. *S. brachygonia*.
4. Filaments larges (45-80 μ) ; articles moins hauts que larges ; propagules piriformes, à cornes à peine marquées, et la cellule qui, dans les espèces précédentes, s'allonge en filament de germination, est ici divisée en deux transversalement ; sporanges uniloculaires n'arrivant pas à maturité. *S. Novæ-Hollandiæ*.
5. Plante parasite et épiphyte ; filaments étroits (20-50 μ) ; articles presque aussi hauts que larges ; propagules comme ceux du *S. Novæ-Hollandiæ* ; sporanges uniloculaires. *S. Novæ-Caledoniæ*.

Les espèces *1*, *2* et *5* sont à filaments étroits, les espèces *3* et *4* à filaments larges. Les propagules de *1* et *2* appartiennent à un premier type, *3* à un second type, et *4* et *5* à un troisième.

La plante d'Adélaïde (Askenasy), par ses rameaux divariqués et ses propagules cordiformes très cloisonnés (à poil médian?) est probablement une sixième espèce.

CHAPITRE X. — SPHACELARIA FURCIGERA Kützing ET ESPÈCES VOISINES.

Kützing a caractérisé le *S. furcigera* par ses propagules en forme d'Y, composés d'un pied cylindrique, bifurqué en deux

longues cornes, ou rayons, également cylindriques. Dans ce
chapitre, j'étudie en outre deux autres espèces : le *S. divaricata*
Montagne et le *S. variabilis* n. sp., dont les propagules jeunes
sont tout à fait comparables aux propagules adultes du *S. fur-*
cigera.

A. — Sphacelaria furcigera Kützing.

1. Feroë ; parasite sur stipe de Laminaire ; Börgesen comm.
2. Helgoland, 16 juin 1896 ; sur *Cladostephus spongiosus;* Kuckuck
    comm. sub nom. *S. olivacea* Pringsh.
3. Helgoland ; préparations communiquées par M. Kuckuck sub
    nom. *S. olivacea* Pringsheim, des 16 septembre 1893, 20 juil-
    let 1894, 9 juin 1896, 27 juillet 1897.
4. Golfe de Gascogne, Guéthary (Basses-Pyrénées) ; août 1895
    et 1896 ; juillet, août, septembre 1898, sur substratums variés ;
    Sauvageau leg.
5. Canaries ; « *Sphacelaria cæspitula !* Lyngb., ad Fucos majores,
    Canaries an *S. squamosa*? Webb ded. ? ». Montagne scripsit ;
    Herb. Montagne in Herb. Muséum Paris.
6. La Martinique (La Trinité), avril 1901 ; sur Sargasses ; Landes
    leg. et ded.
7. Les Saintes ; « sur les vieilles frondes de Sargasse, Duché leg. » ;
    Herb. Crouan sub nom. *S. rigidula;* in Herbier Thuret.
8. La Barbade ; Mlle A. Vickers (Voy. *S. tribuloides*, p. 130).
9. Adriatique, Rovigno ; 3 octobre 1899 ; Kuckuck leg. et comm.
10. Mer Rouge ; « *Sphacelaria cervicornis* Ag. junior, Mer Rouge à
    Gebel Tor, sur les Cystoseira ». Montagne scripsit in Herb.
    Montagne in Herb. Muséum Paris.
11. Malabar ; « *Sphacelaria furcigera* var. *princeps* Reinke ! ; *Sph.*
    fulva Kütz. det. Martens ; *Sph. scoparia* Lyngb.? det. Lenor-
    mand ; ex herb. G. v. Martens, qui ex herb. Lenormand acce-
    pit ». G. Hieronymus comm. Herb. Muséum Berlin.
12. Madagascar ; sur *Sargassum polycystum;* Voyage de M. Boi-
    vin 1847-52, Herb. Muséum Paris.
13. Ile Maurice ; Coll. Robillard ; Herb. Thuret et Herb. Gomont.
14. La Réunion ; « *Sphacelaria furcigera* Kz. ; ad *Sargassum* et
    Jania rubens v. *concatenata;* Bourbon ». Montagne scripsit,
    in Herb. Montagne in Herb. Muséum Paris.
15. Australie, Port Denison ; A. Dietrich leg., Grunow ded. 1879
    sub nom. *S. furcigera* var. Herb. Thuret.

16. Australie, île Dirk Hartog; 23 avril 1875; expédition de « la
     Gazelle » ; Askenasy comm.
17. Australie, Rockingham ; A. Dietrich leg., Grunow ded. 1879
     sub nom. *S. furcigera* var. *major*. Herb. Thuret.
18. Australie, Geographe Bay ; Coll. Pries, Herb. Thuret.
19. Nouvelle-Calédonie, Canala ; sur *Cystophyllum trinode*, Le
     Jolis ded.
20. Nouvelle-Calédonie, Récifs de Messioncoué, près Port-Bouquet ;
     novembre 1869 ; Coll. Balansa, Herb. Thuret.
21. Nouvelle-Calédonie, Nouméa ; avril 1869 ; sur *Turbinaria ornata*
     J. Ag. Coll. Balansa n° 902, Herb. Muséum Paris.

Cette espèce a été étudiée par M. Askenasy [88, p. 21], qui
en a découvert les sporanges uni- et pluriloculaires, puis par
M. Reinke [91, 2, p. 15 et pl. IV], qui a décrit son parasitisme.

Jusqu'à présent on la connaissait seulement dans les mers
chaudes, et M. Askenasy la cite dans le Golfe Persique, à La
Réunion et en Australie ; M. Reinke dit qu'elle paraît aussi
commune dans les parties sud de l'Océan Indien et de l'Océan
Pacifique que le *S. cirrosa* dans nos pays. Mais son aire
d'extension est beaucoup plus considérable ; on la trouve dans
l'Atlantique : aux Antilles, aux Canaries, dans le Golfe de Gascogne, jusqu'à Helgoland et aux îles Feroë ; elle vit aussi dans
la Méditerranée. C'est au *S. furcigera* que je rapporte le *S. olivacea* var. *solitaria* de Pringsheim [73, pl. XXVIII, fig. 1 et 2]
à propagules bifurqués, et il est possible que certains des
S. olivacea, cités dans les Listes d'Algues européennes, aient
été déterminés d'après les propagules décrits par Pringsheim,
et soient en réalité le *S. furcigera* (1).

M. Askenasy ayant bien voulu me communiquer ses matériaux d'étude, la plante de « la Gazelle » m'a servi de type pour
mes déterminations. Celle-ci, parasite sur une Fucacée, s'étale

---

1. M. Berthold [82, p. 507] cite le *S. olivacea* dans le Golfe de Naples sur des
Codium, des tubes d'Annélides et des pierres ; il y aurait lieu de rechercher s'il ne
s'agit pas du *S. furcigera* que M. Kuckuck a récolté dans l'Adriatique à Rovigno. D'ailleurs, Pringsheim [*loc. cit.* p. 399] reconnait que l'on pourrait être tenté
de considérer son *S. olivacea* var. *solitaria* comme une espèce, à cause de sa
très grande ressemblance avec le *S. furcigera,* mais que cependant il « le tient
pour une forme stérile du *S. olivacea* pourvu de propagules et de poils ». Mais
nous avons vu précédemment que l'anatomie des filaments du *S. olivacea* n'a
rien de commun avec celle du *S. furcigera*. L'erreur de Pringsheim vient sans
doute de ce qu'il considérait, avec tous les auteurs, le *S. furcigera* comme
exclusif aux mers chaudes.

inférieurement en une sorte de lame sous-épidermique d'où s'échappent les filaments dressés, comme M. Reinke l'a représenté [91, 2, pl. IV, fig. 6], sans occasionner de déformation, mais qui, parfois, produit çà et là des massifs de cellules hautes et larges qui soulèvent et boursouflent l'épiderme. Le parasite émet aussi fréquemment des stolons rampants superficiels, et j'en ai isolé de tout à fait semblables à ceux que j'ai représentés pour les *S. tribuloïdes* et *S. Novæ-Caledoniæ* (fig. 29, *A*, et 34, *E*); en outre, dans les points les plus denses, les cellules du thalle superficiel, non développées en filaments dressés, s'allongent et se cloisonnent transversalement, comme je l'ai dit aussi pour le *S. Novæ-Caledoniæ*.

Les autres exemplaires de *S. furcigera*, des mers chaudes, étaient pareillement parasites sur les Fucacées; ceux conservés en herbier, en échantillons isolés, paraissent avoir été pris sur ce substratum. Mais le *S. furcigera* peut avoir un mode de vie différent; je l'ai trouvé, à Guethary, parasite sur le *Cystoseira discors* et le *Padina Pavonia*, le *Codium adhærens*, rampant sur le *Clodostephus* (ou parasite?), des pierres, des rochers, des *Lithothamnion* au niveau de la basse mer, et sur les Araignées de mer qui vivent plus profondément. On peut supposer que le substratum est aussi varié dans les mers chaudes; les collecteurs, en effet, ont rarement recueilli pour elles-mêmes les Algues de petite taille que nous connaissons de ces régions; ils les ont plutôt rapportées, accidentellement, sur les grandes Fucacées qui attirent davantage l'attention.

Le *S. furcigera* n'était pas rare, en août 1896, et août et septembre 1898, à Guéthary, sur le *Cystoseira discors*; au lieu de former des touffes éparses, à contour circulaire, ses filaments constituaient des sortes de lames irrégulières, disposées suivant la longueur du *Cystoseira*; sur les coupes, le thalle endophyte n'était pas disposé en couche mince, mais en massifs sous-épidermiques, désorganisant plus ou moins l'épiderme, suivant le nombre des filaments dressés qui s'en échappent.

Il n'était pas rare non plus, mais plus difficile à distinguer, sur les *Padina* qui, à basse mer, restent toujours couverts d'un peu d'eau; il se présentait en minuscules touffes disposées en lignes, soit radiales dans les parties stériles du *Padina*, soit circulaires suivant les sores vidés. Les petites touffes sont parasites, mais réunies entre elles par un stolon filamenteux superficiel externe. En coupe, on voit les filaments endophytes soulever les cellules externes de l'hôte, ou écarter celles de la couche moyenne, et parfois passer d'une face à l'autre. J'ai aussi trouvé, bien plus rarement toutefois, le *S. furcigera* sur le *Fucus vesiculosus,* le *Cystoseira ericoïdes* et le *Dictyota ligulata,* mais je n'ai pas cherché à vérifier le parasitisme.

Sur le *Codium adhærens,* le *S. furcigera* croît en touffes semblables à celles du *S. tribuloïdes;* cependant, les stolons superficiels externes, qui partent de la base de certains filaments dressés, sont plus longs, et j'en ai vu qui avaient produit vingt-cinq filaments dressés, séparés les uns des autres par plusieurs articles; des propagules peuvent même naître directement sur ces stolons. Comme dans le *S. tribuloïdes* aussi, les rhizoïdes pénètrent profondément en faisceau compact; toutefois, la plupart d'entre eux sont morts, réduits à leur membrane un peu épaissie, et aplatis en lame; quelques-uns seulement restent vivants sur toute leur longueur. Au début, tous ces rhizoïdes sont semblables, puis certains allongent démesurément leur sphacèle, les cellules qui s'en séparent sont aussi très longues, mais meurent bientôt, les parois transversales disparaissent, et le rhizoïde persiste sous forme d'une lame étroite qui concourt encore à la fixation.

Sur un substratum résistant (rochers, *Lithothamnion*), le *S. furcigera* croît comme le *S. tribuloïdes,* émet des stolons, s'élargit plus ou moins, sans produire cependant de disque bien caractérisé.

Les filaments dressés de la plante de « la Gazelle » ont 1/2 centimètre de hauteur; les rameaux, de même diamètre que les filaments, sont parfois plus étroits. On ne peut distinguer un rameau isolé d'un axe isolé, mais, sur certains exemplaires, les rameaux de la région inférieure sont très divariqués et le filament principal reste distinct sur toute sa longueur. D'une manière générale, les filaments et rameaux à propagules ou à sporanges uniloculaires sont plus larges que ceux à organes pluriloculaires; la largeur varie ainsi de 16 à 40 µ. Les articles, aussi hauts ou plus hauts que larges, présentent 1-2-3 cloisons longitudinales visibles de face, mais n'ont d'autres cloisons

transversales que celle qui divise habituellement la cellule mère
d'un rameau, ou parfois d'un sporange ; les cellules mères des
propagules, au contraire, restent indivises. Il n'est pas rare que
les poils soient plus nombreux au sommet des filaments qu'à
leur base, et que les filaments se terminent par un poil ; c'est
ce que nous avons vu déjà à propos du *S. tribuloïdes* ; toutefois,
le phénomène est ici plus fréquent et montre bien qu'un poil

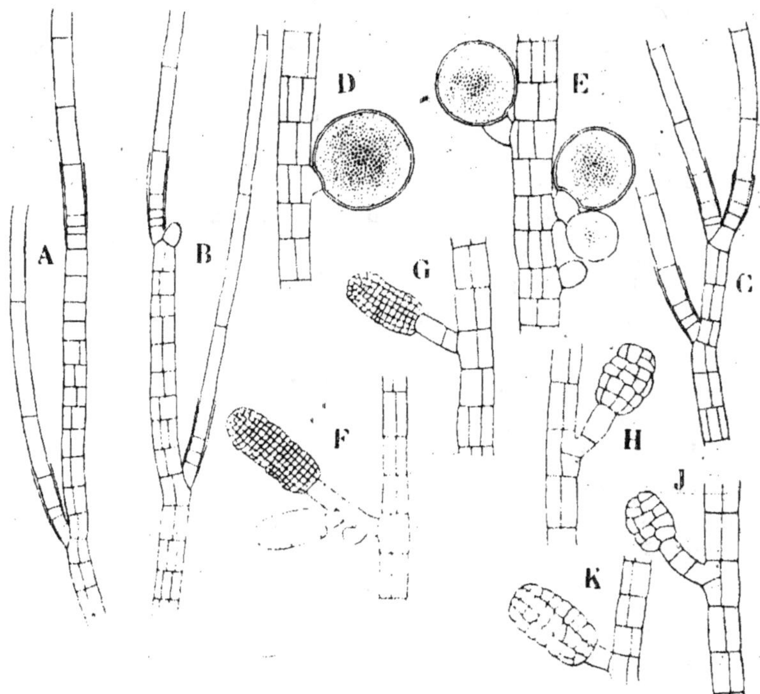

Fig. 35. — *Sphacelaria furcigera* Kutz., de l'expédition de « la Gazelle ». — *A, B, C,*
Extrémités de filaments montrant des poils terminaux ou latéraux (Gr. 150). — *D, E,*
Sporanges uniloculaires. — *F, G.* Sporanges pluriloculaires à petites logettes ; en *F,*
un sporange jeune est né sur le même pédicelle qu'un sporange adulte, et un troisième
sporange naît au-dessous. — *H, J, K,* Sporanges pluriloculaires à grandes logettes (*D* à
K, Gr. 200).

est le sommet d'une génération et non une production latérale.
Sur la figure 35, *A,* une génération longue se termine directement en poil ; en *B,* le poil prend une avance notable sur le
sphacèle de la génération suivante, et le filament ne tardera
pas à s'arrêter dans son développement ; en *C,* la dernière
génération se compose simplement d'une cellule surmontée par
un poil. Les poils, plus ou moins longs, mesurent 12-15 μ de

largeur, et les cellules adultes ont 65-120 μ. J'ai vu des filaments tronqués dont les 2-3 cellules de la troncature produisaient chacune un poil et non un rameau, comme c'est le cas le plus fréquent.

La plante de Guéthary a la plus grande ressemblance avec celle récoltée par « la Gazelle » ; les cellules des poils sont généralement plus larges (14-16 μ) et plus longues (160-220 μ). Les touffes récoltées sur un substratum résistant, plus longues que les touffes parasites, mesurent 1 centimètre ; c'est aussi la taille des exemplaires australiens autres que ceux de « la Gazelle ». Il est possible que l'espèce acquière une taille plus considérable : M. Reinke a créé une variété provisoire *princeps* pour un exemplaire de Malabar de 3 centimètres de hauteur, dont M. Hieronymus a bien voulu me communiquer un fragment ; les propagules sont plus robustes que dans le type, et j'ai vu un filament d'où partaient trois rhizoïdes très divariqués.

Le *S. furcigera* des Canaries, que Montagne appelait *S. cæspitula !* forme des touffes denses, parasites, dont les filaments dressés portent des rameaux peu divariqués, arrivant à la même hauteur et régulièrement larges de 40-45 μ. Les propagules, abondants dans le tiers supérieur de la plante, sont beaucoup plus rares au-dessous. Les générations sympodiales sont de longueur variée ; pourtant, les rameaux qui arrivent au terme de leur végétation ont un aspect un peu spécial : ils se terminent brusquement par 4-5 générations, indiquées par des poils unilatéraux, et réduites chacune à un seul article primaire, de sorte qu'ils sont recourbés à leur extrémité (1). Le même phénomène,

---

1. L'étiquette du *S. cæspitula* des Canaries est écrite de la main de Montagne, et il a fait suivre le nom de l'espèce d'un point d'affirmation. Or, d'après M. Reinke, l'échantillon de *S. cæspitula* de l'Herbier de Lyngbye est un *Sphacelaria* stérile dont les articles secondaires sont cloisonnés transversalement [91, 2, pl. IV, fig. 4], et il a retrouvé la même structure avec les mêmes dimensions sur une plante de Berwick-on-Tweed, parasite sur Laminaire, mais pourvue d'organes pluriloculaires qui sont peut-être des anthéridies. Je me suis assuré, sur une préparation que M. Börgesen a eu l'obligeance de me communiquer, que les articles secondaires des filaments de l'échantillon original de l'Herbier de Lyngbye sont bien, en effet, cloisonnés transversalement à la manière de ceux du *S. olivacea* de Pringsheim. Toutefois, M. Börgesen ayant trouvé le *S. furcigera* aux îles Féroë, parasite sur un stipe de Laminaire, et, d'autre part, Lyngbye citant son *S. cæspitula* dans le même pays et sur le même substratum, il ne serait point surprenant que Lyngbye eût confondu les deux espèces et que, s'il a distribué le *S. cæspitula* à ses correspondants, certains exemplaires appartiennent au *S. furcigera*.

quoique moins accentué, se retrouve sur la plante de la Guadeloupe. Au contraire, je n'ai pas vu de poils sur les individus des îles Féroë; on dira plus loin que, bien qu'ils paraissent ramifiés, leurs filaments sont simples, ou presque
simples.

Les propagules naissent comme ceux du *S. Plumula,* mais
leur sphacèle, jusqu'à la séparation de la calotte terminale, reste
approximativement cylindrique. Le nombre des articles du pied
varie suivant la longueur du propagule. L'article primaire sous-
jacent à la calotte terminale produit, immédiatement au-dessous
d'elle, deux protubérances simultanées qui s'allongent en deux
branches cloisonnées transversalement, ou rayons, correspondant aux cornes des *S. Plumula, cornuta,* etc. ; ces rayons,
cylindriques, rectilignes, de même diamètre que le pied, tantôt
plus longs, tantôt plus courts que lui, font entre eux un angle
de 100-150°. Bien qu'ils apparaissent simultanément, la première
cloison qui sépare leur sphacèle respectif est toujours plus précoce dans l'un que dans l'autre et s'appuie généralement contre
le sphacèle en calotte. Les articles du pied ou des rayons sont
simples ou présentent une cloison longitudinale. La forme des
propagules normaux a été bien représentée par M. Reinke [91, 2,
pl. IV, fig. 9, 11, 12] et par M. Kuckuck [97, fig. 1, *K*]. On en
trouve dont le pied est atténué à la partie inférieure et les
rayons atténués à leur extrémité libre; parfois aussi, les
rayons sont inégaux ou même l'un d'eux avorte totalement et
le sphacèle en calotte est alors rejeté sur le côté; ces propagules
incomplets arrivent à maturité comme les autres. Je n'ai jamais
vu la calotte se prolonger en poil; des sporanges uniloculaires
naissent parfois sur le pied ou sur les cornes, comme M. Askenasy l'a indiqué.

M. Reinke dit [*loc. cit.,* p. 14] que les propagules subissent
de temps en temps une seconde dichotomie, et il a figuré un cas
de ce genre [*loc. cit.,* fig. 10]. Bien que j'aie vu un nombre considérable de propagules, je n'ai rencontré que très exceptionnellement ces doubles dichotomies et je les considère comme accidentelles. Nous verrons que dans le *S. divaricata,* au contraire,
la double dichotomie est caractéristique de l'espèce. Le même
auteur [*loc. cit.,* p. 15] a rencontré des propagules dont les
rayons, au lieu d'être cylindriques, sont « lancéolés », et dont

le sphacèle en calotte s'allonge en poil ; ils appartiennent à une autre espèce : le *S. biradiata*, distingué par M. Askenasy postérieurement au Mémoire de M. Reinke.

En germant, les propagules allongent en stolon leur pied et leurs rayons. Mais, tandis que l'on trouve très fréquemment dans la nature des propagules de *S. cirrosa* en germination, ou ayant même déjà produit des plantules, les germinations du *S. furcigera* sont extrêmement rares.

Le *S. furcigera* des îles Féroë présentait une intéressante particularité. Les filaments dressés, cylindriques, dépourvus de poils et par conséquent monopodiaux, portaient des rameaux courts, ou longs, des stérigmates et des propagules. Un bon nombre de ceux-ci étaient composés d'un pied et d'un seul rayon avec le sphacèle en calotte inséré latéralement ; néanmoins, la présence de propagules bien développés ne permettait pas de douter de la nature de l'espèce. De plus, la cellule mère de la très grande majorité des rameaux, même longs, ne présentait pas de cloison transversale ou oblique. Or, on remarque tous les intermédiaires entre les propagules à un seul rayon et les rameaux ; assurément, la plupart de ceux-ci ne sont pas de vrais rameaux, mais des pieds de propagules reprenant l'état végétatif avec une longueur variable. Inversement, j'ai vu un propagule bifurqué, à pied de dimensions normales, inséré dans la partie inférieure d'un filament, et dont les rayons très allongés atteignaient le sommet de la touffe et avaient l'aspect de rameaux ; leur origine n'était pourtant pas douteuse, à cause du sphacèle en calotte inséré au fond de la fourche. Certains pieds de propagules, arrivés au stade de la séparation de la calotte, donnent l'impression d'organes adultes, et je suis porté à croire qu'ils peuvent se détacher de la plante mère comme des propagules complets, et germer. D'ailleurs, le *S. furcigera* ayant son centre de dispersion dans les mers chaudes, pourrait fort bien, sous le climat des îles Féroë, modifier quelque peu ses caractères ; déjà il semble avoir perdu, en Europe, la propriété de produire des sporanges.

Comme je l'ai dit précédemment, le *S. furcigera* d'Helgoland ne peut être rapporté au *S. olivacea* (1), dont la structure

---

1. Ni au *S. saxatilis ;* la première idée de M. Kuckuck [91, p. 229 et fig. 3], de l'identifier à l'espèce de Kützing, était la bonne.

est toute différente. La grande majorité des propagules que j'ai vus, dans les préparations de M. Kuckuck, ont la forme typique, mais sur certains filaments, comme cet auteur l'a d'ailleurs représenté [97, p. 374, fig. 1, *K*], quelques-uns des propagules subissent une seconde dichotomie. Toutefois, celle-ci affecte un seul des rayons, elle a lieu à une hauteur variable, souvent à peu de distance de la base du rayon, et ne se fait pas dans le plan de la première. Je ne crois pas que ce phénomène soit comparable à la double dichotomie des *S. divaricata* et *variabilis*.

Les sporanges uniloculaires, sphériques, de 50-70 μ de diamètre, sont parfois très abondants (fig. 35, *D, E*), épars ou disposés plusieurs d'un même côté du rameau, sur des individus isolés ou sur les mêmes individus que les propagules. Leur pédicelle, généralement unicellulaire, peut bourgeonner latéralement pour en produire un nouveau ; on ne trouve pas de sporanges emboîtés. J'en ai vu plusieurs fois nés sur le pied ou sur les rayons des propagules, comme M. Askenasy l'a signalé. Il ne peut y avoir de doute sur leur attribution au *S. furcigera,* puisqu'ils croissent parfois pêle-mêle avec les propagules. Mais il n'en est pas absolument de même pour les organes pluriloculaires, qui appartiennent toujours à des touffes séparées, et dont les filaments, ou tout au moins les rameaux, sont plus grêles que ceux des individus à propagules ou à sporanges uniloculaires. Toutefois, autant qu'on en peut juger, nous devons les rapporter à la même espèce. De plus, la répartition des organes reproducteurs est variable avec le substratum et probablement aussi avec la saison. Ainsi, la Fucacée rapportée par l'expédition de « la Gazelle » présentait des touffes avec des propagules, d'autres avec des propagules et des sporanges uniloculaires et d'autres touffes avec des organes pluriloculaires. Bien que M. Le Jolis m'ait communiqué d'assez longs fragments de *Cystophyllum trinode* recueillis à Canala et couverts de *S. furcigera,* je n'ai pas trouvé d'autres organes de multiplication que les propagules. L'échantillon de Fucacée (probablement un *Sargassum*) récolté à Port-Bouquet, en novembre, qui en portait de très nombreuses touffes, m'a présenté seulement des propagules et des sporanges uniloculaires. Enfin, le *Turbinaria* récolté à Nouméa, en avril de la même année, portait des touffes à propagules, d'autres à organes pluriloculaires, mais pas de sporanges uniloculaires, tandis que le *S. Novæ-Caledoniæ*, pris sur le même substratum, possédait des propagules et des sporanges uniloculaires. Tous les autres exemplaires étudiés portaient seulement des propagules.

M. Askenasy a signalé le fait que certains des organes pluriloculaires ont des logettes plus grandes et moins nombreuses que les autres, mais cette remarque, sur laquelle l'auteur n'a pas suffisamment insisté, est restée inaperçue. D'ailleurs, on ignorait alors que les Phéosporées, à part les Cutlériacées et les Tiloptéridacées, pussent avoir deux sortes d'organes pluriloculaires, et la présence d'anthéridies chez les *Ect. secundus* et *Lebelii*, annoncée par M. Bornet, n'était pas devenue classique. Ces deux sortes d'organes sont cependant très nettement reconnaissables. On ne peut affirmer leur rôle, car l'*E. virescens* a aussi deux sortes de sporanges pluriloculaires, méiosporanges et mégasporanges, dont les zoospores sont capables isolément de germination. Par analogie, on peut supposer que ceux à petites logettes du *S. furcigera* sont des anthéridies, comme dans les *S. Hystrix* et *Halopteris filicina*, et que les autres, à grandes logettes, sont probablement des oogones; néanmoins, par prudence, je continuerai à appeler ceux-ci de l'ancien nom de sporanges pluriloculaires (1).

Sur la plante de « la Gazelle » les anthéridies et les sporanges pluriloculaires naissent sur des filaments séparés, peut-être même des touffes séparées. Les anthéridies (fig. 35, *F, G*), portées par un pédicelle souvent unicellulaire, sont cylindriques, de 45-65 μ sur 24-28 μ, et les logettes mesurent environ 3 μ de côté; la déhiscence, indépendante pour chaque logette, est simultanée, car on trouve peu d'anthéridies incomplètement vidées; leur axe va presque jusqu'au sommet. Les sporanges pluriloculaires (fig. 35, *H, J, K*), généralement plus courts et plus trapus, mesurent 30-45 μ et atteignent parfois 60 μ sur 28-35 μ, ces dimensions étant prises sur des sporanges vidés.

---

1. Il pourrait sembler plus logique d'employer les expressions de méiosporanges et de mégasporanges, comme pour l'*E. virescens*. Mais, en réalité, la présence d'organes mâles est un phénomène auquel nous sommes habitués chez les végétaux et qui, à priori, nous paraît plus normal; au contraire, celle des deux sortes d'organes pluriloculaires, produisant des zoospores capables de germination indépendante, est exceptionnelle.

Les logettes sont environ deux fois plus larges et deux fois plus hautes que celle des anthéridies; la déhiscence, pareillement individuelle, semble se faire irrégulièrement, car un certain nombre étaient incomplètement vidés. Ils ne présentent pas d'axe médian, et s'affaissent plus rapidement que les anthéridies après la déhiscence. J'ai vu fréquemment, dans les touffes, des débuts de germination qui ne peuvent être attribués qu'aux zoospores sorties des grandes logettes.

Lorsque le pédicelle d'un organe pluriloculaire a plusieurs cellules, les cellules inférieures peuvent aussi porter un sporange latéral; j'ai vu ainsi jusqu'à trois anthéridies sur un même pédicelle; toutefois, le fait est rare et le pédicelle est plus souvent uni- ou bicellulaire. Un nouvel organe pluriloculaire ne pousse jamais à la place de l'ancien, mais le pédicelle pousse un bourgeon latéral, unicellulaire, puis, après la déhiscence, celui-ci en pousse un troisième... etc..., donnant ainsi un court sympode en zigzag, situé dans un même plan ou dans des plans variés et qui est loin d'avoir la régularité du sympode des espèces du groupe du *S. Borneti;* au contraire, le premier organe pluriloculaire étant dressé, le deuxième peut être disposé exactement en sens inverse. Ces pédicelles ne peuvent donc être confondus avec les stérigmates qui bourgeonnent toujours dans leur prolongement.

Sur le *Turbinaria ornata* de la Nouvelle-Calédonie, des touffes distinctes portaient les anthéridies et les sporanges pluriloculaires. Certains des sporanges étaient plus gros que sur la plante de M. Askenasy, j'en ai vu de 70 μ de long, et une largeur de 35-40 μ n'était pas rare : la plupart d'entre eux étaient précisément en déhiscence au moment de leur mise en herbier, car ils avaient l'aspect muriforme, et les zoospores étaient en partie sorties de leur logette. L'une des touffes était notablement plus ramifiée et plus irrégulièrement que les autres, car beaucoup de sympodes en zigzag, au lieu de fournir un dernier sporange, produisaient un rameau de plusieurs articles, parfois même assez long et se terminant en un poil.

Le *S. furcigera* a une certaine ressemblance avec le *S. ceylanica* (dont les sporanges pluriloculaires sont les seuls organes de multiplication connus), mais les filaments de ce dernier, dépourvus de poils, sont plus grêles et les sporanges pluriloculaires sont plus étroits.

Il n'est pas non plus sans rapports avec le *S. intermedia* (à propagules inconnus) à sporanges pluriloculaires ; toutefois, les filaments du *S. intermedia* ont des poils incomplets et éphémères, leurs articles secondaires sont plus courts, et les arbuscules à sporanges pluriloculaires croissent dans les mêmes touffes que les arbuscules à sporanges uniloculaires, lesquels sont plus différents de ceux du *S. furcigera.*

Sphacelaria furcigera Kützing. — Plante de quelques millim. à 3 centim. de hauteur. Thalle inférieur en stolons superficiels, ou partiellement ou complètement endophyte. Filaments dressés, larges de 16-45 μ, irrégulièrement ramifiés, à articles aussi hauts ou plus hauts que larges, montrant 1-3 cloisons longitudinales. Poils de 12-16 μ de largeur, à cellules de 65-220 μ de long. Rameaux ou filaments portant les organes pluriloculaires souvent plus étroits que les autres. — Propagules à pied cylindrique ou atténué vers la base, de longueur variable, portant au sommet deux rayons cylindriques ou parfois atténués à leur extrémité libre, généralement de même longueur entre eux et généralement de longueur différente du pied ; articles du pied et des rayons, sauf l'article sous-jacent au sphacèle en calotte, simples ou cloisonnés une fois longitudinalement. Sporanges uniloculaires sphériques, de 50-70 μ de diamètre, à pédicelle généralement unicellulaire, portés sur des individus séparés ou sur les mêmes individus que les propagules. Organes pluriloculaires naissant sur des touffes séparées et de deux sortes, portés par un pédicelle généralement court et simple ; sporanges pluriloculaires à petites logettes (anthéridies ?) cylindriques, de 45-65 μ sur 24-28 μ, à logettes d'environ 3 μ de côté ; sporanges pluriloculaires à grandes logettes (oogones ?) plus irréguliers, de 30-60 μ, souvent 30-45 μ, sur 28-40 μ.

Hab. — Parasite sur Fucacées, Dictyotacées, Laminaires, pénétrant sur *Codium,* rampant sur *Lithothamnion,* rochers, etc. — Iles Feroë ! Helgoland ! Golfe de Gascogne ! Canaries ! Antilles ! Adriatique ! Mer Rouge ! Malabar ! Madagascar ! Ile Maurice ! La Réunion ! Australie ! Nouvelle-Calédonie ! Paraît particulièrement répandu dans les mers chaudes.

B. — **Sphacelaria divaricata** Montagne.

Décrit par Montagne il y a un demi siècle [49, p. 62, n° 54], d'après une plante récoltée par Le Guillou dans le détroit de Torres, le *S. divaricata* ne paraît pas avoir été vu depuis, et M. de Toni [95, p. 509] le classe dans ses *species incertæ*. Probablement moins rare qu'on pourrait le croire, il a sans doute été confondu avec le *S. furcigera*.

Montagne dit dans sa diagnose : « … ramis dichotomis divaricatis obtusis, articulis inferioribus tristriatis diametro æqualibus, ramulorum confervoideis subduplo longioribus », et plus loin, dans la description : « Rami iterum dichotome ramulosi, ramulis ad angulum 90°-100° divergentibus fine obtusis ». Enfin il ajoute : « Si l'on n'examinait que les rameaux, toujours monosiphoniés, on serait exposé à la prendre pour une Conferve ; mais son filament principal offre trois stries bien distinctes. » Là description de Montagne donne bien l'idée du port de la plante, mais correspond imparfaitement à celle des autres *Sphacelaria*, en partie à cause de la taille exiguë de la plante qu'il a étudiée.

L'Herbier Montagne (in Herbier Muséum, Paris) renferme un petit exemplaire de la plante récoltée par Le Guillou. Il se compose de quelques rameaux grêles d'une Fucacée (1) sur lesquels croissent de petites touffes de *S. divaricata* de 2-3 millim. de hauteur.

La plante est maintenue dans la Fucacée par une couche rampante sous-épidermique d'une seule épaisseur de cellules d'où partent des filaments dressés, isolés ou en faisceaux ; je ne l'ai pas vue passer à la surface, en épiphyte. Les filaments, un peu rétrécis à leur base, mesurent 20-30 μ de diamètre, et portent quelques poils ; les articles aussi hauts que larges, parfois simples, sont généralement divisés par une, parfois deux cloisons longitudinales ; ils sont simples ou portent quelques rameaux semblables à eux, insérés sur une cellule qui se divise transversalement ou obliquement.

Elle est remarquable par le nombre considérable de ses propagules qui, d'abord identiques à ceux du *S. furcigera,* se dichotomisent une seconde, une troisième fois, ou même davantage, les rayons de 2ᵉ, 3ᵉ… ordre étant aussi divariqués que les premiers, et toujours situés dans le même plan. Tandis

---

1. Montagne dit : « *ad Sargassa* »; ces minuscules rameaux ressemblent plutôt à un fragment de *Cystophora ?*

qu'un propagule de *S. furcigera* est une cyme bipare bifurquée
une fois, un propagule de *S. divaricata* est une cyme bipare
bifurquée au moins deux fois. Les dessins *A, B, C* de la figure
36 montrent la forme de ces propagules, dont les articles sont

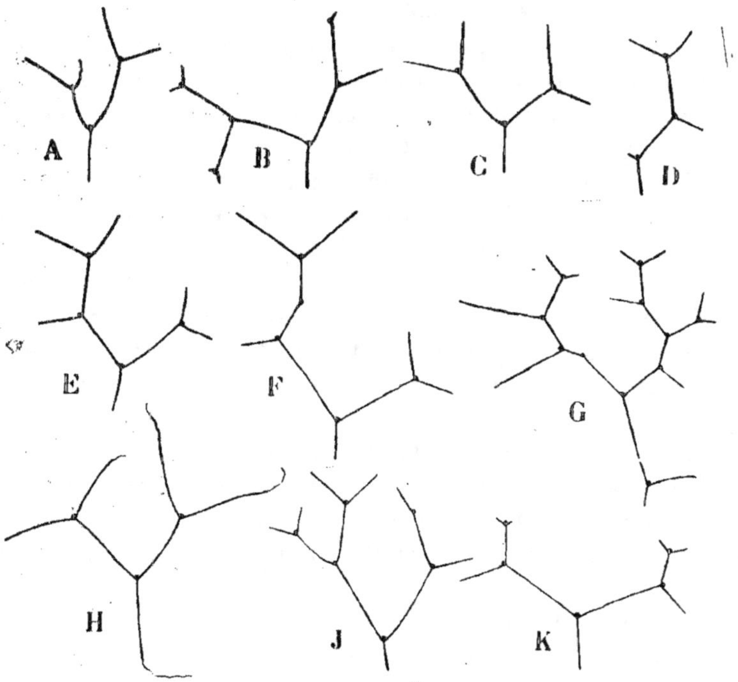

Fig. 36. — *Sphacelaria divaricata* Montagne. — *A, B, C*, Propagules pris sur la plante du
détroit de Torres (Gr. 30). — *D* à *K*, Propagules pris sur la plante de Canala ; *H* est en
germination (Gr. 30). Les propagules sont représentés par un simple trait, mais la longueur des pieds et des rayons est exacte.

simples ou divisés longitudinalement par une cloison mince et
peu apparente ; ce sont les rameaux confervoïdes divariqués de
Montagne. Les dessins *D* à *K* ont été pris sur une plante de la
Nouvelle-Calédonie, mais on trouve les mêmes formes sur celle
du détroit de Torres ; parfois, une branche seulement d'une
bifurcation se développe et le petit sphacèle terminal en calotte
est alors rejeté sur le côté (fig. 36, *F, G, J*) ; on voit sur la
figure 36 que les différentes générations de ces cymes bipares
sont parfois de longueur très inégale. Plusieurs articles secondaires supérieurs successifs émettent parfois chacun un propa-

gule qui atteint 1/2 à 1 millim.; on conçoit que la plante prenne alors un aspect broussailleux tout spécial. La cellule du filament qui donne naissance à un propagule ne se cloisonne pas transversalement.

Parmi les *Sphacelaria* que M. Le Jolis a eu l'obligeance de mettre à ma disposition, étaient plusieurs touffes isolées, sur papier, marquées : « sur *Turbinaria*. Canala, Nouvelle-Calédonie », de 1 centim. de hauteur et que j'ai rapportées au *S. divaricata,* malgré leur différence de taille avec la plante du détroit de Torres. Les filaments dressés sont simples, peu et irrégulièrement ramifiés, mais à rameaux arrivant à la même hauteur et non distincts des axes; leur largeur habituelle est 25-32 μ, et la hauteur des articles est 1 $^1/_2$ fois la largeur, plus rarement 2 fois. Les dessins *D* à *K* (fig. 36) en montrent les propagules; certains de ceux-ci étaient encore attachés à la branche mère, et par suite n'avaient peut-être pas terminé leur croissance dichotomique. La figure 36, *H,* montre que des propagules dichotomisés seulement deux fois peuvent germer; chacune des branches du propagule pouvant s'allonger par la germination, il en résulte que la fixation et l'enracinement du *S. divaricata* doivent être plus faciles et plus sûrs que dans le *S. furcigera.*

Je range aussi dans le *S. divaricata* une plante de Port Denison (Herb. Thuret ; Algæ Mullerianæ curante J. G. Agardh distributæ) rapportée avec doute par J. Agardh au *S. furcigera.* Elle atteint 2 centimètres de hauteur ; les filaments ont 40 μ de largeur à leur base, mais plus haut, ils sont identiques à ceux de la plante de la Nouvelle-Calédonie. Les propagules commençant leur deuxième dichotomie étaient nombreux, toutefois je n'en ai pas vu d'état plus avancé. Il est probable que J. Agardh a lui-même pris ces échantillons sur des Fucacées envoyées par F. von Mueller, car j'ai retrouvé la même plante sur un *Cystophyllum muricatum* de l'Herbier Thuret de la même collection (Algæ Mullerianæ, etc.). J'ai attribué la plante australienne au *S. divaricata,* malgré sa très grande ressemblance avec le *S. furcigera,* parce que les doubles dichotomies des propagules (toujours dans un même plan) y étaient nombreuses. La distinction entre les deux espèces est facile quand il s'agit d'exemplaires portant de nombreux propagules, plus ou moins ramifiés, comme dans les échantillons de Montagne et de M. Le Jolis ; je ne me dissimule pas qu'elle est plus délicate, et peut-être impossible, quand le *S. divaricata* est trop jeune, ou endommagé, ou mal préparé.

Les sporanges uni- et pluriloculaires sont inconnus.

M. de Alton Saunders a créé un *S. didichotoma* [98, p. 158 et pl. XXVII] pour une espèce californienne dont les propagules sont dichotomisés deux fois. Il ne me semble pas possible d'apprécier, avec la description et les dessins de l'auteur, si elle correspond au *S. divaricata*, au *S. variabilis* ou à une troisième espèce ; la section transversale [fig. 5], qui ressemble à celle d'un *Polysiphonia*, s'accorde imparfaitement avec l'aspect des filaments des figures 4 et 6.

Sphacelaria divaricata Montagne. — Plante très semblable au *S. furcigera*, mais à propagules dont les rayons se bifurquent une ou plusieurs fois, les dichotomies successives se faisant dans un même plan. — Sporanges uniloculaires et pluriloculaires inconnus.

Hab. — Parasite sur Fucacées. Détroit de Torres (Le Guillou, Herb. Montagne ! in Herb. Muséum Paris). Nouvelle-Calédonie (Canala. Herb. Le Jolis !). Australie (Port Denison. Herb. Thuret !).

C. — **Sphacelaria variabilis** Sauvageau mscr.

L'Herbier Thuret renferme un fragment de Fucacée d'environ deux centimètres de longueur, recouvert de *Sphacelaria*, qui a été récolté par M. Farlow à San Diego, Californie, et donné sous le nom de « *S. fusca* Ag. sur *Amphiroa californica* ». J'ai vu, en effet, des filaments de *Sphacelaria* sur une Coralline fixée elle-même sur la Fucacée, mais c'étaient des boutures émettant des rhizoïdes par leur section ; ils appartenaient à la même espèce que la plante croissant directement sur la Fucacée, et que j'appelle *S. variabilis*.

Le *S. variabilis* forme des touffes denses de 1/2 centim. de hauteur ; il est certainement parasite, mais je n'ai pas pu vérifier avec précision par quel procédé. A la surface de la Fucacée, le thalle rampant est composé de stolons qui, çà et là, s'élargissent en se cloisonnant ; de la face inférieure de ce thalle s'échappent des rhizoïdes courts, ramifiés, à cellules irrégulières, qui sont peut-être rampants, peut-être pénétrants. Les filaments dressés sont raides, droits, ou plus souvent courbés, dépourvus de poils, à rameaux semblables à eux et arrivant à la même hauteur, épars ou avec une tendance à la disposition unilatérale. Plus étroits à la base, les filaments dressés sont ensuite cylindriques, de 30-50 μ de largeur, souvent 30-35 μ; habituellement, la hauteur des articles dépasse peu la moitié de la largeur; ils sont divisés par 1-4 cloisons longitudinales, sans cloisons

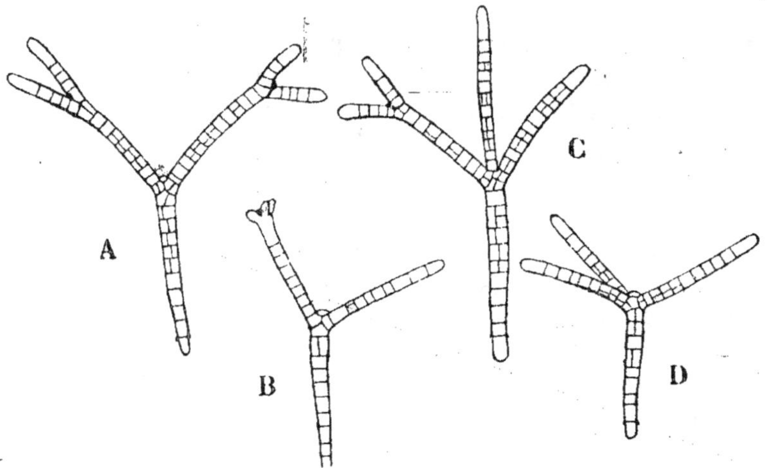

Fig. 37. — *Sphacelaria variabilis* Sauv. — Différentes formes de propagules (Voy. le texte) (Gr. 80).

transversales autres que celle qui divise la cellule mère d'un rameau. Les parois latérales et les cloisons transversales qui séparent les articles sont plus épaisses que dans les deux espèces précédentes, ce qui, ajouté au peu de hauteur des articles, donne de la raideur aux filaments.

C'est la forme des propagules, et jusqu'à un certain point l'inconstance de cette forme, qui caractérise le *S. variabilis*. Les propagules étaient nombreux sur les exemplaires examinés. Beaucoup étaient les mêmes que ceux du *S. furcigera* avec cette différence (comme dans les filaments dressés) que les parois latérales et les cloisons transversales y sont plus épaisses, et il est possible que certains propagules atteignent ainsi l'état adulte. La plupart des autres se bifurquent de nouveau, et la figure 37, *A,* représente le cas habituel ; or, tandis que, dans le *S. divaricata,* les secondes dichotomies se font toujours dans le même plan que la première, elles ont toujours lieu, chez le *S. variabilis,* dans le plan perpendiculaire. Je n'ai pas vu de dichotomie de troisième ordre. En outre, on trouve sur les mêmes filaments, des propagules à trois rayons égaux, cylindriques (fig. 37, *D*), nés au même niveau, au-dessous du sphacèle en calotte, comme chez le *S. fusca.* Ces trois sortes de propagules (la première étant peut-être seulement l'état jeune de la seconde) sont les formes typiques. Toutefois, on trouve des modifications ; c'est ainsi que j'ai vu quelques propagules à première bifurcation normale, tandis qu'un rayon était aussi à bifurcation normale et l'autre trifurqué ; le propagule de la figure 37, *B,* encore jeune, aurait probablement produit cette forme. Habituellement, les propagules à trois rayons ne se ramifient pas de nouveau ; cependant, j'en ai rencontré un, dont l'un des rayons, plus long que les deux autres, se bifurquait au sommet. La figure 37, *C,* représente un propagule bifurqué, dont le sphacèle en calotte s'est lui-même développé en rayon, mais c'est le seul que j'aie vu ainsi constitué.

Le *S. variabilis,* remarquable par la forme incomplètement fixée de ses propagules, est donc nettement différent du *S. divaricata ;* j'ai dit, à propos de ce dernier, qu'il était difficile d'apprécier de laquelle de ces deux espèces le *S. didichotoma* se rapproche le plus.

Sphacelaria variabilis Sauvageau. — Plante parasite en touffes denses, de 1/2 centim. de hauteur, avec stolons à la surface du substratum. Filaments dressés, raides, droits ou plus souvent courbés, cylindriques, dépourvus de poils, irrégulièrement ramifiés, à rameaux peu nombreux, peu divariqués, semblables à eux et arrivant à la même hauteur. Articles de 30-50 µ de largeur, moins hauts que larges, à parois relativement épaisses, divisés par 1-4 cloisons longitudinales. — Propagules de forme variable : ou d'abord à deux rayons cylindriques, comme dans le *S. furcigera,* puis à rayons bifurqués une fois, cette seconde dichotomie se faisant dans un plan perpendiculaire à la première, ou à trois rayons cylindriques, comme dans le *S. fusca.* Sporanges uniloculaires et pluriloculaires inconnus.

Hab. — Parasite sur Fucacées. Californie (San Diego, Farlow. Herb. Thuret!).

Chapitre XI. — Sphacelaria biradiata Askenasy.

Les propagules bifurqués de cette espèce sont différents de ceux du *S. furcigera* et caractéristiques. M. Askenasy [94, p. 15, et pl. II, fig. 12] l'a vue épiphyte sur un *Laurencia tasmanica* récolté à Adélaïde (Australie), et c'est bien probablement à elle qu'il faut rapporter les formes du *S. furcigera* que M. Reinke [91, 2, p. 15] signale, sans toutefois indiquer la provenance des échantillons, comme possédant des propagules à rayons lancéolés avec un poil dans le prolongement du pied.

Le *S. biradiata* formait de nombreuses touffes très grêles, d'un brun assez clair, d'environ 1 centim. de hauteur sur un *Cystophora expansa* de l'Herbier Thuret (Port Phillip, Australie, Areschoug ded. 1860). Je l'ai comparé à une préparation de la plante originale que M. Askenasy a eu l'obligeance de me communiquer.

Tandis que la plante d'Adélaïde est épiphyte, celle de Port Phillip est nettement parasite. Dans chaque touffe, le thalle rampant est un stolon d'où partent des filaments dressés et qui, çà et là, s'élargit comme dans le *S. tribuloides,* mais en émettant quelques crampons endophytes qui s'enfoncent en faisceau étroit dans le *Cystophora*.

La plante ressemble au *S. cirrosa* par sa ramification, mais elle est plus souple et moins touffue; elle ressemble aussi au *Sphacelaria* d'Adélaïde que j'ai signalé à propos du *S. tribuloides* (Voy. p. 131). Les filaments dressés, un peu rétrécis à leur base, prennent bientôt leur diamètre maximum qu'ils conservent sur une certaine longueur, puis se terminent graduellement en pointe pour atteindre leur hauteur définitive. Leur plus grand diamètre est souvent de 45-50 µ, ou même 60 µ; toutefois, dans les mêmes touffes, et partant pareillement du thalle rampant, on trouve aussi des filaments beaucoup plus étroits, de 25-40 µ. Les articles montrent de face 1-3 cloisons longitudinales; leur hauteur est approximativement égale à la largeur, un peu moindre sur certains filaments, un peu plus grande sur d'autres. Les poils sont plus nombreux vers le sommet des filaments principaux qu'au-dessous; ceux de la région moyenne paraissent souvent à l'aisselle d'un rameau. Les rameaux, irrégulièrement distribués, sont habituellement isolés, moins souvent opposés; parfois, ils sont plus grêles, divariqués, simples, courts, réduits même à quelques articles, portent des poils rapprochés et souvent un poil terminal, et dans ce cas la différenciation de la plante en axe et rameaux est très nette; parfois aussi, dans les mêmes touffes, les filaments dressés émettent des rameaux de même diamètre qu'eux et arrivant à la même hauteur, simples ou ramifiés, et la différenciation est alors beaucoup moins nette.

D'après M. Askenasy, qui a étudié des échantillons conservés dans l'alcool, les poils sont courts, s'affaissent bientôt et meurent. J'ai vu des poils nombreux, mais tous réduits à une gaine longue, complètement vide, et j'étais tenté d'attribuer cet aspect à l'état imparfait de conservation de la plante que j'ai eue entre les mains; cette gaine reste longtemps persistante et est directement insérée sur le filament ou sur le rameau (fig. 38, *A, J*).

Les propagules étaient nombreux sur mes exemplaires; ils naissent au sommet des articles secondaires supérieurs, et la cellule mère du propagule se cloisonne transversalement, à l'inverse des espèces du chapitre précédent et de ce que j'ai figuré pour le *S. Plumula* et les espèces du groupe du *S. tribuloides*. Mais, en réalité, cette différence n'entraîne pas de changement dans le cloisonnement qui est l'origine du propagule. En effet, de même que je l'ai exposé pour le *S. Plumula* (p. 88), la première cloison transversale qui apparaît dans le sphacèle origine du propagule délimite encore un article primaire, dont la partie exserte est le futur stérigmate. Cependant, tandis que dans les espèces précédemment examinées, lorsque cet article primaire se divise ensuite en deux articles secondaires, la cloison de séparation est située : ou bien presque dans le prolongement de la paroi longitudinale du filament, ou bien obliquement par rapport à celle-ci, mais toujours vers la base de la partie exserte de l'article primaire (fig. 20, *K*); dans le *S. biradiata*, au contraire, elle est perpendiculaire à la paroi longitudinale du filament et située dans la cellule même qui s'est renflée en sphacèle pour donner le propagule (fig. 38, *A, B, C, D*). Par conséquent, dans le *S. Plumula* et les autres espèces étudiées, l'article secondaire supérieur du stérigmate est toujours tout entier exserte, tandis que dans le *S. biradiata*, il pénètre en outre dans la cellule mère. —

Le pied s'élargit graduellement, puis sépare le sphacèle en calotte (fig. 38, *B*). En même temps qu'apparaissent les deux rayons, celui-ci s'allonge en un poil étroit (fig. 38, *C, D*) qui,

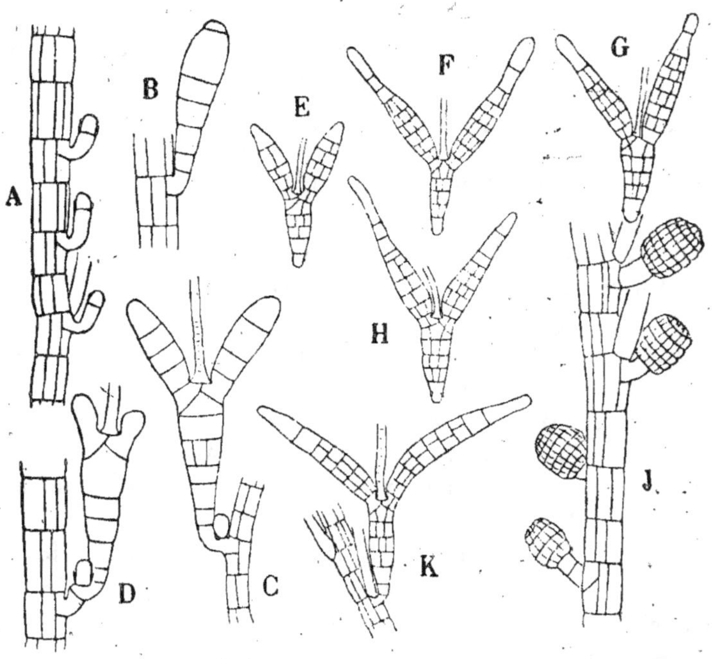

Fig. 38. — *Sphacelaria biradiata* Askenasy.
Plante de Port Phillip. — *A*, Portion de rameau avec trois stérigmates bourgeonnant ; la cellule mère de chacun d'eux est cloisonnée transversalement. — *B, C, D*, Propagules jeunes (*A* à *D*, Gr. 150). — *E, F, G, H*, Propagules adultes détachés de la plante mère ; le poil est figuré seulement par sa gaine (Gr. 80). — *J*, Portion de rameau montrant la disposition et la forme des sporanges pluriloculaires ; voy. le texte (Gr. 150).
Plante d'Adélaïde. — *K*, Propagule né au-dessous d'un poil ; les rayons sont plus écartés que dans la plante de Port Phillip (Gr. 80).

autant que j'ai pu m'en rendre compte, reste relativement court. Les rayons sont épais, comme le pied, et renflés au milieu, mais leur disposition est un peu différente dans la plante d'Adélaïde et dans celle de Port Phillip. Dans la première (fig. 38, *K*, et Askenasy, *loc. cit.*, fig. 12), ils sont toujours recourbés, convexes vers le haut, et font entre eux un grand angle ; dans la seconde, ils font un angle moins ouvert et sont plus ou moins dressés, comme on le voit (fig. 38) sur les dessins *E, F, G, H*, qui représentent des propagules mûrs détachés de la plante mère, et dont le pied commence même à germer. Les propagules jeunes, dont les rayons sont seulement au début de leur développement, sont identiques.

Les propagules sont isolés, rarement opposés ; ils naissent habituellement sur les rameaux, parfois cependant sur les filaments dressés, et laissent après la déhiscence un stérigmate qui peut bourgeonner dans son prolongement (fig. 38, *A*). Mais, parfois, pendant qu'un propagule se développe, un autre naît sur le stérigmate, entre lui et l'axe, comme on le voit en *C*, où le bourgeon est encore très jeune ; ou bien le second propagule naît sur le côté opposé, comme on le voit en *D*, où le premier propagule est déjà tombé ; en *D*, une nouvelle cloison transversale s'est formée dans le stérigmate. Il m'a semblé que ce bourgeonnement se fait toujours avant la maturité du premier propagule ; quoi qu'il en soit, après la déhiscence, le stérigmate est bifurqué.

Les sporanges pluriloculaires n'étaient pas connus. Je les ai trouvés dans les mêmes touffes que les propagules, mais sur des filaments séparés ; ils naissent sur les rameaux, plus rarement sur les filaments dressés, portés par un pédicelle uni- ou bicellulaire ; ils sont cylindriques et courts ; ceux qui paraissaient adultes mesuraient 50-55 μ sur 35-40 μ. La figure 48, *J*, indique leur disposition et leur forme, toutefois les logettes sont tracées approximativement, l'état de la plante ne m'ayant pas permis de les représenter exactement.

Sphacelaria biradiata Askenasy. — Plante en touffes grêles et souples de 1-1 1/2 centim. de hauteur. Thalle inférieur en stolons élargis çà et là. Filaments dressés atténués à la base, larges de 25-60 μ dans leur partie moyenne, irrégulièrement ramifiés, à articles approximativement aussi hauts que larges, montrant 1-3 cloisons longitudinales. Rameaux de longueur très variable, irrégulièrement disposés, généralement isolés, parfois opposés. Poils courts, éphémères (Askenasy), à gaine persistante. — Propagules à pied en massue, bifurqué en deux rayons fusiformes faisant entre eux un angle variable ; articles du pied et des rayons à 1-2 cloisons longitudinales, ceux de l'extrémité libre des rayons restant simples ; sphacèle en calotte développé rapidement en poil court ; cellule mère des propagules toujours cloisonnée transversalement. Sporanges pluriloculaires naissant dans les mêmes touffes que les propagules, mais sur des filaments séparés, cylindriques, courts et trapus, de 50-55 μ sur 35-40 μ, portés par un pédicelle uni- ou bicellulaire. Sporanges uniloculaires inconnus.

Hab. — Epiphyte, Australie (Adélaïde, sur *Laurencia tasmanica,* Askenasy!) ou endophyte, Australie (Port Phillip, sur *Cystoseira expansa,* Herb. Thuret!)

CHAPITRE XII. — SPHACELARIA CIRROSA Agardh
ET ESPÈCES VOISINES.

Le *S. cirrosa,* tel qu'on le définit actuellement, est l'une des Algues les plus répandues dans les mers européennes. On le considère habituellement comme une de ces plantes banales et ubiquistes qui ne présentent aucun intérêt et ne méritent guère la peine d'être récoltées.

D'ailleurs, la question semblait à peu près épuisée par les observations de M. Reinke. et le *S. cirrosa* serait même, d'après M. Kjellman [91, p. 195], l'espèce la mieux connue du genre. J'estime au contraire que son étude, loin d'être terminée, doit attirer l'attention des algologues, car on a confondu plusieurs espèces sous ce nom, et il y a lieu de rechercher les variations qu'elles subissent suivant le substratum, la saison et la latitude.

C. A. Agardh [28, p. 28] disait de la ramification du *S. cir-rosa* : « Rami pinnati. Pinnæ erectopatentes nunc oppositæ, nunc alternæ, nunc secondæ, nunc simplices, nunc ramosæ. » On conçoit qu'à une époque où la détermination des Algues s'effectuait surtout d'après l'aspect extérieur, cette allure inconstante devait entraîner des appréciations variées, par suite une synonymie compliquée; aussi, tous les auteurs s'accordent-ils à considérer le *S. cirrosa* comme une espèce très poly-morphe.

Étant des plus répandues, et de toute saison, cette Algue fut l'une des premières décrites. Dillen, en 1741, l'appelait *Conferva marina perbrevis villosa et cirrosa* [41, p. 23, Pl. IV, fig. 21]; il en a donné un dessin à peine grossi montrant simplement qu'elle est épiphyte. C'est la même plante qu'Hudson nommait *Conferva pennata* [62, p. 604, n° 46], et c'est probablement aussi la même que Roth [97, fasc. I, p. 188 et Pl. III, fig. 6] décrivait sous le nom de *Conferva intertexta.* En 1800, d'après un échantillon de l'Adriatique croissant sur *Cystoseira Hoppii,* qu'il rapportait à la plante de Dillen, Roth [97, fasc. II, p. 214, n° 32] établit le *Conferva cirrosa,* qu'il reconnut ensuite [97, fasc. III, p. 132 et 295] être voisin, mais différent, du *Conferva pennata* d'Hudson.

Dillwyn [09, Pl. 86] accepte cette dernière opinion. Il a bien représenté le *Conferva pennata,* croissant sur une Coralline. La plante, très nettement pennée (1), présente aussi une variété plus irrégulière, sur laquelle il a vu les sporanges uniloculaires. Lyngbye réunit les deux espèces, *C. cirrosa* et *C. pennata,* en une seule qu'il nomme *S. pennata* [19, p. 105]. La figure qu'il en a donné est bonne [Pl. 31, fig. 2], et rappelle beaucoup la plante croissant sur l'*Halidrys,* bien qu'il cite seulement, parmi les Algues servant de substratum, les *Fucus serratus, Ahnfeltia plicata* et *Laminaria saccharina.* C. Agardh [28, p. 28] et Greville [24, t. VI, pl. 317] admettent le rapprochement fait par Lyngbye; ils préfèrent toutefois le nom spécifique de *cirrosa* comme plus ancien. Tandis que la plupart des auteurs suivent cette manière de voir, Kützing continue à séparer les deux espèces et crée en outre un *S. irregularis.*

M. Reinke donne les noms suivants comme synonymes du *S. cirrosa* : *S. pennata* Kütz., *S. rhizophora* Kütz., *S. fusca* Huds. sp., *S. irregularis* Kütz., *S. cervicornis* Ag., *S. japonica* Mart., *Stypocaulon bipinnatum* Kütz. [91, 2, p. 10] et *S. reticulata,* Lyngb. [89, 2, p. 65]. C'est-à-dire qu'il réunit en un seul tous les *Sphacelaria* dont les propagules ont le pied trifurqué, (ou dont la ramification est la même que celle des espèces à propagules trifurqués), en remarquant d'ailleurs que nous manquons de caractères précis pour séparer les formes citées dans la synonymie et qu'on doit ou les réunir sous un même vocable, ou distinguer un bien plus grand nombre d'espèces. Il en sépare seulement le *S. Hystrix,* espèce parasite, méconnue jusque-là, que Suhr avait nommée sans la décrire, sur un exemplaire d'herbier venant des Canaries.

1. La figure *B* de la planche 86 représente même une plante trop régulièrement pennée, et à rameaux d'apparence trop raide. Elle ressemble à une espèce du groupe du *S. Plumula.* D'ailleurs, un échantillon de l'Herbier du Muséum de Copenhague, que j'ai examiné, marqué « *Conf. pennata,* ded. Dillw. », est un beau *S. plumigera* muni de sporanges uniloculaires.

Dans sa description des Algues de la Mer Baltique, M. Reinke [89, 1, p. 39, et 89, 2, p. 65] dit que le *S. cirrosa* est une plante très polymorphe dont les axes, irrégulièrement ramifiés, ou plus ou moins pennés, produisent, sur quelques formes, des rhizoïdes descendants ; les propagules présentent le plus souvent trois rayons cylindriques et longs, parfois seulement deux ; on rencontre aussi des sporanges uniloculaires et pluriloculaires. En dehors de la forme type, correspondant au *S. pennata* Kütz., il distingue dans la Baltique : une forme *irregularis,* correspondant à l'espèce de Kützing, plus petite, irrégulièrement ramifiée, et qui croît particulièrement sur le *Fastigiaria ;* une forme *patentissima,* décrite par Greville, stérile, très régulièrement pennée, à rameaux presque perpendiculaires ; une forme *ægagropila,* jadis signalée par C. Agardh, en pelottes volumineuses sans substratum, à croissance exubérante, mais qu'il a trouvée aussi fixée sur le *Fastigiaria,* formant une boule de la grosseur de la tête d'un homme.

Dans son travail général sur les Sphacélariacées [91, **2**], M. Reinke, ayant étudié des exemplaires d'origine variée, étend la précédente description. Il donne les propagules comme très caractéristiques par leurs trois rayons, plus rarement deux ou quatre, cylindriques, un peu atténués à l'extrémité. Sur tous les exemplaires de la Baltique et de la Mer du Nord, et sur le plus grand nombre de ceux de la Méditerranée, il a vu les disques basilaires étalés sur le substratum, pierres ou plus grandes Algues, mais jamais pénétrants ; cependant, les cellules du disque d'une forme *irregularis* de la Méditerranée remplissaient les cryptes d'un *Cystoseira,* sans toutefois qu'il y eût à proprement parler de parasitisme. Au contraire, le *S. Hystrix,* dont la structure et la ramification de l'axe sont les mêmes que celles du *S. cirrosa,* pénètre dans le thalle du *C. ericoides* des Canaries.

En outre, les trois rayons des propagules du *S. Hystrix* sont lancéolés, rétrécis vers leur base, arrondis au sommet. Mais M. Reinke fait remarquer que, sur l'exemplaire méditerranéen cité plus haut, et sur quelques autres individus de la forme *irregularis* de la Méditerranée, les rayons des propagules sont un peu rétrécis à leur base et plus larges en leur milieu que sur le *S. cirrosa* typique. La forme des rayons étant l'un des deux caractères différentiels entre les *S. cirrosa* et *Hystrix,* l'auteur en conclut que des formes de passage existent entre les deux espèces, et il se demande si des recherches plus détaillées aboutiront à incorporer le *S. Hystrix* dans le cycle du *S. cirrosa,* comme une forme facultativement parasite, ou, au contraire, amèneront à séparer la forme *irregularis* de la Méditerranée comme une espèce distincte, intermédiaire entre les deux autres.

Les auteurs ont adopté l'appréciation de M. Reinke sur l'unité du *S. cirrosa,* et le *S. Hystrix* n'était connu que par l'échantillon de l'Herbier de Kiel, avant que je l'eusse rencontré dans le Golfe de Gascogne [98, 2].

Sans multiplier à l'infini le nombre des espèces à séparer du *S. cirrosa,* comme le craignait M. Reinke, il me semble cependant, après avoir comparé de nombreux échantillons frais ou conservés en herbier, qu'on peut avantageusement scinder le *S. cirrosa* en plusieurs autres, dont le nombre sera plutôt à augmenter qu'à diminuer dans l'avenir.

C'est ainsi que je crois bon de rétablir le *S. fusca,* figuré par Dillwyn et par Harvey, et qui est peut-être plus commun qu'on ne le suppose, car je l'ai aussi de France et d'Australie.

Lorsque j'ai annoncé [98, 2] l'existence d'anthéridies chez le *S. Hystrix,* je connaissais seulement cette espèce sous la forme de petites touffes denses, globuleuses, parasites sur le *C. ericoïdes,* dont l'aspect justifie bien le nom spécifique choisi par Suhr. En réalité, ce n'est que l'état jeune. Plus tard, les organes pluriloculaires disparaissent, la plante acquiert une plus grande taille et produit des propagules qui la multiplient pendant la belle saison sur le *Cystoseira ericoïdes.* Alors, elle devient impossible à distinguer du *S. cirrosa* épiphyte sur le *Cystoseira discors,* par exemple, si ce n'est par la présence de rhizoïdes et surtout par son parasitisme. J'ai reconnu ainsi le *S. Hystrix* aux Canaries, au Maroc, à Cadix, à Guéthary, à Roscoff, et il existe probablement partout où croît le *C. ericoïdes,* c'est-à-dire du Cap Vert jusqu'en Écosse (1).

---

1. Les propagules trifurqués des espèces du groupe *cirrosa* se répandent et se fixent facilement, et leur présence peut donner lieu à des erreurs. Ainsi, j'ai étudié, dans l'Herbier Thuret, une plante distribuée par Areschoug sous le n° 409, avec la mention : « *Sphacelaria cirrosa* (Roth) Ag., propagulifera, Bahusia aestate. » Or, c'est un *S. radicans,* stérile et peu radicant, sur les filaments

Peu d'auteurs ont pensé à nommer l'*Halidrys siliquosa* parmi les supports du *S. cirrosa.* Je ne le trouve cité dans aucun des auteurs anciens; Areschoug, Hauck, M. Reinke, M. Reinbold n'en parlent pas davantage. A ma connaissance, les frères Crouan en font mention les premiers dans leur exsiccata [52] et leur Florule [67]; M. Batters (1) le cite aussi à Berwick [89], mais sans remarque spéciale. Cependant, la plupart des échantillons de *S. cirrosa* distribués par Areschoug furent récoltés sur l'*Halidrys* (2) et un échantillon semblable servit probablement à Lyngbye pour représenter le *S. pennata* dans son *Tentamen.* C'est le *S. cirrosa* croissant sur l'*Halidrys* que je sépare ici sous le nom de *S. bipinnata* (*S. Lebelii* olim) après l'avoir comparé au *Stypoc. bipinnatum* de Kützing, et c'est probablement celui que M. Reinke avait en vue, quand il dit que « certaines formes du *S. cirrosa* sont pourvues de rhizoïdes descendants » ; en effet, cette espèce est presque cortiquée, tandis que le *S. cirrosa* forme seulement des rhizoïdes tout à fait basilaires, quand il en a.

Récolté pendant la belle saison, le *S. bipinnata* est habituellement couvert de sporanges uniloculaires ou pluriloculaires. En outre, j'ai constaté son parasitisme sur tous les échantillons cités plus loin lorsque la plante examinée n'était pas séparée de l'*Halidrys*. Mais ici, comme pour le *S. Hystrix,* une ou deux coupes transversales dans la plante hospitalière sont insuffisantes pour s'en rendre compte, car le thalle rampant, d'abord parasite, s'étale ensuite en épiphyte. D'ailleurs, le caractère tiré de la présence de rhizoïdes appliqués suffirait à faire

duquel des propagules trifurqués commencent à germer. Craignant une erreur d'étiquetage, j'ai prié M. Kjellman de bien vouloir me communiquer un exemplaire du même numéro d'Areschoug; or, celui que j'ai reçu était identique à celui de l'Herbier Thuret. Ce sont donc bien des propagules étrangers qui avaient causé l'erreur de détermination d'Areschoug.

De même, j'ai fréquemment vu des propagules trifurqués fixés ou en germination sur les rameaux du *S. bipinnata* de Roscoff, alors qu'en réalité je n'ai rencontré aucun exemplaire de cette localité qui en eût réellement produit. Ils appartenaient donc au *S. Hystrix* ou au *S. cirrosa.*

1. Cependant, M. Wittrock le cite incidemment dans une courte note sur la variété *ægagropila* [84, p. 284]. Il appelle même *S. cirrosa* f. *typica* la plante qui croît sur *Halidrys*, mais ce nom de *typica* semble donné ici par opposition à *ægagropila*, et non par opposition au *S. cirrosa*, croissant sur d'autres supports tels que rochers, *Fucus*, etc.

2. La description du *S. cirrosa* donnée par Areschoug [75, p. 21] se rapporte aussi à la plante croissant sur *Halidrys.*

reconnaître le *S. bipinnata*. En voici une preuve : Hauck et Richter ont distribué sous le n° 319 un *S. cirrosa* récolté par M. Foslie à Svinor (Norvège); la plante est séparée de son substratum et rien n'indique la nature de celui-ci ; j'en ai eu entre les mains un exemplaire de l'Herbier Thuret, complètement stérile, et un exemplaire de l'Herbier du Muséum de Copenhague, portant un petit nombre de sporanges uniloculaires non mûrs; cependant, l'aspect général de la plante et la présence de longs rhizoïdes appliqués me firent supposer qu'elle devait être le *S. bipinnata*. J'ai demandé à M. Foslie sur quel support il avait récolté la plante en question ; c'était l'*Halidrys siliquosa* (1).

Quant aux variétés *pennata* et *irregularis* admises par M. Reinke, il m'est impossible de les distinguer l'une de l'autre. Le *S. cirrosa* comprendra donc les plantes non parasites, de ramification variée, pouvant porter des propagules trifurqués, et ne rentrant pas dans l'une des espèces citées plus haut. Il est fort possible que cette définition soit encore trop large et que les observateurs qui suivront l'évolution de ces plantes dans une même localité et leurs relations avec les différents substratums, soient amenés à établir des séparations comme celles que j'ai réalisées pour la plante du *C. ericoïdes* et celle de l'*Halidrys* (2).

Toutes ces espèces présentent des variations dans leur ramification, dans l'abondance des poils et dans le nombre des cloisons longitudinales des articles secondaires des filaments principaux, mais la structure de ceux-ci est toujours du même type ; vue en coupe, la première cloison est diamétrale, la deuxième, perpendiculaire à celle-ci, est formée de deux moitiés se rejoignant au centre ou près du centre (fig. 41, *M*). Les cloisons ultérieures ne sont pas axiales, elles s'appuient contre les précédentes, et ainsi de suite, un peu à la manière des *Polysiphonia*. Le nombre des cloisons longitudinales que l'on voit de face sur les filaments, dépend du nombre de ces

1. Au moment où j'ai posé cette question à M. Foslie, je manquais de points de comparaison avec d'autres échantillons norvégiens; M. Foslie m'a envoyé ceux qui sont cités plus loin comme *S. cirrosa* et *S. bipinnata* en même temps que la réponse à ma lettre.

2. Ceci n'est pas en contradiction avec ce que j'ai dit à propos du *S. furcigera*, qui est parasite ou épiphyte. Le *S. furcigera*, surtout répandu dans les mers chaudes, a un aspect extérieur plus constant ; c'est dans son pays d'origine, ou sur des échantillons nombreux et variés en provenant, que l'on pourrait apprécier ses variations, s'il y a lieu.

cloisonnements; tous aboutissent à la périphérie, et je n'ai pas vu de cloisonnements tangentiels comme en présente le *S. Plumula* par exemple.

Les variations des propagules du *S cirrosa* ont été incomplètement vues par M. Reinke : la forme et le nombre des rayons ne sont pas les mêmes au nord et au midi de l'Europe. Elles mériteraient d'être suivies de plus près que je n'ai pu le faire.

Pour faciliter les comparaisons qui pourraient être tentées par la suite, je citerai, avec plus de détails que dans les chapitres précédents, les échantillons que j'ai utilisés.

La diagnose suivante est commune aux différentes espèces du groupe du *S. cirrosa :*

Thalle dressé formé de filaments principaux, sympodiaux, plus rarement monopodiaux, d'abord indéfinis, plus tard définis, à articles secondaires plus ou moins cloisonnés longitudinalement, non tangentiellement, parfois, mais rarement, transversalement. Rameaux primaires longs ou courts, simples ou ramifiés, écartés ou rapprochés, habituellement nettement distincts des précédents, sympodiaux, plus ou moins rapidement terminés en pointe, nés sur des génératrices variées : alternes, épars, opposés, partiellement pennés, çà et là unilatéraux; rameaux primaires pouvant se transformer en pousses indéfinies, soit après la mort du sphacèle de l'axe, soit par suite d'une troncature. Poils plus ou moins abondants suivant les individus. — Propagules à trois rayons, nés au même niveau, sur l'article sous-jacent au sphacèle en calotte transformé ou non en poil. Sporanges uniloculaires d'abord ovales puis sphériques ou légèrement aplatis.

A. — **Sphacelaria Hystrix** Suhr.

Échantillons étudiés :

1. Bretagne, Roscoff; sur *Cystoseira ericoides;* septembre 1899 et 17 juillet 1901; propagules; Mlle A. Vickers leg. et ded.
2. Golfe de Gascogne, Guéthary; sur *C. ericoides;* 4 au 10 mai et 6 juin 1898, anthéridies, sporanges pluriloculaires et propagules; 2 août 1898, propagules; 10 et 11 avril 1902, anthéridies et sporanges pluriloculaires; Biarritz, 8 juillet 1902, propagules; Sauvageau leg.
3. Golfe de Gascogne, San Vicente de la Barquera, 6 septembre 1895, et Gijon, 19 septembre 1895; sur *C. ericoides;* propagules; Sauvageau leg.

4. Cadix; « *Sphacelaria irregularis* Kütz., Liebetruth leg. » sur *C. ericoides;* organes pluriloculaires, propagules; Herb. Harvey in Herb. Trinity College Dublin.

5. Tanger; sur *C. ericoides,* Tanger 1826; propagules; Schousboe leg., Herb. Thuret.

6. Tanger; « Algæ Schousboeanæ, *S. cirrosa,* nº 112, *S. spinulosa* Schousboe, Tanger, 1825 », propagules; Herb. Thuret. — « Ibid., nº 113, *S. spinulosa* Schousboe, Tanger, 1826 », propagules; Herb. Thuret et Herb. Muséum Paris, sur *C. ericoides.*

7. Canaries; « Despréaux, Algues des Canaries » sur *Cystoseira;* anthéridies, sporanges pluriloculaires, propagules; Herb. Bory in Herb. Thuret. — « *Sph. irregularis* Kütz. J.-M. Despréaux, 1840 (déterminé par Kützing), Grande Canarie. » Lenormand scrips. in Herb. Lenormand, Faculté des Sciences de Caen.

8. Canaries; « Webb et Despréaux, Algues des Canaries, nº 55 » sur *Cystoseira;* organes pluriloculaires, propagules; Herb. Bory in Herb. Thuret.

9. Canaries; « *Sphacelaria cirrhosa* Ag., fructificata, ad *Gelidium corneum,* Canaries »; organes pluriloculaires, propagules; Herb. Montagne in Herb. Muséum Paris.

Tout ce que l'on sait du *S. Hystrix* tient dans la description donnée par M. Reinke qui l'a étudié sur un fragment de *Cystoseira ericoides* conservé dans l'herbier de Kiel et provenant des îles Canaries. Il forme de petites touffes parasites, dont les filaments sont ramifiés comme ceux du *S. cirrosa.* Certains individus portent des sporanges pluriloculaires, d'autres des sporanges uniloculaires en même temps que des propagules à trois rayons lancéolés, à sommet arrondi, rétrécis à la base, que M. Reinke compare aux propagules du *S. cirrosa* var. *irregularis* de la Méditerranée.

Je décrirai d'abord l'état sous lequel j'ai rencontré le *S. Hystrix* à Guéthary (Basses-Pyrénées).

J'ai remarqué pour la première fois, le 4 mai 1898, que des *C. ericoides* qui portaient l'*Ectocarpus Lebelii* et l'*E. Valiantei,* présentaient en outre de nombreuses petites touffes très denses, de 1-2, parfois 3 millim. de hauteur, appartenant à un *Sphacelaria.* Celui-ci était formé de filaments principaux partant de la base, raides, ondulés à cause de leur nature sympodiale, à rameaux primaires irrégulièrement disposés, parfois à insertion unilatérale, divariqués, raides, pareillement sympodiaux, arrivant souvent à la même hauteur que les précédents, et portant quelquefois des rameaux secondaires plus courts. La plante était adulte, tous ou presque tous ces filaments ou rameaux ayant déjà fini leur croissance, autrement dit, étant à l'état de pousses définies. En effet, au lieu de se terminer par un sphacèle long et large, en voie de division, ils finissaient en poil ou présentaient un poil immédiatement au-dessous de la cellule du sommet, rétrécie et épuisée (fig. 39), d'après le processus que j'ai indiqué précédemment à propos de diverses espèces. Les poils de la portion supérieure de la plante étaient

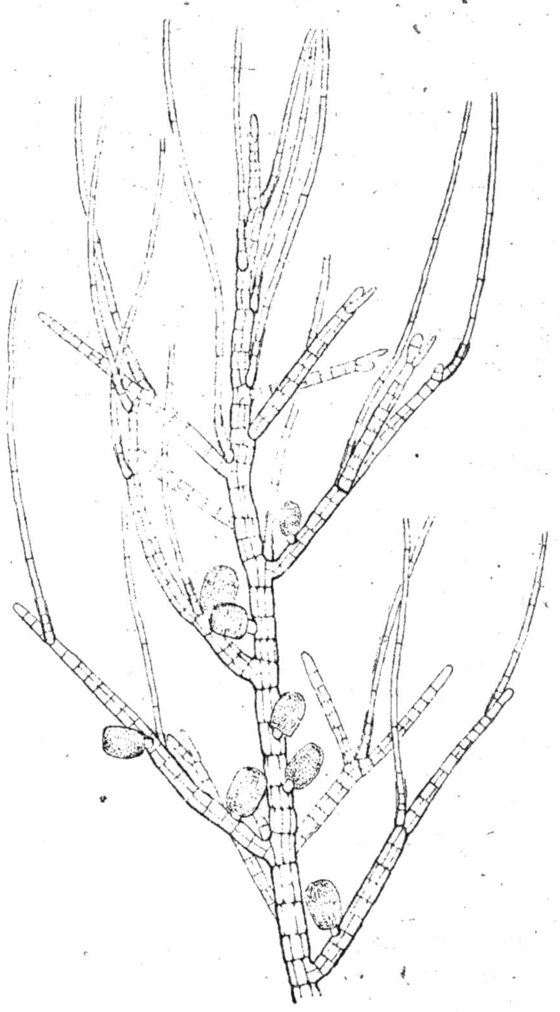

Fig. 39. — *Sphacelaria Hystrix* Suhr, de Guéthary, 4 mai. — Sommet d'un filament principal d'une petite touffe sexuée. Au-dessous, les organes pluriloculaires étaient beaucoup plus nombreux (Gr. 80).

longs et développés; ceux de la portion inférieure étaient morts et réduits à leur gaîne. Les filaments principaux, à articles généralement aussi larges ou plus larges que hauts, sont rétrécis à leur base; leur diamètre vers le milieu est de 35-45 µ. La plupart des rameaux primaires naissent au-dessous d'un poil.

Les touffes sont très nettement, mais peu profondément pénétrantes : elles traversent l'épiderme et l'assise sous-épidermique du *Cystoseira,* et la réaction de l'eau de Javelle noircit les cellules environnantes. Tous les filaments dressés ne s'élèvent pas de la partie endophyte, comme cela est indiqué sur le dessin de M. Reinke [91, 2, pl. III, fig. 6], car celle-ci est relativement étroite, mais le thalle rampant, qui s'étend tout autour, produit de nouveaux filaments dressés. Cependant, ce thalle n'est pas constitué par un ensemble de stolons parallèlement accolés, comme dans les espèces qui produisent un disque, mais par des rhizoïdes descendants, qui lui donnent une structure hétérogène, assez compacte. En effet, les articles de la région inférieure de certains filaments dressés produisent des rhizoïdes simples ou ramifiés (fig. 41, *J, K*) qui s'enroulent en spire lâche le long des filaments, en trop petit nombre toutefois pour former une véritable cortication ; ils naissent, isolés ou opposés, comme les rameaux, sur les articles secondaires supérieurs. Ces petits *Sphacelaria,* garnis d'anthéridies et de sporanges pluriloculaires, ne présentaient ni propagules ni sporanges uniloculaires.

La majeure partie des touffes de *S. Hystrix,* récoltées le 4 mai et pendant quelques jours consécutifs, étaient telles que je viens de les décrire, uniformes et sans mélange, mais d'autres touffes portaient simultanément des filaments plus longs, de 5-6 millim., notablement plus larges, (60–80 μ), à articles pareillement moins hauts que larges, mais à cloisons longitudinales plus nombreuses ; ils étaient stériles, ou munis de propagules identiques à ceux que M. Reinke a représentés pour le *S. Hystrix;* enfin, les touffes réduites à ces filaments longs étaient l'exception. L'aspect de ces derniers était d'autant plus différent de celui des filaments courts à organes pluriloculaires, qu'ils paraissaient en plein état d'accroissement : le sphacèle des axes était long, bien caractérisé, en voie de division ; celui des rameaux encore jeunes était dans le même état (fig. 40) ; seuls, les rameaux les plus anciens avaient le caractère de pousses définies. Les poils, nombreux sur les rameaux, étaient plus rares sur l'axe, ce qui indique une croissance active. Après une cassure de l'axe, plusieurs longues pousses définies le remplacent, comme je l'ai dit pour d'autres espèces, le *S. Plumula* par exemple.

Un algologue, habitué à étudier le *S. cirrosa* du Nord de

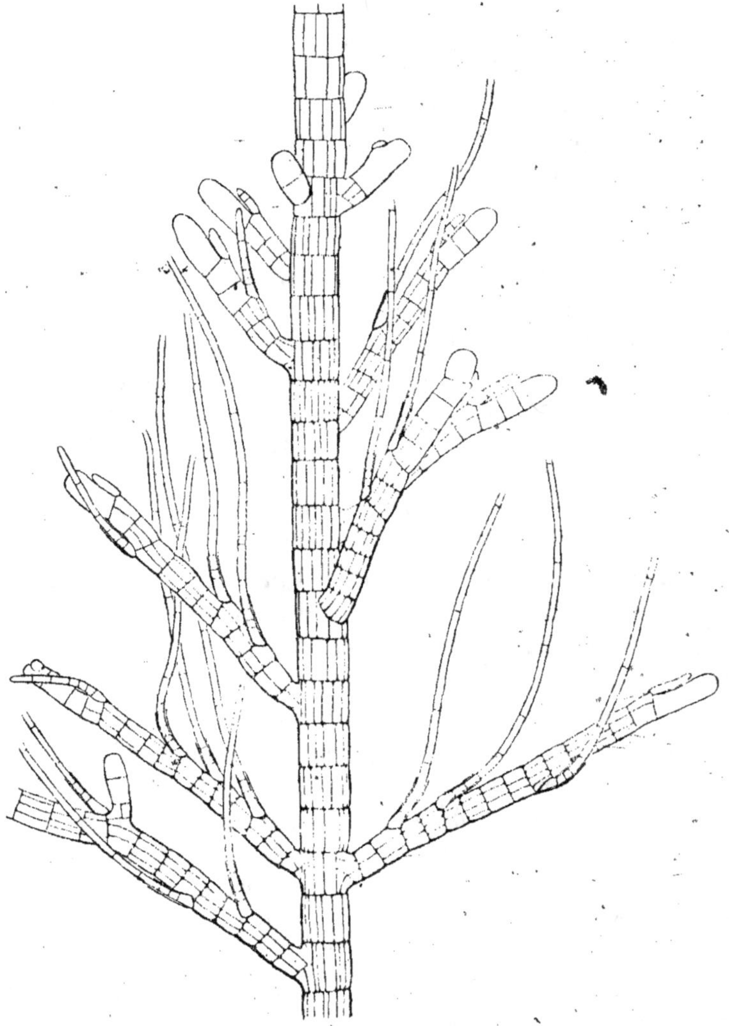

Fig. 40. — *Sphacelaria Hystrix* Suhr., de Guéthary, 4 mai. — Sommet d'un filament principal d'une touffe sexuée qui commence à produire des filaments à propagules (Gr. 80).

l'Europe, qui aurait eu cette plante sous les yeux, eût peut-être pensé, à cause de la forme des propagules, que les touffes hétérogènes, comme les touffes homogènes, appartiennent au

S. Hystrix. Accoutumé, au contraire, à trouver sur le *S. cirrosa,* qui abonde sur nos côtes, des propagules dont les rayons, au lieu d'être cylindriques comme le disent les auteurs, sont aussi fusiformes que ceux représentés par M. Reinke comme caractéristiques du *S. Hystrix,* j'ai cru avoir affaire à un mélange de deux espèces : l'une âgée, le *S. Hystrix,* et l'autre jeune, le *S. cirrosa,* comme je l'ai publié en annonçant la sexualité hétérogame des Sphacélariacées [98, 2]. C'est ultérieurement que des dissections répétées m'ont convaincu que les touffes hétérogènes, en apparence constituées par deux plantes, étaient bien un seul individu.

Un mois plus tard, le 6 juin, les petites touffes homogènes, devenues rares, sont en voie de dépérissement ; les touffes hétérogènes étaient également moins nombreuses, et la différence de taille entre les deux parties constituantes s'était accentuée ; enfin, les touffes homogènes, longues de près d'un centimètre, avec des propagules pour unique organe de multiplication, étaient plus fréquentes.

Le 2 août suivant, j'ai trouvé encore beaucoup de *Sphacélaria* sur le *C. ericoïdes ;* toutefois, les touffes ne présentaient plus aucune trace de filaments courts à organes pluriloculaires, et tous les filaments portaient des propagules. Sur tous les exemplaires que j'ai conservés, les rameaux et la plupart des filaments principaux se terminaient en pointe comme sur des plantes arrivées à la fin de leur existence.

Le *C. ericoïdes* n'est vivace que par la portion inférieure de son thalle ; beaucoup de branches qui portent le *S. Hystrix* périssent en automne ; je ne sais si le parasite meurt avant sa plante hospitalière, car, au moment où j'aurais pu en faire l'observation, je confondais la plante à propagules avec le *S. cirrosa,* et je ne l'ai plus cherché à Guéthary. Quoi qu'il en soit, tous les échantillons que j'ai recueillis sont très nettement parasites, mais ce parasitisme et la présence de rhizoïdes descendants, identiques à ceux de la petite forme à organes pluriloculaires, me semblent être les seuls caractères qui distinguent la forme estivale du *S. Hystrix* du *S. cirrosa* commun.

Les exemplaires sexués recueillis le 4 mai 1898 étant tous adultes, je suis allé à Guéthary, lors des fortes marées des 10-11 avril 1902, pour récolter des plantes plus jeunes. L'*Ecto-*

carpus *Valiantei* était déjà abondant, l'*Ectocarpus Lebelii* n'avait pas encore paru (1), et c'est seulement sur des branches peu âgées de quelques individus de *C. ericoides* que j'ai rencontré le *S. Hystrix*. Or, celui-ci se présentait uniquement en petites touffes homogènes, à organes pluriloculaires, sans trace de filaments plus longs et plus gros destinés à porter des propagules; sur certaines, tous les filaments étaient déjà adultes et terminés en pointe; sur d'autres, ils étaient encore à l'état de pousses indéfinies. Les touffes sont isolées ou groupées plusieurs l'une près de l'autre, comme si elles se propageaient par la germination d'éléments reproducteurs tombés sur le *Cystoseira*. Les plantules d'un demi-millimètre de hauteur, formées de filaments dressés, indéfinis, non encore ramifiés, trop jeunes pour être fructifères, n'étaient pas rares; j'ai recherché, en particulier sur celles qui étaient éloignées des touffes plus âgées, si elles n'avaient pas un propagule pour origine, mais je n'en ai trouvé aucune trace.

Enfin, j'ai encore récolté le *S. Hystrix* le 8 juillet 1902, à Biarritz. Toutes les touffes étaient denses, régulières, plus ou moins globuleuses, de 4-5 mm. de hauteur; toutes étaient groupées vers l'extrémité des branches du *Cystoseira*. Le parasitisme était très net, les propagules peu nombreux, et je n'ai vu aucune trace d'organes pluriloculaires ni de filaments courts fructifères.

Nous pouvons donc conclure que le *S. Hystrix* apparaît à Guéthary, au commencement du printemps, sur les jeunes branches du *C. ericoides*. Il forme d'abord des touffes très petites, sexuées, garnies d'organes pluriloculaires propageant la plante sous la même forme sexuée. Celle-ci, à la fin d'avril et au commencement de mai, prend l'aspect et les caractères d'une plante adulte et disparaît plus tard. Toutefois, avant de mourir, la plante sexuée drageonne, elle donne des pousses plus longues que les précédentes, asexuées, produisant uniquement des propagules; ceux-ci la multiplient sur le *Cystoseira* sous la même forme à propagules, laquelle, à première vue, est très semblable au *S. cirrosa*. Puis, la plante disparaît probablement

1. J'ai marqué dans mes notes de 1898, que j'ai vu l'*E. Lebelii* pour la première fois le 30 avril. Mon attention était alors attirée sur cette plante; elle commence donc à se développer dans la seconde quinzaine d'avril.

en automne, et nous ignorons sous quel état elle passe l'hiver.

Entre la plante sexuée et la plante asexuée existe donc une

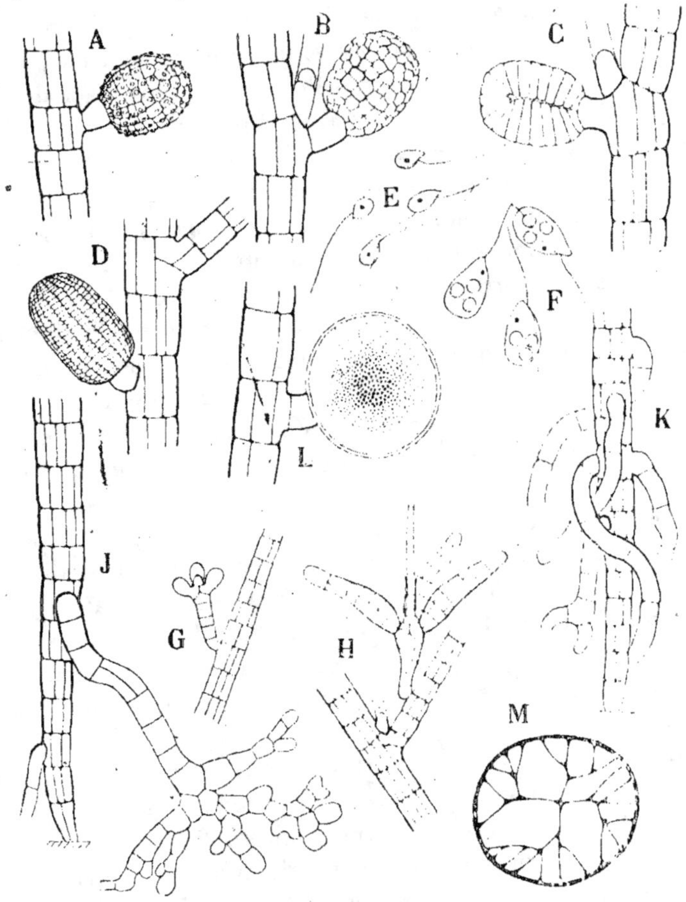

Fig. 41. — *Sphacelaria Hystrix* Suhr, de Guéthary, 4 mai. — *A*, sporange pluriloculaire vidé montrant les ouvertures de déhiscence. — *B*, Sporange pluriloculaire vidé, sans les ouvertures de déhiscence. — *C*, Coupe optique, un peu schématique, d'un sporange pluriloculaire, montrant la disposition intérieure des logettes. — *D*, Anthéridie (*A* à *D*, Gr. 200). — *E*, Anthérozoïdes. *F*, Zoospores (Gr. 666). — *G, H*, Un propagule jeune et un propagule adulte (Gr. 80). — *J, K*, Portion inférieure d'un filament dressé, montrant les rhizoïdes, choisi parmi les cas les plus simples (Gr. 150). — *M*, Coupe transversale dans un filament principal d'un individu à propagules de Roscoff (Gr. 200).

   S. bipinnata Sauv., sur *Cyst. fibrosa* de Guéthary. — *L*, Sporange uniloculaire (Gr. 200).

véritable alternance de générations, moins frappante, il est vrai, que celle des *Cutleria* par exemple, puisque les appareils végétatifs diffèrent surtout par la taille, mais qui cependant n'est pas moins nette. Elle est mieux caractérisée que celle attribuée au *Zanardinia,* où les thalles sexué et asexué sont identiques. De plus, le *C. ericoides* n'est vivace que par sa portion inférieure, mais tous les exemplaires qui croissent en un même lieu n'arrivent pas à maturité en même temps, et ne perdent pas leurs rameaux simultanément. Malgré cela, on ne peut guère supposer que pendant la mauvaise saison, le *S. Hystrix* se conserve sous la forme à propagules, sur les individus de *C. ericoides* qui n'ont pas encore fructifié, puisqu'au printemps on le trouve seulement sous la forme sexuée. On ne voit pas bien non plus comment les propagules, en supposant qu'ils se maintiennent à l'état quiescent pendant la saison froide, seraient ramenés par le mouvement de l'eau sur le *C. ericoides,* précisément dès que celui-ci peut les recevoir et faciliter leur germination.

Il est donc possible que le *S. Hystrix* passe l'hiver sous un troisième état fructifère, encore inconnu, ou mieux que les zoospores (qui peuvent rester longtemps sans germer) pénètrent dans le *Cystoseira* en se fixant, pour germer au printemps suivant. Des premières touffes développées partiraient les essaims qui colonisent les nouvelles branches du *Cystoseira*. Le cas serait semblable à celui du *Cladophora lanosa* croissant sur *Polyides,* mais plus difficile à vérifier (1).

La même difficulté n'existe pas pour l'*Ectocarpus Valiantei,* par exemple, qui passe probablement la mauvaise saison sous forme de filaments endophytes dans les moignons persistants du *C. ericoides,* et se multiplie ensuite très rapidement par zoospores, mais elle se présente avec autant d'inconnu pour d'autres plantes parasites ou épiphytes spécialisées sur un substratum déterminé comme l'*Ectocarpus Lebelii,* l'*Ect. simplex…* etc…

Les sporanges pluriloculaires et les anthéridies sont abondants; on les trouve, soit sur des touffes distinctes, soit sur des filaments différents, dans une même touffe. Les sporanges sont cylindriques, plus ou moins globuleux, de 55-85 μ sur 45-65 μ,

---

1. « On trouve souvent, immergées dans le tissu cortical, de grandes cellules ovoïdes, renfermant de la chromule verte. Celles-ci n'appartiennent point au *Polyides.* Ce sont des germinations de *Cladophora lanosa* Kütz., dont les zoospores se sont fixées sur les rameaux du *Polyides* pendant l'été, et sont destinées à se développer le printemps suivant. » (Bornet et Thuret, *Études phycologiques,* p. 75.)

souvent 55 μ. Les anthéridies, également cylindriques, de 55-90 μ de long, sur 45-52 μ, souvent 45 μ, paraissent plus élancées, parce qu'elles sont plus étroites (fig. 41, *A, B, C, D*) (1). Mais ces organes sont faciles à distinguer au premier coup d'œil, car les premiers sont toujours brun foncé, tandis que les seconds sont rouge orangé. Ils naissent parfois sur le filament principal, mais bien plus souvent sur les articles secondaires supérieurs des rameaux, insérés sur une génératrice quelconque, assez fréquemment dirigés vers le bas. Le pédicelle, unicellulaire, est généralement très divariqué, parfois perpendiculaire, et la cloison, qui le sépare de la cellule mère du filament, n'est jamais transversale dans celle-ci (2). Les organes vidés persistent longtemps, et laissent voir l'étroit méat longitudinal autour duquel les logettes sont distribuées (fig. 41, *C*), puis le pédicelle persiste seul; quand celui-ci bourgeonne, ce n'est pas dans son prolongement, mais latéralement, comme on le voyait sur la plante du 6 juin.

La nature des organes pluriloculaires vidés est facile à distinguer, car la hauteur des logettes, d'environ 8 μ sur les sporanges, est d'environ 4 μ sur les anthéridies. En colorant la paroi, on constate, sur chaque logette, une petite ouverture circulaire très nette, sans bavures (fig. 41, *A*), d'environ 4 μ de diamètre pour les sporanges et 3 μ pour les anthéridies. J'ai assisté fréquemment à la déhiscence; elle est lente et par suite facile à suivre : les logettes poussent simultanément vers l'extérieur chacune une petite verrue de plus en plus saillante, due à un gonflement, puis à une gélification localisée de la membrane; ensuite, le corps mobile sort, lentement, et reste un instant comme un globule isolé; l'organe pluriloculaire est alors entouré d'une couche de petits corpuscules arrondis, qui déroulent bien-

---

1. Sur la plante du 4 mai, les sporanges pluriloculaires et les anthéridies présentaient la même fréquence, mais, sur celle du 6 juin, les anthéridies étaient plus nombreuses. Il y aurait lieu de rechercher si les anthéridies sont ainsi toujours prédominantes à la fin de la végétation de la plante sexuée.

2. Le pédicelle est court; tantôt il est simplement le prolongement de la cellule du rameau sur lequel il est né (fig. 41, *C*), sans cloison transversale, tantôt il présente une cloison transversale au niveau de la paroi du rameau, ou un peu en dehors (fig. 41, *A, B*). Si la cloison transversale était un peu plus éloignée de la cellule mère, le pédicelle paraîtrait bicellulaire, comme le dit M. Reinke [91, 3, p. 13], et comme le cas se présente plus fréquemment sur les exemplaires des Canaries.

tôt leurs cils, et s'échappent dans toutes les directions. Les anthérozoïdes, de la même forme que ceux des *Fucus* et des *E. secundus* et *Lebelii*, mesurent 5,5-7,5 µ sur 3-3,5 µ, sont munis d'un point rouge situé souvent vers la partie postérieure (fig. 41, *E*), et par conséquent indépendant de l'insertion des cils ; le protoplasme voisin du point rouge, homogène, est parfois coloré en jaune pâle, mais sans chromatophore ; à la partie antérieure, le protoplasme renferme des granules incolores. Les zoospores, de la forme habituelle aux Phéosporées, mesurent 13-13,5 µ sur 6,5-7,5 µ, et l'on conçoit que leur déhiscence s'opère lentement ; ce sont les zoospores les plus pâles que je connaisse, bien qu'elles renferment, dans leur partie postérieure, souvent 3, parfois 4-5 chromatophores en disques ; le point rouge, assez net, est indépendant des cils et des chromatophores.

J'ai fait diverses expériences de cultures cellulaires soit avec des sporanges seuls, soit avec des anthéridies et des sporanges pris dans la même touffe, ou dans des touffes différentes. J'ai obtenu des déhiscences simultanées et en parfait état, mais, bien que les sporanges pluriloculaires soient probablement des oogones, je n'ai jamais observé de conjugaison ni de fécondation, ni de zoospore fixée à deux points rouges. Les zoospores nagent pendant plusieurs heures, puis se fixent, s'entourent d'une membrane, et mesurent alors 9-10 µ de diamètre. Le plus grand nombre d'entre elles se détruisait ensuite dans mes cultures, soit rapidement, soit seulement au bout de quelques jours et celles qui se maintiennent en bon état plus longtemps modifient à peine leur forme, ne continuent point leur germination. Par exemple, une culture en cellule qui, le 6 mai, m'avait donné des centaines de zoospores, ne présentait plus, le 11 mai, que quelques zoospores fixées ; je conservai alors la lamelle dans un godet de verre rempli d'eau, et le 21 juin suivant, plusieurs étaient encore vivantes, mais s'étaient seulement légèrement allongées. Il est donc possible que les zoospores se comportent de même dans la nature, et produisent une plantule longtemps après leur fixation.

J'ai conservé certains fragments, mis en culture pour surveiller les déhiscences et, bien que placés dans des conditions défavorables, ils résistèrent longtemps à la mort, comme j'ai déjà constaté le fait pour les *Myrionema* et divers *Ectocarpus.*

Des fragments portant les uns des anthéridies, les autres des sporanges pluriloculaires, restés en goutte suspendue du 5 au 11 mai, furent transportés dans un petit godet d'eau de mer, et examinés le 25 mai. De nombreuses branches, plus ou moins ondulées, à apparence de stolons, se sont développées soit directement sur les articles secondaires supérieurs des rameaux, soit sur le pédicelle d'un organe pluriloculaire. A l'inverse de ce qui arrive dans les conditions normales, le pédicelle pousse souvent dans son prolongement un de ces stolons, qui traverse directement l'organe pluriloculaire vidé, parfois se contourne dans son intérieur. Les sporanges non mûrs reprennent l'état végétatif. S'ils sont très jeunes, ils peuvent pousser à leur sommet en un unique rameau ; s'ils présentent quelques cloisons, chaque logette peut s'allonger en un rameau. Il est par contre surprenant que ces fragments ne prolongent que rarement en rhizoïdes les cellules de leur section inférieure.

Placées dans ces mauvaises conditions d'existence, les boutures vivent en partie aux dépens de leurs réserves, car l'accroissement ultérieur est beaucoup plus lent. Cependant, des fragments sexués, plus volumineux que les précédents, placés dans un godet le 11 mai étaient encore vivants le 23 septembre.

Les propagules sont généralement nombreux. Le pied est toujours élargi de bas en haut (fig. 41, *H*) ; les trois rayons, nés au même niveau, et écartés de 120°, ont la même forme que ceux du *S. biradiata :* ils sont convexes vers le haut, plus ou moins renflés en leur milieu, et légèrement rétrécis à leur base. Les propagules naissent comme il a été dit pour les autres espèces, et le sphacèle en calotte se sépare toujours avant que l'article sous-jacent bourgeonne ; les trois bourgeons, habituellement simultanés (fig. 41, *G*), sont parfois successifs. Généralement, le sphacèle en calotte s'allonge en un poil long, pareil à ceux des filaments ; parfois, il se développe de très bonne heure, bien plus rapidement que les rayons ; d'autres fois, il n'est pas encore sorti de sa gaîne lorsque les rayons ont presque atteint leur longueur définitive ; enfin, le poil peut manquer. Toutes ces variations se rencontrent sur un même individu.

J'ai dit plus haut que les propagules se trouvent uniquement sur des filaments ou sur des touffes ne portant pas d'organes pluriloculaires. Toutefois, j'ai constaté une exception, intéressante à signaler. L'une des touffes récoltées le 6 juin, uniquement constituée de filaments longs propagulifères, montrait, sur plusieurs de ses rhizoïdes descendants, des organes pluriloculaires; j'ai même vu deux rhizoïdes, nés en face l'un de l'autre sur un même article secondaire, qui portaient l'un un propagule, l'autre une anthéridie. Mais ce fait ne se présente jamais sur les filaments ou sur les rameaux.

La germination des propagules est la même que dans le *S. cirrosa* (fig. 45, *D*). Le propagule ne donne pas directement de filaments dressés; ceux-ci se développent sur un petit disque que produit le pied, ou l'un des rayons. Dans le *S. cirrosa*, le disque s'étale simplement en épiphyte, tandis que, dans le *S. Hystrix*, il envoie immédiatement, par sa face inférieure, des prolongements dans le *Cystoseira*.

J'ai examiné un nombre considérable d'exemplaires de *S. Hystrix* pris sur le *C. ericoides* de Guéthary, sans rencontrer de sporanges uniloculaires. On verra plus loin que les exemplaires récoltés dans les autres localités ne m'en ont pas présenté davantage (1).

Le *Sphacelaria* à propagules trifurqués qui croît à Guéthary sur *C. ericoides* est donc toujours parasite, correspond à la forme asexuée du *S. Hystrix*, et n'est pas le *S. cirrosa* comme on le croyait jusqu'à présent. Il y avait lieu de rechercher s'il en est de même ailleurs. Malheureusement, cette plante est mal représentée dans les collections, car le *C. ericoides* n'a pas une belle apparence en herbier, ses touffes de *Sphacelaria* à propagules sont souvent grêles, et les collecteurs qui conservent le *S. cirrosa* préfèrent naturellement le recueillir en touffes plus larges sur un autre substratum.

La gracieuse obligeance de Mlle Vickers m'a permis d'étudier de nombreux exemplaires provenant de Roscoff, mais tous recueillis en été. Les touffes, d'environ un centimètre de hauteur, sont nombreuses, peu fournies et non enchevêtrées. Les filaments principaux, droits, portent peu de poils; leur largeur varie de 70-100 µ, et les articles secondaires, très cloisonnés

1. Le sporange uniloculaire *L*, de la figure 41, appartient au *S. bipinnata* et non au *S. Hystrix*.

longitudinalement (fig. 41, *M*), sont aussi hauts ou moins hauts que larges. Les rameaux primaires, nombreux, assez courts, irrégulièrement disposés, divariqués, terminés en pointe, formés de plusieurs générations sympodiales, produisent parfois des rameaux secondaires. C'est seulement après la troncature d'un filament principal que les rameaux primaires jeunes, situés immédiatement au-dessous, s'allongent pour le remplacer. Les rhizoïdes sont peu nombreux. J'ai vainement cherché des filaments courts sporangifères à la base des touffes, et il est peut-être bon de mentionner qu'un petit *Elachistea*, fréquent au pied des touffes, pourrait donner à l'œil nu l'impression de la forme sexuée. Les propagules, très nombreux, sont les mêmes qu'à Guéthary, et j'en ai vu beaucoup en germination sur le *Cysto-seira*. Les portions endophyte et épiphyte du thalle inférieur sont aussi les mêmes que sur la plante de Guéthary, et Mlle Vickers m'ayant adressé, dans un même envoi, le *C. ericoïdes* et le *C. discors,* j'ai constaté que le *Sphacelaria* du premier est toujours parasite, tandis que celui du second ne l'est jamais. Toutefois, je le répète, il est toujours bon de pratiquer plusieurs coupes dans une même touffe, pour s'en assurer. Tantôt, en effet, la partie épiphyte du *S. Hystrix* se détache facilement par la dissection et donne l'illusion d'une plante non parasite; tantôt, le thalle épiphyte des deux espèces de *Sphacelaria* adhère tellement au *Cystoseira* qu'il entraîne, en se détachant, l'assise externe du substratum, et laisserait croire à un parasitisme des deux espèces.

Le *S. Hystrix* est donc aussi commun à Roscoff qu'à Guéthary; il y présente probablement au printemps la même alternance de générations. Il accompagne probablement son support jusqu'à sa limite septentrionale, dans la Manche et sur les côtes d'Irlande.

On le rencontre aussi au Sud. Toutefois, je l'ai indiqué dans la liste ci-dessus des échantillons étudiés à San Vicente de la Barquera et à Gijon, sur la côte nord de l'Espagne, sans en avoir la preuve complète. Les exemplaires de *C. ericoïdes* de ces localités que j'ai conservés, récoltés pour différents *Ecto-carpus* et non pour le *Sphacelaria,* ne portaient que quelques petites touffes de celui-ci, dont je ne puis certifier le parasitisme, car elles étaient mal placées, à l'aisselle d'une feuille. Les propagules étaient nombreux et à rayons particulièrement longs (1).

J'ai examiné un fragment de *Cystoseira* de l'Herbier Harvey, qui est presque certainement le *C. ericoides*, portant quelques touffes de *Sphacelaria* avec la mention : « *Sph. irregularis* Kütz., Cadix, Liebetruth leg. » probablement écrite de la main de Liebetruth. J'ai fait deux préparations, l'une d'une petite plante de moins d'un millimètre de haut, munie d'organes pluriloculaires, et qui correspond tout à fait au *S. Hystrix* du 6 juin de Guéthary, l'autre, d'une plante de 2-3 millimètres de hauteur, d'aspect jeune, dont quelques filaments seulement portent des propagules. Au moment où j'ai eu l'échantillon entre les mains, je n'ai pas noté si les deux plantes étaient isolées ou mélangées; quoi qu'il en soit, le *S. Hystrix* existe assurément à Cadix.

Le *S. Hystrix* existe aussi au Maroc. Mais le *C. ericoides*, si commun dans le Golfe de Gascogne, et que ses beaux reflets verts, bleus, irisés, rendent si facilement reconnaissable à l'état vivant, est moins bien caractérisé au Sud du détroit de Gibraltar, ou peut-être plus exactement, il y est mélangé à d'autres espèces, ou remplacé par d'autres espèces, dont il n'est pas toujours facile à distinguer, tout au moins sur des exemplaires d'herbier. C'est ainsi que M. Bornet dit à propos du *C. ericoides* [92, p. 255] : « Schousboe a récolté deux formes de cette espèce. L'une, courte et trapue, prise sur des rochers à moules, représentant la forme ordinaire de la plante; l'autre, provenant de la mer profonde, à rameaux grêles et allongés, souvent pourvus de vésicules aérifères. C'est cette dernière qu'il nommait *Fucus Abies-marina*. » Toutefois, il n'est pas prouvé que cette plante de la mer profonde, qui ressemble au *C. amentacea*, rapportée a priori par M. Bornet au *C. ericoides*, soit réellement une variété de celui-ci, ou une espèce différente non décrite.

Or, l'Herbier Thuret en renferme un bel échantillon, marqué « Tanger, 1826 » recouvrant toute une feuille d'herbier, garni

1. Dans la liste des Algues que j'ai recueillies dans le Golfe de Gascogne [07, p. 44], je cite le *S. cirrosa* comme très abondant sur le *C. ericoides*, et j'aurais dû dire *S. Hystrix*. Mais, dans mes notes de voyage, je l'ai inscrit comme très abondant aussi sur le *C. discors*. Les échantillons d'herbier que j'ai conservés appartiennent tous au *S. cirrosa* sur *C. discors*, et il en est très probablement de même pour ceux que j'ai distribués à mes correspondants.

de nombreuses et larges touffes de *Sphacelaria Hystrix,*
munies de propagules, mais dépourvues d'organes pluriloculaires. La présence de ce parasite est, dans une certaine mesure,
l'indice que le substratum est bien le *C. ericoides.*

Les numéros 112 et 113 des *Algæ Schousboeanæ* que
Schousboe nommait *S. spinulosa,* et que M. Bornet rapportait
au *S. cirrosa,* appartiennent aussi au *S. Hystrix,* et croissent
d'ailleurs sur ce même *Cystoseira* déterminé comme *C. ericoïdes* de la mer profonde. Ils portent pareillement des propagules et point de sporanges. Ces derniers exemplaires sont
particulièrement touffus, à cause de la grande longueur des nombreux rameaux primaires. Sur tous, les articles secondaires sont
de hauteur moindre, par rapport à la largeur, que sur les exemplaires européens. J'ai vérifié sur tous la présence de rhizoïdes
et l'existence du parasitisme.

Enfin, j'ai étudié dans l'Herbier Thuret plusieurs échantillons des Canaries. Les fragments de *Cystoseira* des « Algues
des Canaries, Despréaux » correspondent bien au « *C. ericoïdes*
de la mer profonde » à rameaux grêles et à feuilles espacées ; ils
portent d'assez nombreuses touffes de *Sphacelaria.* J'en ai
examiné trois. Elles sont formées de deux sortes de filaments.
Les uns sont grêles, de deux millimètres de hauteur, couverts
d'anthéridies et de sporanges pluriloculaires. Les autres, plus
grands et plus forts, mesurent 2-4 millimètres de hauteur. Parmi
ceux-ci, certains, encore jeunes et en voie d'accroissement, sont
stériles ; d'autres portent des organes pluriloculaires, mais en
nombre beaucoup moindre que les filaments grêles ; d'autres,
enfin, portent des organes pluriloculaires et de rares propagules.

D'après son aspect général, il semble bien qu'au moment où
la plante fut recueillie, les filaments courts et étroits étaient en
voie de disparition, tandis que les autres préparaient un plus
grand développement. Le phénomène est donc le même qu'à
Guéthary,. avec cette différence que les plantes sexuée et
asexuée, au lieu d'être nettement distinctes, passent insensiblement de l'une à l'autre. Le résultat est le même, et des échantillons récoltés un mois plus tard, seraient très vraisemblablement
uniquement asexués. Le pédicelle des organes pluriloculaires
est souvent un peu plus long que sur la plante de Guéthary ; la

cloison transversale, au lieu d'être au ras du rameau, se fait plus en dehors, et alors le pédicelle paraît nettement bicellulaire. Les rhizoïdes descendants, nombreux, s'épatent en crampons ou s'étalent à la surface du substratum, en s'enchevêtrant de manière à produire parfois une masse spongieuse.

Le *Cystoseira* de l'Herbier Lenormand est identique à celui de l'Herbier Thuret ; le fragment d'une touffe que j'ai examiné était homogène et portait uniquement des organes pluriloculaires (1).

Bien que je n'aie vu aucun sporange uniloculaire, je ne doute pas que la plante récoltée par Despréaux soit la même que celle étudiée par M. Reinke. Cet auteur ne représente pas de rhizoïdes sur les filaments de la figure donnant le port général de la plante [91, 2, Pl. III, fig. 6], et il n'en parle pas non plus dans la description correspondante. Toutefois, il en a représenté un [*loc. cit.* fig. 5] sur un filament à sporanges uniloculaires, et, dans la diagnose publiée l'année précédente, il spécifie la présence de rhizoïdes descendants sur les filaments principaux [90, p. 208]. Le fait que les organes pluriloculaires sont de deux sortes ne vient pas à l'encontre de ma détermination, car on a déjà vu, à propos du *S. furcigera,* que l'attention de M. Reinke ne s'est pas portée sur cette particularité.

La plante marquée « Webb et Despréaux, n° 55 » est en moins bon état que la précédente. Le *Cystoseira* sur lequel elle forme des touffes est peut-être le même, bien que la base des rameaux soit dépourvue de feuilles. Les filaments dressés du *Sphacelaria* semblent plus dispersés, plus indépendants dans chaque touffe ; toutefois, ici encore, ils sont de deux sortes : les uns sans rhizoïdes, grêles, à rameaux longs et souples, portent des organes pluriloculaires, dont je ne saurais dire, vu leur mauvais état de conservation, s'ils sont à grandes et à petites logettes ; les autres, pourvus de rhizoïdes, sont plus longs,

---

1. On a vu plus haut (p. 174) que Kützing a déterminé cette plante *S. irregularis.* Il ne s'en suit pas que le *S. Hystrix* doive changer de nom par droit de priorité. Kützing, en effet, a créé le *S. irregularis* pour une plante méditerranéenne [49, p. 465 ; 55, p. 27 et Pl. 91, fig. 3] ; or, M. Reinke n'a jamais constaté le parasitisme du *S. cirrosa* var. *irregularis* de la Méditerranée. La figure de Kützing représente un rameau d'une petite plante à sporanges pluriloculaires ; c'est peut-être sur ce caractère qu'il a déterminé *S. irregularis* l'échantillon des Canaries ; jusqu'à présent, il n'est pas prouvé que le *S. Hystrix* soit le *S. irregularis.*

plus forts, à rameaux plus courts, avec des organes pluriloculaires et de rares propagules.

En dernier lieu, je citerai l'exemplaire de l'Herbier Montagne, qui était tout entier, substratum et parasite, d'un roux brûlé très foncé, et en fort mauvais état. Le substratum est un *Cystoseira* et non un *Gelidium;* d'ailleurs, ce nom fut probablement inscrit par inadvertence; car l'auteur, dans son étude des Algues des Canaries [40, p. 149], dit du *S. cirrosa :* « In Cystoseira Selaginoide Dasyaque acanthophora parasitans ». Le *Sphacelaria* forme un manchon dense qui, à l'œil nu, paraît presque continu, par le rapprochement de nombreuses touffes élémentaires qui ne m'ont pas semblé former de thalle épiphyte. Ici encore, les organes pluriloculaires sont portés par des filaments grêles et courts, les propagules par des filaments plus grands. La plante de Montagne est donc un peu différente des précédentes.

Comme à propos du *S. Hystrix* de Tanger, nous pouvons nous demander si le substratum de la plante des Canaries est bien le *C. ericoïdes.* Les documents à ce sujet sont incomplets. Montagne cite aux Canaries une variété *selaginoïdes* du *C. ericoïdes,* rejetée à la côte de Lancerotte, à laquelle appartient probablement le substratum de notre *Sphacelaria.* Le *C. selaginoïdes* est d'ailleurs une plante méditerranéenne que seul, à ma connaissance, Montagne cite dans l'Océan, et sur l'indépendance spécifique de laquelle les auteurs ne sont pas d'accord. Mlle Vickers [97, p. 301] a récolté aux Canaries un seul exemplaire, dragué, de *S. cirrosa,* et mentionne seulement deux espèces de *Cystoseira :* le *C. Abies-marina* extrêmement abondant dans la mer profonde, et le *C. discors.* Plus au Sud, au Cap Vert, M. Askenasy [96], cite aussi le *S. cirrosa* sans en désigner le substratum, et il énumère six espèces de *Cystoseira* dont le *C. Abies-marina* et le *C. ericoïdes,* mais il ne fait pas mention du *C. selaginoïdes.*

Si le *C. selaginoïdes* existe réellement, autrement dit, si les auteurs n'ont pas donné ce nom à des formes grêles, allongées, qui pourraient bien appartenir à des espèces différentes, il y aurait lieu de rechercher dans la Méditerranée s'il n'abrite pas un *Sphacelaria* parasite à propagules trifurqués et à générations sexuée et asexuée alternantes, et aussi à apprécier dans quelle mesure le *S. Hystrix* Suhr est parent du *S. irregularis* Kütz.

Sphacelaria Hystrix Suhr. — Plante en touffes de 1 millimètre, à près de 1 centimètre de hauteur. Thalle inférieur parasite, puis parasite et épiphyte par l'agglomération de rhizoïdes en masse compacte ou spongieuse, mais peu considérable, de laquelle s'élèvent aussi des filaments dressés. Filaments dressés à articles secondaires aussi hauts ou moins hauts que larges, de deux sortes, et d'apparition successive: les premiers, courts et grêles, de 35-45 μ de largeur, à sphacèle rapidement épuisé; les seconds, plus longs et plus forts, de 60-100 μ de largeur, à sphacèle plus longtemps persistant, à cloisons longitudinales plus nombreuses, parfois avec des formes de passage entre les deux sortes de filaments. Rhizoïdes habituellement peu nombreux, nés dans la région inférieure des filaments principaux, descendant jusqu'au substratum, en s'enroulant souvent en spire plus ou moins lâche. — Sporanges uniloculaires, sur les mêmes filaments que les propagules (d'après M. Reinke). Organes pluriloculaires cylindriques, portés par les filaments courts, sur un pédicelle 1-2 cellulaire, divariqué, de deux sortes : anthéridies, à petites logettes, de couleur orangée, de 55-90 μ sur 45-52 μ, à anthérozoïdes de 5,5-7,5 μ sur 3-3,5 μ, sans chromatophores ; sporanges pluriloculaires, à plus grandes logettes, de couleur brune, de 55-85 μ sur 45-65 μ, à zoospores de 13-13,5 μ sur 6,5-7,5 μ, à 3-4-5 chromatophores. Propagules à pied renflé, à 3 rayons fusiformes, plus ou moins courbés, à poil développé ou non, naissant sur les filaments longs, parfois (Canaries) sur des filaments portant des organes pluriloculaires.

Hab. — Parasite sur le *Cystoseira ericoides*, Bretagne! Golfe de Gascogne! Cadix! Maroc! Canaries! et probablement partout où croît le *C. ericoides.*

B. — **Sphacelaria Harveyana** Sauvageau mscr.

M. Perceval Wright a bien voulu me communiquer un certain nombre de fragments de *Cystophora*, triés par Harvey, qui portaient de petites touffes largement insérées, de 1-3 millimètres de hauteur, et marqués simplement : « *Sphacelaria*, Cape Riche, W. Australia, collected by W. H. Harvey. » Cette plante que j'appelle *S. Harveyana* se rapproche plus du *S. Hystrix* que des autres espèces.

Le *S. Harveyana* est nettement parasite; les filaments s'enfoncent dans le *Cystophora* sur une longueur de plusieurs articles, sans le déformer ; chaque touffe est un ensemble de petites touffes élémentaires qui cependant ne m'ont pas semblé reliées par des filaments endophytes. Les filaments dressés ont une grande ressemblance avec ceux du *S. Hystrix;* ils n'émettent toutefois aucun rhizoïde descendant ; j'ai seulement vu plusieurs fois des rhizoïdes irréguliers, monosiphoniés, nés au point d'émergence des touffes, et qui rampent à la surface du sub-stratum sans porter aucun filament dressé ; peut-être pénètrent-ils dans le *Cystophora ?* L'accroissement en largeur de la touffe se fait par l'émergence de nouveaux filaments dressés.

Les filaments principaux, un peu plus étroits à la base, mesurent en leur milieu 40-60 µ, et, suivant leur âge, se terminent par un long sphacèle, ou en pointe avec des poils plus rapprochés. Les articles secondaires sont moins hauts que larges. Les rameaux primaires sont nombreux, isolés ou opposés, sympodiaux ; les poils, relativement larges, mesurent 12-15 µ.

Je n'ai vu aucun propagule, mais trois sortes d'organes reproducteurs. Les organes pluriloculaires, moins volumineux et plus globuleux que ceux du *S. Hystrix*, mesurent seulement 40-50 µ sur 32-36 µ ; leur pédicelle est unicellulaire. Sur un certain nombre d'entre eux, qui étaient vidés, j'ai reconnu que les logettes sont de deux sortes, comme dans le *S. Hystrix* et avec les mêmes dimensions, correspondant à des anthéridies et à des sporanges pluriloculaires ; on les trouve dans une même touffe, mais sur des filaments particuliers.

Les sporanges uniloculaires, produits par des filaments spéciaux, et peut-être même par des touffes spéciales, allongés à l'état jeune, arrondis, un peu aplatis à l'état adulte, de 60-70 µ de diamètre, naissent sur l'axe, plus souvent sur les rameaux ; leur pédicelle est unicellulaire.

Le *S. Harveyana* se rapproche donc du *S. Hystrix* par sa taille, son parasitisme, sa ramification, la présence simultanée d'anthéridies et de sporanges pluriloculaires. Il s'en distingue par l'absence de rhizoïdes descendants, de thalle rampant épiphyte, et par conséquent par un parasitisme plus accentué rappelant les espèces du groupe du *S. bracteata*. On pourrait le considérer comme une forme australienne du *S. Hystrix* à organes pluriloculaires de moindres dimensions.

Les propagules du *S. Harveyana* sont inconnus, et la plante est si bien pourvue de sporanges que les propagules semblent inutiles ; toutefois, leur présence chez toutes les espèces du groupe du *S. cirrosa* combat cette hypothèse. D'ailleurs, certains filaments de diamètre un peu plus fort, en voie d'accroissement, stériles, ou portant quelques rares sporanges sur leurs rameaux inférieurs, pourraient bien être de futurs filaments à propagules ; la comparaison avec le *S. Hystrix* serait alors plus complète.

Sphacelaria Harveyana Sauvageau. — Plante très voisine du *S. Hystrix*. Touffes de 1-3 millimètres de hauteur, formées de filaments dressés réunis en petites touffes élémentaires. Filaments de 40-60 μ de largeur, sans rhizoïdes descendants. — Sporanges uniloculaires de 60-70 μ. Organes pluriloculaires, portés sur d'autres filaments, plus globuleux que ceux du *S. Hystrix,* de 40-50 μ sur 32-36 μ, de deux sortes : les uns, à petites logettes, ou anthéridies ; les autres, à grandes logettes. Propagules inconnus.

Hab. — Parasite sur *Cystophora.* — Australie (Cape Riche, Harvey leg. ; Herb. Trinity College, Dublin.)

C. — **Sphacelaria bipinnata** Sauvageau mscr.

Syn. *Stypocaulon bipinnatum* Kütz.
    Sphacelaria Lebelii Sauvageau olim.

Échantillons étudiés :

1. Norvège ; « *Sphacelaria pennata* » ; Lyngbye scripsit ; Herb. Bory in Herb. Thuret ; sans substratum ; sporanges uniloculaires.
2. Norvège ; « *Sphacelaria pennata* cum fructu » ; Lyngbye scripsit ; Herb. Bory in Herb. Thuret ; sans substratum ; sporanges uniloculaires.
3. ? « *Sphacelaria pennata* cum fructu, misit Lyngbye » ; Herb. Muséum Copenhague ; sans substratum ; sporanges uniloculaires et pluriloculaires.
4. Norvège ; « *Sphacelaria pennata,* ad littus Svinöer, Octob. 1817, Lyngbye dedit » ; Herb. Muséum Copenhague ; sans substratum ; sporanges uniloculaires et pluriloculaires.
5. Norvège, Fœö près Haugesund ; 20 juillet 1902, sur *Halidrys ;* stérile ; Foslie leg. et ded.

6. Norvège; « Hauck et Richter, Phykotheka universalis, n° 319; *Sphacelaria cirrhosa* (Roth) Ag., Norvegia, Svinör prope Lindesnäs, 19. VIII-1885. M. Foslie leg. »; sans substratum; Herb. Thuret, stérile; Herb. Muséum Copenhague, quelques rares sporanges uniloculaires.

7. Norvège, Lindesnäs; 1er septembre 1885, sur *Halidrys;* sporanges uniloculaires; Foslie leg. et ded.

8. Norvège, Hvidingsoe; 26 juillet 1872, sur *Halidrys;* « P. Magnus leg. Nordsee n° 13, *Sph. cirrosa* »; Herb. Muséum Copenhague; sporanges uniloculaires et propagules.

9. Bahusia ; septembre 1844, sur *Halidrys;* Areschoug misit; Herb. Muséum Copenhague; stérile.

10. Bahusia, Graïvarne; juillet, sur *Halidrys; S. cirrosa*, Areschoug, Algæ Scandinavicæ exsiccatæ n° 7; Herb. Muséum Copenhague; stérile.

11. Bahusia, Släp Hall. bor.; juillet, sur *Halidrys; S. cirrosa* Ag., Areschoug, Algæ Scand. exsicc. n° 35; Herb. Thuret; sporanges uniloculaires et pluriloculaires.

12. Bahusia ; juillet; *S. cirrosa*, Rabenhorst, Algen Europa's n° 1457; sans substratum; Herb. Thuret; sporanges uniloculaires et pluriloculaires et propagules.

13. Bahusia, Lysekil; 28 août 1899; Börgesen leg. et ded.; sans substratum; sporanges uniloculaires.

14. Angleterre; sur *Halidrys; S. cirrosa*, John Cocks, Collection of British Sea-Weeds, n° 76; Herb. Thuret; quelques jeunes sporanges pluriloculaires.

15. Normandie, Cherbourg; Plage des Flamands, 5 août 1853; Rochers du Hommet, 7 août 1853; Baie Ste-Anne, 9 août 1853; sur *Halidrys;* Thuret leg. sub nom. *S. cirrosa* Ag.; Herb. Thuret; sporanges uniloculaires et pluriloculaires.

16. Normandie, Carteret, les Moitiers d'Allonne; juillet et août 1865 et 1866, sur *Halidrys;* Lebel leg. sub nom. nov. *S. amphicarpa* in Herb. Muséum Paris, Herb. Thuret et Herb. Sauvageau; sporanges uniloculaires et pluriloculaires.

17. Bretagne, Roscoff; 31 juillet 1900, sans substratum; juillet 1901, et 1901 sans date de mois, sur *Halidrys;* Mlle A. Vickers leg. et ded., sporanges uniloculaires et pluriloculaires.

18. Bretagne, Brest; sur *Halidrys;* « *Sphacelaria cirrosa* Ag., Crn. Alg. mar. Finist., n° 33, ex Herb. Crouan; rade de Brest ». Crouan scripsit; Herb. Muséum Paris; sporanges uniloculaires et pluriloculaires.

19. Bretagne, Quélern (Finistère); 16 septembre; Ledantec leg. et ded.; sans substratum; Herb. Thuret; sporanges uniloculaires et pluriloculaires.

20. Morbihan; sans substratum; « *Sphacelaria cirrhosa* Ag., M. Prouhet 1847; 197 Kütz; Morbihan » Lenormand scripsit; Herb. Lenormand (Faculté des Sciences de Caen); sporanges uniloculaires et pluriloculaires.

Sphacelaria bipinnata sur *Cystoseira fibrosa.* (Voy. plus loin p. 203).

Dans un autre Mémoire (1) j'ai donné à cette espèce le nom de *S. Lebelii* pour rappeler que le docteur Lebel, de Valognes, l'a distinguée il y a près de quarante ans, ainsi qu'en témoigne son Herbier (in Herb. Muséum Paris). Il l'a récoltée à différentes reprises sur des *Halidrys siliquosa* rejetés sur le rivage à Carteret (Manche). Ce *Sphacelaria* avait d'autant plus attiré l'attention de l'algologue normand que les parasites et les épiphytes sont rares sur l'*Halidrys*, et qu'il le trouvait garni simultanément de sporanges uniloculaires et pluriloculaires.

Mais, en réalité, les véritables caractères distinctifs de cette espèce ont échappé à Lebel. Il croyait qu'en plus des deux sortes de sporanges, le sphacèle renfermait aussi des éléments propagateurs et, pour rappeler cette particularité, il l'a distribuée à ses correspondants sous le nom, resté inédit, de *S. amphicarpa*. J'ai moi-même employé provisoirement [90] ce nom qui consacrait une erreur d'observation.

Depuis, grâce à l'obligeance de M. Lignier, professeur à la Faculté des Sciences de Caen, j'ai pu la rapporter avec certitude au *Stypocaulon bipinnatum* de Kützing. On sait que, pour Kützing, la présence de rhizoïdes corticants était un caractère distinctif du *Stypocaulon* par rapport au *Sphacelaria*. Il a décrit et figuré son *Stypoc. bipinnatum* [55, p. 28 et pl. 95] d'après une plante du Morbihan qui lui fut envoyée par Lenormand sous le n° 197; elle présente un axe couvert de rhizoïdes sur lequel des rameaux pennés portent de nombreux sporanges uniloculaires.

Or, j'ai vu dans l'Herbier Lenormand, avec l'étiquette citée plus haut, deux petites feuilles portant chacune plusieurs touffes.

1. C. Sauvageau, *Sur les* Sphacelaria *d'Australasie* (Notes from the Botanical School of Trinity College, Dublin, n° 5, 1902).

Celles-ci étant séparées de leur substratum, on ne peut en vérifier le parasitisme; néanmoins, la présence de rhizoïdes et de nombreux sporanges uni- et pluriloculaires ne laisse aucun doute sur l'identité de ce n° 197 avec la plante qui croît sur l'*Halidrys*. Le nom de *Sphac. Lebelii* sera donc remplacé par celui de *Sphac. bipinnata* (1).

Les nombreux échantillons que Mlle Vickers a bien voulu m'adresser de Roscoff (2) sont identiques à ceux de Crouan, de Lebel et de Thuret; je les prendrai comme types en faisant remarquer que je connais seulement des individus d'été.

Le *S. bipinnata* forme des touffes assez grosses, de 2 cm. de hauteur, prenant en herbier une couleur brun roux, tandis que celles du *S. cirrosa* ont généralement une teinte plus olivàtre; cette différence est un assez bon indice pour distinguer à l'œil nu les deux espèces séparées de leur substratum.

Le thalle pénétrant, inséré en un point quelconque du support, très nettement limité de celui de l'*Halidrys* (fig. 42, *A*) s'insinue assez profondément, sans jamais émettre de branches endophytes établissant une communication entre les touffes. Il en sort plusieurs filaments dressés; la touffe s'accroît latéralement par des rhizoïdes descendants puis rampants, qui restent plus ou moins lâchement enchevêtrés, et ne se soudent pas en disque; certains rampent plus ou moins loin, comme des stolons, adhèrent à la surface de l'*Halidrys* et émettent des filaments dressés pareils à ceux qui sortent de la portion endophyte; j'en

1. Piccone, probablement sous l'inspiration de Grunow, et d'ailleurs sans aucun renseignement, a cité un *Sphac. bipinnata* (Kütz.) dans ses Listes des Algues de Madère et des Canaries [84, p. 51 et p. 54] Or, les supports sur lesquels j'ai rencontré le *S. bipinnata* : l'*Halidrys siliquosa* et le *Cystoseira fibrosa* ne croissent ni à Madère ni aux Canaries, et, bien que Bory dise que le *Fucus siliquosus* est parfois jeté à la côte des Canaries (îles Fortunées) par les lames du large, il reste un doute sur l'identification de l'espèce citée par Piccone. — M. Reinke considérait le *Stypoc. bipinnatum* comme synonyme du *S. cirrosa*; il n'a donc pas eu l'occasion de créer la combinaison de noms employés ici.

2. Je ne connaissais encore le *S. bipinnata* que par quelques exemplaires d'herbier lorsque, parmi de nombreuses touffes de *S. cirrosa*, attachées au *C. discors*, récoltées à Roscoff le 31 juillet 1900, j'en remarquai deux, séparées de leur substratum, qui me semblèrent correspondre à la plante de Lebel, et m'ont incité à prier Mlle Vickers de rechercher en 1901 des *Halidrys* avec leur *Sphacelaria*. Je cite ce fait à l'appui de celui que j'ai signalé précédemment (p. 172) pour montrer que le *S. bipinnata*, méconnu jusqu'à présent, se distingue cependant bien du *S. cirrosa*, même isolé de son substratum.

ai vu quelques-uns s'épater en petit disque superficiel. Cette disposition, qui permet d'enlever des portions de touffe, com-

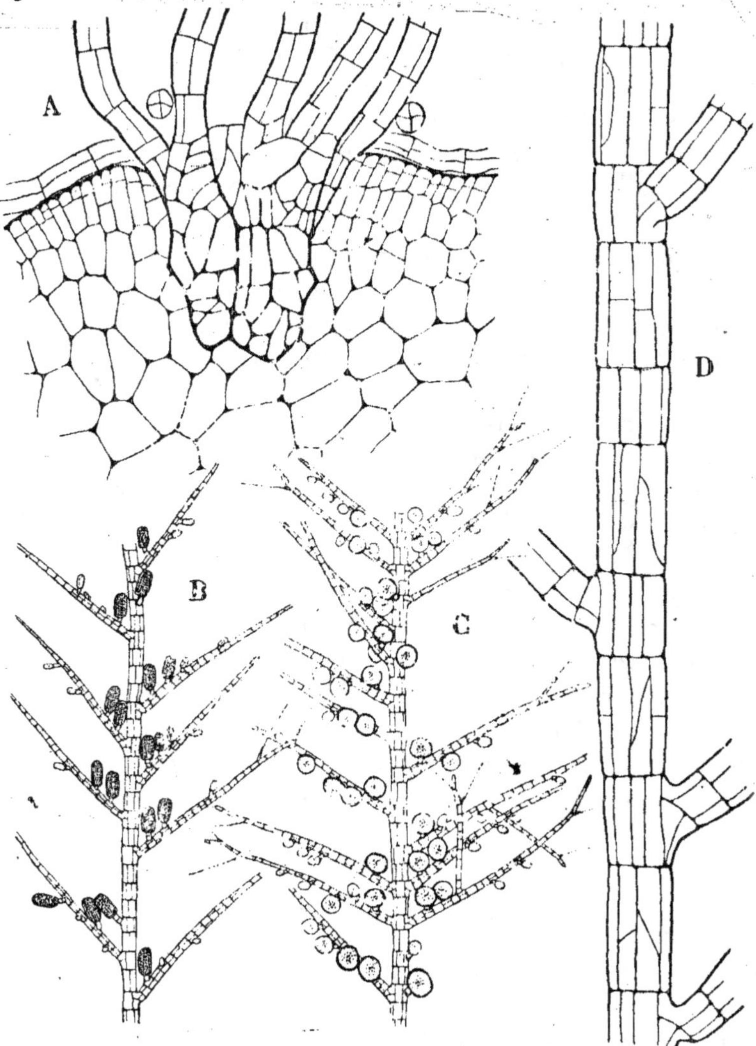

Fig. 42. — *Sphacelaria bipinnata* Sauv., de Roscoff, juillet 1901. — *A*, Coupe dans l'*Halidrys*, montrant la portion endophyte du *Sphacelaria*; on n'a pas représenté à la base des filaments les rhizoïdes corticants. (Gr. 150). — *B* et *C*, Rameau montrant la disposition des sporanges uniloculaires et pluriloculaires (Gr. 30). — *D*, Fragment d'un filament principal montrant la différence de hauteur des articles secondaires supérieurs et inférieurs, et le cloisonnement transversal ou oblique de ceux-ci (Gr. 150).

plètement épiphytes, a sans doute fait méconnaître le parasitisme originel du *S. bipinnata*, facile à constater cependant toutes les fois que l'on pratique une série de coupes par la base d'une touffe.

Les filaments principaux, ou axes, se terminent encore en été par un long sphacèle, et sont des pousses indéfinies. Plus étroits à la base, ils atteignent bientôt leur diamètre maximum qui varie de 50-80 μ; leur paroi, peu épaisse, laisse à la plante une certaine souplesse. Les articles secondaires sont parfois tous approximativement aussi larges que hauts; toutefois, les articles secondaires supérieurs, fertiles ou non, sont fréquemment plus courts que les articles secondaires inférieurs, comme on le voit sur la figure 42, *D* (1), et dans ce cas, ces derniers présentent souvent quelques cloisons transversales, ou obliques-incurvées. Le cloisonnement longitudinal est toujours moindre que dans le *S. Hystrix*. Les axes primaires émettent souvent, dès leur base, des rameaux aussi longs qu'eux et qui se comportent pareillement. Ils produisent des rameaux de premier ordre pouvant dépasser un centimètre de long, et ramifiés eux-mêmes une ou plusieurs fois. Leur diamètre va en diminuant, et on n'y retrouve plus la différence de hauteur signalée précédemment entre les articles secondaires; ceux qui sont monosiphoniés, ou presque monosiphoniés, ne sont pas rares. Tous les rameaux courts sont terminés en pointe, et leur caractère sympodial est très net. Les rameaux sont isolés ou opposés; parfois, leur disposition est régulièrement pennée, mais jamais suivant toute la longueur du filament qui les porte. Le nom spécifique de *bipinnata* ne doit pas induire en erreur; les rameaux primaires sont souvent simples.

Les axes qui s'élèvent directement du thalle endophyte ou épiphyte, et les filaments principaux qu'ils portent à leur base, produisent des rhizoïdes de 25-35 μ de diamètre d'autant plus nombreux, et insérés d'autant plus haut, que la plante est plus âgée. Ces rhizoïdes naissent sur les articles secondaires inférieurs ou supérieurs; ils descendent le long des filaments sans y adhérer, en se dirigeant directement vers la base, ou en s'enroulant en spirale; ils se recouvrent mutuellement et donnent aux filaments un diamètre double ou triple. Sur eux, naissent parfois en abondance des filaments dressés qui restent habituel-

---

1. J'ai indiqué le même fait chez le *S. spuria.*

lement grêles, simples et courts, deviennent fructifères et rendent ainsi très touffue la partie inférieure des filaments principaux. D'ailleurs, les rhizoïdes fructifères ne sont pas rares, en particulier ceux qui s'écartent des filaments; ils produisent, çà et là, des sporanges uniloculaires ou pluriloculaires.

Tous les échantillons de Roscoff portaient des sporanges. Généralement, l'ensemble de la ramification d'un axe en produit d'une seule sorte; toutefois, on rencontre souvent les sporanges uniloculaires et pluriloculaires dans une même touffe, mais rarement mélangés sur un même rameau. Ils sont bien plus abondants sur les rameaux de dernier ordre que sur les filaments longs, sont assez régulièrement distribués de la base au sommet d'un même rameau, sur des génératrices quelconques, mais toujours sur les articles secondaires supérieurs.

Les sporanges uniloculaires sont particulièrement nombreux (fig. 42, *C*); une touffe en renferme des milliers. Ovales au début, puis complètement sphériques, ils sont souvent un peu aplatis lors de la maturité, et masquent leur pédicelle toujours court et unicellulaire; leur plus grand diamètre, souvent de 90 μ, varie de 85 à 120 μ (fig. 41, *L*). La paroi s'épaissit progressivement; lors de la maturité, elle se gonfle beaucoup au sommet, suivant un cercle, puis se dissout sans bavures, et le sporange vidé conserve sa forme sans se plisser. Un nouveau sporange peut naître dans sa cavité. Il n'est pas rare qu'un sporange se développe au sommet d'un rameau.

Les sporanges pluriloculaires sont portés par un pédicelle uni- ou bicellulaire, avec la même disposition que les précédents, comme on le voit sur la figure 42, *B,* où les trois sporanges inférieurs étaient vidés et où les deux rameaux inférieurs montrent les pédicelles de sporanges vidés ou détruits. Leur structure et le mode de déhiscence sont les mêmes que dans le *S. Hystrix,* mais leur paroi paraît se détruire plus rapidement. Ils sont cylindriques, hauts de 72-120 μ, souvent 100 μ, larges de 40-60 μ, souvent 50 μ. Sur tous les échantillons que j'ai eus entre les mains, secs ou conservés dans l'alcool, les sporanges pluriloculaires étaient assez foncés, comme si leurs éléments motiles possédaient des chromatophores, et cependant toutes les logettes que j'ai mesurées sur les sporanges vidés avaient approximativement 4-5 μ de hauteur. En conséquence, les zoospores sont donc toutes semblables, et leurs dimensions doivent bien peu différer de celles des anthérozoïdes du *S. Hystrix.*

Les sporanges uniloculaires, que par analogie on a tout lieu de considérer comme asexués, sont tellement abondants qu'ils pourraient amplement suffire à la propagation de la plante. Si les sporanges pluriloculaires ne sont pas des anthéridies devenues inutiles, ce qui à priori est peu probable (1), on doit s'attendre à trouver chez le *S. bipinnata* une reproduction isogamique, par opposition à la reproduction hétérogamique des *S. Hystrix* et *S. Harveyana.*

Le *S. bipinnata* existe probablement sur les côtes de Bretagne et de Normandie, partout où croît l'*Halydris.* D'après les frères Crouan, il est fréquent à Brest, car, dans leur Florule [67, p. 164], et sur l'étiquette du n° 33 de leur exsiccata [52], ils citent le *S. cirrosa* « sur l'*Halydris siliquosa* et diverses Algues ». Ils ont donné à l'Herbier du Muséum un grand fragment d'*Halydris* portant une douzaine de touffes d'un *Sphacelaria* qui est bien celui de Lebel, et dont j'ai vérifié le parasitisme. La plante récoltée par Ledantec, à Brest, paraît plus âgée que les autres plantes françaises examinées; le sommet des filaments principaux est cloisonné en articles courts; d'ailleurs, les articles des plus gros filaments, de 80-85 μ de largeur, sont tous moins hauts que larges, et cependant les cloisons transversales ne sont pas rares. Les articles de la plante communiquée à Kützing par Lenormand sont pareillement moins hauts que larges, comme Kützing l'indique dans sa diagnose ; je ne les ai pas vu divisés par des cloisons transversales. Au contraire, l'exemplaire anglais de John Cocks et ceux récoltés en Scandinavie par Areschoug, M. Foslie, M. Börgesen, correspondent bien à la plante de Roscoff.

Les exemplaires de Lyngbye appartiennent aussi certainement au *S. bipinnata.* Ils sont très fructifères, plus trapus que les précédents, et furent sans doute récoltés à un moment plus avancé de la saison. D'ailleurs, Lyngbye avait probablement en vue cette espèce quand il a décrit son *S. pennata* dans le *Tentamen* [19, p. 105 et pl. 31] (2), bien qu'il le cite seulement

1. Cependant, j'ai montré naguère [99,2] que tel est le cas chez le *Tilopteris.*
2. La description et la figure du *Conferva pennata,* dans le *Flora Danica* (Pl. 1486), sont bien inférieures à celles du *Tentamen.*

sur « *Fucus serratus, Ahnfeltia plicata, Laminaria saccharina* et autres Algues »; malheureusement, tous ses exemplaires sont séparés de leur substratum.

Néanmoins, il n'est pas possible de reprendre l'ancien nom de *S. pennata,* au lieu de *S. bipinnata,* pour l'opposer à *S. cirrosa.* On croirait en effet que Lyngbye récoltait simultanément les touffes sur des supports variés, puis en faisait au hasard des parts à distribuer. C'est ainsi que les deux échantillons de l'Herbier de Copenhague, cités plus haut, sont bien le *S. bipinnata,* mais mélangé à un *S. cirrosa* ordinaire croissant sur une Floridée (*Polysiphonia ?*); un autre exemplaire, de la même collection, marqué « *Conferva pennata,* Lyngbye dedit », est un *S. cirrosa* stérile, à ramification peu régulière, épiphyte sur une Floridée. Enfin, j'ai encore examiné, dans cette collection, une plante marquée « *Conferva scoparia, Ceramium pennatum* Roth, Lyngbye dedit », qui est un *Chætopteris plumosa* vieux et bien fructifié. En outre, la plante distribuée par Greville sous le nom de *S. pennata,* dans les *Algæ Britannicæ* est un *S. cirrosa* ordinaire né sur le *Corallina officinalis.* J'ai déjà dit plus haut qu'un exemplaire de *Conferva pennata* donné par Dillwyn est le *Sph. plumigera.*

Aucun des exemplaires précédents ne possédait de propagules. J'en ai vu seulement sur la plante récoltée dans la mer du Nord par M. Magnus, représentée dans l'Herbier de Copenhague par un grand fragment d'*Halidrys* qui porte plusieurs touffes parasites, et sur la plante détachée de son substratum, distribuée par Rabenhorst. Sur la première ils étaient rares ; quelques rameaux portaient en outre des sporanges uniloculaires, rares aussi, et je n'ai point vu de sporanges pluriloculaires. Sur la seconde, les sporanges sont de deux sortes, mais peu nombreux, tandis que les propagules sont fréquents ; ceux-ci sont trifurqués, à rayons légèrement rétrécis à leur base; le poil médian est court, à peine sorti de sa gaîne; la forme des rayons des propagules rappelle celle de la variété du *S. cirrosa* que je décris plus loin sous le nom de *septentrionalis.* A part cela, ces deux plantes sont identiques à celle de Roscoff.

La rareté des propagules sur le *S. bipinnata,* et leur présence sur des exemplaires peu fructifiés, ne sont probablement pas de simples coïncidences, mais plutôt la conséquence du nombre habituellement considérable de sporanges uniloculaires. Or, dans sa liste des Algues de Berwick, M. Batters [89, p. 63] cite le *S. cirrosa* comme « épiphyte sur l'*Halidrys siliquosa*, le *Cladophora rupestris* et diverses autres Algues »; il dit que la plante fructifie en juin et juillet et ajoute : « les propagules, dont la taille varie notablement, sont beaucoup plus communs chez nous que les sporanges, qui ont été rarement trouvés sur les spécimens de Berwick ». Il y aurait lieu de rechercher si la remarque de M. Batters s'applique indistinctement au *S. cirrosa* des divers substratums, ou seulement au *S. cirrosa* autre que celui de l'*Halidrys*, lequel, à Berwick comme dans la Manche et en Scandinavie, est sans doute le *S. bipinnata*.

*
* *

Du fait que tous les exemplaires de *S. bipinnata*, encore attachés à l'*Halidrys*, que j'ai examinés, présentent des caractères constants, distinctifs des *S. cirrosa* nés dans d'autres conditions, j'ai conclu que les exemplaires d'herbier cités plus haut, complètement séparés de leur substratum, avaient été parasites sur l'*Halidrys*.

L'*Halidrys* habite le nord de l'Europe ; on le rencontre en place seulement à basse mer, mais comme il peut flotter facilement et longtemps, il est souvent entraîné par les courants et rejeté sur les côtes ; aussi, sa limite méridionale est-elle mal déterminée. Montagne le cite aux Canaries ; je doute qu'il y croisse réellement. Je l'ai signalé moi-même dans le Golfe de Gascogne, sur la côte nord de l'Espagne, et à La Corogne ; cependant je ne l'y ai jamais récolté en place, bien que j'aie herborisé par de très bonnes marées ; l'embouchure de la Gironde est peut-être sa limite méridionale réelle. En mars 1900 et en juin 1902, je l'ai trouvé en quantité considérable, à basse mer, à Ars-en-Ré (Ile de Ré); toutefois, malgré une recherche attentive, je l'ai toujours vu intact, sans autre épiphyte que quelques très rares touffes d'*Ectocarpus fasciculatus*. D'ailleurs, il est possible qu'il en soit toujours ainsi, malgré ce que j'ai dit précédemment de la fréquence du *S. bipinnata* dans les Herbiers, récolté sous le nom de *S. cirrosa*. En effet, Lebel spécifie dans ses notes qu'il trouve le *Sphacelaria* sur des *Halidrys* rejetés à la côte, et tous les exemplaires récoltés par Thuret à Cherbourg ont également été pris sur des *Halidrys* rejetés, bien que celui-ci y soit abondant à basse mer.

Le *S. bipinnata* croît donc probablement, tout au moins en France, sur des individus d'*Halidrys* de la mer profonde ne découvrant pas à basse mer. Il n'en est pas de même dans le Nord; d'après M. Foslie (*in litt.*) on peut le récolter par de bonnes marées sur la côte de Norvège où il est fréquent.

Cependant, le *S. bipinnata* habite un autre substratum : le *Cystoseira fibrosa*, sur lequel je l'ai récolté en place à l'île de Ré (7 juin 1902) et à La Corogne (novembre 1895) et sur un exemplaire rejeté à Guéthary (31 mai 1898). Or, la distribution géographique du *C. fibrosa* est inverse de celle de l'*Halidrys*; on le rencontre au Maroc, mais tandis qu'il croît en Irlande et sur les côtes de la Manche, il ne remonte pas jusqu'au Nord de l'Angleterre. Par suite, ces deux Fucacées pourraient donc se suppléer comme substratum du *S. bipinnata*; toutefois les observations à ce sujet manquent jusqu'à présent. Si le parasite de l'*Halidrys* a été constamment confondu avec le *S. cirrosa*, les chances étaient assurément plus grandes pour qu'il en fût de même du parasite du *C. fibrosa*, support beaucoup plus banal dans notre pays.

La plante du *C. fibrosa* a les mêmes caractères que celle de l'*Halidrys*. Toutefois, son parasitisme, quoique fort net est moins large et moins apparent. Les exemplaires de Guéthary, peu nombreux et chétifs, montraient uniquement des sporanges et pas de propagules. A l'île de Ré, le *S. bipinnata* n'était pas rare, mais ses touffes étaient en partie cachées par l'*Ectocarpus fasciculatus* beaucoup plus abondant ; un bon nombre d'entre elles étaient stériles, d'autres présentaient des sporanges uni- et pluriloculaires et des propagules. Sur certains filaments, ceux-ci étaient abondants ; leur poil médian avortait souvent de bonne heure, comme dans l'exemplaire de Rabenhorst, cité plus haut, mais d'autres fois se développait normalement ; les rayons sont plus longs et plus fusiformes. Le *S. bipinnata* était au contraire le seul parasite du *C. fibrosa* de La Corogne; il présentait, outre les sporanges, des propagules dépourvus de poils et à rayons épais et fusiformes.

Lloyd a distribué le *S. bipinnata* dans ses « Algues de

l'Ouest de la France » sous le n° 113 et comme *S. cirrosa*, avec la remarque suivante : « Parasite sur plusieurs Algues. —. Les échantillons en forme de boule représentent la var. *ægagropila*; ils ont été cueillis à Belle-Ile en juillet-août 1848 sur le *Cystoseira fibrosa*, ou bien étaient jetés à la côte ». Assurément, dans l'esprit de Lloyd, parasite est employé dans le sens d'épiphyte. Or, les échantillons de cette collection que j'ai examinés sont parasites, correspondent parfaitement au *S. bipinnata* et portent des sporanges des deux sortes et quelques très rares propagules. Les rameaux primaires sont longs, et garnis de rameaux secondaires courts, très rapprochés, qui donnent à la plante une plus grande raideur. Les exemplaires que Lloyd attribue à la var. *ægagropila* sont simplement plus touffus.

La présence de propagules sur les exemplaires parasites du *C. fibrosa* était intéressante à signaler; de plus, autant qu'on en peut juger d'après quelques échantillons, les rayons des propagules du *S. bipinnata* paraissent varier comme ceux du *S. cirrosa*.

Ainsi, le *S. bipinnata* est nettement distinct du *S. Hystrix*. Il n'a pas le même substratum ; il est plus grand et plus souple ; ses rhizoïdes bien plus abondants, souvent corticants, enchevêtrés et touffus à la base, émettent des stolons écartés au lieu de former un petit thalle dense, appliqué. Le *S. Hystrix* présente une alternance de générations entre une plante petite, sexuée, printanière, et une plante plus grande, asexuée, estivale. Le *S. bipinnata*, au contraire, est d'aspect constant, et jusqu'à présent rien n'indique une alternance de générations ; les propagules, qui paraissent plus rares que les sporanges pluriloculaires, peuvent coexister avec eux. Les organes pluriloculaires, à logettes de deux dimensions chez le *S. Hystrix*, sont uniformes chez le *S. bipinnata*.

Bien que M. Reinke ait décrit les sporanges uniloculaires du *S. Hystrix*, je n'en ai moi-même jamais rencontré; ils doivent être très rares. Ils sont très fréquents au contraire chez le *S. bipinnata*, mais diminuent beaucoup de nombre sur les individus pourvus de propagules.

La présence ou l'absence de sporanges uniloculaires, organes asexués de reproduction, paraît donc, aussi bien chez le

S. Hystrix que chez le *S. bipinnata,* en relation étroite avec celle des propagules, organes de multiplication végétative ; il y a un balancement organique entre les deux sortes d'organes. Quant aux organes pluriloculaires, ils semblent indiquer une sexualité hétérogamique chez le *S. Hystrix,* une sexualité isogamique chez le *S. bipinnata* (1).

Il est possible, comme on le dira à propos du *S. cirrosa,* que le *S. bipinnata* existe en Nouvelle-Zélande.

Sphacelaria bipinnata Sauvageau. — Plante en touffes volumineuses et souples, de 1-2 centim. de hauteur, prenant souvent en herbier une couleur brun roux. Thalle inférieur, pénétrant en faisceau compact bien limité, puis en outre épiphyte par ses rhizoïdes formant un amas spongieux assez volumineux et des stolons d'où s'élèvent aussi des filaments dressés. Axes, ou pousses indéfinies, de 50-85 µ de largeur, à articles secondaires moins hauts ou aussi hauts que larges, parfois à articles secondaires inférieurs plus hauts que les supérieurs, peu cloisonnés longitudinalement, émettant souvent à leur base des rameaux pareils à eux. Rameaux primaires longs, ramifiés une ou plusieurs fois, les derniers rameaux souvent monosiphoniés. Rhizoïdes descendants nés sur la portion inférieure des axes, nombreux, souvent corticants ; quelques-uns, errants, portent parfois des organes reproducteurs. — Sporanges uniloculaires fréquents, à pédicelle unicellulaire, de 85-120 µ, souvent 90 µ. Sporanges pluriloculaires fréquents, à pédicelle uni- ou bicellulaire, nés habituellement sur d'autres filaments, cylindriques, de 72-120 µ, souvent 100 µ, sur 40-60 µ, souvent 50 µ, uniformément à logettes petites, de 4-5 µ de hauteur. Propagules plus rares, à 3 rayons, à poil médian souvent court ou à peine sorti de sa gaine.

Hab. — Parasite sur *Halidrys siliquosa.* Norvège ! Suède ! Angleterre ! Normandie ! Bretagne ! et probablement partout où croît l'*Halidrys.*

Parasite sur *Cystoseira fibrosa.* Belle-Ile ! Ile de Ré ! Guéthary ! La Corogne ! et probablement partout où croît le *C. fibrosa.*

---

1. Je ne connais pas le *S. bipinnata* dans la Méditerranée. Cependant, Kützing a décrit [40, p. 463] et figuré [55, Pl. 89, fig. 1] un *Sph. rhizophora* croissant à Naples sur de grandes Algues. Hauck, M. Ardissone, M. Reinke considèrent cette espèce comme synonyme du *S. cirrosa,* tandis que ni M. Falkenberg ni M. Berthold ne la citent dans leurs Listes des Algues de Naples. La plante a un centimètre de hauteur ; sa taille et la présence de rhizoïdes font penser au *S. bipinnata.*

D. — **Sphacelaria fusca** Agardh.

Dillwyn rapporte avec doute au *Conferva fusca* de Hudson la plante qu'il a décrite et représentée dans ses *British Confervæ* [09, tab. 95]. Elle formait, sur les pierres et les rochers, des touffes hautes de 3 à 5 pouces. Ses filaments portaient des sporanges uniloculaires, globuleux, petits, sessiles ou brièvement pédonculés et des propagules [tab. 95, fig. *B* et *C*].

C. Agardh [28, p. 35] fait de cette Conferve un *Sphacelaria*, d'après la description donnée par Dillwyn. J. Agardh, qui en parle ensuite [48, p. 33], dit que cette plante est mal connue, que Dillwyn même la connaissait imparfaitement, attendu que celui-ci lui envoya un *Polysiphonia* sous le nom de *Conferva fusca*, alors que le dessin publié dans les *British Confervæ* est évidemment un *Sphacelaria*.

Harvey a décrit et figuré le *S. fusca* [46, Pl. CXLIX] d'après deux exemplaires reçus l'un de Mrs. Griffiths, l'autre de Ralfs (1), mais il avoue être d'autant moins sûr de son identification que sa plante a 1-2 pouces de long, tandis que Dillwyn lui en attribue 3-5. Il a donné une vue d'ensemble qui montre bien le port de la plante et un dessin grossi d'un propagule trifurqué dont le pied s'élargit régulièrement de la base au sommet, et dont les rayons se terminent en pointe. C. Agardh est l'auteur de la combinaison de noms : *Sphacelaria fusca*, mais Harvey est en réalité l'auteur qui a distingué la plante ainsi désignée (2).

Lorsque Kützing publia son *Species Algarum*, il ne connaissait le *S. fusca* que par les descriptions [49, p. 464], mais plus tard, dans ses *Tabulæ* [55, pl. 90], il l'a représenté d'après un exemplaire anglais, et son dessin correspond très bien à celui de Harvey. MM. Holmes et Batters [92, p. 81] considèrent le *S. fusca* de Harvey comme une variété *fusca* Holm. et Batt. du

---

1. Les trois premières localités citées par Harvey sont simplement copiées dans le livre de Dillwyn.

2. D'ailleurs, il ne me paraît pas certain que la plante de Harvey soit la même que celle de Dillwyn. Sur la figure *B*, de Dillwyn, les propagules trifurqués ont leurs trois rayons renflés à l'extrémité, ce qui correspondrait plutôt à des propagules jeunes du *S. cirrosa* de la forme *meridionalis*. Mais en l'absence de comparaison avec des échantillons authentiques, toute discussion serait oiseuse.

S. cirrosa. Ils l'ont récolté sur différents points du littoral de la Grande-Bretagne, mais ils ne donnent aucun détail à son sujet. Enfin, M. Reinke [91, 2, p. 10] en fait un simple synonyme du *S. cirrosa.*

Le *S. fusca* paraît avoir beaucoup embarrassé les frères Crouan. Dans leur exsiccata des Algues marines du Finistère, ils ont distribué sous le n° 35 un *S cirrosa* var. *fusca* Crouan mscr. qu'ils rapportent à la plante de Dillwyn. Puis, dans leur Florule [67, p. 164], ils reviennent sur cette détermination et attribuent leur n° 35 au *S. cirrosa* var. *patentissima* de Greville, bien que, en réalité, celui-ci soit totalement différent. En même temps, ils rétablissent le *S. fusca* comme espèce distincte, pour une autre plante du Finistère. Or, j'ai étudié deux exemplaires de leur n° 35 : l'un de l'Herbier Thuret, l'autre de la Faculté des Sciences de Dijon qui, l'un et l'autre, sont des filaments lâchement ramifiés à rameaux longs et semblables aux axes. Le premier porte à la fois quelques sporanges uniloculaires et un grand nombre de propagules, et c'est peut-être sur l'ensemble de ces deux caractères que les frères Crouan ont jugé avoir en main la plante de Dillwyn. Mais, en réalité, ce n° 35 ne correspond pas du tout à la plante de Harvey, car les propagules trifurqués ont leurs trois rayons courbés, un peu renflés en leur milieu, rétrécis à leur base, comme ceux du *S. cirrosa.* Le deuxième exemplaire, au contraire, porte seulement des propagules à pied cylindrique grêle, et deux rayons rectilignes, cylindriques ; c'est plutôt un *S. furcigera* en mauvais état.

Le *S. fusca* que les frères Crouan rapportent dans leur Florule, avec un point d'affirmation, à la plante figurée par Harvey, n'a pas été distribué en exsiccata, mais il est représenté, dans l'Herbier du Muséum, par deux touffes authentiques, faisant partie d'une collection d'Algues donnée au Muséum par ces botanistes, et aussi dans l'Herbier Lenormand par quelques touffes de même origine. Ces échantillons, qui croissaient sur des pierres, sont complètement stériles ; les quelques propagules trifurqués que j'ai rencontrés étaient mêlés ou adhérents à la plante, mais pas nés sur elle, et je n'ai vu aucun stérigmate. Malgré cela, l'aspect général correspond si bien à celui de la plante de Harvey que je n'hésite pas à accepter la détermination des frères Crouan.

La description et les dessins de Harvey restent donc les meilleurs documents sur lesquels s'appuie le *S. fusca,* qui me paraît suffisamment caractérisé pour être rétabli comme espèce. On verra que je l'ai retrouvé en Bretagne, et il est probable que, mieux connu, il paraîtra moins rare.

J'ai étudié dans l'Herbier Harvey (Trinity College, Dublin) un échantillon marqué « *S. fusca,* Sidmouth, June 1827, Mrs Griffiths » accompagné d'un croquis fait par Harvey, et qui, selon toute apparence, est la plante authentique, et un autre échantillon très semblable marqué « *S. fusca,* Exmouth, Mrs Gulson » qui est la même plante, mais en moins bon état de conservation. J'ai étudié aussi dans l'Herbier Lenormand une touffe accompagnée de la mention « *Sphacelaria fusca* Ag., St Michael's Mount, Cornwall » (Harvey scr.) « M. Harvey 1847 » (Lenormand scr.), qui est sans aucun doute une portion de l'envoi de Ralfs à Harvey. La plante a 2-3 centimètres de hauteur ; sa ramification est très espacée, et les filaments principaux, presque cylindriques, mesurent 60 μ, parfois 70-80 μ à leur base ; les plus âgés se terminent graduellement en pointe avec des poils plus rapprochés. Les rameaux sont longs, presque toujours isolés, parfois de même diamètre que l'axe qui les porte (mais non constamment comme sur le dessin de Harvey) et certains rameaux courts sont notablement plus étroits ; les articles, aussi longs ou plus longs que larges, ne sont pas cloisonnés transversalement. Harvey dit, après Dillwyn, que les articles sont marqués d'une bande transversale médiane ; cette apparence, due à des globules de matière tannique dont la distribution dépend probablement du procédé de dessiccation, n'a pas la régularité que leur attribue l'auteur anglais, ni rien de caractéristique (1). Les poils n'ont pas été remarqués par Harvey ; ils sont cependant nombreux. Les propagules, trifurqués et caractéristiques, naissent souvent au-dessous d'un poil. Leur pied, étroit à la base, s'élargit graduellement jusqu'au sommet (fig. 43) ; les rayons sont rectilignes, raides, non rétrécis à leur insertion, cylindriques ou légèrement atténués de la base au sommet ; ils ne sont jamais pointus, comme sur les dessins

1. J'ai déjà eu l'occasion de faire la même remarque à propos du *S. brachygonia.* Cette disposition du contenu cellulaire n'est d'ailleurs pas rare.

de Harvey et de Kützing. Voici sans doute à quoi tient cette
différence : les deux articles de l'extrémité de chaque rayon,
même sur les propagules d'aspect adulte, sont plus longs que
les autres, non cloisonnés, et à paroi plus mince ; par suite, sur

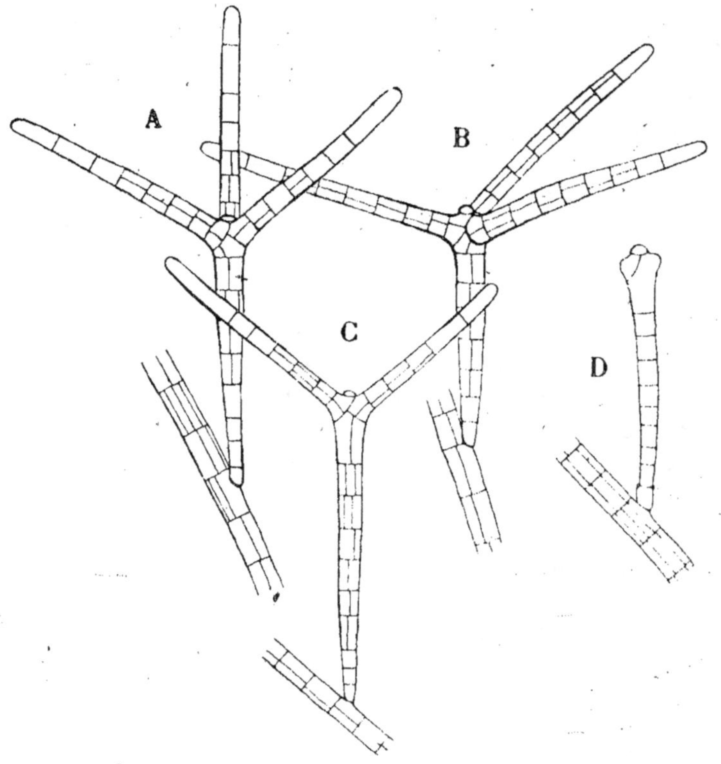

Fig. 43. — *Sphacelaria fusca* Agardh. — *A, B,* Propagules adultes trifurqués, et *C,* propagule jeune bifurque, pris sur la plante de Sidmouth. — *D,* Propagule très jeune, pris sur la plante de Saint-Malo (*A* à *D*, Gr. 80).

des échantillons secs, ils sont plus ratatinés, plus rétrécis, et les
rayons semblent pointus ; toutefois, ce n'est qu'une apparence.
On trouve aussi quelques propagules à deux rayons (fig. 43, *C*),
mais non situés dans un même plan avec le pied, ce qui indique
l'avortement du troisième rayon. Le sphacèle en calotte, bien
marqué, n'est jamais prolongé en poil. Par sa faible ramification,
et surtout par la forme de ses propagules, le *S. fusca* est suffisamment distinct du *S. cirrosa* pour en être séparé spécifiquement.

C'est bien la même espèce que Thuret a récoltée à Saint-Malo. La plante, d'un brun roux, présente à l'œil nu un aspect un peu différent du *S. cirrosa* ordinaire ; on devine que les filaments sont moins ramifiés et plus parallèles ; elle a un peu l'aspect d'un *S. radicans* qui serait épiphyte. Ce *S. fusca* formait sur le *Cladophora rupestris* de nombreuses touffes étroites à la base, rapprochées mais isolées, nées sur un petit disque rampant qui, peu à peu, s'étend et finalement entoure la cellule de *Cladophora* d'un collier cylindrique, qui la serre sans la tuer, car elle réagit en épaississant notablement sa membrane ; à une petite distance au-dessus et au-dessous, celle-ci reprend son épaisseur normale (1). Sur la plante de Saint-Malo, comme sur celle d'Angleterre, les filaments dressés n'émettent aucun rhizoïde. Les touffes sont en très bon état ; sur certaines, les rameaux longs, arrivant tous à la même hauteur, sont un peu plus étroits que le filament principal émis par le thalle rampant, et on peut suivre celui-ci de la base au sommet. Les propagules, abondants, correspondent bien à ceux des exemplaires anglais ; tous ont des rayons (habituellement 3, rarement 2) rectilignes, cylindriques ou graduellement atténués, jamais rétrécis à leur insertion ni renflés en fuseau, à l'inverse de ce qui se voit chez le *S. cirrosa*, et le sphacèle en calotte ne se prolonge pas en poil.

Je n'ai vu ni sur la plante anglaise ni sur celle de Saint-Malo, les sporanges uniloculaires figurés par Dillwyn.

J. Agardh a distribué, sous le nom de *Sphacelaria Novæ-Hollandiæ* Harv., dans la collection « Algæ Mullerianæ, Curante J. G. Agardh distributæ » une plante qui se rapproche beaucoup du *S. fusca,* et que j'ai étudiée sur les exemplaires de

---

1. Le *Cladophora rupestris* est plus souvent chargé de végétations épiphytes que les autres espèces du genre, car il est pérennant et croît à des niveaux variés. J'ai pensé cependant qu'il pourrait être un substratum habituel du *S. fusca.* En effet, si les touffes insérées sur un filament de *Cladophora* sont assez rapprochées l'une de l'autre, elles paraissent de prime abord n'en faire qu'une, et l'on s'expliquerait ainsi la hauteur de 3-5 pouces, vraiment excessive pour un *Sphacelaria,* que Dillwyn attribue au *S. fusca.* Toutefois, j'ai trouvé un *S. cirrosa,* de Brest, sur le même *Cladophora rupestris ;* mon hypothèse ne peut donc être vraie qu'en partie. J'ai déjà rappelé que M. Batters cite à Berwick le *C. rupestris* [89, p. 63], comme l'un des supports habituels du *S. cirrosa ;* il y aurait lieu de rechercher si le *S. cirrosa* et le *S. fusca* y sont réunis.

l'Herbier Thuret (1). Elle diffère de celle d'Angleterre et de Bretagne par le plus grand diamètre des filaments principaux qui mesurent 100-110 μ à la base, et par une ramification plus serrée au sommet. Mais les propagules, très nombreux, sont bien les mêmes, et aucun sphacèle en calotte ne se prolonge en poil. J'ai trouvé dans les touffes, d'assez nombreux propagules en germination, retenus par des *Calothrix* et des détritus. Or, tous, au lieu de former un disque, allongeaient leur pédicelle ou leurs rayons en un filament rampant, mais encore insuffisamment long pour indiquer son rôle ultérieur ; le mode de germination des propagules du *S. fusca* est peut-être différent de celui des *S. Hystrix* et *S. cirrosa*.

Sphacelaria fusca Agardh. — Plante en touffes de 2-3 centim. de hauteur. Thalle inférieur en disque petit, compact, d'une seule épaisseur de filaments rayonnants. Filaments dressés de 60-80 μ de largeur (100-110 sur la plante d'Australie), à rameaux longs peu nombreux, espacés (plus nombreux, surtout au sommet, sur la plante d'Australie). — Propagules à pédicelle s'élargissant graduellement de la base au sommet, à 3 rayons rectilignes, plus rarement 2, non rétrécis à leur base, cylindriques ou légèrement atténués de la base au sommet ; sphacèle en calotte ne se développant pas en poil. Sporanges uniloculaires et pluriloculaires inconnus.

Hab. — Sur des pierres et sur d'autres Algues (*Cladophora rupestris*). Angleterre ! (Sidmouth, Mrs Griffiths ; Exmouth, Mrs Gulson ; St Michael's Mount, Ralfs), Bretagne ! (Saint-Malo, Thuret ; Brest, Crouan), Australie ! (F. von Mueller).

E. — **Sphacelaria cirrosa** Agardh.

Échantillons étudiés :

1. Feroë, Svinö ; 1er novembre 1897 ; propagules ; Börgesen leg. et ded.
2. Norvège, Trondhjemfjord, Vanvick ; 18 août 1892 ; propagules ; *ibid.*, 19 août 1892 ; sporanges uniloculaires rares et propagules nombreux ; Foslie leg. et ded.

1. Ils sont séparés de leur support, et ont probablement été détachés de plus grandes Algues, sur lesquelles ils étaient épiphytes, envoyées en vrac par Ferd. von Mueller. Il serait donc possible que les exemplaires adressés par J. Agardh à d'autres grandes collections ne correspondissent pas à ceux de l'Herbier Thuret.

3. Norvège, Haugesund ; juillet 1900, sur le cuir d'un vieux soulier dragué à 25 mètres de profondeur, mélangé au *Chætopteris*, propagules ; E. Norum leg. et ded.

4. Norvège, Svinor; 17 août 1885, sur *Rhodomela ;* propagules ; Foslie leg. et ded. — Le *Rhodomela* portait aussi des touffes de *S. furcigera* (1).

5. Norvège, Svinor; 6 septembre 1885, sur feuilles de *Laminaria digitata;* 7 septembre 1885, sur *Polyides ;* 4 septembre 1895, sur *Polysiphonia nigrescens;* tous avec propagules; Foslie leg. et ded.

6. Norvège, Svinor ; 19 août 1885, sur *Asperococcus compressus;* propagules et sporanges uniloculaires; Foslie leg. et ded.

7. Mer du Nord; août 1889; sub. nom. *S. cirrosa* f. *ægagropila;* propagules ; Reinbold leg.; Herb. Thuret.

8. Helgoland ; 13 septembre 1893, sur *Cladostephus;* propagules; Kuckuck leg. et ded.

9. Bahusia ; août, sur Fucacée ; propagules; Areschoug leg. (*Algæ Scandinavicæ exsiccatæ* n° 109); Herb. Thuret.

10. Kattegat, Hofmansgave ; septembre 1826, sur *Fucus serratus ;* propagules et sporanges uniloculaires très rares ; Vahl leg.; Herb. Mus. Copenhague.

11. Kattegat, Trindelen ; 21 septembre 1893; propagules; Rosenvinge leg. ; Herb. Mus. Copenhague.

12. Kiel ; octobre 1888; propagules et sporanges uniloculaires (Hauck et Richter, *Phykotheka universalis* n° 367). Reinke leg.; Herb. Thuret et Herb. Mus. Copenhague.

1. Le *S. furcigera* n'avait pas encore été cité sur la côte de Norvège. Les propagules présentent exactement les mèmes variations que sur la plante d'Helgoland (Voy. p. 152). Ces variations semblent donc bien sous la dépendance de la latitude. (Pour le *S. furcigera,* voy. en outre p. 214.)

Je signalerai en même temps la présence du *S. britannica* aux Feroë, d'après un échantillon fructifié que M. Börgesen m'a récemment communiqué (sub n° 304). Cette espèce doit assurément se trouver aussi en Norvège.

Comme c'était à prévoir, le *S. olivacea* Pringsh. n'est pas limité à Helgoland. J'en ai vu dans l'Herbier du Muséum de Copenhague un exemplaire danois (Lille belt, 29 juin 1891) récolté par M. Rosenvinge; il est stérile, mais avec un beau disque et suffisamment caractérisé. M. Foslie m'en a communiqué un exemplaire norvégien, pourvu de sporanges uniloculaires, récolté par M. Strömfelt à Mosterhavn, sur un stipe de *Laminaria hyperborea.* Le pédicelle de ces sporanges est simple, comme sur la plante d'Helgoland, et non ramifié, comme sur la plante de Kiel, rapportée par M. Reinke au *S. olivacea.*

Enfin, je signale encore comme plantes danoises intéressantes, vues dans l'Herbier du Muséum de Copenhague, le *S. plumigera* (Sundet, Steom Fyr, 2 août 1894, Rosenvinge leg.) et la forme écossaise du *S. racemosa* (Aalborg Bugt, 15 juillet 1892, Rosenvinge leg.).

Ce même Herbier me permet de rapporter le *S. fasciculata* de Schousboe au *S. brachygonia.* « Sous le nom de *Sphacelaria fasciculata,* dit M. Bornet

13. Grande-Bretagne, sur *Corallina officinalis;* propagules; Gre-
    ville leg. (*Algæ Britannicæ* n° 24, sub nom. *Sphacelaria pen-
    nata* Lyngb); Herb. Mus. Copenhague.

14. Grande-Bretagne, Bognor; novembre 1887; propagules; Holmes
    leg.; Herb. Thuret.

15. Grande-Bretagne, Ile de Wight, Steephill Bay; 15 janvier 1886 ;
    propagules et sporanges uniloculaires rares, Foslie leg. et ded.

16. Normandie, Cherbourg ; 19 juin 1857, sur *Cystoseira granulata;*
    stérile ; Thuret leg.; Herb. Thuret.

17. Normandie, Gatteville ; août-septembre 1847, sur *Cystoseira dis-
    cors;* propagules ; Thuret leg.; Herb. Thuret.

18. Bretagne, Roscoff; 31 juillet 1900, sur *Cystoseira discors ;* fin
    novembre 1900, sur *Corallina officinalis ;* touffes à sporanges
    uniloculaires moins nombreuses que celles à propagules;
    Mlle A. Vickers leg. et ded.

19. Bretagne, Roscoff; 9 février 1902, sur *Cystoseira granulata;* sté-
    rile ; Mlle A. Vickers leg. et ded.

20. Bretagne, Roscoff; 9 mai 1902, sur *Cladostephus verticillatus* et
    sur Floridées variées : touffes à sporanges uniloculaires moins
    nombreuses que celles à propagules ; Mlle A. Vickers leg. et ded.

21. Bretagne, Brest, Laninon ; 4 septembre 1884, sur *Cladophora ru-
    pestris;* propagules ; Ledantec leg.; Herb. Thuret.

22. Bretagne, Concarneau; 14 et 15 avril 1900, mélangé à *S. Plu-
    mula*, sur pierres draguées ; propagules ; Sauvageau leg.

23. Bretagne, Le Croisic; septembre 1891, sur *Fastigiaria furcel-
    lata;* sporanges uniloculaires nombreux, propagules rares;
    Sauvageau leg.

24. Ile de Ré, Ars-en-Ré ; 27 mars 1900 et 7 juin 1902, sur *Fucus*

[92, p. 240], Schousboe a décrit et figuré une Algue de Gibraltar qui a l'aspect
du *S. radicans* Harv. et qui porte, comme celui-ci, des sporanges globuleux
sessiles. Comme le *Sph. radicans* ne paraît pas avoir été observé plus bas que
le sud de la Bretagne, et que l'unique exemplaire vu par Schousboe ne s'est pas
trouvé dans sa collection, il m'est impossible de savoir exactement ce que l'auteur a voulu représenter. • Le manuscrit de Schousboe indique : • Semel tantum
legi inter Algas e Gibraltario missas cæspitibus *Sphacelariæ secundatæ* inter-
mixtam. • Or, l'Herbier de Copenhague renferme, sur deux micas, trois minuscules touffes de 1/2 centim. de hauteur, étiquetées par Schousboe : • *Sphacelaria
fasciculata* sp. nov. Schousb., tab. ined. Decbr. 1827. Tingi. » Cette plante,
qui est certainement le *S. brachygonia*, croît par conséquent à Tanger et à
Gibraltar. Ses filaments sont bien les mêmes que ceux de la plante de Montagne;
les propagules naissent par deux, superposés. Toutefois, ceux de la base sont
vieux et réduits à leur pédicelle; la plupart des autres sont très jeunes, comme
ceux que j'ai représentés sur la figure 32, *C*, d'où la ressemblance des filaments
qui les portent avec le *S. radicans;* enfin, plusieurs propagules sont parfaitement caractérisés, dans l'état représenté sur la figure 32, *F*. A sa base, la plante
forme de petits disques et des stolons; elle croît probablement sur des rochers.

serratus, nombreuses touffes stériles, quelques·unes à propagules ; 30 mars 1900, sur *Cladostephus. verticillatus*, stérile ;
Sauvageau leg.

25. Golfe de Gascogne, Guéthary ; mai à septembre 1898, sur rochers,
Lithothamnion, Halopithys, Codium adhærens, Cladostephus,
Araignées de mer, etc.; propagules. Biarritz, 8 juillet 1902, sur
rochers ; propagules ; Sauvageau leg.

26. Golfe de Gascogne, San Vicente de la Barquera (Espagne); 6 septembre 1896, sur *Cystoseira discors, Fucus vesiculosus crispatus;* propagules ; Sauvageau leg.

27. Golfe de Gascogne, Gijon (Espagne); 17 septembre 1895, sur *Cystoseira discors;* sporanges uniloculaires, sporanges pluriloculaires ; propagules ; 21 septembre 1895, sur *Chorda Filum;*
propagules ; Sauvageau leg.

28. Maroc ; « Algæ Schousboeanæ. *Sphac. cirrosa* Ag. n° 114 *Sph.
secundata* Schousboe (part.) (Born.) Tanger, décembre 1827 »;
propagules ; Herb. Thuret (1).

29. Madère, sur *Cystoseira;* Mandon leg. (*Algæ maderenses* n° 30);
propagules ; Herb. Mus. Paris.

30. Marseille ; février 1820 ; sporanges uniloculaires abondants, propagules rares ; Schousboe leg.; Herb. Thuret.

31. Presqu'île de Giens ; 17 mai 1899, sur *Cystoseira;* propagules ;
Sauvageau leg.

32. Antibes ; 28 février 1863 ; propagules ; Thuret leg.; Herb. Thuret : Ilette, 21 mai 1899, sur *Cystoseira*, et Golfe Jouan, 23 mai
1899, sur *Cystoseira;* propagules ; Sauvageau leg.

33. Nice ; propagules ; Herb. Lebel in Herb. Mus. Paris.

34. Porto Maurizio ; août 1884; propagules ; Strafforello leg.; Herb.
Thuret.

35. Corse ; novembre 1897; propagules ; Börgesen leg.; Herb. Mus.
Copenhague.

36. Minorque, Favaritz; 22 juin 1880, sur *Cystoseira;* propagules;
Rodriguez leg.; Herb. Thuret; Isla del Aire; 10 juillet 1880;
Rodriguez leg. et ded.

37. Alger ; « ad Folia Cauliniæ, Deshayes leg. »; propagules ; Herb.

1. En disséquant le *S. secundata* de Schousboe, j'ai rencontré quelques
petites touffes de *S. furcigera* bien caractérisées par leurs propagules. Comme
on l'a vu chapitre X, le *S. furcigera* n'était pas cité du Golfe de Gascogne
aux Canaries; Tanger est une localité nouvelle. Comme autres localités intéressantes pour la distribution géographique du *S. furcigera,* je le citerai sur
Sargassum siliquosum, Mer de Chine, Herb. Sonder in Herb. Le Jolis. Dans
l'Herb. Lenormand, j'en ai vu une touffe marquée « Iles Sandwich n° 1202,
Sphac. cirrosa envoyé à M. de Martens » (Lenormand scrips.). Ces échantillons
portaient uniquement des propagules.

Montagne in Herb. Mus. Paris. Sur *Dictyota dichotoma*, Durieu leg.; propagules ; ex Herb. Mus. Paris.

38. Portici ; sur *Cladostephus verticillatus ;* sporanges uniloculaires nombreux ; propagules rares ; Mazza. leg.; Bornet comm.

39. Adriatique ; « *Sphacelaria irregularis* Kütz.. Suhr determ. »; propagules ; Reinbold ded.

40. Adriatique, . Istrie ; « *Sphacelaria cervicornis*, Ardissone determ. »; propagules ; Herb. Lebel in Herb. Mus. Paris.

41. Adriatique, Rovigno ; 27 mai 1895; sporanges uniloculaires très nombreux mais tous avortés, propagules rares ; 3 octobre 1899 ; sporanges uniloculaires peu nombreux mais en bon état, propagules rares ; Kuckuck leg. et ded.

42. Adriatique, Rovigno ; 1er juin 1900, sur *Codium Bursa ;* propagules nombreux ; Station zoologique leg. et ded.

43. Crimée, Baie de Sébastopol ; 9 décembre 1889 ; propagules ; Preieslavtzeff leg., Herb. Thuret.

44. Australie, Swan River ; sur *Posidonia australis ;* propagules ; Harvey leg.; Herb. Harvey in Herb. Trinity College, Dublin. (*n° 106 A*, écrit au crayon, probablement par Harvey).

45. Australie, Port Jackson ; sur Fucacée ; sporanges uniloculaires, propagules ; Harvey leg. ; Herb. Harvey in Herb. Trinity College, Dublin.

46. Nouvelle-Zélande ; sur Floridée ; sub nom. *S. firmula* Kütz. Herb. Lenormand.

Après avoir extrait du *S. cirrosa*, tel que le comprennent les auteurs, les *S. Hystrix, bipinnata* et *fusca*, je conserve le nom de *S. cirrosa* aux autres *Sphacelaria* européens, non parasites, qui portent des propagules trifurqués et dont les rameaux sont nettement distincts des axes. Ainsi limité, il est encore aussi varié dans son appareil végétatif que le disait C. Agardh dans la diagnose que j'ai citée au début de ce chapitre (1).

1. M. Reinke rapporte au *S. cirrosa* le *S. japonica* décrit et figuré par Martens [66, p. 112, Pl. I, fig. 5]. Il a sans doute eu entre les mains l'exemplaire original, car la diagnose et le dessin publiés par Martens sont tout à fait insuffisants pour justifier ou condamner cette assimilation, ou même pour permettre une détermination. D'après le même auteur, le *Sph. firmula* de Kützing, créé pour une plante stérile rencontrée à Biarritz sur le *Gigartina acicularis*, serait synonyme du *Styp. scoparium*. L'étude de l'échantillon original permettrait seule de se prononcer. Cependant, je suppose qu'il s'agit du *S. cirrosa*. Sur le dessin de Kützing [55, p. 26 et pl. 86, III], les quatre rameaux inférieurs sont insérés sur deux articles, comme dans les *Stypocaulon,* mais Kützing a plus d'une fois commis cette erreur pour des *Sphacelaria* avérés et inversement; les trois rameaux supérieurs sont insérés comme dans les *Sphacelaria*. L'auteur ne mentionne pas de rhizoïdes.

Le *S. cirrosa* vit sur les rochers et sur les autres Algues ; j'ai indiqué dans la liste ci-dessus un certain nombre de substratums, mais ils sont assurément beaucoup plus nombreux. Les seuls exemplaires que j'ai eus en grande quantité à ma disposition, et que j'ai observés sur le vivant, ou conservés dans l'alcool, sont ceux de Roscoff, reçus de Mlle Vickers, et ceux récoltés par moi-même à l'île de Ré, à Guéthary, à la presqu'île de Giens, aux environs d'Antibes ; les autres sont des échantillons de collection.

Le thalle rampant est un disque de petite taille, compact, formé d'une seule épaisseur de filaments rayonnants ; parfois, l'un d'eux s'étend plus loin, s'étale à son extrémité, et forme un nouveau disque. Il n'est pas rare que les individus qui croissent sur les rochers, les *Lithothamnion,* les *Codium,* transforment leurs rameaux inférieurs en stolons qui produisent aussi de nouveaux disques à leur extrémité ou sur leur parcours (fig. 45, *E*). Cette transformation s'observe également sur les rameaux plus élevés quand, pour une raison quelconque, ils arrivent au contact d'un support.

Les filaments dressés, très rapprochés l'un de l'autre, mesurent 1/2 à 2 centim. Ils sont toujours ramifiés ; les rameaux, longs ou courts, espacés ou rapprochés, isolés ou opposés, parfois presque pennés ou unilatéraux, montrent tous les intermédiaires entre les formes que l'on pourrait appeler *irregularis* et *pennata,* et qui ne coïncident ni avec les différences de support, ni de station, ni de distribution géographique ; je considère donc ces dénominations comme superflues.

Cependant, le port général n'est pas le même chez les plantes des régions septentrionales, et particulièrement de Norvège, et chez celles des régions méridionales, particulièrement de France, avec toutefois des formes de passage. Les premières sont plus longues et plus souples ; les filaments principaux, assez grêles, mesurent 40-60 μ de largeur, et leurs cloisons longitudinales sont peu nombreuses ; les articles secondaires sont souvent plus hauts que larges ; parfois, les articles secondaires inférieurs sont plus longs que les articles secondaires supérieurs, comme dans le *S. bipinnata,* et ils peuvent alors présenter quelques cloisons transversales ; les rameaux primaires, espacés, longs, de plus faible diamètre, arrivent souvent au même niveau que les filaments principaux et présentent peu de poils. Les secondes sont plus raides et plus trapues; les filaments principaux, assez rigides, mesurent souvent 60-90 μ de largeur, et leurs cloisons longitudinales sont plus nombreuses; les articles secondaires sont généralement aussi hauts ou moins hauts que larges; les rameaux primaires sont courts, raides, plus divariqués, présentent souvent plusieurs poils et se terminent en pointe. C'est cette dernière forme que l'on rencontre aussi dans la Méditerranée. On verra plus loin qu'à ces différences dans le port en correspondent d'autres dans la forme des propagules.

Habituellement, la plante n'émet aucun rhizoïde. Cependant, il en naît parfois quelques-uns des articles basilaires qui s'étalent en un petit disque. Exceptionnellement, ils suivent le filament principal sur une certaine longueur.

A l'inverse de ce qui existe chez le *S. bipinnata,* les propagules sont très fréquents; les sporanges uniloculaires sont rares, et les sporanges pluriloculaires sont exceptionnels. Habituellement décrits comme présentant trois rayons cylindriques (Kützing, M. Reinke... etc.), les propagules montrent dans leur manière d'être d'intéressantes variations, méconnues jusqu'à présent, et qui se produisent suivant la latitude à laquelle a poussé la plante. D'après M. Reinke, les rayons sont cylindriques chez le *S. cirrosa,* fusiformes chez le *S. Hystrix,* et la foi en cette distinction a induit M. Kuckuck en erreur lorsqu'il dit [94, p. 228] n'avoir jamais trouvé à Helgoland le vrai *S. cirrosa,* cependant si commun dans la Baltique; en réalité, il l'a trouvé, mais avec les propagules de la forme méridionale, semblables à ceux du *S. Hystrix.*

En effet, le *S. cirrosa* des régions septentrionales, et en particulier de la Norvège (1), porte des propagules dont la longueur respective du pied et des rayons varie, comme cela se voit d'ailleurs, chez les autres espèces de *Sphacelaria,* mais dont les rayons sont uniformément cylindriques. Cependant, ceux-ci présentent toujours, à leur point d'insertion, un léger rétrécissement qui n'existe jamais chez le *S. fusca* (fig. 44, *A, B, C*); en outre, ils sont toujours plus ou moins arqués, à convexité tournée vers le haut.

---

1. Plusieurs des échantillons norvégiens, étudiés ici, ont déjà été cités par M. Foslie [91, p. 17].

Le sphacèle en calotte se développe ou non en poil, les deux cas se montrant sur un même individu. Les propagules à trois rayons sont la règle générale (1); néanmoins, ceux qui en présentent deux ne sont pas très rares, et si l'un des bras a avorté, les deux rayons restant ne sont pas dans le même plan; cepen-

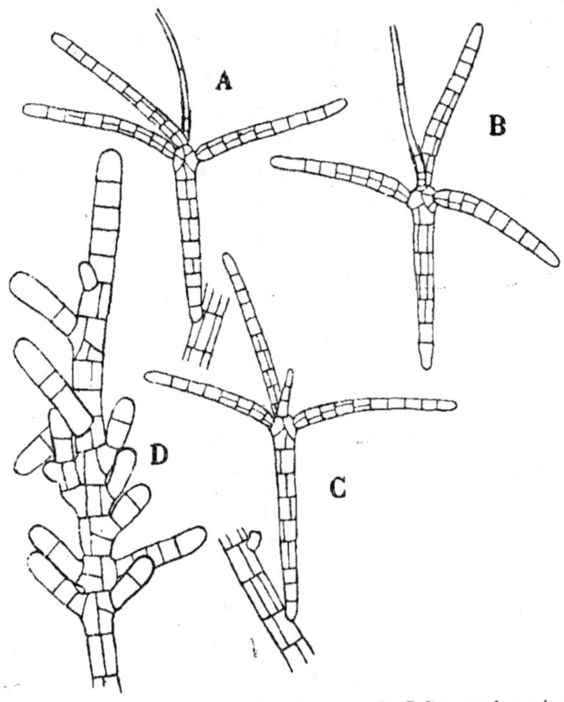

Fig. 44. — *Sphacelaria cirrosa* f. *septentrionalis.* — *A, B, C,* Propagules pris sur la plante du Trondhjemfjord, du 19 août 1892 (Gr. 80). — *D,* Sommet d'un rameau envahi par un parasite, pris sur la plante de Svinör, 6 septembre 1885 (Gr. 150).

dant, toute trace du rayon avorté peut disparaître; les rayons sont alors dans le même plan, et la ressemblance avec les propagules du *S. furcigera* en est beaucoup augmentée. J'ai retrouvé cette forme à trois bras cylindriques jusqu'à Concarneau. Toutefois, bien au Nord de cette localité, les propagules commencent à changer de forme. Ainsi, sur l'échantillon anglais dis-

1. Il y a trois quarts de siècle, J. Agardh [36, p. 110, Pl. XV, fig. 43] a représenté deux propagules du *S. cirrosa;* l'un paraît avoir trois rayons et l'autre quatre. Je ne sais jusqu'à quel point on en peut tenir compte. Ce qu'il appelle « une racine articulée » est probablement le poil du propagule.

tribué par Greville comme *S. pennata,* sur ceux d'Helgoland, de Bognor, de l'île de Wight, les rayons deviennent nettement fusiformes; en même temps, les rameaux primaires de ces exem-

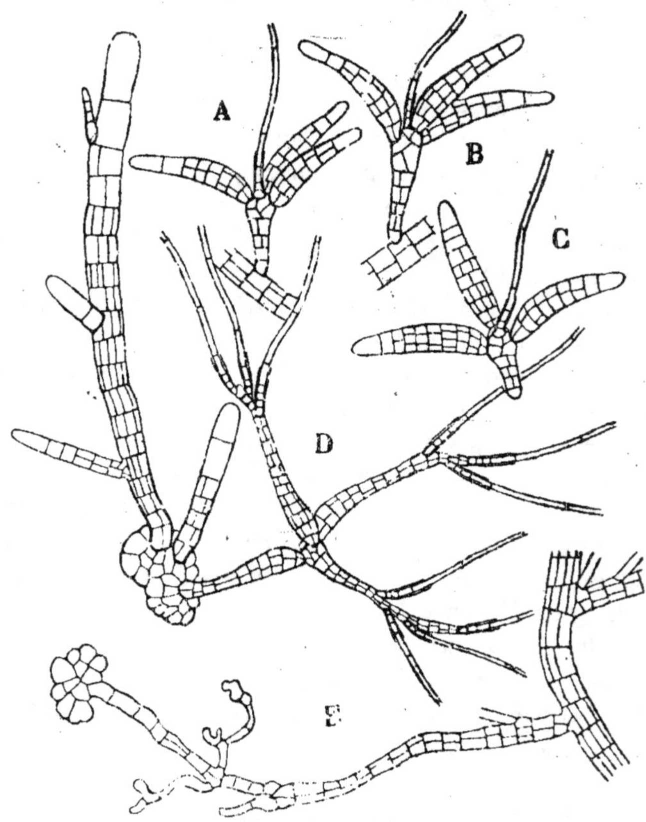

Fig. 45. — *Sphacelaria cirrosa,* f. *meridionalis.* — *A, B, C,* Propagules de la plante de Roscoff sur *Cystoseira discors,* 30 juillet 1900. — *D,* Propagule germant, ayant déjà produit un disque (prothalle) sur lequel poussent deux filaments dressés; Guéthary, sur les rochers, 2 août 1898. — *E,* Rameau primaire transformé en stolon et produisant un disque à son extrémité (Ibid.) (*A* à *E,* Gr. 80).

plaires deviennent plus courts, les articles des filaments principaux diminuent de hauteur, comme je l'ai dit précédemment.

Cette différence s'accentue sur les exemplaires français et espagnols à partir de la Manche jusqu'à Madère (1). J'ai repré-

1. A part celui de Concarneau, qui a été dragué. Il est possible que des *S. cirrosa* récoltés à Concarneau sur les Algues que la marée découvre rentreraient dans le cas général.

senté (fig. 45, *A, B, C*) trois propagules de la plante de Roscoff; ils sont identiques à ceux du *S. Hystrix;* les rayons sont nettement renflés en fuseau, plus rétrécis à leur base ; le sphacèle en calotte se prolonge ou non en poil; l'avortement de l'un des rayons devient beaucoup plus rare, mais je n'ai jamais vu de propagules à quatre rayons.

Une autre différence survient chez les exemplaires de la Méditerranée. Habituellement, la forme des rayons est la même que sur nos côtes de l'Océan ; parfois, cependant, elle correspond à la forme septentrionale (1). De plus, aussi souvent que j'ai pu examiner un certain nombre de filaments, ou que ces filaments étaient chargés de propagules, ceux-ci présentaient soit trois, soit quatre rayons symétriquement disposés. Les exemplaires croissant sur le *Codium Bursa,* que j'ai reçus de la station de Rovigno, mélangés au *S. tribuloïdes,* étaient en fort bel état et couverts de propagules qui portaient tous des rayons cylindriques, mais les propagules à trois rayons étaient bien moins nombreux que ceux à quatre rayons; j'en ai vu aussi quelques-uns à cinq rayons. Enfin, sur des touffes de *S. cirrosa* que j'ai trouvées sur des *Dictyota dichotoma* récoltés à Alger, les propagules portaient trois, quatre ou cinq rayons rangés autour du sphacèle en calotte, développé ou non en poil. Un fragment du *S. cirrosa* sur *Posidonia Caulini* cité par Montagne, dans sa *Flore de l'Algérie* [46, p. 42], m'a montré uniquement des propagules à trois ou quatre rayons, aucun à cinq rayons. Il n'y a donc pas à en tirer de conclusion spéciale pour la localité (2).

D'après M. Ardissone [87, p. 91] les propagules du *S. cirrosa* présentent « deux ou trois, rarement quatre ou cinq rayons » ; cet auteur ayant comparé ses échantillons méditerranéens à des plantes du Nord de l'Europe, je suppose qu'il a vu sur celles-ci les propagules à deux rayons ; à ma connaissance, il est le seul auteur qui parle de propagules à cinq rayons, mais malheureu-

---

1. Constaté sur les échantillons de Corse, Minorque, Sébastopol, Rovigno, 3 octobre 1899 et 1er juin 1900. Je remarque toutefois que ces échantillons (à part celui de Rovigno de 1900) étaient très pauvres en propagules.

2. M. Vinassa [91, p. 218] a constaté, sur des exemplaires méditerranéens, que le poil des propagules du *S. cirrosa* est présent ou absent. Il dit que, dans ce dernier cas, l'un des trois bras se déplace légèrement et semble continuer directement le pédicelle. Je n'ai jamais rien vu de semblable.

sement sans indiquer dans quelle localité il les a rencontrés. Meneghini [42, p. 334] dit aussi « propagules à trois ou quatre rayons ». Lorsque M. Reinke étudie le *S. cirrosa* de la Baltique [89,2, p. 65] il dit : « propagules avec des rayons cylindriques,

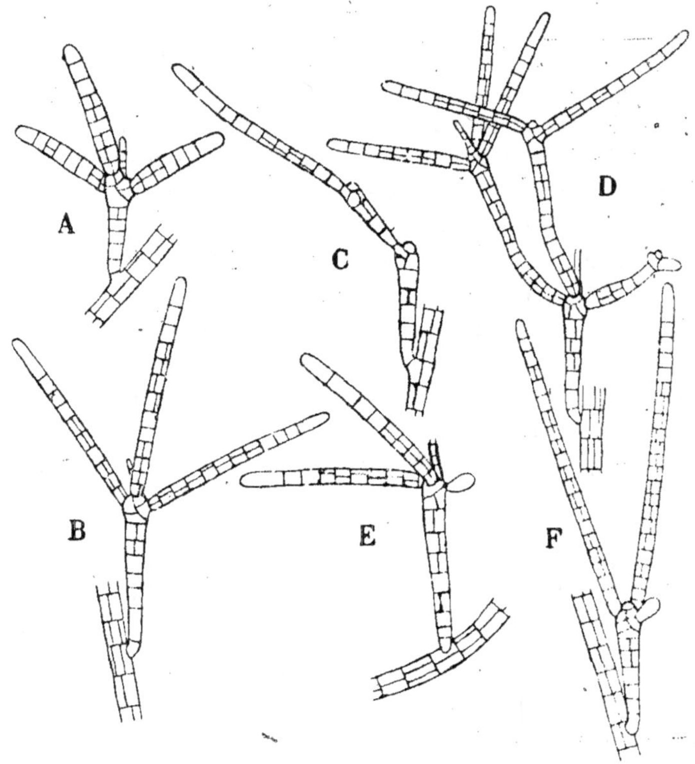

Fig. 46. — *Sphacelaria cirrosa* des Feroë, 1er novembre 1897. — Propagules normaux et anormaux (Voy. le texte) (*A* à *E*, Gr. 80).

allongés, le plus souvent trois, plus rarement deux », puis, dans son Mémoire sur les Sphacélariacées [91,2, p. 11] : « les propagules sont très caractéristiques ; ils sont typiquement à trois rayons, plus rarement à deux ou à quatre, cylindriques, un peu atténués vers l'extrémité ». L'auteur ne dit pas si ce nombre de quatre a été vu sur des plantes du Nord ou sur des échantillons de la Méditerranée.

Quoi qu'il en soit, nous sommes en présence d'un fait non encore mentionné, et cependant du plus haut intérêt au point de vue de la variation spécifique. Le *S. cirrosa* des mers du nord de l'Europe présente des propagules généralement à trois rayons, parfois deux rayons cylindriques; celui de la Manche et de l'Océan présente des propagules généralement à trois rayons en fuseau, très rarement à deux rayons. Ces formes correspondent à des différences de l'appareil végétatif et, bien qu'elles passent de l'une à l'autre, je propose de les désigner par les noms de f. *septentrionalis* et f. *meridionalis*. Dans la Méditerranée, l'appareil végétatif est le même que dans l'Océan; les rayons des propagules sont habituellement de la deuxième forme, parfois cependant de la première, mais ces rayons sont au nombre de trois ou de quatre, parfois de cinq; je sépare cette forme sous le nom de f. *mediterranea*.

J'ai déjà mentionné les formes bizarres que les propagules du *S. furcigera* prennent aux Feroë. Le *S. cirrosa* de ces mêmes îles, que M. Börgesen m'a soumis, présente des anomalies semblables. Les filaments dressés, grêles, peu ramifiés, portent de nombreux propagules; j'en ai dessiné plusieurs sur la figure 46. Les propagules *A* et *B* ont été pris sur un même filament; le premier a une tendance à se rapprocher de la forme *meridionalis,* et on en trouve dont les rayons sont notablement plus longs, légèrement renflés en leur milieu; le second correspond bien à la forme *septentrionalis;* sur l'un et l'autre, le poil est rudimentaire. Ces deux formes sont de beaucoup les plus communes, mais on rencontre les bizarreries les plus variées. Ainsi, sur les propagules *E* et *F,* deux rayons seulement se sont développés, le troisième étant à l'état rudimentaire, et, dans *F*, ils ont pris un développement considérable. Sur *D*, le propagule était d'abord normal, puis deux rayons se sont beaucoup développés : l'un s'est trifurqué pour donner un propagule de deuxième génération de *S. cirrosa;* l'autre s'est bifurqué pour donner un propagule de deuxième génération ressemblant beaucoup à ceux du *S. furcigera.* Enfin, le propagule *C* a fourni aussi une double génération, mais chaque fois à rayon unique; le sphacèle en calotte, rejeté sur le côté, indique la longueur du pied et du premier rayon (1).

1. J'ai représenté sur la figure 44, *D,* le sommet d'un filament norvégien portant de nombreux ramuscules qui paraissent dus à l'action d'un parasite, probablement d'une Chytridiacée. Le parasite, appelé par M. Kny *Chytridium Sphacellarum,* qui déforme souvent, en sphère ou en poire, le sphacèle des

Les propagules en germination étaient fort nombreux sur le *C. discors* de Roscoff. Comme M. de Janczewski l'a indiqué [73, p. 258], le pied du propagule et les rayons jouent le même rôle dans la germination; ils sont physiologiquement identiques. Étant donnée la forme du propagule, celui-ci, lorsqu'il tombe sur un substratum plan, le touche par trois pointes, la quatrième pointe restant dressée. Si le propagule tombe au milieu de filaments, une seule ou deux pointes pourront toucher le support, comme dans la figure 45, *D,* qui représente un cas simple. Quoi qu'il en soit, la ou les pointes touchant le substratum s'étale en un disque sur lequel les filaments dressés croissent ensuite, chaque disque donnant un nouvel individu. Les pointes qui ne le touchent pas ne se développent jamais en filament dressé; elles s'allongent un peu, produisent 1-2-3 poils indiquant un sympode à 1-2-3 générations, habituellement d'un seul article primaire chacune, puis cessent tout accroissement. Un propagule qui tombe au milieu d'un faisceau de filaments, allonge parfois 1-2 de ses pointes en un stolon plus ou moins long, à la recherche d'un support sur lequel il se fixe et s'étale en disque. On trouve dans la nature des propagules en germination à toutes les époques de l'année; j'ai vu des disques, ayant déjà produit cinq jeunes pousses dressées, qui étaient encore en relations avec leur propagule originel, en parfait état.

En faisant remarquer que, pour fournir des filaments dressés, le propagule produit d'abord un disque, M. de Janczewski compare celui-ci à un prothalle. C'est en effet une sorte d'intermédiaire entre l'élément de multiplication et la plante elle-même. Il y a là comme une alternance de générations dans le cycle d'une plante asexuée. Les choses se passent de même chez le *S. Hystrix;* toutefois, le cycle total de la végétation y est plus complexe, puisqu'une alternance de générations existe en outre entre la plante sexuée et la plante asexuée.

filaments principaux, des rameaux ou des propagules, est très fréquent chez le *S. cirrosa,* comme d'ailleurs chez bien d'autres espèces. La déformation dont il est question ici est toute différente : elle se manifeste sur plusieurs articles superposés d'un filament ou d'un propagule jeune, qui s'allongent chacun en un ou deux ramuscules diversement orientés. Je l'ai remarqué sur plusieurs exemplaires norvégiens et sur ceux de Minorque; la figure 44, *D,* représente l'un des cas les plus simples; elle suffira pour éviter les confusions possibles.

L'abondance habituelle des propagules du *S. cirrosa,* la perfection de leur forme et la facilité avec laquelle ils germent, rendent pour ainsi dire superflue la présence d'autres organes de multiplication.

Et en effet, les touffes à sporanges uniloculaires sont bien moins fréquentes que celles à propagules; toutefois, quand les sporanges existent, ils sont abondants et couvrent les filaments. Ainsi, parmi une trentaine de touffes récoltées à Roscoff le 9 mai 1902, presque toutes munies de propagules, une seule avait des sporanges uniloculaires. Ceux-ci étaient d'ailleurs en parfait état, mais il n'en est pas toujours de même. Par exemple : les sporanges uniloculaires des exemplaires norvégiens, ceux de certains exemplaires de Rovigno, m'ont paru presque vides, comme s'ils ne devaient pas arriver à maturité. Ils sont portés par les mêmes individus que les propagules, sur les filaments principaux ou sur les rameaux; d'abord allongés, ils s'arrondissent progressivement et mesurent 75-100 µ de diamètre; le pédicelle est unicellulaire.

Les sporanges pluriloculaires sont encore plus rares, et je suis persuadé que ceux dont parlent les auteurs appartiennent pour la plupart au *S. bipinnata,* tout au moins s'il s'agit de la plante de l'Océan. J'en ai vu une seule fois : sur le *C. discors* de Gijon, dans lequel j'ai fait de nombreuses coupes sans constater de parasitisme. La plante de Gijon était d'ailleurs parfaitement caractérisée : filaments principaux raides, portant de nombreux rameaux primaires, courts et raides, parfois eux-mêmes ramifiés, aucun rhizoïde, et thalle rampant en disque petit, dense, et bien limité. Une même touffe portait simultanément des propagules, des sporanges uniloculaires et des sporanges pluriloculaires; j'ai même vu quelques propagules sur un filament couvert de sporanges pluriloculaires. Ils sont cylindriques, comme ceux des *S. Hystrix* et *bipinnata* de 70-80 µ de long; leur largeur est de 60-65 µ. Tous sont à logettes de petites dimensions. Le pédicelle est généralement bicellulaire. Si l'on pouvait conclure, d'après les exemplaires de Gijon, on dirait que le *S. cirrosa* produit des sporanges pluriloculaires à la fin de l'été, lorsque le *S. Hystrix* a perdu les siens depuis longtemps (1).

1. Les frères Crouan ont signalé en 1860 [60], puis dans leur Florule du Finistère [67, p. 164], le *S. cæspitula* Lyngb. comme une plante très rare,

Cependant, la plante méditerranéenne est peut-être plus fréquemment fructifère que celle de l'Océan. En effet, on sait que Kützing a créé son *S. irregularis* pour un *Sphacelaria* méditerranéen qui, d'après le dessin des *Tabulæ,* paraît garni de sporanges pluriloculaires. Depuis, les auteurs ont employé le nom d'*irregularis* pour marquer l'opposition entre la ramification du *S. cirrosa* considéré, et la ramification de celui qu'ils appelaient *pennata;* M. Ardissone, dans sa diagnose du *S. cirrosa,* indique même comme douteuse l'existence des sporanges pluriloculaires. Cependant, Meneghini, qui écrivit son chapitre sur le *S. cirrosa* [42, p. 332] avant que Kützing eût publié le *S. irregularis,* spécifie que cette Algue vit en épiphyte sur d'autres Algues, décrit longuement les sporanges pluriloculaires, et il en parle comme d'organes abondants. Comme je l'ai déjà fait remarquer à propos du *S. Hystrix* et du *S. rhizophora,* il y aurait donc lieu d'examiner à nouveau et de plus près le *S. cirrosa* de la Méditerranée.

On a vu précédemment que tous les exemplaires de *Sphacelaria* du groupe *cirrosa* que j'ai étudiés sur le *C. ericoides,* le *C. fibrosa* et l'*Halidrys* étaient parasites et correspondaient aux *S. Hystrix* et *S. bipinnata* et que tous ceux étudiés sur le *C. discors* étaient épiphytes et correspondaient au *S. cirrosa.* Si le fait est sans exception, il facilitera beaucoup

trouvée sur la partie inférieure renflée du *Saccorhiza bulbosa.* Ils l'ont trouvée en trop faible quantité pour la distribuer dans leur exsiccata. Dans l'Herb. Crouan, conservé à Quimper, j'ai vu un unique sachet sur lequel était inscrit : «*Sphacelaria cæspitula* Lyngb. (cum fructu!), sur la fronde de *Lam. bulbosa.* C'est à la base, sur la partie bulbeuse, qu'il gazonne, mais en très petite quantité. Très rare. » L'échantillon inclus dans le sachet, composé de quelques courts filaments insérés sur un petit fragment du support, était tellement minime que, pour l'étudier, j'ai dû demander l'autorisation de le prendre en totalité.

Or, la plante conservée par les frères Crouan n'appartient certainement pas au *S. cæspitula* de Lyngbye, car aucun des articles secondaires n'est cloisonné transversalement. Les filaments dressés, hauts de 2-3 millim., trapus, sont ramifiés à la manière des espèces du groupe *cirrosa.* J'ai vu sur un même filament des sporanges uniloculaires et des sporanges pluriloculaires; l'un des filaments portait des rhizoïdes très divariqués, nés à des hauteurs très inégales. J'ignore si la plante est parasite. Son substratum n'est pas celui sur lequel on trouve habituellement le *S. Hystrix ;* la présence de quelques rhizoïdes et de sporanges pluriloculaires font hésiter à la rapporter au *S. cirrosa.* Le prétendu *S. cæspitula* des frères Crouan doit donc être recherché à nouveau au même titre que les *S. irregularis* et *rhizophora* de la Méditerranée.

D'après M. Farlow [81, p. 76], le *S. cirrosa* est commun sur la côte nord atlantique des États-Unis. Les sporanges sont plus fréquents en hiver qu'en été, dit l'auteur, mais sans spécifier de quels sporanges il parle.

la détermination. L'*Halidrys* est une Algue toujours très propre, et les épiphytes ou les parasites qui peuvent l'envahir sont probablement très peu nombreux. Il n'en est pas de même du *Cyst. fibrosa;* en outre des *Sph. sympodicarpa, S. Plumula, S. bipinnata, Ect. fasciculatus,* que j'ai cités sur ses branches, on y trouve un grand nombre d'autres petites Algues. On peut donc s'attendre à voir le *S. cirrosa* pousser à sa surface, car cette espèce ne choisit guère son support; les déterminations spécifiques nécessiteront alors une certaine attention.

Je rapporte au *S. cirrosa* deux plantes australiennes non nommées, récoltées par Harvey, que M. P. Wright m'a communiquées. Elles sont épiphytes, portées par un disque étroit; les filaments principaux, très nettement différenciés, à articles secondaires moins hauts ou aussi hauts que larges, peu cloisonnés longitudinalement, ne produisent aucun rhizoïde. Les rameaux primaires inférieurs sont espacés et relativement courts; ceux qui naissent plus haut sont plus rapprochés, parfois opposés, longs, cylindriques, plus étroits que l'axe, arrivent à la même hauteur que lui, et, par suite, la plante paraît grêle à sa base, touffue à son sommet.

Les deux plantes portent des propagules trifurqués, à poil médian développé ou non. Dans la plante de Swan River (sur des feuilles que j'ai déterminées anatomiquement *Posidonia australis*), les propagules grands, à rayons cylindriques, courbés, étranglés à leur base, rappellent la f. *septentrionalis.* Celle de Port-Jackson, épiphyte sur une Fucacée, rappelle au contraire la f. *meridionalis,* les propagules sont nombreux et grêles; les rayons, légèrement renflés, et les pieds sont environ moitié moins longs et moitié moins larges que sur les individus de Swan River. Cette différence mériterait d'attirer l'attention. Les propagules de la plante de Port-Jackson sont cantonnés sur les rameaux les plus rapprochés du sommet; les rameaux situés au-dessous sont au contraire abondamment pourvus de sporanges uniloculaires en bon état, à pédicelle unicellulaire, et identiques à ceux des individus européens.

L'Herbier Lenormand renferme un fragment d'une Floridée de la Nouvelle-Zélande ayant quelque ressemblance avec un

Ahnfeltia, qui porte un *Sphacelaria,* déterminé « *Sphacelaria firmula* Kütz. », d'une écriture que je crois être de v. Martens, à qui Lenormand soumit fréquemment les échantillons que lui envoyaient ses correspondants.

La plante, très adhérente à son support par un petit disque, à filaments dressés souples, peu cloisonnés, à rameaux longs, parfois unilatéraux, généralement simples, est très attaquée par un parasite occasionnant des déformations comparables à celles que j'ai signalées chez le *S. cirrosa* de Norvège. Aussi, les propagules sont-ils très rares ; ils ont trois rayons rétrécis à leur insertion. Sur certains filaments dressés, des rhizoïdes enroulés sont bien les mêmes que ceux du *S. bipinnata,* mais moins nombreux. La plante de Nouvelle-Zélande tient du *S. cirrosa* et du *S. bipinnata ;* le fait qu'elle n'est pas parasite peut être attribué à la nature du support ; nous avons constaté, en effet, à propos du *S. biradiata,* que la diastase qui sépare les cellules d'une Fucoïdée est parfois insuffisante pour la pénétration dans une Floridée.

Sphacelaria cirrosa Agardh. — Touffes habituellement raides, de 1/2-2 centim. de hauteur. Thalle inférieur en disque petit, compact, d'une seule épaisseur de filaments rayonnants. Filaments dressés de 40-100 μ de largeur, à articles secondaires moins hauts ou plus hauts que larges. Ramification habituellement bien fournie. Rhizoïdes absents ou très rares. — Sporanges uniloculaires peu communs, de 75-100 μ de diamètre, à pédicelle unicellulaire. Sporanges pluriloculaires très rares, dans les mêmes touffes que les précédents, cylindriques, de 70-80 μ sur 60-65 μ. Propagules très fréquents, à rayons courbés, rétrécis à leur base, cylindriques ou fusiformes, habituellement au nombre de 3, parfois 2-4-5, à poil développé ou non.

Hab. — Sur les supports les plus variés : rochers, Corallines, Chlorophycées, Fucoïdées, Floridées, Zostéracées. — Feroë! Norvège! Suède! Danemark! Golfe de Kiel! Helgoland! Grande-Bretagne! Normandie! Bretagne! Ile de Ré! Golfe de Gascogne! Maroc! Madère! Golfe du Lion! Golfe de Gênes! Corse! Minorque! Adriatique! Crimée! Algérie! Australie! Nouvelle-Zélande!

A. — f. **septentrionalis.** — Plante plus souple, à articles secondaires des axes souvent aussi hauts ou plus hauts que larges. Propagules à trois rayons cylindriques, parfois deux.

B. — f. **meridionalis.** — Plante moins souple, à articles secondaires des axes souvent aussi hauts ou moins hauts que larges. Propagules à trois rayons fusiformes.

C. — f. mediterranea. — Plante semblable à la précédente. Propagules à 3-4-5 rayons cylindriques ou fusiformes.

Les auteurs ont distingué plusieurs variétés de *S. cirrosa.* J'ai dit plus haut que les variétés *pennata* et *irregularis* (1), admises par Hauck puis par M. Reinke, ne me semblent pas mériter d'être maintenues. La variété *ægagropila,* établie par C. Agardh, a été retrouvée par M. Wittrock [84, p. 283] sur les côtes de Suède, en boules de 1-4 centimètres de diamètre. M. Reinke la cite à Kiel, et il suppose qu'elle est due à des individus de *S. cirrosa* détachés de leur substratum et s'accroissant ensuite de toutes parts, en pelottes; toutefois, il l'a trouvée en place, de la grosseur d'une tête d'homme, fixée sur le *Fastigiaria furcellata* (2). On a vu précédemment que Lloyd appelait ainsi un état très dense de *S. bipinnata.* Je ne connais pas autrement la variété *ægagropila,* mais j'en ai étudié deux autres : variété *nana* et variété *patentissima.*

F. — Sphacelaria cirrosa var. **nana** Griffiths.

Échantillons étudiés :

1. Feroë; 1897; propagules; Börgesen leg. et ded.
2. Norvège arctique, Lödingen; 24 octobre 1876; propagules; Foslie leg. et ded.
3. Suède, Bahusia; juillet; stérile; Areschoug, Algæ Scandinavicæ exsiccatæ, n° 219; Herb. Thuret.

1. Le *Sph. cirrosa* var. *subsecunda* Grunow [Piccone, 84, p. 53], des Canaries, très voisin du *S. irregularis* Kütz., dit Grunow, en diffère par ses rameaux çà et là unilatéraux. Ce caractère paraît bien insuffisant. D'ailleurs, il s'agit très probablement d'un état du *S. Hystrix* et non du *S. cirrosa.*

2. D'après M. Wittrock, la var. *ægagropila* est très rare. Il l'a recueillie à l'île de Gothland, et on ne l'avait pas vue en Suède depuis que C. Agardh la trouva à Skanör; les exemplaires signalés par Kützing seraient simplement des touffes de *S. cirrosa* f. *typica* arrachées à l'*Halidrys* (Voy. précédemment, p. 171, en note). M. Wittrock a presque toujours constaté l'existence d'une cavité au centre de la boule, tandis que les ægagropiles de *Cladophora* présentent à leur centre un corps étranger. L'auteur remarque que tous ses exemplaires portent une Diatomée épiphyte, *Epithemia turgida,* qui existe aussi sur l'échantillon original d'Agardh.

4. Ile de Wight, Bonchurch ; 18 janvier 1886 ; propagules nombreux, sporanges uniloculaires rares ; Foslie leg. et ded.

5. Normandie, Cherbourg ; 1er décembre 1853 et 27 avril 1854 ; propagules ; Thuret leg. ; Herb. Thuret.

6. Normandie, Carteret ; août 1865 ; propagules ; Ex Herb. Lebel sub nom. « *S. cirrosa* var. *pygmæa* Lebel mscr.* » in Herb. Sauvageau.

7. Bretagne, Brest ; Crouan, Algues marines du Finistère n° 34 ; propagules ; Herb. Faculté des sciences Dijon.

Un certain nombre d'auteurs reconnaissent une variété *nana* du *S. cirrosa* croissant sur le *Desmarestia aculeata*. Elle est attribuée à Mrs Griffiths par les frères Crouan, M. Le Jolis, MM. Holmes et Batters, mais j'ignore où son nom fut publié. J. Agardh [48, p. 35] la signale comme « … contracta et ramosissima ». Harvey [46, pl. CLXXVIII] dit que, d'après son ami Hore, « la petite variété qui croît communément sur le *D. aculeata* » a des sporanges pédicellés, tandis que ceux du *S. cirrosa* ordinaire sont sessiles, mais que ce caractère est en réalité fort incertain.

Les frères Crouan l'ont distribuée dans leur exsiccata sous le n° 34, et la mentionnent aussi dans leur Florule [67, p. 164] ; Areschoug l'a distribuée sous le n° 219 ; MM. Holmes et Batters la signalent en Angleterre [92, p. 81], M. Foslie en Norvège [91, p. 17] et à l'île de Wight [92, p. 14]. M. Le Jolis [63, p. 80] dit à son sujet : « Cette forme appauvrie se trouve sur le *Desmarestia aculeata* jeté à la côte. Été. »

Cette plante croît en touffes nombreuses, espacées, souvent courtes, qui donnent au *Desmarestia* un aspect tout spécial. Cependant, elle ne mérite pas toujours son nom de *nana*, car plusieurs des exemplaires cités plus haut ont plus d'un centimètre de longueur. Elle est fixée par un petit disque bien formé et non parasite ; les filaments dressés ne présentent rien de particulier et ne pourraient être distingués des autres *S. cirrosa* s'ils étaient séparés de leur support.

Cependant, elle est intéressante en ce qu'elle répète les variations signalées pour le *S. cirrosa*. Ainsi, la plante des Feroë présente les mêmes anomalies dans le développement des propagules ; celle de Norvège est bien la forme *septentrionalis* à rameaux longs et souples, à propagules à 3, plus rarement 2 rayons cylindriques ; les rameaux de celle de l'île de Wight sont courts, mais les rayons des propagules sont encore cylindriques; sur la plante de Cherbourg et de Carteret, les rayons commencent à se renfler en fuseau, et sur celle distribuée par les frères Crouan, leur forme *meridionalis* est parfaitement caractérisée.

Si les auteurs n'avaient pas cité, à différentes reprises, la variété *nana,* il n'y aurait donc pas lieu de la distinguer.

G. — **Sphacelaria cirrosa** var. **patentissima** Greville.

Échantillons étudiés :

1. Danemark, Sundet; 17 avril 1884; Rosenvinge leg.; Herb Muséum Copenhague.
2. Normandie, Cherbourg; Le Jolis leg.; Herb. Thuret; et Cherbourg, Plage des Bains, 26 septembre 1855; Thuret leg.; Herb. Thuret.
3. Normandie; Lebel leg. 1867 (sans nom de localité mais probablement de Carteret); Herb. Thuret.
4. Bretagne, Roscoff; 9 mai 1902; Mlle A. Vickers leg. et ded.
5. Bretagne, Brest; 1881; Ledantec leg.; et Brest, Saint-Marc, 29 août 1883; Ledantec leg.; Herb. Thuret.
6. Portugal; « Lagoa d'Obidos, in lacu subsalso, *Sphacelaria Gomeziana* Welw.; Welwitsch leg. »; Herb. Thuret.

La variété *patentissima* mérite plus d'attention que la précédente. Sur aucun des exemplaires précédents, je n'ai trouvé de propagules ni de sporanges d'aucune sorte; les propagules de *S. cirrosa* situés parmi les filaments ne leur appartiennent pas, mais germent là comme sur un substratum quelconque.

Greville [28, pl. 317], qui le premier l'a distinguée, ne dit pas dans quelles conditions elle croît; il la représente cependant fixée sur une branche. D'après une note de Lebel, conservée dans l'Herb. Thuret, « on la trouve fréquemment à la base des Zostères, enchevêtrée parmi le *Sphacelaria sertularia*, le *Plocamium uncinatum* et quelques autres petites Algues »; Les frères Crouan [67, p. 164] la citent « sur les parois des rochers un peu vaseux et sur les Corallines », mais j'ai dit déjà qu'il s'agit d'une plante toute différente.

Tous ces exemplaires étaient détachés de leur thalle basilaire. Dans le cas le plus simple, les filaments principaux atteignent quelques centimètres de longueur, en restant cylindriques et rectilignes, car je ne les ai pas vus porter de poils ; tous les rameaux primaires, relativement courts, se détachent perpendiculairement à l'axe ; ils sont d'un moindre diamètre, se terminent en pointe et portent rarement des poils ; la différence entre la pousse indéfinie et les pousses définies est parfaite. Parfois, comme par exemple sur l'échantillon de Lebel, chaque article secondaire supérieur porte deux rameaux primaires courts, simples et raides, et toute la ramification est dans un même plan. D'autres fois, comme sur les autres exemplaires français, les rameaux primaires jumeaux sont dans un plan quelconque, ou même nés sur deux cellules voisines, ou au nombre de trois ou de quatre ; s'ils portent des rameaux secondaires, ceux-ci leur sont perpendiculaires, par conséquent sont approximativement parallèles à l'axe. Dans certains cas, un rameau primaire, sans cause apparente, devient plus long, et se comporte comme un axe ; dans d'autres cas, les rameaux primaires les plus rapprochés d'une troncature de l'axe, s'allongent chacun en une pousse indéfinie, et leur ensemble s'étale en éventail. Cette plante, dont la ramification est très simple, peut ainsi donner un ensemble très compliqué et très enchevêtré.

La plante portugaise est bien plus grêle que les autres ; ses rameaux sont plus espacés et souvent isolés, mais pareillement perpendiculaires.

Enfin, tandis que les articles secondaires inférieurs et les articles secondaires supérieurs de l'axe sont habituellement semblables et aussi hauts ou moins hauts que larges, les premiers, sur la plante de Brest de 1881, étaient notablement plus hauts que les autres, et Greville a déjà signalé cette particularité.

Les articles secondaires des exemplaires français et portugais sont dépourvus de cloisons transversales ; au contraire, sur la plante récoltée par M. Rosenvinge, presque toutes les cellules des articles secondaires inférieurs de l'axe, et parfois aussi celle des articles secondaires supérieurs, sont divisées transversalement en leur milieu.

J'ai trouvé l'exemplaire de Roscoff parmi un envoi d'Algues fait par Mlle Vickers. Certains filaments étaient bien de là forme *patentissima*, mais d'autres également stériles étaient intermédiaires entre elle et le *S. cirrosa* ordinaire et muni de propagules. D'ailleurs, il semble évident que les exemplaires dont les rameaux primaires naissent perpendiculairement à l'axe, et dans des plans variés, sont une modification de *S. cirrosa*. Toutefois, en l'absence complète d'organes reproducteurs, rien ne prouve que les exemplaires dont la ramification se fait toujours strictement dans le même plan, n'appartiennent pas au *S. Plumula*, et que ceux dont les articles secondaires de l'axe sont régulièrement cloisonnés transversalement, ne sont pas une forme aberrante du *S. plumigera* dépourvue de rhizoïdes. On peut donc se demander si la variété *patentissima*, attribuée au *S. cirrosa*, n'est pas plutôt la forme que prennent plusieurs espèces quand elles se trouvent dans des conditions d'existence, non encore déterminées, entraînant des modifications parallèles, en particulier une constante stérilité.

Je n'ai pas eu l'occasion de récolter cette plante, mais je crois cependant pouvoir élucider la question d'après des récoltes de Lloyd. En effet, Lloyd a distribué dans ses *Algues de l'Ouest*, sous les n°s 348 et 349, le *Sphac. sertularia (Halopteris filicina)* et le *Sphac. Ulex (Stypocaulon scoparium, Sphac. scoparioides)*; les échantillons distribués sont propres et choisis, mais j'ai trouvé, dans son herbier, les récoltes d'où il les a extraits. L'une était marquée : « *Sphac. sertularia*, Algues de l'Ouest n° 348, Côte d'Arradon, Golfe du Morbihan, sur le gravier des bancs de Zostères 27 sept. 1856 »; une autre : « *Sphac. Ulex et sertularia*, Ile aux Moines, sept. 1856 »; et une troisième : « *Sphac. Ulex et sertularia*, Saint-Gildas, 17 sept. 1856 ». Or, dans chacune, l'ensemble est un mélange intimement enchevêtré de *S. sertularia*, *S. Ulex*, *S. cirrosa* et *S. Plumula*, mélangé à des fragments de frondes de *Dictyota*, des débris de feuilles de *Zostera marina*, des Floridées, des Bryozoaires, etc. Le parenchyme des fragments de *Zostera*, étant plus ou moins détruit par la macération, les longues fibres foliaires, isolées, se sont entortillées autour des Algues, les enchevêtrant en paquets, et rendant leur séparation longue et malaisée.

Ces trois récoltes concordent bien. On parlera plus loin de l'*Halopteris* et du *Stypocaulon*. Le *S. cirrosa* est la forme *patentissima* incontestable, mais imparfaitement caractérisée ; les rameaux courts, très divariqués, se détachent rarement à angle droit, et j'ai vu quelques rares propagules de la forme ordinaire, à rayons fusiformes. Le *S. Plumula,* fréquent dans ces récoltes de Lloyd, est long de 2-3 centimètres, probablement davantage, car on ne peut l'extraire entier ; ses rameaux courts, égaux, divariqués, mais non perpendiculaires. portent d'assez nombreux propagules. Ces échartillons correspondent bien à ceux de Naples et de Minorque que j'ai cités précédemment (Voy. p. 79), et à la plante de Zanardini [60, pl. XXXIII], et que j'ai supposés représenter un état âgé de la forme habituelle du *S. Plumula ;* je préfère actuellement les considérer comme une var. *patentissima* du *S. Plumula,* dont la plante stérile récoltée par Lebel serait l'état le mieux caractérisé.

Il semble donc que, soumises à des conditions encore mal précisées, mais qui se rencontrent sur le sable des bancs de *Zostera marina,* certaines Sphacélariacées présentent des modifications parallèles et bien particulières. Les *Halopteris filicina* et *Stypocaulon scoparium* deviennent les plantes que Bonnemaison appelait *Sphac. sertularia* et *Sphac. Ulex ;* le *S. cirrosa* laisse croître ses rameaux perpendiculairement à l'axe cylindrique, allongé et privé de poils, et cet état, quand il est bien caractérisé, paraît entraîner la stérilité ; il devient la var. *patentissima.* D'autres espèces, nettement pourvues d'axes et de rameaux, se comportent de même. Jusqu'à présent, on les a confondues avec la variété précédente, mais il y a lieu de reconnaître un **S. Plumula** var. **patentissima** qui prendrait naissance soit quand il vit enchevêtré, comme dans les récoltes de Lloyd, soit quand il rampe (au lieu d'être dressé) comme dans la plante de Naples. Dans son état extrême de modification, il deviendra fort difficile à distinguer de la même variété du *S. cirrosa.* Les *S. bipinnata* et *Hystrix* détachés de leur substratum, roulés par le flot, et accrochés par les fibres de *Zostera,* présentent peut-être des phénomènes semblables.

La plante récoltée par M. Rosenvinge serait pareillement un **S. plumigera** var. **patentissima,** qui perdrait la propriété de produire les rhizoïdes si caractéristiques du type, phénomène que d'ailleurs l'on constate également chez l'*Halopteris* et le *Stypocaulon.*

Ces variétés, étant sous la dépendance des conditions extérieures, présentent des formes de passage à la forme typique.

**
* *

Les espèces qui constituent le groupe du *S. cirrosa* sont réunies entre elles par leur mode de ramification et par leurs propagules trifurqués. Sans émettre d'hypothèse sur leur généalogie, il ne semble pas aventuré de les considérer comme dérivant d'une souche commune, dont elles se sont séparées par diverses adaptations.

M. Reinke [91, 2, p. 10] doutait de leur présence au sud de l'Équateur. J'ai montré qu'un parallélisme étroit existe au contraire entre les formes européennes et les formes australiennes. Ce point est important pour l'histoire des migrations et des variations de ces plantes. Les mers australasiennes, en effet, renferment plusieurs genres de Sphacélariacées qui leur sont spéciaux, et nous avons vu dans les précédents chapitres qu'elles sont particulièrement riches en espèces de *Sphacelaria*. Il est donc plus vraisemblable de supposer que nos espèces européennes du groupe *cirrosa* ont émigré d'Australasie que de supposer l'inverse ; elles auraient donc là leur patrie d'origine, leur centre de dispersion. Mais, pour le moment, nous ne pouvons guère aller plus loin, car les représentants australiens, connus seulement par quelques échantillons pris sur de grandes plantes, Fucacées ou *Posidonia,* y possèdent certainement des habitats plus divers pouvant entraîner des adaptations plus variées. Des études faites sur place, ou tout au moins sur des matériaux plus abondants que ceux mis à ma disposition, montreraient sans doute avec plus de précision les liens de parenté qui unissent le *S. furcigera* au *S. fusca,* le *S. biradiata* au *S. cirrosa.*

Il n'est pas sans intérêt de remarquer que, lorsque les *S. furcigera* et *cirrosa* parviennent par émigration à une distance considérable de leur pays d'origine et rencontrent des conditions particulières d'existence, leurs propagules subissent des modifications comparables : c'est ce que nous avons constaté aux Feroë ; ces deux espèces, qui proviennent sans doute d'une souche commune, tendent à se rapprocher de nouveau (1).

1. Je constate le fait sans en chercher la cause, car nous manquons d'éléments d'appréciation. Malgré leur latitude élevée (Svinö, 62°15', d'après la carte publiée par M. Börgesen), la température des Feroë n'est pas rigoureuse : elle

L'*Halidrys siliquosa* qui croît aux Feroë, y porte probablement aussi le *S. bipinnata*, et il serait intéressant de rechercher
si les propagules présentent les mêmes irrégularités que ceux
des deux autres espèces. Mais à Helgoland et à la pointe sud
de la Norvège, tandis que les propagules du *S. furcigera* sont
souvent modifiés, ceux du *S. cirrosa* ne m'ont pas montré de
formes monstrueuses spéciales. D'ailleurs, le *S. cirrosa* remonte
bien plus au nord, et les modifications qu'il subit graduellement,
suivant la latitude, dans sa ramification générale, et surtout
dans la manière d'être des propagules, sont tout à fait remarquables. Nous avons déjà vu un phénomène semblable à propos
du *S. racemosa* qui varie considérablement d'Angleterre au
Groenland. Toutefois, cette espèce étant plus rare que celle
dont nous nous occupons, ses modifications sont moins faciles à
suivre. Si l'on ne connaissait le *S. cirrosa* que par trois
exemplaires, un de Trondhjem, un de Guéthary et un autre
d'Alger, on en ferait presque sûrement trois espèces différentes, et si je n'ai pas séparé comme variétés les deux exemplaires australiens cités précédemment, c'est que les variations
des exemplaires européens m'ont laissé supposer qu'on pourrait également trouver entre eux des formes de passage.

On pourrait citer, parmi les Phanérogames, des variations
semblables, par exemple celles que le regretté Franchet a si
bien mises en lumière sur l'Edelweiss, *Leontopodium alpinum*,
qui, en outre des modifications dans la structure des fleurons,
perd, en allant de nos Alpes vers l'Est (variations de longitude),
sa couronne de bractées si caractéristiques, pour devenir un
simple *Gnaphalium*. Bien des plantes alpines sont considérées
comme homologues d'espèces différentes vivant dans la plaine.

Comme chez les autres Phéosporées, les sporanges uniloco-
laires des *Sphacelaria* sont très probablement des organes de
reproduction asexuée, et les propagules sont des organes de
multiplication, des boutures, comme celles des *Choristocarpus,
Acinetospora, Tilopteris*. Or, les espèces du groupe du *S. cir-*

est même tempérée. Le manque de lumière agit sans doute plus que le manque
de chaleur. Ainsi, d'après M. Rosenvinge, la profondeur de trente brasses danoises
(57 mètres) paraît être la limite inférieure absolue de la végétation sur les côtes
du Groënland, tandis qu'au milieu de la Méditerranée, à Minorque, cette limite
est de 160 mètres, d'après M. Rodriguez (Rodriguez in litt.).

rosa présentent un balancement organique entre la production des sporanges uniloculaires et celle des propagules. C'est ainsi que le *S. Hystrix*, dont les propagules sont si abondants, paraît produire très rarement des sporanges uniloculaires. Son homologue australien, le *S. Harveyana*, dont j'ai examiné un certain nombre d'exemplaires, et qui possède des sporanges uniloculaires, ne m'a montré que des indices possibles de la présence des propagules. Le *S. bipinnata* en est aussi un exemple frappant ; ses sporanges uniloculaires paraissent être la forme habituelle de la reproduction asexuée ; les propagules sont très rares et je les ai trouvés sur des exemplaires pauvres en sporanges. Le *S. cirrosa* se comporte de façon exactement inverse ; il se multiplie surtout par la voie végétative.

Le parasitisme d'une plante est souvent une cause de dégradation pour elle. Chez les Phanérogames, il retentit sur l'appareil végétatif et plus encore sur la fleur. Son effet n'est pas le même chez les *S. Hystrix* et *Harveyana* dont le parasitisme, bien qu'il n'épuise ni même ne déforme le support, est cependant très réel ; leur appareil reproducteur, qui comprend des anthéridies et des sporanges pluriloculaires qui sont probablement des oogones, est en effet le mieux différencié du groupe (1). Le *S. bipinnata*, pareillement parasite, a des organes pluriloculaires d'une seule sorte dont les logettes de très petite taille font penser à la possibilité de l'isogamie. Le *S. cirrosa*, à vie indépendante, au contraire, se multiplie presque constamment par ses propagules ; ses organes pluriloculaires sont une rareté. C'est pour cela que, malgré l'habitude d'admettre que les plantes à vie parasitaire dérivent par adaptation d'espèces à vie indépendante, on pourrait supposer l'évolution inverse : le *S. bipinnata* serait la souche du *S. cirrosa*. Il aurait perdu sa nature parasitaire comme la perd le *S. furcigera* quand il passe d'un support pénétrable à un substratum résistant. Toutefois, la modification serait plus complète pour le *S. cirrosa* qui n'est plus parasite, même sur un *Cystoseira*. En outre, par l'intermédiaire du *S. fusca*, ou mieux du *S. biradiata*, le *S. Harveyana*, homo-

---

1. On a déjà dit (Voy. p. 8) que le *S. cæspitula*, parasite, possède probablement des anthéridies ; le *S. furcigera* australasien (Voy. p. 154), à deux sortes d'organes pluriloculaires, est également parasite.

logue australien du *S. Hystrix,* pourrait être directement rattaché au *S. furcigera,* car celui-ci, avec un appareil végétatif et les propagules plus simples, possède, en Australie, des organes pluriloculaires comparables. Ces suppositions sont d'ailleurs plus faciles à faire qu'à vérifier ; pour le moment, elles n'ont d'autre intérêt que celui de montrer la complexité de la question.

H. — **Sphacelaria tribuloides** (appendice au chap. IX) et **Sphacelaria biradiata** (appendice au chap. XI).

Les sporanges pluriloculaires du *S. tribuloides,* découverts par Hauck dans l'Adriatique, furent retrouvés par M. Kuckuck à Rovigno sur des plantes récoltées en avril, et je les ai représentés sur la figure 29, *L.* Les sporanges uniloculaires étaient inconnus. M. Kuckuck les a rencontrés à Rovigno, sur des touffes croissant sur le *Codium Bursa* récoltées le 1er décembre 1896, qu'il a bien voulu me communiquer. Ils croissent sur les mêmes individus, plus rarement sur les mêmes branches que les précédents ; parfois isolés, ils sont souvent superposés, épars ou unilatéraux (fig. 47). A maturité, ils sont arrondis, de 65-80 µ de diamètre, portés par un pédicelle court, unicellulaire, redressé. Mais, à l'état jeune, ils sont cylindriques allongés (cette forme a déjà été signalée chez plusieurs espèces australasiennes). La figure 47 les représente au même grossissement que les propagules et les sporanges pluriloculaires de la figure 29.

En indiquant le *S. tribuloides* dans le golfe de Gascogne [97, p. 12 et p. 44], j'ai dit que jusqu'alors on ne l'avait pas cité dans l'Océan au sud de l'Angleterre. Le 7 juin 1902, j'en ai récolté plusieurs touffes munies de propagules à l'Ile de Ré, sur les rochers. On le trouvera certainement aussi en Bretagne. M. Le Jolis a bien voulu me communiquer un échantillon propagulifère, récolté « sur un caillou à Sacrificios, près Vera Cruz, Mexique ». Le *S. tribuloides* est probablement répandu dans tout le golfe du Mexique et la mer des Antilles.

Au point de la distribution géographique d'une espèce voisine, le *S. Novæ-Hollandiæ,* je signalerai deux touffes munies de propagules, de l'Herbier Lenormand, marquées « n° 708, Ile Célèbes ».

L'examen d'exemplaires de *S. biradiata* rencontrés dans l'Herbier Lenormand me permet de compléter la description donnée au chapitre XI.

Deux échantillons non déterminés, intercalés par Lenormand dans le cahier du *S. cirrosa,* portaient la même étiquette : « Dr F. Muller, 1861, Port Phillip, Australie », mais provenaient assurément de récoltes différentes. Sur l'une, en effet, sorte

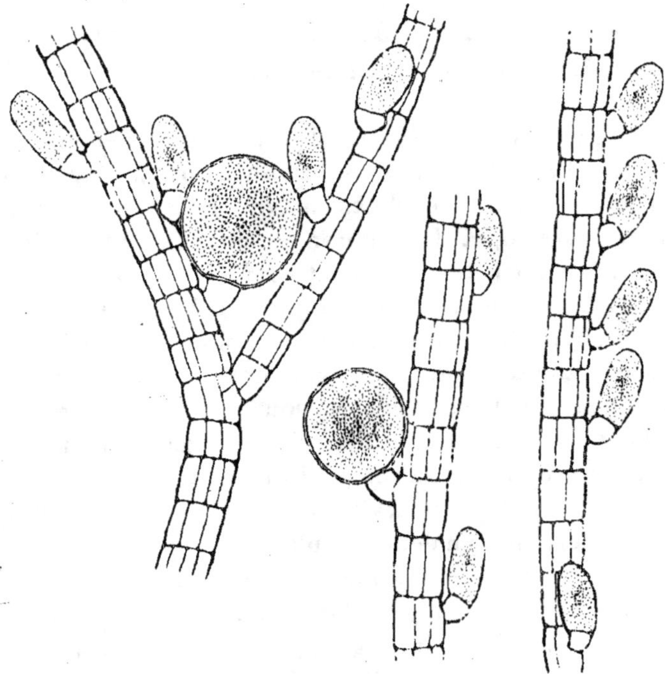

Fig. 47. — *Sphacelaria tribuloides* Menegh.; Rovigno, décembre 1896. — Sporanges uniloculaires à divers états de développement (Gr. 200).

de cordon noir d'un décimètre de long, et de moins d'un millimètre de diamètre, appartenant à une Fucacée, le parasite forme des touffes denses, rapprochées, d'un brun olivacé; sur l'autre, qui est probablement une extrémité fructifère de *Cystophora,* les touffes du parasite plus grêles, d'un brun clair, sont plus espacées et à stolon connectif plus visible.

La ramification correspond bien à celle du *S. cirrosa;* les filaments principaux, plus larges que sur la plante d'Areschoug, atteignent souvent 70-80 μ et, dans ce cas, les articles, moins hauts que larges, montrent de face 4-5 cloisons longitudinales ; les rameaux courts, divariqués, nombreux, présentent des poils rapprochés, tous réduits à leur gaîne renfermant souvent des débris des cellules inférieures, comme dans les poils de durée éphémère ; c'est donc bien un fait général. Les propagules, très abondants, ont la même forme que sur la plante d'Areschoug. En outre, et sur les mêmes filaments, les touffes nées sur la Fucacée indéterminée présentaient d'assez nombreux sporanges uniloculaires. Ceux-ci, portés par un pédicelle dressé, très court et unicellulaire, arrondis ou légèrement aplatis, mesurent 60-80 μ de diamètre ; parfois leur cellule mère est coupée par une cloison transversale. Les deux sortes de sporanges du *S. biradiata* sont donc maintenant connues.

Un autre *Sphacelaria* de l'Herbier Lenormand, marqué simplement « Dr Harvey, 1862, Port Western, Australie », était une touffe compacte et relativement volumineuse d'environ 1 centim. de hauteur. Il m'a semblé avoir grandi sur un rocher. A l'inverse des échantillons de Port Phillip, des filaments s'élevant directement du disque basilaire ne portaient que quelques rares rameaux ; sur d'autres, plus abondamment ramifiés, les branches, simples et longues, arrivaient presque toutes au même niveau ; les poils étaient très rares. Les filaments, de 60-80 μ de large, montraient de face 4-5 cloisons longitudinales. Les propagules étaient les mêmes que sur les plantes de Port Phillip et ne manquaient jamais non plus du poil médian.

La plante de Port Western, identique à celle de Port Phillip par ses propagules, en est donc différente par sa ramification. Cependant, n'ayant vu qu'un fragment d'une touffe unique, je ne l'en ai pas séparé. Il est possible, en effet, que le *S. biradiata,* si voisin du *S. cirrosa,* présente en Australie une ramification aussi variable que celle de ce dernier dans nos pays.

Enfin, j'ai trouvé plusieurs propagules de *S. biradiata* parmi des touffes de *S. furcigera* et de *S. Novæ-Hollandiæ* nées sur un *Posid. australis* récolté par Harvey à Port Jackson (n° 153 ; Herb. Trinity College).

Les quatre localités d'où est connu le *S. biradiata* (Adélaïde, Port Western Port Phillip et Port Jackson) sont groupées au Sud et au Sud-Est de l'Australie.

CHAPITRE XIII. — RÉSUMÉ DES CHAPITRES PRÉCÉDENTS.

J'ai essayé, dans le tableau ci-contre, de grouper, d'après leurs affinités, les espèces étudiées dans les précédents chapitres, en indiquant leurs principaux caractères distinctifs. Ce groupement ne saurait être qu'approximatif, car certaines d'entre elles, étudiées sur un trop petit nombre d'échantillons, possèdent probablement des organes de propagation plus variés que ne l'indique ce tableau. Les exemples des *S. Plumula, S. tribuloides, S. cirrosa*, connus depuis longtemps et souvent récoltés, montrent en effet qu'il faut parfois compter sur un heureux hasard pour les rencontrer avec leurs organes reproducteurs.

A l'inverse de M. Reinke, qui séparait les *Sphacelaria* en *autonomes* et *parasites*, je n'ai tenu ici aucun compte du parasitisme. D'une part, en effet, ce caractère physiologique éloigne des espèces d'affinités évidentes ; d'autre part, il est parfois inconstant, comme le prouvent les *S. furcigera* et *biradiata*.

Je comprends, dans la division géographique « Atlantique au nord de la Manche », les mers européennes qui dépendent de l'Atlantique (Mer du Nord, Mer Baltique, etc.), et les côtes anglaises de la Manche, en laissant de côté les côtes américaines ; celles-ci sont indiquées dans la colonne « autres régions ». La seconde division « Atlantique au sud de la Manche » comprend les côtes françaises de la Manche et les côtes de l'Atlantique jusqu'aux Canaries.

A. — Répartition géographique.

Laissant de côté les espèces encore insuffisamment caractérisées, comme le *S. olivacea* de M. Kjellman, le *S. tribuloides* récolté à Adélaïde, le *S. Borneti* de M. Reinke, etc., ou insuffisamment décrites, comme certaines espèces de Kützing non encore identifiées, on voit que, parmi les 38 espèces citées dans ce tableau, 15 sont nommées pour la première fois ; ce sont : *S. britannica, S. bracteata, S. pygmæa, S. fœcunda, S. sympodicarpa, S. chorizocarpa, S. Reinkei, S. implicata, S. spuria,*

	Parasite.	Articles secondaires cloisonnés.	Axes et rameaux différenciés.	Propagules.	Sporanges uniloculaires.	Sporanges pluriloculaires.	Anthéridies.	Atlantique au N. de la Manche.	Atlantique au S. de la Manche.	Méditerranée.	Mers australasiennes.	Autres régions.
Sphacella subtilissima.	+				+					+		
Sphacelaria pulvinata.	+				+						+	
S. saxatilis.					+	+		+				
S. britannica.					+			+				?
S. bracteata.	+					+					+	
S. pygmæa.	+					+					+	
S. fœcunda.	+					+					+	
S. Borneti.					+	+						+
S. sympodicarpa.					+				+			
S. chorizocarpa.	+				+	+					+	
S. Reinkei.	+	+	+		+						+	
S. implicata.	+	+	+		+	+					+	
S. spuria.		+	+		+						+	
S. radicans.		+			+	+		+	+			+
S. olivacea.		+			+	+		+				
S. cæspitula.	+	+				+	?	+				
Battersia mirabilis.					+			+				
S. racemosa.		+	+		+	+		+				
S. plumigera.		+	+		+	+		+				
Chætopteris plumosa.		+	+		+	+		+				+
S. Plumula.			+	+	+			+	+	+		+
S. tribuloides.				+	+	+		+	+	+	+	+
S. cornuta.	?			+	+						+	
S. Novæ-Hollandiæ.				+	+						+	+
S. Novæ-Caledoniæ.	+			+	+						+	+
S. brachygonia.				+					+	+		+
S. indica.					+	+						+
S. ceylanica.	+					+						+
S. furcigera.	+			+	+	+	+	+	+	+	+	+
S. divaricata.	+			+							+	
S. variabilis.	+			+								+
S. biradiata.	+		+	+	+	+					+	
S. intermedia.	+				+	+						+
S. fusca.			+	+				+	+		+	
S. cirrosa.			+	+	+	+		+	+	+	+	
S. bipinnata.	+		+	+	+	+		+	+		?	
S. Harveyana.	+		+		+	+	+				+	
S. Hystrix.	+		+	+	+	+	+		+		+	
	19	9	13	14	29	23	3	15	10	6	18	12

S. cornuta, S. Novæ-Caledoniæ, S. ceylanica, S. variabilis, S. intermedia, S. Harveyana. Des 23 autres, l'une, le *S. divaricata*, n'avait pas été revue depuis l'insuffisante description de Montagne; les *S. brachygonia, S. Novæ-Hollandiæ, S. fusca, S. bipinnata*, d'abord distingués et ensuite réunis à d'autres espèces, avaient perdu leur individualité; le *S. olivacea* était presque dans le même cas, car on désignait ainsi des plantes fort différentes. Le nombre des espèces nouvelles ou rétablies dépasse celui des espèces admises par les auteurs contemporains.

Les mers d'Europe et surtout les mers australasiennes ont fourni le plus d'espèces dans le nombre total; les autres sont très insuffisamment explorées à notre point de vue, et, par suite, nos connaissances sur la distribution géographique sont forcément incomplètes. La plupart des espèces exotiques de petite taille furent accidentellement recueillies par des collecteurs plutôt préoccupés de conserver les grandes Algues qui leur servent de support. D'après cela, on peut s'attendre à voir augmenter dans une notable proportion le nombre des petites espèces par des récoltes intentionnelles, au Sud de l'Équateur en particulier.

Certains résultats ne seront pas notablement modifiés par les découvertes ultérieures. Ainsi, la Méditerranée est très pauvre en espèces; elle n'en possède que 6, tandis qu'on en compte 15 au Nord de la Manche et 18 en Australasie, et encore le *S. brachygonia*, marqué méditerranéen, n'est-il pas connu au-delà de Gibraltar. Le *S. irregularis*, le *S. rhizophora*, sur lesquels j'ai appelé l'attention, ne sont probablement que des variétés d'espèces océaniennes; ils pourront augmenter le nombre des *Sphacelaria* méditerranéens, mais non donner à l'ensemble un caractère propre. La seule espèce particulière à cette mer est le *Sphacella subtilissima*; toutefois, on le retrouvera certainement dans l'Océan, puisque ses deux supports, *Carpomitra Cabreræ* et *Sporochnus pedunculatus*, croissent au Maroc, dans le golfe de Gascogne, en Bretagne, en Normandie et sur les côtes anglaises. Le *S. cervicornis*, que les auteurs ont souvent cité mal à propos, et dont j'ai fait une variété du *S. Plumula*, paraît, il est vrai, exclusif à la Méditerranée, mais il est actuellement trop incomplètement étudié pour figurer dans une comparaison géographique ou spécifique; on dirait une espèce en voie de différenciation, tenant à la fois des *S. Plumula* et *cirrosa*. Les propagules du *S. cirrosa* y subissent aussi des variations qui mériteraient d'être suivies dans des localités diverses.

Plusieurs explications de cette pauvreté viennent naturellement à l'esprit : d'abord, l'absence de marées qui ne facilite pas la recherche des espèces saxicoles et laisse supposer que nous ne les connaissons pas toutes ; ensuite, l'éloignement de la Méditerranée des centres de dispersion des *Sphacelaria* et enfin la difficulté que sa conformation de mer intérieure oppose à l'immigration des espèces.

Les mers australasiennes sont la région la plus riche en *Sphacelaria*. Elles paraissent être le centre de dispersion des espèces du groupe *Borneti* à sporanges uniloculaires disposés en sympode ; de celles du groupe *bracteata*, remarquable par la ramification, et que la découverte de sporanges uniloculaires rapprochera peut-être encore davantage du précédent, comme le *S. chorizocarpa* le laisse supposer ; des espèces du groupe *furcigera*, et peut-être aussi du groupe *cirrosa*, comme nous l'avons vu dans le chapitre précédent. Une exploration méthodique en augmentera certainement le nombre.

En faisant l'étude détaillée des *Sphacelaria*, j'ai réuni le *S. Plumula* aux autres espèces pennées (*S. plumigera, S. racemosa, Chætopteris*), car c'est seulement avec celles-ci qu'il peut être confondu. Dans un tableau, groupant les espèces par affinités, il est mieux placé près du *S. tribuloïdes*.

Si le *S. Plumula*, en effet, se rapproche des trois espèces pennées parce que sa ramification est la même, il s'en éloigne par plusieurs caractères. Ainsi, les autres espèces ont un disque basilaire, des articles secondaires transversalement cloisonnés, des poils géminés, des rhizoïdes abondants, et sont dépourvues de propagules, tandis que le *S. Plumula* a les caractères inverses. La distribution géographique est tout aussi significative. Les trois espèces (*S. plumigera, S. racemosa* et *Chætopteris*) sont des plantes exclusivement septentrionales ; au contraire, le *S. Plumula* est plutôt une plante de l'Europe tempérée ; il descend dans le Golfe de Gascogne et dans la Méditerranée, tandis qu'on ne l'a pas signalé vers le Nord au delà de l'île d'Arran (sud-ouest de l'Écosse), et on ne peut guère supposer, malgré sa petite taille et sa croissance sur des supports toujours submergés, qu'il aurait passé inaperçu dans l'Europe septentrionale. Si même la variété *californica* appartient bien, comme je le crois, au *S. Plumula,* c'est que cette espèce a une extension géographique considérable, mais en direction inverse de celle des autres espèces pennées. Ses propagules, d'ailleurs, facilitent sa dissémination.

Les échantillons de *S. Plumula* que j'ai étudiés ne m'ont jamais paru difficiles à distinguer du *S. tribuloides.* Le premier présente une différenciation nette entre l'axe et les rameaux distiques et opposés ; le second laisse à peine voir la distinction entre l'axe et les rameaux épars, jamais opposés. La conformité de structure des propagules, leur seul caractère commun, est vraiment insuffisante pour dire, avec M. Reinke, que le *S. Plumula* pourrait être une variété *pennata* du *S. tribuloides.* Cependant, le *S. tribuloides* est pareillement une plante des pays tempérés, et il ne remonte pas au Nord de l'Écosse méridionale ; il est fréquent dans les mers chaudes, mais, étant souvent épiphyte, ou habitant les rochers qui découvrent à basse mer, son extension géographique y était plus facile à jalonner.

Intercalé dans le groupe du *S. tribuloides,* le *S. Plumula* n'en trouble pas l'homogénéité sous le rapport de la présence et de la forme des propagules ; sous le rapport de la ramification, il est aberrant au même titre que le *S. spuria* dans le groupe du *S. Borneti.* D'ailleurs, il est possible que l'on trouve un lien entre le *S. tribuloides* et le *S. Plumula* dans de nouvelles espèces australasiennes, par exemple dans cette plante d'Adélaïde (Voy. p. 131) vue seulement en minime quantité et dont la ramification présente un axe et des rameaux divariqués (1).

Les trois espèces pennées du groupe du *S. plumigera* habitent le Nord de l'Europe. Le *Chætopteris plumosa,* très commun dans les régions les plus septentrionales (Groenland, Spitzberg), exige un climat froid. Signalé en différents points de la côte écossaise, il n'est connu en Angleterre et en Irlande que dans les comtés avoisinants. Il passe sur le versant américain de

---

1. Malgré la différence de forme des propagules des *S. cirrosa* et *S. Plumula,* ces espèces sont peut-être moins éloignées l'une de l'autre qu'elles le paraissent. Elles deviennent difficiles à distinguer quand elles prennent l'état *patentissima ;* d'autre part, la var. *cervicornis* semble intermédiaire entre elles.

l'Atlantique ; M. Farlow le signale dans sa Flore et j'en ai vu dans l'Herbier Lenormand un échantillon récolté au Labrador marqué « Duby 1867 ». Le *S. plumigera*, plus localisé, répandu sur toutes les côtes de la Grande-Bretagne, ne traverse pas la Manche, car s'il habitait les rivages français, sa grande taille l'y eût sans doute fait rencontrer. D'autre part, bien qu'on l'ait autrefois confondu avec le *Chætopteris*, il ne remonte probablement guère au delà du Sud de la Norvège. L'exiguïté de son extension géographique est bizarre ; elle ne paraît pouvoir s'expliquer que par une tendance à la disparition (1).

On sait que le *S. racemosa* se présente sous deux formes : la forme écossaise ou f. *typica* Reinke, et la forme arctique ou f. *arctica* Reinke. La première est considérée comme extrêmement rare, car depuis la découverte de l'exemplaire décrit par Greville, récolté dans le Firth of Forth en 1821, M. Batters semblait être le seul qui l'eût récoltée avec certitude. Son existence sur la côte Sud-Ouest de l'Écosse, douteuse jusqu'à maintenant (Voy. p. 100), est désormais certaine, car j'en ai étudié deux exemplaires dans l'Herbier Le Jolis et dans l'Herbier Lenormand (2).

D'ailleurs, il est moins rare qu'on le croyait. J'en ai vu un bel exemplaire, récolté en Norvège arctique, par M. Foslie, stérile, mais dont la comparaison avec les exemplaires écossais précise la détermination (3). M. Rosenvinge l'a trouvé dans le

1. Le *Sphacelaria plumosa* représenté par Harvey [46, pl. LXXXVII] est probablement le *S. plumigera*. — Il le cite au Groenland d'après Lyngbye, mais Lyngbye, bien qu'il ait figuré une plante difficile à reconnaître [19, pl. 30], avait sans doute en vue le *Chætopteris plumosa*.

2. L'échantillon que M. Le Jolis a bien voulu me communiquer, marqué « *Sph. racemosa*, Cumbræ, R. Hennedy leg. ; Harvey ded. 1858 », est parfaitement caractérisé ; la ramification des filaments et les grappes des sporanges uniloculaires sont identiques à celles figurées par Greville ; Harvey n'eut sans doute cet exemplaire en sa possession qu'après la publication du *Phycologia britannica*. Celui de l'Herbier Lenormand, marqué « *Sph. racemosa*, Walker-Arnott, 1853, Cumbræ », est aussi la même plante, mais stérile ; il portait d'assez nombreux poils, simples ou géminés.

3. « Lyngen (Norvège arctique) 1er septembre 1890, Foslie leg. et ded. » Lyngen, peu éloigné de Tromsö, est à la même latitude. La plante, de 1 1/2 centim. de hauteur, présente un disque de plusieurs épaisseurs de cellules. Les filaments dressés, denses, cylindriques, souvent simples, portent des poils simples ou géminés. Comme dans les échantillons écossais, les articles secondaires présentent une cloison transversale épargnant généralement une ou plusieurs cellules ; toutefois, celles-ci ne sont pas de vrais péricystes, comme dans les *S. radicans* et *S. olivacea* ; ce sont simplement des cellules non cloisonnées.

nord du Jutland, haut de moins d'un centimètre, mais très bien fructifié (1).

L'étude de ces différents échantillons me permet d'être plus affirmatif au sujet de plusieurs autres dont il a été question dans les chapitres précédents. Je n'ai plus de doute sur la présence du *S. racemosa* f. *typica* à Helgoland. C'est à lui, et non au *S. radicans*, qu'appartiennent les filaments représentés sur la figure 14, *C, D,* et les « broussins filamenteux » sont des grappes sporangifères non arrivées à leur complet développement.

Le *Sphacelaria* de Trondhjem (2), auquel j'avais trouvé une certaine ressemblance avec la plante écossaise, est bien le *S. racemosa,* mais rendu souffreteux par le parasite qui l'envahit.

Enfin, le *S. olivacea* de Kiel, auquel M. Reinke a consacré une belle planche dans son atlas [89, 2, pl. 46], et dont j'ai dit (Voy. p. 70) qu'il différait du *S. olivacea* d'Helgoland, est aussi, à mon avis, la forme écossaise du *S. racemosa.*

Tout en laissant à M. Reinke la responsabilité de la réunion en une seule espèce des deux formes du *S. racemosa,* je faisais remarquer (Voy. p. 105) combien sont curieuses les variations de cette espèce, diminuant de taille graduellement du Nord au Sud. En même temps que la ramification générale se simplifie, la longueur des pédicelles augmente, ainsi que le nombre des sporanges portés par les grappes fructifères, et j'ai dit que ces formes méritent une étude plus approfondie. Actuellement, la présence de la forme typique de Greville sur des points éloignés, de l'Écosse au Jutland et à l'extrême Nord de la Norvège, fait douter de l'homogénéité du *S. racemosa* tel que M. Reinke le comprend.

La variété *arctica* méritera peut-être sa réintégration comme espèce distincte. Quoi qu'il en soit, elle est assurément fort voisine de la plante écossaise. Comme celle-ci, ses articles secondaires sont généralement incomplètement cloisonnés, les cellules restées entières n'étant pas de vrais péricystes, puisqu'elles ne sont ni les réservoirs de matière tannifère ni les productrices exclusives des rameaux fructifères ou non. Son aspect

---

1. • Aalborg Bugt, 15 juillet 1892, Rosenvinge leg. sub. n° 2857. • Herbier Muséum Copenhague.
2. *S. olivacea* Foslie non al., Trondhjemfjord, 24 mars 1896 (Voy. p. 105).

est parfois celui d'une plante régulièrement pennée, mais certains rameaux, se développant dans le même plan que les
autres, apparaissent très tardivement, au-dessous des rameaux
longs et adultes et, suivant qu'ils prennent naissance dans une
cellule, divisée ou non transversalement, ils paraissent insérés
sur un article secondaire entier ou un demi-article (fig. 23, *C*
et *D*). Les poils adventifs de cette espèce ont la même origine,
et sont pareillement une curieuse particularité. La fréquence
des sporanges nés sur les rhizoïdes est à signaler comme un
terme de passage au *Chætopteris*. Très répandue dans les mers
arctiques, elle descend en Europe jusque dans la Baltique. On
l'a signalée récemment dans le Nord des États-Unis d'Amérique ;
toutefois, un échantillon portant ce nom (1), qui m'a été communiqué, appartenait à une plante toute différente. Cependant,
rien n'empêche de supposer que sa distribution corresponde à
celle du *Chætopteris*.

Que les deux formes du *S. racemosa* soient ou non deux
espèces distinctes, c'est par la plante de Greville que les *S. plumigera* et *C. plumosa* se rapprochent le plus des *S. radicans* et
S. olivacea. Les exemplaires stériles, mais en bon état, de *S. radicans* et de *S. racemosa* se distingueront par un cloisonnement
transversal plus accentué dans le premier que dans le second,
épargnant des péricystes ; on peut trouver chez tous les deux
des poils géminés. On dira plus loin pourquoi le *Battersia* a été
placé près de ces espèces dans le tableau précédent.

Les *S. olivacea* (2) et *cæspitula*, encore peu cherchés, sont
jusqu'à présent des plantes septentrionales d'habitat fort limité.
Le *S. radicans* occupe une aire plus étendue ; je l'ai cité du
Bohuslän jusqu'à Belle-Ile, et je doute qu'il descende au Sud de
l'embouchure de la Gironde, mais il remonte bien plus loin au
Nord, car depuis, j'en ai vu des exemplaires récoltés par
M. Foslie, en Norvège arctique (3). Il traverse l'Atlantique Nord
et se retrouve sur les côtes des États-Unis.

---

1. « *Sphac. arctica* Harv., *S. racemosa* var., Machiasport, Maine, 23 août
1898, M. A. Barber leg. »

2. Le *S. olivacea* de Pringsheim est actuellement connu (Voy. p. 212) à Helgoland, en Danemark et en Norvège.

3. Komagfjord, Norvège arctique, 11 juillet 1891 ; Foslie leg. et ded. ; muni
de quelques sporanges uniloculaires. — Kjelmó, Norvège arctique, stérile,
31 juillet 1887 ; Foslie leg. et ded.

La taille des *S. britannica* et *S. saxatilis* est trop minime pour que ces plantes aient été rencontrées en d'autres régions que celles explorées par des observateurs sédentaires et exercés. Toutefois, il semble probable qu'elles sont exclusivement septentrionales, comme les précédentes. En outre, d'après l'examen des échantillons communiqués par M. Farlow (Voy. p. 64), on les trouvera presque certainement sur la côte Atlantique de l'Amérique du Nord.

D'après ce qui précède, les espèces de *Sphacelaria* se comportent donc, dans leur distribution géographique, comme si elles avaient deux centres de dispersion : l'un, dans l'Atlantique Nord, ou peut-être l'Océan Arctique, avec les groupes du *S. racemosa,* du *S. radicans* et du *S. britannica,* dont aucune espèce ne possède de propagule, l'autre en Australasie, avec les espèces des groupes *bracteata, Borneti, tribuloides, furcigera* et *cirrosa,* ce dernier groupe, toutefois, ayant une extension géographique telle, qu'il appartient autant à une région qu'à l'autre. Nous sommes encore trop peu renseignés pour dire que les côtes australasiennes ne sont pas simplement des étapes dans la migration de ces espèces, et que leur vrai centre de dispersion n'est pas plus au Sud, tout à fait opposé au premier, dans l'Océan Antarctique. Cette supposition s'appuie d'ailleurs moins sur la répartition des *Sphacelaria* que sur celle des autres genres que nous étudierons dans les chapitres suivants.

B. — Thalle inférieur.

Le disque basilaire des *Sphacelaria,* remarqué par M. Reinke, est une production curieuse et fort intéressante pour la morphologie. Toutefois, son importance, au point de vue des affinités, est difficile à établir.

Les espèces le plus franchement parasites en manquent. Le thalle endophyte s'y présente sous la forme de filaments pénétrants isolés (*S. pulvinata, S. bracteata...* etc.) ou réunis en faisceau (*S. Reinkei*), qui fournissent tous les filaments dressés sans jamais s'unir par un thalle profond ou superficiel représentant le disque ; ou bien, ce thalle endophyte, relativement restreint, ne fournit pas tous les filaments dressés, car ceux-ci naissent en outre d'un thalle superficiel, soit irrégulier et plus ou moins spongieux (*S. bipinnata*), formé par l'enchevêtrement des rhizoïdes, soit dû aux filaments rampants extérieurs réunis en disque mince (*S. intermedia*) ou épais (*S. Novæ-Caledoniæ*). Les individus propagulifères de *S. Hystrix* naissent sur un petit disque épiphyte, dont la portion endophyte fixatrice n'est nullement discoïde. Le *S. furcigera* est peut-être le seul dont la partie endophyte ressemble à un disque, tandis qu'il produit seulement des stolons quand il est saxicole.

Chez les espèces à vie indépendante, la formation d'un disque ne paraît pas liée à la nature minérale ou végétale du substratum. Le disque manque totalement ou presque totalement à certaines d'entre elles (*S. britannica, S. saxatilis, S. Plumula*), ou conserve des dimensions minimes (*S. cirrosa, S. tribuloides*), tandis que chez d'autres espèces (*S. olivacea*), croissant aussi bien sur de grandes Algues que sur des pierres, il est toujours fort bien développé. D'autres genres, d'ailleurs, montrent la même variation : *Stypocaulon* et *Cladostephus*, par exemple, qui vivent côte à côte et se comportent sous ce rapport de manière si différente. La présence d'un disque n'est donc en relations ni avec les affinités ni avec l'habitat ; il semble être une supériorité pour la plante, puisqu'il la fixe mieux, lui permet de résister aux chocs, aux morsures des animaux... etc. Cependant, on remarque que les espèces où il est le mieux développé ne sont pas les plus répandues ; c'est un organe de conservation, non un organe de dissémination ; on ne connaît pas de propagules aux espèces à vie indépendante pourvues d'un disque bien développé.

On ignore quel est le produit de la germination des zoospores et des oosphères, mais nous avons vu que les propagules des *S. Hystrix* et *S. cirrosa* produisent, en germant, un petit disque, sorte de prothalle, sur lequel s'élèvent ensuite les filaments dressés, comme s'il y avait alternance nécessaire entre la partie rampante et la partie dressée. La pérennité du disque est peut-être en relations avec l'absence de propagules.

Le genre *Battersia* est réduit à ce disque. J'ai pensé, tout d'abord, qu'il pourrait être simplement un thalle rampant de *Cladostephus* privé de ses parties dressées caduques, d'autant plus que les sporanges uniloculaires successifs du *Battersia* s'emboîtent comme ceux du *Cladostephus*, ce qui est assez rare dans la famille. Toutefois, cette hypothèse est inadmissible, car les deux thalles rampants sont de structure bien différente. Faute de pouvoir rapporter le *Battersia* à une espèce déterminée, nous sommes donc contraints de le considérer comme une plante distincte. Malgré cela, on admettra difficilement, avec M. Reinke, que le *Battersia* soit la plus inférieure des Sphacélariacées. En effet, il faudrait préalablement démontrer que, des deux parties qui composent certaines d'entre elles, l'une rampante, l'autre dressée, la première est phylogénétiquement la plus ancienne, tandis que la seconde est plus récente et surajoutée. Or, l'hypothèse inverse paraît au contraire plus vraisemblable.

Malheureusement, les Sphacélariacées les plus inférieures au point de vue de la structure du thalle dressé, le *Sphacella* et le *Sphacelaria pulvinata*, sont parasites, et, n'ayant pas de disque, ne peuvent renseigner à ce sujet. Mais, laissant de côté les espèces parasites, dont la partie basilaire est forcément modifiée par le mode de vie, on constate que les espèces pourvues d'un disque bien apparent sont précisément celles dont les articles secondaires des filaments dressés sont cloisonnés transversalement (*S. radicans, S. olivacea, S. plumigera, S. racemosa, Chætopteris plumosa*); le *S. spuria*, qui par ailleurs est une forme aberrante, est le seul dont le thalle rampant ne soit pas un disque compact. Or, ce cloisonnement transversal apporte de la résistance et de la solidité; il est une complication utile, par suite, un indice de supériorité. Si les espèces pourvues d'un disque basilaire sont plus élevées en organisation que les autres, la présence de celui-ci n'est pas un caractère primitif, le disque est un organe acquis, et le *Battersia* ne peut être la plus inférieure des Sphacélariacées.

On pourrait objecter, il est vrai, que le *Battersia* produit ses sporanges sur des filaments, monosiphoniés ou à peu près, ce qui est un indice d'infériorité, mais les sporanges du thalle rampant du *S. olivacea* (ancien *Sphaceloderma*) seraient encore bien plus inférieurs sous ce rapport, puisqu'ils sont sessiles ou même en partie inclus. D'ailleurs, j'ai dit que les sporanges du *Battersia* pouvaient être simplement le prolongement de files radiales rampantes, et non le prolongement d'une file verticale de cellules du thalle rampant ; si c'est le cas général, et j'en ai eu à ma disposition un trop minuscule fragment pour l'affirmer, cela indiquerait plutôt une dégradation qu'une infériorité originelle.

En résumé, le *Battersia* est un genre provisoire et non définitif, d'une importance phylogénique beaucoup moindre qu'on l'a cru. A mon avis, il représente le thalle rampant d'une espèce de *Sphacelaria* (ou tout au moins de Sphacélariacées) ayant perdu la propriété de produire des filaments dressés. Il reste constamment à l'état qu'affecte le *S. olivacea* dépourvu de ses filaments dressés, et se perpétue sous cette forme. Forçant la comparaison, il serait parmi les Sphacélariacées, ce que, parmi les Cutlériacées, est l'*Aglaozonia chilosa* dont on ignore l'état *Cutleria,* ou l'*Aglaozonia parvula* du Nord de l'Europe, qui ne prend qu'exceptionnellement la forme *Cutleria*.

Je ne crois donc pas plus à son autonomie qu'à celle du *Sphaceloderma*. Mais la partie dressée de celui-ci étant distinguée depuis longtemps sous le nom de *Sphacelaria olivacea,* on prouve que les deux plantes, l'une rampante, l'autre dressée, n'en font qu'une. La partie dressée du *Battersia* est encore inconnue. A moins de créer un genre spécial pour les *Sphacelaria* à thalle rampant bien développé, on fera donc rentrer un jour ou l'autre le *Battersia* parmi les *Sphacelaria* et il s'appellera alors *S. mirabilis*. Toutefois, et jusqu'à la vérification de cette hypothèse, le maintien du nom générique *Battersia* présente l'avantage d'attirer l'attention sur une plante qui existe sans doute ailleurs qu'à Berwick, et qui mérite d'être recherchée.

La question vaut la peine d'attirer l'attention des algologues scandinaves. Des études entreprises sur place pourront seules l'élucider et en même temps nous éclairer sur des points connexes. J'ai montré, par exemple, que la forme écossaise du *S. racemosa* est plus largement répandue qu'on ne le supposait ; peut-être son disque est-il pérennant et produit-il des sporanges comme celui du *S. olivacea*. On ignore la constitution du disque de sa forme arctique ; en comparant sa structure à celle de la forme écossaise, on apprendrait si réellement les deux formes sont proches parentes ou distinctes, et aussi si le *Battersia* ne doit pas lui être attribué. Enfin, si le *S. plumigera* est une plante en voie de disparition, comme elle me le paraît, il y a des chances pour que le disque pérennant, plus résistant que le thalle dressé aux conditions défavorables d'existence, se retrouve seul sur les frontières de sa circonscription géographique actuelle; son cas serait alors tout à fait comparable à celui du *Battersia*.

C. — Thalle dressé.

L'accroissement en longueur des filaments dressés, par le cloisonnement transversal de la cellule terminale, ou sphacèle, est un caractère général de la famille. L'article primaire ainsi séparé se cloisonne ensuite en deux articles secondaires superposés qui, dans toutes les espèces étudiées dans les chapitres précédents, prennent dès le début leur largeur et leur hauteur définitives, sans préjudice des cloisonnements intérieurs. On verra par la suite qu'il n'en est pas de même chez toutes les Sphacélariacées, ni pour la largeur ni pour la longueur.

Les axes, ou pousses indéfinies, produisent des rameaux ou pousses définies. Les rameaux ne naissent jamais directement du sphacèle, mais toujours d'un article secondaire ayant déjà commencé à se cloisonner longitudinalement et qui, sauf des cas exceptionnels, est un article secondaire supérieur; dans les cas les plus parfaits, tous les articles secondaires supérieurs de l'axe sont fertiles. Le sphacèle, aussi bien que la portion de l'article secondaire qui s'allongera latéralement en rameau, renferme toujours une certaine quantité d'une matière tannifère brune, laquelle, par conséquent, est une substance de réserve utilisée par la plante dans son accroissement et non une substance d'excrétion (1).

Les rameaux s'allongent comme le filament qui les a produits. Quand ils sont nettement différenciés comme tels, tôt ou tard leur sphacèle diminue progressivement de diamètre après

1. On sait que les cytologistes admettent le principe que « toute cellule qui se divise est incapable de produire et ne fonctionne pas ». Cette loi ne paraît pas s'appliquer aux Sphacélariacées. Le sphacèle est non seulement la cellule origine de toutes les autres par ses divisions successives, mais encore une cellule sécrétrice. Toutefois, il y aurait lieu de rechercher si la mitose et la sécrétion sont simultanées ou alternatives, autrement dit si la sécrétion continue ou cesse quand la mitose commence. — On ne parle pas ici des cellules âgées qui se remplissent tardivement de la même matière tannique.

chaque cloisonnement, et ils se terminent en pointe ou par un poil. Les rameaux sont alors des pousses nettement définies, comme dans le *S. Plumula,* où ils sont distiques, et le *S. cirrosa,* où ils naissent sur des génératrices quelconques. Mais, arrivés à leur taille maxima, les axes perdent à leur tour leur sphacèle ; celui-ci ne se divise plus que très lentement, diminue progressivement de largeur, se termine finalement en pointe, et le filament devient une pousse définie ; c'est ce que j'ai représenté pour le *S. Plumula* sur la figure 18 (1). D'ailleurs, même au moment de la plus grande activité végétative de la plante, la distinction en pousses indéfinies et pousses définies n'est pas toujours facile à établir d'une manière absolue. En effet, normalement comme dans le *S. bipinnata,* ou fortuitement comme dans beaucoup d'espèces, des rameaux nés sur l'axe continuent leur allongement et portent comme lui des rameaux, qui sont secondaires, mais qui ne se distinguent nullement des rameaux primaires.

D'autres causes modifient la ramification. Après une troncature accidentelle du sphacèle ou de la portion supérieure de l'axe, une ou plusieurs pousses de remplacement, indéfinies, prennent naissance, soit par l'allongement du plus jeune ou des plus jeunes rameaux intacts, soit sur l'article secondaire inférieur voisin, normalement stérile. Si la troncature porte sur une région plus ancienne, où les rameaux ont déjà terminé leur croissance, les cellules intactes de la troncature prolifèrent et donnent des pousses de remplacement plus ou moins longues suppléant l'axe tronqué. Par suite, la ramification est souvent touffue et compliquée.

Un autre élément de complication peut se présenter (*S. racemosa* var. *arctica*), indépendamment des causes extérieures et des accidents. Sur un axe, et au-dessous des rameaux ayant déjà pris leur état définitif, on voit bourgeonner certaines cellules qui produisent des rameaux adventifs identiques aux rameaux normaux et que l'on peut confondre avec eux si l'on n'en suit pas le développement.

Chez d'autres espèces, la ramification est beaucoup plus simple : les rameaux sont plus espacés ou même rares, leur lar-

---

1. Je n'ai pas vu l'axe du *Chætopteris plumosa* se terminer en pointe ; j'ignore comment se comportent les filaments âgés.

geur est celle de l'axe, ils arrivent fréquemment à la même hauteur; la différence entre les axes et les rameaux disparaît alors et toutes les pousses sont de même valeur. On voit cependant des formes de passage au cas précédent, en particulier lorsque les filaments portent des poils et que les rameaux sont de moindre diamètre que l'axe qui les porte. En réalité, c'est seulement chez les espèces inférieures, à filaments simples, comme les *S. britannica* et *saxatilis* que la différence est nulle entre axe et rameaux, et même entre filaments rampants et filaments dressés.

Les rameaux naissent toujours des articles secondaires, jamais du sphacèle, et la ramification est monopodiale. Les poils naissent du sphacèle et sont le véritable sphacèle de la pousse considérée; plus tard, ils paraissent insérés sur une cloison transversale, à cheval sur deux articles secondaires. Le poil étant endogène, c'est, à la rigueur, la cellule dans laquelle il se développe, et non le poil lui-même, qui est le prolongement de la pousse. Une pousse de *Sphacelaria* munie de poils, indéfinie ou définie, est donc un sympode dont chaque génération se termine par un poil. La distance entre deux poils successifs mesure la longueur d'une génération. Le plus souvent, les poils sont plus rapprochés vers le sommet des pousses qu'à leur base, autrement dit, les générations deviennent de plus en plus courtes de la base au sommet, où elles sont souvent réduites à un seul article primaire; elles diminuent de longueur avec l'âge de la pousse et avec son activité végétative. Au contraire, chez les espèces que M. Reinke nomme acroblastées, les générations successives sont très fréquemment de longueur constante; il y a progrès au point de vue de la constitution sympodiale.

Cela paraît incontestable malgré l'opinion de Pringsheim, qui fit admettre l'interprétation inverse. On trouve en effet, comme l'avait déjà dit M. Magnus, tous les intermédiaires entre les poils nettement terminaux et les poils latéralement insérés. Cette différence est due à l'inégale activité du développement. Si l'allongement est lent, le poil est terminal, autrement dit : la cloison qui sépare le sphacèle de l'article primaire sous-jacent est à sa place normale, la seule différence est que le sphacèle est notablement plus court que de coutume; puis, l'article primaire se développe, repousse le sphacèle de côté, et devient le début de la génération nouvelle. Si l'allongement est rapide, l'article primaire, qui deviendra l'amorce d'une génération nouvelle, s'est déjà allongé, et semble continuer la pousse suivant la longueur, avant que les deux noyaux du sphacèle de la pousse soient séparés par une cloison; la cloison qui séparéra le vrai sphacèle, origine du poil, sera oblique dès son apparition. J'ai représenté ces deux cas extrêmes et les cas intermédiaires à propos des *S. tribuloides* et *furcigera;* les exemples seraient encore plus faciles à trouver sur le *S. cirrosa.*

Chez les espèces où la différence entre les axes et les rameaux est nulle ou peu marquée (*S. tribuloides, S. furcigera...,* etc.), il n'est pas rare que la plupart de ceux-ci naissent de l'article sous-jacent à un poil. Chez celles où l'axe est bien indiqué, mais dont les rameaux sont nombreux et irrégulièrement dispersés (*S. cirrosa, S. Hystrix...,* etc.), la plupart de ces derniers, tout au moins dans la portion inférieure, n'ont aucun rapport avec les poils. Enfin, chez les espèces où les rameaux sont le plus nettement différenciés par rapport à l'axe, celui-ci est strictement monopodial, tandis que les rameaux sont parfois de nature sympodiale (*S. Plumula...,* etc.)

D'ailleurs, le nombre des poils ne paraît pas avoir une grande importance physiologique : j'ai cité le cas de deux récoltes de *S. tribuloides* faites dans des habitats très comparables, à quelques jours d'intervalle, dans des localités peu éloignées, et les exemplaires de l'une étaient bien plus abondamment pourvus de poils que ceux de l'autre. Néanmoins, leur présence semble parfois en relation avec la saison ; les filaments du *S. radicans,* par exemple, sont fructifères et monopodiaux en hiver, stériles, sympodiaux et pilifères en été (tout au moins en France).

Isolés dans la grande majorité des cas, les poils sont géminés chez plusieurs espèces septentrionales (*Chætopteris plumosa, S. racemosa, S. plumigera, S. radicans*). Cependant, ceux-ci ne contredisent pas l'interprétation d'après laquelle un poil est la terminaison d'une génération, puisque les poils du *Chætopteris* sont indifféremment simples ou géminés ; il suffit, en effet, que l'ultime sphacèle de la génération se cloisonne suivant sa longueur. Les poils géminés aident même à comprendre les poils en bouquet de certaines Acroblastées (*Stypo-caulon...,* etc.).

Les poils sont sessiles chez toutes nos espèces européennes ; ils sont au contraire portés par une ou plusieurs cellules chez plusieurs espèces australasiennes avec diverses variations : indifféremment sessiles ou pédicellés (*S. chorizocarpa*), ou constamment pédicellés (*S. bracteata, S. fœcunda*), ou même portant parfois des sympodes de sporanges (*S. pygmæa, S. implicata*). Malgré cela, leur origine est toujours identique : dans les plantes européennes, le sphacèle lenticulaire, séparé par une cloison en verre de montre, donne directement la cellule mère du poil, tandis que celle-ci, chez ces plantes australasiennes, ne s'individualise comme telle qu'après s'être allongée et avoir subi un ou plusieurs cloisonnements transversaux. Le poil étant le sommet d'une génération sympodiale dans le premier cas, l'est évidemment aussi dans le second. Au point de vue des relations phylogénétiques, cette disposition pourrait s'interpréter ainsi : la ramification sympodiale, plus compliquée que la ramification monopodiale, a dû apparaître postérieurement à celle-ci ; l'état le plus parfait de l'évolution sera celui dans lequel les générations se succéderont le plus complètement et se placeront bout à bout le plus directement. Dans cette interprétation, les espèces à poils pédicellés, témoins d'une évolution incomplète, seraient inférieures aux espèces à poils sessiles. D'autre part, on décrira plus loin un genre nouveau, *Alethocladus,* où toutes les ramifications ont la même valeur que les poils de *Sphacelaria.* Il est lui-même un passage aux Acroblastées de M. Reinke, chez lesquelles l'état sympodial atteint son plus haut degré de différenciation. Sous ce rapport, ces *Sphacelaria* australasiens, étant intermédiaires entre les autres espèces du genre et l'*Alethocladus,* seraient plus élevés en organisation que les autres *Sphacelaria.* Cette interprétation est inverse de la précédente. Les mers australes renferment peut-être des espèces dont l'étude indiquerait laquelle est la vraie.

On ne voit pas d'ailleurs le bénéfice actuel que la plante retire de ces complications dans la disposition et l'origine des membres ; on n'en distingue ni les causes morphologiques ni les causes physiologiques ; l'étude comparative des représentants des familles voisines nous éclairerait sans doute davantage en permettant de reconstituer la série des modifications qui ont dû graduellement se produire dans le passé.

Le *S. racemosa* est la seule espèce où, en outre, nous ayons rencontré des poils d'origine différente apparaissant tardivement, dans des régions de structure définitive. Ils ne sont pas le sommet d'une génération; leur origine est la même que celle des rameaux adventifs. Nous verrons d'ailleurs chez les *Stypocaulon* que des pousses adventives, définies ou indéfinies, simples ou ramifiées, se développent tardivement aux dépens de cellules périphériques de l'axe. Les poils tardifs du *S. racemosa* leur sont comparables, mais ici la pousse est réduite à un poil.

Le rôle physiologique des poils ne peut être précisé dans l'état actuel de nos connaissances. J'ai déjà supposé, à propos des Myrionémacées [98, 1, p. 47], qu'ils sont des organes d'absorption de substances autres que le carbone, qu'ils jouent « probablement un rôle important dans la nutrition de la plante en augmentant la surface d'absorption des matières, sels et gaz, en dissolution dans l'eau », et que, dans bien des cas, leur rôle physique de protection contre la perte d'eau, les radiations lumineuses..., etc., est peu vraisemblable. Parfois, ce rôle physique semble réel, mais il n'est assurément pas le seul.

Certaines espèces en sont dépourvues (*S. britannica*, *S. olivacea*), sur d'autres ils sont éphémères (*S. intermedia*) ou n'acquièrent qu'un très faible développement (*S. biradiata*), sur d'autres enfin (*S. Hystrix, S. cirrosa*), ils sont longs, fréquents, durent longtemps. Leur gaîne persiste après leur mort, et je n'ai jamais vu la cellule du fond de la gaîne proliférer pour en produire un nouveau.

Leur présence sur les propagules est tout aussi bizarre. Les propagules des *S. tribuloides* et *S. furcigera* en sont toujours dépourvus, bien que les poils des filaments soient généralement nombreux et de grande taille ; ceux du *S. biradiata* n'ont qu'un poil rudimentaire, mais toujours présent ; suivant le cas, les propagules du *S. cirrosa* en manquent, ou en possèdent un très long, et aussi bien développé que sur les filaments.

Etant données ces variations, un examen microchimique permettrait peut-être d'élucider la question. Si l'on montrait que les propagules non munis de poils renferment, dès le début de leur formation, certaines matières de réserve qu'elles reçoivent de la plante mère, et que les propagules, qui plus tard posséderont un poil, manquent au contraire de ces matières au même stade, on serait bien près d'avoir prouvé que le poil a pour effet d'aider à leur production. Mais je n'ai encore entrepris aucune recherche sur ce sujet.

D. — Propagules et organes de reproduction.

Sur les 38 espèces étudiées dans les chapitres précédents, 14 possèdent des propagules, tandis que 29 ont montré des sporanges uniloculaires et 22 des sporanges pluriloculaires. Si les propagules sont connus chez un nombre moindre d'espèces, ils jouent par contre, chez celles-ci, un rôle plus important dans la propagation de la plante que les organes reproducteurs proprement dits. Toutes les espèces de *Sphacelaria*, en effet, munies de propagules, sauf le *S. bipinnata*, dont l'étude d'ailleurs mérite d'être poursuivie dans le Nord de l'Europe, se multiplient surtout par ces boutures, bien plus fréquentes que les sporanges. Aussi peut-on prévoir que les espèces des premiers groupes du tableau récapitulatif précédent en sont dépourvues ; on remarquera aussi que les espèces des groupes *britannica*, *radicans* et *racemosa*, auxquelles nous avons attribué un centre de dispersion septentrional, manquent de propagules. Au contraire, il est fort possible, et même probable, que les *S. ceylanica*, *S. indica*, *S. intermedia*, *S. Harveyana*, que leur aspect rapproche davantage des espèces propagulifères, et dont les exemplaires connus proviennent tous, pour chaque espèce, d'une récolte unique, en montreront quand on les étudiera sur des individus d'origine plus variée.

On a remarqué, en suivant les descriptions faites dans les précédents chapitres, que l'origine des propagules est toujours la même, et correspond à un rameau adventif. Tous aussi marquent l'arrêt de leur développement en longueur en séparant leur sphacèle par une cloison en verre de montre, et formant la cellule que j'ai appelée : sphacèle en calotte ; ceci se passe toujours avant que l'article sous-jacent ait commencé ses cloisonnements ou ses poussées latérales. Or, chez aucune des espèces à propagules tribuliformes (groupe *S. tribuloides*) (1), ni chez aucune des espèces à deux bras cylindriques (groupe *S. furcigera*), le sphacèle en calotte ne présente de modifications ultérieures. Il n'en est pas de même chez les autres. Le *S. biradiata*, à deux rayons en fuseau, le prolonge toujours en un poil court avortant de bonne heure. Le *S. fusca*, à trois bras cylindriques, se comporte sous ce rapport comme les espèces du groupe *furcigera*, mais les trois autres espèces (*S. cirrosa*, *S. bipinnata* et *S. Hystrix*) varient leur manière d'être : le poil se développe ou ne se développe pas, est long ou court, parfois sur un même exemplaire, sans que l'on voie la raison de ces différences.

Les mêmes groupes se comportent de la même manière sous le rapport du nombre des bras. On a vu que les propagules des espèces du groupe *tribuloides* varient dans leur taille et dans leur forme générale ; ils sont plus longs ou plus courts, plus larges ou plus étroits, mais ne produisent jamais trois cornes au lieu de deux. J'ai eu sous les yeux un nombre considérable de propagules de *S. furcigera ;* la longueur des rayons varie tellement par rapport à celle du pied, que j'ai cru inutile d'indiquer les dimensions par des mesures, mais jamais je n'ai vu un propagule ayant trois rayons au lieu de deux. Le *S. divaricata* et le *S. biradiata* sont dans le même cas. Le *S. variabilis*, que l'on connaît seulement en bien minime quantité, fait exception à la règle ; des recherches ultérieures diront si cette espèce doit être rapprochée de celles à trois rayons ou à deux rayons. Au contraire, on sait que chez les *S. fusca, cirrosa* et *bipinnata,* ce nombre revient à deux, et parfois atteint quatre ou cinq chez le *S. cirrosa.* Je n'ai pas constaté une semblable variation chez le *S. Hystrix ;* toutefois, avant d'affirmer la constance du nombre des rayons, il serait nécessaire de suivre la plante jusqu'à la limite septentrionale du *Cyst. ericoides.* La réduction des rayons à deux, sur les côtes d'Angleterre, serait un argument de plus en faveur de l'action de la latitude sur la structure des propagules, dont j'ai parlé au chapitre précédent.

Les propagules sont des boutures ; ils multiplient la plante par la voie végétative. A la rigueur, ils suffiraient à la conserver

---

1. Le *S. tribuloides ?* d'Adélaïde est peut-être une exception à cette règle.

et même à favoriser son extension ; certaines Phanérogames ne se conservent pas autrement. Toutefois, les *Sphacelaria* munis de propagules, et dont les sporanges sont inconnus, *S. brachygonia*, *S. divaricata*, *S. variabilis*, *S. fusca*, sont précisément des espèces récoltées seulement en petite quantité ; les *S. Plumula* et *S. tribuloides* qui couvrent une aire géographique considérable se répandent surtout par leurs propagules, car la découverte de leurs sporanges est récente ; le *S. furcigera* est quasi dans le même cas, puisqu'il ne paraît développer ses sporanges que dans une région d'étendue limitée ; les *S. cirrosa* et *S. bipinnata* montrent une sorte de balancement organique entre la présence des propagules et celle des sporanges. Mais l'espèce où les propagules jouent le rôle le plus curieux est le *S. Hystrix* où nous avons constaté une alternance de générations entre la plante sexuée, à anthéridies et oogones, et la plante asexuée, se multipliant uniquement par la voie végétative, par les propagules ; le rôle des sporanges uniloculaires dans le cycle total du développement, serait particulièrement intéressant à déterminer chez cette espèce.

Les propagules sont assurément un organe de dissémination avantageux ; les espèces qui en possèdent sont mieux organisées pour la lutte et les *Sphacelaria* dont l'aire géographique est la plus étendue sont précisément des espèces propagulifères. Aucune d'elles ne développe de disque pérennant ; elles ne luttent pas sur place, elles se dispersent. Les deux types extrêmes, le type tribuliforme à deux cornes et le type rayonné à cornes développées en longs bras, présentent chacun leur avantage. La forme trapue et globuleuse renferme plus de matières de réserve ; aussi est-il possible qu'elle se développe directement en plantule (fig. 20, *M*). La forme grèle, à plusieurs bras courbés, flotte plus facilement, elle s'accroche comme une ancre à tous les filaments qu'elle rencontre sur son passage ; si le courant la porte dans une touffe, elle y est retenue et y germe. Aussi, les germinations de *S. cirrosa* et de *S. Hystrix* sont-elles d'observation fréquente. Mais les matières de réserve sont en faible quantité dans chacun des bras ; ils s'allongent en un court filament sans avenir (fig. 45, *D*) ; le pied ou le rayon qui touche le support développe un organe intermédiaire, un prothalle fixateur et provisoirement nourricier, sur lequel se développeront les filaments dressés, autrement dit, la plantule de germination ; l'alternance de générations est double.

Les deux formes extrêmes de propagules se rattachent l'une à l'autre ; ceux des *S. Novæ-Hollandiæ* et *Novæ-Caledoniæ* sont des propagules de *S. Plumula* et *tribuloides* plus globuleux, et dont chaque corne est divisée en deux (1) ; dans le *S. brachygonia,* les cornes prennent toute la hauteur du corps ; le *S. cornuta* est intéressant parce qu'on y voit le corps diminuer de largeur et se rapprocher de la forme *furcigera* qui n'en est que l'exagération. Les propagules du *S. divaricata* sont ceux du *S. furcigera,* mais en double ou en triple, et ceux du *S. variabilis* montrent le passage de la forme bifurquée à la forme trifurquée, passage que l'on n'observe pas comme anomalie sur le *S. furcigera.* Celui-ci n'élargit pas non plus en fuseau ses rayons comme le sont ceux du *S. biradiata,* mais les anomalies observées dans le Nord de l'Europe, où l'on voit parfois le *S. cirrosa* conserver seulement deux de ses rayons sur trois, indique cependant une relation entre ces différentes manières d'être.

Le développement des propagules peut s'expliquer ainsi : un rameau adventif, de croissance vigoureuse, est subitement arrêté dans son allongement par la séparation de son sphacèle sous forme d'une petite calotte ; la poussée protoplasmique dans l'article primaire sous-jacent entraîne la production de deux cornes ou de deux rayons au-dessous de ce sphacèle. Si la poussée protoplasmique est unilatérale, le propagule produit un seul rayon, comme on le voit parfois aux Feroë, il a le caractère sympodial, au même titre qu'un filament dressé pourvu de poils. Mais les deux rayons latéraux étant symétriques, le cas est au contraire comparable à celui de deux rameaux opposés qui prennent naissance dans le plus jeune article secondaire supérieur d'un filament dont le sphacèle a été endommagé, et il y a dichotomie ; ceci se rencontre ça et là sur les individus dont la ramification est normalement éparse.

Les Sphacélariacées sont les seules Phéosporées où de vrais

---

1. La cloison dont il s'agit (fig. 33 et 34), visible sur les propagules encore attachés à la plante mère, ne doit pas être confondue avec celle qui se forme dans les propagules des *S. Plumula* et *tribuloides* en germination, et qui sert simplement à la consolidation.

rameaux se détachent de la plante mère sous forme de propagules. J'ai rappelé ou démontré ailleurs [96 et 99, 2] que l'on connaissait des organes homologues chez les *Tilopteris, Acinetospora* et *Choristocarpus.* L'oosphère des *Acinetospora* et *Tilopteris* est inconnue ; on a pris pour elle un propagule d'origine endogène, et les anthérozoïdes du *Tilopteris* sont des organes sans rôle actuel. Les propagules du *Choristocarpus* sont intermédiaires entre ceux du *Tilopteris* et des *Sphacelaria,* et parmi ces derniers, c'est avec ceux des *S. Plumula* et *tribuloïdes* qu'ils ont le plus de rapports ; il y aurait à rechercher si, dans certaines anomalies, ou parfois au moment de la germination, les propagules du *Choristocarpus* ne développent pas un sphacèle en calotte. Avant que je l'eusse indiqué, on ignorait que les poils des Sphacélariacées fussent tous d'origine endogène ; n'ayant pas eu l'occasion d'étudier le *Choristocarpus,* je ne puis dire si ses propagules ne sont pas exogènes seulement en apparence, à la manière des poils ; le fait mériterait d'attirer l'attention ; les propagules du *Choristocarpus* seraient alors bien plus nettement intermédiaires entre ceux de l'*Acinetospora* et des *Sphacelaria.*

Quoi qu'il en soit, les propagules tribuliformes sont probablement d'origine plus ancienne que les propagules fourchus ; ils ressemblent davantage à ceux du *Choristocarpus ;* ils sont mieux adaptés pour la conservation de l'espèce que pour sa dissémination, ce qui est généralement le cas des boutures naturelles chez les Phanérogames, tandis que les propagules bi ou trifurqués sont mieux adaptés pour la dissémination que pour la conservation de l'espèce. Si l'on doit trouver les traces d'une origine endogène sur certains propagules de *Sphacelaria,* c'est chez les premiers qu'il faudra les chercher.

Les deux sortes de sporanges, uniloculaires et pluriloculaires, sont connues seulement chez 18 espèces ; rien ne fait supposer qu'elles manquent aux autres ; toutefois, on peut dire déjà que, chez certaines espèces, l'une ou l'autre sorte de sporanges ne se développe qu'exceptionnellement. Il n'en est pas de même des anthéridies. Les *Sphacelaria,* comme les *Ectocarpus,* présentent sans doute tous les cas de sexualité hétérogame, isogame et parthénogénétique. Les anthéridies sont parfaitement caractérisées chez les *S. Hystrix* et *Harveyana ;* les organes pluriloculaires des *S. furcigera* sont de deux sortes, mais il ne sera possible de se prononcer sur leur vraie nature que par l'observation sur le vivant : j'ai dit précédemment qu'ils sont peut-être des méiosporanges et des mégasporanges, comme ceux de l'*Ectocarpus virescens* et non des anthéridies et des oogones. Je rappelle que le mode de déhiscence des organes pluriloculaires est un caractère commun aux Sphacélariacées, aux Cutlériacées et au *Tilopteris* ; sous ce rapport, le *Polytretus Reinboldii* (*Ectocarpus* Reinke) (Voy. p. 6) constitue une forme de passage aux *Ectocarpus*.

E. — Tableau pour la détermination des espèces.

On donnera à la fin de ce travail la diagnose de la famille des Sphacélariacées, en même temps qu'un tableau résumant les caractères distinctifs des genres.

Les deux caractères suivants, communs aux plantes étudiées dans les chapitres antérieurs, ne se retrouvent juxtaposés chez aucun des genres que nous étudierons dans la suite :

1° Les poils naissent du sphacèle, et les rameaux normaux naissent d'un article secondaire.

2° Dès leur naissance, l'article primaire (en se séparant du sphacèle) et les deux articles secondaires (dès la division de l'article primaire) ont acquis leur largeur et leur hauteur définitives.

Ces plantes correspondent aux *hypacroblastées* de M. Reinke, moins le genre *Cladostephus*.

Sphacelaria Lyngb. — Plante de 1 millim. à 1 décim. de hauteur. Thalle inférieur, soit parasite en filaments isolés ou réunis, soit non parasite, rampant en stolons simples ou ramifiés, ou en disque petit ou large d'une seule ou de plusieurs épaisseurs de cellules. Filaments dressés plus ou moins abondamment ramifiés ; rameaux semblables à l'axe ou différenciés par rapport à lui, isolés ou opposés, épars ou pennés, alternes ou unilatéraux, courts ou longs, simples ou ramifiés, appliqués ou divariqués. Articles secondaires des filaments principaux plus ou moins cloisonnés longitudinalement, cloisonnés aussi transversalement chez certaines espèces, et laissant alors parfois des péricystes. Poils absents ou présents, simples ou géminés. Rhizoïdes absents ou présents, peu nombreux, ou au contraire formant cortication. — Multiplication végétative par propagules adventifs portés par un stérigmate persistant. Organes reproducteurs portés par les filaments principaux, les rameaux, ou même les rhizoïdes. Sporanges uniloculaires isolés ou naissant successivement en sympode, parfois directement portés par le disque basilaire. Organes pluriloculaires soit tous semblables, soit les uns à petites logettes ou anthéridies, les autres à grandes logettes ou oogones.

Le *Battersia* Reinke est probablement le thalle rampant d'une autre espèce ; c'est un genre provisoire.

Le *Sphacella* Reinke est un *Sphacelaria* dont les articles ne sont pas cloisonnés longitudinalement.

Le *Chætopteris* Kützing est un *Sphacelaria* cortiqué, à rameaux sporangifères portés par les rhizoïdes cortiquants. La seule espèce connue est pennée.

Les *Choristocarpus tenellus, Discosporangium mesarthrocarpum, Polytretus Reinboldii* sont, à des degrés divers, des formes de passage entre les Ectocarpacées et les Sphacélariacées.

Je ne me dissimule pas l'imperfection du tableau dichotomique ci-dessous ; il facilitera cependant les déterminations. J'ai tenu compte, autant que possible, des caractères anatomiques, et à un moindre degré, au contraire, des sporanges, car ceux-ci ne sont certainement pas connus partout où ils existent. La présence et la forme des propagules sont de bons caractères à faire intervenir dans un tableau de ce genre ; ils sont probablement connus dans la plupart des espèces qui en possèdent ; aucune de celles-ci n'a ses articles secondaires cloisonnés transversalement ; en outre, le *S. Plumula* dans le groupe des plantes à propagules tribuliformes, le *S. biradiata* dans celui des plantes à propagules bifurqués sont jusqu'à présent les seuls dont les rameaux soient caractérisés ; on n'aura donc pas à tenir compte du caractère, parfois délicat à apprécier, de la différenciation des rameaux par rapport aux axes.

Lorsque des espèces diffèrent par des caractères de dimension, ou difficiles à rendre d'un mot, on les a réunies ; le lecteur se reportera donc aux diagnoses du texte.

A Plante réduite a un thalle rampant.
    Sporanges uniloculaires sessiles ou inclus.
                  Etat *Sphaceloderma* du *S. olivacea.*
    Sporanges uniloculaires pédicellés. Etat *Battersia*   du *S. mirabilis ?*

B Plante possédant un thalle dressé.

   a Filaments dressés non cloisonnés longitudinalement. *Sphacella subtilissima.*

   b Filaments dressés cloisonnés longitudinalement.

      ✳ Articles secondaires cloisonnés transversalement.

        ✠ Ramification non pennée.

          ◊ Filaments peu ramifiés.

            ✕ Plante parasite. . . . . *S. cæspitula.*

            ✕ Plante non parasite.

              Sporanges uniloculaires sessiles, géminés. . . . . *S. radicans.*

              Sporanges uniloculaires pédicellés, isolés. . . . . *S. olivacea.*

              Sporanges uniloculaires disposés en grappe . . . . . var. *typica* du *S. racemosa.*

          ◊ Filaments très ramifiés.

              Sporanges uniloculaires en sympode. . *S. Reinkei.*

              Sporanges pluriloculaires à pédicelle simple ou ramifié . . . . *S. implicata.*

        ✠ Ramification pennée.

          ☉ Sporanges uniloculaires en sympode. . . *S. spuria.*

          ☉ Sporanges uniloculaires isolés ou en grappe.

              Rhizoïdes nés dans le plan de ramification. *S. plumigera.*

              Rhizoïdes nés sans ordre. var. *arctica* du *S. racemosa.*

              Rhizoïdes nés sans ordre, corticaux et exclusivement sporangifères. . . . *Chætopteris plumosa.*

     ✳ Articles secondaires non cloisonnés transversalement.

        ☆ Pas de propagules connus.

          — Plante non parasite.

            Sporanges uniloculaires en sympode. { *S. Borneti.* / *S. sympodicarpa.*

            Sporanges uniloculaires isolés sur des filaments souples, onduleux ; plante en gazon feutré . . . . { *S. saxatilis.* / *S. britannica.*

            Sporanges isolés sur des filaments rigides ; plante en touffes isolées. . . *S. indica.*

          — Plante parasite.

            ✚ Filaments dressés simples, sans poils, ça et là monosiphoniés. . . . . . *S. pulvinata.*

            ✚ Filaments dressés, ramifiés, à poils pédicellés.

              Arbuscules sporangifères pluriloculaires à l'aisselle d'un rameau. . *S. bracteata.*

              Arbuscules sporangifères pluriloculaires non portés à l'aisselle d'un rameau. . . . . *S. pygmæa.*

              Arbuscules sporangifères pluriloculaires des deux manières précédentes. . . . . *S. fœcunda.*

Arbuscules sporangifères pluriloculaires comme dans le *S. fœcunda* et sporanges uniloculaires en sympode. . . . .   *S. chorizocarpa.*

✚ Filaments dressés ramifiés, à poils sessiles.

  Filaments très grêles, port de *S. furcigera*. . . . .   *S. ceylanica.*

  Filaments de largeur variable. . . .   *S. intermedia.*

  Filaments en petite touffe compacte, portant des anthéridies et des oogones. . . . .   { *S. Hystrix.*
 { *S. Harveyana.*

☆ Propagules à corps large sur plante pennée.   *S. Plumula.*

☆ Propagules à corps large sur plante non pennée.

  = Cellule latérale du propagule non divisée.

    Cornes larges et peu saillantes . . . .   *S. tribuloides.*

    Cornes étroites et saillantes. . . . . .   *S. cornuta.*

    Cornes très larges rendant le propagule fusiforme. . . . .   *S. brachygonia.*

  = Cellule latérale du propagule divisée en deux. . . . .   { *S. Novæ-Hollandiæ.*
 { *S. Novæ-Caledoniæ.*

☆ Propagules à corps grêle, bifurqués, rayons cylindriques.

  Propagules à bifurcation unique. . . . . .   *S. furcigera.*

  Propagules à 2-plusieurs bifurcations dans le même plan. . . . .   *S. divaricata.*

  Propagules à bi ou trifurcation simple ou double . . . .   *S. variabilis.*

☆ Propagules à 2 rayons en fuseau . . . . . .   *S. biradiata.*

☆ Propagules à 3 rayons.

  ✚ Rayons non rétrécis à leur insertion . . .   *S. fusca.*

  ✚ Rayons rétrécis à leur insertion.

    Plante non parasite. . . . .   *S. cirrosa.*

    Plante parasite sur *Halidrys* et *Cystos. fibrosa* . . . .   *S. bipinnata.*

    Plante parasite sur *Cystos. ericoides*.   *S. Hystrix.*

Chapitre XIV. — Hémiblastées; Holoblastées, Acroblastées, Dichoblastées.

M. Reinke divise les Sphacélariacées en deux groupes d'après l'origine des rameaux. Les *Acroblastées* Rke (*Halopteris, Stypocaulon*... etc.) sont les Sphacélariacées dont les rameaux naissent directement du sphacèle. Les *Hypacroblastées* Rke (*Sphacella, Sphacelaria*... etc.) sont les Sphacélariacées dont les rameaux naissent d'un article secondaire, par, conséquent au-dessous du sphacèle. L'auteur admet que la ramification est monopodiale dans les deux cas.

J'ai consacré les chapitres précédents à l'étude des Hypacroblastées (moins le genre *Cladostephus*). Avant de commencer l'étude du second groupe, je veux indiquer la manière dont j'interprète l'origine des appendices dans l'ensemble de la famille et, par suite, les raisons pour lesquelles j'ai changé la terminologie usitée par M. Reinke.

* *
*

Chez les *Hypacroblastées*, un rameau normal naît toujours d'un article secondaire jeune, généralement un article secondaire supérieur, c'est-à-dire d'un demi-article primaire. Il est toujours inséré entre deux cloisons trans-

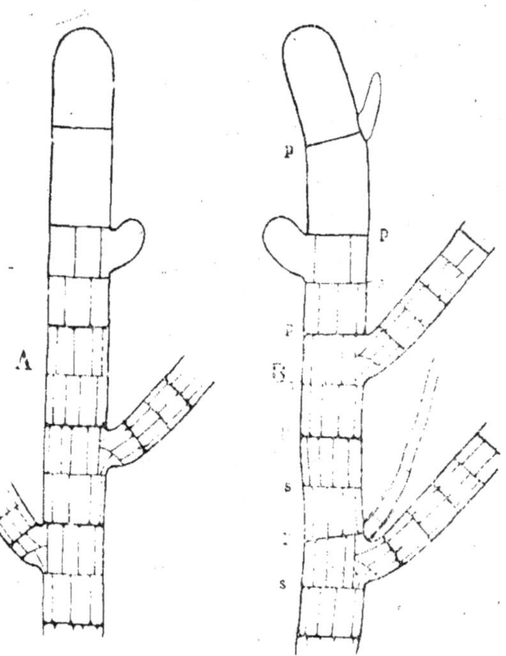

Fig. 48. — Schéma du cloisonnement et de la ramification d'une Hémiblastée : *A*, Ramification monopodiale. — *B*, Ramification monopodiale et sympodiale, le filament produit simultanément, vers le sommet, un poil et un rameau; *p*, cloison primaire; *s*, cloison secondaire.

versales de l'axe : celle de dessus sépare l'article fertile de l'article primaire immédiatement plus jeune, celle de dessous le sépare de l'article secondaire inférieur appartenant au même article primaire; en d'autres termes, la base d'insertion d'un rameau est limitée par une cloison primaire, supérieure, et une cloison secondaire, inférieure (fig. 48, *A*). Pour rappeler cette origine, je propose d'appeler *rameaux hémigènes*, ou *hémiclades*, les rameaux qui naissent d'un demi-article primaire; les Sphacélariacées à rameaux hémigènes seront des *Hémiblastées*, terme qui, dans la suite de ce Mémoire, remplacera celui d'Hypacroblastées. Un axe de *Sphacélariacée hémiblastée,* dont les seules productions latérales sont des rameaux, est un monopode.

Les poils des Hémiblastées n'ont pas la même origine que les rameaux (fig. 48, *B*). Le sphacèle de l'axe sépare, plus ou moins près de son sommet, un *sphacèle lenticulaire* qui deviendra le poil ; le reste du sphacèle continue à s'allonger dans la précédente direction. L'origine latérale du sphacèle lenticulaire n'est qu'apparente ; en réalité, il est le sphacèle de l'axe rejeté sur le côté, et, par conséquent, le poil est le véritable prolongement de l'axe ; un axe comprend donc autant de générations superposées qu'il porte de poils, c'est un sympode. La première cloison transversale, ou cloison primaire, qui divise le sphacèle de l'axe sympodial pour former un nouvel article primaire, s'appuie toujours contre la cloison en verre de montre qui limite le sphacèle lenticulaire, et qui limitera aussi la base du poil. Un poil d'Hémiblastée s'appuie donc sur une cloison primaire de l'axe, tandis qu'un rameau hémigène est inséré entre deux cloisons.

Les Hémiblastées, dont les seuls appendices sont des rameaux (*S. britannica...* etc.), pourraient être nommées *homocladées,* par opposition aux *hétérocladées* (*S. cirrosa...* etc.) qui portent simultanément des rameaux et des poils. Cette subdivision serait pour le moment de peu d'intérêt, car les hétérocladées sont parfois complètement ou presque complètement dépourvues de poils.

Un sous-groupe qui renfermerait les espèces dont le thalle est composé de filaments simples ou de filaments portant des poils sans porter de rameaux, serait peut-être plus naturel. En effet, le *S. radicans* et les espèces voisines, *S. olivacea, S. cæspitula,* présentent des rameaux irrégulièrement espacés qui naissent des péricystes. Ces rameaux ne sont pas comparables à ceux des autres Hémiblastées, mais aux pousses adventives, tardives et surajoutées, qui, chez certaines Holoblastées (*Halopteris scoparia, funicularis...* etc.), prennent aussi naissance dans les péricystes et modifient l'architecture primaire de la plante. Si tous les appendices de ces espèces ont réellement cette origine, ce dont je n'ai pu m'assurer, elles seraient des Hémiblastées sans rameaux et mériteraient de constituer une subdivision des *Acladées.*

On dit que les rameaux des *Acroblastées* de M. Reinke naissent du sphacèle. En regardant les choses de plus près, ceci devient inexact; l'acroblastie est apparente et non réelle. Voici ce qui se passe.

Une pousse en voie d'accroissement isole un sphacèle lenticulaire comme pour former un poil d'Hémiblastée (fig. 49, *A*), mais le résultat est différent. Bientôt, en effet, une cloison transversale sépare, dans le haut du sphacèle lenticulaire, une petite cellule terminale (fig. 49, *B*); or, le sphacèle lenticulaire étant le vrai sphacèle de l'axe, cette cloison transversale est l'homologue de celle qui, chez toutes les Sphacélariacées, sépare au-dessous d'elle un article primaire. La petite cellule est donc le sphacèle normal, mais épuisé, de la génération qui finit, un *sphacèle terminal,* identique au *sphacèle en calotte* qui termine le pied des propagules; la cellule sous-jacente, plus grande, qui faisait aussi

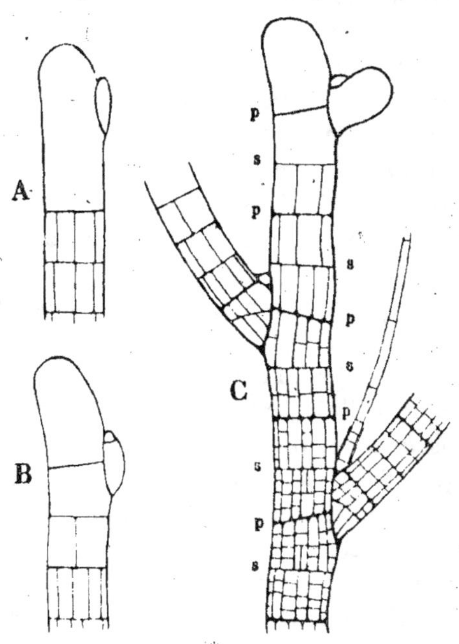

Fig. 49. — Schéma du cloisonnement et de la ramification d'une Holoblastée : *A,* Le sphacèle lenticulaire est séparé, la cloison primaire qui s'appuiera contre lui n'est pas encore formée. — *B,* Le sphacèle lenticulaire s'est divisé en une cellule supérieure, ou sphacèle terminal, et une cellule inférieure, plus grande, mère du rameau, ou sphacèle raméal; une cloison primaire s'appuie contre lui, et l'article primaire s'est déjà divisé en deux articles secondaires. — *C,* La figure montre un sphacèle raméal qui s'allonge en rameau, un rameau avec son sphacèle axillaire non modifié, et un autre rameau avec son sphacèle axillaire transformé en poil. Pour simplifier, on a supposé que les rameaux sont simples. Les rameaux s'appuient sur les cloisons primaires de l'axe, de deux en deux. — *p,* cloison primaire; *s,* cloison secondaire.

partie du sphacèle lenticulaire, ne peut donc être qu'un article primaire; c'est le dernier de la génération.

Cet article primaire, au lieu de diviser son noyau en deux pour produire deux articles secondaires superposés, comme dans le schéma général, s'allonge latéralement et produit un rameau inséré sur toute sa hauteur; c'est un *sphacèle raméal.* Le rameau se comporte comme l'axe sur lequel il est né; comme lui, il se ramifie en sympode. Tel est le seul mode de ramification de ces plantes (1). L'origine des rameaux n'est donc pas plus sphacélaire que chez les Hémiblastées; elle est pareillement latérale. Les rameaux empruntent, à leur base, toute la hauteur d'un article primaire, au lieu d'un demi-article primaire; ils équivalent à deux rameaux superposés et soudés d'Hémiblastée. Pour rappeler leur origine, je les appellerai *rameaux hologènes* ou *holoclades,* et les Sphacélariacées à rameaux hologènes seront des *Holoblastées,* terme qui, dans la suite de ce Mémoire, remplacera celui d'*Acroblastées* avec le sens qu'y attachait M. Reinke.

Le sphacèle lenticulaire se divisant en deux cellules superposées très inégales, la cloison transversale primaire qui apparaîtra dans le sphacèle de l'axe sympodial s'appuiera sur la plus grande cellule, c'est-à-dire sur la cellule mère du rameau. En conséquence, bien qu'un rameau hologène ne soit point homologue d'un poil d'Hémiblastée, sa base d'insertion, néanmoins, sera pareillement appuyée contre la cloison primaire séparant deux générations successives (fig. 49, *C*). Par suite du développement du rameau, le *sphacèle terminal,* repoussé à son aisselle, devient *sphacèle axillaire.* Celui-ci subira des sorts divers, suivant les cas; ou bien il restera sans changements, ou se transformera en un seul poil ou un unique sporange, ou bien se cloisonnera pour donner un coussinet stérile ou plusieurs poils, ou plusieurs sporanges, mais ceci ne change rien à l'interprétation générale. Un poil d'Holoblastée est donc toujours terminal d'une génération, au même titre qu'un poil d'Hémiblastée. Que la cellule originelle d'un poil se cloisonne ou non, le phénomène est d'importance accessoire; le cloisonnement axillaire est le résultat de l'adaptation à une fonction, la production de poils multiples ou de sporanges multiples. D'ailleurs, on a vu que, si les poils d'Hémiblastées sont généralement simples, ils sont parfois géminés, comme dans le groupe du *S. radicans;* les touffes de poils de l'*Halopt. scoparia,* par exemple, sont identiques; la seule différence est que le cloison-

---

1. On parle ici uniquement des rameaux normaux ou primaires, et non des rameaux adventifs ou des rameaux de remplacement qui modifient ultérieurement l'architecture générale de la plante.

nement qui augmente leur nombre a été poussé plus loin. Pour la raison exposée précédemment, le sphacèle axillaire paraîtra appuyé sur la première cloison primaire du rameau; toutefois, lorsqu'il est de petites dimensions, la cloison pourra légèrement le dépasser, mais ceci est une déviation sans importance. Un poil d'Holoblastée paraîtra toujours placé à l'aisselle d'un rameau; on a vu aussi (fig. 48, *B*) qu'un rameau d'Hémiblastée naît souvent au-dessous d'un poil, et que celui-ci semble pareillement à son aisselle; la position finale est donc la même, mais, tandis que, chez les Hémiblastées, le poil se développe d'abord et le rameau ensuite, l'inverse se présente chez les Holoblastées. Les rameaux des Hémiblastées sont isolés ou opposés; ils pourraient même être verticillés; ceux des Holoblastées, au contraire, sont nécessairement isolés. Toutes les ramifications des Holoblastées étant sympodiales, les expressions ramules, rameaux, pousses définies, n'ont qu'une valeur relative, et servent à désigner des parties plus ou moins longues d'apparence appendiculaire.

Les organes reproducteurs des Hémiblastées ne naissent jamais à la place d'un poil, ils ne dérangent pas la disposition monopodiale. Ceux des Holoblastées résultent de la transformation du sphacèle axillaire, par conséquent sont terminaux, et ne dérangent pas la disposition sympodiale.

Les deux schémas précédents s'appliquent à l'ensemble des Sphacélariacées étudiées par M. Reinke. Toutefois, une plante de Kerguelen, récoltée par les expéditions américaine et anglaise du passage de Vénus, constitue un troisième type de ramification. J'ai créé pour elle le genre *Alethocladus*.

L'*Alethocladus* est ramifié et complètement dépourvu de poils. Tous ses rameaux naissent du sphacèle, et il est actuellement la seule Sphacélariacée sympodiale qui soit réellement et totalement acroblastée. Le sphacèle lenticulaire donne d'emblée un rameau (fig. 50) et l'aisselle de celui-ci est toujours nue. Un rameau est le prolongement de la génération précédente; il a donc la même valeur qu'un poil d'Hémiblastée ou qu'un sphacèle axillaire d'Holoblastée, mais les productions latérales ayant tout à fait l'apparence de rameaux, je les appellerai, pour éviter des périphrases, *rameaux acrogènes* ou *acroclades*. Naturellement, ceux-ci s'appuient par leur base contre une cloison primaire de l'axe sympodial, séparant deux générations successives. Le genre *Alethocladus* constitue à lui seul la division des *Acroblastées*, et, dans les pages qui vont suivre, l'acroblastie sera donc prise dans un sens différent de celui que M. Reinke lui avait accordé.

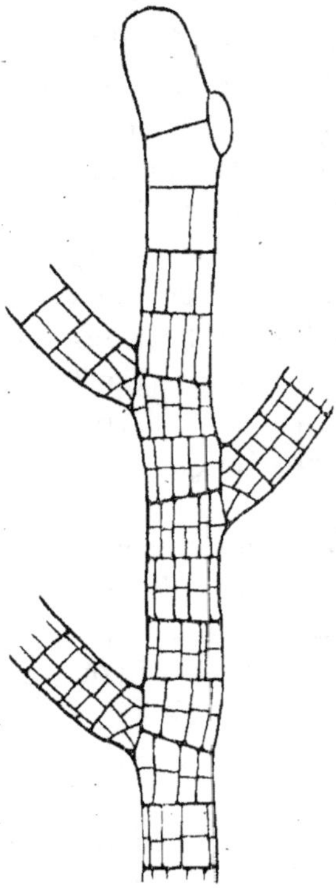

La connaissance de ces rameaux acrogènes fait comprendre plus facilement la structure de certains *Halopteris*. En effet, une penne d'*H. filicina*, à ramification abondante et dense, est un rameau hologène sympodial avec un sphacèle axillaire qui reste intact, ou s'allonge, ou se ramifie, ou devient un sporange. Mais, tandis que les premiers rameaux qu'elle porte présentent aussi un sphacèle à leur aisselle, sont hologènes, les derniers en sont dépourvus, sont acrogènes, comme ceux de l'*Alethocladus*. Pour savoir la nature de ceux-ci, il n'est pas nécessaire d'assister au cloisonnement sphacélaire ; il suffit de constater qu'ils sont insérés en coin sur une cloison transversale, et que leur aisselle est libre. Sous ce rapport, l'*Halopteris filicina*, et deux espèces nouvelles du même genre, décrites plus loin, sont intermédiaires entre les Holoblastées et les Acroblastées. Il m'a semblé préférable, cependant, de considérer l'acroblastie comme un cas spécial et non comme une particularité de l'holoblastie.

Fig. 50. — Schéma du cloisonnement et de la ramification d'une Acroblastée. L'aisselle des rameaux est nue.

D'autre part, comme je l'ai déjà fait remarquer antérieurement, les *Sphacelaria* australasiens à poils pedicellés sont un lien entre les Acroblastées et les Hémiblastées.

Enfin, j'ai établi le nouveau genre *Disphacella* et le groupe des *Dichoblastées* pour une espèce qu'on n'a pas étudiée depuis

Lyngbye, le *Sphacelaria reticulata.* Un filament, après s'être allongé pendant un certain temps, et s'être cloisonné suivant le procédé général en articles primaires et secondaires, élargit son sphacèle, qui se creuse ensuite au sommet et pousse latéralement deux cornes égales (fig. 51). Chacune de celles-ci devient le sphacèle d'un nouveau filament. La dichotomie se continue ainsi un nombre de fois indéterminé. L'aspect du thalle

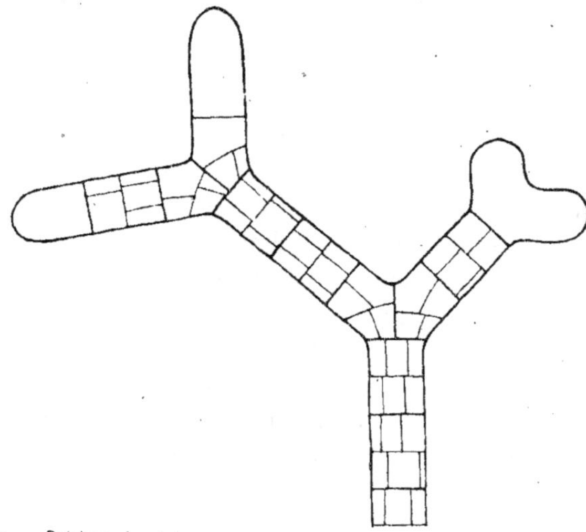

Fig. 51. — Schéma du cloisonnement et de la ramification d'une Dichoblastée.

ressemble à celui d'un propagule de *Sph. divaricata* plusieurs fois ramifié, comme l'a bien compris M. de Toni qui, dans son *Sylloge* [95, p. 509], place ces deux plantes l'une près de l'autre, parmi les *species incertæ;* toutefois, la valeur en est toute différente. Dans le *S. divaricata,* en effet, il y a production d'un sphacèle en calotte, et les deux cornes qui naissent au-dessous ne sont pas le résultat de la bifurcation d'un sphacèle; elles correspondent à deux rameaux opposés. Dans le *Disphacella,* au contraire, il n'y a pas production de sphacèle en calotte, c'est le sphacèle lui-même qui se bifurque.

Les Dichoblastées se rapprochent des Acroblastées en ce sens que toutes leurs ramifications ont la même valeur, mais le procédé qui les fournit est différent. L'*Alethocladus* est une Acroblastée sympodiale, le *Disphacella* est une Acroblastée dichotome.

En outre, l'unique espèce connue jusqu'à présent dans ce groupe présente un autre caractère qui semble plutôt d'importance spécifique. Elle possède, en effet, des péricystes d'où naissent des rameaux tardifs qui se dichotomisent aussitôt ; or, ces rameaux comparables à ceux des *S. radicans* et *olivacea* (*Acladées*) sont pareillement à considérer comme adventifs. Si la plante ne présentait pas ces péricystes, elle ne produirait pas de rameaux adventifs, et la ramification serait exclusivement dichotome.

La division de la famille des Sphacélariacées en quatre sections paraît bien naturelle. La section des Dichoblastées est plus différente des autres que celles-ci ne le sont entre elles. On peut dire en effet que l'axe des Hémiblastées, Holoblastées et Acroblastées, qu'il soit monopodial ou sympodial, est constitué par la superposition d'holoclades.

On a démontré, en effet, que le sphacèle lenticulaire est le sommet de la génération finissante, et que la cloison en verre de montre, qui le limite intérieurement, est de valeur égale à la cloison transversale plane qui isole un article primaire dans le sphacèle d'un axe en voie d'accroissement monopodial. Si la croissance s'arrêtait complètement après la séparation du sphacèle lenticulaire, la grande cellule sur laquelle celui-ci est inséré conserverait simplement la valeur d'un article primaire. Mais, généralement, la poussée protoplasmique dans la grande cellule est assez vive, et son accroissement assez rapide, pour que la cloison en verre de montre soit de très bonne heure repoussée sur le côté, et que la grande cellule devienne le sphacèle de la génération suivante. En s'allongeant et fonctionnant comme sphacèle, elle continue l'axe sympodial. Mais puisque ce sphacèle était auparavant un article primaire de la génération finissante, son allongement est tout à fait comparable à celui de l'article primaire, séparé du sphacèle lenticulaire, qui, chez les Holoblastées, produit un rameau hologène. L'axe sympodial est donc formé par des bases d'holoclades placées bout à bout. Ceci s'applique aux trois sections. La différence entre elles est que les rameaux hologènes des Holoblastées naissant habituellement à des intervalles réguliers, chaque tronçon constitutif de l'axe sympodial correspond à 1-2-3 articles primaires, tandis que les rameaux acrogènes des Acroblastées (de l'unique espèce connue) et les poils des Hémiblastées naissant à des intervalles irréguliers, les tronçons constitutifs de l'axe comprennent un nombre variable d'articles primaires.

Chapitre XV. — Dichoblastées et Acroblastées.

A. — Disphacella reticulata Sauvageau mscr.

Syn. *Sphacelaria reticulata* Lyngbye.

Lyngbye a mentionné pour la première fois l'existence du *Sphacelaria reticulata* dans le *Flora Danica* [18, pl. 1600] par une courte diagnose accompagnée de figures. Il reproduisit cette diagnose dans le *Tentamen* [19, p. 106] en la faisant suivre d'une description explicative. Les figures 1 et 2 dessinées par Lyngbye montrent bien le port tout particulier de la plante; la figure 3 représente un filament sur lequel sont accolées des masses hémisphériques dues probablement à des corps étrangers, tandis que la figure 4 représente un filament portant trois masses sphériques pédicellées « ... capsulas ovatas pedunculatasque ad latera ramorum hic illic dispositas... » ressemblant à des sporanges. Le savant danois émet l'idée que cette nouvelle espèce, d'aspect singulier, pourrait bien être une variété du *Sph. pennata*.

Cette opinion fut adoptée par C. Agardh [28, p. 28] qui l'appela *S. cirrosa* var. *reticulata*, mais J. Agardh [48, p. 33] rétablit l'indépendance de l'espèce de Lyngbye. Kützing n'a pas eu la plante sous les yeux, et je crois que M. Reinke est le seul auteur qui l'ait ultérieurement étudiée. Je rapporte sans hésitation, dit M. Reinke [89, 2, p. 65], le *S. reticulata* Lyngbye au *S. cirrosa*; en effet, un exemplaire original de l'Herbier de Kiel complète la description et la figure données par Lyngbye, en ce qu'il présente un état bizarre du *S. cirrosa*, consistant surtout en rhizoïdes ramifiés et rampants, état qui doit être provoqué par des conditions anormales de végétation. D'ailleurs, ajoute-t-il, Lyngbye a lui-même pensé que le *S. reticulata* pourrait bien appartenir au *S. pennata* (*S. cirrosa*). L'auteur a rencontré près de Kiel le début d'un semblable état *reticulata* lorsque des rhizoïdes longs, rampants, ramifiés sortaient d'articles isolés de *S. cirrosa*; il a vu plusieurs fois ces rhizoïdes naître, par deux, d'un sphacèle divisé par une cloison longitudinale, et il a représenté ce cas particulier [*loc. cit.*, pl. 42, fig. 8].

L'examen du *S. reticulata* m'a conduit à un résultat exactement inverse et, comme je l'ai dit dans le chapitre précédent, j'ai dû établir pour lui un nouveau genre *Disphacella* qui est même actuellement l'unique représentant de la section des *Dichoblastées*. Le *D. reticulata* diffère du *S. cirrosa* autant par sa structure que par sa ramification. Les rhizoïdes dont parle M. Reinke n'ont rien de commun avec lui; on peut les trouver chez toutes les Sphacélariacées; qu'un filament soit large ou grêle, une troncature régénère souvent des rameaux, sur le côté dirigé vers le sommet, mais produit aussi parfois des rhizoïdes; d'autres fois, un rameau, au lieu de se terminer en pointe normale, se termine, sans qu'il y ait blessure, en un ou deux rhizoïdes. Ces anomalies se présentent très probablement lorsque le sommet, intact ou tronqué, est en contact prolongé avec un support, mais, que ces rhizoïdes soient simples ou ramifiés, ils ne peuvent être comparés aux filaments du *Disphacella*.

Hofmansgave, où Lyngbye récolta le *D. reticulata*, est encore la seule localité où cette plante soit connue. L'Herbier du Muséum de Copenhague en renferme quelques exemplaires recueillis en mars 1867 par Mme Caroline Rosenberg dans la même localité. Une répartition géographique aussi limitée n'est sans doute qu'apparente et doit tenir à l'habitat et à la très faible taille de la plante, qui est l'une des espèces les plus grêles parmi celles à vie indépendante.

Lyngbye l'a rencontré parmi d'autres Algues, sur l'*Ahnfeltia plicata* et d'autres plantes marines. J'en ai trouvé quelques fragments en étudiant un « *Sphac. spinulosa* » récolté par lui et conservé dans l'Herbier de Copenhague; les deux espèces sont probablement souvent mélangées; on en reparlera plus loin à propos de l'*Hal. spinulosa*. Lyngbye en a conservé plusieurs

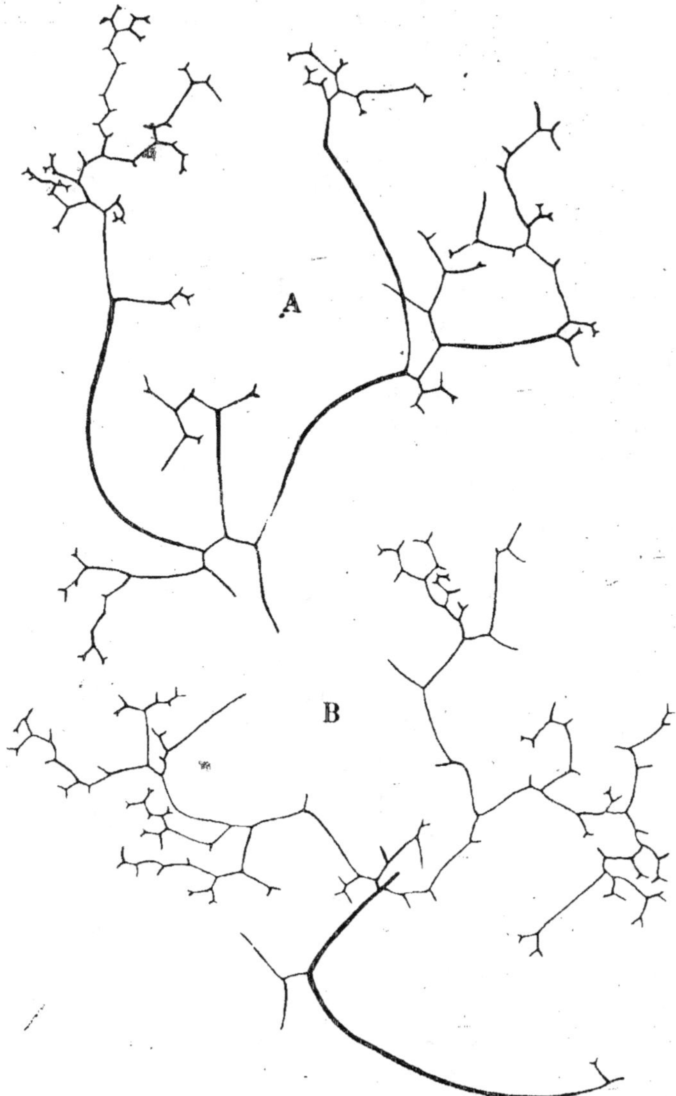

Fig. 52. — *Disphacella reticulata* Sauv. — Port de la plante : *A*, Tous les filaments représentés proviennent de dichotomies. — *B*, Un filament large a produit deux pousses adventives abondamment dichotomisées (Gr. 14).

exemplaires récoltés par lui-même ou par Hofman-Bang ; je les ai tous vus stériles. Un petit sachet, portant écrit de sa main : « cum fructu legi. *Ceramium! reticulatum* ad interim, Febr. 1816 inveni in Fuço plicato…, etc., ad litt. Hofmansgave. Delineavi » renfermait trois minuscules exemplaires ; j'en ai préparé un qui était pareillement stérile.

Les plus grands exemplaires que j'ai vus n'atteignaient pas un centimètre, mais aucun n'était pourvu de base. Le *D. reticulata* se présente sous forme de filaments d'origine dichotomique, rectilignes ou plus ou moins courbés (fig. 52, *A*), cylindriques ou s'élargissant graduellement de la base au sommet, jusqu'à atteindre 40-50 µ de diamètre ; puis, brusquement, ils se ramifient dans des plans quelconques, en dichotomies plus ou moins irrégulières qui, sur les préparations imparfaitement étalées, présentent l'aspect d'un réseau que rappelle le nom spécifique choisi par Lyngbye. Ces dichotomies grêles, représentées sur les figures 52 et 53, où elles sont supposées dans un même plan, mesurent 22 à 30 µ de diamètre.

Les filaments larges étaient souvent couverts de Diatomées et l'épaisseur de la paroi renfermait fréquemment un parasite unicellulaire (probablement une Chlorophycée), dont Lyngbye a déjà signalé la présence, qui masquait la structure et le cloisonnement. On reconnaît cependant qu'ils ont une grande ressemblance avec ceux du *S. olivacea ;* le filament de la figure 53, *C,* est représenté au même grossissement que ceux de la figure 17, *F, G,* du *S. olivacea.* Les articles sont cloisonnés longitudinalement et transversalement, laissant çà et là un péricyste rempli de matière brune tannifère. Ces péricystes peuvent, mais assez rarement, produire des branches grêles, abondamment dichotomes, d'aspect et de structure identiques à celles dont il a été question plus haut. La figure 52, *B,* représente deux thalles dichotomes, nés de deux péricystes sur un filament large, tronqué aux deux bouts, dont l'origine était une dichotomie, comme l'indique la courte branche insérée à son extrémité inférieure.

La structure des filaments grêles (fig. 53, *D, E*) rappelle celle des filaments larges, mais est moins nette. Il est possible que certaines portions d'articles non cloisonnées transversalement soient aussi des péricystes. Le filament de la figure 53, *E,* montre deux courbures en genoux que l'on pourrait attribuer à des péricystes se développant en rameaux. Cependant, il est possible que ces courbures soient simplement les témoins de dichotomies dont une seule branche s'est normalement développée, l'autre ayant avorté sous forme d'une simple protubérance, car, lorsqu'un péricyste se développe en rameau sur un

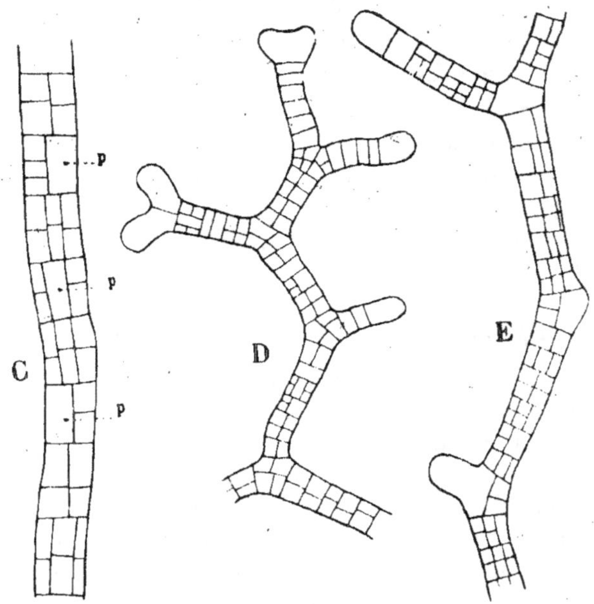

Fig. 53. — *Disphacella reticulata* Sauv. — *C,* Fragment d'un filament large montrant le cloisonnement et les péricystes *p.* — *D,* Un sommet montrant les dichotomies. — *E,* Un autre sommet montrant deux dichotomies incomplètes (*C* à *E,* Gr. 150).

filament long, il n'entraîne pas la déformation et la courbure de celui-ci. Je n'ai vu aucun rhizoïde.

La dichotomie des branches grêles se constate facilement. Un rameau divise pendant quelque temps son sphacèle, suivant le mode ordinaire, par une cloison transversale primaire, isolant un article primaire. Puis, le sphacèle s'élargit (fig. 53, *D*), se creuse à son sommet, provoquant ainsi la formation de deux cornes latérales, symétriques, qui deviennent chacune le sphacèle d'un nouveau rameau. Parfois, la première cloison qui apparaît dans le sphacèle bifide est une cloison longitudinale le séparant en deux moitiés et, dans ce cas, la dichotomie est parfaite ; d'autres fois, le cloisonnement est un peu plus irrégulier, la cloison longitudinale étant un peu oblique ou déviée par une cloison transversale qui se forme avant elle. Quoi qu'il en soit, la ramification se fait constamment suivant le mode dichotome. On a dit antérieurement (page 273) que cette dichotomie ne pouvait être confondue avec celle des propagules du *Sph. divaricata.*

Le *D. reticulata* se rapproche donc des espèces de *Sphacelaria* que j'ai nommées Acladées, par l'absence de véritables rameaux et par la présence de péricystes, mais il s'éloigne de toutes les autres Sphacélariacées par sa ramification dichotome ; comme elles, cependant, il se colore en noir par l'eau de Javelle. Je n'en puis donner qu'une diagnose incomplète. On dira plus loin, à propos du *Sphac. spinulosa,* que, comme celui-ci, le *D. reticulata* pourrait être une var. *patentissima* d'une espèce inconnue à l'état caulescent.

Disphacella Sauvageau. — Sphacélariacée à thalle dichotome

Disphacella reticulata Sauvageau. — Thalle inférieur ? Thalle dressé à filaments grêles, enchevêtrés, composés de portions longues de 1-2-3 millimètres, simples, cylindriques ou graduellement élargies, jusqu'à atteindre 40-50 μ, qui se dichotomisent abondamment en portions plus courtes, de 22-30 μ de largeur. Articles secondaires de hauteur variable, souvent plus grande que la largeur, tout au moins dans les parties larges, montrant de face 1-2 cloisons longitudinales et 1-2 cloisons transversales qui, dans les articles secondaires supérieurs, respectent généralement un péricyste. Péricystes pouvant produire des rameaux adventifs identiques aux filaments normaux. — Sporanges uniloculaires ? isolés, globuleux et pédicellés (sec. Lyngbye), naissant des péricystes ?

Hab. — Enchevêtré avec d'autres Algues, *Halopteris spinulosa…* etc… Hofmansgave (Fionie Danemark) ! Herb. Muséum Copenhague.

Syn. *Sphacelaria reticulata* Lyngb.

B. — **Alethocladus corymbosus** Sauvageau mscr.

Syn. *Sphacelaria corymbosa* Dickie.

Le Dr Kidder, chirurgien de la marine, attaché en qualité de naturaliste à l'expédition américaine qui séjourna à Kerguelen pour observer le passage de Vénus en 1874-75, récolta sur les côtes de cette île un certain nombre d'Algues marines. M. Farlow les a déterminées, et en a publié une liste de 22 espèces [76, p. 30]. L'une de celles-ci, qui était stérile et ne pouvait être déterminée avec certitude, fut nommée *Sphacelaria funicularis* Montagne ? M. Farlow l'a distribuée à plusieurs de ses correspondants, et j'ai eu entre les mains les échantillons du Muséum de Paris, de l'Herbier Thuret et de l'Herbier Le Jolis ; en outre, M. Farlow a bien voulu m'en donner un exemplaire. Tous sont stériles et concordent parfaitement entre eux. Je tiens de M. Farlow (in litt.) qu'à cette époque il connaissait mal le *S. funicularis* et que, plus tard, un de ses correspondants lui ayant remis un exemplaire authentique de la plante de Montagne, il s'était aperçu de l'inexactitude de sa détermination.

D'autre part, les Algues récoltées par le Rév. A. E. Eaton (1), naturaliste de l'expédition anglaise envoyée dans le même but à Kerguelen, furent étudiées par Dickie [76, p. 198] qui en énumère 53 espèces. Parmi celles-ci, sont deux espèces nouvelles de *Sphacelaria : S. corymbosa* et *S. affinis.* Dickie dit que le *S. affinis* mesure un demi-pouce de hauteur et a le port du *S. radicans* d'Angleterre ; M. Reinke [91, p. 16], qui en a eu sous les yeux des exemplaires originaux, l'a rattaché à son *S. Borneti* comme variété *affinis.* Le *S. corymbosa* fut caractérisé de la manière suivante d'après des exemplaires stériles, « Fronde estuposa ; filis cæspitosis, ramis inferne paucis, dichotomis, superne subpinnatim decompositis, ramis alternis corymbosis ».

La liste de Dickie parut la même année que celle de M. Farlow, mais un peu après. Dans le Rapport général sur les collections recueillies par l'expédition anglaise, publié trois ans plus tard, Dickie [79] a inséré un Mémoire plus complet où il énumère 71 espèces d'Algues marines (Diatomées exceptées) trouvées à Kerguelen, non seulement par Kidder (d'après Farlow) et Eaton, mais par Hooker (Antarctic Expedition, 1840) et par Moseley (Challenger Expedition, 1874). Les deux *Sphacelaria* précédents sont encore les seules Sphacélariacées de cette nouvelle Liste. La diagnose du *S. corymbosa* est répétée dans

---

1. A. E. Eaton, de l'expédition anglaise, n'est pas la même personne que D. C. Eaton qui publia, en collaboration avec M. Farlow, la collection « *Algæ Amer. Borealis exsiccatæ* ».

les mêmes termes, mais l'auteur cite comme synonyme le *S. funicularis* Mont. du *Flora antarctica* et celui de M. Farlow. Dickie ajoute: la plante récoltée par Hooker aux îles Falkland, et celle récoltée par Kidder à Kerguelen, sont *probablement* la même que le *S. corymbosa*. Le mot « probablement » laisse croire que l'identification de ces plantes est une simple supposition et non le résultat d'une comparaison des échantillons. L'auteur ajoute un détail intéressant : le Rév. Eaton a récolté le *S. corymbosa* en deux localités de Kerguelen, sur des Coquilles de *Mytilus* et sur des tubes d'Annélides.

Dans son étude des Algues du Cap Horn, M. Hariot [88, p. 37], ayant à citer le *Sph. funicularis* considère au contraire la plante du *Flora antarctica* comme se rapportant à cette espèce, et la description de Hooker et Harvey semble lui donner raison.

Plus récemment, M. Reinke [91, p. 22] a adopté une manière de voir inverse de celle de Dickie ; il cite simplement le *Sph. corymbosa* parmi les synonymes du *Styp. funiculare,* sans aucune explication ni référence ; j'ignore si l'auteur, qui a vu le *S. affinis* original, a pu également étudier le *S. corymbosa*. Quoi qu'il en soit, cette espèce devient pour moi le type du nouveau genre *Alethocladus*.

La flore de Kerguelen étant très pauvre en espèces, on pouvait supposer, à priori, avec Dickie, que les plantes récoltées par Kidder et par Eaton appartiennent à la même espèce ; toutefois, ni l'un ni l'autre des collecteurs n'étant algologue, cette supposition perdait beaucoup de sa valeur, car bien des espèces ont pu passer inaperçues. J'ai donc tenu à comparer les échantillons des deux récoltes. Je dois à l'obligeance de MM. Murray et Blackman la communication d'un exemplaire du *S. corymbosa,* conservé au British Museum, récolté par le Rév. Eaton à Swains Bay, le 30 janvier 1875. Or il concorde parfaitement avec les échantillons de M. Farlow ; l'identification des deux plantes de Kerguelen, supposée par Dickie, est donc exacte. Tous les dessins de la figure 54 ont été pris sur ces derniers, car l'étude en était terminée quand j'ai eu l'exemplaire de Dickie entre les mains.

La plante de Kidder, de 3-4 centim. de hauteur, est de couleur très foncée, presque noire ; la touffe récoltée par Eaton

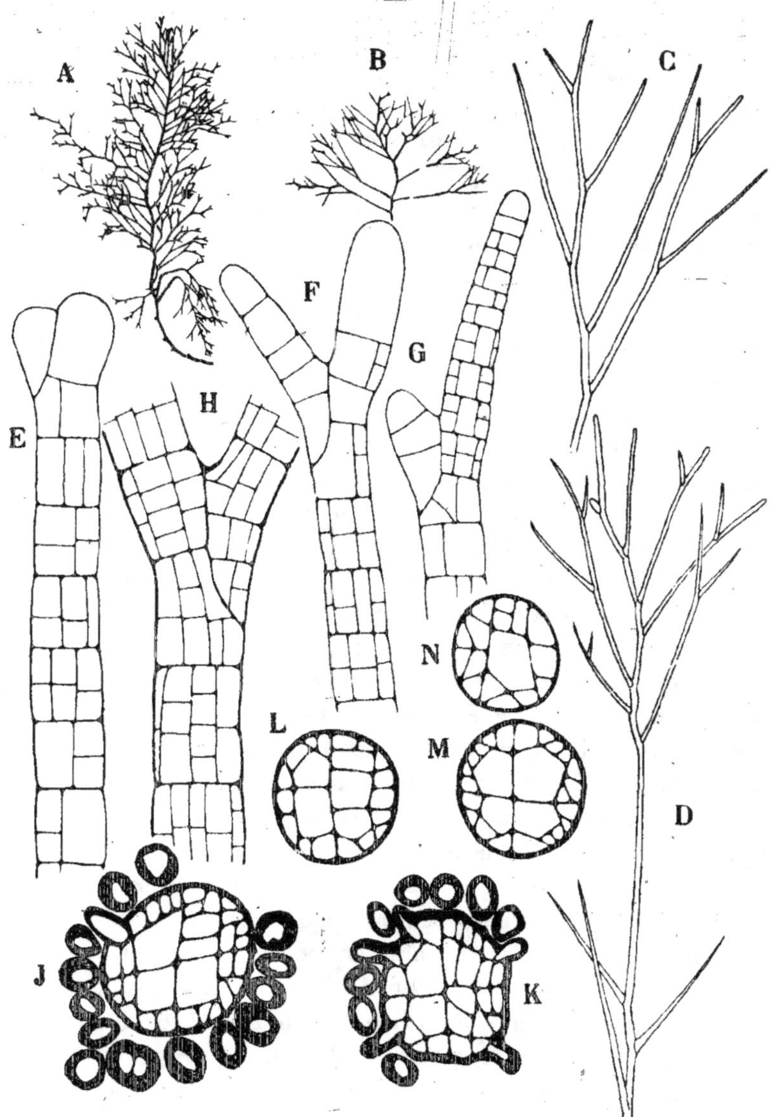

Fig. 54. — *Alethocladus corymbosus* Sauv. — *A,* Portion d'un exemplaire montrant l'aspect de la plante. — *B,* Un sommet étalé (Gr. 2). — *C, D,* Portions plus grossies, tous les ramules et sympodes se terminent en pointe; *C,* a fini son accroissement; *D* continue le sien (Gr. 15). — *E, F, G,* Sommets de filaments — *H,* Partie plus âgée (Gr. 150). — *J, K, L, M,* Coupes transversales dans la partie cortiquée montrant les variations du cloisonnement interne; la coupe *K* passe par l'insertion de cinq rhizoïdes. — *N,* Branche portée par le filament qui a fourni la coupe *J* (Gr. 200).

que j'ai examinée, de 4-5 centim. de hauteur, est moins noire que la précédente. Le diamètre des filaments diminue légèrement de la base au sommet ; les touffes semblent composées de tiges principales rendues plus larges par les rhizoïdes qui les entourent, et d'où partent des branches irrégulièrement dispersées, mais jamais opposées, elles-mêmes ramifiées une ou plusieurs fois. Le diamètre et la longueur des branches et de leurs entre-nœuds diminuent graduellement de la base à la périphérie de la touffe. La figure 54, *A,* représente un échantillon sans base ni sommet, montrant le port de la plante ; une touffe renfermera plusieurs individus semblables ; *B* est un sommet étalé, montrant mieux la ramification.

Les branches, qu'elles soient d'ordre primaire, secondaire, etc., naissent toujours et directement du sphacèle, et l'aisselle des rameaux est toujours nue. Le sphacèle lenticulaire ne sépare donc pas de sphacèle axillaire, et chaque rameau correspond à un poil d'Hémiblastée ; un rameau, et l'axe qui l'a produit, ont la même valeur ; la ramification est uniquement et strictement sympodiale. L'ensemble donne l'impression d'axe et de rameaux parce que la génération ancienne, qui se continue par le développement du sphacèle lenticulaire, étant plus courte et plus grêle que la génération nouvelle, produite par le sphacèle sympodial, semble un rameau divariqué par rapport à l'axe sympodial ; parfois, la différence de diamètre entre le rameau et l'axe est nulle ou est assez faible pour produire l'apparence dichotomique dont parle Dickie. La figure 54, *C,* représente un fragment périphérique, plus grossi que *A* et *B,* où tous les rameaux terminés en pointe ont cessé de s'accroître, l'axe sympodial ondulé se termine en pointe obtuse et cessera bientôt tout accroissement ; celui de la figure *D* continuera un peu plus longtemps à s'accroître. La branche reste parfois rudimentaire et l'axe sympodial est plus apparent.

Plusieurs fois, j'ai observé que la surface de section d'une troncature peut produire une ou plusieurs pousses de remplacement identiques aux pousses normales et se ramifiant de même, mais je n'ai jamais vu de pousses adventives, ni par l'examen direct de la plante, ni sur les coupes.

La figure 54, *E,* montre un sphacèle lenticulaire limité par la cloison en verre de montre ; *F* représente un état plus âgé ;

en *G*, l'axe sympodial et le rameau cesseront bientôt de s'accroître. La figure *H*, prise en un point plus âgé et plus large, montre le cloisonnement variable des articles secondaires ; quand ceux-ci ont un diamètre suffisant, ils présentent plusieurs cloisons longitudinales et chacune des cellules ainsi limitée prend 1-2-3 cloisons transversales ; quand la partie considérée est étroite, le cloisonnement transversal disparaît et les articles secondaires des rameaux terminés en pointe aiguë sont simples, sans cloisons longitudinales ni transversales. Le rapport entre la largeur et la hauteur des articles varie suivant les articles considérés.

Je n'ai pas réussi les coupes dans les parties jeunes de la plante, mais celles des parties âgées indiquent suffisamment la direction des premières cloisons. La structure est assez variable dans ses détails, même sur des sections menées dans des articles successifs ; toutefois, le cloisonnement débute toujours par deux cloisons diamétrales en croix qui, parfois, se coupent si bien suivant l'axe, qu'il est difficile de dire laquelle apparut la première. Les cloisonnements ultérieurs se produisent suivant deux types, avec tous les intermédiaires. Ou bien apparaissent deux cloisons parallèles à la première cloison diamétrale, et assez rapprochées de celle-ci pour que celles qui se formeront ensuite perpendiculairement ne puissent joindre la circonférence (fig. 54, *J*), ou bien, comme dans l'*Halopteris obovata*, d'un point situé vers le milieu de chaque rayon, se détache une cloison allant obliquement vers la périphérie, dessinant ainsi une sorte d'X (fig. 54, *M*) ; une cloison tangentielle ultérieure limitera alors quatre cellules centrales pentagonales, au lieu des quatre cellules rectangulaires du cas précédent. Chacune des cellules périphériques se partage par une ou plusieurs cloisons obliques. Les quatre cellules centrales restent simples ou parfois prennent une cloison (*J, K*), mais la complication ne va pas plus loin.

Je n'ai jamais vu de poils ; peut-être en rencontrerait-on dans certaines conditions d'existence de la plante ; si au lieu d'être sessiles, comme dans la plupart des espèces de *Sphacelaria*, ils terminaient une branche plus ou moins longue, ils rappelleraient les poils pédicellés des espèces du groupe *bracteata*. Jusqu'à présent, un fossé profond sépare les Hémiblastées des Acroblastées ; il est probable que les mers australes renferment des espèces intermédiaires entre ces deux groupes, car, ainsi qu'on l'a dit dans les chapitres précédents, ces régions sont encore très insuffisamment explorées au point de vue qui nous intéresse.

Les rhizoïdes sont abondants. Sur le fragment représenté figure 54, *A,* ils revêtaient l'axe sur les deux tiers de sa longueur, et les principaux rameaux étaient cortiqués à leur base. Dans la portion inférieure de la plante, les rhizoïdes forment un manchon dense et continu qui peut tripler le diamètre de l'axe à recouvrir. Plus haut, les rhizoïdes naissent à intervalles irréguliers, et laissent des articles nus ; certains articles en produisent plusieurs, comme celui de la figure 54, *K,* qui en donne cinq, tandis que d'autres articles n'en présentent aucun ; leur position correspond à peu près à celle qu'ils occupent dans l'*Halopteris scoparia,* mais elle est beaucoup moins bien fixée ; il n'y a donc pas de différenciation, de prédisposition des cellules mères. Les rhizoïdes s'enroulent en spirale autour de l'axe, s'accolent l'un à l'autre ; leur paroi est épaisse, ils sont cloisonnés transversalement, très rarement longitudinalement.

Les coupes *J* et *K* ont été dessinées entourées de leurs rhizoïdes ; quand ceux-ci forment un manchon continu, ils sont soudés l'un à l'autre en laissant très peu de vides entre eux ; les coupes *L* et *M* en présentaient à peu près en même quantité, qui n'ont pas été dessinés. Au contraire, la coupe *N* était nue ; elle représente une section dans la branche portée par l'axe sympodial qui a fourni la coupe *J* et que le rasoir a rencontrée en même temps. Les branches aussi étroites que celle qui a fourni la figure *N* répètent souvent la structure de l'axe sympodial, mais parfois, comme dans le cas actuel, la première cloison apparue étant sécantielle et non diamétrale, il en résulte une cellule centrale. D'après l'examen des coupes transversales, les filaments les plus larges, non compris la couche des rhizoïdes, mesurent 80-100 μ de diamètre.

Tous les échantillons examinés étaient séparés de leur point d'attache. Il est très possible que la plante soit fixée au substratum par un disque rampant, comme les *Halopteris obovata* et *platycena,* d'autant mieux qu'on l'a récoltée sur des coquilles, et non directement par les rhizoïdes à la manière de l'*H. scoparia.* Cependant, d'un point où la plante était blessée, j'ai vu des

stolons divariqués s'échapper, s'étendre assez loin de la plante
mère, et produire de jeunes filaments dressés, ramifiés, normaux. Tandis que les rhizoïdes corticants sont simplement
cloisonnés transversalement, ces stolons, plus gros, l'étaient
aussi longitudinalement ; peut-être ne faisaient-ils que reproduire
leur état à la base de la plante, et pourrait-on en conclure que
l'*Alethocladus* est fixé au support par des stolons, générateurs
de filaments dressés.

Je n'ai pas rencontré le moindre indice de la disposition des
organes reproducteurs. On peut cependant prévoir, à priori,
quelle serait celle-ci. Il est peu probable, en effet, que les
sporanges soient latéraux, comme ceux des Hémiblastées, car
ils constitueraient la seule ramification monopodiale de la
plante. Ils ne peuvent être que terminaux et deux hypothèses
se présentent. Ils pourraient terminer des branches plus ou
moins longues, avant que celles-ci se soient rétrécies en pointe,
et la ramification serait ainsi constamment sympodiale et
acroblastique. Ils sont plus probablement disposés comme dans
un *Halopteris ;* nous verrons, en effet, que, dans la plupart des
frondes de l'*H. filicina,* les premières ramifications sont toujours
holoblastiques, à sphacèle lenticulaire se divisant en sphacèle
raméal et sphacèle terminal ou axillaire, tandis que les ramifications de dernier ordre sont généralement acroblastiques, comme
les ramifications normales de l'*Alethocladus,* et indiquent une certaine affinité entre les deux genres. Réciproquement, au moment
de la fructification, l'*Alethocladus* pourrait se comporter comme
une holoblastée, et séparer un sphacèle axillaire producteur de
sporanges ; tout en conservant son architecture sympodiale, la
plante aurait une ramification double, comme l'*H. filicina,*
acroblastée pendant toute la période végétative, en partie holoblastée pendant la période reproductrice (1).

1. Dans l'étude des Algues de l'expédition de la Gazelle, M. Askenasy
[88, p. 21] cite le *Sph. funicularis* au Détroit de Magellan et à Kerguelen, d'après
des fragments d'échantillons. Les sporanges uniloculaires, abondants à l'aisselle
des rameaux, mesurent 110 μ de diamètre. Ils sont donc beaucoup plus volumineux que ceux du véritable *Hal. funicularis.* Il est peu probable que les
exemplaires de M. Askenasy se rapportent à l'*Aleth. corymbosus,* car, si les
sporanges se développent aux dépens des sphacèles axillaires, vraisemblablement, ceux-ci, chez une espèce de structure aussi simple, se cloisonneraient peu
ou point, et la disposition des sporanges ressemblerait plus à celle de l'*H. filicina* qu'à celle de l'*H. funicularis.*

Pour le moment, ces suppositions n'ont d'autre intérêt que d'éveiller l'attention ; la fructification de l'*Alethocladus* pourrait modifier son port et le rendre plus difficile à identifier.

Alethocladus Sauvageau. — Toutes les ramifications végétatives du thalle dressé sont d'origine acroblastique.

Alethocladus corymbosus Sauvageau. — Plante en touffes de plusieurs centimètres de hauteur. Thalle inférieur? Thalle dressé composé de filaments irrégulièrement ramifiés, simulant des axes et des rameaux et diminuant graduellement de diamètre vers la périphérie ; la plus grande largeur atteignant 80-100 µ ; rameaux se terminant en pointe. Articles secondaires aussi hauts ou plus hauts que larges, cloisonnés longitudinalement et transversalement tout au moins dans les parties larges. Rhizoïdes formant un manchon dense et continu autour des parties d'apparence axiale, et naissant aux dépens de cellules périphériques mal déterminées. — Organes reproducteurs inconnus.

Hab. — Sur des Coquilles de *Mytilus* et des tubes d'Annélides (sec. Dickie). — Ile de Kerguelen ! (Kidder, Farlow distrib. ; Eaton, British Museum).

Syn. *Sphacelaria corymbosa* Dickie.

CHAPITRE XVI. — HALOPTERIS FILICINA Kützing ET ESPÈCES VOISINES.

A. — Leptocaulées et Auxocaulées ; Halopteris, Stypocaulon et Anisocladus.

Le *Stypocaulon scoparium* est l'une des Algues les plus anciennement connues. Bauhin l'appelait *Fucus scoparia*, Linné, *Conferva scoparia*, et Roth, *Ceramium scoparium*. Dillwyn en a donné une bonne figure [09, pl. 52] et remarque qu'on le trouve souvent mélangé au *Conferva pennata* (*S. cirrosa*). Lyngbye, qui l'a étudié sur des échantillons d'Islande, l'a fait rentrer dans son genre *Sphacelaria* [19, p. 104, et pl. 31]. La dénomination de Lyngbye fut acceptée par C. Agardh [28, p. 19] qui cite la plante dans la Méditerranée et dans l'Océan, depuis l'Islande jusqu'aux Canaries.

L'*Halopteris filicina* est de découverte plus récente. Grateloup le distingua pour la première fois en 1806, et lui donna le nom de *Ceramium filicinum* [06]. C. Agardh [26, p. 22] le rangea parmi les *Sphacelaria,* près du *S. scoparia,* sous le nom de *S. filicina ;* il donne comme synonyme le *Conferva Elatinoides* Mertens mscr. D'après des échantillons reçus de Grateloup, Mertens, Cabrera et Borrer, l'auteur cite la plante sur les côtes méditerranéennes d'Italie, de France, d'Espagne (à Cadix) et d'Angleterre ; c'est à peu de chose près la distribution connue actuellement.

En 1841, dans son Manuel, Harvey [41, p. 37] divise les *Sphacelaria* britanniques en deux sections : la première, à frondes revêtues inférieurement par des rhizoïdes, renferme le *S. filicina* avec sa variété β *patens* Harv., et le *S. scoparia,* tandis que les autres espèces du genre, à tige nue, rentrent dans la seconde.

Très peu de temps après, Meneghini [42, p. 324] créait aussi deux sections dans le genre *Sphacelaria,* pour les espèces méditerranéennes, mais autrement caractérisées. La première « textu epidermico destitutæ » avec *Sph. filicina, cirrosa* et *tribuloides,* la deuxième « textu epidermico donatæ », avec *S. scoparia* et *S. plumosa* (1).

Ces caractères de sections se retrouvent dans les nouveaux genres créés par Kützing.

Dans son *Phycologia generalis* publié en 1843, Kützing a séparé du genre *Sphacelaria* de Lyngbye les trois genres nouveaux *Halopteris* pour le *S. filicina, Stypocaulon* pour le *S. scoparia* et *Chætopteris* pour le *S. plumosa.* D'après ses diagnoses [43, p. 292 et 293], l'*Halopteris* paraît surtout distinct du *Sphacelaria* par ses rameaux pennés ; l'auteur dit en outre de l'*Halopteris* : « stratum corticale nullum » et du *Stypocaulon* : « stratum corticale continuum » ; il mentionne aussi des rhizoïdes chez ce dernier.

Ces caractères distinctifs étaient de médiocre importance ; aussi, l'opportunité des nouveaux genres fut-elle contestée. Kützing lui-même, comme on va le voir, était hésitant sur leurs limites.

---

1. On a dit antérieurement (p. 79) que Meneghini confondait le *S. Plumula* et le *S. (Chætopt.) plumosa.*

Il répète les mêmes diagnoses génériques dans son *Species* [49, p. 462 et suiv.], et admet deux espèces d'*Halopteris*, l'un *H. filicina*, pourvu de rhizoïdes corticants, et l'autre *H. Sertularia* à « stupa nulla ». Il laisse dans les *Sphacelaria* le *S. scoparioides* Lyngb. (*S. Ulex* Bonnemaison) qui est un état du *Stypoc. scoparium*. Grâce à des plantes nouvelles récoltées dans les mers australasiennes, Kützing énumère neuf espèces de *Stypocaulon* que les auteurs ont plus tard ramenées à trois : *S. scoparium, S. funiculare* et *S. paniculatum*. Enfin, dans les *Tabulæ*, une section transversale de l'*H. filicina* [55, pl. 85, B, d] montre une zone médullaire de cellules larges et une zone corticale de cellules étroites, en opposition avec les diagnoses qu'il avait publiées antérieurement. Dans le même ouvrage, il laisse le *S. scoparioides* [pl. 93] parmi les *Sphacelaria ;* il figure, comme *Sphacelaria*, le *S. tenuis* de Bonnemaison [pl. 94], dont il admet la synonymie avec le *S. simpliciuscula* de C. Agardh, tandis que, dans le *Species*, le *S. simpliciuscula* était synonyme de l'*H. filicina ;* il décrit comme *Stypocaulon bipinnatum* une plante à rhizoïdes corticants qui, comme on l'a vu dans un précédent chapitre, est un *Sphacelaria* voisin du *S. cirrosa,* et que, seule, la présence de rhizoïdes rapprochait du *Stypocaulon*. D'après tout ceci on caractériserait difficilement les trois genres *Sphacelaria, Halopteris* et *Stypocaulon,* car Kützing n'avait remarqué ni la différence d'origine des rameaux entre le premier genre et les deux autres, ni les poils du *Stypocaulon,* ni le rameau axillaire de l'*Halopteris*.

Aussi, J. Agardh [48, p. 30], Harvey [48, pl. XXXVII] ne mentionnent-ils la division en genres, proposée par Kützing, que pour prévenir le lecteur qu'ils n'en tiennent aucun compte. Harvey a même publié le dessin d'une section transversale de *S. filicina* [pl. CXLII], présentant quatre cellules grandes, centrales, entourées d'une couche corticale, et celui d'une section de *S. scoparia* [pl. XXXVII], dont tous les éléments sont de même dimension, dans l'intention évidente de contredire l'affirmation de Kützing. Les auteurs de Flores algologiques, Crouan, M. Le Jolis, Zanardini, Hauck, Ardissone, ne s'en préoccupèrent pas davantage. Elle fut cependant admise par quelques auteurs allemands, comme M. Falkenberg [79] et M. Berthold [82], et avant eux par Debeaux [74].

Le mérite d'avoir suivi le cloisonnement terminal des Sphacélariacées revient à Geyler. Il a vu que les rameaux des *Sphacelaria* naissent d'un article secondaire, tandis que ceux des *Halopteris* et *Stypocaulon* naissent du sphacèle de l'axe, caractère qui sépare nettement les deux derniers genres du premier. Il démontrait définitivement que le sphacèle n'est pas un organe reproducteur, comme J. Agardh le soutenait malgré les objections de Decaisne et d'autres auteurs. Geyler sépare l'un de l'autre, *Halopteris* et *Stypocaulon,* d'après des caractères de structure interne, incomplètement vue, et d'espacement des branches sur l'axe qui n'ont pas grande valeur ; en outre, il signale chez le *Stypocaulon,* à l'aisselle des rameaux, une touffe de poils qui manque chez l'*Halopteris.*

M. Reinke [90 et 91] a précisé la différence entre les deux genres en faisant intervenir le caractère de la position et du nombre des organes reproducteurs. Dans l'*Halopteris,* la cellule axillaire, que j'ai appelée sphacèle axillaire, reste simple et peut donner par son développement un sporange unique ; les sporanges sont isolés. Dans le *Stypocaulon,* la cellule axillaire, en se cloisonnant, donne un petit coussinet, ou placenta, dont chaque cellule superficielle peut produire un sporange ; les sporanges sont groupés. Cette distinction semblait précise et valable pour une séparation générique ; elle fut adoptée par M. Kjellman [91], M. Bornet [92], M. de Toni [95], Debray [99], etc... Or, à son tour, elle devient insuffisante. En effet, on verra que le seul *Halopteris* connu des auteurs, l'*H. filicina,* peut parfois diviser sa cellule axillaire, produire un bouquet de poils comme le *Stypoc. scoparium,* et plusieurs sporanges axillaires, au lieu d'un sporange isolé ; une espèce exotique, plus voisine de cet *Halopteris* que des *Stypocaulon,* m'a présenté, et présente probablement normalement, deux sporanges jumeaux.

On ne peut davantage invoquer l'inégale répartition des sporanges comme différence générique. Si, en effet, ceux-ci sont situés à l'aisselle de rameaux spéciaux, réunis en un épi fructifère, chez les *Styp. scoparium* et *paniculatum,* cette dernière disposition ne se retrouve pas chez le *Styp. funiculare* qui, sous ce rapport, serait plutôt un *Halopteris.* D'ailleurs, l'espèce nouvelle que j'ai nommée *Hal. brachycarpa,* dont le port rappelle le *Styp. funiculare* présente des organes reproducteurs à toutes les aisselles, bien que les pousses se terminent en épis fructifères.

Le ramule axillaire des *Hal. filicina* et *Novæ-Zelandiæ,* qui ne se rencontre pas chez les *Stypocaulon,* n'est pas un meilleur critérium, car, déjà très rare chez l'*Hal. obovata,* il paraît exceptionnel chez l'*Hal. platycena.* D'ailleurs, le *Sph. spinulosa* de Lyngbye dont les auteurs ont fait, à tort, une variété du *Styp. scoparium,* présente ce ramule axillaire très bien développé. En outre, le sphacèle axillaire de l'*Hal. platycena,* qui se transforme en coussinet pluricellulaire quand il est stérile, comme chez le *Styp. scoparium,* produit cependant, lorsqu'il est fertile, un sporange unique, comme c'est le cas habituel chez l'*Hal. filicina.*

Si la comparaison se limitait aux espèces actuellement admises, un caractère distinctif bien préférable, serait le lieu d'émission des rhizoïdes. Geyler [66, p. 507] a mal vu l'origine des rhizoïdes de l'*H. filicina,* et cependant M. Magnus [75, p. 17] et M. Reinke acceptent sa description. Ils naissent toujours de l'article secondaire inférieur, basilaire, d'un rameau, et par suite approximativement dans le même plan. L'*H. Novæ-Zelandiæ* présente la même particularité, tandis que chez les trois *Stypocaulon* ils naissent dans des cellules prédestinées de l'axe, les péricystes. Mais, chez les *H. obovata* et *platycena,* je n'ai vu que des rhizoïdes basilaires, non comparables aux précédents. La présence de ces péricystes est un caractère différentiel assez constant; ils manquent cependant à la variété *patentissima* du *Styp. scoparium* quand elle est bien caractérisée; leur rôle est bien déterminé chez certaines espèces où ils produisent les rhizoïdes et les pousses adventives, mais les *Hal. filicina* et *Novæ-Zelandiæ* prouvent que ces deux sortes d'organes peuvent se développer aux dépens d'autres cellules.

On ne peut utiliser davantage le thalle inférieur. Les *Hal. obovata* et *platycena* possèdent un disque rampant très bien développé; celui de l'*H. filicina,* beaucoup plus réduit, paraît pouvoir manquer; enfin, les espèces de *Stypocaulon* en sont dépourvues, tout au moins à l'état adulte, le seul que nous connaissions chez les deux espèces australes.

On verra aussi que la structure des pousses indéfinies, qui rend parfois de bons services pour les distinctions spécifiques, ne peut actuellement servir de base à une séparation générique, ou bien conduirait à établir un nouveau genre pour le *Styp. paniculatum* et les espèces voisines.

Les caractères des organes reproducteurs ne peuvent même pas être invoqués; ils sont trop incomplètement connus et semblent de nature trop variée. Certaines espèces, bien distinctes par ailleurs, sont même connues seulement à l'état stérile. Le *Styp. scoparium* n'a montré jusqu'à présent que des sporanges uniloculaires. J'ai déjà dit que l'*Hal. filicina* possède des anthéridies et d'autres organes pluriloculaires qui sont probablement des oogones. D'autres espèces présentent des anthéridies et de gros sporanges monosporés qui sont probablement des oogones renfermant une seule oosphère. Tout indique qu'une classification d'après la sexualité serait aussi illusoire que dans le groupe des *Ectocarpacées*.

Les caractères distinctifs entre l'*Halopteris* et le *Stypocaulon* s'évanouissent donc l'un après l'autre. Ces genres furent mal limités dès le début, et je crois inutile de s'obstiner, comme on l'a fait jusqu'à présent, à chercher de nouveaux caractères pour les séparer. Je les réunirai donc en un seul, bien qu'ils soient actuellement admis dans plusieurs livres classiques. Enfin, on verra ultérieurement que des formes de passage existent entre le *Styp. funiculare* et l'*Anisocladus congestus*; aussi, ai-je pareillement supprimé le genre *Anisocladus* de M. Reinke; assurément, la différence est grande entre l'*H. obovata*, par exemple, et l'*An. congestus,* mais il me paraît impossible, dans l'état de nos connaissances, de scinder cet ensemble en genres nettement distincts.

Des deux noms, *Halopteris* et *Stypocaulon,* créés par Kützing dans le *Phycologia generalis* en 1843, le premier cité est *Halopteris* à la page 292, suivi de sa diagnose; *Stypocaulon* vient immédiatement après, pareillement suivi de sa diagnose. *Halopteris* a donc droit de priorité. Nous y ferons rentrer, avec l'*H. filicina* de Kützing, les trois *Stypocaulon* admis par M. Reinke, *S. funiculare, S. scoparium* et *S. paniculatum,* mais modifiés, l'*Anisocladus congestus,* le *Sphac. obovata* de Hooker et Harvey et plusieurs autres espèces, nommées par les anciens auteurs, puis méconnues, ou décrites, ici pour la première fois.

L'*Halopteris*, novo sensu, sera facile à caractériser. Il renfermera les *Holoblastées leptocaulées*, qui conservent leur structure primaire, à la façon des Sphacélariacées étudiées dans les précédents chapitres. Les autres Holoblastées sont *auxocaulées*. Leur accroissement en largeur a déjà été signalé. Leur accroissement secondaire en longueur, bien que facile à constater à l'œil nu, a passé inaperçu. Au lieu de conserver une longueur égale à la demi-hauteur de l'article primaire tel qu'il se sépare du sphacèle, les articles secondaires s'allongent. La seule mention que je connaisse de ce phénomène est une remarque faite incidemment par Pringsheim à propos du *Cladostephus* [73, p. 369], qui, d'ailleurs, ne paraît pas avoir fixé l'attention. Cependant, l'accroissement longitudinal tardif des *Cladostephus*, *Phlæocaulon*, *Ptilopogon* est relativement considérable, si bien que les rameaux du *Phlæocaulon squamulosum*, par exemple, séparés au début par un intervalle d'une faible portion de millimètre, sont finalement espacés de plus d'un centimètre.

B. — **Halopteris filicina** Kützing.

Greville [28, pl. 348], Harvey [46, pl. 142 et 143], Kützing [55, pl. 85 et 94], Zanardini [71, pl. 89] ont publié de bons dessins, de grandeur naturelle, représentant bien le port de la plante; ils y ont ajouté des dessins grossis qui manquent de précision et de justesse. Cependant, Greville signalait déjà, en 1828, sur la forme très ramifiée qu'il appelait *S. hypnoides*, que les pennes et pennules présentent un rameau axillaire, et que le premier rameau suivant est situé du même côté que celui-ci; cette remarque, importante au point de vue du port de la plante, et sur laquelle Meneghini, Harvey, Zanardini ont aussi attiré l'attention, ne se retrouve ni dans les descriptions de Kützing, ni dans celles de J. Agardh.

J'ai rassemblé ici un certain nombre de figures de détail, parce que Pringsheim et M. Reinke, en opposition avec M. Magnus, se sont précisément servi de l'*H. filicina* pour chercher à démontrer que la ramification est monopodiale. On verra au contraire que la ramification est constamment sympodiale, et produit toujours, quelle que soit sa complication, de nouvelles générations holoblastiques ou acroblastiques. Pour éviter des redites, je ne discuterai pas les affirmations de mes devanciers, mais si le lecteur veut bien se reporter aux descriptions et figures de M. Reinke, et les comparer aux miennes, il constatera que l'interprétation sympodiale, plus complexe au premier abord, est en réalité plus simple et rend bien mieux compte des faits. Les sporanges ne sont pas, comme le dit M. Reinke, des rameaux de troisième ou quatrième ordre, ou même de cinquième ordre [91, p. 20, 21], mais sont toujours et constamment terminaux d'une génération.

L'aspect extérieur de la ramification a conduit les auteurs anciens à scinder l'*H. filicina* en un certain nombre d'espèces et de variétés; la seule que je conserve, en changeant son nom, est la variété *Sertularia,* dont l'intérêt vient principalement de son mode de vie commun avec les variétés *patentissima* de diverses espèces étudiées au chapitre XII. Je ne crois pas utile de donner la liste des exemplaires étudiés, comme je l'ai fait pour un certain nombre de *Sphacelaria,* car l'*H. filicina,* malgré sa grande variabilité, ne présente pas les mêmes difficultés de détermination.

La diagnose du *Ceramium filicinum* donnée par Grateloup en 1806 est trop brève pour permettre de reconnaître l'espèce. Il l'a fort heureusement accompagnée de deux dessins; l'un, de grandeur naturelle, donne assez bien le port de la plante; l'autre est une penne grossie appartenant à la forme très ramifiée, que J. Agardh appela plus tard *æstivalis*.

En l'année 1828, C. Agardh, Greville et Bonnemaison, publièrent chacun un important travail d'ensemble, intéressant à rappeler au point de vue de la synonymie, où la plante qui nous occupe est étudiée.

C. Agardh [28, p. 22] rapporte au genre *Sphacelaria* le *Ceramium filicinum* de Grateloup. Il décrit ensuite [28, p. 31] le *Sph. simpliciuscula* créé quatre ans auparavant [*Systema Algarum,* 1824, p. 166, ex ipso] pour une plante méditerranéenne récoltée par Adolphe Brongniart à Oneille près de Nice, et communiquée par lui-même.

Greville, ignorant la description de Grateloup, a décrit et figuré [28, pl. 348] une nouvelle espèce, *S. hypnoides*, récoltée en Angleterre, dont le dessin se rapproche beaucoup de l'état que j'ai représenté sur la figure 58, *A*.

Enfin, Bonnemaison [28, p. 107 à 111] énumérait sept espèces de *Sphacelaria* récoltées en Bretagne, dont plusieurs étaient nouvelles. Ce sont :

1. — *S. Sertularia* Bn = *Ceramium elatines* Mertens ined. = *C. filicinum* Grateloup? « D'après un échantillon étiqueté par le docteur Mertens lui-même... j'ai donné à la présente espèce la synonymie de *Ceramium elatines* à laquelle le célèbre algologue de Brème ajoutait le *Ceramium filicinum* de Grateloup. Mais, comme sous ce dernier nom, j'ai reçu de Lamouroux une espèce différente, je reste indécis sur la véritable plante du botaniste de Dax. »

2. — *S. Ulex* Bn = *S. disticha* Lyngb.?

3. — *S. cirrhosa* Bn = *S. pennata* Lyngb.

4. — *S. tenuis* Bn = *Ceramium tenue* Agardh. Herb. Brongniart. « Elle a d'abord été trouvée dans la Méditerranée, près d'Oneille, par M. Adolphe Brongniart, qui m'en a communiqué des échantillons déterminés dans son herbier par M. Agardh. Je l'ai également recueillie à Combrit (Finistère) dans le mois de juillet ».

5. — *S. Hænseleri* Bn = *Ceramium Hænseleri* Ag.

6. — *S. scoparia* Lyngb.

7. — *S. cristata* Bn = *Ceramium elatinoides* Agardh et Desvaux mscr. Cette espèce « m'a été communiquée par M. le professeur Desvaux sous le nom de *Ceramium elatinoides* de Mertens, et Agardh l'a ainsi désignée dans l'herbier de M. Adolphe Brongniart, tandis qu'un échantillon authentique de la main du célèbre algologue de Brème se rapporte sans aucun doute à notre Sphacélaire sertulaire. »

J. Agardh réduisit, dans son *Species* [48], le nombre des espèces admises par Bonnemaison. Il rapporte le *S. Hænseleri* au *S. scoparia* et le *S. Ulex* au *S. scoparioides* de Lyngbye, lequel, comme nous le verrons ultérieurement, est aussi le même que le *S. scoparia*. J. Agardh maintient le *S. Sertularia* comme espèce distincte et y fait rentrer deux variétés l'une, le *S. filicina* β *patens*, décrite par Harvey dans son Manuel [41, p. 37], caractérisée par « branches and ramuli horizontal » et dont lui-même admit plus tard la synonymie dans le *Phycologia britannica*; l'autre, indiquée avec doute, le *S. filicina* var. *recurva* Montagne [37, p. 353], qui pourrait en effet s'y rapporter, d'après une diagnose trop vague, que d'ailleurs Montagne ne reproduit pas dans son Sylloge (1).

J. Agardh admet deux variétés du *S. filicina* déjà nommées en 1842 dans sa Liste des Algues de la Méditerranée. La première, *forma æstivalis* « ramis tripinnatis, pinnellis densissimis adproximatis », synonyme des *S. hypnoides* de Greville et *S. cristata* de Bonnemaison, ce dernier nom suivi d'un !. Cette synonymie de l'espèce de Bonnemaison se retrouve dans Menèghini [42, p. 324], Crouan [67, p. 164], Zanardini [71, p. 38], et M. de Toni [95, p. 515] l'admet avec un ?, tandis que le *S. cristata* n'est pas nommé dans les ouvrages de Kützing. L'examen d'un échantillon authentique de Bonnemaison m'a prouvé que son *S. cristata* est l'*H. scoparia*, comme on pouvait déjà le supposer par la place qu'il lui donne dans son Mémoire. La deuxième, *forma hiemalis* « ramis bipinnatis, pinnulis superioribus elongatis simpliciusculis aut sursum pinnella una alterave instructis », pour le *S. simpliciuscula* de C. Agardh et le *S. tenuis* de Bonnemaison, créés, comme on l'a vu, pour la plante récoltée par Ad. Brongniart, et dont la synonymie n'était pas douteuse.

Kützing n'a pas fait rentrer le *S. tenuis* dans son genre *Halopteris;* il l'a figuré dans les *Tabulæ* [55, pl. 94] comme espèce indépendante d'après un exemplaire reçu de Lenormand, présentant un ramule simple, situé à l'aisselle des rameaux simples, ce qui ne signifie point, comme le croyait Kützing, que J. Agardh a confondu ces ramules avec des sporanges, mais que la production d'apparence axillaire est un rameau dans la période végétative, un sporange dans la période reproductrice. Malgré le dessin de Kützing, M. Reinke [91, p. 24] considère le *S. tenuis* comme synonyme du *Stypoc. scoparium,* tandis

---

1. Il est sans intérêt de savoir à quelle espèce se rapporte cette variété; elle a été récoltée à La Rochelle (Rupella Galliæ), bien qu'elle figure dans une centurie de plantes exotiques, et, d'après la description, pourrait aussi bien appartenir au *S. cirrosa* qu'à l'*H. filicina* ou à l'*H. scoparia.*

qu'il appartient bien à l'*H. filicina.* On trouve dans le *Sylloge* de M. de Toni le *S. tenuis* cité comme synonyme, à la fois de l'*H. filicina* [95, p. 515] et du *Styp. scoparium* [95, p. 518].

Les diagnoses de J. Agardh d'après lesquelles les rameaux de la f. *æstivalis* sont tripennés et à pennules très rapprochées, tandis que les rameaux de la f. *hiemalis* sont bipennés et à pennules simples, firent commettre une confusion qui doit être relevée. Zanardini fait observer [71, p. 39] qu'il possède des exemplaires dont les ramifications inférieures portent des pennules très complexes, comme dans la f. *æstivalis,* et dont les ramifications supérieures sont au contraire très simples, comme dans la f. *hiemalis*, que, par suite, l'état de la plante est peut-être en rapport avec son activité végétative et que des observations précises sur sa biologie seraient nécessaires avant d'admettre ou de supprimer ces variétés. J'ai vu aussi des échantillons semblables à ceux dont parle Zanardini, et, pendant l'été de 1898, j'en ai récolté, sur le *Maia squinado,* qui correspondent soit à l'une soit à l'autre forme avec tous les états intermédiaires. Or, un échantillon de l'Herbier Bonnemaison, marqué de sa main « *Sphacelaria tenuis* Bn ; *Ceramium tenue* Ag., Herb. Brongniart » qui, assurément, correspond aussi au *S. simpliciuscula,* montre un caractère que la diagnose d'Agardh n'indique pas. Les pennes y sont longues et ne produisent d'autre ramule que l'axillaire (fig. 56, *A*), mais elles sont portées par des axes longs de plus d'un centimètre, grêles et souples, qui eux-mêmes sont des pennes portées sur un axe semblable à elles, ce dernier étant né sur un autre axe ; l'axe de la figure 56, *A,* est ainsi un rameau de deuxième ordre. La plante est formée de rameaux de premier, deuxième, troisième ordre, de plus en plus longs, portant des ramules courts ; il en résulte un ensemble qui croît probablement en touffe courte, dense, souple, plus ou moins globuleuse, au lieu d'une plante dressée, large et caulescente, à frondes plates comme la var. *æstivalis*. Néanmoins, à la base de l'échantillon de l'Herbier Bonnemaison, on trouvait des portions à pennes plus courtes, aussi ramifiées que celles de la figure 57, *A,* et portées par un axe plus gros qu'elles.

Cette forme *hiemalis,* telle que J. Agardh la comprenait, a été bien représentée, de grandeur naturelle, par Zanardini [71, pl. 89, fig. 4]. Les formes *æstivalis* et *hiemalis* diffèrent donc entre elles par le port et par la ramification. Or, certains auteurs semblent

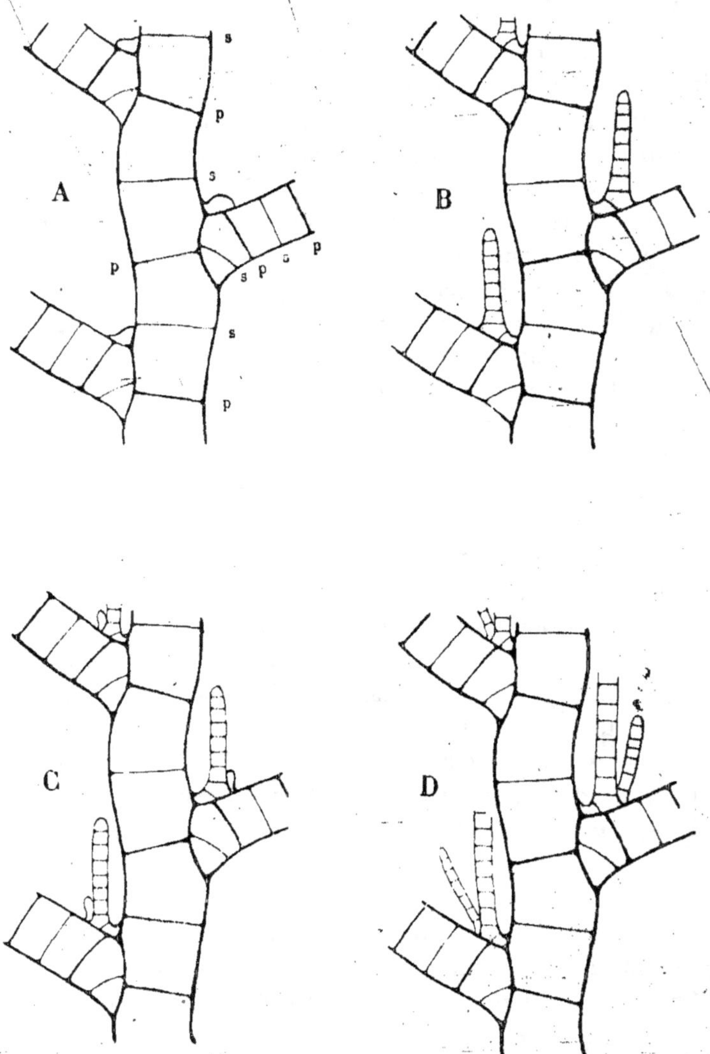

Fig. 55. — *Halopteris filicina* Kütz. — *A, B, C, D,* Schémas montrant l'interprétation du cloisonnement (Voy. le texte). La partie en pointillé correspond à une génération.

avoir envisagé seulement la différence de ramification. Ainsi, les frères Crouan ont distribué dans les Algues marines du Finistère, sous le n° 40, un *S. filicina æstivalis* bien caractérisé, et marqué « automne, printemps, très rare », et sous le n° 41, un *S. filicina hiemalis* marqué « été, très rare » ; la même plante remise par eux à Lloyd pour les « Algues de l'Ouest de la France » fut distribuée dans cet exsiccata, avec la même indication, sous le n° 384. On voit déjà que la mention de saison ne correspond pas aux noms donnés par J. Agardh ; de plus, la v. *hiemalis* des frères Crouan ne correspond pas au *S. tenuis*; elle est caulescente, de 4-5 centimètres de hauteur ; les tiges et leurs principales ramifications sont dégarnies de rameaux, tandis que les sommets, de contour rhombique, sont pourvus de pennes à pennules généralement simples et peu nombreuses (fig. 56, *B*) ; cette disposition a sans doute fait croire à une correspondance avec la diagnose d'Agardh. Sur cette variété *hiemalis* des frères Crouan, les pennules sont souvent unilatérales, comme dans une plante récoltée à Antibes dont il sera question plus loin.

Par cette discussion, j'ai voulu montrer que l'on a appelé f. *hiemalis* deux états différents de l'*H. filicina;* l'un, que C. Agardh et Bonnemaison eurent en vue, l'autre, qui est simplement la plante peu ramifiée. Le premier, ou *S. tenuis,* récolté par Brongniart, Bonnemaison, Zanardini, paraît plus rare que celui-ci ; il appartient assurément à l'*H. filicina,* mais nous ignorons quelles conditions favorisent son développement, et il naît sur la var. *æstivalis.*

Les mots *hiemalis* et *æstivalis* peuvent encore être commodes pour désigner des plantes à pennes peu ramifiées ou très ramifiées, mais ils n'ont pas actuellement d'autre valeur.

J'ai maintenant à montrer que, quel que soit l'aspect extérieur de la plante, la ramification suit la même loi.

La ramification d'une fronde se fait strictement dans un même plan. Un axe porte des rameaux primaires, ou pennes, distiques, régulièrement alternes et largement insérés. Sur la cloison basilaire de chaque rameau s'appuie une cloison transversale primaire de l'axe, autrement dit, chaque article primaire est fertile (fig. 56 et suivantes), ou encore, les générations successives constituant l'axe sympodial sont réduites chacune à un seul article primaire.

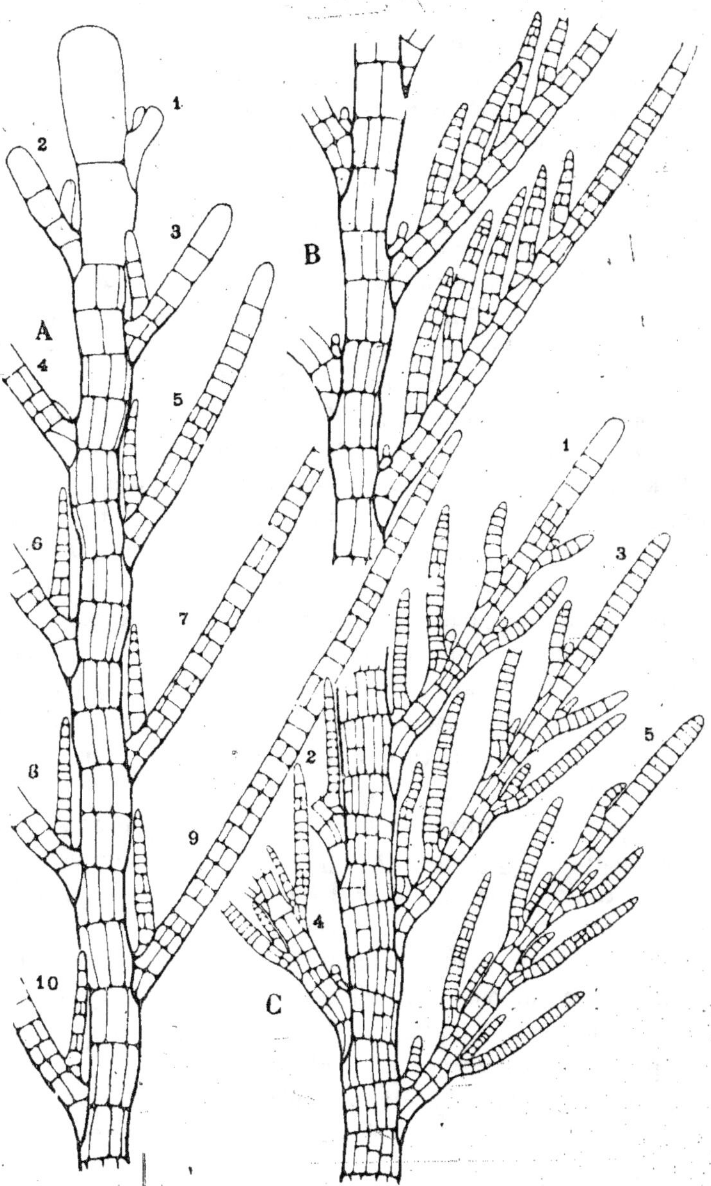

Fig. 56. — *Halopteris filicina* Kütz. — Fragments d'individus peu ramifiés, à l'état *hiemalis.* — A, "*S. tenuis*" de Bonnemaison!. — B, Exsiccata Crouan Nº 41. — C, de Cadix, Herb. Thuret. (A à C, Gr. 80).

Normalement, les pennes font avec l'axe un angle d'environ 45°. Si la fronde est jeune, les premières pennes formées étant plus courtes que les autres, et les dernières formées étant aussi plus courtes, parce qu'elles n'ont pas atteint leur entier développement, le contour de la fronde est rhombique. Il en est de même sur une fronde âgée dont les pennes se désorganisent successivement, car celles-ci meurent progressivement de leur extrémité libre vers leur base. Lorsque le développement de la fronde est rapide, sa forme devient lancéolée. Les pennes portent des pennules simples ou plus ou moins ramifiées qui donnent à la plante son aspect variable dans l'examen au microscope.

Théoriquement, les axes sont des pousses indéfinies, tandis que les pennes ont un accroissement limité, se terminent en pointe, sont des pousses définies. Mais fréquemment, et comme on l'a dit antérieurement pour les *Sphacelaria,* une penne, à la suite d'une blessure de l'axe ou sans cause appréciable, continue à s'allonger plus longtemps que les autres, devient un axe ; ses pennules s'allongent pareillement et deviennent des pennes. Ces nouveaux axes s'arrêtent dans leur accroissement après avoir atteint deux fois, trois fois, la longueur des pennes sœurs, ou prennent un accroissement indéfini. Il devient alors difficile de préciser si l'on a affaire à un axe ou à un rameau et le contour rhombique ou lancéolé en est profondément modifié ; les figures en grandeur naturelle données par les auteurs cités plus haut en montrent des exemples.

Le *S. tenuis* de Bonnemaison présente l'état le plus simple de la ramification des pennes (fig. 56, *A*). A l'aisselle de chacune est un ramule simple, le seul qu'elle porte. Ce ramule, qui résulte de l'allongement du sphacèle axillaire parallèlement à l'axe, reste parfois à l'état de cellule simple (*A, 4*) ; quand il est développé, ou bien sa base d'insertion est large (fig. 56, *A, 5, 9*) et s'appuie contre l'axe, ou bien, étant plus étroite, ne l'atteint pas. Cette différence dépend du moment où le sphacèle terminal se sépare du sphacèle lenticulaire : si la cloison apparaît de très bonne heure, le sphacèle axillaire sera en partie soudé à l'axe, si elle apparaît plus tard, lorsque le sphacèle lenticulaire s'est déjà un peu allongé, ou si elle est plus oblique, elle pourra ne pas atteindre l'axe (fig. 56, *A, 1*) ; cette différence est donc sans importance. Quoi qu'il en soit, la base du ramule s'appuie toujours sur la deuxième cloison transversale de la penne, par conséquent sur la première cloison primaire ; elle se comporte donc comme la penne elle-même par rapport à l'axe. En conséquence, le sphacèle lenticulaire, sommet de la dernière génération, entrant, comme on sait, dans la constitution de l'axe sympodial, le premier article primaire de la penne représente le deuxième article primaire de cette génération, le sphacèle axillaire, s'il existe, représente le sphacèle de cette génération, et le ramule axillaire en est la suite et la terminaison (fig. 55, *A, B*). Quant à la penne elle-même, elle est un rameau holoblastique qui, dans le cas présent, reste un rameau et ne devient pas un axe sympodial secondaire puisqu'elle ne se ramifie pas. Suivant cette interprétation, la penne ne commence pas à son insertion sur l'axe, mais à la deuxième cloison transversale, et le rameau axillaire qu'elle semble avoir produit est en réalité d'un ordre antérieur au sien. Cette interprétation, bien que très simple, nécessite une terminologie qui serait difficile à employer dans la pratique ; d'ailleurs, des cas semblables sont nombreux, on dit dans le langage courant la fleur du pissenlit, le fruit du fraisier, la branche de l'orme, et l'on sait cependant que ces parties de la plante ne correspondent en réalité ni à une fleur, ni à un fruit, ni à un rameau.

Avant de décrire des cas plus compliqués, je signalerai que dans le n° 41 de l'exsiccata de Crouan, distribué sous le nom de *S. filicina hiemalis,* les axes caulescents dénudés ne portaient plus latéralement que la base des pennes, réduite à l'article primaire basilaire, avec une ou quelques cellules axillaires (sur la signification desquelles je reviendrai à propos des poils), représentant le ramule axillaire, la partie disparue s'étant détachée très nettement au niveau de la cloison primaire. Cette portion caulescente de la plante était ainsi réduite aux parties axiales.

Dans la plupart des cas, les rameaux primaires sont ramifiés suivant le mode penné. Le ramule axillaire est souvent développé, parfois rudimentaire (fig. 56, *C, 4, 5*). Des ramules simples ou composés, ou pennules, naissent alternativement sur la face supérieure et la face inférieure de la penne, rarement uniquement ou presque uniquement sur la face supérieure (fig. 56, *B*). Ils s'appuient sur la 4ᵉ, 6ᵉ, 8ᵉ... cloison transversale de la penne (1), autrement dit, sur la 2ᵉ, 3ᵉ, 4ᵉ cloison primaire, et à l'aisselle de chacune de ces pennules est une cellule simple ou cloisonnée (fig. 56, *C, 1, 3*), ou développée en ramule axillaire appuyé sur sa 2ᵉ cloison transversale (fig. 56, *C, 4, 5*). La penne se comporte donc comme l'axe : elle est sympodiale, et chacun de ses articles primaires représente la première portion d'une génération, le premier article primaire de la pennule représente la deuxième portion de la génération correspondante, dont le sphacèle axillaire représente le sphacèle terminal, ou dont le ramule axillaire est la terminaison. La penne est constituée par autant de générations qu'elle présente de pennules, son sommet non ramifié est un rameau holoblastique, de même que, pour chaque pennule, la partie située au-dessus de sa première cloison primaire. Tout est donc strictement comparable dans l'exemple de la figure 56, *C ;* toutes les pennules présentent un ramule axillaire, sauf la pennule axillaire, puisque celle-ci est déjà l'homologue de ce dernier.

Très généralement, et Greville releva le premier cette particularité caractéristique, la première pennule après la pennule axillaire est située du même côté que celle-ci (fig. 56, *C, 1, 3*) ; les suivantes étant régulièrement alternes ; toutefois, on trouve des exceptions, comme sur les pennes *4* et *5* de 56, *C*. Ce que l'on appelle couramment la deuxième pennule est, dans la théorie, la première appartenant en propre à la penne.

Le cas de la figure 57, *A,* est plus compliqué que le précédent ; on a dessiné, en 57, *B,* à un plus fort grossissement, les pennules axillaires des pennes *4* et *6* pour mieux montrer les détails de l'insertion. Soit d'abord la penne *5*. Les dernières pennules *g, f, e,* correspondent à celles de 56, *C ;* les pennules *d, c, b,* se comportent pareillement à leur base, mais chacune d'elles est un sympode. En effet, au-dessus de son ramule axillaire, elle porte, appuyés sur les cloisons primaires, des ramules à aisselle nue, indiquant par suite une ramification acroblastique identique à celle de l'*Alethocladus*. Des irrégularités se produisent ; ainsi, le seul ramule acroblastique de la pennule *c* s'ap-

---

1. Les irrégularités de la figure 56, *C,* ne sont qu'apparentes ; certaines cloisons transversales ne sont ni primaires ni secondaires, mais se sont formées dans certains articles secondaires de la penne comme dans la plupart de ceux de l'axe.

puie sur la 6° cloison transversale primaire à partir de la base,
comme si un premier ramule, à naître sur la face inférieure,
avait avorté. Une autre irrégularité se voit sur la pennule *b*. La

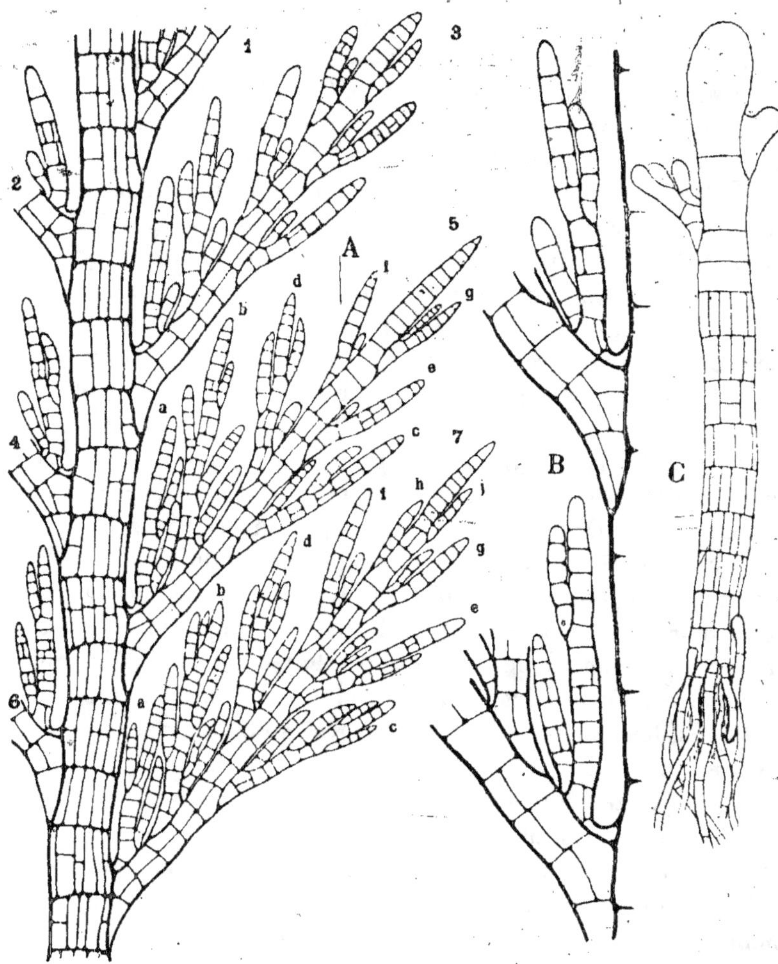

Fig. 57. — *Halopteris filicina* Kütz. — *A*, Fragment d'un individu plus ramifié que ceux de
la figure précédente, de Guéthary, en juillet (Gr. 80). — *B*, Les deux pennules axillaires
des pennes *4* et *6* pour montrer leur insertion (Gr. 150). — *C*, Plantule adventive portée
par une plantule de Guéthary en juin, née sur un disque; l'axe de la nourrice était plus
haut, mais notablement moins large (Gr. 80).

pennule axillaire *a* offre une nouvelle complication : elle porte
un ramule basilaire du côté extérieur, présent aussi dans la
figure 57, *B*, inséré sur la deuxième cloison transversale, en

d'autres termes, sur la première cloison primaire de la pennule. Son interprétation est facile (fig. 55, *C, D*). Il suffit, en effet, revenant en arrière, de considérer que le sphacèle terminal séparé au sommet du sphacèle lenticulaire né sur l'axe principal (au lieu de s'arrêter dans son développement pour devenir un sphacèle axillaire, ou de s'allonger pour devenir un ramule axillaire, comme dans les figures 55, *A* et *B*), devient lui-même un sphacèle sympodial et donne sur le côté un sphacèle lenticulaire qui, en s'allongeant, produit le ramule en question. Celui-ci, ayant son aisselle nue, est acroblastique, mais est le vrai prolongement de la génération correspondante de l'axe sympodial principal. Il est appliqué et non divariqué parce qu'il a peu de place pour se développer, comme d'ailleurs les ramules constitutifs des autres pennules. Au-dessus de sa première cloison primaire (fig. 57, *A*), la pennule *a* est un rameau holoblastique, homologue de la penne à l'aisselle de laquelle il semble être né.

On voit, dans la figure 57, *B,* plus grossie, que l'article primaire basilaire de la pennule axillaire est constitué par deux articles secondaires d'inégale largeur; on croirait que la pennule est née de l'article secondaire supérieur et de nature hémiblastique, mais parfois la différence de taille est moins accentuée, comme sur la pennule *a* de la penne 7 (fig. 57, *A*), c'est sans doute le manque de place qui produit cette anomalie. Sur cette même penne 7, les pennules *j* et *h* sont simples et acroblastiques, les autres pennules, d'origine holoblastique, portent des ramules acroblastiques; en outre, le ramule axillaire de *c* et de *b* présente lui-même un ramule dans son aisselle; cette complication correspond à celle que l'on vient d'exposer.

Enfin, la figure 58 représente deux portions de pennes à ramification plus compliquée, mais qui se comprend facilement comme continuation de la ramification décrite sur la figure précédente. On voit par exemple sur la figure 58, *B,* où l'état *æstivalis* apparaît avec sa différenciation la plus parfaite, que le ramule axillaire, porté à l'aisselle de la pennule axillaire, porte lui-même un ramule à son aisselle; au lieu d'être acroblastique, il est holoblastique. Dans ce cas, la génération de l'axe sympodial principal, qui a fourni la penne dessinée, compte un article primaire de plus.

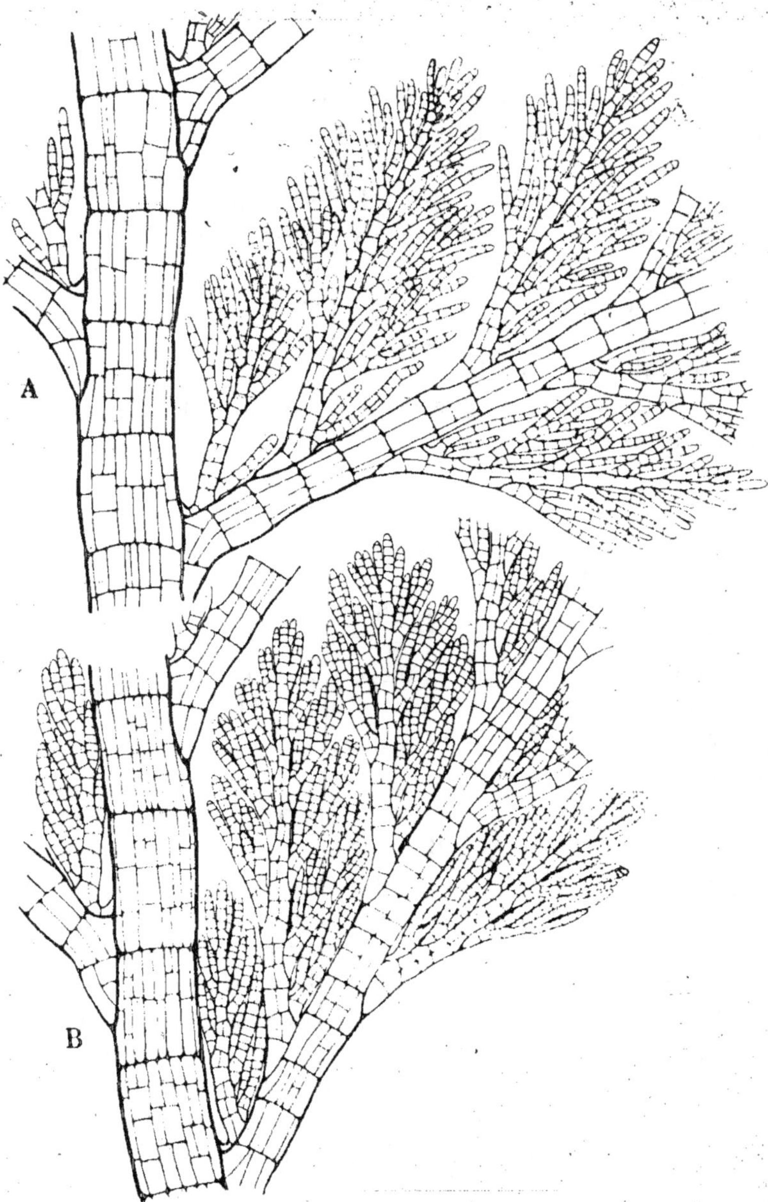

Fig. 58. — *Halopteris filicina* Kütz. — Portion d'une penne d'un individu très ramifié, à l'état *æstivalis; A,* de Naples, 25 mars 1900; *B,* de Guéthary, 28 juin 1898 (Gr. 80).

En résumé, la ramification s'effectue toujours suivant le même type. Qu'il s'agisse d'une penne, d'une pennule, ou d'un ramule de 1er, 2e, 3e... ordre d'une pennule, la ramification est holoblastique, le sphacèle axillaire restant à l'état de cellule simple ou devenant une branche cloisonnée. Toutefois, à la fin de la croissance d'une penne, d'une pennule, ou d'un ramule ramifié d'une pennule, le sphacèle lenticulaire se développe directement sans se diviser en sphacèle terminal et sphacèle raméal, et la ramification est acroblastique. Par suite, dans cette ramification toujours sympodiale, le sommet des générations successives peut toujours être retrouvé, soit sous la forme d'une simple cellule, soit sous la forme d'une branche. Comme on le verra dans la suite, c'est constamment cette portion terminale qui se transforme en organe reproducteur.

Les exemples précédents ont été choisis sur la forme ordinaire de l'*H. filicina* à pennes s'écartant de l'axe d'environ la moitié d'un angle droit. La même démonstration s'applique au *S. Sertularia* de Bonnemaison, qui appartient d'ailleurs à l'*H. filicina*. Mais son nom n'étant pas cité dans le travail de M. Reinke, et cette forme ayant été acceptée comme espèce par J. Agardh, Kützing, Harvey, Crouan, M. Le Jolis, etc., et plus récemment par M. de Toni dans son *Sylloge,* il n'est pas inutile de l'étudier.

La figure 59, *A,* a été dessinée d'après un échantillon authentique de l'herbier de Bonnemaison, marqué de sa main : « *Sphacelaria Sertularia* Bn, *Ceramium elatinum* Mertens ined. » La plante diffère de la forme typique par ses pennes fortement divariquées, insérées presque à angle droit, ses pennules plus courtes et plus divariquées portant des ramules simples et pareillement divariqués. A part cela, la structure est la même. Toutes les pennules sont holoblastiques, sauf les trois dernières de la figure, mais leurs ramules sont tous acroblastiques. La pennule axillaire est dans le même cas, et son premier ramule est inséré sur la deuxième cloison primaire ; cependant, elle peut être plus compliquée, comme on le voit dans le haut de la figure où la base seule a été représentée. Certaines pennules, courbées vers l'extérieur, semblent plus divariquées parce que tous leurs ramules sont nés sur la face interne. En 59, *B,* j'ai représenté une portion d'une plante reçue de Roscoff le 9 mai 1902, mélangée à l'*H. scoparia* et au *S. cirrosa* var. *patentissima* dont j'ai déjà parlé (page 230); les articles de l'axe étant plus courts que dans l'échantillon de Bonnemaison, les

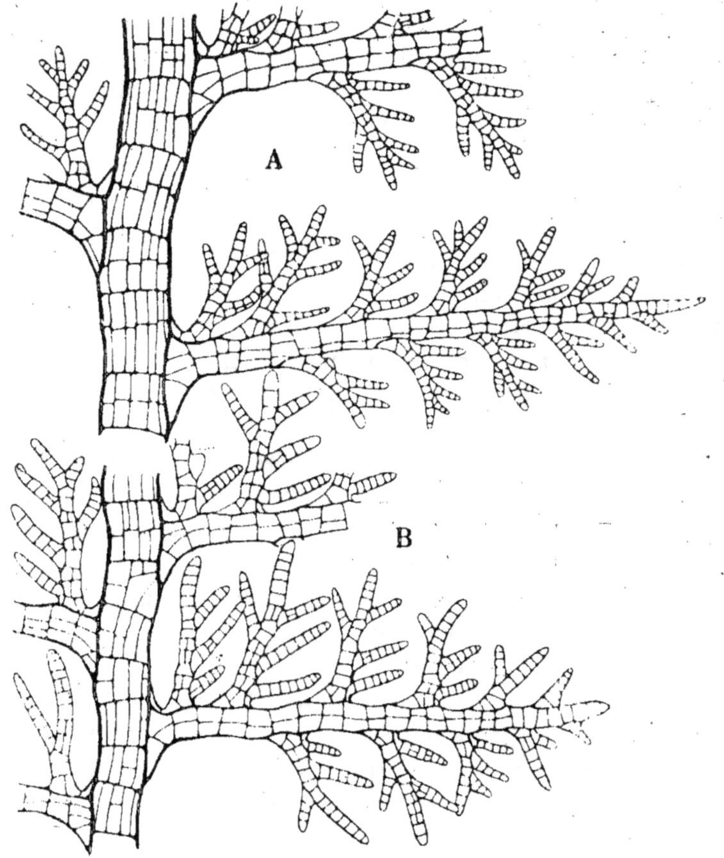

Fig. 59. — *Halopteris filicina* Kütz., var. *patentissima* Sauv. — *A*, " *S. Sertularia* " de Bonnemaison!. — *B*, Fragment d'un individu récolté à Roscoff en mai; les pennes sont beaucoup plus rapprochées que sur *A*, et les pennules de deux pennes superposées s'enchevêtrent. — Les ramules des pennules sont acroblastiques (Gr. 80).

pennes sont plus rapprochées, et les pennules portées par deux pennes superposées s'enchevêtrent à tel point que, pour ne pas compliquer inutilement le dessin, une portion seulement de la penne supérieure a été figurée. Inversement, sur les échantillons distribués par les frères Crouan sous le n° 37, les articles de l'axe étaient notablement plus longs, et, les articles secondaires présentant plusieurs cloisons transversales, on aurait même pu croire, à première vue, que les articles primaires étaient fertiles de deux en deux.

La f. *Sertularia* correspond à un mode de vie spécial de l'*H. filicina*. M. Berthold [82, p. 507] dit que l'*H. filicina* n'est pas rare dans le golfe de Naples, et que, dans les endroits profonds, on le trouve seulement en échantillons misérables « Kümmerlich » de la f. *Sertularia*. Crouan et M. Le Jolis la rencontrent parmi les Zostères. Harvey, après l'avoir distinguée comme var. β *patens* [41, p. 37], l'a ensuite séparée et figurée comme espèce distincte [46, pl. 143] sous le nom donné par Bonnemaison, mais plutôt d'après l'opinion de Mme Griffiths, que suivant sa conviction personnelle. En effet, on la trouve toujours sur d'autres plantes, à une certaine profondeur, et elle correspond probablement, dit Harvey, à un état « unciné » comparable à celui des *Plocamium coccineum*, *Dasya coccinea*, etc., ramenés par la drague.

Je considère également le *S. Sertularia* comme une simple forme de l'*H. filicina* provoquée par certaines conditions extérieures de végétation, au même titre que les var. *patentissima* des *S. cirrosa*, *Plumula* ou *plumigera*, le *S. Ulex*, etc., et mélangées à celles-ci. Aussi, pour employer une nomenclature uniforme, je le désignerai dorénavant sous le nom d'*H. filicina* var. *patentissima*.

La var. *patentissima*, qui peut atteindre plusieurs centimètres de longueur, sera donc caractérisée par la position très divariquée, presque à angle droit, de toutes ses ramifications. Les pennules sont fréquemment holoblastiques, mais leurs ramules sont souvent acroblastiques, ou tout au moins ont une tendance à l'acroblastie ; j'ai vu des pennules portant, en outre du ramule axillaire, une dizaine de ramules simples qui étaient tous acroblastiques. Comme chez les autres var. *patentissima*, les rhizoïdes descendants manquent ; j'en ai vu cependant quelques-uns sur la plante de Roscoff et sur le n° 37 de Crouan, mais relativement courts, plus ou moins toruleux, parfois sans direction précise ; toutefois, leur origine était bien la même que dans la forme typique. Il n'est pas question ici des rhizoïdes terminaux de pennes ou de pennules, et qui d'ailleurs sont aussi

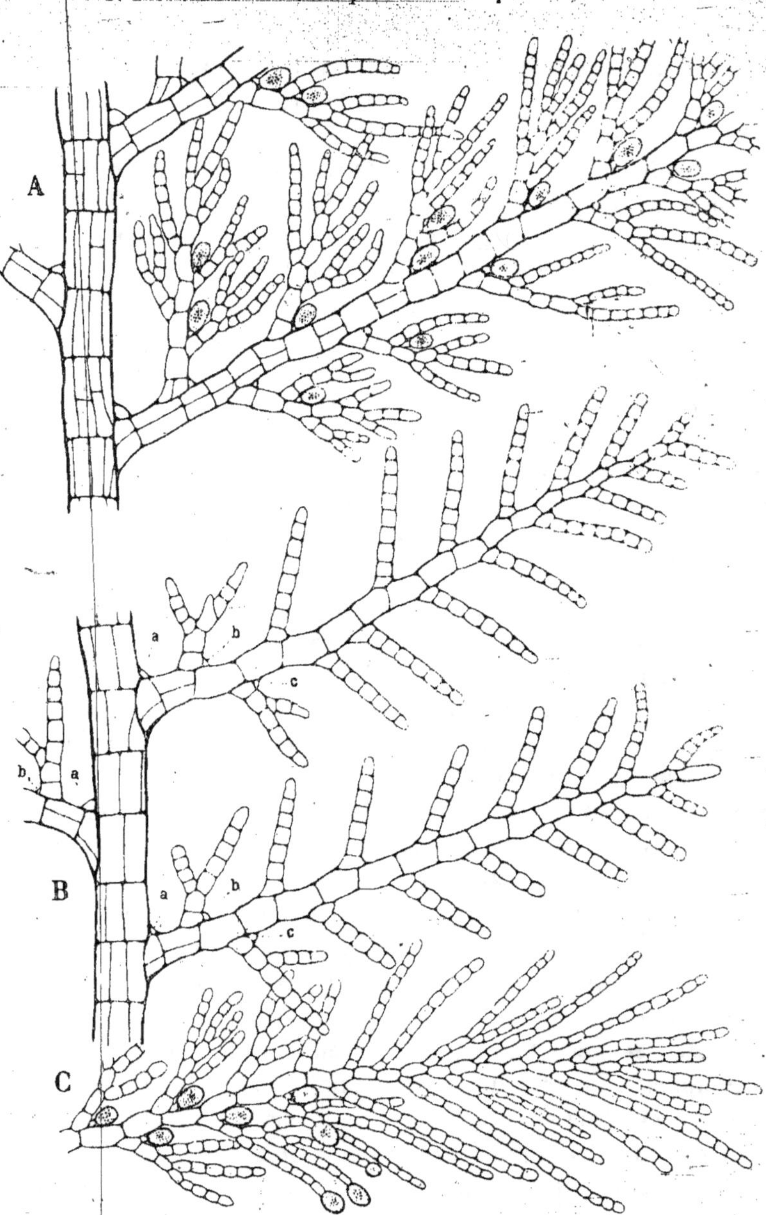

Fig. 60. — *Halopteris filicina* Kütz., var. *patentissima* Sauv. — Fragments d'individus à cloisonnement incomplet. — *A, C,* de Guéthary, sur un *Maia,* par 28 brasses, le 28 juin; le cloisonnement des articles primaires en articles secondaires existe seulement sur l'axe et à la partie inférieure des pennes. Sporanges uniloculaires. — *B,* de Naples, le 25 mars 1900; ce cloisonnement n'existe plus dans les pennes; les premières pennules sont seules holoblastiques; *a, b, c,* sphacèle axillaire (*A* à *C,* Gr. 80).

fréquents dans la forme typique appuyée sur un substratum.

Le caractère plus ou moins rampant de la plante n'entraîne pas nécessairement une diminution du cloisonnement longitudinal et transversal de l'axe, comme on le voit sur la figure 59, et j'ai dit que la plante de l'exsiccata Crouan était plus cloisonnée transversalement que celle de la figure 59, *A*. Cependant, des individus de deux origines différentes de cette variété m'ont présenté un phénomène très remarquable d'une dégradation, qui n'a encore été rencontrée chez aucune Sphacélariacée, consistant en la suppression du cloisonnement, caractéristique dans la famille, des articles primaires en articles secondaires. Un exemplaire récolté à Guéthary, sur un *Maia squinado* par 28 brasses, le 28 juin 1898, d'un centimètre de hauteur, se composait d'un axe principal fixé par des rhizoïdes basilaires; il portait des pennes ramifiées et régulièrement disposées (fig. 60, *A*). D'un bout à l'autre, l'axe est constitué suivant le mode normal; à l'aisselle de chaque penne est un sphacèle axillaire non modifié; les premiers articles primaires de chaque penne sont cloisonnés en articles secondaires, mais les suivants restent à l'état primaire. Les premières pennules naissent suivant le mode holoblastique, avec sphacèle axillaire non modifié, et sont elles-mêmes ramifiées (fig. 60, *A*); les autres naissent suivant le mode acroblastique et sont peu ramifiées ou simples (fig. 60, *C*). Toutes ces pennules sont uniquement composées d'articles primaires, et leurs ramifications sont presque exclusivement acroblastiques.

J'ai reçu les autres individus de la Station de Naples le 25 mars 1900; l'envoi consistait en très beaux exemplaires de la forme *æstivalis,* portés par des polypiers ou des cailloux, et d'autres, mélangés à eux, de la forme *patentissima,* plus ou moins adhérents à l'*Aglaozonia parvula.* Tous semblaient avoir été récoltés en même temps; les exemplaires adhérents à l'*Aglaozonia* étaient sûrement de la forme qui nous intéresse, mais je n'ai pas noté alors si certains n'étaient pas mélangés aux précédents, et d'ailleurs plusieurs étaient isolés dans le flacon d'envoi. Leur aspect était celui de la var. *patentissima* ordinaire : des axes droits avec des pennes très divariquées, dont certaines, devenues des axes, mesuraient 1-2 centim. de longueur. Or, ils présentaient, sur toute leur étendue, la particularité de la plante de Guéthary, mais plus accentuée. Les axes possédaient des cloisons primaires et secondaires, mais celles-ci manquaient dans les pennes, depuis leur base jusqu'à leur sommet. J'ai représenté (fig. 61, *A*) le sommet d'une pousse de remplacement encore jeune, dont les pennes n'avaient pas atteint leur taille définitive ; on voit que tous leurs articles primaires sont restés simples ; le sphacèle axillaire des pennes (*a*) ne manque nulle part, mais les premières pennules seules en présentent un (*b, c, d*), et on n'en voit aucune trace sur les ramules des pennules ; la ramification prend donc le caractère acroblastique plus rapidement que sur l'exemplaire français. En 60, *B*, les pennules sont presque toutes simples ; cet état se rencontre surtout sur des individus végétant depuis quelque temps ; la ramification des pousses jeunes rappelle plus souvent la figure 61, *A*.

Il n'est guère possible actuellement de dire la cause de cette dégradation ; peut-être cependant pourrait-on l'attribuer à une diminution dans la vigueur de la plante. Sur certains individus normaux de la même récolte de Naples, bien ramifiés, et à l'état *æstivalis,* les derniers articles des pennes présentent aussi seulement le cloisonnement primaire.

En étudiant plus loin de jeunes plantules, on verra que le cloisonnement des articles primaires en articles secondaires, caractère primordial de la famille, et que l'origine holoblastique des pennes, caractère principal des Holoblastées, que jusqu'à présent nous avons toujours constaté, peuvent l'un et l'autre manquer. Auparavant, je veux montrer que le caractère de la simplicité du sphacèle axillaire, par lequel l'*Halopteris filicina* diffère de l'*Halopteris scoparia,* peut aussi être en défaut.

Le 21 mai 1899, j'ai récolté à Antibes, à la presqu'ile de l'Ilette, plusieurs touffes brunes que je marquai « mélange de *Stypoc. scoparium* et *Sph. cirrosa* » et qu'après un examen superficiel, à mon retour de voyage, je conservai avec cette étiquette. Amené ensuite à les étudier de plus près, je constatai qu'au *Stypocaulon* était mélangé l'*H. filicina* en égale quantité ; celui-ci, plus foncé que d'habitude, avait la même taille (3-4 centim. de hauteur) et le même port que le *Stypocaulon.* En outre, à l'aisselle des rameaux holoblastiques se trouvait un poil ou une touffe de poils (fig. 62, *A* et 63, *F*) complétant la ressemblance avec le *Stypocaulon,* car, jusqu'à présent, on n'a jamais signalé de poils chez l'*H. filicina.* Mais aucun article secondaire des axes n'était cloisonné transversalement, tandis que ce cloisonnement est constant chez l'*Halopteris scoparia.* En outre, et ceci était un meilleur caractère, les rhizoïdes corticants naissaient tous comme dans l'*H. filicina,* et la structure, sur les coupes transversales, était aussi la même.

La présence des poils axillaires était générale sur tous les individus récoltés. De même que chez l'*H. scoparia,* leur existence est éphémère, on les rencontre seulement dans les parties jeunes, plus tard leur cellule inférieure seule persiste. Rencontrant ces poils pour la première fois, j'ai recherché, dans l'herbier Thuret, si Thuret et M. Bornet, qui séjournèrent longtemps à Antibes, n'y auraient pas récolté la plante sous le même état. Or, j'ai précisément rencontré, dans le cahier du *Stypoc. scoparium,* et non dans le cahier de l'*H. filicina,* un bel exemplaire marqué « Antibes, 3 juin 1858 », présentant exactement la même particularité que ceux récoltés par moi dans la même localité quarante ans plus tard; cet exemplaire avait conduit Thuret à la même erreur de détermination que j'ai commise tout d'abord.

Il devenait nécessaire de rechercher si d'autres exemplaires provenant de la même région ou des régions voisines ne se comportaient pas de même. J'ai étudié des exemplaires recueillis dans les localités suivantes :

Antibes, 1843, Lenormand ded. Herb. Thuret;

Antibes, Eilen Rock, 8 janvier 1885, Rosenvinge leg. Herb. Muséum Copenhague;

Cannes, Ile Sainte-Marguerite, 31 décembre 1885, Thuret leg;

Marseille, 30 octobre 1854, Thuret leg. ;

Marseille, Hohenacker, Algæ marinæ siccatæ n° 22. Herb. Thuret;

Marseille, « *S. tenuis* Bonn., Requien leg. » Herb. Montagne;

S. Giuliano, près Gênes, janvier 1858, Dufour, leg. Herb. Thuret;

Ajaccio, novembre 1897, F. Börgesen leg. Herb. Muséum Copenhague;

Sardaigne, de Notaris leg. et ded. sub nom. *S. cirrosa,* Herb. Roussel in Herb. Muséum Paris;

Minorque, Mahon, 17 avril 1878, Femenias leg. Herb. Thuret;

Minorque, Mahon, 15 août 1887 par 90 mètres, Rodriguez leg. et ded. ;

Naples, 25 mars 1900, Station zoologique leg. et ded ;

Alger, Deshayes leg. Herb. Montagne ;

Tanger, décembre 1827, Schousboe leg. sub nom. *S. disticha* Sch. Herb. Muséum Copenhague ;

Cadix, octobre 1827, Herb. Bory in Herb. Thuret ;

sans retrouver cette particularité. On dira plus loin que la plante de Marseille distribuée par Hohenacker, et celle de Tanger récoltée par Schousboe, qui ne présentaient pas de poils, possédaient des sporanges géminés.

L'*H. filicina* pilifère paraît donc spécial à Antibes, dans la Méditerranée. Toutefois, puisque nous l'avons récolté, Thuret et moi, à la même saison, il y aurait lieu de le suivre à d'autres époques de l'année dans cette localité, et aussi de le récolter au printemps dans les localités voisines, avant de pouvoir affirmer un cantonnement aussi limité, d'ailleurs peu probable *a priori*.

Les seuls autres individus pilifères que j'ai vus sont ceux distribués par Crouan dans les Algues marines du Finistère, sous le n° 41, *f. hiemalis*. La présence des poils y est moins générale. Tantôt, l'aisselle des rameaux holoblastiques porte seulement un sphacèle axillaire, comme on le voit sur la figure 56, *B*, tantôt un ou quelques poils ; ceux-ci sont d'ailleurs peu faciles à reconnaître sur les échantillons d'herbier, en particulier après leur chute, car la gaine du poil disparaît, et la cellule basilaire persistante est souvent cachée par des Diatomées, des Myxophycées ou des corps étrangers qui se logent à l'aisselle des rameaux. Enfin, au point de vue de la physionomie générale de la plante, il est à remarquer que les exemplaires de Crouan et ceux d'Antibes présentent assez généralement une disposition unilatérale des ramules sur les pennes.

La disposition des poils est variable, bien qu'elle suive un plan constant, un poil étant toujours terminal d'une génération. Une penne arrivée à la fin de sa végétation se termine en pointe plus ou moins obtuse, comme dans le cas général, ou plus rarement par un poil situé dans son prolongement. Les ramules, représentant les pennules, sont acroblastiques, et le dernier ramule produit sur une penne est parfois un poil unique (fig. 62, *B*), tout à fait comme dans un *Sphacelaria*. Cependant, d'autres fois, le ramule acroblastique est représenté par deux poils géminés, par suite d'une cloison qui apparaît dans le plan de la ramification générale, produisant une sorte de clivage ; on a vu déjà, chez les *Sphacelaria* à disque basilaire, que les poils géminés étaient homologues des poils simples.

Quant aux poils portés à l'aisselle des rameaux holoblastiques, leur existence est générale sur la plante d'Antibes, très fréquente sur celle du Finistère, mais leur disposition et leur nombre varient. Ainsi, le poil représenté sur la figure 62, *C,* correspond exactement à un ramule axillaire ; en réalité ce poil était double par suite d'un clivage dans le plan de ramification, mais celui d'arrière n'a pas été représenté pour ne pas compliquer le dessin. Sur la figure 62, *E,* le petit ramule axillaire plus ou moins avorté correspond à celui qui, en *C,* s'est transformé en poil, mais il a lui-même produit à son aisselle un sphacèle terminal qui est devenu un poil. En *D,* un poil est porté par un autre poil : le plus interne correspond à un rameau holoblastique, et l'autre correspond au poil acroblastique de *E.* En *D* et en *E,* comme en *C,* les poils étaient sur deux épaisseurs, par clivage. Pareillement, sur la figure 62, *A,* quand les poils étaient au nombre de quatre, on a seulement représenté les deux poils du plan antérieur.

La production axillaire, simple ou ramifiée, est donc identique, comme origine, à celle qui a été décrite précédemment ; le sympode, au lieu de se terminer par un sphacèle ou par un ramule, se termine par un poil ; la seule différence est l'existence d'un clivage fréquent, mais non constant, dans le plan général de ramification. Je n'ai pas vu plus de quatre poils axillaires. Un cloisonnement supplémentaire, perpendiculaire au plan de clivage, doublerait leur nombre, produisant une sorte de placenta axillaire pilifère, comme dans l'*H. scoparia.*

Malheureusement, tous les échantillons pilifères examinés étaient stériles. Néanmoins, il semble évident que le clivage du sphacèle axillaire qui donne deux poils pourrait aussi bien donner deux sporanges sur la plante fructifère. Sur la figure 62, *C,* par exemple, on verrait deux sporanges, l'un en avant, l'autre en arrière ; c'est d'ailleurs le phénomène qui se réalise dans une espèce exotique, l'*H. obovata.* De même, l'aisselle de *D,* devenue fertile, porterait quatre sporanges, deux en avant et deux

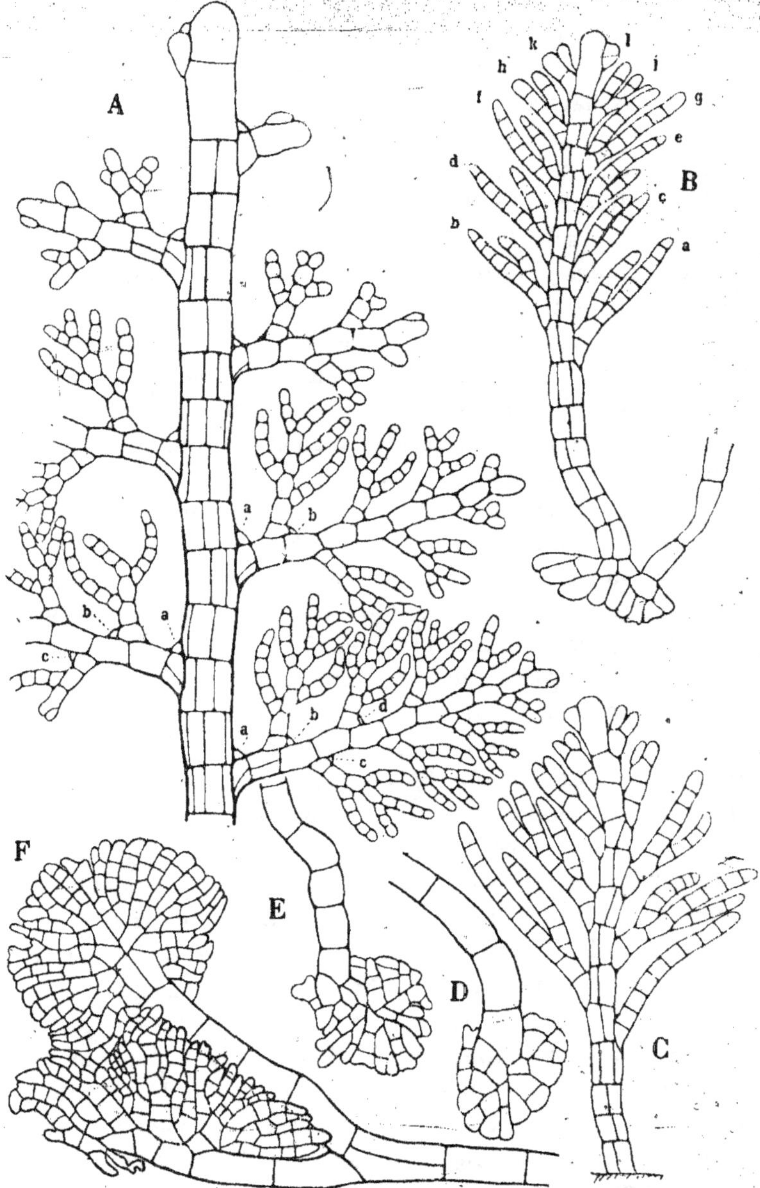

Fig. 61. — *Halopteris filicina* Kütz. — *A*, Jeune pousse de remplacement, née sur un individu de la var. *patentissima*, de Naples, identique à celui de la fig. 60, *B*; *a, b, c, d,*
sphacèles axillaires (Gr. 80). — *B, C*, Plantules nées sur un petit disque, trouvées sur
un *Maia*, en juin 1898, à Guéthary; en *C*, toutes les pennes sont d'origine acroblastique
et aucun article primaire n'est cloisonné en articles secondaires (Gr. 150). — *D, E, F,*
Rhizoïdes des plantules de Guéthary produisant un disque rampant (Gr. 150).

en arrière. J'ai d'ailleurs rencontré ces sporanges multiples sur
d'autres individus d'*H. filicina*, et on peut affirmer que, lorsque
les individus pilifères deviennent fertiles, ils portent plusieurs
sporanges axillaires.

Les articles secondaires des axes sont plus ou moins cloisonnés longitudinalement. Parfois, ils sont dépourvus de toute
cloison transversale (fig. 56, *A*, *B*, 62, *A*, etc.); d'autres fois, chacune des cellules longitudinales présente une cloison transversale vers son milieu (56, *B*, 57, *A*); enfin, et particulièrement
dans les tiges épaisses, ce premier cloisonnement transversal
est suivi d'un second ou même d'un troisième, généralement
plus irrégulier (fig. 58, *A*, *B*). Mais, dans tous les cas, le cloisonnement transversal intéresse seulement les cellules périphériques et non les cellules centrales.

La structure des axes, constante dans son caractère général,
rappelle à la fois celle de l'*Alethocladus* et celle de l'*H. scoparia*. Elle débute par deux cloisons diamétrales en croix, *1*, *1*
et *2*, *2* (fig. 62, *F*), que l'on trouve seules au sommet, comme
dans l'*H. scoparia*. Puis, une cloison *3*, *3*, se forme parallèlement à *1*, *1*, ou plus souvent faisant un certain angle avec sa
direction. La section 62, *J*, prise à la base d'une pousse bien
développée, a conservé cet état du début, bien que, plusieurs
millimètres au-dessus, elle fût la même que sur la figure 62, *H*,
comme si cette pousse était une penne accrue de bonne heure
en axe, mais ayant conservé à sa base sa structure primitive.
Puis, apparaît une cloison se comportant par rapport à *2*, *2*,
comme la précédente se comportait par rapport à *1*, *1*, de
manière à isoler quatre cellules centrales qui parfois peuvent
elles-mêmes se cloisonner (fig. 62, *G*). On verra, au contraire,
que chez l'*H. scoparia* (fig. 70, 71, 72), les cloisons *3*, *3* et *4*, *4*
sont généralement parallèles *1* à *1*, et à *2*, *2*, et que, par suite,
des cloisons *5*, *5* apparaissant entre elles et les cloisons diamétrales, la coupe présente seize cellules centrales au lieu de
quatre. Le cloisonnement ultérieur, dans les huit cellules périphériques de l'*H. filicina* sera plus ou moins abondant, suivant
le diamètre de la pousse considérée et donnera à la coupe un
aspect plus variable que chez l'*H. scoparia*. Cependant, sur les
dessins 62, *F*, *G*, *H*, *K*, un cloisonnement plus ou moins paral-

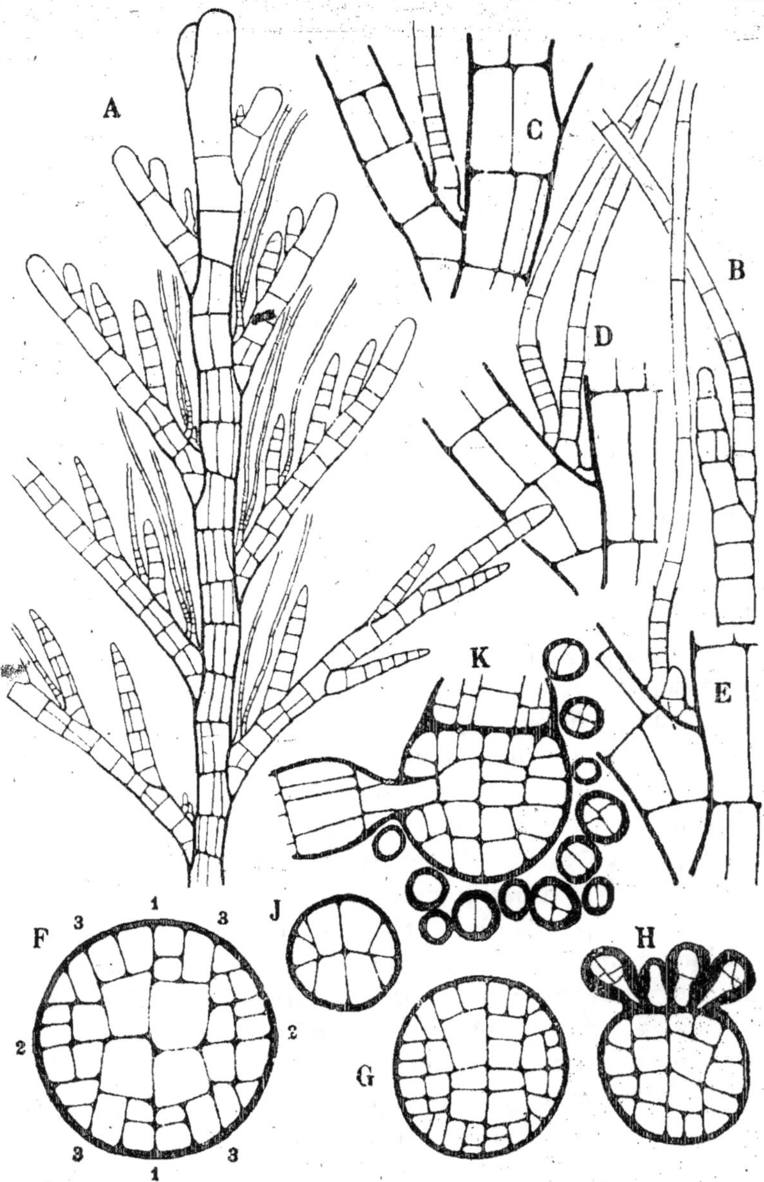

Fig. 62. — *Halopteris filicina* Kütz. — *A*, Un filament d'un individu pilifère d'Antibes de mai 1899; à l'aisselle de la quatrième penne de droite et de gauche, on a figuré deux poils au lieu de quatre (Gr. 80). — *B, C, D, E*, Insertion de poils; en *C, D, E*, on a représenté seulement ceux du plan antérieur (Gr. 250). — *F* à *K*, Coupes transversales (voy. le texte); toutes ces coupes étaient entourées d'une couche de rhizoïdes plus ou moins compacte (Gr. 200).

lèle à *2, 2* limite une cellule, de section triangulaire, correspondant à celle qui, dans l'*H. scoparia,* deviendra un péricyste origine de rhizoïdes, directement ou après cloisonnement ultérieur ; toutefois, cette cellule ne joue pas de rôle particulier chez l'*H. filicina.*

*
* *

Les auteurs qui ont étudié l'*H. filicina* n'ont pas vu les plantes jeunes ni la manière dont le thalle est fixé au substratum. La fixation se fait par un thalle rampant et par des rhizoïdes.

Certains rhizoïdes, anormaux ou accidentels, naissent au sommet de pennes ou de pennules, probablement sous l'influence du contact prolongé d'un support ; ils sont alors très longs, de direction quelconque, errants, et je ne les ai jamais vu former de disques ; ou bien ils prennent naissance aux dépens des cellules restées intactes d'une troncature, sur un axe ou une penne. Il m'a semblé que ces rhizoïdes subissent parfois le cloisonnement sphacélique, mais ce ne serait certainement pas le cas général ; comme pour les autres rhizoïdes, la cellule terminale est initiale mais non sphacélaire.

D'autres rhizoïdes, plus intéressants, ont une origine constante. Sur une plante adulte, ils naissent toujours sur la face inférieure du premier article secondaire inférieur d'une penne, de celui que nous avons dit appartenir en réalité à l'axe et non à l'appendice. Chacun de ces articles en produit un ou plusieurs (fig. 63, *F*). Le rhizoïde descend d'abord le long de l'axe et accolé à lui, par conséquent dans le plan général de la ramification ; quand il atteint la penne située au-dessous, il la contourne, puis suit l'axe dans une direction quelconque. Les rhizoïdes forment ainsi un manchon de plus en plus épais, et j'ai vu des exemplaires d'herbier, récoltés en Algérie, dont la masse spongieuse basilaire avait un centimètre de diamètre. A la base de la plante ils s'écartent et adhèrent au substratum. Ces rhizoïdes corticants des individus adultes sont caractéristiques de l'*H. filicina.* Ils peuvent produire des disques rampants, mais j'ai surtout étudié ceux-ci sur les jeunes plantes, dont les rhizoïdes ont une origine différente.

INDEX BIBLIOGRAPHIQUE DES MÉMOIRES CITÉS

11. — AGARDH (C.), *Dispositio Algarum Sueciæ* (Lund, 1811).

17. — AGARDH (C.), *Synopsis Algarum Scandinaviæ* (Lund, 1817).

27. — AGARDH (C.), *Aufzählung einiger in den œsterreichischen Ländern gefundenen Gattungen und Arten von Algen* (Flora oder Botanische Zeitung, herausgegeben von der Kön. bayer. botan. Gesellschaft in Regensburg; Vol. II, Ratisbonne, 1827).

28. — AGARDH (C.), *Species Algarum rite cognitæ ;* Vol. II, Sect. I. (Gryphiswald, 1828).

36. — AGARDH (J.), *Observations sur la propagation des Algues* (Annales des Sciences naturelles, 2ᵉ Série, Botanique, Vol. VI, Paris, 1836).

41. — AGARDH (J.), *In historiam Algarum Symbolæ* (Continuatio prima) (Linnaea, Vol. XV, Halle, 1841).

48. — AGARDH (J.), *Species Genera et Ordines Algarum ;* Vol. I, Fucoideæ (Lund, 1848).

86. — ARDISSONE, *Phycologia mediterranea ;* Vol. II (Varese, 1886).

51. — ARESCHOUG (J.-E.), *Phyceæ capenses, quarum particulam tertiam...* etc... (Nova Acta Regiæ Societatis Scientiarum Upsaliensis, Upsal, 1851).

54. — ARESCHOUG (J.-E.), *Phyceæ novæ et minus cognitæ in maribus extraeuropæis collectæ,* 1854. (Ibid., Upsal, 1855).

75. — ARESCHOUG (J.-E.), *Observationes Phycologicæ ;* Part. III; *De Algis nonnullis scandinavicis... etc...* (Ibid., Sér. III, Vol. X, Upsal, 1875).

88. — ASKENASY (E.), *Forschungsreise S. M. S. « Gazelle » ;* Theil IV, Botanik, *Algen* (Berlin, 1888).

94. — ASKENASY (E.), *Ueber einige australische Meeresalgen* (Flora oder allgemeine Zeitung, Vol. LXXVIII, Marbourg, 1894).

96. — ASKENASY (E.), *Enumération des Algues des îles du Cap Vert* (Boletim da Sociedade Broteriana, Vol. XIII, Coimbre, 1896).

89. — BATTERS (E.-A.), *A List of the Marine Algæ of Berwick-on-Tweed* (Reprinted from Berwickshire Naturalist's Club Transactions, Alnwick, 1889).

91. — BATTERS (E.-A.), *The Clyde Sea Area* with map by JOHN MURRAY. — *Hand-List of the Algæ* by E.-A. BATTERS (Reprinted, with additions, from the Journal of Botany, Londres, 1891).

82. — BERTHOLD (G.), *Ueber die Vertheilung der Algen im Golf von*

Neapel (Mittheilungen aus der zoologischen Station zu Neapel, Vol. III, Leipzig, 1882).

24. — BONNEMAISON (Th.), *Essai sur les Hydrophytes loculées (ou articulées) de la famille des Epidermées et des Céramiées.* Présenté à l'Institut de France en mai 1824.

28. — BONNEMAISON (Th.), *Essai sur les Hydrophytes loculées (ou articulées) de la famille des Epidermées et des Céramiées.* Présenté à l'Institut de France en mai 1824. (Mémoires du Muséum d'Histoire naturelle, Vol. XVI, Paris, 1828).

92. — BORNET (Ed.), *Les Algues de P. K. A. Schousboe* (Extrait des Mémoires de la Société nationale des sciences naturelles et mathématiques de Cherbourg, Vol. XXVIII, Cherbourg, 1892).

32. — BORY DE SAINT-VINCENT, *Expédition scientifique de Morée,* section des Sciences physiques, Botanique, Vol. III, 2e partie, Paris, 1832.

38. — BORY DE SAINT-VINCENT, *Nouvelle Flore du Péloponnèse et des Cyclades, par Chaubard pour les Phanérogames et Bory de Saint-Vincent pour les Cryptogames.,* Paris et Strasbourg, 1838.

52. — CROUAN, *Algues marines du Finistère* (exsiccata, Vol. I. Fucoïdées, Brest, 1852).

60. — CROUAN, *Liste des Algues marines découvertes dans le Finistère depuis la publication des Algues de ce Département en 1852* (Bulletin de la Société botanique de France, Vol. VII, Paris, 1860).

67. — CROUAN, *Florule du Finistère* (Brest, 1867).

74. — DEBEAUX, *Enumération des Algues marines de Bastia (Corse)* (Extrait de la Revue des Sciences Naturelles, Montpellier, 1874).

82. — DEBRAY (F.), *Algues recueillies sur les côtes du département de la Loire-Inférieure entre le Pouliguen et le Croisic* (Association française pour l'Avancement des Sciences. Congrès de la Rochelle. Paris, 1882).

99. — DEBRAY (F.), *Florule des Algues marines du Nord de la France* (Bulletin scientifique de la France et de la Belgique, Vol. XXXII, Paris, 1899).

41. — DECAISNE (J.), *Plantes de l'Arabie Heureuse recueillies par M. P.-E. Botta* (Archives du Muséum d'Histoire Naturelle, Vol. II, Paris, 1841).

42. — DECAISNE (J.), *Essais sur une classification des Algues et des Polypiers calcifères de Lamouroux* (Annales des Sciences naturelles, Botanique, 2e Série, Vol. XVII, Paris, 1842).

76. — DICKIE, *Notes on Algæ found at Kerguelen Land by the Rev. .-E. Eaton* (Linnean Journal Society, Botany, Vol. XV, Londres, 1876).

79. — DICKIE, *Marine l Agæ of Kerguelen Island* (An account of the petrological, botanical, and zoological collections made in Kerguelen's Land and Rodriguez during the Transit of Venus Expeditions in the

years 1874-75. — Philosophical Transactions of the Royal Society of London, Vol. CLXVIII, Extra volume, 1879. — Marine Algæ, p. 53-64).

41. — DILLENIUS (J.-J.), *Historia Muscorum* (Oxford, 1741).

09. — DILLWYN (L.-W.), *British Confervæ* (Londres, 1809).

10. — ENGLISH BOTANY, Vol. XXX (Londres, 1810).

79. — FALKENBERG, *Die Meeres Algen des Golfes von Neapel* (Mittheilungen aus der Zoologischen Station zu Neapel, Vol. I, Leipzig, 1879).

76. — FARLOW (W.-G.), *Contributions to the Natural History of Kerguelen Island,* made in connection with the United States Transit-of-Venus Expedition, 1874-75, by J. H. Kidder, Part. II, Washington, 1876, *Algæ,* by Farlow, p. 30 et 31. (Bulletin of the United States National Museum, n° 3, Washington, 1876, in Smithsonian Miscellaneous Collections, Vol. XIII, 1878).

81. — FARLOW (W.-G.), *The Marine Algæ of New England and Adjacent Coast* (Reprinted from Report of U. S. Fish Commission for 1879, Washington, 1881).

90. — FOSLIE (M.), *Contribution to Knowledge of the Marine Algæ of Norway;* I, *East-Finmarken* (Tromsö Museums Aarshefter, Vol. XIII, Tromsö, 1890).

91. — FOSLIE (M.), *Idem.* II *Species from different tracts* (Tromsö, 1891).

92. — FOSLIE (M.), *List of the Marine Algæ of the Isle of Wight* (Reprinted from Det Kgl. norske Videnskabers Selskabs Skrifter, Trondhjem, 1892).

66. — GEYLER (Th.), *Zur Kenntniss der Sphacelarïeen* (Jahrbücher für wissenschaftliche Botanik, Vol. IV, Leipzig, 1866).

06. — GRATELOUP, *Descriptiones aliquorum Ceramiorum novorum, cum iconum explicationibus. Description de quatre espèces de plantes du genre* Ceramium *figurées dans une planche gravée par l'auteur et jointe à la dissertation inaugurale pour le Doctorat en Médecine intitulée : Observations sur la Constitution de l'Été de 1806... etc. (Montpellier, décembre 1806).

24. — GREVILLE (R.-K.), *Scottish Cryptogamic Flora;* Vol. II (Edimbourg, 1824) et Vol. VI (Edimbourg, 1828).

67. — GRUNOW (A.), *Reise seiner Majestät Fregatte Novara um die Erde.* Algen (Vienne, 1867).

74. — GRUNOW (A.), *Sphacelaria Clevei nov. spec.* (Hedwigia, Vol. XIII, Dresde, 1874).

87. — HARIOT (P.), *Algues magellaniques nouvelles* (Journal de Botanique, Vol. I, Paris, 1887).

88. — HARIOT (P.), *Mission scientifique du Cap Horn 1882-1883,* Vol. V, *Botanique, Algues* (Paris, 1888).

41. — HARVEY (W.-H.), *A Manual of the British Algæ* (Londres, 1841).

44. — HARVEY (W.-H.) in HOOKER (W.-J.), *Icones plantarum,* Vol. III, New Series or Vol. VII of the entire Work (Londres, 1844).

45-1. — HARVEY (W.-H.) et HOOKER (J.-D.), *Cryptogamia antarctica; Algæ,* in The Cryptogamic Botany of the Antarctic Voyage of H. M. Discovery Ships Erebus and Terror in the years 1839-1843, by J.-D. Hooker (Londres, 1845).

45-2. — HARVEY (W.-H.) et HOOKER, *Algæ Novæ-Zelandiæ;* being a Catalogue of all the Species of Algæ... etc. (Londres, 1845).

46. — HARVEY (W.-H.), *Phycologia Britannica* (Londres, 1846-51).

52. — HARVEY (W.-H.), *Nereis Boreali-Americana;* Part. I; *Melanospermeæ* (Smithsonian Institution, Washington, 1852).

63. — HARVEY (W.-H.), *Synoptic Catalogue of Australian and Tasmanian Algæ* (Phycologia australica, Vol. V, Londres, 1863).

67. — HARVEY (W.-H.) in HOOKER (J.-D.), *Handbook of the New Zealand Flora*; Part. II; IX. Algæ (Londres, 1867).

78. — HAUCK (F.), *Beiträge zur Kenntniss der Adriatischen Algen.* X. (*Sphacelaria tribuloides*) (Œsterreichische Botanische Zeitschrift, Vienne, 1878).

85. — HAUCK (F.), *Die Meeresalgen Deutschlands und Œsterreichs* (Rabenhorst's Kryptogamen-Flora, Vol. II, Leipzig, 1885).

92. — HEYDRICH (F.), *Beiträge zur Kenntniss der Algenflora von Kaiser-Wilhelm-Land* (Deutsch-Neu-Guinea) (Berichte der deutschen Botanischen Gesellschaft. Vol. X, Berlin, 1892).

83. — HOLMES, *New British Marine Algæ* (Grevillea, n° 60, Vol. XI, Londres, 1882-83).

88. — HOLMES, *Remarks on* Sphacelaria radicans *Harv., and* Sphacelaria olivacea *J. Ag.* (Transactions of the Botanical Society of Edinburgh, Vol. XVII, Edimbourg, 1888).

92. — HOLMES et BATTERS, *A Revised List of the British Marine Algæ* (Annals of Botany, Vol. V, Londres, 1892).

55. — HOOKER et HARVEY, *Flora Novæ-Zelandiæ,* Part. II. *Flowerless Plants* (Londres, 1855).

62. — HUDSON (G.), *Flora Anglica,* Londres, 1762 (J'ai eu entre les mains la 2ᵉ édition datant de 1778).

73. — JANCZEWSKI (Ed. de), *Etudes anatomiques sur les* Porphyra *et sur les propagules du* Sphacelaria cirrosa (Annales des Sciences naturelles, Botanique, 5ᵉ série, Vol. XVII, Paris, 1873).

03. — JÓNSSON (Helgi), *The Marine Algæ of Iceland,* II. *Phæophyceæ* (Sær-tryk af Botanisk Tidsskrift, Vol. XXV, Copenhague, 1903).

83. — KJELLMAN (F.-R.), *The Algæ of the Artic Sea* (Kongl. Svenska Vetenskaps-Akademiens Handlingar, Vol. XX, Stockholm, 1883).

91. — KJELLMAN (F.-R.), *Sphacelariaceæ* (in ENGLER et PRANTL, Die natürlichen Pflanzenfamilien, I Teil, 2 Abth. Leipzig, 1891).

94. — KUCKUCK (P.), *Bemerkungen zur marinen Algenvegetation von Helgoland*, I (Wissenschaftliche Untersuchungen, herausgegeben von der Kommission zur Untersuchung der deutschen Meere in Kiel und der Biologischen Anstalt auf Helgoland, Neue Folge, Vol. I, Kiel et Leipzig, 1893).

97. — KUCKUCK (P.), *Bemerkungen zur marinen Algenvegetation von Helgoland*, II, (Ibid. Vol. II, Kiel et Leipzig, 1897).

99. — KUCKUCK (P.), *Ueber Polymorphie bei einigen Phaeosporeen* (Festschrift für Schwendener, Berlin, 1899).

43. — KÜTZING, *Phycologia generalis oder Anatomie, Physiologie und Systemkunde der Tange* (Leipzig, 1843).

49. — KÜTZING, *Species algarum* (Leipzig, 1849).

55. — KÜTZING, *Tabulæ Phycologicæ*, Vol. V. (Nordhausen, 1855).

56. — KÜTZING, *Ibid.*, Vol. VI (Nordhausen, 1856).

63. — LE JOLIS, *Liste des Algues marines de Cherbourg* (Paris et Cherbourg, 1863).

77. — LIGHTFOOT (John), *Flora Scotica* Vol. II, (Londres, 1777).

79. — LLOYD, *Algues de l'Ouest de la France* (exsiccata) (Nantes, 1847 à 1894).

18. — LYNGBYE (H.-C.), in HORNEMANN, *Flora Danica* (Icones plantarum sponte nascentium in regno Daniæ) (Copenhague, 1818).

19. — LYNGBYE (H.-C.), *Tentamen Hydrophytologicæ Danicæ* (Copenhague, 1819).

73. — MAGNUS (P.), *Zur Morphologie der Sphacelarieen* (Abdruck aus der Festschrift zur Feier des hundertjährigen Bestehens der Gesellschaft Naturforschender Freunde zu Berlin, 1873).

70. — MAZÉ et SCHRAMM, *Essai de classification des Algues de la Guadeloupe* (Basse-Terre, 1870-1877).

42. — MENEGHINI (G.), *Alghe italiane e dalmatiche* (Padoue, 1842).

66. — MERTENS (G.-V.), *Die preussische Expedition nach Ost-Asien. — Die Tange* (Berlin, 1866).

37. — MONTAGNE (C.), *Centurie de plantes cellulaires exotiques nouvelles* (Annales des Sciences naturelles, Botanique, 2e Série, Vol. VIII, Paris, 1837).

40. — MONTAGNE (C.), in WEBB et BERTHELOT, *Exploration scientifique des îles Canaries,* Vol. III, 2e partie (Paris, 1840).

42. — MONTAGNE (C.), *Prodromus generum specierumque phycearum novarum, in itinere ad polum antarcticum ab illustri Dumont d'Urville peracto collectarum...* etc. (Paris, 1842).

43. — MONTAGNE (C.), *Quatrième centurie de plantes cellulaires exotiques nouvelles,* Décade VII (Annales des Sciences naturelles, Botanique, 2e série, Vol. XX, Paris, 1843).

45. — MONTAGNE (C.), *Voyage au Pôle sud et dans l'Océanie sur les corvettes l' strolabe et la Zélée, Botanique,* Vol. I (Paris, 1845), et Atlas (Paris, 1852).

46. — MONTAGNE (C.), *Exploration scientifique de l'Algérie,* in DURIEU DE MAISONNEUVE *Cryptogamie, Algues,* Vol. I (Paris, 1846).

49. — MONTAGNE (C.), *Sixième centurie de Plantes cellulaires nouvelles* (Annales des Sciences naturelles, Botanique, 3e Série, Vol. XI (Paris, 1849).

50. — MONTAGNE (C.), in Claude GAY, *Historia fisica y politica de Chile,* Vol. VII, *Plantas cellulares* (Paris, 1850).

56. — MONTAGNE (C.), *Sylloge Generum Specierum que Cryptogamarum quas in variis operibus descriptas...* etc. (Paris, 1856).

84. — PICCONE, *Alghe raccolte nella crociera del* «Corsaro» *alle isole Madera et Canarie del Cap.* E. D'ALBERTIS con I tavola colorata (Gènes, 1884).

55. — PRINGSHEIM (N.), *Ueber die Befruchtung und Keimung der Algen und das Wesen des Zeugungsactes.* (Monatsberichte der Königl. Akademie der Wissenschaften, Berlin, 1855). (Les pages et les planches citées se rapportent à l'édition des *Gesammelte Abhandlungen,* Vol. I, 1895).

73. — PRINGSHEIM (N.), *Ueber den Gang der morphologischen Differenzirung in der Sphacelarien Reihe* (Abhandlungen der Königl. Akademie der Wissenschaften zu Berlin, 1873). (Les pages et les planches citées se rapportent à l'édition des *Gesammelte Abhandlungen,* Vol. I, 1895).

93. — REINBOLD (Th.), *Die Phæophyceen (Brauntange) der Kieler Föhrde* (Schriften des Naturwissenschaftlichen Vereins für Schleswig-Holstein, Vol. X, Kiel, 1893).

89-1. — REINKE (J.), *Algenflora der westlichen Ostsee deutschen Antheils* (Sechster Bericht der Kommission zur wissenschaftlichen Untersuchung der deutschen Meere, Kiel, 1889).

89-2. — REINKE (J.), *Atlas deutscher Meeresalgen* (Sechster Bericht der Kommission zur wissenschaftlichen Untersuchung der deutschen Meere, Berlin, 1889-1892).

90. — REINKE (J.), *Uebersicht der bisher bekannten Sphacelariaceen* (Berichte der deutschen botanischen Gesellschaft, Vol. VIII, Berlin, 1890).

91-1. — REINKE (J.), *Die Braunen und rothen Algen von Helgoland* (Berichte der deutschen botanischen Gesellschaft, Vol. IX, Berlin, 1891).

91-2. — REINKE (J.), *Beiträge zur vergleichende Anatomie und Morphologie der Sphacelariaceen* (Bibliotheca botanica, Vol. XXIII, Cassel, 1891).

94. — ROSENVINGE (K.), *Les Algues marines du Groënland* (Annales des Sciences naturelles, Botanique, 7ᵉ Série, Vol. XIX, Paris, 1894).

95. — ROSENVINGE (K.), *Deuxième Mémoire sur les Algues marines du Groënland* (Meddelelser om Grönland, Vol. XX, Copenhague, 1898).

97. — ROTH (A.-G.), *Catalecta botanica* (fasc. I, Leipzig, 1797, II, 1800, et III, 1806).

98. — SAUNDERS (DE ALTON), *Phycological Memoirs* (Proceedings of the California Academy of Sciences, 3ᵉ série, Vol. I, San Francisco, 1898).

96. — SAUVAGEAU (C.), *Remarques sur la reproduction des Phéosporées et en particulier des* Ectocarpus (Annales des Sciences naturelles, Botanique, 8ᵉ Série, Vol. II, Paris, 1896).

97. — SAUVAGEAU (C.), *Note préliminaire sur les Algues marines du Golfe de Gascogne* (Journal de Botanique, Vol. XI, Paris, 1897).

98-1. — SAUVAGEAU (C.), *Sur quelques Myrionémacées* (Annales des Sciences naturelles, Botanique, 8ᵉ Série, Vol. V, Paris, 1898).

98-2. — SAUVAGEAU (C.), *Sur la sexualité et les affinités des Sphacélariacées* (Comptes rendus de l'Académie des Sciences, Vol. CXXVI, Paris, 1898).

99-1. — SAUVAGEAU (C.), *Sur les Algues qui croissent sur les Araignées de mer, dans le Golfe de Gascogne* (Comptes rendus de l'Académie des Sciences, Vol. CXXVIII, Paris, 1899).

99-2. — SAUVAGEAU (C.), *Les* Acinetospora *et la sexualité des Tiloptéridacées* (Journal de Botanique, Vol. XIII, Paris, 1899).

99-3. — SAUVAGEAU (C.), *Les Cutlériacées et leur alternance de générations* (Annales des Sciences naturelles, Botanique, 8ᵉ Série, Vol. X, Paris, 1899).

00. — SAUVAGEAU (C.), *Influence d'un parasite sur la plante hospitalière* (Comptes rendus de l'Académie des Sciences, Vol. CXXX, Paris, 1900).

02. — SAUVAGEAU (C.), *Sur les* Sphacelaria *d'Australasie* (Notes from the Botanical School of Trinity College nº 5, Dublin, 1902).

03. — SAUVAGEAU (C.), *Sur les variations du* Sphacelaria cirrosa *et sur les espèces de son groupe* (Mémoires de la Société des Sciences physiques et naturelles de Bordeaux, 6ᵉ Série, Vol. III, Bordeaux, 1903).

45. — SONDER (G.), *Nova Algarum genera et species, quas in itinere ad oras occidentalis Novæ Hollandiæ, collegit* L. PREISS. (Botanische Zeitung, Vol. III, Berlin, 1845).

52. — SONDER (G.), *Plantæ Mullerianæ. — Algæ* (Linnæa, Vol. XXV, Halle, 1852).

53. — SONDER (G.), *Algæ annis 1852 et 1853 collectæ* (Linnæa, Vol. XXVI, Halle, 1853).

34. — Suhr (J.-N. von), *Uebersicht der Algen, welche von Hrn. Ecklon an der südafrikanischen Küste gefunden worden sind* (Flora oder allgemeine botanische Zeitung, Vol. XVII, Ratisbonne, 1834).

36. — Suhr (J.-N. von), *Beiträge zur Algenkunde* (Flora oder allgemeine botanische Zeitung, Vol. XIX, Ratisbonne, 1836).

40. — Suhr (J.-N. von), *Beiträge zur Algenkunde* (Flora oder allgemeine botanische Zeitung, Vol. XXIII, Ratisbonne, 1840).

95. — Toni (J.-B. de), *Sylloge Algarum ;* Vol. III, Fucoideæ (Padoue, 1895).

88. — Traill, *On the Fructification of* Sphacelaria radicans *Harvey,* and Sphacelaria olivacea *J. Ag.* (Transactions of the Botanical Society of Edinburgh, Vol. XVII, Edimbourg, 1888).

96. — Vickers (Mlle A.), *Contribution à la Flore algologique des Canaries* (Annales des Sciences naturelles, Botanique, 8ᵉ Série, Vol. IV, Paris, 1896).

91. — Vinassa (P.-E.), *I propagoli delle Sfacelarie* (Atti della Societa Toscana di Scienze naturali, Vol. VII, Pise, 1891).

84. — Wittrock, *Ueber* Sphacelaria cirrosa (*Roth*) *Ag.* β aegagropila *Ag.* (Botanisches Centralblatt, Vol. XVIII, Cassel, 1884).

60. — Zanardini (G.), *Iconographia phycologica adriatica* (Vol. I, pl. 1 à 40, Venise, 1860; Vol. II, pl. 40 à 80, Venise, 1865; Vol. III, pl. 80 à 111, Venise, 1871).

00. — Wildeman (de), *Les Algues de la Flore de Buitenzorg. — Essai d'une Flore algologique de Java* (Leyde, 1900).

Les jeunes plantes, en effet, sont formées d'abord par une tige dressée, simple sur un certain nombre d'articles, c'est-à-dire non ramifiée. A partir d'une certaine hauteur, variable, la ramification commence et se fait dès lors régulièrement, émettant alternativement à droite et à gauche, en correspondance avec chaque cloison primaire, une branche plus ou moins ramifiée, plus ou moins pennée. Mais, de très bonne heure, souvent même avant l'apparition de la ramification, les articles basilaires de la tige émettent des rhizoïdes en nombre variable et d'insertion indéterminée, d'abord corticants, puis étalés sur le support; en certains points, souvent à leur sommet, une cellule s'épate, se ramifie en digitations irrégulières, puis l'épatement prend la forme d'un disque à filaments radiaux, qui s'accroît à la manière d'un *Myrionema*. Certaines plantules m'ont présenté jusqu'à une douzaine de ces petits disques; elles peuvent probablement en produire davantage. Ils sont à la fois fixateurs, nourriciers et multiplicateurs.

On en a représenté deux en *E* et *D*, sur la figure 61, encore jeunes, et d'une seule épaisseur de cellules. Des disques jeunes, qui se rencontrent, se fusionnent en un seul. Ainsi, en *F*, un rhizoïde s'étant bifurqué, chacune des branches a produit un disque; ceux-ci se soudent l'un à l'autre et forment bientôt un thalle rampant unique dont on ne distinguera plus les parties constituantes. J'ai même vu des rhizoïdes disposés en un quadrilatère assez régulier qui, sur les quatre faces internes, avaient produit des prolongements soudés l'un à l'autre, donnant un disque unique monostromatique, très compliqué, sans interstices.

Bien souvent, les disques de la taille de ceux représentés en *D*, *E*, produisent déjà des thalles dressés, et ils semblent avoir acquis leurs dimensions définitives. J'en ai vu d'autres, mais de taille relativement réduite, car les plus grands mesuraient 1 1/2 millimètre de diamètre, de plusieurs épaisseurs de cellules, et dont les faces supérieure et inférieure, non semblables l'une à l'autre, reproduisaient tout à fait les figures dessinées pour le *S. olivacea*. Je n'ai pas fait de coupes dans ces thalles, mais il m'a semblé que leur structure, aperçue par transparence, doit peu s'éloigner de celle des disques du *S. olivacea*.

Tous ces disques, mono ou polystromatiques, produisant des thalles dressés, on conçoit que les rhizoïdes qui en sont l'origine soient un organe important de dissémination de l'espèce. Les plantules qui naissent sur les disques épais ou sur les disques minces d'une certaine taille, sont fréquemment de structure normale ; leurs pennes ne se distinguent de celles des plantes adultes que par leur moindre taille ; par leur accroissement progressif, elles prendront les dimensions et l'aspect habituels de la plante. Les plantules qui naissent sur les disques de petite taille sont souvent beaucoup plus intéressantes.

Dans la plantule de la figure 61, *B,* tous les articles sont primaires ; aucun, ni de l'axe ni des rameaux, n'est cloisonné en articles secondaires. Les rameaux *d, f, g, j, k,* représentant des pennes, sont d'origine holoblastique, comme l'indique le ramule inséré à leur aisselle ; les autres sont acroblastiques comme des rameaux d'*Alethocladus,* car le ramule de leur aisselle n'arrive pas jusqu'à l'axe, il est inséré sur la deuxième cloison transversale et non sur la première (qui est primaire dans cet exemple) ; sur la penne *e,* le vrai ramule axillaire manque pareillement, et le premier ramule développé est sur la face inférieure, à l'inverse du cas général. Ainsi, cette jeune plante nous montre une dégradation plus grande que celle des individus de la var. *patentissima* de Guéthary et de Naples ; chez ceux-ci le cloisonnement transversal des articles primaires si caractéristique des Sphacélariacées se conservait dans les axes, tandis qu'ici il a disparu. On remarquera que le caractère de la famille se perd, tandis que celui de la tribu des Holoblastées se maintient.

La plantule de la figure 61, *C,* est encore plus dégradée ; non seulement tous les articles sont primaires, mais tous les rameaux sont acroblastiques, sauf l'avant dernier-né. Le caractère de la famille et le caractère de la tribu ont disparu. Si les rameaux naissaient à intervalles irréguliers et dans des plans variés, la plantule serait un *Alethocladus* à articles primaires non cloisonnés. Mais jamais je n'ai rencontré ces irrégularités ; par suite de la fertilité de tous les articles primaires de l'axe, on ne peut non plus rencontrer de rameaux naissant à la manière de ceux des Hémiblastées. Le plan de structure de l'*H. filicina* se maintient donc constamment, il est reconnaissable malgré sa réalisation imparfaite. Naturellement, on trouve toutes les formes de passage entre les plantules *B* et *C* et celles qui, d'emblée, réalisent l'état normal de l'espèce ; j'ai cru inutile de les figurer.

Des articles basilaires des plantules partent des rhizoïdes producteurs de nouveaux disques qui multiplient la plante. Il est plus remarquable encore que la plupart de ces plantules, sinon toutes, jouent aussi le rôle de nourrices par rapport à des plantules nouvelles d'origine adventive. En effet, de l'un des articles de la région nue, généralement situé peu au-dessus de ceux qui ont fourni les rhizoïdes, naît une pousse dressée adventive, de direction d'abord plus ou moins oblique. Celle-ci est généralement plus forte que la plantule sur laquelle elle est née, ce qui montre bien le rôle de nourrice de la première. La plantule de la figure 57, *C,* par exemple, était adventive sur une plantule née d'un disque ; la nourrice était seulement un peu plus haute qu'elle, sans dépasser la largeur de celle figurée en 61, *B,* et cependant, dans sa partie nue, on comptait seize articles primaires (non divisés transversalement) et au-dessus, douze pennes de chaque côté, dont les dernières, terminales, indiquaient que cette nourrice avait fini sa croissance ; lorsque cette plantule adventive aura le même nombre de pennes que sa nourrice, elle atteindra donc une taille notablement plus considérable et sa croissance continuera ultérieurement. Il en est toujours ainsi, dans des proportions plus ou moins marquées ; cependant, les larges plantules de cloisonnement normal, nées sur des disques épais, engendrent des plantules adventives ayant la même largeur qu'elles.

Que ces plantules adventives soient nées sur des nourrices à structure normale, ou sur des nourrices à articles primaires cloisonnés ou non, munis de rameaux holoblastiques ou acroblastiques, leur structure est toujours normale et définitive, le cloisonnement en articles secondaires est parfaitement régulier, même sur la tige nue, et leurs pennes sont toujours holoblastiques. La dégradation du début disparaît donc complètement.

Les plantules adventives restent simples sur une plus grande longueur que leur nourrice ; j'en ai vu qui avaient trente articles secondaires au-dessous de la première ramification ; celle-ci, une fois commencée, se continue régulièrement, et les pennes sont plus ou moins compliquées. Ces pennes étant des organes bien construits pour l'assimilation, par la large surface qu'elles développent, on ne saisit pas la raison pour laquelle elles apparaissent si tardivement. Cette plante adventive, continuant à grandir, devient ce que l'on appelle la plante normale, bien qu'elle soit pour ainsi dire de second degré. Née d'une seule cellule de la nourrice et plus grosse que celle-ci, elle est mal attachée ; aussi, de très bonne heure, bien avant de se ramifier, émet-elle de ses articles basilaires d'assez nombreux rhizoïdes masquant son insertion, qui descendent le long de la nourrice en y adhérant, puis s'écartent, s'épatent sur le support et produisent de nouveaux disques.

D'après ce qui précède, on comprend que la dissection des parties basilaires des individus adultes soit assez laborieuse et parfois impossible. Une touffe d'*H. filicina* est la réunion d'un nombre variable d'individus très rapprochés. La production des plantes adventives est tellement fréquente qu'elle me paraît faire habituellement partie du cycle de végétation de cette espèce.

En outre, des pousses adventives peuvent apparaître sur des plantes adultes, dans la région ramifiée, mais elles sont assez rares, et je n'ai pas saisi quelles conditions favorisent leur développement. La figure 62, *K,* par exemple, représente une section dans un axe ramifié sur laquelle on voit bien l'insertion très grêle de la pousse, indépendante de la penne. Cependant, j'ai rencontré un échantillon intéressant sous ce rapport. C'était un fragment très ramifié de 2 centimètres de hauteur, trouvé à Guéthary en septembre 1898 ; de la base tronquée s'échappait un faisceau de rhizoïdes ; le sommet de certaines pennes, également tronqué, se prolongeait aussi en rhizoïdes. La penne inférieure de l'échantillon, longue de près d'un centimètre, était tronquée ; or, l'article secondaire inférieur, situé à la base des douze pennules les plus proches de l'extrémité, avait produit une ou deux protubérances plus ou moins dressées et commençant à se cloisonner, certainement destinées à devenir autant de pousses adventives. Cette particularité est intéressante à signaler parce qu'elle correspond à l'origine des pousses adventives que l'on rencontre chez l'*H. Novæ-Zelandiæ.*

Les organes reproducteurs sont uniloculaires ou pluriloculaires. Portés à l'aisselle d'une penne, d'une pennule ou d'un ramule, leur véritable position est toujeurs terminale, car ils résultent du développement d'un sphacèle axillaire; pour s'en rendre compte, il suffit de comparer les dessins de la figure 63 avec l'explication des figures précédentes.

Les auteurs donnent peu de renseignements sur l'époque de la fructification. D'après M. Falkenberg [79, p. 242], l'*H. filicina* fructifie, à Naples, de novembre à février et, d'après M. Berthold, pendant l'hiver, ce qui revient au même. La période de fructification est plus longue. Ainsi, j'ai vu, à Guéthary, des exemplaires munis de sporanges uniloculaires, ou pluriloculaires, en juin et en septembre; la plante de Naples, récoltée le 25 mars, portait quelques sporanges uniloculaires. Enfin, j'ai étudié des exemplaires à sporanges uniloculaires récoltés en décembre 1827, par Schousboe, à Tanger (*Sph. disticha* Sch.); le 8 janvier, à Antibes, par M. Rosenvinge; le 9 février, à Roscoff, par Mlle Vickers; d'autres, sans date, récoltés à Marseille (Hohenacker, n° 22), Alger (Deshayes leg.), Madère (Webb leg.).

Les sporanges uniloculaires, globuleux, allongés, mesurent environ 60 μ sur 40-50 μ; ils varient d'ailleurs dans leurs dimensions, car ils sont souvent gênés dans leur développement par les branches entre lesquelles ils naissent. Dans le cas le plus simple de ramification, dans le *S. tenuis* de Bonnemaison, le sporange se développe à la place du sphacèle axillaire ou du ramule axillaire (fig. 56, *A*); il appartient alors en propre à l'axe principal et non à la penne. Pour la même raison, dans les cas plus complexes, si le ramule axillaire est développé et porte un sporange, celui-ci n'est jamais situé entre le ramule et l'axe principal, mais toujours entre le ramule et la penne (fig. 63, *A*). Le sporange termine la génération.

D'une manière générale, les pennes ou les pennules d'un individu fructifié sont moins ramifiées que les pennes ou les pennules purement végétatives. Par exemple, la plante de

Roscoff, du 9 février, portait au sommet plusieurs pennules fructifères, dont l'une a été représentée sur la figure 63, *A;* or, les
pennes situées au-dessous, végétatives, avaient une ramification
bien plus complexe, semblable à celle de la figure 57, *A.* Les
pennules fructifères de la figure 63, *B,* de Guéthary, appartiennent à un individu dont les pennules végétatives correspondent à celles de la figure 57, *B.*

Ces dessins montrent suffisamment, sans autre explication,
que les sporanges sont terminaux. Chacun d'eux appartenant à
une génération différente de son voisin, on suit facilement leur
âge respectif. Cependant, on rencontre parfois des exemplaires
qui, examinés à un faible grossissement, présentent dans le
champ du microscope des centaines de sporanges au même état
de développement. En effet, un sporange nouveau croît promptement dans la cavité d'un sporange vidé, en allongeant à peine
son pédicelle. J'ai vu ainsi des sporanges mûrs qui présentaient
à leur base trois collerettes successives étroitement emboîtées,
indiquant que le sporange observé était le quatrième né en ce
point.

La plante d'Antibes, à poils fasciculés, était stérile. Toutefois, parmi les exemplaires d'autre origine examinés pour
rechercher ces poils, j'en ai trouvé deux dont la disposition
des sporanges est, au même titre, une forme de passage à
l'*H. scoparia.* L'un est le n° 22 de Hohenacker, récolté à Marseille; l'autre, le *Sph. disticha* de Schousboe, récolté à Tanger
en décembre 1827. Les sporanges sont les uns simples, les
autres géminés. Parmi ceux-ci, les uns proviennent du clivage
d'un sphacèle axillaire dans le plan de ramification, comme on
le voit à trois aisselles de la figure 63, *D,* et les deux sporanges
se correspondent parfois si bien, comme position et comme
taille, qu'on ne les distingue qu'en faisant varier la mise au
point. D'autres fois, comme dans la deuxième penne de la même
figure, l'un des sporanges correspond au ramule axillaire et le
second au sphacèle axillaire de celui-ci, disposition bien visible
dans la figure 63, *C.* Dans ce cas, on peut théoriquement trouver
quatre sporanges groupés, comme on trouve quatre poils sur
la plante d'Antibes, mais je n'en ai vu que deux; néanmoins, il
est probable que l'on en verra parfois quatre sur des plantes
fraîches ou conservées depuis moins longtemps en herbier.

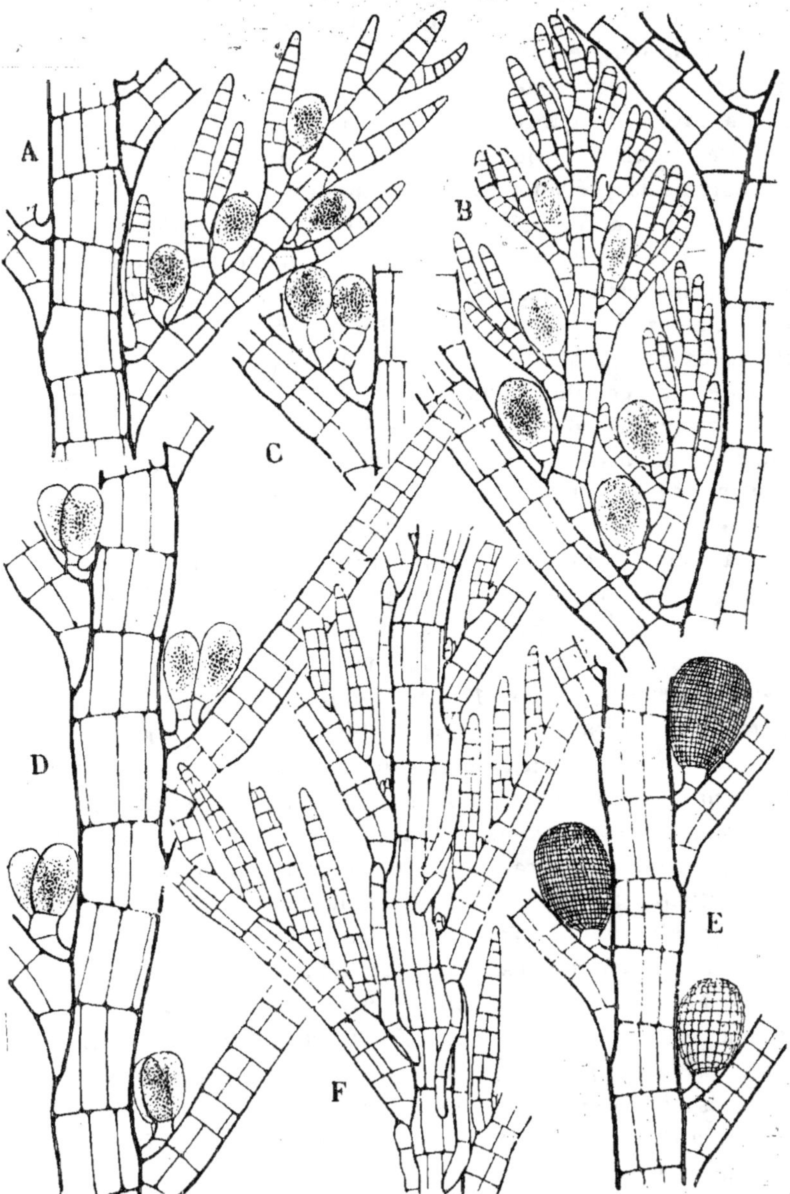

Fig. 63. — *Halopteris filicina* Kütz. — *A* (Roscoff), *B* (Guéthary), *C* (Tanger), *D* (Marseille), Sporanges uniloculaires (Gr. 150). — *E* (Alger), Anthéridies et oogones (Gr. 150). *F*, Fragment de la plante pilifère d'Antibes (Gr. 80).

Une cause d'erreur est à éviter. Parfois, une cloison longitudinale, perpendiculaire au plan de ramification, divise la cellule qui porte un unique sporange ; après la déhiscence de celui-ci, chacune des deux cellules sous-jacentes en produit un nouveau dans la cavité de l'ancien, mais on reconnaît leur origine à la collerette commune qui les entoure. Cette disposition est bien différente de la précédente, qui est initiale.

Enfin, j'ai eu l'occasion d'observer une autre anomalie fort bizarre. Parmi les individus napolitains à articles primaires non divisés transversalement, dont j'ai parlé antérieurement, l'un d'eux, d'environ 13 millimètres de longueur, tronqué aux deux extrémités, présentait de nombreux sphacèles axillaires transformés en une cellule renflée, ovale, de la dimension d'un sporànge arrivé au milieu de sa maturité, et portée par un pédicelle unicellulaire. De plus, le dernier article de beaucoup de ramules des pennules était pareillement renflé. Toutefois, le contenu de ces cellules globuleuses étant le même, comme chromatophores et densité protoplasmique, que celui des autres cellules, je ne pouvais les considérer comme des sporanges ni comme des cellules parasitées. Aussi, n'en ferais-je pas mention si l'individu correspondant de Guéthary ne m'avait montré, sur plusieurs pennes (fig. 60, *A*), des sporanges uniloculaires parfaitement constitués et reconnaissables à leur contour ; quelques-uns même s'étaient vidés, et un nouveau sporange poussait dans leur cavité ; en outre, l'une des pennes présentait aussi des ramules acroblastiques terminés par un article renflé qui était sûrement un sporange identique aux sporanges de position axillaire (fig. 60, *C*). Il devenait donc évident que les cellules renflées de la plante de Naples, axillaires ou terminales, étaient pareillement des sporanges, mais plus ou moins avortés.

Jusqu'à présent, on n'avait jamais cité de sporanges au sommet de longs ramules chez l'*H. filicina*, et aucune disposition ne les faisait prévoir ; ils rentrent d'ailleurs dans la théorie, puisqu'ils sont terminaux. Assurément, l'intérêt d'un phénomène tératologique ne doit pas être exagéré ; toutefois, celui que j'indique a une importance particulière, car on le rencontre en deux localités éloignées l'une de l'autre, sur des exemplaires présentant précisément des caractères remarquables d'infériorité dans le cloisonnement, caractères qui se retrouvent sur de jeunes plantules, et qui pourraient être considérés comme ancestraux. Enfin, les organes reproducteurs de l'*Alethocladus* étant ignorés, et les ramules d'*H. filicina* terminés par un sporange étant acroblastiques, supposer que les sporanges de l'*Alethocladus* sont terminaux de rameaux plus ou moins longs, est aussi vraisemblable que les supposer en apparence axillaires, comme dans le cas normal de l'*Halopteris*.

Les organes pluriloculaires de l'*H. filicina*, plus rares que les sporanges uniloculaires, sont portés par des individus différents, ou tout au moins des frondes différentes. Montagne [46, p. 41], qui les a bien vus sur un exemplaire d'Alger récolté par Deshayes, dit qu'ils sont sessiles et axillaires; il ajoute : « la place qu'occupent ces corps reproducteurs donne lieu de penser qu'ils résultent de la métamorphose de la pinnule la plus intérieure de chaque ordre, de celle, en d'autres termes, qui est la plus rapprochée du rameau ». La figure 63, *E*, les représente d'après l'échantillon cité par Montagne et conservé dans son herbier.

L'*H. filicina* ne découvre jamais à basse mer à Guéthary, mais j'ai souvent eu l'occasion de l'examiner soit en petits exemplaires fixés sur les *Maia squinado*, soit en exemplaires plus grands, arrachés par les mauvais temps. Deux fois seulement, le 7 et le 20 septembre 1898, je l'ai vu muni d'organes pluriloculaires qui étaient à la fois des anthéridies et des sporanges pluriloculaires ayant très probablement la valeur d'oogones; la plante de Montagne présente le même caractère, et il en est vraisemblablement toujours ainsi.

L'exemplaire du 7 septembre était vieux et mal conservé; cependant, les anthéridies se distinguaient bien par leur couleur rouge orangé et leurs petites logettes; les oogones, d'un brun très foncé, étaient presque tous en état de germination, et les logettes émettaient des prolongements augmentant notablement leur volume; cette germination ne m'a pas semblé la conséquence du retour à l'état végétatif d'organes incomplètement cloisonnés, mais plutôt d'une déhiscence qui n'avait pu se faire. Ceci indique la possibilité de la parthénogénèse; des oosphères libres pourraient se comporter de la même manière que celles enfermées dans l'oogone. L'échantillon n'était pas favorable à la mise en culture. Sur celui du 20 septembre, les oogones, moins nombreux que les anthéridies, étaient en bien meilleur état et n'avaient pas germé, mais je n'eus pas alors le loisir de les suivre.

Les organes pluriloculaires, plus volumineux que les sporanges uniloculaires, mesurent 80-100 µ sur 45-60 µ, et leur taille varie pour la même raison. Les logettes des anthéridies mesurent 4 µ de côté environ, celles des oogones, 8 µ environ. J'ai mesuré ces dimensions sur des organes remplis de leur contenu, car bien que j'en aie vu quelques-uns de vidés, je n'ai pas réussi à distinguer les traces des logettes sur la paroi ; je n'ai pas vu non plus la petite ouverture circulaire de déhiscence, si nette pour chaque logette chez les *Sphacelaria*. Ils m'ont semblé avoir une ouverture large, terminale, unique. Sous ce rapport, l'*H. filicina* rappellerait le *S. olivacea*. Ceci explique qu'une anthéridie ou un oogone nouveau croisse dans la cavité de ces organes vidés, et non latéralement, comme on le voit habituellement dans le cas des logettes persistantes.

*
* *

L'*H. filicina* est répandu dans toute la Méditerranée occidentale, et il y forme des touffes assez volumineuses, d'une dizaine de centimètres de hauteur. Dans l'Océan, il semble vivre toujours dans la zone qui ne découvre pas à basse mer. On ne le connaît pas dans le Nord de l'Europe. J'en ai vu des exemplaires des côtes anglaises de la Manche, de Normandie, de Bretagne, du Golfe de Gascogne, de Cadix, de Tanger et de Madère. Les auteurs le citent aussi aux Açores. Il n'est pas connu plus au sud, ni sur la côte atlantique de l'Amérique. Autant qu'on en peut juger par les échantillons d'herbier, les individus pris dans l'Océan, à Cadix et au sud de Cadix, sont de plus grande taille que ceux provenant d'une latitude plus septentrionale.

La répartition de l'*H. filicina* est donc assez limitée, d'ailleurs ceci n'est sans doute qu'une apparence due à son habitat toujours submergé. Sa taille dans les régions chaudes de l'Atlantique où il est connu, et sa ressemblance avec des plantes de l'hémisphère austral, laissent supposer une répartition beaucoup plus étendue vers le sud.

L'Herbier Thuret renferme un exemplaire de taille moyenne, de la forme *æstivalis*, ayant fait partie de l'Herbier Bory; il est marqué « Pérou, ded. Pavon », d'une écriture qui paraît être celle de Bory. Mais Bory ayant reçu aussi de Pavon des Algues des Côtes d'Espagne, on peut craindre qu'il ait mélangé des échantillons d'origine différente.

Halopteris filicina Kütz. — Touffes pouvant dépasser 1 décimètre de hauteur. Thalle inférieur en disque rampant de très petite taille, masqué par les rhizoïdes chez l'adulte. Thalle dressé caulescent. Frondes de contour rhombique formées d'un axe ramifié en pennes, régulièrement alternes et distiques, s'appuyant sur les cloisons primaires successives de l'axe, et pennules de nombre variable, pareillement disposées, simples ou ramifiées, le tout dans un même plan. Pennes toujours holoblastiques; dernières pennules d'une penne, ou ramules des pennules, parfois acroblastiques. Sphacèle axillaire généralement développé en un ramule axillaire simple ou ramifié, largement inséré, plus rarement en poils; première pennule d'une penne située du même côté de la penne que le ramule axillaire. Articles secondaires des axes cloisonnés longitudinalement, parfois aussi transversalement, sans péricystes. Rhizoïdes corticants nombreux, longs et ramifiés, naissant de la face inférieure de l'article secondaire inférieur de la base des pennes, et pouvant produire des disques rampants. — Organes reproducteurs généralement isolés, parfois au nombre de deux, par clivage du sphacèle axillaire, ou même de quatre. Sporanges uniloculaires, globuleux, allongés, de 60 μ sur 40-50 μ. Organes pluriloculaires sur des frondes différentes des précédentes à déhiscence probablement unique pour toutes les logettes, et de deux sortes : Anthéridies, rouge orangé, de 80-100 μ sur 45-60 μ, à logettes d'environ 4 μ de côté; Oogones de même dimension et sur les mêmes frondes, à logettes d'environ 8 μ de côté. — Plantules naissant sur des disques rampants, constituées par une tige nue sur une plus ou moins grande longueur, puis régulièrement ramifiées, pennées, et parfois de taille très limitée quand elles proviennent de très petits disques; rhizoïdes nés sur cette tige produisant des disques multiplicateurs. Plantules adventives naissant sur la tige de ces plantules nourrices, pareillement conformées, mais souvent plus robustes qu'elles, et devenant les plantes normales.

Hab. — Sur des rochers, coquilles, crustacés, grandes Algues..., etc... Toute la Méditerranée occidentale! Adriatique! Océan! toujours submergé ou au niveau des plus basses mers. Côtes anglaises de la Manche! Normandie! Bretagne! Golfe de Gascogne! Cadix! Tanger! Madère! Açores. Pérou?

Syn. *Sphacelaria tenuis* Bonnemaison.
Sphacelaria simpliciuscula C. Ágardh.

Var. **patentissima** Sauv. — Plante non caulescente, plus ou moins rampante, pennes beaucoup plus divariquées que dans le type, ou même insérées à angle droit; cloisonnement parfois notablement simplifié; rhizoïdes normaux absents.

Hab. — Thalle rampant sur d'autres Algues ou enchevêtré parmi les fibres de *Zostera marina* avec les var. *patentissima* des *Sphacelaria Plumula*, *S. cirrosa*, *H. scoparia*. Angleterre! Normandie! Bretagne! Golfe de Gascogne! Méditerranée! et probablement partout où croît le type.

Syn. *Halopteris Sertularia* (Bonnemaison) Kützing.

G. — **Halopteris Novæ-Zelandiæ** Sauvageau mscr.

L'*Halopteris filicina* subit de telles variations dans la structure de son thalle qu'il peut sembler imprudent de fonder une nouvelle espèce, ayant avec lui d'importants caractères communs, sur un fragment stérile et en mauvais état de conservation. C'est cependant dans ces conditions défectueuses que j'ai séparé l'*H. Novæ-Zelandiæ*. Toutefois, si une espèce de *Sphacelaria*, par exemple, rencontrée dans de semblables conditions, présente peu d'importance et ne mérite guère une description, il n'en va pas de même pour cet *Halopteris*.

En effet, l'*H. filicina* est isolé au point de vue géographique; à part l'échantillon douteux du Pérou, il est cantonné en Europe et sur les côtes adjacentes, et l'on ne connaissait aucune plante australe qui lui fût strictement comparable. Désormais, on saura qu'en Nouvelle-Zélande existe une espèce très voisine qui, mieux connue, laissera peut-être entrevoir les migrations et les modifications du genre. A priori, l'*H. Novæ-Zelandiæ* est resté jusqu'à présent ignoré parce que, comme l'*H. filicina*, son congénère septentrional, il croît à un niveau ne découvrant pas à basse mer, et que des dragages ou des mauvais temps permettent seuls de le rencontrer.

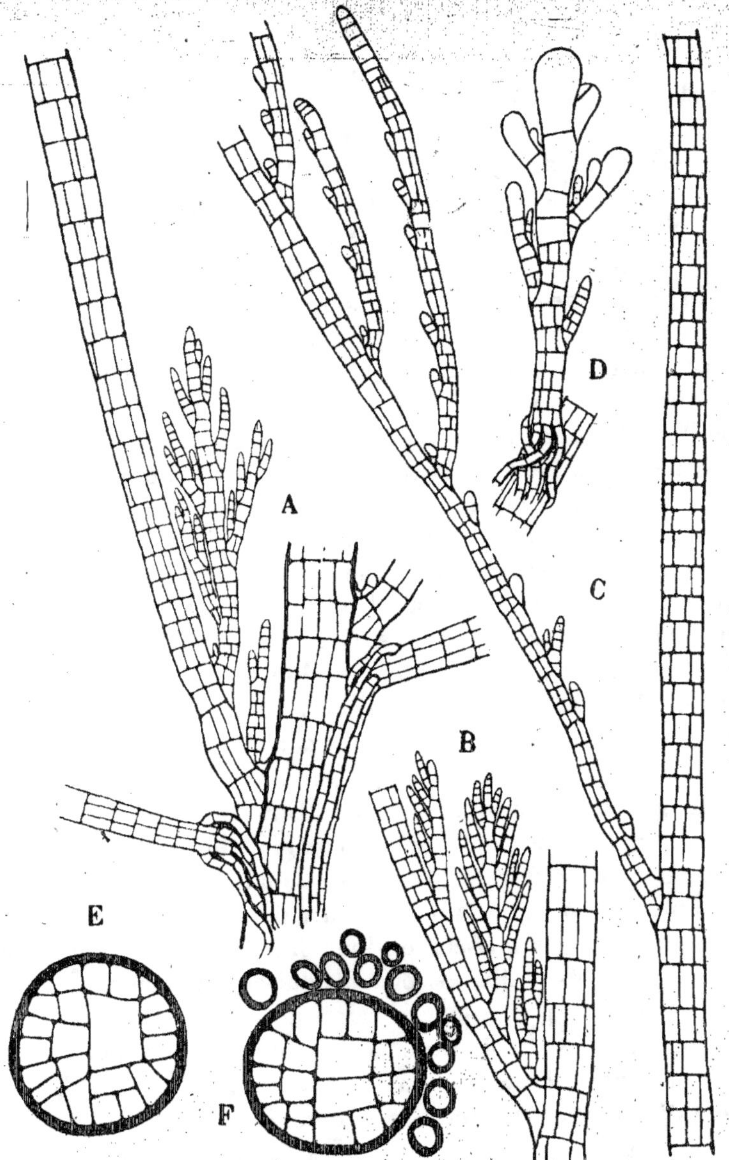

Fig. 64. — *Halopteris Novæ-Zelandiæ* Sauv. — *A*, Portion d'axe secondaire montrant deux
pennes, portant chacune à leur base une pousse adventive. — *B*, Trois pennules à ramification acroblastique; les articles primaires de la pennule médiane ne sont pas divisés
en articles secondaires. — *C*, Rameau né sur une penne portant trois pennules dont les
ramules sont unilatéraux et plus ou moins avortés. — *D*, Pousse de remplacement née
près de la troncature d'une penne; les premiers rameaux sont acroblastiques, les suivants sont holoblastiques (*A* à *D*, Gr. 80). — *E*, *F*, Coupes transversales dans l'axe primaire (Gr. 200).

M. R. Laing, de Christchurch, m'a adressé un certain nombre d'Algues marines qu'il a récoltées sur les côtes de la Nouvelle-Zélande. En examinant une plante du groupe de l'*H. hordacea* d'assez grande taille, vieille et presque dénudée, récoltée à Lyall's Bay en septembre 1894, j'ai trouvé, enchevêtré dans ses filaments, un fragment d'*H. Novæ-Zelandiæ* qui s'y était accroché comme une épave quelconque.

Ce fragment est composé d'une portion d'axe, que j'appelle axe primaire, de 1 centim. de long, recouvert d'une couche dense de rhizoïdes, d'où partent des moignons régulièrement alternes, distiques, bases d'axes secondaires. Un seul de ceux-ci est conservé sur l'échantillon et, bien que tronqué, mesure 15 millim. de long; il est garni de rhizoïdes dans sa portion inférieure; plus haut, il porte des pennes de 5-8 millim. de long, mais aucune de celles-ci n'est entière, et fréquemment 1-2 pousses de remplacement s'échappent de leur troncature.

Deux caractères de ces pennes frappent dès le premier abord; ce sont leur très faible et très inégale ramification et la position des pousses adventives. Certaines n'ont d'autre ramification que la pennule axillaire développée ou plus ou moins avortée, d'autres présentent en outre 1-2 pennules plus ou moins complexes, puis restent nues sur une grande longueur. Ainsi, la penne de la figure 64, *A,* non entière, était trois fois plus longue que sur le dessin; une branche née un peu au-dessous de sa troncature, longue comme trois fois la pennule représentée, portait deux ramules secondaires courts et simples, situés l'un près de sa base, l'autre près de son sommet.

D'autres pennes laissent un long intervalle non ramifié au delà des pennules basilaires, puis produisent des pennules ramifiées, mais nées généralement sur un rameau latéral et non directement. Ainsi, la figure 64, *B,* représente une portion de penne portant un rameau pennulé; plusieurs autres semblables étaient disposés à intervalles irréguliers. Les figures 64, *A* et *B,* montrent que les pennules ont bien le même aspect que dans l'*H. filicina;* leurs ramules sont acroblastiques; les articles primaires de la pennule médiane de *B* ne sont pas divisés en articles secondaires.

La figure *C* représente un cas dont j'ai vu d'autres exemples. Le long rameau de droite est une portion d'une penne qui, à sa base, avait produit d'abord une pennule axillaire, puis une pennule plus ramifiée que celle de la figure *A*, restait ensuite simple sur une longueur de 5 millim., et enfin portait la portion figurée, où l'on voit que trois ramules primaires, ou pennules, sont plus ou moins avortés et acroblastiques.

Une ramification aussi lâchement espacée laisse prévoir que l'*H. Novæ-Zelandiæ* présentera, sur des exemplaires plus complets et en meilleur état de conservation, des variations de structure plus bizarres encore que l'*H. filicina*.

De même que chez l'*H. filicina*, les rhizoïdes naissent du premier article secondaire inférieur d'un rameau qui, par conséquent, appartient en réalité à l'axe. Les cellules constituantes de ces rhizoïdes, le plus souvent privées de cloisons longitudinales, sont notablement plus courtes que celles de l'*H. filicina*, comme on le voit en comparant les figures 64, *A* et 63, *F*. Le même article secondaire inférieur est producteur de pousses adventives qui paraissent habituelles et caractéristiques; celles-ci ont la même structure que les pousses de remplacement nées sur une troncature ou près d'une blessure, mais elles croissent dans le plan général de ramification. D'abord simples, elles se ramifient ensuite; les premières ramifications (fig. 64, *D*) sont simples, courtes et acroblastiques, les suivantes sont holoblastiques, plus fortes et ramifiées; de très bonne heure, les articles basilaires de la pousse émettent des rhizoïdes qui masquent son insertion. J'ai dit qu'une penne d'*H. filicina* m'a présenté le début d'une semblable disposition. Toutefois, ce qui est très exceptionnel chez l'*H. filicina* devient la règle chez l'*H. Novæ-Zelandiæ*, autant qu'on en peut juger d'après un unique fragment.

Les articles secondaires de l'axe principal et des axes secondaires sont plus ou moins divisés transversalement, tandis que ceux des pennes sont simples. La structure de l'axe, représentée en *E*, *F*, est asymétrique; la première cloison n'étant pas diamétrale, la cloison ou les deux cloisons perpendiculaires qui se forment ensuite ne le sont pas non plus. Il en résulte une tendance à la formation d'une cellule centrale, qui, comme on verra, devient plus manifeste chez l'*H. platycena*.

Par la forme de ses pennules, par la présence et par l'origine de ses rhizoïdes, l'*H. Novæ-Zelandiæ* se rapproche plus de l'*H. filicina* que des autres espèces du genre. Sa ramification irrégulière en pennules, et la position des pousses adventives, sont des caractères qui ne se retrouvent pas chez les autres espèces du genre.

Halopteris Novæ-Zelandiæ Sauv. — Plante probablement plus grande que l'*H. filicina*. Thalle inférieur? Thalle dressé caulescent. Axe ramifié en axes secondaires régulièrement alternes, distiques, portant des pennes alternes, distiques, irrégulièrement pennulées, le tout dans un même plan. Pennules normales et pennules axillaires de même aspect que chez l'*H. filicina*. Pennes holoblastiques; derniers ramules des pennules, ou parfois tous les ramules, acroblastiques. Articles secondaires des axes primaires et secondaires cloisonnés longitudinalement et transversalement. Article secondaire inférieur de la base des pennes engendrant les rhizoïdes corticants, comme chez l'*H. filicina*, mais produisant en outre, normalement, une pousse adventive dans le plan général de sa ramification. — Organes reproducteurs inconnus.

Hab. — Nouvelle-Zélande! R. Laing. leg.

Plante probablement voisine de l'*H. filicina*, mais encore très incomplètement connue.

D. — **Halopteris obovata** Sauvageau mscr.

Syn. *Sphacelaria obovata* Hook. fil. et Harv.

Hooker et Harvey [45, p. 163], qui ont découvert le *S. obovata*, en donnent la diagnose suivante : « parvula, gracilis, pallide viridis, stupa nulla, fronde circumscriptione obovata, caule gracili articulato basi longe nudo supra medium ramis plurimis tenuibus elongatis erecto-patentibus laxe distiche pinnatis ornato apicibus sphacelatis. — Hab. St. Martin's Cove, Hermite Island, Cape Horn, in about eight fathom water ; very scarce. » Ils ajoutent que la fronde mesure 1-1 1/2 pouce de long, et que la forme de son contour suffit à le distinguer des autres *Sphacelaria*.

Ni J. Agardh ni Kützing n'ont vu cette plante très rare, qui ne semblait pas avoir été récoltée depuis l'expédition des vaisseaux Erebus et Terror, et je ne crois pas qu'elle ait jamais été figurée.

L'Herbier du Muséum de Paris en renferme un échantillon étiqueté par J.-D. Hooker « *Sphacelaria obovata* St. Martin's Cove, Cape Horn (In deep water) » et au-dessous « Recueilli par le Dr J. Hooker et donné au Muséum par M. Decaisne, 1847 ». C'est le seul exemplaire vu par M. Hariot, qui cite l'espèce dans sa liste des Algues du Cap Horn [88, p. 37] et ajoute : « le fruit de cette espèce n'est pas connu, mais la forme de la fronde permet de la reconnaître facilement. »

Plus récemment, et sans en donner la raison, M. Reinke [91, 2, p. 22] cite le *S. obovata* comme synonyme du *Stypocaulon funiculare*. Je le rétablis au contraire comme espèce distincte en l'éloignant de l'*H. funicularis*.

L'échantillon authentique conservé au Muséum, assez maigre, a moins de deux centimètres de hauteur ; c'est une plante stérile détachée de son support ; sa ramification, irrégulièrement espacée, se fait dans un même plan. La figure 65, *A*, représente le fragment que j'ai étudié. J'ai été assez heureux pour rencontrer deux autres échantillons d'origine différente.

L'Herbier du Muséum renferme une touffe décolorée d'une plante stérile, probablement trouvée sur le rivage, marquée « Terre de Feu, Dr Michaelsen leg. » et que M. Hariot, conservateur des collections, a identifié avec raison au *S. obovata*. Cette touffe est intéressante par son disque basilaire, adhérent à un fragment d'une Algue brune, d'où s'élèvent les tiges dressées. La figure 65, *B*, donne le port d'une partie de l'échantillon.

Enfin, j'ai vu dans l'Herbier Thuret une plante non déterminée marquée « Magellan, Le Guillou » que je rapporte au *S. obovata*. Elle est représentée par trois échantillons incomplets dont les deux plus grands atteignent trois centimètres ; la figure 65, *C*, représente le plus petit, dont l'axe est tronqué inférieurement et supérieurement ; ils sont dépourvus de base, mais fertiles. La plante paraît donc localisée à la pointe sud de l'Amérique.

La comparaison de ces exemplaires d'origine différente, qui se complètent mutuellement, me permet de donner la description de l'*Halopteris obovata*.

Le thalle rampant est un disque épiphyte bien caractérisé, ressemblant à ceux du *S. olivacea* et du *Chætopteris* ; les

dessins *P, Q, R,* de la figure 66 faite au même grossissement que
les figures 17, *A,* et 24, *A,* et aussi que les figures 61, *D, E, F,*
des disques de l'*H. filicina,* montrent des files radiales notablement plus larges que dans cette dernière espèce. Je n'ai pas vu
de strates superposées, mais la plante du Dr Michaelsen était
jeune, et d'après la manière dont se recourbent certaines files
verticales de cellules, il est possible que les individus âgés en
présentent. Les files verticales des cellules sont souvent simples ;
parfois certaines cellules de la base ont une cloison verticale,
tandis que les supérieures en sont dépourvues, ou inversement
(fig. 66, *Q, R*).

J'ai vu plusieurs fois, sur les coupes du thalle rampant, une
file verticale réduite à quelques cellules inférieures, puis renflée
aux dépens des files radiales contiguës comprimées, en une
grosse cellule, dépassant les files voisines, et non cloisonnée.
Je ne puis dire quelle est la nature de ces grosses cellules, car
je les ai vues sur des coupes dont le contenu cellulaire avait été
dissous par les réactifs ; il est peu probable qu'elles représentent des cellules destinées à devenir des pousses dressées, et
avortées ; peut-être correspondent-elles aux sporanges de
Sphaceloderma du *S. olivacea?*

Les filaments dressés naissent chacun de la différenciation
d'une file verticale (fig. 66, *Q*). Ils restent cylindriques, simples,
sur trois à quatre millimètres de longueur, puis se ramifient dans
un même plan. L'intervalle entre deux rameaux successifs est
très variable ; parfois, ils sont insérés sur les cloisons primaires
successives, comme dans l'*H. filicina,* souvent, sur les cloisons
primaires de deux en deux, enfin, d'autres fois, l'intervalle qui
les sépare est d'une vingtaine d'articles secondaires. Ces rameaux primaires sont simples ou eux-mêmes 1-2 pennés, à
intervalles pareillement variables.

Sur les axes, c'est-à-dire sur les filaments s'élevant directement du thalle rampant, ou qui remplacent ceux-ci dans leur
prolongement après une troncature, on trouve souvent trois
cloisons transversales dans les articles secondaires, plus ou
moins irrégulièrement disposées ; sur les pousses latérales, plus
étroites, leur nombre est généralement réduit à deux, et sur les
pousses de deuxième ordre, terminées en pointe, on n'en voit
plus qu'une seule ; les derniers articles secondaires sont dé-

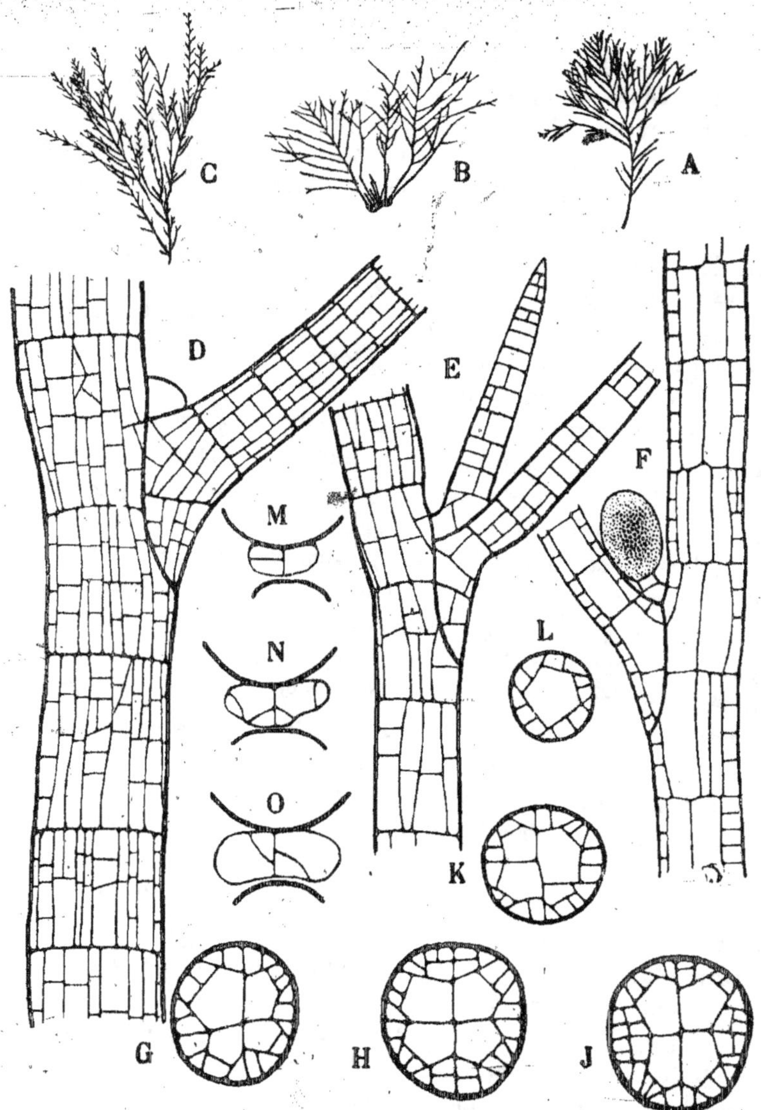

Fig. 65. — *Halopteris obovata* Sauv. — *A*, *B*, *C*, Fragments des individus examinés (Gr. 2).
— *D*, Portion d'une pousse pour montrer le cloisonnement superficiel. — *E*, Un ramule
axillaire. — *F*, Coupe longitudinale d'un filament, et sporange uniloculaire (*D*, *E*, *F*,
Gr. 150). — *G*, *H*, *J*, *K*, *L*, Coupes transversales dans des pousses de diamètre différent
(Gr. 200). — *M*, *N*, *O*, Coupes transversales passant par le sphacèle axillaire cloisonné
(Gr. 200). — *A*, Plante de Hooker et Harvey; *B*, *D*, *E*, plante de Michaelsen; *C* et *F* à
O, plante de Le Guillon.

pourvus de cloisons. Il est assez fréquent, surtout sur les axes ou les grosses branches, que les cloisons secondaires soient bien planes, tandis que les cloisons primaires font intérieurement une voussure convexe vers le haut. Sur aucune pousse je n'ai vu de péricystes ni de rhizoïdes. Je n'ai pas vu non plus de pousses adventives, mais j'ai observé de nombreuses pousses de remplacement, et celles-ci naissent d'une façon particulière.

Dans les espèces précédemment étudiées, si la troncature appartient à un article encore jeune, une ou plusieurs de ses cellules intactes prolifèrent et produisent des pousses de remplacement plus ou moins nombreuses, les autres cellules restent sans changement ou débordent légèrement la surface de troncature. Chez l'*H. obovata*, les pousses de remplacement sont généralement uniques, dirigées dans le prolongement de celles qu'elles remplacent et rarement géminées. Quand elles sont jeunes, on les voit très nettement, par transparence, pénétrer dans la pousse ancienne sur une longueur de quelques articles secondaires, jusqu'à 4-5 articles ; elles prolongent la partie médullaire et sont recouvertes par la partie périphérique à petites cellules (fig. 66, *S*). Peu à peu, les cellules de cette sorte de gaine se dissocient de haut en bas, et finalement la pousse de remplacement est directement insérée sur les cellules médullaires de la pousse d'origine, entourée seulement à sa base par une collerette de ces cellules périphériques (fig. 66, *T*). Un peu au-dessus de son point d'émergence primitif, la pousse de remplacement s'élargit, et prend le diamètre du filament tronqué.

En aucun cas, cette disposition ne peut s'expliquer par une prolifération des cellules périphériques formant une gaine protectrice autour de la pousse de remplacement, car la gaine est sectionnée par des cloisons primaires et secondaires. C'est, au contraire, l'une des cellules médullaires de la pousse tronquée, éloignée de la troncature, qui se transforme en sphacèle, s'accroît, se cloisonne transversalement, repousse ou dissout sur son passage les cellules médullaires de ces articles secondaires pour venir au jour. En d'autres termes, les pousses de remplacement de l'*H. obovata* ont une origine endogène.

Sur les coupes transversales des filaments larges (fig. 65, *H, J*), on trouve quatre cellules médullaires gorgées de matière tannique brune, entourées d'une couche de cellules périphériques, simple ou çà et là double. Il se fait d'abord deux cloisons diamé-

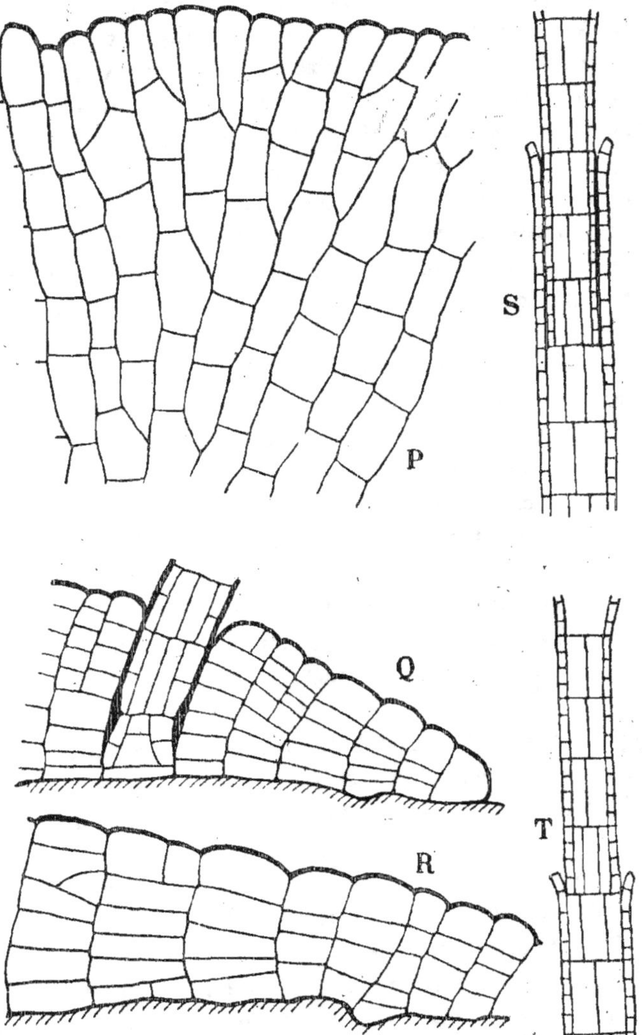

Fig. 66. — *Halopteris obovata* Sauv. — *P*, Thalle rampant vu de dessous. — *Q, R*, File radiale du thalle rampant. (Plante de Michaelsen; Gr. 150). — *S, T*, Schéma d'une coupe optique montrant l'insertion d'une pousse de remplacement.

tralès en croix. Puis, d'un point variable de chacun des rayons partent deux cloisons en V plus ou moins ouvert, se dirigeant vers la périphérie ; une cloison tangentielle se fait ensuite entre les quatre V, et la section des quatre cellules centrales est pentagonale. Nous avons déjà vu une disposition semblable chez l'*Alethocladus*. Enfin, chacune des douze cellules périphériques se divise par une cloison au moins, rejoignant la circonférence. Sur les filaments de moindre diamètre (fig. 65, *G*, *K*), la structure est moins symétrique, et enfin, les rameaux plus grêles possèdent une seule cellule centrale (fig. 65, *L*). Les coupes longitudinales montrent que les cellules périphériques sont seules cloisonnées transversalement.

Toutes les ramifications sont holoblastiques, et l'aisselle de chaque rameau présente une production axillaire, que j'ai très rarement vue se transformer en un court ramule (fig. 65, *E*), largement inséré, comme dans l'*H. filicina ;* je n'ai rencontré aucun poil. La cellule axillaire, d'abord unique, se clive par une cloison dirigée dans le plan général de ramification (fig. 65, *M*, *N*, *O*), puis, les deux cellules ainsi formées se divisent une ou deux fois, inégalement, de manière que, de chaque côté de la cloison de clivage, une cellule soit plus grande que l'autre ou que les autres, et les comprime de plus en plus en se développant. Cette disposition souvent peu nette sur les filaments examinés de face se reconnaît facilement sur les coupes transversales. Dans les parties fructifères, les petites cellules restent stériles, tandis que chacune des grandes cellules porte un sporange.

Sur la plante fructifère vue de face, les deux sporanges sont donc situés exactement l'un derrière l'autre. Ils sont portés par un pédicelle 1-2 cellulaire (fig. 65, *F*) et l'on distingue parfois à la base une des petites cellules stériles persistantes. Les sporanges uniloculaires sont ovales, d'environ 80-100 μ sur 60-85 μ. Je n'ai pas vu d'organes pluriloculaires.

L'*H. obovata*, inférieur à l'*H. filicina* par l'irrégularité de sa ramification, est plus différencié que celui-ci par le cloisonnement du sphacèle axillaire montrant une tendance à la production d'un coussinet sporangifère.

Halopteris obovata Sauv. — Plante en touffes de 2-4 centimètres de hauteur. Thalle rampant constituant un disque basilaire compact à contours nettement limités, adhérent au substratum, formé de larges files radiales accolées, régulièrement disposées sur la face supérieure ; files radiales formées, en épaisseur, de cellules superposées, peu ou point divisées verticalement. Thalle dressé formé de filaments naissant chacun d'une file verticale de cellules du thalle rampant, d'abord simples, puis ramifiés, à rameaux alternes distiques, insérés à intervalles très inégaux ; rameaux simples ou eux-mêmes semblablement ramifiés. Ramifications toutes holoblastiques. Sphacèle axillaire divisé dans le plan de ramification, puis en un très petit nombre de cellules inégales, rarement transformées en ramule axillaire. Articles secondaire des axes cloisonnés longitudinalement, et par 1-3 cloisons transversales. Péricystes, rhizoïdes, pousses adventives, absents. Pousses de remplacement d'origine profonde. — Sporanges uniloculaires ovales, d'environ 80-100 µ sur 60-85 µ, disposés par deux, l'un derrière l'autre, portés par un pédicelle court, 1-2 cellulaire. Organes pluriloculaires inconnus.

Hab. — Sur de grandes Algues, et probablement aussi sur les rochers. Probablement toujours submergé. — Pointe Sud de l'Amérique ! (Ile l'Hermite, Hooker et Harvey, Herb. Muséum Paris ! ; Terre de Feu, Michaelsen, Herb. Muséum Paris ! ; Détroit de Magellan, Le Guillou, Herb. Thuret !).

Syn. *Sphacelaria obovata* Hooker et Harvey.

E. — **Halopteris platycena** Sauvageau mscr.

J'ai établi cette nouvelle espèce d'après l'examen de deux échantillons australiens. L'un, dont je dois la communication à l'obligeance de M. Perceval Wright, est conservé dans l'Herbier de Dublin ; Harvey l'a marqué « Port Jackson, New South Wales, C. Moore », mais il ne l'a pas nommé. Je l'ai identifié à un échantillon de l'Herbier Lenormand, portant la mention, écrite de la main de Lenormand, « F. Muller, 1861, Port Phillip. Australie » ; une étiquette détachée, de la même écriture, et se rapportant sans doute à cet échantillon porte « *Stypocaulon scoparium* var. *corymbiferum* » ; il serait possible que la plante eût été distribuée sous ce nom par Lenormand et se rencontrât dans d'autres Herbiers.

Les deux échantillons, de 3-5 centim. de hauteur, d'aspect raide et penné, de couleur foncée, presque noire, étaient l'un et l'autre mal étalés, à peine préparés. Celui de Lenormand est formé de filaments séparés du thalle rampant, comme s'ils avaient été brusquement arrachés. L'échantillon de Harvey est plus complet ; les filaments dressés sont portés par un disque

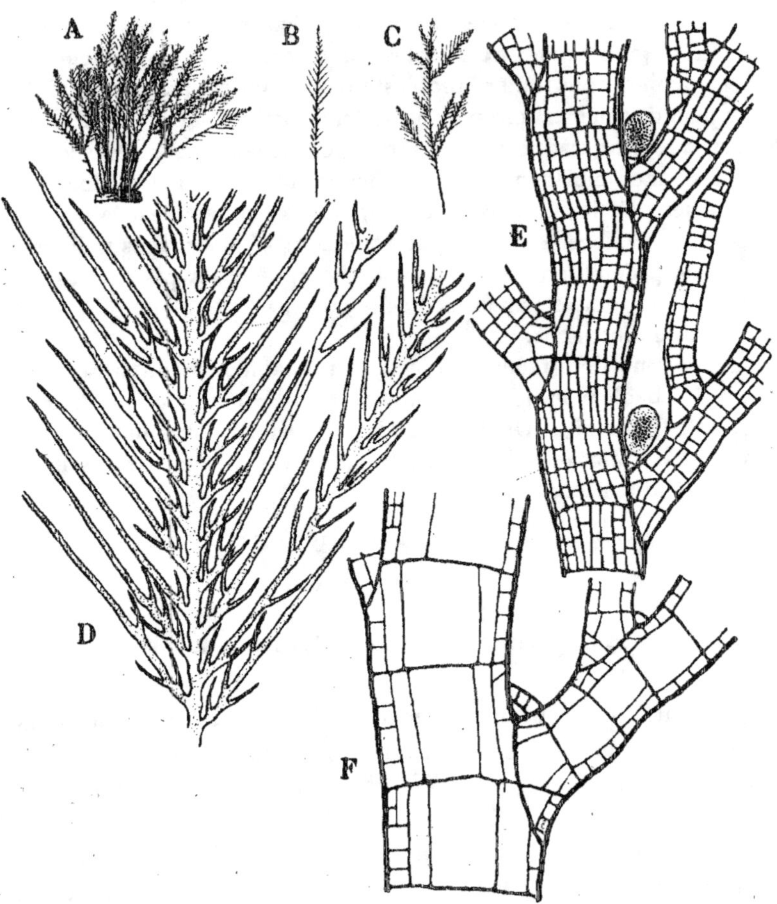

Fig. 67. — *Halopteris platycena* Sauv. — Plante de Port-Jackson. — *A*, Port de la plante, *B, C*, filaments isolés (Gr. nat.). — *D*, Portion grossie d'un filament ; les pennes, qui paraissent simples sur *A, B, C*, portent quelques ramules à leur base (Gr. 16). — *E*, Le cloisonnement des cellules périphériques est beaucoup plus régulier que chez l'*H. obovata*; sporanges uniloculaires jeunes. — *F*, Coupe longitudinale montrant la structure des coussinets axillaires (*E, F*, Gr. 150).

basilaire, semblable à celui de l'*H. obovata*, mais probablement de plus grandes dimensions. La fig. 67, *A*, représente un fragment de cet exemplaire destiné à montrer le port de la plante.

Le disque a la même structure que celui de l'*H. obovata*; les files verticales de cellules sont généralement simples et les filaments dressés naissent d'une seule file verticale. Les rhizoïdes, qui descendent le long des filaments dressés, s'étalent ensuite en s'enchevêtrant à la surface du disque, mais ne paraissent pas prendre part à sa formation. Cependant, le disque étudié s'appuyait sur des filaments feutrés qui étaient peut-être des rhizoïdes plus anciens; d'après ceci, il serait possible que certains thalles rampants fussent composés de plusieurs strates superposées comme dans le *S. olivacea*.

Les filaments dressés restent simples sur plusieurs millimètres ou même un centimètre de longueur, puis se ramifient dans un même plan; les rameaux primaires ou pennes, régulièrement alternes, s'appuient sur chaque cloison primaire, comme dans l'*H. filicina*. Parfois, les pennes sont simples; plus souvent elles portent dans leur portion inférieure un ou plusieurs ramules simples, légèrement courbés (fig. 67, *D*), le premier né étant très généralement situé sur la face supérieure de la penne. Au delà, elles restent simples, et se terminent brusquement en pointe. Lorsque les pennules se ramifient, leur premier ramule est pareillement voisin du sphacèle axillaire. Les pennes peuvent toutes avoir la même valeur, de la base de la pousse jusqu'à son sommet (fig. 67, *B*), ou bien certaines d'entre elles deviennent plus fortes, s'allongent, se ramifient et se comportent comme des axes (fig. 67, *C* et *D*).

J'ai vu plusieurs sphacèles axillaires se transformer en ramule axillaire, mais c'est l'exception; il est possible, d'après l'examen de l'échantillon de Lenormand, que parfois un poil axillaire se développe, mais je ne puis l'affirmer, car la plante, comme celle de Harvey, était couverte de végétations épiphytes (*Dermocarpa*, etc.), gisant surtout dans les aisselles et en rendant l'étude difficile.

Les pennes sont toujours d'origine holoblastique; le premier ou les premiers ramules qu'elles portent sont pareillement holoblastiques; mais le dernier ou les derniers ramules formés sont souvent acroblastiques. Le sphacèle axillaire des derniers ramules holoblastiques, vu de face, paraît simple (fig. 67, *E*), celui des pennes paraît toujours plus ou moins cloisonné (fig. 67, *F*). Les coupes transversales montrent que la première cloison qui y apparaît est située dans le plan de ramification (fig. 68, *L, M*); elle correspond à celle de l'*H. obovata*, mais le cloisonnement va plus loin et constitue un petit coussinet axillaire.

Les articles secondaires sont à peu près aussi hauts que larges; leurs cloisons longitudinales, assez rapprochées l'une de l'autre, et relativement épaisses, contribuent à donner à la plante une certaine raideur; on compte aussi 1-3 cloisons transversales, parfois davantage, et les cellules ainsi limitées sont plus petites que dans les *Halopteris* précédents.

A part ceux qui apparaissent dans les parties blessées, les rhizoïdes naissent seulement à la base des filaments dressés, dans la portion non ramifiée, et de cellules qui ne semblent pas spécialement différenciées. Ils forment un manchon peu épais, mais très dense, en se soudant entre eux et au filament. Quelques-uns présentent çà et là une cloison longitudinale (fig. 68, *J*).

La structure en section transversale est caractéristique; elle se compose d'une large cellule centrale, à quatre (fig. 68, *H*), plus souvent à cinq côtés (fig. 68, *G, J, K, L, M*), qui occupe toute la hauteur des articles, et est remplie de matière tannique brune; autour sont de petites cellules disposées sur deux, rarement trois couches. La présence de cette grande cellule axile a fait donner à l'espèce le nom de *platycena*. La première cloison qui apparaît est excentrique, les 3-4 cloisons qui naissent ensuite et successivement, pareillement excentriques, vont de la cloison précédemment formée jusqu'à la périphérie; habituellement, l'ordre d'apparition de ces cloisons principales est facile à reconnaître; il est rare (fig. 68, *K*) que l'on ne voie pas si la cloison approximativement parallèle à la première est née la deuxième ou la troisième. Les cloisons suivantes, perpendiculaires aux précédentes, limitent de petites cellules périphériques qui se segmentent tangentiellement, puis, les plus extérieures, radialement. Seules, les cellules périphériques sont cloisonnées transversalement; celles qui sont situées entre elles et la cellule centrale occupent, comme celle-ci, toute la hauteur de l'article secondaire, et sont souvent pareillement remplies par la matière brune. Sur des fragments examinés de face, et dont cette matière tannique a été incomplètement dissoute par l'eau de

Javelle, elles donnent par transparence l'illusion de péricystes, mais je n'ai vu aucun véritable péricyste.

Les six coupes représentées sur la figure 68, prises sur
cinq filaments, se correspondent bien; en *H,* pris au-dessus
de *J,* la cellule centrale a formé une cloison que ne présentent
pas les autres dessins. Sur un filament de la plante de Lenor-

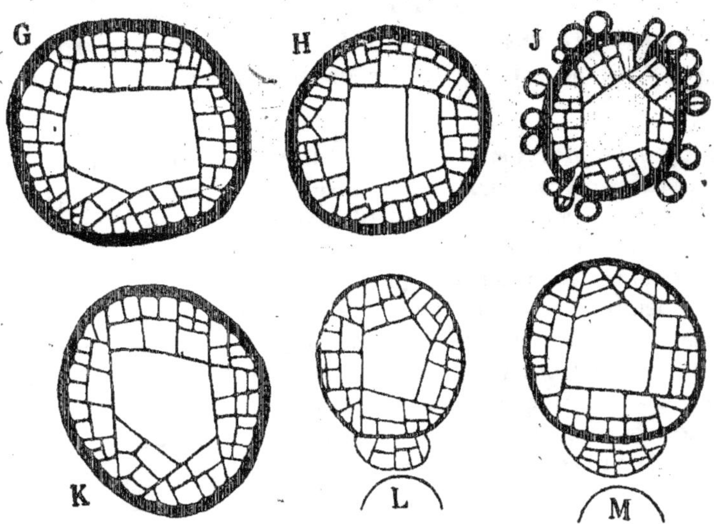

Fig. 68. — *Halopteris platycena* Sauv. — Plante de Port-Jackson. — *G, H, J, K,* Coupes
transversales dans la partie inférieure, non ramifiée des filaments dressés; *J* a été pris
au-dessous de *H.* — *L, M,* Coupes transversales dans la partie ramifiée, pour montrer le
coussinet axillaire; la cloison qui apparaît la première est dans le plan de ramification
(*G* à *M,* Gr. 200).

mand j'ai rencontré plusieurs coupes où la première cloison
étant presque diamétrale, la structure générale en était modifiée, mais, au-dessus et au-dessous, on retrouvait la grande
cellule centrale unique. En *J,* deux rhizoïdes ont pris naissance
dans les cellules périphériques triangulaires; je n'ai pas vérifié
si cette spécialisation était constante.

Je n'ai vu aucune pousse adventive. Les pousses de remplacement étaient peu nombreuses, et un manchon de rhizoïdes
localisés, non descendants, entourant leur base, empêchait de
bien voir leur origine. Cependant, sur plusieurs coupes transversales, la grande cellule centrale était comblée par un cloisonnement reproduisant celui d'un filament. Ceci indique que les

pousses de remplacement se développent aux dépens de cette cellule centrale, et probablement comme chez l'*H. obovata*.

D'après la structure en coussinet du sphacèle axillaire, on aurait pu s'attendre à trouver des sporanges groupés. Or, la plante de Harvey était fertile, mais présentait seulement des sporanges uniloculaires jeunes, un seul pour chaque aisselle, comme si les sphacèles axillaires ne se cloisonnaient pas sur les filaments fructifères. Il est à remarquer aussi que les sporanges se rencontraient à des aisselles quelconques, et sous ce rapport l'*H. platycena* se rapproche des espèces précédemment étudiées.

Halopteris platycena Sauv. — Plante en touffes raides, de 3-5 centimètres de hauteur. Thalle rampant constituant un disque basilaire compact à contours nettement limités, adhérent au substratum, formé de larges files radiales accolées, régulièrement disposées sur la face inférieure, à cellules non régulièrement disposées en files sur la face supérieure; files radiales formées, en épaisseur, de cellules superposées, peu ou point divisées verticalement. Thalle dressé formé de filaments naissant chacun d'une file verticale de cellules du thalle rampant, d'abord simples, puis ramifiés dans un même plan. Pennes régulièrement alternes, distiques, s'appuyant sur les cloisons primaires successives de l'axe, simples ou portant inférieurement quelques pennules simples ou ramifiées. Pennes toujours holoblastiques, dernières pennules d'une penne, ou ramules des pennules, parfois acroblastiques. Sphacèle axillaire rarement développé en un ramule axillaire, plus souvent à l'état de coussinet pluricellulaire à l'aisselle des pennes, et de cellule simple ou peu cloisonnée à l'aisselle des ramules. Première pennule d'une penne située du même côté de la penne que le sphacèle axillaire. Articles secondaires des axes à cloisons longitudinales rapprochées, et à 1-3 ou davantage cloisons transversales ne laissant pas de péricystes. Cloisonnement interne ménageant habituellement une cellule centrale large. Péricystes et pousses adventives absents. Pousses de remplacement probablement d'origine profonde. Rhizoïdes naissant seulement dans la partie basilaire non ramifiée des axes, corticants, formant un manchon dense, mais peu épais. — Sporanges uniloculaires globuleux, allongés, peut-être toujours isolés. Organes pluriloculaires inconnus.

Hab. — Sur de grandes Algues et probablement aussi sur les rochers. — Australie méridionale ! (Port Jakson, C. Moore leg., Herb. Harvey, Trinity College, Dublin ! ; Port Phillip, F. von Müller, Herb. Lenormand, Faculté des Sciences de Caen !).

Chapitre XVII. — Halopteris scoparia et espèces voisines

A. — **Halopteris scoparia** Sauvageau mscr.

Syn. *Stypocaulon scoparium* Kützing.

L'*Halopteris scoparia* est généralement facile à distinguer, à première vue, de l'*H. filicina*; il forme des touffes compactes et lobées, d'un brun foncé, que l'on rencontre communément à mi-marée sur nos côtes de l'Océan, tandis que l'*H. filicina*, de couleur plus claire, à frondes plus étalées, croît sur les rochers submergés. Au lieu de produire un ramule axillaire, le sphacèle axillaire se développe en coussinet pluricellulaire ou en bouquet de poils. La différence entre les individus fructifères est encore plus saisissante, car les organes reproducteurs de l'*H. filicina* peuvent se trouver à toutes les aisselles holoblastiques, sont isolés ou en très petit nombre à chaque aisselle, tandis que ceux de l'*H. scoparia* sont groupés à l'aisselle de ramules spéciaux rapprochés en épi. La ramification de l'*H. scoparia* est toujours holoblastique; je n'ai jamais vu d'aisselle nue, et le sphacèle axillaire m'a toujours paru cloisonné, même sur les ramifications de dernier ordre et sur la variété à thalle rampant.

M. Reinke a donné [91, 2, pl. VII, fig. 1] un bon dessin d'un sommet de *Styp. scoparium*, montrant la disposition et l'origine des rameaux sur l'axe. La ramification est simple. Un axe porte des pennes alternes et distiques, plus ou moins longues, qui elles-mêmes produisent des pennules souvent simples, un peu arquées et pointues; la première pennule d'une penne est généralement insérée sur la face supérieure; les axes ou pousses indéfinies se terminent par un volumineux sphacèle, tandis que les pennes ou pousses définies se terminent bientôt en pointe. Cependant, ici, comme dans les espèces antérieurement étudiées, certaines pennes continuent à s'allonger, deviennent des axes, et leurs pennules deviennent des pennes. Le plus souvent, il est sans intérêt de déterminer, dans un cas douteux, si une pousse en voie d'accroissement est indéfinie ou définie; cependant, la présence des péricystes permet très généralement de les caractériser. Les articles secondaires des axes, vus de face, présentent en effet de nombreuses cloisons longitudinales, et souvent trois cloisons transversales, de sorte que les cellules sont de petite taille; chacune d'elles peut renfermer plus ou moins abondamment le composé tannique brun, souvent signalé antérieurement, mais celui-ci est notablement plus abondant dans les péricystes qui, à un faible grossissement, paraissent comme des taches noires. Les péricystes sont des cellules souvent plus larges que les autres, et toujours plus hautes ; ils prennent toute la hauteur de l'article, ou sont incomplets quand un ou deux cloisonnements transversaux réduisent leur longueur à celle de deux ou trois cellules au lieu de quatre. Étant l'origine des rhizoïdes, ils ont été remarqués par Geyler et par M. Reinke ; toutefois, ces auteurs [Geyler, 66, p. 496, et Reinke, 91, 2, p. 25] disent que les cellules mères des rhizoïdes se rencontrent dans les articles secondaires inférieurs, tandis qu'elles m'ont paru plus constantes dans les articles secondaires supérieurs ; cette contradiction est d'ailleurs peu importante, car les péricystes peuvent apparaître indifféremment dans tous les articles secondaires des axes, et sont le résultat du cloisonnement interne ; théoriquement, il y en a quatre dans chaque article secondaire, que le cloisonnement transversal respecte ou fait disparaître. Sur une coupe transversale, ils sont disposés aux extrémités de deux diamètres croisés de sorte que, sur les axes examinés de face, et dans les cas les plus favorables, on en verra souvent deux, parfois trois, mais jamais quatre. Les péricystes manquent aux pennes bien caractérisées comme telles ; ils apparaîtront sur des pennes qui se transforment en axes et inversement. Comme résultat de la présence des péricystes, les axes seront cortiqués par les rhizoïdes, tandis que les pennes seront généralement nues.

L'agencement réciproque des axes et des rameaux fait varier l'aspect que prend l'*H. scoparia*; J. Agardh groupa les états les plus fréquents en deux formes, de même nom que pour l'*H. filicina* : la f. *æstivalis* « pinnis superioribus elongatis fasciculatis, pinnulis brevissimis adpressis » dans laquelle il fait rentrer le *S. spartioïdes* de Meneghini et le *S. Hænseleri* de Bonnemaison (1), et la f. *hiemalis* « fronde rigidiori supradecomposito-

---

1. J'ai vérifié sur un échantillon authentique de l'Herbier Bonnemaison que le *S. Hænseleri* est bien l'*H. scoparia* f. *æstivalis*.

pinnata, pinnulis patentibus ». Kützing n'en tint pas compte et reconnut cinq variétés du *Styp. scoparium* [55, p. 28, pl. 96], que Geyler, cherchant à mettre d'accord J. Agardh et Kützing [66, p. 528], a groupé de la manière suivante : *forma æstivalis* avec les variétés *glomerata, virgata* et *corymbifera* de Kützing, et *forma hiemalis* avec les var. *coarctata* et *disticha* de Kützing, cette dernière correspondant au *Sph. disticha* de Lyngbye. Les auteurs ultérieurs attachèrent moins d'importance à ces distinctions, et M. Reinke [91, 2] considère le *Styp. scoparium* dans son ensemble, sans même citer les noms précédents. Il est bon cependant de s'arrêter un instant sur ces variétés d'Agardh, bien que l'on puisse trouver entre elles toutes les formes de passage, et qu'elles ne correspondent pas nécessairement aux saisons que leur nom indique. Les états extrêmes sont bien tranchés. Dans la f. *æstivalis*, les frondes sont fastigiées ; le diamètre des pennes est peu différent de celui des axes. Les pennes peu divariquées, presque appliquées, s'appuient parfois contre les cloisons primaires successives, plus souvent de deux en deux, laissant ainsi un entrenœud stérile, et ne sont pas strictement distiques. Elles sont très longues, peuvent dépasser deux centimètres ; leurs pennules courtes, peu divariquées, s'appuient plus souvent sur les cloisons primaires de deux en deux, que sur les cloisons successives, parfois même de trois en trois et perdent çà et là leur insertion distique, mais certaines s'allongent sans se divariquer, se ramifient, et leur extrémité arrive au même niveau que celle de la penne mère. C'est l'état que Bonnemaison nommait *S. Hænseleri*. Dans la f. *hiemalis* la mieux caractérisée, au contraire, les pennes et les pennules sont strictement distiques, s'appuient sur les cloisons primaires successives sans laisser d'entrenœuds, et sont plus divariquées ; les pennes sont relativement moins longues par rapport aux axes, et les pennules relativement plus longues par rapport aux pennes. Dans certains cas la physionomie de fragments de la plante, abstraction faite des rhizoïdes, n'est pas sans ressemblance avec l'*Hal. platycena.*

Les auteurs méditerranéens ont déjà remarqué que les deux états *æstivalis* et *hiemalis* ne sont pas en rapport avec les saisons. Ils ne le sont guère plus dans l'Océan ; toutefois, dans le golfe de Gascogne, l'état *æstivalis* semble bien plus fréquent pendant la saison chaude, et presque tous les exemplaires que j'ai récoltés à Biarritz, au milieu de janvier 1904, appartenaient à la forme *hiemalis*; par contre, j'ai reçu de Plymouth des exemplaires récoltés en février 1900, parfaitement caractérisés comme f. *æstivalis*. Les relations des deux états entre eux ont échappé aux auteurs : la f. *æstivalis* correspond à la fin de la végétation de l'individu, tandis que la f. *hiemalis* correspond à son début, et surtout à sa renaissance, car un même exemplaire peut présenter les deux formes juxtaposées. Il est nécessaire d'étudier l'origine des pousses adventives pour saisir comment les phénomènes se passent.

Or, les auteurs ont nommé « pousses adventives » deux sortes bien distinctes de pousses d'origine secondaire; il est cependant utile de préciser desquelles on parle, car M. Reinke a fondé son genre *Anisocladus* sur le fait que les sporanges y seraient exclusivement portés par des pousses adventives, tandis que les sporanges des *Stypocaulon* naîtraient exclusivement sur les pousses normales.

D'après Geyler [66, p. 494], les pousses adventives sont rares chez le *S. scoparium,* et se développent au nombre de deux à cinq, lorsque, par suite de circonstances extérieures (blessures, etc.), le sommet d'une pousse indéfinie a cessé de croître. M. Reinke [91, 2, p. 25] dit la même chose à peu près dans les mêmes termes, puis [91, 2, p. 26], en contradiction avec ceci, il spécifie que les cellules à contenu foncé, que j'ai nommées péricystes, sont l'origine des pousses adventives et des rhizoïdes.

Les pousses adventives dont parle Geyler, et après lui M. Reinke, sont des *pousses de remplacement,* ou de *réparation,* identiques à celles dont j'ai maintes fois parlé à propos des Sphacélariacées précédentes, et qui, si elles paraissent plus fréquentes chez certaines espèces, peuvent se rencontrer toutes les fois qu'une troncature enlève le sommet d'un individu encore vigoureux. Chez l'*H. scoparia,* leur fréquence varie suivant les individus; on pourrait expérimentalement les faire apparaître en brisant un axe, une penne ou une pennule ; elles se développent soit par allongement du rameau ou des rameaux les plus voisins de la blessure, soit par prolifération des cellules de la troncature, et dans ce cas sont uniques ou multiples, mais les péricystes restent étrangers à leur formation.

M. Reinke emploie le terme de *pousse adventive* à propos d'autres espèces, *Styp. funiculare, Anisocladus congestus,* etc., dans un sens différent, pour lequel on doit le réserver, afin de désigner des pousses tardives, identiques aux pousses normales sympodiales par leur forme et leur structure, mais qui naissent plus ou moins tardivement aux dépens des péricystes de l'axe déjà complètement cloisonné, au lieu de se développer sur le sphacèle de l'axe. On pourrait les comparer aux bourgeons dormants des Phanérogames dont le développement vient troubler le plan général de ramification.

On a donc employé le même mot pour désigner deux choses différentes, et M. Reinke, interprétant inexactement le texte de Geyler, et s'en rapportant à l'habituelle précision de ses descriptions, n'a pas recherché, dans l'*H. scoparia,* les pousses adventives qu'il a décrites chez d'autres espèces. Or, elles y sont fréquentes et donnent précisément l'explication de la juxtaposition des états *æstivalis* et *hiemalis.* Toutefois, contrairement à ce qui arrive chez l'*H. funicularis,* elles sont assez rares sur les axes encore nus, et bien plus fréquentes sur les parties de l'axe revêtues d'une épaisse couche de rhizoïdes; aussi, les dissections sont-elles souvent insuffisantes pour reconnaître leur origine, mais les sections transversales montrent qu'elles proviennent de péricystes et qu'elles sont disposées, au moins théoriquement, par verticilles de quatre, comme les rhizoïdes.

Les rameaux de l'*H. scoparia* jeune sont étalés, alternes, distiques, rapprochés, en d'autres termes, il prend l'état dit *hiemalis*; ce mode de végétation continue pendant plusieurs semaines, peut-être pendant quelques mois, puis se transforme peu à peu en la forme fastigiée, dite *æstivalis.* Si la plante conserve cette architecture primaire en s'accroissant, et si, au fur et à mesure de son allongement, les parties appendiculaires anciennes disparaissent, elle pourra finalement avoir dans son ensemble l'aspect *æstivalis*; elle conservera la forme d'une touffe plus ou moins lobulée par le jeu des pennes qui, çà et là, se transforment en axes.

Mais les péricystes jouent un rôle important. Ils conservent un noyau plus volumineux que les cellules voisines. A une distance variable du sommet, et non simultanément dans un même article secondaire, les péricystes se boursouflent d'abord en forme d'oreille renversée, suivant la moitié inférieure ou les deux tiers inférieurs de leur hauteur, puis s'allongent en rhizoïdes corticants, qui se ramifient, se recouvrent mutuellement en englobant la base des pennes, et finalement produisent à la portion inférieure de la plante une masse spongieuse, protectrice et fixatrice, dont le diamètre dépasse considérablement celui de l'axe. Dans la plupart des cas, l'examen des parties non totalement cortiquées, sur lesquelles les péricystes sont encore reconnaissables, laisserait supposer que ceux-ci produisent seulement chacun un rhizoïde, mais sur plusieurs exemplaires à l'état *æstivalis*, je les ai vu produire, dans leur portion supérieure, une pousse adventive d'apparition antérieure à celle du rhizoïde, plus souvent un peu plus tardive, parfois aussi simultanée; ces jeunes pousses prennent la forme *hiemalis*, et émettent des rhizoïdes qui, en descendant le long de la plante mère, les fixent sur elle. Les pousses adventives nées dans la portion fortement cortiquée sont bien plus fréquentes; elles ont pour origine un péricyste resté jusque-là stérile, ou ayant produit seulement un rhizoïde. A moins qu'elles soient très développées, on les reconnaît facilement sous la loupe, car, étant plus jeunes que les parties environnantes, leur contenu cellulaire est encore peu tannifère, et leurs parois sont peu ou point colorées, à l'inverse de la couche de rhizoïdes qu'elles ont traversée, et des pennes d'origine primaire. Sur un même individu, leurs dimensions sont très variables; elles s'arrêtent bientôt dans leur croissance, restent à l'état de pousses définies simplement pennées, ou au contraire sont des pousses indéfinies, plusieurs fois pennées, largement étalées, pouvant assurément atteindre une aussi grande taille que la plante mère qu'elles régénèrent. Ces pousses adventives sont de la forme *hiemalis* et se rencontrent sur les deux formes distinguées par J. Agardh. J'ai vérifié souvent le fait que, sur les individus fructifères, les pousses adventives deviennent fructifères comme les pousses normales, et ceci est intéressant à constater pour la comparaison avec les espèces que nous étudierons ultérieurement.

Dans les cas les plus parfaits, les pousses adventives étant disposées par quatre comme les péricystes qui leur donnent naissance, et ceux-ci étant sans relation immédiate avec l'insertion des pennes distiques, on conçoit qu'une plante adulte croisse en touffe, à contour plus ou moins circulaire, et que la disposition distique se retrouve seulement sur des portions examinées isolément.

Ces pousses adventives ne doivent pas être confondues avec certaines pousses spéciales de remplacement qui se développent au même niveau, rajeunissent pareillement l'individu, et qui sont également différentes des pousses de remplacement accidentelles dont il a été question plus haut, car, au lieu de réparer des parties jeunes, elles rajeunissent des parties anciennes. Dans les points où la cortication est épaisse, par conséquent où la plante est âgée, et particulièrement sur la f. *æstivalis,* on voit de nombreux moignons, longs de quelques articles, peu saillants en dehors de la cortication, et qui sont des bases de pousses définies d'origine primaire. Il est fort possible que ces moignons soient les restes de boutures dont on parlera plus loin; quoi qu'il en soit, 1-2-3 cellules de la surface de section se rajeunissent, prolifèrent, deviennent autant de pousses nouvelles, définies, à rameaux courts et pointus, ou indéfinies, largement étalées. Quand ces pousses de remplacement naissent par deux ou trois, on les distingue sans peine des pousses adventives toujours isolées, mais leur caractérisation est plus délicate, lorsqu'elles sont uniques, sur un court moignon plus ou moins caché par la cortication. Elles sont si abondantes qu'elles paraissent aussi utiles que les pousses adventives à la continuation de l'existence de la plante.

Par ces deux sortes de pousses, l'état dit *æstivalis,* arrivé au terme de sa végétation, se transforme en l'état dit *hiemalis.* J'ai par exemple récolté à Guéthary, au commencement d'août 1898, des individus volumineux dont la périphérie des touffes, de caractère *æstivalis* très marqué, semblait destinée à disparaître prochainement; la portion interne, au contraire, devait son aspect beaucoup plus dense à un grand nombre de pousses adventives et de pousses spéciales de remplacement en voie d'actif accroissement. Celles-ci, assurément, devaient bientôt remplacer les pousses d'origine primaire et la plante perdre l'aspect *æstivalis* pour revêtir l'état *hiemalis.*

En résumé, l'*H. scoparia* paraît susceptible de vivre longtemps; la plante jeune possède l'aspect *hiemalis;* en vieillissant elle prend l'aspect *æstivalis,* puis, par la mort de certaines pousses, et la naissance d'autres pousses, d'origine secondaire par rapport aux précédentes, elle reprend l'aspect *hiemalis.* Toutefois, il resterait à déterminer combien de fois le phénomène peut se renouveler. Les dispositions précédentes favorisent le maintien de l'individu ; une autre disposition, que je vais étudier maintenant, favorise encore sa multiplication.

Les rhizoïdes corticants, arrivés à la base de la plante, forment par leur ensemble une masse spongieuse, considérablement plus large que le diamètre de l'axe cortiqué. Ils sont cloisonnés transversalement et longitudinalement comme sur la figure 72, *L.* Les rhizoïdes enchevêtrés se ramifient de la manière la plus variée ; ils forment fréquemment à leur extrémité, plus rarement sur leur parcours, des épatements à ramifications courtes et serrées, qui se fixent sur un grain de sable ou tout autre substratum, mais sans jamais produire de disque. J'en ai suivi sur une grande longueur sans constater que des pousses dressées en sortent par bourgeonnement. Les rhizoïdes de la plante adulte, qui proviennent des péricystes, ne pourraient donc pas servir à sa multiplication.

Mais, en fouillant cette masse spongieuse, qui retient souvent beaucoup de corps étrangers, on trouve fréquemment, et parfois en abondance, des fragments détachés de l'*Halopteris,* jouant le rôle de boutures, qui émettent des rhizoïdes par leur base tronquée. Ces rhizoïdes sont souvent nombreux ; j'en ai compté parfois plus de vingt, sur des pousses peu épaisses, comme si chaque cellule de la surface de la section était susceptible d'en produire un. D'abord disposés en faisceau, ils se dirigent bientôt dans tous les sens, se ramifient comme les rhizoïdes normaux et ne pourraient en être distingués s'ils étaient isolés. Cependant, ils engendrent des pousses dressées, en des points quelconques de leur longueur, par simple boursouflement d'une cellule qui devient un sphacèle, et par conséquent sans former de disque. Ce sont parfois de courtes pousses définies, bientôt terminées en pointe après avoir produit quelques rameaux courts ; elles ne peuvent alors perpétuer la plante et jouent probablement un simple rôle assimilateur au profit de leurs voisines, car un même rhizoïde peut produire plusieurs pousses dressées. D'autres sont des pousses indéfinies à gros sphacèle terminal,

qui, sans aucun doute, deviennent des individus nouveaux.
Dans l'un et l'autre cas, les articles inférieurs de ces pousses
émettent de très bonne heure des rhizoïdes d'abord corticants, ensuite errants, qui s'enchevêtrent avec ceux de la bouture mère et masquent leur insertion. Ces plantules, grêles
à leur base, s'élargissent progressivement jusqu'à prendre leur
diamètre définitif comme celles de l'*H. filicina.* D'abord simples,
elles se ramifient au delà d'une certaine hauteur; les premiers
rameaux sont simples, courts, pointus, inégalement espacés
mais distiques, puis, les insertions deviennent régulières, sur
chaque cloison primaire ou sur les cloisons primaires de deux
en deux, en même temps que ces rameaux se ramifient, deviennent pennés. Mais, contrairement à ce qui arrive chez l'*H. filicina,* je n'ai jamais vu de modification dans le cloisonnement
transversal typique, ni de rameaux acroblastiques, même sur
les plantules avortant de bonne heure.

Ces boutures sont parfois si abondantes, qu'à n'en pas
douter, elles remplacent les propagules dans la multiplication
et la dispersion de la plante. Elles ne sont pas seulement
incluses dans la masse spongieuse basilaire de gros individus;
j'en ai trouvé aussi, en août 1898 à Guéthary, dans des masses
prises sur les rochers, formées surtout de fragments d'*H. scoparia* enchevêtrés dans des *S. cirrosa* fixés au substratum. Dans
le premier cas, elles étaient simplement tombées au pied de la
plante mère, dans le second, elles avaient été transportées par
le mouvement de l'eau et arrêtées au passage par les filaments
du *S. cirrosa;* toute autre plante touffue, à filaments raides et
enchevêtrés, pourrait sans doute jouer le même rôle que le *S. cirrosa.* Cependant, les boutures ne semblent pas le résultat de
la séparation d'une portion de la plante par simple décollement
le long d'une cloison transversale; leur chute, bien que fréquente, est accidentelle et due par exemple à la morsure de certains mollusques circulant dans les touffes (1). En effet, toutes

1. Beaucoup d'Algues marines abritent des mollusques herbivores entre leurs
filaments. Dans le Golfe de Gascogne, l'*H. scoparia,* en particulier, est le
refuge d'un nombre considérable de minuscules gastropodes qui, s'ils n'en font
pas leur nourriture habituelle, coupent assurément de temps en temps des
pousses de l'*Halopteris* qui deviendraient les boutures en question. De quelques
exemplaires préparés pour l'herbier, j'ai retiré des gastropodes que M. Fischer,
du Muséum, a eu l'obligeance de déterminer : *Rissoa Guerini* Recluz, *Rissoa
(Turbella) parva* Da Costa et *Barleeia rubra* Adams.

les portions de plantes ainsi trouvées ne sont pas également aptes à se transformer en boutures; les pousses indéfinies, largement étalées, dont les rameaux se terminent par un sphacèle en voie de croissance, dépérissent rapidement, leurs cellules se vident de leur contenu, et elles produisent rarement des rhizoïdes; au contraire, les pousses définies ,à rameaux et sommet en pointe, autrement dit ayant terminé leur croissance, jouent plus régulièrement le rôle de boutures. Si la chute des boutures était normale et non accidentelle, on rencontrerait seulement ces dernières, et non les premières destinées à périr. Quoi qu'il en soit, elles constituent assurément un procédé très efficace de dissémination de l'*H. scoparia*. Il y aurait lieu d'étudier par l'expérience si la matière tannique, souvent accumulée dans les cellules centrales de ces pousses, ne se comporte pas comme une substance de réserve, en facilitant la production des rhizoïdes, et par suite leur rôle de boutures; normalement elle serait un produit d'excrétion, mais si la pousse définie devient une bouture, elle jouerait alors le rôle de substance de réserve au même titre que celle qui est accumulée dans les sphacèles en voie de cloisonnement.

Geyler a figuré plusieurs sections transversales du *Styp. scoparium* [66, pl. 34, fig. 3 à 7], et il a décrit l'ordre d'apparition des cloisons. Sa description, acceptée par M. Reinke, ne s'applique cependant pas, comme il le croit, à la structure des axes, et par conséquent elle n'a pas le caractère de généralité qu'il lui accorde; sa figure 7 est la seule prise dans une pousse indéfinie, mais l'interprétation en est faussée par celle des stades plus jeunes, étudiés sur des pousses définies. D'ailleurs, la figure 1, de Geyler, qui montre le cloisonnement général sur une pousse vue de face, ne s'applique pas non plus à une pousse indéfinie, mais à une de ces longues pennes ou pousses définies, de l'état *æstivalis,* dont la croissance en longueur n'est pas encore terminée.

La structure des axes est caractéristique; je l'ai retrouvée construite sur le même plan sur tous les exemplaires étudiés. Toutefois il est bon, pour pratiquer les coupes transversales, de choisir des axes dont les pennes ne s'appuient pas sur les cloisons primaires successives, mais de deux en deux. Le premier cas, en effet, entraîne souvent une certaine obliquité des cloisons transversales séparant les articles secondaires successifs, et les

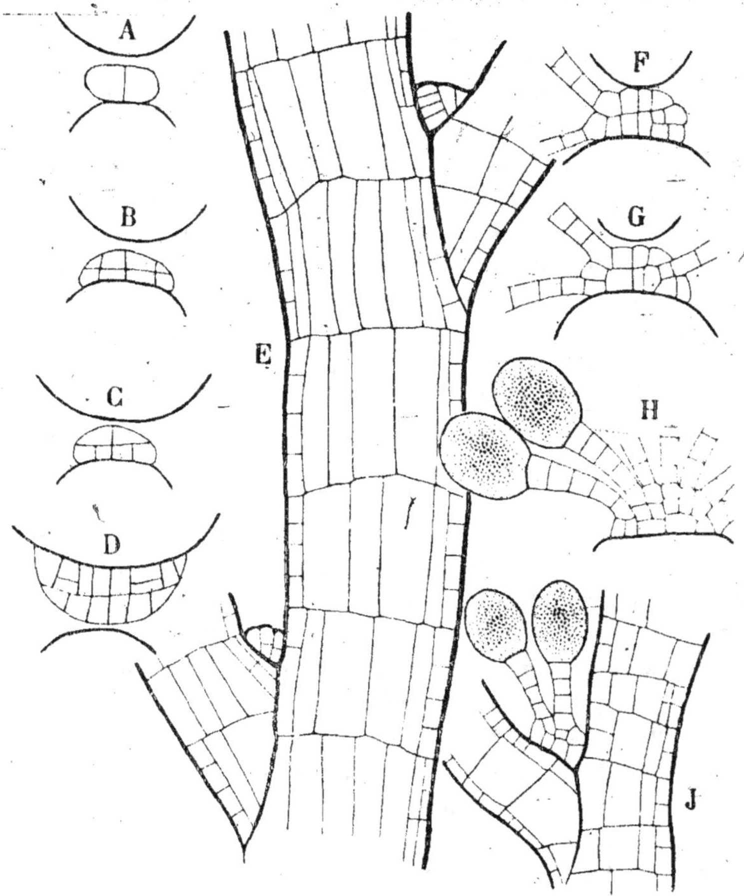

Fig. 69. — *Halopteris scoparia* Sauv. — *A, B, C, D,* Coupes transversales passant par un coussinet axillaire ; *A* est un état jeune, où la seule cloison existante dans le sphacèle axillaire est parallèle au plan de ramification (Gr. 200). — *E,* Coupe longitudinale dans un axe dont les pennes s'appuient sur les cloisons primaires de deux en deux, montrant le cloisonnement du coussinet axillaire (Gr. 150). — *F, G,* Coupes transversales, et *H,* coupe longitudinale passant par un placenta axillaire (Gr. 200). — *J,* Coupe longitudinale de l'axe d'un épi sporangifère ; les cloisons transversales séparent les articles secondaires, qui sont notablement plus courts que sur une partie stérile distique, et plus courts que sur la bractée (Gr. 150).

coupes transversales passent le plus souvent par deux portions d'articles successifs, ou à la fois par l'axe et par une branche, de sorte que la structure est modifiée. Naturellement, les coupes

dans les axes à pennes espacées ont plus de chance d'être normales.

Les figures 71 et 72 reproduisent des coupes dessinées exactement; le schéma de la figure 70 les récapitule et indique
l'ordre des cloisonnements.

Il se fait d'abord deux cloisons diamétrales perpendiculaires
et presque simultanées *1, 1,* et *2, 2,* qui parfois se croisent exactement. On reconnaît dans certains cas favorables, et sur des
articles fertiles, que la première formée est la plus rapprochée
du plan de ramification. Puis, un autre cloisonnement en croix,
presque simultané aussi, se fait dans chaque quartier; il est
assez rare de rencontrer le cas de la figure 71, *A,* où la cloison
3, 3, est nettement formée avant *4, 4,* tandis que la figure 71, *B,*
se constate fréquemment, et correspond à un temps d'arrêt. Mais,
même sur cette figure *B,* on reconnaît facilement que les cloisons désignées par *3, 3,* parallèles au diamètre *1, 1,* apparaissent
toujours avant celles désignées par *4, 4,* parallèles à *2, 2,* car
chacune de celles-ci est formée de deux portions, la portion centrale étant toujours plus éloignée de *2, 2,* que la portion périphérique. Les quatre cellules de section triangulaire laissées par ce
cloisonnement deviendront les péricystes rhizogènes soit directement et en totalité, soit partiellement et après un autre cloisonnement longitudinal, ceci sans préjudice du cloisonnement
transversal superficiel dont nous n'avons pas à nous occuper
actuellement. La coupe 71, *C,* prise un peu au-dessous de *B,*
appartient au même article secondaire, et passe par l'amorce
d'une penne; le cloisonnement n'est pas dérangé, mais le rameau
encore à l'état de sphacèle, qui s'y attache, empiétant légèrement sur l'axe, les cellules contiguës sont un peu moins grandes
que celles du côté opposé. Les cellules triangulaires étant plus
ou moins recouvertes, on conçoit que, suivant l'orientation de
la cloison *1, 1,* par rapport au plan de ramification, et suivant
la manière dont s'opérera le cloisonnement ultérieur de ces cellules triangulaires, les péricystes seront recouverts ou non par
le rameau. On conçoit aussi que les premiers cloisonnements
étant les mêmes dans les articles secondaires, supérieurs et
inférieurs, les uns et les autres pourront posséder des péricystes
et fournir des rhizoïdes. De plus, la cloison *1, 1,* n'étant pas
strictement parallèle au plan de ramification dans les articles

fertiles, et pouvant s'en écarter davantage dans les articles
stériles, les péricystes ne sont pas situés les uns au-dessus des
autres dans les articles successifs.

Ensuite, les cloisons marquées *5, 5,* apparaissent presque
simultanément. Pour cela, chacune des quatre cellules centrales,
et chacune des huit cellules périphériques à quatre côtés, se
divise par deux cloisons en croix orientées comme les précédentes, ce qui donne 48 cellules à quatre côtés. Les cloisons
marquées en pointillé sur la
figure 71, *D,* étaient nettement indiquées, mais encore
très jeunes ; la division en
croix par *5,5,* se fait donc
d'abord dans les cellules périphériques, et un peu après
dans les cellules centrales.
En même temps, les quatre
cellules périphériques de section triangulaire prennent une
cloison *5, 5,* mais oblique,
s'appuyant sur l'un des côtés
rectilignes et sur le côté convexe ; si un péricyste doit se
former, le cloisonnement peut ne pas aller plus loin dans la
grande cellule ainsi ménagée, dans le cas contraire, ou si le
péricyste n'occupe pas toute la hauteur de l'article secondaire, le cloisonnement continue plus ou moins irrégulièrement.

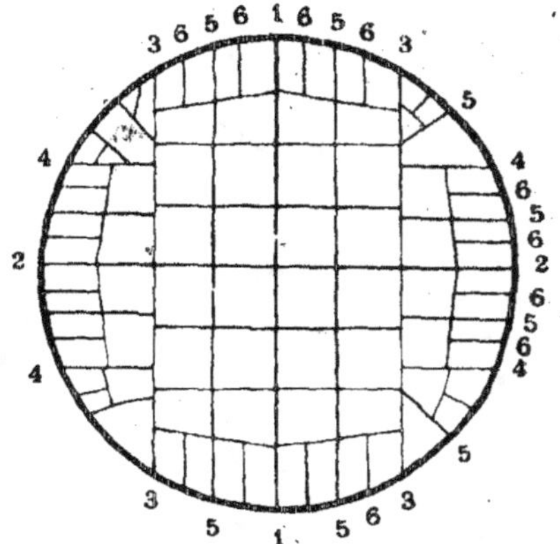

Fig. 70. — *Halopteris scoparia* Sauv. — Schéma
de la structure transversale d'un axe.

Très généralement, les 32 cellules à quatre faces rectilignes
ne changent plus, mais les 16 cellules périphériques à quatre
faces, dont l'une est convexe, se divisent encore par une cloison
radiale *6, 6.* Sur la figure 71, *E,* prise dans l'article au-dessous
de *D,* tous les cloisonnements sont terminés. Les cellules s'épaississent un peu aux angles, la paroi externe s'épaissit davantage,
les rhizoïdes vont naître des péricystes ; en vieillissant, les
cellules, et en particulier les 16 cellules centrales, se remplissent
de la matière brune tannifère.

Les dessins *J, K, L,* de la figure 72 ont été pris sur des
articles secondaires successifs, à la base d'une plante adulte ; on

a supprimé les rhizoïdes corticants sur les deux premiers, une partie seulement en a été figurée sur le troisième, car ils constituaient un manchon trop large pour être représenté. La figure

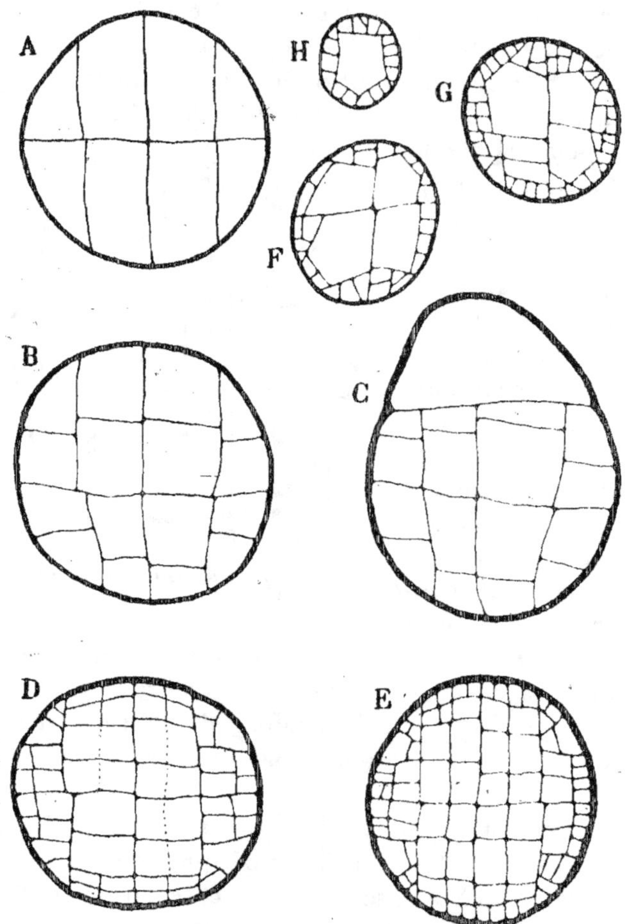

Fig. 71. — *Halopteris scoparia* Sauv. — *A*, Coupe transversale au sommet d'une pousse indéfinie. — *B, C, D, E,* Coupes transversales prises à différents niveaux, mais dans la partie encore jeune, d'une autre pousse indéfinie. — *F, G, H,* Coupes transversales de pousses définies, nées sur l'axe qui a fourni les quatre coupes précédentes, et que le rasoir a rencontrées en même temps (*A* à *H,* Gr. 200).

K, correspond bien à *E*, sauf que chacun des quatre péricystes a produit un rhizoïde. En *L*, deux péricystes ont donné chacun une pousse adventive, un autre a fourni un rhizoïde, et le quatrième, s'étant cloisonné, est resté stérile ; cette coupe présente dans le haut de la figure une rangée de cellules de plus que les autres, parce qu'elle passe par l'extrémité inférieure de l'insertion d'une penne. La figure *J*, reproduit une anomalie qui n'est pas très rare ; les cloisonnements *5, 5*, manquant dans la région centrale, entre les cloisons *1, 1*, et *3, 3*, les 16 cellules centrales, sont réduites à 8 (en réalité 9).

Les rhizoïdes corticants, parfois isolés les uns des autres, constituent plus souvent une enveloppe compacte. Pour cela, leur paroi légèrement gélifiée assurant le contact et l'adhérence entre eux et avec l'axe, ils forment une sorte de pseudoparenchyme, mais le contour interne de la paroi ne subit aucune modification et se conserve très net.

Les pousses indéfinies bien caractérisées ne présentent donc jamais de cloisons de premier ou de second ordre en sécante proche de la périphérie, comme Geyler en a décrit ; les figures de Geyler correspondent en effet à de grosses pousses définies, et non à de vraies pousses indéfinies. Au contraire, les figures *F*, et *G*, prises sur des pousses insérées sur l'axe qui a fourni les figures *B*, et *E*, sont plus irrégulières et correspondent mieux à la description de Geyler ; les deux premières cloisons, diamétrales ou approximativement diamétrales, sont encore disposées en croix, mais les suivantes sont des sécantes isolant directement les cellules périphériques à cloisonnement ultérieur radial. Enfin, dans la coupe *H* (fig. 71), d'une pennule simple, insérée sur la penne qui a fourni *F*, et *G*, et correspondant aux « feuilles » de M. Reinke, les cloisons de premier ordre sont des sécantes. Les dessins *A*, à *E*, et *J*, à *L*, sont seuls typiques ; on observe tous les passages entre *H*, et *F*, *G*, et la structure des pennes peut aussi être plus compliquée que sur ces dessins. D'une manière générale, la structure représentée en *H*, se retrouve dans les rameaux de dernier ordre des autres espèces d'*Halopteris*, que nous étudierons dans la suite. On remarque que les sections *F*, et *G*, ne sont pas sans ressemblance avec celle des axes de plusieurs espèces précédemment citées. Enfin, si les deux moitiés de chacune des cloisons *3, 3*, au lieu d'être parallèles à *1, 1*, se dirigeaient vers la périphérie, la coupe de l'*H. scoparia* aurait une grande ressemblance avec celle de l'*H. filicina*.

Le sphacèle axillaire, toujours présent, se cloisonne de bonne heure. A une faible distance du sommet d'un axe ou d'une penne examiné de face, on le voit partagé par une cloison longitudinale. Geyler, M. Magnus, et M. Reinke en ont conclu que la première cloison est perpendiculaire au plan de ramification.

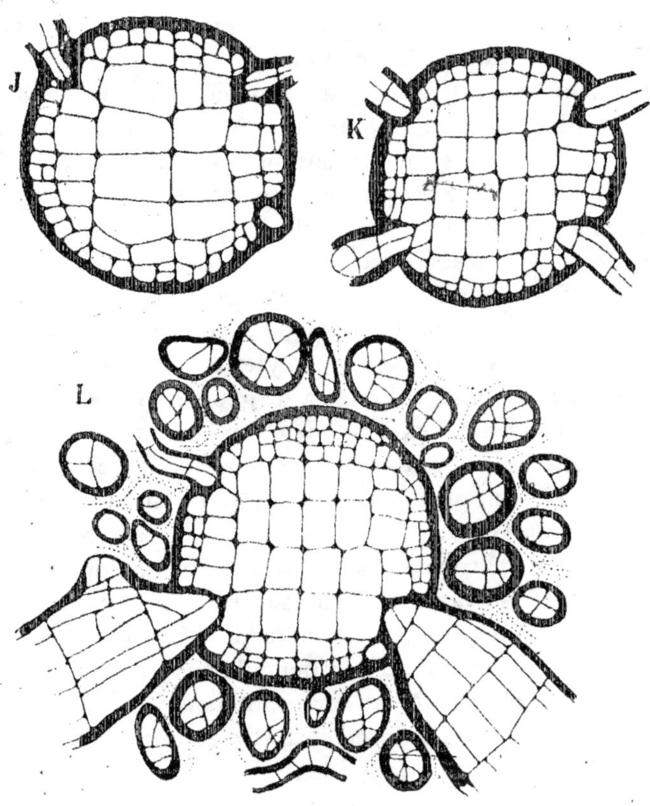

Fig. 72. — *Halopteris scoparia* Sauv. — *J, K, L,* Coupes dans des articles successifs, à la base d'un individu (Voy. le texte.). Les rhizoïdes n'ont pas été représentés sur *J,* et *K;* une partie seulement a été figurée en *L* (Gr. 200).

En réalité, cette cloison n'est pas la première, mais la seconde ; la première, parallèle au plan de ramification, comme dans les *Halopteris* précédemment étudiés, ne peut habituellement se distinguer sur la plante examinée de face, et des sections transversales ou des dissections sont nécessaires. Le deuxième cloisonnement suivant de très près le premier, on trouve plus souvent le coussinet axillaire formé de quatre cellules ; toutefois, l'ordre d'apparition de ces cloisons peut alors se reconnaître par leur différence d'épaisseur. D'ailleurs, le cloisonnement est plus lent et plus réduit à l'aisselle des dernières pennules d'une penne, où le coussinet comprend parfois seulement deux cellules. Les figures 69, *A, B, C, D,* représentent des coupes passant par les aisselles d'individus pilifères; *A,* est l'aisselle d'une penne encore jeune, où la seule cloison existante est dans le plan de ramification. En *B,* et *C,* la deuxième cloison, en croix avec la première, est un peu plus mince; *D,* est l'aisselle d'une penne sur un axe, le cloisonnement ultérieur s'est continué. Lorsqu'il est terminé, chacune de ces cellules superficielles produit vers le haut une protubérance arrondie, isolée de sa voisine, qui devient un poil endogène. Les poils d'une même aisselle sont donc simultanés; leur nombre, souvent de 4-8, peut varier, d'après Geyler, de 2 à 16. Sur les coupes longitudinales de parties pilifères, on trouve généralement deux poils, tandis que les coussinets stériles présentent souvent un cloisonnement un peu plus complexe, comme on le voit sur la figure 69, *E,* qui est une coupe longitudinale dans un axe dont les pennes sont appuyées sur les cloisons primaires, de deux en deux. Lorqu'une aisselle d'*H. scoparia* présente quatre poils, en croix, ceux-ci ne sont pas équivalents à ceux qui peuvent exister en même nombre chez l'*H. filicina* (fig. 62), où ils correspondent non à un sphacèle axillaire, mais à deux sphacèles axillaires.

Les sporanges uniloculaires, découverts par Meneghini [42, p. 349], sont disposés en groupe dense, sur le coussinet axillaire transformé en placenta à l'aisselle de ramules spéciaux ayant la valeur de pennules non ramifiées. Ces ramules étant très rapprochés les uns des autres, réalisent une sorte d'inflorescence en épi, à l'inverse des Holoblastées précédentes où toutes les aisselles peuvent être fertiles.

Parfois, toutes les pennes d'un axe sont fertiles. Leurs pennules inférieures sont alternes distiques, normalement divariquées, stériles; brusquement, les supérieures se rapprochent l'une de l'autre, sont tétrastiques, fastigiées et portent les placentas sporangifères à leur aisselle; elles sont comparables à des bractées. Cette nouvelle disposition des pennules n'entraîne pas de modification essentielle dans le cloisonnement transversal typique ; les articles primaires se divisent aussi en articles secondaires, mais ils sont beaucoup plus courts, comme on le voit sur la figure 69, *J,* où les articles de la penne, axe d'un épi, sont moins hauts que ceux de la pennule ; en outre, le sphacèle de la penne au lieu d'isoler un sphacèle lenticulaire alternativement à droite et à gauche, le produit alternativement suivant quatre génératrices. Le cloisonnement dans le placenta axillaire est très rapide ; il correspond à celui qui fournit les poils, comme on le voit sur les coupes transversales *F,* et *G,* de la figure 69. La figure *H,* est une coupe longitudinale dans un de ces placentas ; la disposition étant tétrastique, les premières coupes longitudinales dans un épi donnent des figures semblables à *H,* les suivantes donnent des figures semblables à *J.* Les placentas très cloisonnés, produisant de nombreux sporanges, débordent l'aisselle.

Les épis sporangifères sont de longueur indéterminée ; les uns comprennent seulement quelques ramules tétrastiques, les autres en portent plus d'une centaine. Le plus souvent, la penne se termine en pointe au delà de l'épi, mais, parfois, elle devient un axe dont les pennes portent des pennules d'abord stériles et distiques, puis fertiles et tétrastiques ; dans ce dernier cas, l'aisselle de ces pennes est parfois fertile. Enfin, il n'est pas rare que les axes sur lesquels sont insérées les pennes fertiles produisent aussi des pousses adventives ; celles-ci sont alors pareillement fertiles.

Les sporanges, plus ou moins globuleux, elliptiques, mesurent 60-80 μ dans leur plus grande dimension, le plus souvent 65-70 μ ; ils sont portés par un pédicelle simple, de quelques cellules. Un sporange vidé est remplacé par un nouveau sporange qui pousse dans sa cavité, et l'on peut rencontrer plusieurs sporanges emboités. Si la cellule du pédicelle, sous-jacente à un sporange vidé, est divisée suivant sa longueur, chacune des deux cellules produira un nouveau sporange, sessile ou pédicellé, dans la cavité de l'ancien, et le pédicelle simule alors une ramification.

Habituellement, les placentas axillaires produisent des pédicelles sporangifères et rien de plus. Mais j'ai observé une variation intéressante sur quelques exemplaires méditerranéens et en particulier sur un individu récolté par Thuret à l'île Sainte-Marguerite près de Cannes, le 31 décembre 1855. Certaines pennules de la base des épis présentaient à leur aisselle simplement deux petits ramules dressés et non ramifiés, l'un antérieur et l'autre postérieur; ils s'étaient sans doute différenciés de bonne heure, aux dépens des deux cellules produites, dans le sphacèle axillaire, par la cloison de clivage dans le plan de ramification. D'autres, entre deux ramules semblablement situés, avaient développé quelques sporanges, et la disposition était alors semblable à celle du *Phlœocaulon*. Mais d'autres encore présentaient des pédicelles sporangifères pêle-mêle, sans ordre, avec des ramules.

Les auteurs donnent peu de renseignements sur la période de fructification de l'*H. scoparia*. D'après M. Falkenberg [79, p. 242] il fructifie, à Naples, de novembre à janvier, et M. Berthold [82, p. 507] dit plus vaguement « en hiver ». Mais les auteurs qui ont étudié la plante de l'Océan n'ont rien précisé à ce sujet.

Or, lorsque j'étudiai les nombreux exemplaires d'*H. scoparia* de l'Herbier Thuret, une particularité frappa mon attention ; elle ne sera pas inutilement signalée ici, car on la rencontrera sans doute dans d'autres collections. La plupart de ceux d'origine méditerranéenne sont fructifiés ; ceux-ci proviennent de Marseille, Antibes, Ile Sainte-Marguerite près Cannes, Ile Saint-Honorat, près Cannes, Porto-fino, Palma de Mallorca, Alger, de l'Adriatique, récoltés ou distribués par Schousboe, Thuret, Eydoux, Desfontaines, Rabenhorst, Hohenacker. La plupart aussi de ceux de l'Atlantique chaud sont particulièrement riches en épis fructifères, et ceux-ci proviennent de Cadix (Monnard), Tanger (Schousboe), Ténériffe (Duval), Lancerotte (Bourgeau), Las Palmas (Mlle Vickers) ; d'après les exemplaires dont la date de la récolte est indiquée, la période de fructification peut s'étendre au moins du 26 octobre au 1er février.

Au contraire, presque tous les exemplaires de l'Herbier Thuret, des côtes françaises de l'Océan et de la Manche, sont stériles. J'en ai vu trois seulement à l'état fructifié. L'un est le n° 293 des « Algues de l'Ouest de la France » de Lloyd, sur lequel Lloyd, contrairement à sa coutume, n'a pas inscrit de nom de localité ; le second, de l'Herbier Bory, est marqué « *Ceramium rude*, Océan, Sables » (Sables-d'Olonne), d'une écriture qui m'est inconnue, enfin le troisième, d'origine aussi douteuse que le précédent, fut donné par Draparnaud à Bory, avec la simple mention : « Hab. in Oceano ». D'autre part, Thuret ayant séjourné longtemps à Cherbourg, et à des époques variées, son Herbier renferme des individus d'*H. scoparia* récoltés en janvier, février, mars, avril, juillet, septembre, octobre et novembre, de 1850 à 1857, et aucun d'eux n'est fructifié. Enfin, j'ai reçu de Saint-Vaast (Manche) un volumineux envoi d'*H. scoparia* récoltés le 15 novembre 1899, dans lequel, malgré un examen minutieux, je n'ai rencontré que quelques épis fructifères.

L'*H. scoparia* étant très abondant dans la Méditerranée et sur la côte atlantique du nord de l'Afrique et du sud de l'Europe, tandis qu'il disparaît graduellement au nord de l'Europe, on pourrait conclure de ce qui précède, avec quelque vraisemblance, que la plante fructifie abondamment dans la Méditerranée, et dans l'Océan au sud de Gilbraltar, puis continue à croître avec une grande fréquence sur les côtes de France, mais y fructifie seulement exceptionnellement, puis diminue et disparaît complètement dans le nord de l'Europe.

J'ai alors cherché si d'autres Herbiers français pourraient vérifier et compléter ces renseignements. Je n'ai pas vu d'échantillons fructifiés de l'Océan français dans les Herbiers des frères Crouan (Quimper) ni de M. Le Jolis (Cherbourg). Lloyd a gardé dans son Herbier (conservé à Angers) sept exemplaires de son n° 293, sans autre indication que l'insuffisante étiquette imprimée ; chacun d'eux est fructifié ; néanmoins, dans les doubles de son Herbier, j'ai vu plusieurs exemplaires bien semblables aux précédents, portant la date manuscrite « Le Croisic, janvier 1869 », et provenant très vraisemblablement de la même récolte que ceux distribués en exsiccata. Dans l'Herbier Lenormand (Faculté des Sciences de Caen), j'ai vu un exemplaire fructifié marqué « Morière leg. 1844, Luc (Calvados) ».

Ainsi, contrairement à ce qu'on aurait pu supposer tout d'abord, l'*H. scoparia* fructifie sur les côtes de Bretagne et de Normandie. Il y aurait lieu de rechercher si la fructification y est réellement moins fréquente que dans les régions à température plus élevée, ce qui paraît probable, ou bien si le petit nombre des exemplaires pourvus de sporanges que l'on rencontre dans les collections dépend de la saison à laquelle se fait la fructification ; celle-ci, étant peu favorable aux herborisations marines dans les régions froides, les collecteurs n'auraient pas pris la peine de choisir l'état d'une plante aussi banale que l'*H. scoparia*.

Presque tous les exemplaires d'*H. scoparia* que j'ai trouvés rejetés à la côte sur différents points du Golfe de Gascogne, à la fin de décembre 1903, ou que j'ai récoltés en place au milieu de janvier 1904 à Biarritz et à Saint-Jean de Luz étaient abondamment pourvus d'épis sporangifères (1). Jusque-là, tous les individus fertiles que j'avais vus dans les herbiers étaient ramifiés suivant la forme *hiemalis*, mais j'en ai vu plusieurs à Biarritz, beaucoup moins nombreux il est vrai, ayant conservé la forme *aestivalis* et qui étaient pareillement fructifiés. La déhiscence se fait dans la matinée, surtout vers 8-10 heures, et chaque sporange contient une quarantaine de zoospores. Certaines zoospores s'arrêtent rapidement, d'autres restent motiles pendant plus d'une heure, puis se fixent indifféremment sur tout le pourtour de la goutte d'eau. Elles sont allongées, piriformes, munies près du sommet d'une petite cavité où s'insèrent les cils, présentent plusieurs chromatophores, et sont constamment dépourvues de point rouge. Elles correspondent comme motilité et dimensions aux oosphères d'*Ectocarpus Lebelii* et aux méiospores d'*Ectocarpus virescens*. Aucune, en se fixant, ne se décompose, comme cela se voit souvent pour des oosphères non fécondées d'*Ectocarpus ;* elles s'étalent, s'arrondissent, s'entourent d'une membrane d'abord très mince, qui s'épaissit notablement dès le lendemain et se gélifie plus ou moins sur son pourtour. Pendant les trois premiers jours de la culture, ces zoospores fixées ne subissent d'autre modification qu'une légère augmentation de diamètre et une coloration plus intense du chromatophore. Puis, la cellule pousse une protubérance qui s'allonge graduellement, et c'est plus tard qu'une cloison appa-

---

1. Les épis des individus récoltés au Port-Vieux de Biarritz étaient facilement reconnaissables, même à une certaine distance, car leurs bractées étaient souvent couvertes de bourrelets dus aux *Dermocarpa prasina* et *D. biscayensis* qui augmentaient leur diamètre et leur donnaient une coloration très foncée. Ces petits épiphytes étaient répandus aussi sur les autres parties de la plante, mais en moindre nombre; ils étaient aussi moins fréquents sur les individus récoltés dans les autres stations.

raît dans la cellule. J'ai conservé ces cultures en très bon état
pendant douze jours dans une chambre dont la température fut
presque toujours inférieure à 10°; la longueur de la protubérance
des germinations atteignait 1-3 fois le diamètre de la zoospore
fixée. Puis, je les ai transportées à Bordeaux dans un bocal d'eau
de mer filtrée, mais vingt-quatre heures après mon départ toutes
étaient mortes. Je crois cependant qu'un observateur sédentaire
pourrait avantageusement choisir l'*H. scoparia* pour l'étude de
la germination des Sphacélariacées.

Jusqu'à présent, les seuls organes reproducteurs connus de
l'*H. scoparia* étaient les sporanges uniloculaires asexués,
dont on n'avait vu ni la déhiscence ni les zoospores. Cependant, les organes sexués existent, je ne puis toutefois donner
à leur sujet que des renseignements incomplets.

Pendant une excursion dans le pays basque, dans les derniers
jours de décembre 1903, mon attention fut appelée sur les
H. scoparia rejetés par le flot qui, pour la plupart, étaient
pourvus d'épis fructifères; les Algues rejetées étaient peu nombreuses et, selon toutes probabilités, ne venaient pas de loin,
elles avaient été arrachées des rochers voisins. J'en recueillis,
les 29, 30 et 31 décembre, vingt-six exemplaires sur les plages
de Saint-Sébastien, Saint-Jean de Luz et Biarritz, et, voulant
simplement m'assurer de leur état fructifié à mon retour, je les
conservai malheureusement sans aucune précaution. Tous les
épis portaient en effet des sporanges uniloculaires, sauf sur un
seul échantillon de petite taille, pris à Saint-Jean de Luz, où ils
étaient garnis d'organes sexués, anthéridies et oogones, mais
mal conservés et peu favorables pour l'étude. Désirant examiner
ces organes sur des exemplaires vivants, et assister si possible
à la fécondation, je partis pour Biarritz où j'ai signalé naguère
[97, p. 12] l'*H. scoparia* comme extrêmement abondant en
hiver. Chaque jour, du 14 au 20 janvier, j'ai exploré les rochers
sur divers points de la côte de Biarritz et ceux de Saint-Jean
de Luz (Sainte-Barbe), récoltant des exemplaires à tous les
niveaux et à toutes les expositions; j'en ai examiné ainsi un
nombre considérable. Or, comme on l'a dit plus haut, presque
tous les échantillons aduites étaient abondamment garnis d'épis
de sporanges uniloculaires; aucun ne portait d'organes sexués.

Cependant, il est bien peu probable que l'exemplaire sexué de Saint-Jean de Luz vînt d'un niveau inférieur, ne découvrant pas à basse mer, car l'*H. scoparia* végète surtout à mi-marée. Il n'est pas vraisemblable non plus que les organes sexués précèdent les sporanges uniloculaires sur les épis qui, plus tard, produiront ces derniers, et qu'au milieu de janvier tous aient été ainsi remplacés. Les épis sexués, en effet, sont légèrement différents des épis asexués ; leurs bractées tétrastiques sont pareillement insérées sur les cloisons primaires successives, mais les articles de l'axe ne sont pas raccourcis, et l'épi est ainsi plus lâche. On admettra donc que ces organes sexués apparaissent très rarement et constituent un mode exceptionnel de reproduction, tout au moins sur nos côtes ; une semblable remarque a déjà été faite au sujet des sporanges pluriloculaires du *S. cirrosa*.

A l'aisselle de chaque bractée sont quelques organes reproducteurs, souvent 3-5, portés par un pédicelle simple. Malgré l'état défectueux de mon exemplaire, les anthéridies, moins nombreuses que les oogones, et insérées aux mêmes aisselles, en étaient facilement reconnaissables. Elles mesurent 100-110 μ sur 90-100 μ, sont remplies de petites masses protoplasmiques de quelques μ de côté, régulièrement disposées en rangées transversales et longitudinales ; je n'ai cependant vu sur les anthéridies mûres aucune trace de méat axial, ni de logettes ; celles-ci disparaissent complètement un certain temps avant la maturité, et la déhiscence se fait par une ouverture terminale unique. D'ailleurs, les anthéridies jeunes que j'ai rencontrées ne présentaient pas plus de trois cloisons transversales, et il semble certain que la formation d'une membrane solide de séparation ne suit le cloisonnement nucléaire que tout à fait au début, et que les cloisons à dissoudre lors de la maturité sont en petit nombre. On a déjà vu antérieurement que les anthéridies de l'*Ectocarpus secundus*, les sporanges du *Sphacelaria olivacea*, les anthéridies et les oogones de l'*Halopteris filicina* se transforment en sacs uniloculaires lors de la maturité ; les anthéridies de l'*H. scoparia* présentent une transformation plus précoce et plus complète.

Les oogones sont arrondis, généralement plus longs que larges, un peu piriformes de 90-105 μ sur 75-80 μ, c'est-à-dire notablement plus volumineux que les sporanges uniloculaires. Leur contour très contracté et très foncé, sans aucune trace de segmentation, laissait un large espace vide entre lui et la membrane. Une telle contraction du protoplasme sur des exemplaires secs indique une structure très peu dense et largement vacuolaire sur le vivant; le protoplasme est imprégné du composé tannique brun; je n'ai pas réussi à distinguer s'il renfermait un ou plusieurs noyaux, mais, selon toutes apparences, le contenu de l'oogone est une oosphère unique, possédant un seul noyau. Sous ce rapport, l'*H. scoparia* diffère donc beaucoup de l'*H. filicina*.

La présence d'oogones renfermant une oosphère unique est un fait nouveau dans l'histoire des Sphacélariacées; toutefois, on verra dans les chapitres suivants, chez plusieurs espèces australes, des anthéridies et des oogones bien comparables à ceux de l'*H. scoparia*. On peut supposer que l'oosphère est privée de motilité, étant données ses très grandes dimensions, ou tout au moins, si elle est pourvue de cils locomoteurs, que son parcours après la déhiscence est très restreint. Cependant, et malgré que les bractées des épis leur offrent un abri tout préparé, je n'ai pas vu de plantules de germination. La structure des oosphères est très vraisemblablement la même que celle des monospores des Tiloptéridacées dont j'ai démontré naguère [99, 2] la nature asexuée, ou tout au moins la nature actuellement asexuée. Dans l'état présent de nos connaissances, on ne peut préjuger la manière dont elles se comportent, mais on verra ultérieurement que l'oosphère de l'*H. hordacea*, d'apparence identique à celle de l'*H. scoparia*, autant que des échantillons d'herbier permettent de l'affirmer, paraît avoir une tendance marquée à se comporter comme la monospore des Tiloptéridacées.

On a dit antérieurement que le *S. Ulex* de Bonnemaison est synonyme du *S. scoparioides* de Lyngbye. Il correspond à la variété *patentissima* de l'*H. scoparia*, et croît dans les mêmes conditions que la même variété des *H. filicina*, *S. cirrosa*, etc. Je n'ai pas vu le *S. scoparioides* représenté dans l'Herbier du Muséum de Copenhague, mais l'Herbier Thuret en renferme un échantillon authentique, réduit à deux minuscules fragments, donnés à Bory de Saint-Vincent par Lyngbye et marqués par lui « Fionia »; ils sont enchevêtrés dans des fibres de *Zostera marina*. En outre, je dois à l'obligeance de M. Rosenvinge un échantillon de *Sph. spinulosa* Lyngb., dont on parlera plus loin, récolté par lui en avril 1894, par 6 mètres de profondeur, à Norsminde Flak, près d'Aarhus ; il était mélangé au *S. scoparioides* et au *S. cirrosa* v. *patentissima*. Je les ai comparés à des exemplaires de *S. Ulex* de l'Herbier de Bonnemaison, et à ceux distribués par Crouan (sous le n° 36) et par Lloyd (sous le n° 349) dans leurs exsiccata ; ils correspondent parfaitement. On a déjà parlé des échantillons de Lloyd à propos du *S. cirrosa ;*

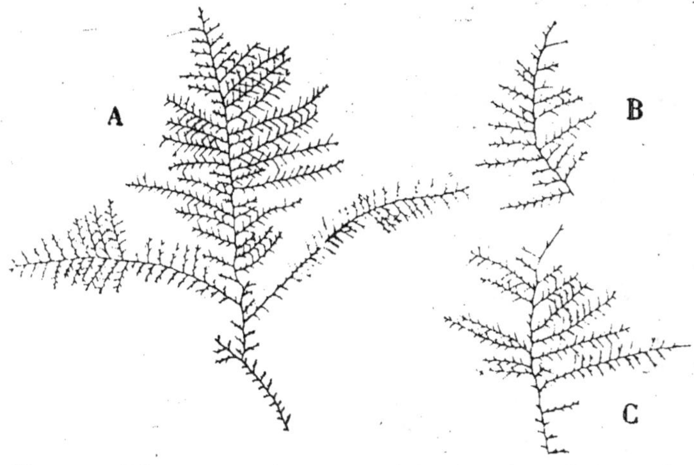

Fig. 73. — *Halopteris scoparia* var. *patentissima* Sauv. — *A*, Fragment d'un individu récolté à Brest par Ledantec. — *B, C,* Deux fragments de « *S. Ulex* », ex Herb. Bonnemaison (*A, B, C,* Gr. environ 2).

je rappelle seulement que Crouan et Lloyd spécifient que le *S. scoparioides* se rencontre à la base des Zostères.

La variété *patentissima* de l'*H. scoparia* se distingue du type par son thalle non caulescent, plus ou moins rampant ou enchevêtré parmi des filaments étrangers. Les pennes s'appuient sur les cloisons primaires des axes de deux en deux, ou sont plus espacées ; elles sont très divariquées, insérées presque à angle droit ; leurs pennules sont espacées, courtes et divariquées, simples ou peu ramifiées (fig. 73). Toutes les ramifications sont holoblastiques ; le sphacèle axillaire se développe très rarement en un ramule simple, habituellement en un bouquet de poils. Les péricystes des axes sont parfois totalement absents ; d'autres fois, on en rencontre quelques-uns, et alors je ne les ai jamais vu produire de pousses adventives ni même de rhizoïdes.

La plante semble avoir perdu la faculté d'émettre des rhizoïdes; lorsqu'un axe ou une penne est brisé, la réparation se fait par une ou plusieurs pousses de remplacement, mais non par des rhizoïdes, comme cela se voit parfois dans le type ou chez d'autres espèces. Cependant, j'ai vu un axe tronqué inférieurement qui émettait plusieurs rhizoïdes encore jeunes, par la surface de section.

D'ailleurs, la plante semble toujours dépourvue de point d'attache et ses axes ne sont pas de véritables axes, ce sont des pennes jouant le rôle d'axes. Une penne, qui par sa position ne se distingue aucunement de ses congénères, s'allonge, et ses pennules deviennent des pennes. C'est ainsi que la plante grandit et se propage. L'Herbier Thuret en renferme un exemplaire récolté en septembre, près de Brest, par Ledantec, très étalé et très ramifié, de plus de quatre centimètres de rayon, dont l'aspect est si différent des touffes massives et lobulées de l'*H. scoparia* type, qu'un observateur non prévenu aurait quelque difficulté à reconnaître sa parenté. La figure 73, *A*, en représente un fragment. Aussi, la structure la plus fréquente de ces axes rappelle-t-elle celle des figures 71, *F*, et *G*, qui, comme on l'a dit, n'est pas caractéristique de l'*H. scoparia*; parfois, cependant, on trouve une cloison parallèle à l'une des cloisons en croix ou à chacune d'elles.

Je n'ai pas vu de sporanges, et il est probable que cette variété est habituellement stérile comme les autres v. *patentissima*; la multiplication se fait par séparation des fragments. Si l'on admet que le *S. scoparioides* est une variété dégradée d'une autre espèce, l'*H. scoparia* est la seule à laquelle elle puisse se rapporter par le cloisonnement des articles, la disposition des pennes et des pennules.

J'ai trouvé des exemplaires de *S. scoparioides* intermédiaires entre l'*H. scoparia* et sa var. *patentissima*, parmi des *S. cirrosa* fixés sur des *Cladostephus, Jania rubens,* etc., récoltés par Mlle Vickers, à Roscoff, en mai 1902; les axes étaient indiqués, à péricystes plus fréquents; les pennes plus courtes et moins divariquées, et les pennules plus longues et plus ramifiées, lui donnaient un aspect beaucoup plus touffu que celui de la plante zostéricole. La base de ces exemplaires était incluse dans un magma formé de grains de sable plus ou moins soudés et, cependant, je n'ai vu aucun rhizoïde s'échapper de cette base qui avait toujours l'apparence d'une cassure, tandis que le cas est général chez l'*H. scoparia* type.

L'*H. scoparia* est très répandu dans la Méditerranée et dans l'Atlantique, de la Manche aux îles Canaries ; M. Börgesen l'a récolté aux Açores en février 1896. Il ne remonte pas dans les mers froides d'Europe. Lyngbye, il est vrai [19, p. 104], le cite « in rupibus maris Islandici », mais, par contre, M. Helgi Jónsson [03] n'en fait aucune mention dans son récent travail d'ensemble sur les Algues d'Islande (1). Il est inconnu aux Feroë et aux îles Shetland. La plante n'a pas été vue davantage, en place, sur les côtes scandinaves (2), et les fragments qu'on y a rencontrés, étaient vraisemblablement apportés par les courants. Enfin, M. Rosenvinge, qui a exploré avec soin les côtes danoises, a bien voulu m'informer qu'il a récolté une seule fois l'*H. scoparia*, dans un dragage, à 15 mètres de profondeur, dans la partie nord du Kattegat (lat. 57° 25') ; l'unique échantillon trouvé était bien développé et mesurait 9 centimètres de hauteur. M. Reinke ne le cite pas dans sa Liste des Algues d'Helgoland [91, 1]. Fréquent au sud de la Grande-Bretagne, et particulièrement sur les côtes de la Manche, l'*H. scoparia* devient rare et très localisé au nord de l'Angleterre et plus encore sur les côtes de l'Écosse. D'après M. Farlow [81, p. 76], l'*H. scoparia* manque en Amérique ; cependant, MM. Collins, Holden et Setchell ont publié dans leur Phycotheca Boreali-Americana, sous le n° 286, un exemplaire récolté en Nouvelle-Écosse, en juillet 1891, que je n'ai pas étudié.

L'*H. scoparia* disparaît donc graduellement vers le Nord. On ne connaît pas sa limite méridionale, et les beaux exemplaires bien fructifiés provenant des Canaries, que renferment les herbiers, indiquent que ces îles en sont éloignées. M. Askenasy

1. Lyngbye ne paraît pas l'avoir récolté lui-même en Islande, il le cite d'après Mohr et Hooker.

2. Le *Sph. disticha* de Lyngbye rentre dans l'état *hiemalis* de l'*H. scoparia*. Or, Lyngbye qui l'a créé [19, p. 104 et pl. 31] pour le *Conferva disticha* Vahl, d'après les documents de l'Herbier de Vahl, dit : « habitat in mari Norvegico ». Les collections des anciens auteurs n'indiquent pas suffisamment si les échantillons conservés par eux furent récoltés sur place ou parmi le goëmon rejeté à la côte.

[96, p. 11] le cite aux îles du cap Vert d'après Schmidt et d'après Montagne. Les auteurs qui ont publié des Listes des Algues marines des Antilles n'en parlent pas. On l'y a cependant rencontré; ainsi, j'ai vu dans le cahier du *S. scoparia* de l'Herbier Lenormand, une plante non déterminée, lui ressemblant beaucoup comme taille et comme aspect, étiquetée par Lenormand « M. de Suhr; 1840; Havane » et qui, en effet, appartient certainement à notre espèce; j'ai d'ailleurs vu un épi à sporanges uniloculaires sur le fragment étudié. Dans le même cahier, un autre échantillon marqué : « Guadeloupe, Leblond leg. Dr Léveillé; 1839» correspond à la f. *æstivalis* d'Europe. La présence de l'*H. scoparia* était inattendue aux Antilles; y croît-il réellement, ou les échantillons récoltés furent–ils apportés par des courants ou par des navires?

Harvey [46, pl. XXXVII] dit avoir récolté le *Sph. scoparia* en deux localités du Cap de Bonne-Espérance, et qu'il est remplacé plus au sud par le *S. funicularis,* le *S. hordacea,* etc. L'affirmation de Harvey fut consacrée par J. Agardh dans son *Species* [48, p. 37]. Cependant, Areschoug ne cite le *S. scoparia* dans ses *Phyceæ capenses* [51, p. 21], que d'après Drege et Harvey, et il suppose que la plante en question se rapporte à son *Sph. globifera.* Les exemplaires que M. Reinke a vus dans les herbiers, désignés comme *S. scoparia* du Cap, n'appartiennent pas, dit-il, à cette espèce; toutefois, un exemplaire de l'Herbier de Berlin, portant l'étiquette « Cap. bonæ spei; Lalande ex Museo Paris. 1821 » lui paraît douteux; aussi, a-t-il inscrit le Cap avec un ? dans la distribution géographique du *Styp. scoparium.* Or, un échantillon du Muséum de Paris marqué, d'une écriture qui m'est inconnue, « *Ceramium scoparium* varietas, *Conferva scoparia* Dillw. Cap de b. esp. Lalande », correspondant très probablement à celui dont parle M. Reinke, est l'*H. funicularis* bien caractérisé et porteur de sporanges uniloculaires. L'*H. scoparia* n'est donc pas connu dans l'Afrique méridionale.

On ne le connaissait pas non plus dans l'Océan Indien jusqu'au moment où M. Heydrich [92, p. 472] en décrivit une f. *compacta* Heydr., pour une plante, dont l'auteur a bien voulu m'envoyer un fragment, récoltée sur les côtes de la Nouvelle-Guinée allemande. La plante est de petite taille et très compacte, mais parfaitement pennée, comme dans la f. *hiemalis*, et sa structure est identique à celle des individus européens; d'ailleurs, j'y ai rencontré plusieurs épis de sporanges uniloculaires. Son intérêt réside bien plus dans son habitat tropical que dans son aspect extérieur, et je ne crois pas plus utile de maintenir cette f. *compacta* que le *Sph. compacta* Bory, décrit par Montagne [46, p. 40, pl. V] dans son étude des Algues d'Algérie, et dont j'ai vu un fragment authentique dans son Herbier.

La présence de l'*H. scoparia* en Nouvelle-Guinée allemande pouvait laisser espérer qu'on le rencontrerait aussi en Australie, tout au moins dans la partie septentrionale. Jusqu'à maintenant, toutefois, on ne l'a pas signalé d'une manière certaine sur les côtes australiennes. Sonder, il est vrai, l'a cité [52, p. 662] à Encounter Bay, mais Harvey considère, dans son Catalogue des plantes australiennes [63, p. XIII] le *S. scoparia* indiqué par Sonder, comme synonyme du *S. paniculata* de Suhr (1). M. Reinke ne le connaît pas non plus en Australie. Cependant, M. Reinbold m'a communiqué un exemplaire récolté par Schwartz à Hobson Bay (Australie méridionale), dont l'aspect et la structure sont bien ceux de notre *H. scoparia* à l'état *æstivalis*, et que, malgré son état stérile, je crois pouvoir rapporter à cette espèce. Si cet échantillon a bien été récolté sur place, l'*H. scoparia* ne peut cependant avoir, dans la végétation algologique des mers australes, qu'une importance beaucoup moindre que plusieurs espèces du même genre, comme l'*H. funicularis*, etc. Sa présence est cependant du plus grand intérêt pour l'étude de la distribution géographique.

Halopteris scoparia Sauvageau. — Touffes à base étroite, volumineuses, lobulées, atteignant jusqu'à 15 centimètres de hauteur. Thalle inférieur absent, remplacé par des rhizoïdes fixateurs. Thalle dressé caulescent. Axe ramifié dans tous les sens par la transformation des pousses définies en pousses indéfinies, et par l'apparition de pousses de remplacement et de pousses adventives. Axe portant des pennes alternes distiques, appuyées sur les cloisons primaires successives, ou de deux en deux; articles secondaires un peu moins hauts ou aussi hauts que

---

1. On ne doit cependant pas attacher trop d'importance à cette affirmation de Harvey, qui considérait aussi le *S. Muelleri* de Sonder commé synonyme du *S. paniculata*, comme on le verra dans le chapitre suivant.

larges, à cloisons longitudinales rapprochées limitant des cellules souvent sectionnées par trois cloisons transversales ; quatre ou moins de quatre péricystes dans chaque article secondaire. Pennes affectant deux dispositions réunies par des formes de passage ; ou bien (f. *æstivalis* J. Ag.), pennes longues, plus ou moins fastigiées, espacées, non strictement distiques, à pennules courtes, peu divariquées ; ou bien (f. *hiemalis* J. Ag.), pennes plus courtes, distiques, rapprochées, divariquées, à pennules longues et ramifiées. Ramification toujours holoblastique ; sphacèle axillaire cloisonné en coussinet pluricellulaire ou en un bouquet de poils. Rhizoïdes naissant de bonne heure des péricystes, corticants, longs, ramifiés, constituant une masse spongieuse à la base de la plante. Pousses adventives naissant plus tardivement des péricystes. — Fructification pendant la saison froide et principalement sur la plante à l'état *hiemalis*. Sporanges uniloculaires globuleux, elliptiques, de 60-80 μ de diamètre, à pédicelle simple, groupés en sore compact sur un placenta situé à l'aisselle de ramules courts ou bractées, tétrastiques, rapprochés, disposés en épis terminaux, au sommet de pennes d'origine primaire ou de pennes des pousses adventives ; sporanges nouveaux emboîtés dans la cavité des sporanges vidés et alors pédicelle parfois bifide. Zoospores assez volumineuses, coniques piriformes, à plusieurs chromatophores, sans point rouge, germant sans fécondation. Organes sexués incomplètement connus, sur des individus différents des précédents et beaucoup plus rares ; épis sexués semblables aux épis asexués mais moins denses ; anthéridies et oogones sur un pédicelle simple, mélangés, peu nombreux, souvent 3-5, à l'aisselle des bractées. Anthéridies de 100-110 μ sur 90-100 μ, à anthérozoïdes régulièrement disposés en rangées longitudinales et transversales, mais non séparés dans des logettes solides au moment de la maturité, à ouverture de déhiscence unique. Oogones arrondis piriformes, de 90-105 μ sur 75-80 μ, renfermant très probablement une oosphère unique, de couleur très foncée, à structure vacuolaire et probablement dépourvue de cils. — Boutures émettant de leur surface de section des rhizoïdes nombreux, errants, ramifiés, sur lesquels naissent de jeunes plantules dressées, d'abord simples, puis irrégulièrement ramifiées et enfin régulièrement ramifiées, pennées, normales.

Hab. — Sur des supports résistants, en particulier sur les rochers. — Toute la Méditerranée ! Kattegat (Rosenvinge), Grande-Bretagne ! Normandie ! Bretagne ! Golfe de Gascogne ! Côte nord et ouest d'Espagne ! Tanger ! Açores ! Canaries ! Iles du Cap Vert (Askenasy), Nouvelle-Écosse (Collins, Holden et Setchell), Cuba ! Guadeloupe ! Nouvelle-Guinée allemande ! Australie méridionale !

Syn. *Stypocaulon scoparium* Kützing.

Halopteris scoparia var. **patentissima** Sauvageau. — Plante non caulescente, plus ou moins rampante, pennes beaucoup plus divariquées que dans le type, ou même insérées à angle droit ; péricystes souvent absents. Variété probablement habituellement stérile.

Hab. — Thalle rampant sur d'autres Algues, ou enchevêtré parmi les fibres du *Zostera marina* avec les var. *patentissima* des autres Sphacélariacées. — Kattegat ! Fionie ! Irlande, Angleterre, Normandie ! Bretagne ! et probablement partout où croît le type.

Syn. *Sphacelaria scoparioides* Lyngbye.
Sphacelaria Ulex Bonnemaison.

B. — **Halopteris spinulosa** Sauvageau mscr.
var. **patentissima** Sauvageau mscr.

Syn. *Sphacelaria spinulosa* Lyngbye.
Stypocaulon scoparium Kütz. f. *spinulosum* Kjellman.

On a vu que l'*H. scoparia* type ne remonte pas jusque sur les côtes scandinaves. D'après les auteurs, le *S. spinulosa* de Lyngbye, qui n'en serait qu'une variété, l'y remplacerait. Je ne crois pas à une relation entre le *S. spinulosa* et l'*H. scoparia,* et je rétablis l'espèce de Lyngbye, tout en considérant la plante, telle que nous la connaissons, comme une forme *patentissima* de l'*H. spinulosa* dont la forme type est encore ignorée.

La description du *S. spinulosa* donnée par Lynybye est accompagnée d'un déssin très reconnaissable [19, **p.** 107 et pl. 32]. C. Agardh, J. Agardh et Kützing acceptèrent cette nouvelle espèce, que J. Agardh [48, p. 34] inclinait cependant à considérer comme une forme du *S. cirrosa.* Lorsque M. Reinke fit l'étude des Algues de la mer Baltique, il spécifia [89, 1, p. 40] que la plante est une très belle et très distincte espèce, assurément fort différente du *S. cirrosa ;* il l'avait trouvée à une profondeur de 12 mètres, mélangée au *Chætopteris plumosa.* Mais, deux ans plus tard, dans son Mémoire sur les Sphacélariacées, ayant eu l'occasion de comparer entre elles les espèces de la famille, il dit être complètement d'accord avec M. Kjellman, qui rapporte les deux espèces de Lyngbye, *Sph. scoparioides* et *Sph. spinulosa,* au *Styp. scoparium.* Il tient ces deux espèces pour des formes « dénaturées » et la dernière, tout au moins, proviendrait du développement de fragments détachés de la forme principale. L'auteur en a donné de bons dessins [89, 2, pl. 48] sous le nom de *Styp. scoparium* f. *spinulosum* Kjellm. M. de Toni [95, p. 518] a simplement incorporé le *S. spinulosa* parmi les synonymes du *Styp. scoparium.*

Lyngbye [19, p. 106] cite le *S. spinulosa* sur l'*Ahnfeltia plicata* et d'autres Algues, en Fionie et sur les côtes de Nor-vège ; j'ai étudié plusieurs échantillons récoltés et nommés par lui, mais sans indication de localité, conservés dans l'Herbier du Muséum de Copenhague. Ils étaient mélangés à des fibres de *Zostera marina,* à des fragments de *S. cirrosa* v. *patentissima* et de *S. plumigera* v. *patentissima;* le mode de vie du *S. spi-nulosa* est donc le même que celui de ces dernières formes. J'ai trouvé en outre, mélangé, le *Disphacella reticulata,* mais je n'ai pas vu de *S. scoparioides* qui cependant croît dans les mèmes conditions. L'habitat du *S. scopariodes,* dit d'ailleurs Lyngbye, est le même que celui du *S. spinulosa,* et il est probable que l'*Ahnfeltia* joue simplement un rôle mécanique d'arrêt par sa fronde enchevêtrée et résistante.

L'herbier de M.ʳ Börgesen renferme un beau spécimen d'*H. spinulosa* marqué : « *S. spinulosa* Lyngb., Hofmansgave, Nordenstrand, 1, 10, 1846, » de l'écriture de Mme Caroline Rosenberg. Il était entremêlé de fibres de *Zost. marina,* mais l'échantillon étant très propre, avait été débarrassé des espèces qui devaient l'accompagner sur le vivant.

M. Rosenvinge a bien voulu m'informer qu'il a trouvé cette plante une seule fois, mais assez abondamment, sur les côtes de Danemark, à 6 mètres de profondeur, en avril 1894, à Norsminde Flak près d'Aarhus dans la région du *Zostera marina,* enche-vêtrée avec les *Chætopteris plumosa* et *Ahnfeltia plicata.* Dans l'échantillon qu'il a eu l'obligeance de me donner, elle était mélangée à l'*H. scoparia* v. *patentissima* et au *S. cirrosa* v. *patentissima.*

Ainsi, le *S. spinulosa* et le *S. scoparioides* vivent donc, non seulement dans les mêmes conditions, mais ensemble. Le fait qu'une espèce, l'*H. scoparia,* pourrait produire, sous l'influence des mêmes conditions extérieures, deux variétés différentes, vivant mélangées, serait bizarre. En outre, on remarquera que

l'*H. scoparia* var. *patentissima* n'est pas rare sur les côtes
de Normandie et de Bretagne, où précisément l'*H. scoparia*
abonde, tandis qu'on n'y a point encore signalé le *S. spinulosa*.
Il en est de même en Angleterre. De plus, M. Reinke a récolté,
rarement il est vrai, le *S. spinulosa* dans la mer Baltique, tandis
qu'il n'y cite pas le *S. scoparioides* et que le vrai *Styp. scopa-*
rium, dit-il [89, 1, p. 3], n'y a jamais été trouvé. On pourrait

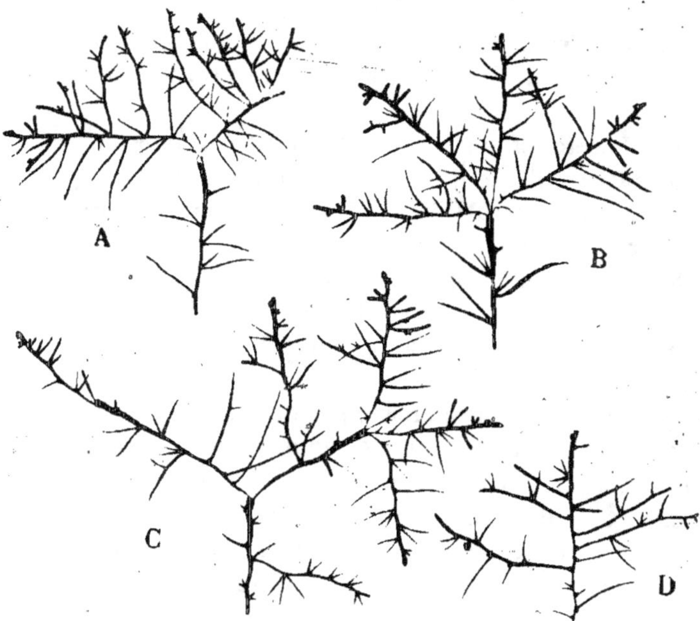

Fig. 74. — *Halopteris spinulosa* var. *patentissima* Sauv. — Quatre fragments
de la plante récoltée par M. Rosenvinge sur la côte danoise (Gr. environ 4).

déjà en conclure que le *S. spinulosa* n'appartient probablement pas à l'*H. scoparia;* l'examen au microscope prouve, à
mon avis, que les deux plantes sont bien indépendantes.

L'*H. spinulosa* var. *patentissima* se présente en filaments
rampants, dépourvus de base d'insertion. La figure 74 en représente des fragments provenant de la plante de M. Rosenvinge.
Les rameaux très divariqués ou insérés à angle droit, relativement courts, souvent simples, portent parfois une ramification, parfois deux, sont plus ou moins recourbés en arrière et
terminés en pointe; ils sont insérés à intervalles irréguliers, sont

irrégulièrement alternes et irrégulièrement distiques; ils ressemblent à des épines, et Lyngbye compare l'aspect de la plante à celui du *Prunus spinosa*. Il n'est pas rare qu'un rameau se transforme en axe. En outre, les pousses de remplacement naissent souvent en bouquet par 3-4, et s'élargissent graduellement jusqu'à leur largeur normale. La figure 74 en montre plusieurs exemples. La hauteur des articles secondaires est variable; elle est moindre ou plus grande que la largeur de l'axe; leur cloisonnement extérieur ressemble à celui de l'*H. scoparia*, mais les péricystes, toujours très rares, sont souvent absents.

Le sphacèle axillaire subit des sorts variables et vraiment extraordinaires. Il a toujours plus d'importance, par rapport au rameau, que dans les Holoblastées étudiées antérieurement; la cloison transversale qui divise le sphacèle lenticulaire est en effet habituellement médiane, parfois aussi, elle est située plus bas, de sorte que, à l'inverse du cas ordinaire des Holoblastées, le sphacèle terminal est égal au sphacèle raméal ou même plus grand.

Le sphacèle axillaire persiste parfois à l'état de simple coussinet pluricellulaire (fig. 74, *D*). Plus souvent, il se développe en un ou plusieurs ramules axillaires terminés en pointe comme les rameaux, et donnant à l'*H. spinulosa* son aspect tout particulier et caractéristique. Je ne l'ai jamais vu produire de poils. Souvent, le ramule axillaire est unique, aussi long et aussi gros que le rameau, de direction bissectrice ou plus divariqué, et dans ce cas soudé au rameau sur une certaine longueur (1); on a vu que chez l'*H. filicina,* au contraire, le ramule axillaire est dressé, et que chez l'*H. scoparia* sa présence est exceptionnelle. D'autres fois, la disposition est encore plus remarquable; il y a deux ramules axillaires égaux, divergents, parce que leur développement s'est produit après le cloisonnement du sphacèle axillaire dans le plan de ramification, et chacune des deux moitiés a donné un ramule; on dirait les deux stipules d'une feuille épineuse; cette disposition intéressante, que Lyngbye a

---

1. Lorsque le ramule axillaire est de même taille que le rameau, la cloison qui les sépare est parfois exactement dans le prolongement de la cloison primaire de l'axe. Cette disposition pourrait donner l'illusion de deux rameaux hémiblastiques superposés, nés de deux articles secondaires superposés.

signalée et figurée, paraît avoir échappé à l'attention de M. Reinke. On compte même quatre ramules axillaires, égaux et divergents, superposés par paire, lorsque ces ramules croissent après la division en croix du sphacèle axillaire. Parfois encore, les deux ramules axillaires sont plus développés que le rameau, et la figure ainsi réalisée rappelle ces plantes phanérogames à feuilles plus ou moins réduites, dont les stipules sont développées en longues épines. Une autre disposition se rencontre lorsque le sphacèle lenticulaire s'est divisé longitudinalement, dans le plan de ramification, avant de se diviser transversalement en sphacèle terminal et sphacèle raméal; dans ce cas, quel que soit le sort des deux sphacèles axillaires, les

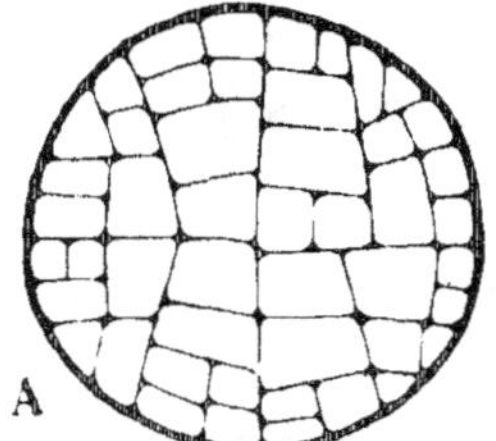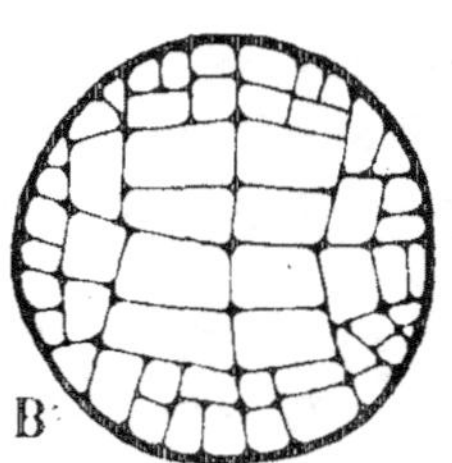

Fig. 75. — *Halopteris spinulosa* var. *patentissima* Sauv. — Deux coupes transversales dans l'axe d'un échantillon de Lyngbye (Gr. 200).

deux sphacèles raméaux donnent chacun un rameau épineux et divergent. D'ailleurs, il peut arriver que le cloisonnement longitudinal du sphacèle lenticulaire ne soit pas suivi du cloisonnement transversal, et alors les deux rameaux frères sont acroblastiques, mais j'en ai rencontré peu d'exemples. Enfin, les appendices peuvent sembler acroblastiques, tandis qu'ils sont en réalité holoblastiques. Ainsi, j'ai vu plusieurs fois des rameaux dont l'aisselle était nue, comme s'ils étaient d'origine acroblastique, mais au-dessous de l'insertion, un petit coussinet pluricellulaire indiquait leur véritable nature; le sphacèle lenticulaire, dans ce cas, s'est bien divisé transversalement, mais le sphacèle raméal a produit un simple coussinet, tandis que le sphacèle terminal s'est allongé en un ramule bien développé qui simule le rameau acroblastique. Cette bizarrerie se reconnaît sur le dessin de M. Reinke [89, 2, pl. 48, fig. 9.]

La structure de l'axe représentée sur les deux sections *A,* et *B* (fig. 75), ne correspond pas à celle de l'*H. scoparia* type ni de sa variété *patentissima*. Les cloisons qui correspondent aux cloisons *3, 3,* au lieu d'être parallèles à la cloison *1, 1,*

comme dans l'*H. scoparia,* sont divergentes comme dans
l'*H. filicina* et l'*Alethocladus.* La ressemblance est frappante
entre les dessins *A,* et *B,* de la figure 75 et les dessins *E,* et *G,*
de la figure 62 appartenant à l'*H. filicina.* Cette différence de
structure avec l'*H. scoparia* vient à l'appui de l'opinion que
l'*H. spinulosa* est une espèce distincte. La plante fournit quelques
rares rhizoïdes que l'on retrouve sur les coupes transversales, et
qui naissent des cellules originellement à section triangulaire,
c'est-à-dire ayant la même situation que les péricystes rhizogènes de l'*H. scoparia.* Ces rhizoïdes sont toujours de très
minime importance ; ils s'enchevêtrent en formant de petites
plaques très limitées à la surface de l'axe ; peut-être n'appa-
raissent-ils qu'après une blessure. Je n'ai pas rencontré d'organes reproducteurs.

Le *S. spinulosa* de Lyngbye s'éloigne donc nettement de
l'*H. scoparia,* surtout par la manière d'être de ses rameaux et
ramules axillaires. Il mérite d'être rétabli comme espèce distincte. A l'état ou nous la connaissons, la plante, ayant le même
port et vivant dans les mêmes conditions que les var. *patentissima* des autres espèces de *Sphacelaria* et d'*Halopteris,* correspond aussi à une variété *patentissima* d'un *H. spinulosa*
inconnu à l'état caulescent typique. Cette variété *patentissima,*
comme la même variété des autres Sphacélariacées, est probablement habituellement stérile et se propage uniquement par
bouturage (1).

L'*H. spinulosa* caulescent existe-t-il dans la zone toujours
submergée des régions septentrionales où habite actuellement
sa var. *patentissima,* et par suite peut-on espérer le rencontrer
par des dragages, ou rejeté à la côte par les mauvais temps ?
Ou bien l'*H. spinulosa* a-t-il disparu complètement de ces
régions, sa variété *patentissima* s'y étant seule maintenue, et
ne peut-on espérer le connaître qu'à l'état fossile ? Il est bien
difficile de se prononcer à ce sujet. Cependant, les côtes sur
lesquelles croît la var. *patentissima* ayant été bien explorées,

1. Le *Disphacella reticulata* est peut-être aussi une var. *patentissima* d'une
espèce inconnue à l'état caulescent, mais le caractère si spécial de sa ramification empêche d'être aussi affirmatif à son égard que pour l'*H. spinulosa.*
Cependant, la présence des péricystes, et les dimensions des filaments, laisserait
supposer une certaine parenté avec le *S. olivacea* par exemple ?

la seconde hypothèse paraît plus vraisemblable. D'ailleurs, on se rappelle que, dans les mêmes régions, le *S. plumigera* est en train de disparaître, et que le *S. ? mirabilis* n'est connu qu'à l'état *Battersia*.

Les Holoblastées étant représentées dans les mers australes par de nombreuses espèces, les *H filicina* et *H. scoparia* en sont probablement originaires. Mais, jusqu'à présent, l'*H. spinulosa*, tel que nous le connaissons, ne se rapporte à aucune des espèces décrites. Par comparaison avec les autres variétés *patentissima*, les caractères de son thalle rampant et de la divarication de ses rameaux sont probablement sous la dépendance des conditions extérieures d'existence, tandis que le caractère des rameaux spinuleux, simples ou bifides, les rapports variables des uns avec les autres, semblent plutôt des caractères de nature spécifique. Rien ne permet actuellement de considérer cet *H. spinulosa* comme la forme *patentissima* d'une espèce australe. Néanmoins, il n'est guère possible que l'*H. spinulosa* ne provienne pas de la même souche que les deux autres *Halopteris* vivant en Europe, et qu'il appartienne au centre de dispersion boréal, dont nous avons déjà parlé à propos d'autres Sphacélariacées. La supposition la plus vraisemblable, appuyée sur l'aspect extérieur, la ramification et la structure, est que l'*H. spinulosa* est une espèce intermédiaire entre l'*H. filicina* et l'*H. scoparia,* dont le type a disparu, et qui s'est maintenue seulement sous sa forme *patentissima*.

Halopteris spinulosa Sauvageau. — Plante inconnue. — Thalle caulescent portant probablement des rameaux alternes et distiques spinuleux, simples ou ramifiés, uniques ou bifides. Sphacèle axillaire parfois à l'état de coussinet pluricellulaire ou plus souvent de ramule axillaire divariqué, spinuleux, unique ou bifide, jamais développé en poil ?

Halopteris spinulosa var. **patentissima** Sauvageau. — Thalle rampant portant des rameaux très divariqués ou insérés à angle droit, irrégulièrement espacés, irrégulièrement alternes et irrégulièrement distiques. Organes reproducteurs inconnus.

Hab. — Enchevêtré par i les fibres du *Zostera marina* avec les var. *patentissima* des *S. cirrosa, S. plumigera, H. scoparia.* — Côtes de Norvège (Lyngbye), Kattegat (Rosenvinge ! Mme C. Rosenberg !) Fionie (Lyngbye), Golfe de Kiel (Reinke).

C. — **Halopteris ramulosa** Sauvageau mscr.

Bien que l'*Halopteris ramulosa* me soit connu par un échantillon unique et stérile, je l'ai décrit comme espèce nouvelle en raison de son intérêt tout particulier. C'est en effet la plante des régions australes dont la ramification ressemble le plus à celle de l'*H. scoparia*. Je l'ai remarqué dans les circonstances suivantes.

M. Le Jolis, possédant en double un certain nombre d'échantillons des « Algae Mullerianæ » de J. Agardh, marqués par celui-ci « *Sph. paniculata* Auct. Holl. Austral. » et qui avaient l'aspect de l'*H. funicularis,* voulut bien m'autoriser à en prélever pour ma collection personnelle. En les étudiant, je m'aperçus plus tard que l'un des trois échantillons choisis, ayant le même port, assez touffu, et haut de 12 centimètres, était différent de l'*H. funicularis.* On distinguait à la loupe, dans la partie inférieure des pousses, des rameaux pennés, à ramules courts, ressemblant à des pennes d'*H. scoparia,* à l'état *æstivalis,* disposition qui ne se rencontre jamais chez l'*H. funicularis.* J'ai donné ce détail pour faciliter les recherches; J. Agardh, en effet, recevait ces échantillons en vrac et en quantité, celui trouvé dans l'Herbier de M. Le Jolis n'est vraisemblablement pas le seul représentant de l'espèce dans ces envois; d'autres exemplaires d'*H. ramulosa* ont dû être distribués par J. Agardh, parmi lesquels certains sont peut-être en état de fructification.

L'état de conservation de la plante n'est malheureusement guère favorable à son étude. Elle est jaunâtre, comme les Algues de ce groupe qui, arrachées, rejetées, puis reprises par le flot, ont été ballottées sur le rivage parmi le goëmon; ses filaments sont cassants, et les extrémités délicates sont incomplètes ou difficiles à étudier.

Les pousses définies ou pennes, inégalement espacées sur l'axe, sont assez régulièrement alternes distiques; elles sont séparées par 1-2-3 cloisons primaires. Les très jeunes pennes sont simples, raides, dressées, presque appliquées sur l'axe (fig. 76, *A*), et la septième à partir du sommet est souvent la première ramifiée, car la première pennule est séparée de l'axe par 15-30 articles primaires. Celle-ci naît indifféremment sur la face inférieure ou la face supérieure de la penne ; les

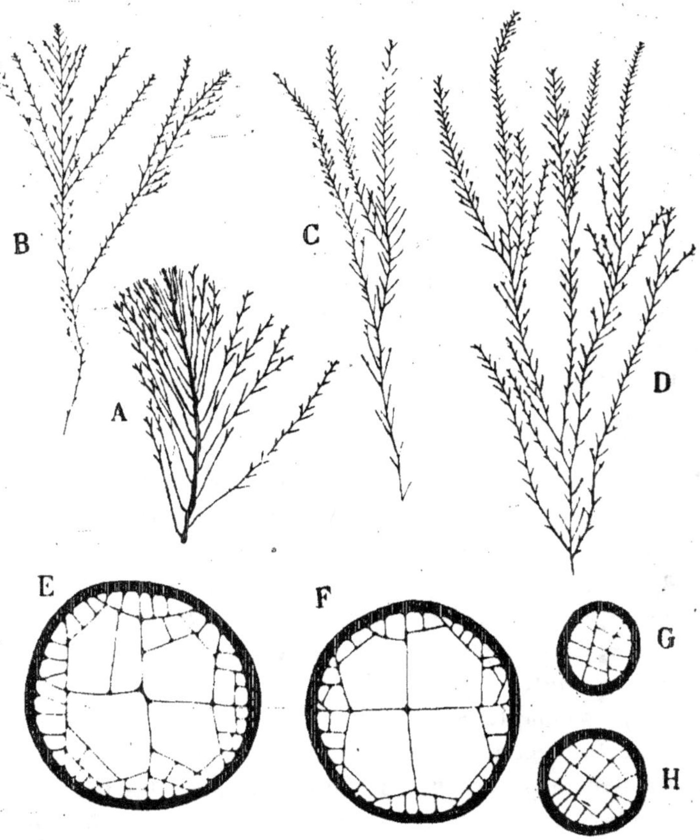

Fig. 76. — *Halopteris ramulosa* Sauv. — *A*, Sommet d'un axe montrant la disposition des pennes jeunes ; l'axe paraît de diamètre irrégulier à cause des rhizoïdes qui le recouvrent. — *B, C, D*, Pennes composées (*A* à *D*, Gr. 2). — *E, F*, Coupes transversales de pennes ; *G, H*, Coupes transversales de rhizoïdes choisis parmi les plus cloisonnés (*E* à *H*, Gr. 200).

suivantes, alternes distiques, sont d'abord assez espacées l'une de l'autre, puis leur écartement diminue et se régularise (fig. 76, *A*, et 77, *L*). En s'allongeant, les pennes deviennent plus souples. Parfois, elles se terminent en pointe, leurs pennules sont simples courtes, pointues, ou portent de courts ramules holoblastiques (fig. 77, *L*) ; elles ressemblent alors à celles de l'*H. scoparia* à l'état *æstivalis*; dans ce cas, les sphacèles axillaires restent à l'état de coussinet pluricellulaire. Mais, d'autres fois, la disposition des pennules change vers le sommet des pennes (fig. 77, *J*), les articles secondaires, déjà moins hauts que larges, se raccourcissent encore, et les pennules, au lieu d'être séparées par un entre-nœud, s'appuient sur les articles primaires successifs; en même temps, elles portent plusieurs ramules courts, diminuant de taille de la base de la pennule à son sommet où ils sont parfois réduits à un massif de quelques cellules. De plus, le sphacèle axillaire de ces pennules et de leurs ramules se transforme en poils, probablement au nombre de quatre, toujours réduits à leur gaîne vidée sur mon exemplaire mal conservé, et qui, vers le sommet de certaines pennules, représentent à eux seuls le produit du cloisonnement du sphacèle lenticulaire; c'est le seul cas où le cloisonnement n'est pas holoblastique. Enfin, après avoir produit ces pennules rapprochées, la penne se continue parfois (fig. 77, *K*) en portant de nouveau et uniquement des pennules espacées et simples.

Des pennes peuvent s'allonger en pousses indéfinies, comme chez les espèces précédentes, et c'est ainsi que l'axe se ramifie. En outre, les pennes sont souvent composées, et alors atteignent ou dépassent 5 centimètres. Pour cela, certaines pennules, soit sans cause appréciable, soit après une troncature de la penne, s'allongent et deviennent elles-mêmes des pennes. On en a représenté trois exemples en *B*, *C*, *D*, sur la figure 76; j'en ai rencontré de plus complexes.

Les articles secondaires des pousses indéfinies, cloisonnés longitudinalement et transversalement, laissent des péricystes moins nombreux que chez l'*H. scoparia*, car, théoriquement aussi au nombre de quatre, certains se cloisonnent et perdent leur caractère; ils sont d'ailleurs plus régulièrement présents sur les articles secondaires supérieurs que sur les inférieurs. Ils produisent pour la plupart chacun un rhizoïde (fig. 79) corticant, ramifié, très cloisonné (fig. 76, *G*, *H*), mais je n'ai vu aucune pousse adventive.

Les coupes longitudinales de l'axe, des pennes et des coussinets axillaires sont identiques à celles de l'*H. scoparia* (fig. 69, *E*). Au contraire, la structure des axes, en coupe transversale, est différente, elle est plus variable dans ses dé-

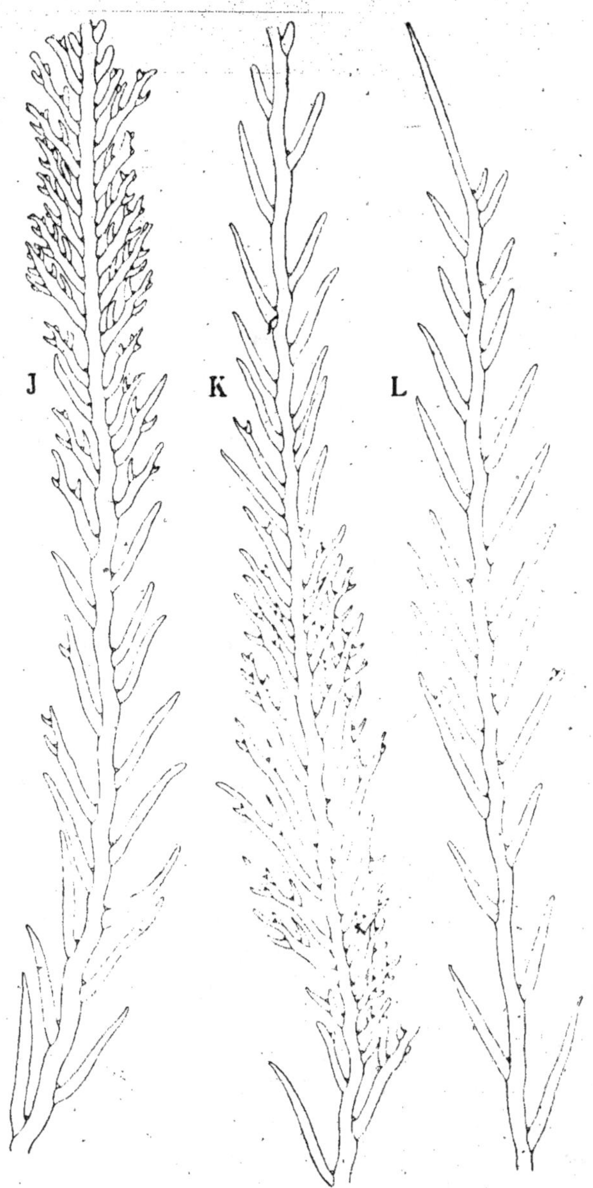

Fig. 77. — *Halopteris ramulosa* Sauv. — *J, K, L*, Pennes, pour montrer les différences dans l'insertion et la ramification des pennules (Gr. 16).

tails, mais, parmi des coupes dans les articles secondaires successifs, on en retrouve toujours la majeure partie ayant la structure caractéristique représentée sur les figures 79, C, et E. Le schéma de la figure 78 en indique les premiers cloisonnements. Les cloisons diamétrales *1, 1*, et *2, 2*, et aussi les cloisons *3, 3*, correspondent à celles de l'*H. scoparia*, bien que *3, 3*, au lieu d'être parallèles à *1, 1*, soient souvent inclinées vers la périphé-

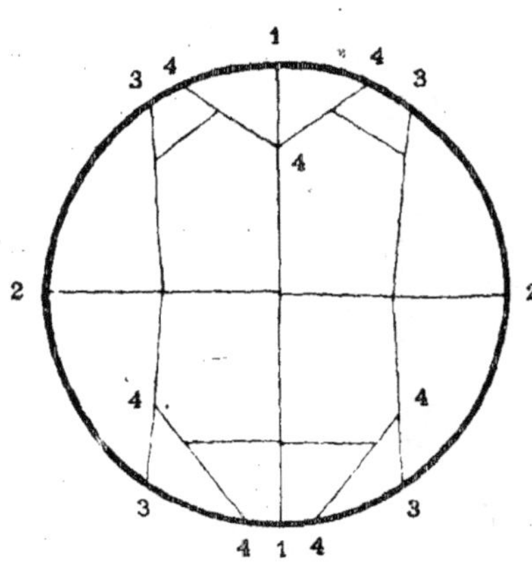

Fig. 78. — *Halopteris ramulosa* Sauv. — Schéma montrant les premiers cloisonnements de l'axe.

rie. Les cloisons *4, 4*, au lieu d'être parallèles à *2, 2*, sont obliques et disposées des deux façons indiquées sur le schéma. Elles partent soit de *1, 1*, soit de *3, 3*, pour aboutir à la périphérie. Chacune des quatre grandes cellules centrales se ferme ensuite par une cloison reliant *4, 4*, et *3, 3*, dans le premier cas, *1, 1*, et *4, 4*, dans le second ; le premier mode est étroitement comparable à la structure indiquée pour l'*H. obovata* (fig. 65, *H, J*). Le cloisonnement se continue dans les cellules centrales et périphériques. Les cloisons des cellules centrales sont souvent obliques par rapport à *1, 1*, et *2, 2* (fig. 79, *C, E*). On a représenté sur la figure 79 différents cas de la structure ; *A, B, C, D*, sont choisies parmi des coupes successives d'un même axe ; *E*, et *F*, proviennent de deux autres axes. On voit que *A*, et *B*, correspondent bien à la structure de l'*H. scoparia*. La moitié inférieure de la figure *D*, reproduit encore le cloisonnement de l'*H. scoparia*, tandis que la moitié supérieure correspond à la disposition caractéristique de l'*H. ramulosa*. Enfin, sur la figure *F*, le cloisonnement des cellules centrales s'est continué ; la moitié inférieure et le quart supérieur de droite correspondent à l'*H. scoparia*, tandis que le quart supérieur de gauche rappelle bien la structure de l'*H. ramulosa*. La structure des pennes est la même que chez l'*H. scoparia*, comme le montrent les dessins *E*, et *F*, de la figure 76.

La pennule située au-dessous d'une troncature s'allonge fréquemment en penne. Au contraire, les pousses de remplace-

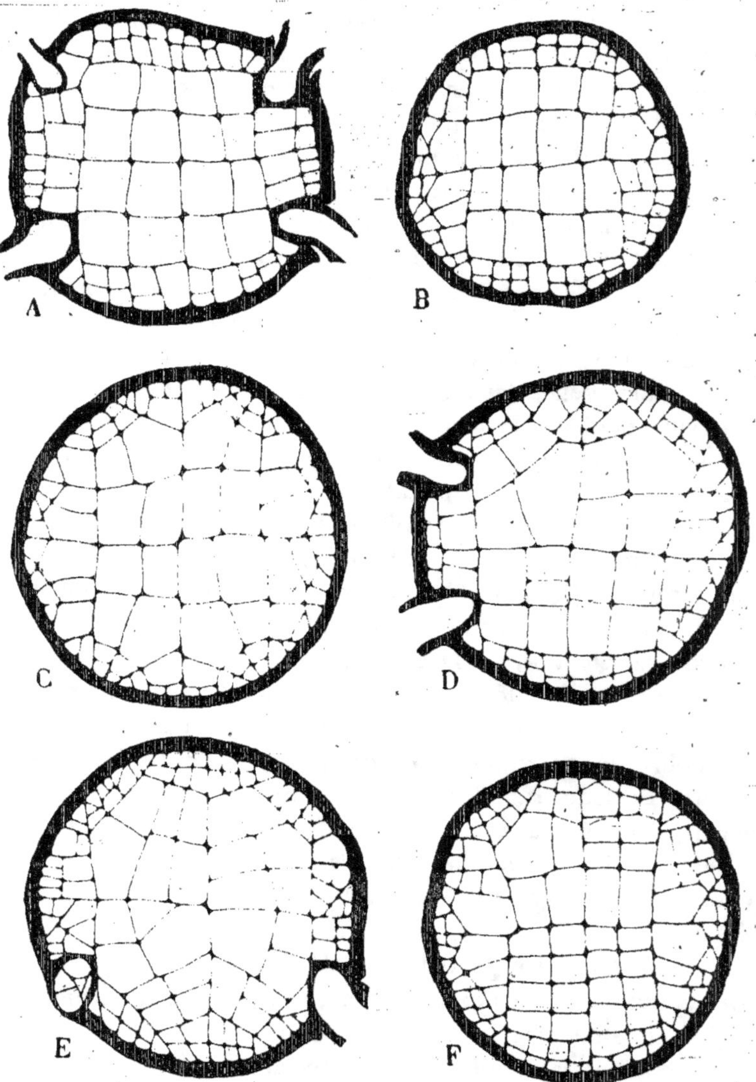

Fig. 79. — *Halopteris ramulosa* Sauv. — Coupes transversales montrant les variations de structure de l'axe; *A, B, C, D,* proviennent d'une série de coupes dans un axe; *E,* et *F,* appartiennent à deux autres axes; *C,* et *E,* représentent la structure caractéristique (Voy. le texte); (*A* à *F,* Gr. 200).

ment nées de la surface tronquée sont rares, et il m'a semblé, autant que l'état de conservation de mon exemplaire permet de s'en assurer, qu'elles sont d'origine profonde, endogène, comme chez l'*Halopteris obovata*, ce qui est un autre caractère commun avec cette espèce. Toutefois, les troncatures produisent très fréquemment des rhizoïdes; ceux-ci, toujours endogènes, naissent généralement à la profondeur de deux articles au-dessous de la blessure, et seulement aux dépens des cellules centrales, pendant que les cellules périphériques constituent une gaine protectrice qui se dissociera peu à peu. Cette production de rhizoïdes est sans doute normale chez l'*H. ramulosa*, car elle est très fréquente; on les voit même naître au-dessous des sphacèles endommagés. Ils ne sont pas corticants; parfois très longs et ramifiés, ils sont divariqués et errants. Ils produisent par un simple bourgeonnement, en des points quelconques de leur longueur, des pousses dressées, graduellement élargies, comme celles des *H. filicina* et *scoparia;* toutes celles que j'ai vues étaient d'aspect vigoureux, mais trop jeunes encore pour être ramifiées. Quoi qu'il en soit, l'*H. ramulosa* présente ainsi un mode de propagation de l'individu, comparable au cas de l'*H. scoparia*. Toutefois, chez l'*H. scoparia*, les rhizoïdes producteurs de nouveaux individus naissaient de la base des boutures, tandis que chez l'*H. ramulosa*, ils apparaissent sur l'autre face de la troncature, sur la plante mère.

Je n'ai pas vu d'organes reproducteurs. Néanmoins, il est possible que les pennules ramifiées et rapprochées soient parfois fructifères. Il m'a semblé, en effet, mais je ne puis l'affirmer, que des débris de sporanges, et non des poils, gisaient à l'aisselle de certains de leurs ramules. Si cette supposition est exacte, on remarquera que la spécialisation des pennules reproductrices serait moindre que chez l'*H. scoparia*, mais plus grande que chez l'*H. funicularis* et les *Halopteris* étudiés au chapitre précédent.

L'*H. ramulosa* se rapproche des *H. obovata, H. scoparia, H. funicularis* par sa structure interne, et de ces deux derniers par la présence de péricystes, moins nombreux il est vrai que chez ces espèces; la ramification de certaines pennules n'est pas sans ressemblance avec celle de l'*H. filicina*. Par ses longues pennes ramifiées et pennées, il est probable que l'*H. ramulosa* présente, sur le vivant, un aspect différent de celui des *H. scoparia* et *funicularis*.

Halopteris ramulosa Sauvageau. — Plante ayant (en herbier) le port de l'*H. funicularis*. Thalle inférieur? Thalle dressé caulescent. Axe portant des pennes alternes, distiques, régulièrement espacées. Articles secondaires des axes cloisonnés longitudinalement et transversalement, laissant des péricystes peu nombreux. Pennes simples ou composées, de quelques centimètres de longueur, portant des pennules simples ou ramifiées, alternes distiques; première pennule habituellement simple, très éloignée de l'axe, pennules suivantes, simples ou peu ramifiées, séparées entre elles par un ou quelques articles primaires; çà et là pennules très rapprochées, insérées sur les cloisons primaires successives, et alors plusieurs fois ramifiées. Ramification holoblastique; sphacèle axillaire cloisonné en coussinet pluricellulaire ou en bouquet de poils (habituellement 4). Rhizoïdes corticants, nés des péricystes. Pousses adventives absentes. Pousses directes de remplacement rares, d'origine endogène. Troncatures produisant des rhizoïdes endogènes, errants, ramifiés, sur lesquels naissent de jeunes plantules. — Fructification inconnue.

Hab. — Australie Méridionale.

CHAPITRE XVIII. — HALOPTERIS FUNICULARIS Sauvageau
ET ESPÈCES VOISINES.

A. — **Halopteris funicularis** Sauvageau mscr.

Syn. *Sphacelaria funicularis* Montagne.
Stypocaulon funiculare Kützing.

Montagne décrivit cette espèce en 1842, sous le nom de *Sphacelaria funicularis* [42, p. 13], d'après des exemplaires récoltés par l'expédition de Dumont d'Urville aux îles Auckland. Il la décrivit plus longuement dans l'étude botanique du « Voyage au Pôle Sud » des corvettes l'Astrolabe et la Zélée [45, p. 38], puis en donna une bonne vue d'ensemble dans l'Atlas publié quelques années plus tard [pl. 14, fig. 1], mais les autres dessins ne sont nullement caractéristiques (1); il la cite

1. Bien que le dessin d'ensemble de Montagne donne bien le port de la plante, il n'est pas caractéristique non plus, car les espèces étudiées dans ce chapitre ressemblent à l'*H. funicularis*, tout au moins sur des échantillons d'herbier, au point qu'elles ne s'en distinguent pas à l'œil nu.

en outre dans deux nouvelles localités, Akaroa (Nouvelle-Zélande) et Leyden (Java) d'après les collections d'Hombron. Un échantillon de l'Herbier du Muséum, nommé par Montagne, porte la mention suivante écrite par Hombron : « dans des flaques d'eau salée, étendues, communiquant avec la mer. Ile de Leyden, entrée de la rade de Batavia, Java ». Enfin, Montagne reproduisit pour la troisième fois, et dans les mêmes termes, la diagnose du *Sph. funicularis* pour les échantillons chiliens rapportés par Claude Gay [50, p. 267]. J. D. Hooker et Harvey [45, p. 68] citent cette espèce, après Montagne, aux îles Auckland, comme « très abondante sur les rochers découverts par la marée ».

L'espèce n'étant alors connue qu'à l'état stérile, des confusions étaient inévitables, d'autant plus que les caractères indiqués par Montagne pour la distinguer du *Sph. scoparia* étaient de bien faible valeur, et Kützing, qui la rangea parmi les *Stypocaulon* [49, p. 467], dit [55, p. 29] qu'il ne connaît pas de signe certain permettant de l'en séparer.

J'ai examiné un échantillon de l'Herbier de Montagne, portant écrit de sa main : « *Sphacelaria funicularis* Mont. (Voir J. Agardh, Linnæa 1841) Auckland » (1). Aucune pousse définie normale n'était fructifère, mais les coussinets axillaires des nombreuses pousses adventives, encore jeunes, étaient destinés à le devenir, et les coussinets plus âgés, à l'état de digitations denses, indiquaient que les sporanges seraient pédicellés. Il me paraît impossible d'affirmer si cette plante appartient à l'*H. funicularis* ou à l'*H. congesta ;* cependant j'incline à la rapporter à la première espèce.

Au contraire, un échantillon stérile, authentique, d'Akaroa, conservé dans l'Herbier du Muséum, appartient certainement par sa structure à l'*H. hordacea* ou à une espèce voisine. L'échantillon de l'île de Leyden est pareillement stérile ; il rentre assurément dans le groupe de l'*H. funicularis,* mais je ne puis dire à quelle espèce (2). Quant à la plante chilienne décrite par Montagne, dont j'ai vu plusieurs exemplaires (Herbier Thuret,

1. L'indication bibliographique à laquelle renvoie Montagne se rapporte au *Sph. gracilescens.*

2. Dans sa Flore algologique de Java [00, p. 391], M. de Wildeman cite le *Stypoc. funiculare* à l'île de Leyden, d'après les récoltes de Hombron et Jacquinot, mais l'auteur ne dit pas s'il a examiné les échantillons originaux.

Herbier Montagne, Herbier du Muséum), elle est très bien fructifiée et en bon état de conservation; par suite, on peut la considérer comme le type de l'espèce.

Cependant, la fructification avait échappé à Montagne. Areschoug la reconnut le premier et il donna le nom de *Sph. globifera* [51, p. 21 et 54, p. 38] à des exemplaires fructifères provenant du Cap et de la Nouvelle-Zélande. Il ne compare pas cette nouvelle espèce au *Sph. funicularis,* mais seulement au *S. scoparia*, qui en diffère par la ramification des pennes, et aux *S. paniculata* et *S. hordacea.* Les exemplaires de la Nouvelle-Zélande lui furent communiqués par Harvey sous le nom de *S. paniculata.* Areschoug a remarqué que les glomérules fructifères sont composés de rameaux, élargis au sommet et courbés en faulx, qui portent les sporanges.

Trente-cinq ans plus tard, M. Hariot [88] fit connaître et figura les sporanges uniloculaires du *Sph. funicularis* (1), mais M. Reinke indiqua le premier l'identité des *S. funicularis* et *S. globifera.*

Sans connaître les travaux de Montagne et d'Areschoug, Sonder, publia [53, p. 507] une bonne description d'une nouvelle espèce australienne à l'état fructifié, le *Sph. Muelleri*, et montra par quels caractères elle se distingue, d'une part, du *S. scoparia* et, d'autre part, des autres espèces australiennes que J. Agardh réunissait sous le nom de *Sph. paniculata.* Il a noté que toutes les pennules peuvent être fructifères à leur aisselle (2). Pringsheim [73, pl. XXVIII] a figuré un sore de cette espèce.

Geyler [66, p. 498] a étudié la ramification et la structure sur un échantillon stérile provenant de l'Herbier Martens, portant le nom de *Sph. Muelleri* Sonder. Il ignorait que la plante eût été décrite, car il ne cite pas les Algæ Muellerianæ de Sonder, et il dit que les organes reproducteurs du *Sph.* (*Styp.*) *Muelleri* sont inconnus, alors que Sonder les décrit tout au long. M. Reinke se borne à mentionner le *Styp. Muelleri* Geyler. Quant au *Sph. Muelleri* Sonder, il ignore son identité avec la plante de Geyler, car il renvoie à la planche 100 des

---

1. La même année, Askenasy les décrivait, mais sur des exemplaires non authentiques (Voy. ch. xv, p. 287).

2. Le *S. Muelleri* Sond. ne peut donc être synonyme du *S. hordacea*, comme le croyait Harvey [63, p. 137].

Tabulæ phycologicæ de Kützing qui représente une plante fort différente (1). Malgré certaines divergences, il est très possible, comme le croit M. Reinke, que la plante de Geyler soit un *Hal. funicularis* jeune, mais il me paraît certain que le *Sph. Muelleri* de Sonder est bien le *Sph. funicularis* de Montagne et le *Sph. globifera* d'Areschoug.

On a dit précédemment que deux plantes rangées par M. Reinke parmi les synonymes du *Styp. funiculare* n'appartiennent pas à cette espèce. Ce sont le *Sph. corymbosa* Dickie, devenu *Alethocladus corymbosus* et le *Sph. obovata* Hook. et Harv., devenu *Halopteris obovata.*

M. Reinke a publié une description détaillée et de bons dessins du *Styp. funiculare* [91, 2, pl. 8]. Il distingue deux formes ; la f. *laxa* est plus grande, ses pousses définies normales sont plus espacées et les pousses adventives plus rares que dans la f. *typica.*

Les placentas sporangifères occupent l'aisselle des rameaux des pousses définies, et chacune de leurs cellules produit un pédicelle ramifié dont chaque branche se termine par un sporange. Les pousses adventives sont le plus souvent simples et par conséquent stériles, elles produisent cependant parfois un rameau holoblastique dont l'aisselle devient aussi un placenta sporangifère. L'importance des pousses adventives dans la fructification est donc très réduite d'après M. Reinke. Aussi, l'auteur a-t-il créé le genre *Anisocladus* pour une espèce non encore décrite, *A. congestus,* distincte de l'*H. funicularis* par la stérilité de ses pousses normales, tandis que les pousses adventives sont les producteurs exclusifs des sporanges. En outre, les pousses adventives y sont plus ramifiées et les sporanges sont portés par un pédicelle simple.

1. Kützing [55, p. 29, pl. 100] donne comme synonyme du *Spongomorpha Muelleri,* qu'il figure à la suite du *Styp. hordaceum,* le nom de *Sphacelaria Muelleri* Sonder, que celui-ci aurait changé plus tard en *Chloronema sphacelarioides.* Ni cette dernière dénomination, ni celle de *Spongomorpha Muelleri* ne se trouvent dans la Liste des Algues d'Australie publiée par Sonder vingt-quatre ans après le tome V des *Tabulæ.* D'ailleurs, le spécimen figuré par Kützing ne provient pas de Sonder, mais de Fr. Mueller, et il n'est pas originaire de la même localité que le *Sph. Muelleri* primitif, de sorte que, très vraisemblablement, la synonymie indiquée par Kützing provient d'une fausse détermination de Mueller ou d'une erreur d'étiquette, et il n'y pas lieu de citer le *Spong. Muelleri* parmi les Sphacélariacées.

Je n'ai pas admis le genre *Anisocladus*, car les placentas sporangifères sont bien plus nombreux sur les pousses adventives plusieurs fois ramifiées de certains exemplaires d'*H. funicularis* que sur leurs pousses normales. En réalité, toutes les aisselles holoblastiques de l'*H. funicularis* peuvent être fructifères, aussi bien sur l'axe que sur les pousses définies ou adventives ; les différences sont individuelles et non génériques.

Le meilleur caractère de séparation entre l'*A. congestus* et l'*H. funicularis,* mais d'importance simplement spécifique, est la brièveté et non la ramification des pédicelles sporangifères, aussi les ai-je compris dans le même genre comme deux espèces voisines.

L'*H. funicularis* est de taille variable. Certains individus garnis de sporanges mesurent quelques centimètres de hauteur, et d'autres, en fructification moins avancée, dépassent vingt centimètres. Habituellement plus hauts que larges, les articles secondaires des pousses indéfinies présentent souvent trois ou quatre cloisons transversales, et les pousses définies s'appuient fréquemment sur les cloisons primaires de deux en deux (1). Les pousses définies naissent souvent suivant l'ordre distique, sur une certaine étendue, mais il en est toujours d'insertion irrégulière. Parfois simples, elles sont plus souvent ramifiées, et leurs rameaux insérés à intervalles longs et inégaux sont irrégulièrement distiques ; certaines atteignent deux centimètres de longueur et portent une dizaine de rameaux, fastigiés, arrivant à la même hauteur ; elles sont souvent plus courtes et moins ramifiées. Tous les sommets se terminent en pointe aiguë et sont abondamment pourvus du composé tannique brun foncé. Toutes les ramifications sont holoblastiques ; le sphacèle axillaire reste à l'état de coussinet pluricellulaire sur les pousses stériles ; je ne crois pas qu'il se transforme jamais en poils, mais je l'ai vu plusieurs fois se transformer en un ramule court et pointu.

1. Toutefois, sur certains exemplaires rencontrés seulement à l'état stérile, et qui, par suite, ne peuvent être rapportés avec certitude à l'*H. funicularis,* les articles secondaires, notablement plus longs, possèdent jusqu'à 5-7 cloisons transversales, et, dans ce cas, 3-4 cloisons primaires séparent celles où s'appuient les pousses définies ; ces dernières semblent alors autant de pinceaux latéraux très distincts, à l'inverse du cas précédent, où elles se recouvrent mutuellement.

Chaque article secondaire d'un axe peut présenter quatre péricystes, occupant toute sa hauteur ou seulement une portion de sa hauteur, sans se correspondre exactement d'un article à l'autre. Les pousses définies de grande taille présentent fréquemment des péricystes dans leur portion inférieure. D'abord peu teintés, ils deviennent de plus en plus foncés, puis font bientôt une saillie en forme d'oreille, de toute la hauteur du péricyste, qui se cloisonne transversalement vers son tiers inférieur; la cellule supérieure est le sphacèle de la pousse adventive, l'inférieure produit le rhizoïde descendant qui s'applique ensuite contre l'axe et contribue à sa cortication (fig. 80, *D*); le rhizoïde semble alors appartenir à la pousse adventive et non à l'axe. Sur les individus qui sont fructifères surtout par leurs pousses normales, ce qui arrive principalement quand celles-ci sont longues et espacées, les pousses adventives sont peu nombreuses, restent courtes, souvent simples; les péricystes produisent uniquement des rhizoïdes, ou bien le rhizoïde prend l'avance sur la pousse adventive, et atteint déjà la longueur de 1-2-3 articles secondaires de l'axe alors que la pousse est encore rudimentaire. On rencontre d'ailleurs sous ce rapport les exemples les plus variés (1). Si la plante est fertile surtout par ses pousses adventives, celles-ci croissent de tous les péricystes ou de la plupart d'entre eux, s'allongent rapidement, en même temps que le rhizoïde correspondant; elles sont plus longues et ramifiées, sans cependant se transformer en pousses indéfinies suppléant les pousses normales, comme chez l'*H. scoparia* par exemple. Une pousse adventive se termine en pointe aiguë, noire comme ses ramules, qui tous sont holoblastiques, et

---

1. Ainsi, sur un *Sph. globifera* de Victoria donné à Lebel par Areschoug (Herb. du Muséum), à pousses définies très espacées, les péricystes produisaient même uniquement des rhizoïdes. Sur un exemplaire des *Algæ Muellerianæ* de l'Herbier Thuret reçu de J. Agardh avec la mention « *Sph. paniculata* Southern New Zealand », à pousses normales très bien fructifiées et à pousses adventives courtes et simples, et par conséquent stériles, beaucoup de celles-ci restées à l'état de protubérance paraissaient des taches oblongues saillantes, presque noires, parmi les rhizoïdes corticants d'un brun beaucoup plus clair. Enfin, sur le rameau examiné de l'échantillon du Cap distribué par Hohenacker comme *Styp. paniculatum*, sous le n° 154, un seul des quatre péricystes de chaque article se développait en rhizoïde et pousse adventive, tandis que les autres restaient stériles ; à la base de la plante, au contraire, comme le montraient les coupes, quatre pousses s'étaient simultanément développées sur chaque article. On voit d'ailleurs, sur la figure 80, *D*, prise sur la plante du Chili étudiée par Montagne, un péricyste intact en face d'un péricyste fertile.

chaque sphacèle axillaire devient un placenta sporangifère. Le ramule est parfois réduit à un petit massif pluricellulaire, noir,

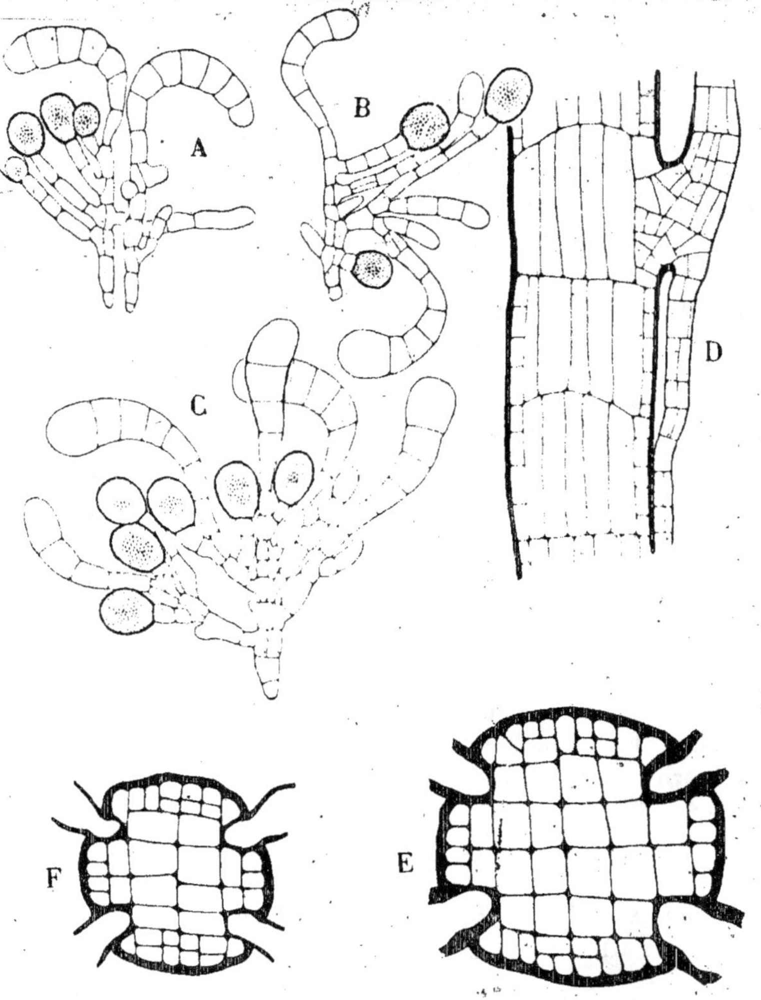

Fig. 80. — *Halopteris funicularis* Sauv. — *A, B, C,* Branches séparées d'un sore fructifère (Gr. 200). — *D,* Coupe longitudinale passant par un péricyste stérile et un péricyste fertile, du même article, ayant fourni une pousse adventive et un rhizoïde (Gr. 150). — *E,* Coupe transversale de l'axe montrant le cloisonnement le plus fréquent, et *F,* autre coupe transversale de l'axe, montrant le cloisonnement réduit (Gr. 200). — (*A, B, C, D, F,* d'après un échantillon du Chili déterminé par Montagne; *E,* d'après un spécimen de Tasmanie; on n'a pas représenté les rhizoïdes).

à peine proéminent, plus ou moins confondu avec son placenta axillaire; l'ensemble paraît alors né directement sur la pousse, mais tous les cloisonnements jeunes en prouvent la nature holoblastique. Ces différences tiennent sans doute à des conditions d'habitat, de profondeur, peut-être de saison, sur lesquelles les exemplaires d'herbier ne nous renseignent aucunement (1).

Comme dans les espèces précédentes, le cloisonnement du placenta débute par une cloison parallèle au plan de ramification. Chaque cellule du coussinet s'allonge en une branche dressée d'une seule rangée de cellules, çà et là deux rangées, abondamment ramifiée, pour produire des pédicelles de sporanges ou des paraphyses plus longues, terminées en massue, gorgées de la matière brune tannique. Les dessins *A*, et *B*, de la figure 80 représentent ces branches encore jeunes, *C*, est un état plus âgé, de complication moyenne. Comparé à celui des sporanges, le nombre des paraphyses varie suivant les sores ; elles sont parfois assez nombreuses, et sur certains sores elles se rabattent de l'extérieur vers le centre, masquent complètement les sporanges et alors jouent évidemment un rôle protecteur. Parfois, la cellule terminale des massues est renflée et ressemble à première vue à un sporange, mais son contenu diffère ; enfin, à certaines aisselles, ces paraphyses se transforment en rameaux courts et pointus.

J'ai observé ces filaments ramifiés, producteurs de paraphyses, sur les exemplaires du Chili (de Montagne), sur ceux du Cap Horn (de M. Hariot), sur des exemplaires du Sud de l'Afrique, d'Australie, de Nouvelle-Zélande et de Tasmanie, aussi, bien que leur structure ait échappé à M. Reinke, on peut la considérer comme caractéristique. Cependant, et en particulier sur des exemplaires australiens, les paraphyses manquent parfois ; les pédicelles sont alors plus raides et plus régulièrement ramifiés et les sporanges nouveaux croissent plus fréquemment dans la cavité des sporanges vidés. Toutefois, j'ai vainement cherché d'autres différences précises entre les exemplaires et je ne puis les rattacher à une autre

---

1. Il m'a semblé que, parfois, les pousses adventives ont surtout pour rôle de remplacer les pousses normales brisées de bonne heure ou rongées par les animaux, si bien qu'à un moment donné, elles seraient les seules pousses fructifères d'un axe.

espèce (1). Si l'on démontrait que les individus privés de
paraphyses constituent une espèce méconnue, le nom spécifique *funicularis* devrait être conservé pour ceux qui en possèdent.

Les sporanges uniloculaires sont les seuls organes reproducteurs que j'ai rencontrés ; ils sont globuleux, de 30-40 μ de
diamètre. Plus heureux, M. Reinke a trouvé les sporanges pluriloculaires sur un exemplaire ne portant pas les précédents ; ils
sont plus gros, de 80-100 μ, moins nombreux dans les sores et
leur pédicelle est simple. Cependant, les logettes figurées par
M. Reinke [91, 2, pl. VIII, fig. 8] indiquent suffisamment que
ces sporanges pluriloculaires sont des anthéridies (2). Si cet
exemplaire appartient bien à l'*H. funicularis*, les anthéridies
et les oogones naissent sur des individus séparés, à l'inverse de
l'*H. scoparia*. J'ai rappelé précédemment qu'Askenasy a cité
des sporanges uniloculaires de 110 μ de diamètre ; peut-être
correspondent-ils aux oogones, si toutefois l'identification spécifique est exacte, et elle était difficile avant la publication du
mémoire de M. Reinke. Quoi qu'il en soit, l'état asexué est
infiniment plus fréquent que l'état sexué chez l'*H. funicularis*
comme chez l'*H. scoparia*.

La structure des pousses indéfinies correspond à celle de
l'*H. scoparia*, mais généralement simplifiée. On rencontre très
fréquemment la disposition représentée sur la figure 80, *E*, qui
répète le schéma de l'*H. scoparia* (fig. 70) avec la différence que
la cloison *5, 5*, formée de chaque côté de *1, 1*, a avorté dans le
sens perpendiculaire entre *2, 2*, et *4, 4*. De plus, la cloison *4, 4*,
parait souvent d'une seule pièce ou, tout au moins, la différence
de niveau est plus faible que dans l'*H. scoparia*, entre ses deux
portions, centrale et périphérique. Sur une coupe passant par
quatre pousses adventives, les origines de ces pousses sont donc

---

1. Sur l'échantillon de l'Herbier du Muséum, dont il a été question plus haut
(p. 398), nommé *Sph. globifera* par Areschoug, les sores étaient peu nombreux ;
les pédicelles raides, non courbés, disposés en bouquet élargi, comme ceux de
l'*H. pseudospicata*, m'ont paru se terminer chacun par un sporange. Au contraire, Areschoug dit que les pédicelles du *Sph. globifera* sont courbés.

2. Les logettes sont très nettes sur ce dessin. Cependant, d'après ce que l'on
sait des autres espèces (*H. scoparia, H. brachycarpa*, etc.), on supposera à
priori qu'elles ne sont pas indiquées par des cloisons solides, tout au moins lors
de la maturité.

séparées, dans un sens, par quatre cellules de section rectangulaire, dans l'autre, par deux cellules seulement. Je considère cette disposition comme caractéristique. Cependant, on trouve sur une même pousse indéfinie de fréquentes variations de détail, et il sera toujours bon de pratiquer un certain nombre de coupes successives, et d'examiner de préférence celles qui passent par des péricystes fertiles. On rencontre aussi une structure simplifiée dans laquelle les cloisons *5, 5,* n'existent ni dans un sens ni dans l'autre (fig. 80, *F*), comme sur la plupart des coupes que j'ai pratiquées dans la plante du Cap Horn de M. Hariot ; celle du Chili, de Montagne, présentait tantôt la première structure, tantôt la seconde. Cette structure simplifiée est intéressante ; elle devient fréquente chez l'*H. congesta.*

D'après les exemplaires fructifiés que j'ai eus entre les mains, l'*H. funicularis* se rencontre sur la côte du Chili, au Cap Horn, en Nouvelle-Zélande, en Tasmanie, sur la côte méridionale de l'Australie, en Afrique australe ; c'est sans doute l'espèce du groupe des Holoblastées la plus répandue dans les mers australes. Je crois inutile de citer la liste de ces exemplaires ; j'en ai vu, en effet, qui avaient été envoyés en Europe directement par F. von Mueller, ou distribués par J. Agardh qui, pour la plupart, étaient nommés *Sph. paniculata,* tandis que d'autres, de même origine, nommés *Sph. funicularis,* appartenaient à une autre espèce. Ces échantillons, distribués sans contrôle, ne se correspondent probablement pas dans les différentes collections, et une liste risquerait d'être une cause d'erreur de plus. L'*H. funicularis* n'est peut-être pas cantonné dans les mers australes ; on peut espérer le rencontrer vers l'équateur et au delà, dans l'Océan Indien et l'Océan Pacifique ; la plante de Java, récoltée par Hombron et décrite par Montagne, si elle ne lui appartient pas, en est très voisine. Les autres espèces étudiées dans ce chapitre ont une telle ressemblance avec l'*H. funicularis,* qu'elles en sont difficiles, sinon impossibles, à distinguer avec certitude sur des spécimens stériles, conservés en herbier ; les organes reproducteurs sont nécessaires pour les déterminations.

Halopteris funicularis Sauvageau. — Touffes à base étroite, de hauteur variable pouvant dépasser 20 centimètres. Thalle inférieur absent, remplacé par des rhizoïdes fixateurs. Thalle dressé caulescent. Axe ramifié dans tous les sens par la transformation de pousses définies en pousses indéfinies. Axes portant des pousses définies plus ou moins régulièrement alternes distiques, appuyées sur les cloisons primaires séparées, souvent, par une cloison primaire stérile ; articles secondaires aussi hauts ou souvent plus hauts que larges, à cloisons longitudinales rapprochées, limitant des cellules sectionnées par trois cloisons transversales. Quatre ou parfois moins de quatre péricystes dans chaque article secondaire. Pousses définies de longueur variable, parfois simples, plus souvent ramifiées, à rameaux espacés et irrégulièrement distiques. Ramification normale toujours holoblastique ; sphacèle axillaire cloisonné en coussinet pluricellulaire ne se différenciant pas en poils. Rhizoïdes naissant de la partie inférieure des péricystes, corticants, longs, ramifiés, constituant une masse spongieuse à la base de la plante. Pousses adventives naissant de la portion supérieure des péricystes, nombreuses ou rares, précoces ou tardives, rudimentaires ou bien développées, mais moins longues que les pousses normales, et ne semblant pas pouvoir se transformer en pousses indéfinies, simples et pointues, ou portant quelques rameaux pointus et peu divariqués. — Fructification en sores pouvant se rencontrer à toutes les aisselles holoblastiques. Sporanges uniloculaires globuleux, de 30-40 µ de diamètre, portés par des pédicelles ramifiés, dont certaines branches stériles, ou paraphyses, plus ou moins longues, plus ou moins convexes, souvent recourbées sur le sore, sont terminées en massue, habituellement nombreuses. Organes sexués incomplètement connus, dioïques (?) sur des individus différents des précédents et beaucoup plus rares. Anthéridies sur un pédicelle simple, peu nombreuses dans les sores, de 80-100 µ de diamètre (sec. Reinke) ; oogones (?) de 110 µ de diamètre (sec. Askenasy).

Hab. — Fréquent dans les mers australes. Chili (Ile de Chiloe) ! Cap Horn ! Nouvelle-Zélande ! Tasmanie ! Australie méridionale ! Afrique australe ! Java ?

Syn. *Sphacelaria funicularis* Montagne.
  Sphacelaria globifera Areschoug.
  Sphacelaria Muelleri Sonder.
  Stypocaulon funiculare Kützing.

B. — **Halopteris brachycarpa** Sauvageau mscr.

Je ne connais de cette espèce que trois fragments d'environ 7 centimètres de hauteur, rapprochés en un unique échantillon d'herbier et provenant peut-être d'un même individu. Ils sont conservés dans l'Herbier du Muséum de Copenhague et portent la mention « Harvey's Australian Algæ N° 105, D, *Sphacelaria paniculata* Suhr, Port Fairy, Victoria ».

Leur aspect est celui de l'*Hal. congesta ;* la ramification est très dense, et la fructification est très abondante. Celle-ci est fort intéressante ; les sores naissent à toutes les aisselles comme dans l'*H. funicularis,* bien que la plante produise des épis comme l'*H. scoparia ;* les sores que j'ai rencontrés sont sexués.

J'ai étudié la structure seulement à trois niveaux : à la base d'un échantillon, vers la base d'une pousse de 4 centimètres, et vers la base d'une pousse de 2 centimètres appartenant à un autre fragment ; elle correspond parfaitement à celle de l'*H. funicularis* représenté sur la figure 80, *E.* Les pousses définies, çà et là distiques, assez espacées, sont peu régulièrement disposées. Elles sont ramifiées. Les rameaux nés dans leur portion inférieure, simples ou ramifiés, longs, arrivent souvent au niveau du sommet de la pousse, sont espacés, irrégulièrement distiques, laissent quelques cloisons primaires entre celles sur lesquelles ils s'insèrent. Plus haut, ils sont de plus en plus courts, plus rapprochés, plus fastigiés, restent simples, si bien que le sommet de la pousse définie et le sommet des rameaux primaires, tout au moins sur ces individus fructifères, se transforment en épi. Mais, au lieu de se différencier brusquement comme chez l'*H. scoparia* et l'*H. hordacea,* l'épi se caractérise graduellement ; ses ramules constitutifs, fastigiés, épars au lieu d'être insérés en rangées régulières, naissent sur des articles courts, et dépassent peu le sommet de l'épi ; ils conservent leur direction comme chez l'*H. scoparia,* ne s'incurvent pas. L'épi de l'*H. brachycarpa* est donc moins bien caractérisé que celui des autres espèces spicigères.

Tous les rameaux et ramules sont d'origine holoblastique, et toutes les aisselles peuvent indifféremment se transformer en sores fructifères. Les épis sont donc simplement une région où les sores sont plus nombreux, parce que les ramules y sont plus densement insérés.

Comme chez les espèces précédentes, les péricystes sont théoriquement au nombre de quatre. Ils forment de bonne heure une protubérance, qui s'allonge parfois directement en un rhizoïde descendant et corticant ; d'autres fois, ils se divisent vers leur tiers inférieur, par une cloison transversale, et produisent un rhizoïde descendant et une pousse adventive dressée. Enfin, au lieu d'une pousse adventive, la portion supérieure du péricyste subit parfois quelques cloisonnements d'où naît un second rhizoïde, identique au rhizoïde descendant, mais dirigé en sens inverse, ascendant, plus court que le précédent. Cette propriété curieuse des péricystes de produire deux rhizoïdes inverses se rencontre plus fréquemment, et même normalement, chez l'*H. hordacea ;* elle semble épuiser l'activité des péricystes lorsque la plante ne produit qu'un nombre restreint de pousses adventives.

Les pousses adventives sont rares sur certaines pousses indéfinies, sont plus nombreuses sur d'autres, cependant, même dans ce cas, elles ne prennent pas une aussi grande importance dans l'architecture de la plante que chez la plupart des individus d'*H. funicularis* et surtout que chez l'*H. congesta*. Un bon nombre d'entre elles sont courtes, parfois moins hautes que la distance entre l'insertion de deux pousses définies successives, simples, presque appliquées et terminées en pointe ; elles sont alors nécessairement stériles. D'autres, un peu plus longues, présentent une ou deux branches, courtes, pointues, très peu divariquées. Il est bon de remarquer, étant donnée la dimension des organes reproducteurs, que ces pousses adventives ont plus de ressemblance avec celles de l'*H. funicularis* et des individus asexués d'*H. congesta* qu'avec celles des individus sexués de cette dernière espèce. Ces pousses adventives ramifiées peuvent présenter un sore à l'aisselle de leurs ramules, mais les organes reproducteurs y sont moins nombreux que sur les sores des pousses normales. Sur la plante très abondamment fructifère que j'ai eue entre les mains, les pousses adventives fertiles jouaient un rôle infime dans la reproduction ; il est possible que leur importance augmente sur d'autres individus. Très généralement, elles produisent à leur base, tardivement, un ou plusieurs rhizoïdes descendants.

Parfois réduits à 3-4 organes reproducteurs, les sores en renferment souvent 20-30 et leur nombre dépend alors en partie de la ramification des pédicelles. Les paraphyses semblent manquer. Les pédicelles simples sont longs, graduellement élargis ; les pédicelles ramifiés portent leurs branches surtout

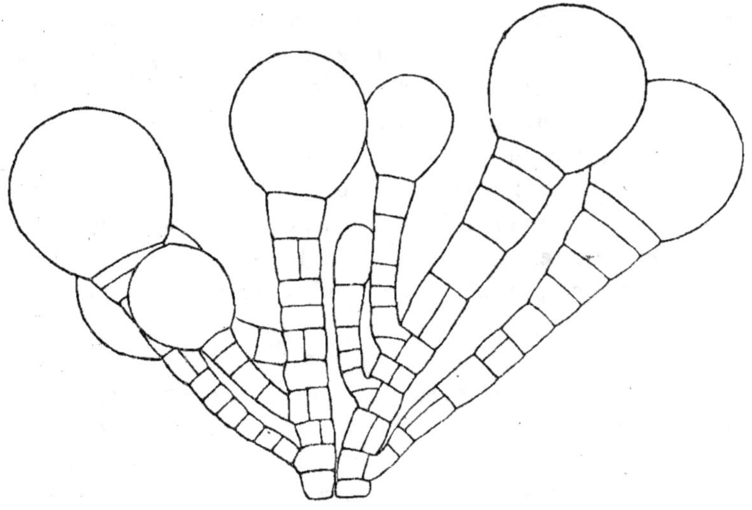

Fig. 81. — *Halopteris brachycarpa* Sauv. — Deux pédicelles ramifiés ; les organes reproducteurs de plus faible diamètre sont encore jeunes (Gr. 200).

dans leur région inférieure ; la figure 81 en représente deux, de complication moyenne, dessinés au même grossissement que ceux de l'*H. funicularis* (fig. 80). Certaines de leurs cellules ont une cloison longitudinale.

Les organes reproducteurs étaient en mauvais état de conservation ; leur paroi mince et peu résistante se détruisait rapidement par l'action des réactifs employés pour leur rendre leur forme. Ils sont volumineux, globuleux, largement insérés, de 90-110 μ de diamètre, souvent 100 μ ; un organe vidé, remplacé par un nouveau, persiste sous forme d'une collerette assez haute. J'ai cependant pu reconnaître qu'ils sont de deux sortes, mélangés dans un même sore, des anthéridies et des organes uniloculaires. De même que chez l'*H. scoparia* les anthéridies mûres ne sont pas cloisonnées en logettes solides, mais seulement en petites masses protoplasmiques de 4 μ de côté régulièrement alignées. Le contenu des organes uniloculaires, très contracté, peu dense, renfermant des grumeaux bruns, semble indiquer qu'il est lacuneux et non segmenté sur le vivant. Ces organes sont très probablement des oogones à oosphère unique.

La figure 81 représente des anthéridies et des oogones, on n'aurait pas pu dessiner exactement leur contenu, et on a voulu montrer seulement la différence de diamètre des organes reproducteurs avec ceux de l'*H. funicularis* et de l'*H. pseudospicata;* les moins larges sont des organes jeunes ; les autres sont mûrs. Des cinq espèces d'*Halopteris* chez lesquelles j'ai fait connaître l'existence d'anthéridies et d'oogones, celle-ci est la seule où les pédicelles soient ramifiés, disposition qui doit faciliter la fécondation en fournissant simultanément des organes reproducteurs de tout âge dans un même sore.

Quel est le degré d'indépendance spécifique de l'*H. brachycarpa?* Si M. Reinke n'avait pas observé un exemplaire correspondant bien à l'*H. funicularis* et pourvu d'anthéridies à pédicelle non ramifié, groupés en sores lâches sans disposition en épi, on pourrait supposer que mon *H. brachycarpa* est la forme sexuée de l'*H. funicularis* dont il se rapproche par la ramification des pédicelles. On verra dans le paragraphe suivant pourquoi il n'est probablement pas non plus la forme sexuée de l'*H. pseudospicata*. Si l'*H. brachycarpa* est bien une espèce indépendante, on trouvera probablement des exemplaires asexués dont les sores de sporanges uniloculaires seront situés, comme ceux des organes sexués, à la fois à des aisselles holoblastiques quelconques et sur des épis. Quoi qu'il en soit, on peut affirmer, semble-t-il, que l'*H. brachycarpa* est une espèce beaucoup plus rare que l'*H. funicularis*. Peut-être peut-on interpréter sa rareté en supposant, comme pour d'autres Holoblastées australes, qu'il croît à une assez grande profondeur, et n'est rejeté qu'accidentellement à la côte.

Halopteris brachycarpa Sauvageau. — Espèce comparable, par le port, la ramification et la structure à l'*H. funicularis*, mais dont les pousses définies normales se terminent graduellement en épi fructifère non tétrastique. — Fructification en sores, situés surtout à l'aisselle des bractées des épis, mais pouvant se rencontrer à toutes les aisselles holoblastiques. Sporanges uniloculaires inconnus. Organes sexués mélangés dans les sores, portés par des pédicelles graduellement élargis, simples, plus souvent ramifiés, parfois au nombre de 3-4 seulement, plus souvent 20-30 suivant le degré de ramification des pédicelles. Paraphyses absentes. Anthéridies globuleuses, de 90-110 μ de diamètre, souvent 100 μ, à anthérozoïdes de 4 μ de côté régulièrement disposés en rangées longitudinales et transversales, mais non séparés dans des logettes solides au moment de la maturité, à ouverture de déhiscence unique. Oogones de même forme et de mêmes dimensions que les anthéridies renfermant très probablement une oosphère unique, de couleur foncée, à structure vacuolaire, et probablement dépourvue de cils.

Hab. — Australie méridionale. Espèce connue par un seul échantillon, de l'Herbier du Muséum de Copenhague (Port Fairy, Victoria, Harvey leg.) !

C. — **Halopteris pseudospicata** Sauvageau mscr.

L.'*H. pseudospicata* m'est connu par un échantillon de l'Herbier de Trinity College de Dublin, marqué par Harvey : « 297, Cape Riche, *Sphacelaria paniculata* ». Il mesure 10 centimètres de hauteur et se compose d'un axe cortiqué par les rhizoïdes enchevêtrés à sa base en une masse spongieuse, portant plusieurs pousses indéfinies assez peu garnies de pousses définies. Des épis fructifères font légèrement saillie en dehors des pousses définies, et l'aspect de la plante est en effet celui de l'espèce souvent appelée *Styp. paniculatum* (que je désignerai plus loin sous le nom d'*Hal. hordacea*), et c'est assurément ainsi qu'on la désignerait après un simple examen à l'œil nu. Elle est cependant bien différente et est plus voisine de l'*H. funicularis* et de l'*H. brachycarpa*.

Tandis que les articles des pousses indéfinies de l'*H. funicularis,* habituellement aussi hauts ou plus hauts que larges, présentent plusieurs cloisons transversales, ceux de l'*H. pseudospicata,* notablement moins hauts que larges, présentent une seule cloison transversale dans chaque cellule, généralement

presque au même niveau que sa voisine, de sorte que l'ensemble
des cloisons transversales d'un article simule souvent une cloison primaire ou secondaire. Il en est de même sur les pousses
définies et leurs rameaux. La structure de l'*H. pseudospicata* est
la même que celle représentée sur la figure 80, *E*, pour l'*H. funicularis.*

Les quatre péricystes peuvent fournir des rhizoïdes, et quel-

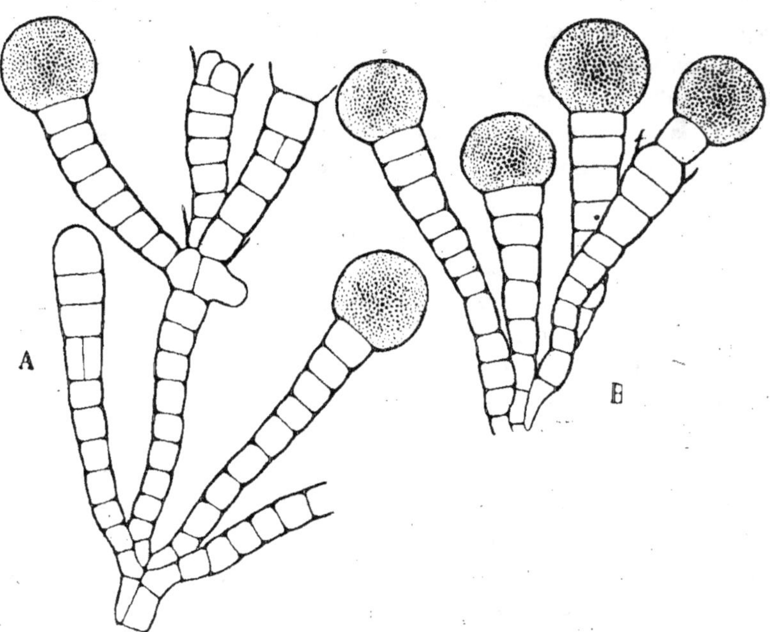

Fig. 82. — *Halopteris pseudospicata* Sauv. — Sporanges uniloculaires (Gr. 200).

ques-uns produisent en outre une pousse adventive. Les pousses
adventives du fragment étudié étaient ou jeunes ou tronquées,
mais elles m'ont semblé identiques aux pousses définies normales, de même diamètre, pouvant atteindre la même longueur ;
elles deviennent probablement fructifères.

Les cloisons primaires, sur lesquelles s'appuient les pousses
définies irrégulièrement distiques, sont séparées par 2-4 autres
cloisons primaires, les pousses sont relativement longues et
souples ; leurs rameaux espacés, irrégulièrement distiques, sont
eux-mêmes ramifiés. Ces pousses définies, ou certains de leurs
rameaux primaires, se terminent en une sorte d'épi fructifère ;

pour cela, les ramifications deviennent simples, courtes et plus rapprochées, l'ordre distique disparaît complètement et leur coussinet axillaire se transforme en placenta. Toutefois, l'épi n'est pas aussi bien caractérisé que chez l'*H. scoparia,* car les bractées ne sont pas insérés en ordre régulier tétrastique.

Les pédicelles sporangifères sont raides, souvent plus longs que l'intervalle entre deux bractées successives ; ils sont divariqués, en bouquet, débordent les bractées, élargissent l'épi qu'ils rendent plus visible. Dans les sores jeunes, les pédicelles sont nombreux, longs, raides, simples, ou ramifiés seulement à leur base, graduellement élargis, formés de cellules simples, légèrement toruleuses, parfois divisées par une cloison longitudinale (fig. 82) ; leur paroi externe est notablement plus épaisse que chez l'*H. funicularis,* tandis que les cloisons transversales restent minces. Je n'ai pas vu de paraphyses ; les quelques filaments stériles mélangés paraissent être des pédicelles non encore fructifères. Les sporanges sont arrondis, à base aplatie, plus larges que hauts ; leur largeur varie de 45 à 60 μ. Après la déhiscence, le sporange vidé persiste à l'état de collerette, le pédicelle s'allonge dans sa cavité et produit un nouveau sporange ; les sporanges successifs ne sont pas emboités ; après plusieurs générations de sporanges, ou même dès la seconde, le pédicelle peut ainsi doubler de longueur. Les pédicelles des épis âgés sont donc souvent notablement plus longs que ceux des épis jeunes. Si la cellule sous-jacente au sporange vidé est divisée suivant sa longueur, le pédicelle se bifurque. On voit aussi une ou plusieurs branches latérales très divariquées portées à des hauteurs variables d'un pédicelle, mais il m'a semblé qu'elles naissent toujours après la déhiscence du sporange qui le terminait.

Les épis ne portent pas absolument tous les sporanges. J'ai vu quelques sores sur des pousses non transformées en épi. D'autres exemplaires présenteraient peut-être une localisation moins différenciée, comparable à celle des organes sexués de l'*H. brachycarpa ;* beaucoup d'aisselles portaient en effet un simple coussinet pluricellulaire stérile, mais d'autres coussinets, pareillement stériles, prolongeaient leurs cellules en brèves digitations représentant peut-être des pédicelles avortés.

La disposition des sporanges de l'*H. pseudospicata* en épi

imparfait, leur forme et la forme des pédicelles, sont des points de ressemblance avec les épis sexués de l'*H. brachycarpa*, mais les articles secondaires de ce dernier, comme ceux de l'*H. funicularis*, sont plusieurs fois cloisonnés transversalement. Cette différence semble suffisante pour ne pas considérer, tout au moins actuellement, l'*H. pseudospicata* comme la forme asexuée de l'*H. brachycarpa*. Assurément très voisin aussi de l'*H. funicularis*, espèce très variable, l'*H. pseudospicata* m'a cependant paru être autre chose qu'une de ses modifications les plus accentuées, et mériter d'en être séparé.

Halopteris pseudospicata Sauvageau. — Espèce comparable par le port et la ramification aux *H. funicularis* et *H. hordacea ;* structure de l'*H. funicularis*. Articles secondaires moins hauts que larges, à cloisons longitudinales rapprochées, limitant des cellules sectionnées par une seule cloison transversale. Pousses adventives plus semblables aux pousses normales que chez l'*H. funicularis*. Pousses définies, ou certains de leurs rameaux primaires, terminées graduellement en épi fructifère, non tétrastique, dépassant le niveau des autres pousses stériles. — Fructification en sores localisée presque exclusivement à l'aisselle des bractées des épis. Pédicelles sporangifères raides, longs, divariqués, nombreux, ramifiés à leur base, graduellement élargis. Paraphyses absentes. Sporanges uniloculaires arrondis, à base aplatie, de 45-60 µ de largeur, à paroi persistant après la déhiscence sous forme d'une collerette très nette, dans laquelle s'allonge notablement le pédicelle d'un nouveau sporange. Organes sexués inconnus.

Hab. — Australie méridionale. Espèce connue par un seul échantillon de l'Herbier de Trinity College, Dublin (Cape Riche, Harvey leg.) !

D. — **Halopteris congesta** Sauvageau mscr.

Syn. *Anisocladus congestus* Reinke.

M. Reinke a créé le genre *Anisocladus* pour une espèce de même port et de même ramification que l'*H. funicularis*, mais dont les organes reproducteurs naissent exclusivement sur les pousses adventives, tandis que les coussinets axillaires des pousses normales restent toujours stériles.

L'auteur a étudié des exemplaires de deux sortes. Les uns ont des sporanges uniloculaires nombreux portés chacun sur un pédicelle de 2-4 cellules, non ramifié. Les autres présentent des sporanges pluriloculaires de diamètre double ou triple, isolés, ou par deux ou trois, et qui parfois terminent une branche de la pousse adventive au lieu d'être axillaires. J'ai déjà fait remarquer (chap. 1) que les sporanges pluriloculaires figurés par M. Reinke [91, 2, pl. XII, fig. 8-10] sont cloisonnés en si petites logettes qu'ils pourraient bien être des anthéridies.

Aucun des échantillons mis à ma disposition ne présentait d'organes pluriloculaires. J'ai cependant trouvé, comme M. Reinke, deux sortes d'exemplaires, mais pourvus d'organes uniloculaires de taille différente. Sur tous, ces organes reproducteurs sont portés en très grande majorité sur les pousses adventives; toutefois, on en trouve toujours quelques-uns sur les coussinets axillaires des pousses normales; c'est pourquoi, ce fait, s'ajoutant à ce que l'on sait de l'*H. funicularis*, j'ai supprimé le genre *Anisocladus*.

Les organes reproducteurs de petite taille correspondent bien aux dessins donnés par M. Reinke pour les sporanges uniloculaires [*loc. cit.*, fig. 6 et 7]. Ceux de grande taille correspondent très bien comme dimension, nombre et situation à la description des sporanges pluriloculaires du même auteur. Or, ces volumineux organes ont presque certainement un contenu non divisé et sont des oogones à une seule oosphère; les individus qui les produisent sont femelles, et ceux qui produisent les organes pluriloculaires ou anthéridies sont mâles. La plante est dioïque. Cette espèce fut la première Holoblastée sur laquelle j'ai rencontré des oogones non divisés, et je pensai tout d'abord, étant donnée aussi une légère différence dans l'aspect des pousses adventives, qu'il serait prudent de scinder l'*H. congesta* en deux espèces, l'une asexuée, qui serait le type décrit par M. Reinke, l'autre sexuée, dioïque, qui devrait recevoir un nom nouveau. Depuis, j'ai trouvé des organes sexués absolument comparables chez l'*H. scoparia*, l'*H. brachycarpa* et l'*H. hordacea*, où, toutefois, les organes sexués sont réunis sur un même individu; deux de ces espèces possèdent en outre des sporanges uniloculaires asexués. Il devenait donc extrêmement probable que l'*H. congesta* est pareillement une espèce dont les individus sont les uns sexués et les autres asexués, et c'est l'idée à laquelle je me suis arrêté. M. Reinke en a vu les individus asexués et les individus mâles, et moi les individus asexués et les individus femelles.

L'*H. congesta* est plus rare dans les Herbiers que l'*H. funilaris,* avec lequel il a la plus grande ressemblance extérieure surtout lorsque celui-ci est pourvu de pousses adventives fertiles. Je ne crois même pas qu'on puisse l'en distinguer sans l'examen au microscope. Les exemplaires que j'ai rencontrés provenaient tous de Nouvelle-Zélande. M. Reinke le cite en outre au Cap de Bonne-Espérance.

J'ai vu trois exemplaires munis de sporanges asexués, mesurant en moyenne 6-7 cm. de hauteur. Ils provenaient de « Banks Peninsula, Dr. Berggren leg. » Herb. Thuret, de « Lyall's Bay, M. Filohl leg. » Herb. du Muséum, et de West Head Wellington, M. R. Laing de Christchurch leg. et ded. Les pousses adventives sont très nombreuses, car la plupart des articles secondaires en présentent quatre, et elles masquent complètement l'axe dans les parties adultes. Elles ont la plus grande ressemblance avec celles de l'*H. funicularis,* présentent généralement plusieurs ramifications holoblastiques peu divariquées terminées en pointe aiguë de teinte très foncée, souvent situées dans un même plan ; à l'aisselle de chaque rameau est un sore de 12-20 sporanges sphériques, de 35-40 μ de diamètre, portés sur un pédicelle court, de 2 à 4 cellules, non ramifié. Comme on l'a dit précédemment, on trouve aussi toujours quelques sores, çà et là, à l'aisselle de rameaux des pousses normales.

J'ai vu quatre exemplaires à oogones récoltés par Schwartz à Wellington (Nouvelle-Zélande), appartenant à M. le major Reinbold. Deux atteignaient 15 centimètres de hauteur, les deux autres étaient moins grands, mais tous se correspondaient si bien comme aspect, structure et conservation qu'ils étaient peut-être des portions d'une même touffe. Sur les pousses indéfinies examinées, les articles secondaires inférieurs étaient seuls fertiles, et, tout au moins dans les parties jeunes, ils fournissaient seulement une ou deux pousses adventives. Autant que j'ai pu m'en rendre compte, la pousse adventive est déjà longue et plus ou moins ramifiée, lorsque, de sa base, sort un rhizoïde, parfois deux ; finalement, le résultat est le même et les rhizoïdes corticants constituent un manchon épais, mais qui appartient moins à l'axe qu'à l'ensemble des pousses adventives. Cette disposition qui se voit aussi sur les échantillons asexués, y est cependant moins nette et moins générale. Les pousses adventives sont plus divariquées, portent des ramules plus longs, plus divariqués et moins généralement situés dans le même plan que chez les individus asexués ; peu de ramules sont réduits à un coussinet cellulaire, mais il n'est pas rare de voir un ramule se

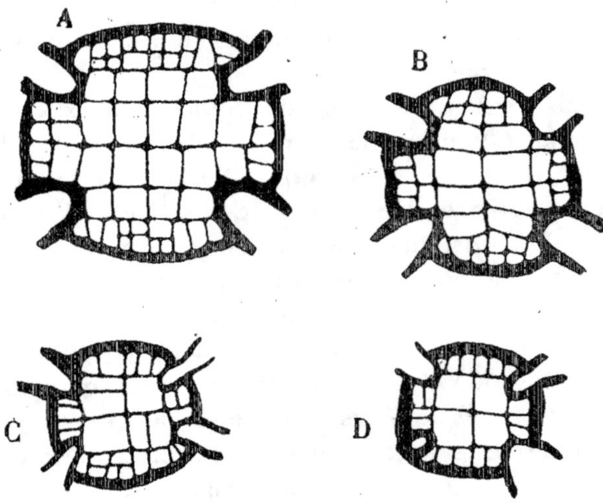

Fig. 83. — *Halopteris congesta* Sauv. — Coupes transversales de pousses indéfinies (Gr. 200).

transformer en un pédicelle d'oogone et cependant son aisselle est parfois fertile. La transformation d'un rameau en pédicelle d'un oogone ne contredit pas la théorie de la ramification exposée à propos de l'*H. filicina* ; l'organe reproducteur est toujours terminal d'une génération ; le bouquet d'oogones axillaires finit la génération antérieure à celle qui se termine par le pédicelle axillant. Les sores renferment 1-4 oogones, presque sphériques, de 80-90 μ de diamètre, à contenu pauvre et très contracté, comme chez les *H. scoparia* et *brachycarpa*.

J'ai trouvé, dans un sore, une germination qui avait la plus grande ressemblance avec celles de l'*H. hordacea* dont il sera question plus loin.

La structure de l'*H. congesta* est du même type que celle de l'*H. funicularis*. Les dessins de la figure 83 ont été faits sur des préparations des individus asexués. La figure 83, *A*, représente une coupe à la base de la plante de Banks peninsula, elle est identique à la figure 80, *E*, caractéristique de l'*H. funicularis*. J'ai rencontré beaucoup plus fréquemment la structure de la figure 83, *B*, où manque le cloisonnement *5, 5*, parallèle à *1, 1*, et que reproduit la figure 80, *D*, rencontrée chez certains individus d'*H. funicularis*. Enfin, la figure 83, *D*, prise à la base d'une pousse indéfinie fructifère de 3 centim., correspond encore au type, mais les cloisons *5, 5*, et *4, 4*, ne se sont pas formées; parfois, cependant, des cloisons divisent l'une ou l'autre des quatre cellules centrales, comme on le voit en *C*, de la même série de coupes que *D*. Les quatre séries de coupes que j'ai menées dans les différents individus femelles ne présentaient pas cette variation et correspondaient parfaitement aux figures 80, *E*, et 83, *A*.

Les *H. funicularis, brachycarpa, pseudospicata* et *congesta*, très voisins par leur aspect, leur ramification, la disposition des organes reproducteurs, sont aussi très voisins par leur structure.

Halopteris congesta Sauvageau. — Espèce comparable par le port, la ramification et la structure à l'*H. funicularis*. Pousses adventives nombreuses. — Fructification en sores pouvant se rencontrer à toutes les aisselles holoblastiques, mais plus particulièrement sur les pousses adventives. Pousses adventives des individus sexués à rameaux peu divariqués; sores de 12-20 sporanges uniloculaires sphériques, de 35-40 μ de diamètre, portés par un pédicelle simple et court; paraphyses absentes. Pousses adventives des individus sexués à rameaux plus longs et plus divariqués que celles des individus asexués, et se transformant parfois en un pédicelle. Organes sexués sur des individus séparés, isolés ou groupés par 2-4 et portés par un pédicelle court et simple. Anthéridies sphériques pluriloculaires, d'environ 100 μ de diamètre (sec. Reinke). Oogones presque sphériques de 80-90 μ de diamètre, renfermant très probablement une oosphère unique, de couleur foncée, à structure vacuolaire, et probablement dépourvue de cils.

Hab. — Nouvelle-Zélande ! Cap de Bonne-Espérance (sec. Reinke).

Syn. *Anisocladus congestus* Reinke.

CHAPITRE XIX. — HALOPTERIS HORDACEA Sauvageau mscr.

Syn. *Sphacelaria hordacea* Harvey.
Stypocaulon paniculatum Reinke.

En 1840, Suhr [40, p. 278] donna le nom de *Sph. paniculata* à une plante de la Nouvelle-Hollande, voisine du *Sph. scoparia*. Sa description étant la première d'une espèce australe de ce groupe, il semble bon d'en reproduire la partie essentielle.

Vers l'extrémité des rameaux latéraux, dit-il, autour du filament principal, sont rassemblés, comme dans une panicule, une quantité de tout petits rameaux secondaires, tellement serrés que plusieurs naissent du même article. Dans la partie terminale de ces rameaux se montre le fruit, qui est limbé.

Il est fort possible que cette panicule dense formée de très petits rameaux réponde à un épi fructifère semblable à celui du *Sph. scoparia*. Toutefois, rien n'indique que des sporanges y soient enfermés. On n'a pas à tenir compte des « fruits limbés » qui terminent les rameaux ; ils ne sont autre chose que les sphacèles des ramules dont le protoplasma est contracté. Suhr lui-même, dans la description de son *Sph. squamulosa,* l'expose très nettement [34, p. 738]. Le fruit, écrit-il, se trouve dans les sommités renflées en massue, à peu près comme dans le *Sph. scoparia*. Bien entendu, il n'est pas question ici de la véritable fructification du *Sph. scoparia* décrite seulement en 1845 par Meneghini. Je montrerai qu'on ne saurait tirer aucun éclaircissement des auteurs postérieurs à Suhr, qui ont parlé du *Sph. paniculata* sans avoir vu l'échantillon type, et que ce nom spécifique, bien qu'il soit actuellement usité par les auteurs, sera avantageusement remplacé par celui de *hordacea*.

En effet, quatre ans après le Mémoire de Suhr, Harvey [44, Tab. DCXIV] publia une bonne description d'une nouvelle plante néo-zélandaise, le *Sph. hordacea,* différent du *Sph. scoparia* (dont il ne connaissait pas la fructification) par ses épis qu'il compare à ceux de l'orge ou du seigle. Les dessins de Harvey renseignent exactement sur le *Sph. hordacea*. Les pousses définies portent des rameaux alternes, plus ou moins distiques, eux-mêmes ramifiés; les rameaux fertiles sont plus longs, terminés par un épi à bractées droites et fastigiées, séparé du ramule le plus proche par un intervalle nu semblant un long pédicelle. Les épis sont composés de rameaux séti-formes, tétrastiques, abritant à leur aisselle un groupe de 4-5 sporanges elliptiques, globuleux, plus larges que la bractée. On verra que ces volumineux sporanges sont les organes sexués, anthéridies et oogones; Harvey les représente sessiles, tandis qu'ils sont pédicellés, mais le pédicelle court a pu échapper à son attention.

Sur la foi d'un exemplaire de Natal, déterminé *Sph. paniculata* par Martens, et comparé à un spécimen authentique de *Sph. hordacea,* J. Agardh [48, p. 36] réunit celui-ci à l'espèce de Suhr qu'il cite au Cap, à Port-Natal, en Australie, Tasmanie et Nouvelle-Zélande. Sa description correspond bien à celle de Harvey : les sores axillaires comprennent 3-4 sporanges pédicellés, plus larges que la bractée, renfermant une substance grumelée dans une membrane hyaline. On en pourrait inférer, bien que J. Agardh ne signale aucunement la disposition spiciforme de la fructification, que l'inflorescence des deux plantes est pareillement en épi. Toutefois, rien ne prouve que le *Sph. paniculata* reçu de Martens fût le même que celui de Suhr et que l'assimilation faite par J. Agardh soit exacte. D'ailleurs, la plupart des exemplaires distribués comme *Sph. paniculata* par le savant algologue suédois, que j'ai vus dans les Herbiers, sont certainement l'*H. funicularis* stérile ou fructifié, auquel la description de Suhr peut tout aussi bien s'appliquer (1).

De plus, si l'on en croit Areschoug, qui reçut également de Martens un échantillon de Port-Natal, la réunion effectuée par J. Agardh ne serait pas justifiée. D'après Areschoug, en effet [51, p. 19], le *Sph. paniculata* et le *Sph. globifera* sont très rapprochés et ne se distinguent que par la structure du glomérule fructifère. Or, on sait que dans le *Sph. globifera,* pur synonyme de l'*H. funicularis,* les pennules fructifères ne sont pas condensées en épi. Les aisselles du *Sph. paniculata,* dit-il, abritent seulement 2-4 sporanges. Le *Sph. paniculata* envoyé par Martens à Areschoug est donc autre chose que le *Sph. hor-*

1. M. Reinke a déjà fait remarquer que son *Anisocladus congestus* est souvent nommé *Styp. paniculatum* dans les Herbiers.

dacea de Harvey; il correspond probablement à la forme sexuée de l'*H. funicularis* ou à une espèce inconnue. Enfin, Areschoug mentionne que des spécimens néo-zélandais, qu'il reçut de Harvey sous le nom de *Sph. paniculata*, étaient son *Sph. globifera.*

On peut d'autant mieux s'en rapporter à l'analyse d'Areschoug que la disposition en épi ne lui a pas échappé chez une autre espèce des mers australes. Il décrit, en effet, dans ses *Phyceæ novæ* [54, p. 365], un *Sph. spicigera* où les bractées constituantes de l'épi sont courbées; il ajoute que les sporanges oblongs-ovales, très rapprochés et très nombreux, y forment un glomérule compact axillaire et que leur diamètre est la moitié ou le tiers de celui de la bractée. Cette disposition, indiquée alors pour la première fois, correspond aux dessins et à la description de la plante appelée *Styp. paniculatum* par M. Reinke.

Sonder, qui avait d'abord adopté [52, p. 662] la synonymie proposée par J. Agardh, la combattit à propos de son étude du *Sph. Muelleri* [53, p. 507]. La fructification des *Sph. paniculata* et *gracilescens* est inconnue, dit-il, tandis que les épis du *Sph. hordacea* Harv. sont caractéristiques; il ajoute que le *Sph. filaris* Sonder correspond absolument au *Sph. hordacea*, par la disposition et la forme des organes reproducteurs, mais que les coupes transversales des axes présentent un moindre nombre de cellules.

Tous ces *Sphacelaria* devinrent pour Kützing des *Stypocaulon* [49, p. 467]. Il ne connaissait le *Styp. paniculatum* que par les descriptions, mais il reçut de J.-D. Hooker un exemplaire de *Styp. hordaceum* qu'il représenta, ainsi que le *Styp. filare,* dans les *Tabulæ* [55, pl. 98 et 99]. Son dessin du *Styp. hordaceum* diffère de celui de Harvey par les sporanges plus nombreux, notablement plus étroits que la bractée axillante; il figure, à mon avis, un individu asexué dont les bractées de l'épi sont inexactement représentées; elles y sont fastigiées au lieu d'être nettement incurvées latéralement. Les pousses de *Styp. filare,* terminées par un épi, sont garnies de rameaux jusque tout près de celui-ci, et les épis au lieu d'être saillants, comme dans l'espèce précédente, ne dépassent pas le niveau des autres pousses, mais la structure de l'épi est la même. C'est un *Sph.*

spicigera que Kützing a figuré. La coupe transversale dessinée
a peu de cellules ; il est probable que des coupes pratiquées à
différents niveaux en auraient montré davantage.

Les dernières publications de Harvey compliquèrent encore
cette synonymie ; il adopta l'opinion de J. Agardh et réunit
sous la dénomination de *Sph. paniculata*, ses *Sph. hordacea* et
virgata, auxquels il joignit le *Sph. Muelleri* de Sonder [63,
p. XIII, et 67, p. 661]. Toutefois, Harvey ne semble pas avoir
eu une notion bien nette de cette espèce comme le montre la
diversité des échantillons qu'il a distribués, sous le nom de *Sph.
paniculata* et dont une bonne portion appartient à l'*H. funicularis*. J'ai vu, par exemple, trois exemplaires de son n° 105 des
Australian Algæ, ils rentraient dans trois espèces : *H. hordacea, H. brachycarpa* et *H. funicularis*. L'adhésion de Harvey
à la réunion proposée par J. Agardh n'en prouve donc nullement
le bien fondé.

Je citerai pour mémoire les *Sph. gracilescens* Dies. et J. Ag.
et *Sph. virgata* Harv. qui, établis sur des matériaux insuffisants,
furent promptement abandonnés par ceux mêmes qui les avaient
distingués.

L'étude la plus récente sur ce sujet est celle de M. Reinke
[91, 2, p. 27, et pl. VII], qui adopte la manière de voir de
J. Agardh et de Harvey ; il énumère six noms spécifiques
comme synonymes du *Stypocaulon paniculatum*. Sa description
et ses excellents dessins donnent cependant une idée incomplète de la plante. Il a vu les épis fructifères à bractées infléchies
sur le côté, dont l'aisselle fournit un sore très dense de sporanges uniloculaires sessiles, mais il n'a pas remarqué la
structure caractéristique de l'axe. Le seul état qu'il décrit est
l'état asexué, qui correspond bien au *Sph. spicigera* d'Areschoug. L'auteur a sans doute interprété comme une erreur
d'observation les volumineux organes reproducteurs signalés
par Harvey, puis par J. Agardh et par Sonder, car il les passe
sous silence. Voulant être plus complet, M. de Toni emprunte
à J. Agardh la diagnose de son *Sylloge* [95, p. 517], mais il
modifie, d'après le Mémoire de M. Reinke, la phrase se rapportant aux organes reproducteurs en : « Sporangiis unilocula-
ribus oblongo-obovoideis, dense confertis, sessilibus, etc. ».
Cependant, il emprunte presque textuellement à J. Agardh les

remarques qui suivent la diagnose ; on y voit que les sporanges sont sphériques, groupés par 3-4, pédicellés, etc. La contradiction est flagrante.

De cette discussion, il ressort que deux plantes seulement furent suffisamment décrites : l'une le *Sph. hordacea,* par Harvey, puis par Sonder, l'autre le *Sph. spicigera,* par Areschoug, puis par M. Reinke. Rien ne prouve qu'elles se rapportent au *Sph. paniculata* de Suhr. Dans cette incertitude, que le texte de Suhr ne permet pas de lever, il est préférable d'abandonner le nom spécifique de *paniculata* et de le remplacer par celui de *hordacea* dont le sens est parfaitement déterminé.

Or, l'*H. hordacea* se présente sous deux formes souvent très tranchées et facilement distinctes à l'œil nu. L'une, à rameaux nombreux et très denses, dont les épis fructifères, plus ou moins cachés par les autres pousses définies, prolongent le rameau sans laisser un long entre-nœud au-dessous d'eux ; elle correspond aux figures *A,* et *b,* de la planche 98 de Kützing et à la description du *Sph. spicigera* par Areschoug. L'autre, beaucoup moins dense, porte ses épis au sommet de rameaux plus longs que les autres si bien que, toujours exsertes, ils sont nettement visibles au premier coup d'œil ; elle correspond à la planche de Harvey du *Sph. hordacea* et à celle de Kützing du *Styp. hordaceum.* Cependant, certains exemplaires sont intermédiaires entre ces deux formes extrêmes et il est probable que la seconde correspond à des individus vieux, peut-être à une fructification d'arrière-saison. J'ai donc réuni les deux formes sous un même nom spécifique. Enfin, les individus de chacune des deux formes de l'*H. hordacea* peuvent être sexués ou asexués. Les bractées tétrastiques des épis asexués sont toujours fortement et régulièrement recourbées sur le côté et protègent ainsi plus efficacement les nombreux sporanges uniloculaires sessiles de leur aisselle. Cet état asexué correspond au *Sph. spicigera* d'Areschoug et au *Styp. paniculatum* de M. Reinke, et les dessins de Kützing [pl. 98 et 99] ne sont pas corrects sous ce rapport. Les épis sexués sont toujours un peu moins denses ; l'aisselle de leurs bractées tétrastiques, fastigiées ou légèrement et irrégulièrement recourbées latéralement, est occupée par de volumineux organes reproducteurs, anthéridies et oogones mélangés, qui furent représentés par Harvey, puis vus par J. Agardh et par Sonder.

Des échantillons d'herbier sont assurément insuffisants pour prouver que ces individus sexués ou asexués appartiennent bien à une même espèce ; cependant toutes les probabilités vont à cette interprétation, car ils diffèrent seulement par leurs épis. Je les réunirai donc tous sous le nom d'*Halopteris hordacea*.

*
* *

L'*H. hordacea*, commun en Australie et en Nouvelle-Zélande, est l'une des plus grandes espèces de la famille ; ainsi, un exemplaire de Port Phillip (F. von Müller 1866), conservé dans la collection de Lenormand couvre toute une feuille d'herbier.

Quand il est stérile, il n'est pas toujours facile à distinguer de l'*H. funicularis* à l'œil nu, mais les coupes transversales des pousses indéfinies sont bien différentes chez ces deux espèces. A l'état fertile, au contraire, la distinction est facile.

Dans les parties jeunes et non cortiquées des pousses indéfinies, les articles secondaires, moins hauts ou aussi hauts que larges, présentent 3-4 cloisons transversales et possèdent quatre péricystes. Leur aspect est le même que dans les espèces précédentes, mais, plus bas, les cellules superficielles sont souvent rangées obliquement comme si elles subissaient une torsion en vieillissant. Les pousses définies latérales, alternes distiques, laissent généralement une ou deux cloisons primaires entre celles sur lesquelles elles s'insèrent ; elles sont parfois courtes, nettement définies et produisent seulement quelques rameaux simples ; elles sont souvent plus longues, atteignent un centimètre, présentent 20-30 rameaux alternes distiques, régulièrement espacés, sur lesquels naissent des ramules insérés à intervalles longs et inégaux. Ces dernières pousses présentent des péricystes produisant des rhizoïdes, tout au moins ceux de la base ; elles se comportent donc comme de petites pousses indéfinies. On trouve enfin des pousses de dimensions intermédiaires entre les deux précédentes, dont les péricystes sont limités à la région inférieure. Le niveau de l'insertion du premier rameau d'une pousse latérale est variable, ou bien il est éloigné de la base, comme chez l'*H. funicularis*, ou au contraire il en est tellement rapproché, que les rhizoïdes corticants le cachent. L'ensemble de ces pousses latérales, longues et denses, produit l'aspect de panicules, qui explique le nom spécifique choisi par Suhr, sans toutefois être mieux caractérisé que chez beaucoup d'exemplaires d'*H. funicularis*. Comme chez les espèces précédentes, les axes nouveaux sont des pousses défi-nies transformées en pousses indéfinies.

Les péricystes restent stériles, ou produisent un rhizoïde corticant, descendant, ramifié, ou émettent en même temps une pousse adventive ressemblant aux pousses normales. Ces pousses adventives sont beaucoup moins nombreuses que chez l'*H. funi-cularis*. Il n'est pas rare que la protubérance formée par le péri-cyste se divise par une cloison transversale en son milieu ou vers le tiers inférieur, comme dans le cas ordinaire ; toutefois, les deux cellules se cloisonnent plus ou moins abondamment, la portion inférieure devient un rhizoïde ordinaire, et la portion supérieure, au lieu de se développer en pousse adventive, pro-duit un second rhizoïde, mais ascendant, adhérent à l'axe sur plusieurs entre-nœuds. J'ai signalé de semblables rhizoïdes ascendants chez l'*H. brachycarpa* où ils sont toutefois moins fréquents.

Cependant, d'autres pousses adventives courtes, pointues, non ramifiées, naissent directement aux dépens de cellules périphériques quelconques radialement accrues. Habituellement en très faible quantité, elles peuvent passer inaperçues, mais parfois elles poussent en nombre considérable. J'ai observé ce dernier cas sur un exemplaire de Nouvelle-Zélande (Herb. Rein-bold) portant quelques rares épis à sporanges uniloculaires. Quand on enlevait les pousses latérales normales, l'axe restait comme hérissé de nombreuses pousses courtes, étroites, sim-ples, pointues, divariquées, éparses, et l'aspect rappelait un peu celui d'un *Cladostephus*. Je n'avais constaté une semblable ori-gine des pousses chez aucun des *Halopteris* précédemment étudiés.

Dans les parties cortiquées de l'axe, les articles secondaires, examinés en coupe longitudinale, sont de hauteur plus variable que dans les régions plus jeunes, où le revêtement incomplet de rhizoïdes permet de les voir de face. Certains articles sont nota-blement plus longs que larges, comme s'ils avaient subi un accroissement secondaire, dont je ne puis cependant affirmer l'existence. Quoi qu'il en soit, tandis que les cellules superficielles des précédents *Halopteris* sont seules cloisonnées, celles de la masse centrale de l'*H. hordacea* présentent aussi une cloison transversale vers leur milieu, et l'ensemble de ces cloisons donne parfois d'autant mieux l'illusion d'une cloison primaire ou secondaire que les cloisons primaires, au lieu d'être planes, dessinent une voussure très marquée. Les cellules périphériques subissent parfois aussi un cloisonnement longitudinal parallèle à la surface, et dans les points où les péricystes sont profonds, et produisent deux rhizoïdes inverses, le cloisonnement peut être complexe; d'ailleurs, les rhizoïdes, ascendants ou descendants, sont parfois si bien appliqués qu'on ne distingue pas toujours nettement la limite de l'axe, tout au moins sur des échantillons d'herbier.

La structure des pousses définies est plus simple. Les articles secondaires sont moins hauts ou aussi hauts que larges. La couche de cellules périphériques est unique et les cellules centrales ne sont pas cloisonnées transversalement. Cependant, une cloison médiane existe dans certaines cellules centrales, mais non dans toutes, sur les pousses latérales munies de péricystes.

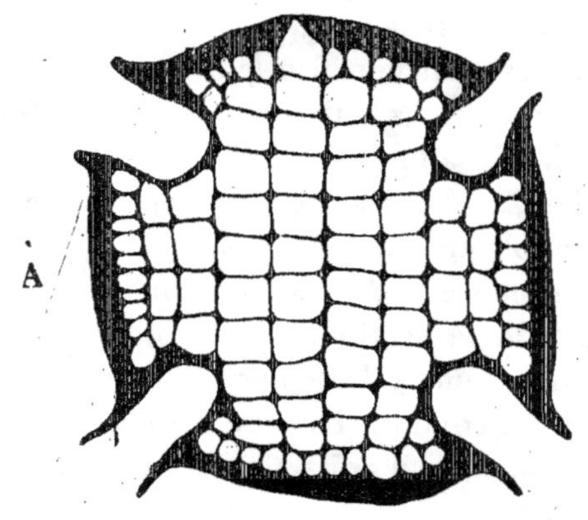

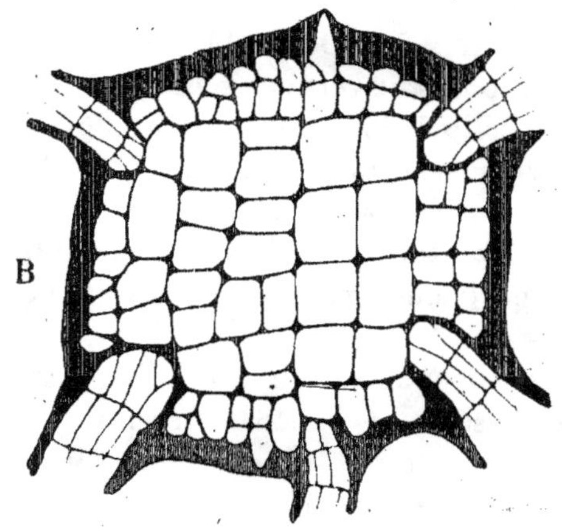

Fig. 84. — *Halopteris hordacea* Sauv. — *A*, et *B*, Coupes transversales menées à la base d'une pousse indéfinie tronquée de 10 centimètres de longueur (Gr. 200).

Toutes les aisselles sont holoblastiques ; sur plusieurs exemplaires stériles, que je rapporte à cette espèce à cause de leur structure, le coussinet axillaire produisait un bouquet de poils qui m'a paru manquer sur les individus fertiles.

La structure des pousses définies et de leurs rameaux, étudiée en coupes transversales, correspond à celle des *H. scoparia* et *funicularis,* mais celle des pousses indéfinies est caractéristique. Tout à fait à la base d'un individu, ou d'une longue pousse indéfinie, elle est assez régulière. La figure 84, *A,* représente une coupe menée à la base d'une pousse tronquée mesurant 10 centimètres ; chacun des quatre péricystes a produit, au niveau de la section, un rhizoïde ou une pousse adventive ; cependant, une cellule périphérique, dans le haut de la figure, fait saillie comme si elle devait produire un rhizoïde. Sur la figure 84, *B,* qui appartient à la même série de coupes que *A,* les quatre péricystes sont pareillement fertiles ; en outre, en bas de la figure, une cellule périphérique a fourni un appendice plus grêle qui est un rhizoïde ou une courte pousse adventive ; deux autres cellules périphériques font une protubérance comme dans la coupe *A.* De semblables variations se rencontrent sur des sections transversales successives. La structure correspond donc à celle de l'*H. scoparia,* les quatre péricystes sont encore symétriquement disposés, mais la saillie de plusieurs cellules périphériques dérange la symétrie. J'ai constaté la structure de l'*H. filicina* tout à fait à la base des pousses indéfinies de certains spécimens, mais on retrouvait plus haut la structure ci-dessus.

Un peu au-dessus de la base, et dans toute la région corti-quée, l'aspect est bien différent et devient caractéristique, quoique très variable dans les détails. La figure 85, *C,* repré-sente une coupe menée vers le milieu de cette même pousse de 10 centimètres : la partie centrale a la même disposition, mais les cellules périphériques se sont inégalement allongées radia-ement, puis cloisonnées ; aucune d'elles ne s'est prolongée en rhizoïde ; d'autres coupes en auraient montré un ou plusieurs, contigus ou espacés. La figure 85, *C,* ne donne qu'une idée imparfaite de la coupe totale, car les rhizoïdes, de diamètre très varié, adhèrent intimement à l'axe, s'incrustent dans ses sillons sans laisser de vides, si bien qu'à un faible grossissement, la limite entre l'axe et les rhizoïdes qui l'enserrent est parfois peu

distincte. Elle re-
présente un cas
moyen ; tantôt, les
cellules périphéri-
ques sont moins
allongées radiale-
ment, d'autres fois
notablement plus.
Le contour est donc
ondulé, mais parfois
il est régulier, sans
cependant différen-
cier une couche pé-
riphérique nette et
continue , comme
on le voit chez les
Auxocaulées.

Enfin, la figure
85, *D ,* reproduit
une coupe menée
à 1/2 centimètre
du sommet d'une
pousse indéfinie de
6 centimètres de
longueur, dans une
région où les rhi-
zoïdes n'ont pas
encore apparu. Les
cellules périphéri-
ques commencent
à s'allonger radia-
lement ; les quatre
volumineux péri-
cystes sont sail-
lants, mais n'ont pas
encore subi de cloi-

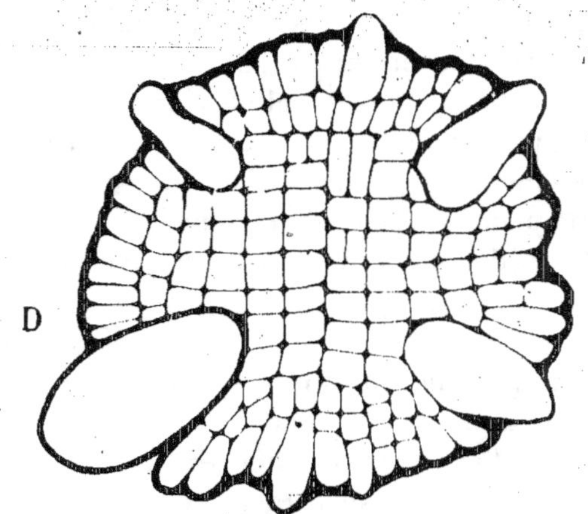

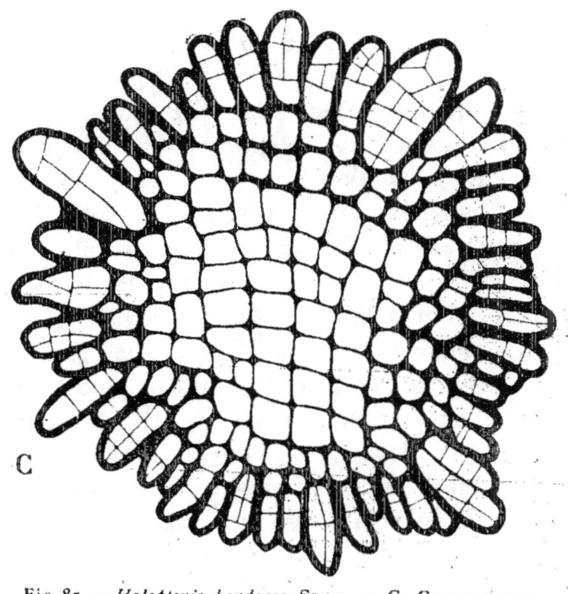

Fig. 85. — *Halopteris hordacea* Sauv. — *C,* Coupe transversale menée vers le milieu de la pousse indéfinie qui a
fourni les dessins de la figure 84. — *D,* Coupe transversale
prise à 1/2 centimètre du sommet d'une pousse indéfinie
de 6 centimètres de longueur (*C,* et *D,* Gr. 200).

sonnements ; leur pénétration profonde dans la masse centrale
est peut-être passive, ou tient peut-être à un accroissement du

diamètre de celle-ci après le début du cloisonnement; c'est encore un point que les exemplaires d'herbier mis à ma disposition ne me permettent pas de fixer. Quoi qu'il en soit, l'allongement radial des cellules périphériques fait de l'*H. hordacea* une forme de passage aux espèces auxocaulées où l'accroissement secondaire en largeur est normal.

La plante présente donc, d'une part, des rhizoïdes ascendants et descendants, et des pousses adventives d'origine péricystique et, d'autre part, des rhizoïdes plus grêles et d'autres pousses adventives très réduites directement produits par des cellules périphériques non spécialement différenciées.

J'ai examiné au point de vue anatomique un assez grand nombre d'exemplaires stériles d'Australie et de Nouvelle-Zélande, qui semblaient bien appartenir à l'*H. hordacea*, d'après leur aspect, et j'ai toujours rencontré la structure décrite plus haut. Les cellules de la masse centrale sont plus ou moins larges, les cellules périphériques plus ou moins étendues radialement, mais le type est le même.

A en juger par les exemplaires que j'ai eus entre les mains, les individus asexués, à sporanges uniloculaires, sont plus fréquents que les individus sexués. Ainsi, j'ai rencontré onze exemplaires asexués : six d'Australie et un de Nouvelle-Zélande à épis non saillants ou peu saillants, comme dans le dessin du *Styp. filare* de Kützing, et quatre de Nouvelle-Zélande à épis saillants comme dans les figures de Harvey et de Kützing. J'en ai vu seulement deux à l'état sexué : l'un d'Australie (Port Fairy, Victoria, collect. Rev. Whan 1892, Herb. Thuret) à épis non saillants, et un autre de Nouvelle-Zélande (Bay of Island, Dr. Berggren leg. Herb. Thuret), à épis longuement saillants.

Les épis asexués naissent brusquement au sommet des pousses définies ou des rameaux des longues pousses définies. Jusque-là, les rameaux sont insérés sur l'axe du futur épi, à des distances très inégales, plus ou moins alternes distiques; puis, brusquement, pour constituer l'épi, ils deviennent courts, simples, rapprochés, appuyés sur les cloisons primaires successives, régulièrement disposés sur quatre rangées; ces bractées ne sont pas dressées fastigiées comme chez l'*H. scoparia*, mais fortement et régulièrement incurvées de droite à gauche. Dans

la forme à épis saillants, des rameaux courts, simples et très
espacés, se succèdent jusqu'à l'épi. Il n'est pas rare que des
épis deviennent saillants par une autre disposition : un rameau
d'ordre quelconque étant tronqué, la surface de troncature produit un ou deux rameaux de remplacement terminés par un
épi.

Les coussinets axillaires des bractées inférieures sont souvent
stériles. Les coussi-
nets fertiles sont très
cloisonnés, et cha-
cune de leurs cellules
superficielles porte
un sporange sessile
(fig. 86), contigu à
ses voisins et sou-
vent gêné par eux,
de 60-80 μ de long,
souvent 70 μ, sur
25-40 μ de largeur.
Comme l'a fait re-
marquer M. Reinke,
les coussinets spo-
rangifères continuent
parfois à se cloison-
ner, s'élargissent,
des sores voisins se
soudent, et le nombre
des sporanges pro-
duits devient ainsi
considérable. En ou-
tre, ils se régénèrent
après la déhiscence.

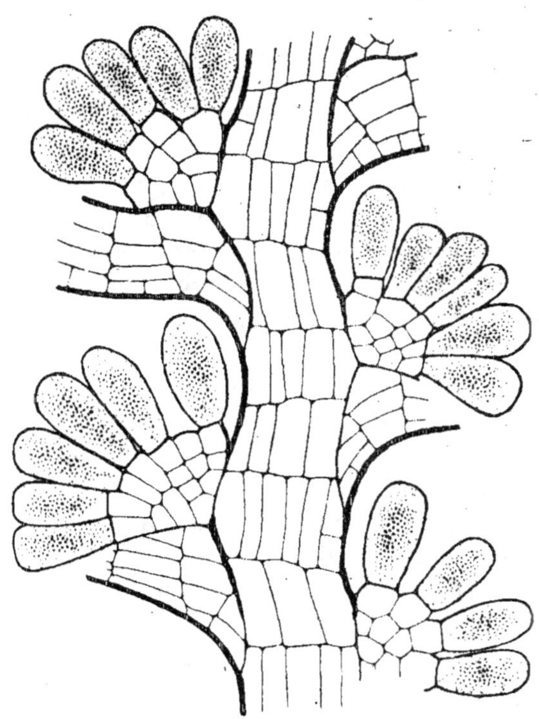

Fig. 86 — *Halopteris hordacea* Sauv. — Coupe longitudinale dans un épi fructifère asexué, à sporanges uniloculaires (Gr. 200).

J'ai vu des sores garnis de sporanges étroitement emboités dans
trois à cinq parois accolées l'une contre l'autre ; ils semblent
alors brièvement pédicellés. Toutefois, ce pédicelle reste toujours unicellulaire, car la paroi limitant le fond du sporange
vidé se bombe progressivement et devient la membrane du
nouveau sporange, puis celui-ci se sépare par une nouvelle
cloison basilaire, et s'accroît jusqu'à la taille normale.

Les bractées des épis sexués sont légèrement plus espacées que celles des épis asexués, bien qu'elles s'appuient pareillement sur les cloisons primaires successives. Elles sont aussi disposées sur quatre rangées, s'écartent d'abord de l'axe de l'épi, puis se redressent à peu près parallèlement à sa direction, comme chez l'*H. scoparia,* ou bien s'infléchissent légèrement sur le côté, mais jamais autant, ni avec autant d'uniformité, que sur les épis asexués ; l'espace qu'elles réservent à leur aisselle aux organes reproducteurs y est plus grand. Les premiers placentas fertiles produisent seulement 1-2 organes reproducteurs ; plus haut, on en trouve 4-5, parfois même huit; les coupes longitudinales en montrent habituellement deux. Le pédicelle est court, simple, plus large au sommet qu'à la base, réduit à quelques cellules simples ou cloisonnées suivant la longueur (fig. 87). Après la déhiscence, le pédicelle s'allonge et produit un *nouvel organe sexué* ; si la cellule qui le terminait est divisée suivant la longueur, elle fournit deux pédicelles d'abord contigus, puis écartés, simulant une dichotomie ; ceux-ci peuvent se comporter de même, et j'ai vu des doubles bifurcations portant ainsi quatre organes reproducteurs de troisième génération.

Ces organes sexués, mélangés sur un même placenta, sont des anthéridies pluriloculaires et des oogones uniloculaires, ceux-ci étant habituellement les plus nombreux. Les uns et les autres sont volumineux, plus larges que la bractée, plus ou moins sphériques, rétrécis à leur base, de 100-135 µ de diamètre.

Les anthéridies sont reconnaissables à leur contenu divisé en petites masses de 4 µ de côté environ, régulièrement disposées longitudinalement et transversalement. Je n'ai pas reconnu les anthéridies jeunes, mais, lors de la maturité, elles ne sont certainement pas divisées en logettes par des cloisons solides, elles ne possèdent pas de méat axial, et l'ouverture de déhiscence est unique et terminale. Par l'action de l'eau de javelle, même très diluée, la masse des anthérozoïdes sort souvent sans se dissocier et on ne distingue pas la moindre trace de cloisons, ni sur la paroi de l'anthéridie, ni entre les rangées d'anthérozoïdes. Sur les échantillons d'herbier, tout au moins, une anthéridie vidée paraît identique à un oogone vidé.

Les oogones sont peu riches en matière protoplasmique.

Celle-ci se réduit parfois à une couche périphérique incluant ces grumeaux bruns, irréguliers, qui attirèrent l'attention d'Agardh. D'autres fois, le contenu est plus abondant, plus tannifère, presque noir, mais la rétraction toujours assez considérable que la dessiccation lui fait subir prouve qu'il est creusé de larges vacuoles sur le vivant. Les oogones renferment très-probablement une oosphère unique ; je n'ai pu déceler la présence du ou

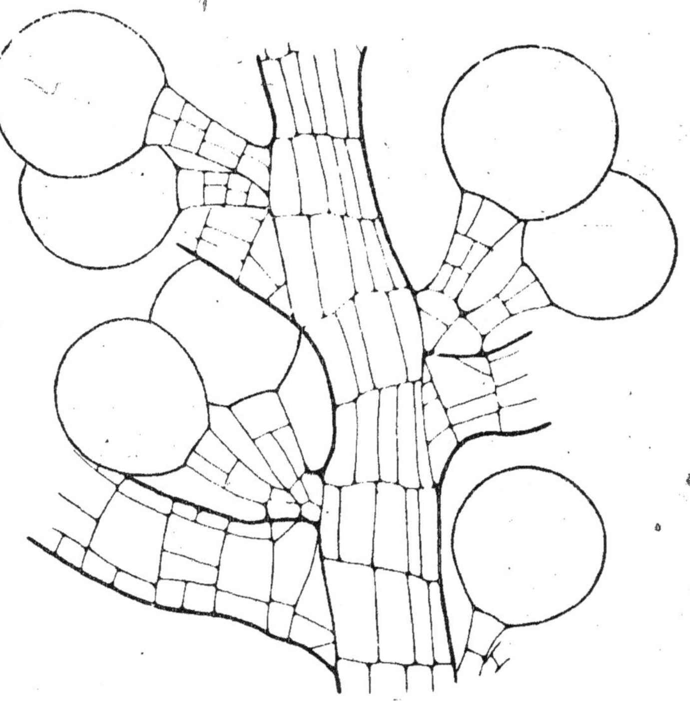

Fig. 87. — *Halopteris hordacea* Sauv. — Coupe longitudinale dans un épi fructifère, à anthéridies et oogones. Les deux sortes d'organes sexués sont mélangés (Gr. 200).

des noyaux. Nous avons déjà constaté une manière d'être identique des anthéridies et des oogones chez les *Halopteris scoparia*, *brachycarpa* et *congesta*.

Même si les oosphères sont pourvues de cils locomoteurs, ce qui est peu probable, leur parcours doit être restreint, à cause de leurs grandes dimensions. D'ailleurs, de jeunes germinations, fixées par leurs rhizoïdes sur les bractées de l'épi, et qu'il est impossible de rapporter à une plante étrangère, ne sont pas

rares. J'en ai représenté plusieurs sur la figure 88. Au lieu de
germer en filament, l'œuf grossit, se cloisonne en grandes cellules, devient une sorte de petit tubercule d'où naissent d'abord
des rhizoïdes fixateurs, ensuite une pousse dressée ; à en
juger d'après l'état bosselé de sa surface, le tubercule continue
à croître après avoir produit la pousse dressée ; je n'ai pas
rencontré de germinations plus avancées que les plus grandes

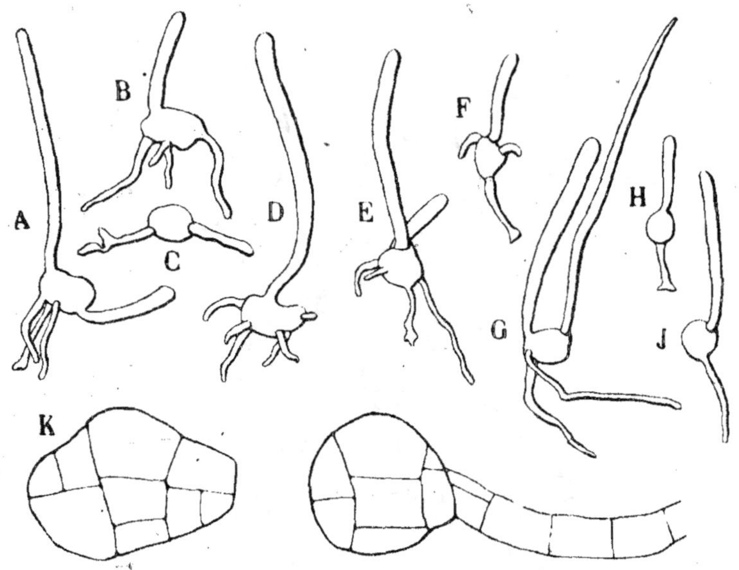

Fig. 88. — *Halopteris hordacea* Sauv. — *A*, à *J*, Jeunes germinations rencontrées dans des
épis sexués où elles étaient fixées sur les bractées : toutes, sauf *C*, ont déjà produit
une pousse dressée qui se termine par un sphacèle ; *G*, a produit deux pousses dressées
dont l'une a fini sa croissance (Gr. 40). — *K*, et *L*, Deux coupes parallèles dans un
tubercule de ces germinations (Gr. 200).

de la figure 88. Les dessins 88 *K*, et *L*, représentent, à un plus
fort grossissement, deux sections parallèles dans un tubercule.
Les pousses dressées qui toutes, sauf une terminée en pointe
(fig. 88, *G*), étaient en voie d'accroissement par leur sphacèle,
ne présentaient pas encore de ramification ; elles correspondent
donc, sous ce rapport, aux jeunes plantules d'*H. filicina* et
d'*H. scoparia,* où les pousses latérales n'apparaissent qu'à une
certaine distance de la base. Toutefois, la production d'un tubercule aux dépens de l'œuf est un fait nouveau chez les Sphacélariacées ; j'ai trouvé, il est vrai, une germination très semblable

sur l'*H. congesta*, mais, précisément parce que j'en ai trouvé une seule, on supposera qu'elle provenait d'un *H. hordacea* du voisinage. Les échantillons d'herbier ne fournissent aucun renseignement sur ses fonctions. Cependant, il est probablement remplacé bientôt dans son rôle nourricier par la plante dressée elle-même et les rhizoïdes ne tardent pas à le recouvrir et à le cacher, comme ils cachent les petits disques rampants de l'*H. filicina*. Enfin, l'existence d'un tubercule ne peut être considérée comme particulière à l'*H. hordacea,* puisque nous ne connaissons pas le produit de la germination du contenu de l'oogone chez les autres espèces sexuées.

Je n'ai pas observé les premiers stades du cloisonnement de l'œuf, mais j'ai constaté plusieurs exemples de déhiscence très nets. La paroi de l'oogone était rompue circulairement au sommet; son contenu, non adhérent à la paroi, et limité par une membrane, faisait notablement saillie par l'ouverture; c'était le début d'une déhiscence interrompue au moment de la dessiccation de la plante; ce contenu non cloisonné se préparait à sortir de son enveloppe en se déformant pour franchir une ouverture plus étroite que lui. On ne peut interpréter le phénomène en supposant que la fécondation a lieu dans l'oogone même, comme chez un *Œdogonium,* puisque l'œuf fécondé en sort après s'être entouré d'une membrane pour germer au dehors, car l'explication serait trop exceptionnelle. Il paraît plus rationnel de supposer que ce contenu, protégé par une membrane avant sa déhiscence, est une oosphère parthénogénétique quittant l'oogone où elle est trop à l'étroit, sous la pression de la paroi de ce dernier. Ceci ne signifierait pas, toutefois, que le phénomène se passe toujours de même et que les germinations rencontrées dans les épis sont aussi des germinations parthénogénétiques; je ne pouvais, en effet, rencontrer des anthérozoïdes ni des oosphères libres et nues sur ces échantillons d'herbier, mais seulement des oosphères entourées d'une membrane, et les oosphères parthénogénétiques étaient seules dans ce cas. Quoi qu'il en soit, une constatation aussi fortuite de germinations parthénogénétiques indique que celles-ci sont tout au moins fréquentes.

Par ses grandes dimensions et sa structure vacuolaire, une oosphère d'*H. hordacea* ne doit pas manquer de ressemblance avec les propagules des Tiloptéridacées. Je crois avoir démontré [99, 2] que l'élément interprété par les auteurs comme l'oosphère des Tiloptéridacées est un élément asexué, un propagule. Ici, les conditions sont différentes. En effet, en ajoutant les résultats connus chez les différentes espèces de Tiloptéridacées, on constate que ces Algues ont des anthéridies bien caractérisées comme telles, et d'autres organes pluriloculaires à grosses logettes qui ont vraisemblablement la valeur d'oogones ; à moins d'admettre chez ces Algues l'existence d'une double reproduction sexuée, le rôle femelle ne peut donc être attribué à leurs volumineux organes uniloculaires. Au contraire, les organes uniloculaires à contenu non segmenté de l'*Halopteris* naissent dans les mêmes sores que les anthéridies, et leur situation indique suffisamment leur nature femelle. En outre, il semble que l'oosphère est dépourvue de cils locomoteurs, que la fécondation se fait en dehors de l'oogone, et la germination sans période de repos. Le cas de l'*H. hordacea* serait ainsi comparable à celui des Fucacées.

Halopteris hordacea Sauvageau. — Touffes à base étroite de hauteur variable pouvant dépasser 30 centimètres. Thalle inférieur absent, remplacé par des rhizoïdes fixateurs. Thalle dressé caulescent. Axe ramifié dans tous les sens par la transformation de pousses définies en pousses indéfinies. Axes portant des pousses définies plus ou moins régulièrement alternes distiques, appuyées sur les cloisons primaires séparées par 1-2 cloisons primaires stériles ; articles secondaires moins hauts ou aussi hauts que larges, tout au moins dans les parties jeunes, à cloisons longitudinales rapprochées, limitant des cellules sectionnées par 3-4 cloisons transversales. Quatre ou parfois moins de quatre péricystes dans chaque article secondaire. Pousses indéfinies présentant au-dessus de leur base une tendance à la structure secondaire, par accroissement radial et cloisonnement tangentiel des cellules périphériques. Pousses définies de longueur variable, à rameaux plus ou moins nombreux, plus ou moins distiques, parfois eux-mêmes ramifiés ; les plus grandes des pousses définies possédant des péricystes comme les pousses indéfinies. Ramification normale toujours holoblastique ; sphacèle axillaire cloisonné en coussinet pluricellulaire ne se différenciant pas en poils (tout au moins sur les exemplaires fertiles). Rhizoïdes descendants, corticants, naissant de la partie inférieure des péricystes, longs, ramifiés, constituant une masse spongieuse à la base de la plante ; rhizoïdes ascendants, moins fréquents et plus courts, corticants, naissant de la partie supérieure des péricystes, à la place de la pousse adventive. Pousses adventives naissant de la portion supérieure des péricystes, rudimentaires ou bien développées, moins nombreuses que chez l'*H. funicularis.* Pousses adventives d'une autre sorte, souvent peu nombreuses, courtes, pointues, non ramifiées, naissant directement aux dépens de cellules périphériques quelconques. — Bractées fructifères abritant un sore à leur aisselle, réunies en épis tétrastiques bien caractérisés. Epis asexués à bractées régulièrement et fortement incurvées vers la gauche ; sporanges nombreux, sessiles, contigus, serrés, de 60-80 μ de long, souvent 70 μ, sur 25-40 μ de large. Epis sexués un peu moins denses que les précédents et portés par d'autres individus, à bractées fastigiées ou peu incurvées. Anthéridies et oogones mélangés, au nombre de 1-8, souvent 4-5 sur un même placenta, à pédicelle court, simple, graduellement élargi. Anthéridies plus larges que la bractée, plus ou moins sphériques, rétrécies à leur base, sans méat axial, de 100-135 μ de diamètre, à anthérozoïdes de 4 μ de côté, régulièrement disposés en rangées longitudinales et transversales, mais non séparés dans des logettes solides au moment de la maturité, à ouverture de déhiscence unique. Oogones de même forme et de mêmes dimensions, renfermant une oosphère unique, de couleur foncée, à structure vacuolaire et probablement dépourvue de cils. Œuf (fécondé ou parthénogénétique) germant en un petit tubercule peu cloisonné d'où partent les rhizoïdes et une pousse dressée.

Hab. Australie ! et Nouvelle-Zélande !

Syn. *Sphacelaria hordacea* Harvey.
Sphacelaria spicigera Areschoug.
Stypocaulon filare (Sonder) Kützing.
Stypocaulon hordaceum Kützing.
Stypocaulon paniculatum Reinke.

Tableau pour la détermination des espèces d'Halopteris.

Tel qu'il est compris dans ce travail, le genre *Halopteris* est assurément très hétérogène ; on pourrait dire, en employant une expression souvent usitée dans l'étude des familles de Phanérogames, que ce genre est naturel par enchaînement ; ses douze espèces présentent entre elles de notables différences. Toutes sont des Holoblastées leptocaulées, c'est leur seul caractère commun, et encore l'*H. hordacea* est-il une forme de passage aux Holoblastées auxocaulées, bien qu'il se rapproche certainement plus des premières que des secondes. D'autre part, tandis que la ramification de la plupart des *Halopteris* est toujours parfaitement holoblastique, celle de l'*H. filicina* est, en certains points, acroblastique, et par conséquent cette espèce constitue un passage aux Acroblastées. Si, cependant, on voulait scinder l'*Halopteris* en d'autres genres, ceux-ci seraient presque aussi nombreux que les espèces actuellement connues, et cette pulvérisation masquerait leurs affinités entre elles ; la plupart sont trop incomplètement étudiées pour permettre de peser la valeur des caractères comparables. On ne pourrait même pas réunir dans les deux genres *Halopteris* et *Stypocaulon* les quatre espèces anciennement distinguées ; quatre genres seraient nécessaires.

En effet, l'*H. hordacea* n'est pas seulement caractérisé par sa ramification générale, par la disposition spiciforme de ses organes reproducteurs, qui semblent des caractères spécifiques, mais encore par sa structure qui l'oppose à toutes les autres espèces, et semble ainsi d'importance générique. La disposition en épis, commune aux *H. scoparia* et *hordacea* les éloigne des *H. filicina* et *funicularis* où toutes les aisselles holoblastiques sont susceptibles de produire des organes reproducteurs. Mais la principale différence entre ces deux dernières n'est pas, comme on le croyait, que ces organes sont isolés chez l'*H. filicina* et groupés en sores chez l'*H. funicularis*. En plus des sporanges uniloculaires asexués connus depuis longtemps, elles possèdent, en effet, des organes sexués ; leurs anthéridies sont pluriloculaires, mais si les oogones de l'*H. filicina* sont également pluriloculaires, ceux de l'*H. funicularis* sont, selon toute vraisemblance, uniloculaires avec une oosphère unique, comme chez l'*H. scoparia ;* cette différence serait suffisante pour justifier deux genres. On aurait ainsi quatre genres pour les quatre espèces anciennement admises. Toutefois, la nature soit uniloculaire et uniovulée, soit pluriloculaire et pluriovulée de l'oogone ne saurait être utilisée pour le groupement des espèces, puisque les *H. Novæ-Zelandiæ, spinulosa* et *ramulosa* sont connus seulement à l'état stérile, et que les *H. obovata, platycena* et *pseudospicata* n'ont encore montré que leurs organes asexués.

Bien que les anciens algologues aient distingué depuis longtemps les *H. filicina* et *scoparia,* et que ces espèces soient fréquentes sur les côtes européennes, leurs organes sexués ont été indiqués dans ce Mémoire pour la première fois. Or, les échantillons d'*Halopteris* des mers australes conservés dans les Herbiers n'étant généralement accompagnés d'aucune indication sur la date de leur récolte, nous ignorons complètement pendant quelle saison ils fructifient. Néanmoins, il est probable, à cause de la rareté des individus sexués dans les collections, que ces derniers, comme ceux de l'*H. scoparia,* ne se rencontrent qu'à la saison froide, durant laquelle les algologues herborisent moins volontiers.

Dépourvus de rhizoïdes et munis d'un disque rampant nettement développé, les *H. obovata* et *platycena* pourraient aussi, sous ce prétexte, être séparés des autres espèces. Le disque de l'*H. filicina* est rudimentaire. D'après la manière dont les boutures de l'*H. scoparia* produisent de nouvelles plantules, on pouvait supposer que les plantules de germination de cette espèce, et celles des autres espèces auxquelles les rhizoïdes enchevêtrés forment une base spongieuse, se fixent aussi par leurs rhizoïdes, dès le début et directement, sans production d'un organe intermédiaire. Cependant, les œufs de l'*H. hordacea* germent d'abord en un petit tubercule, et les œufs des *H. congesta, brachycarpa* et *scoparia,* ayant les mêmes dimensions et la même structure que ceux de l'*H. hordacea,* germent probablement de la même façon ; on ne peut toutefois l'affirmer et c'est encore là un élément de comparaison qui fait défaut.

Les individus provenant de la germination d'un œuf ou d'une zoospore d'*H. filicina* ont peut-être strictement le même mode de fixation au support, puisque les éléments reproducteurs ont des dimensions peu différentes. Mais il n'en est sans doute pas de même chez les espèces où les zoospores sont de dimensions beaucoup moindres que les oosphères, et aucun indice ne laisse supposer qu'il y ait alternance de générations entre les individus sexués et les individus asexués. La différence de nombre des chromosomes, qui a été utilisée chez d'autres groupes pour deviner ou entrevoir cette alternance de générations, est présentement dépourvue de signification, étant donné l'état des échantillons étudiés. Les plantules nourrices, que j'ai décrites chez l'*H. filicina*, compliquent l'alternance des générations si toutefois elle se produit.

On ne voit pas bien la signification des pousses adventives d'origine péricystique (1). Elles manquent chez l'*H. filicina*, où d'ailleurs il n'y a pas de péricystes. Celles de l'*H. scoparia* n'ont pas une très grande importance ; elles se comportent comme des pousses normales, leur rôle paraît être d'augmenter la surface des parties assimilatrices et reproductrices, et de les renouveler. Celles de l'*H. funicularis* sont beaucoup plus fréquentes. Quand elles sont les supports principaux des organes reproducteurs, ceux-ci sont mieux protégés contre les actions extérieures, puisque les pousses normales les dépassent et les recouvrent ; mais, lorsque les pousses normales produisent la majeure partie des sores reproducteurs, les pousses adventives, bien que nombreuses, restent courtes, parfois non ramifiées et les échantillons d'herbier sont insuffisants pour laisser comprendre leur rôle. Quoi qu'il en soit, la différenciation s'accentue très nettement chez l'*H. congesta* ; elle tend à la séparation d'un appareil végétatif et d'un appareil reproducteur. Les sores, mal protégés chez l'*H. funicularis* et l'*H. brachycarpa*, le sont

1. Cependant, les pousses adventives d'origine péricystique pourraient, à la rigueur, être comparées aux pousses latérales normales des Hémiblastées. Sur un *Sphacelaria* dont la position des rameaux est régulière, et où ceux-ci croissent assez tardivement, comme les *S. Plumula, S. plumigera* et mieux le *Chætopteris plumosa,* les cellules qui leur donnent naissance sont bien et longtemps indiquées. Sur le *Chætopteris,* en particulier, ces cellules-mères, remplies du contenu brun tannique, font souvent à peine saillie alors que les autres cellules des mêmes articles sont déjà cloisonnées transversalement. Puis, elles se renflent en oreille, et s'allongent en rameau, leur première cloison transversale étant une cloison primaire, comme je l'ai montré (fig. 17). Mais, sur les pousses indéfinies du *Chætopteris* dont l'accroissement est lent, ou sur celles qui sont fertiles sur les articles secondaires successifs, il n'est pas rare de trouver des protubérances qui, ne s'étant pas allongées en rameau, ont conservé la forme d'oreille ; elles sont segmentées vers leur tiers inférieur par une cloison transversale, dont la position est la même que celle de la première cloison secondaire dans le cas normal, tandis que la portion supérieure, renflée, indivise reste remplie de la matière brune comme si elle devait s'accroître ultérieurement. Parfois même, la cellule inférieure se cloisonne plusieurs fois. L'aspect est alors tout à fait comparable à celui d'un péricyste d'*H. funicularis* ou d'*H. congesta,* dont la pousse adventive doit s'allonger avant le rhizoïde correspondant. Dans l'état de nos connaissances, il est difficile de dire si cette ressemblance d'origine entre les pousses normales des Hémiblastées et les pousses adventives des Holoblastées n'est qu'apparente. Toutefois, si l'on admet que cette ressemblance est réelle, qu'elle indique une parenté, et que les péricystes sont les traces des points d'insertion des pousses hémiblastiques, on sera amené à conclure que les Leptocaulées à péricystes dérivent de *Sphacelaria* à rameaux verticillés par quatre, et actuellement on n'en connaît point.

mieux chez les autres espèces, soit comme il vient d'être dit chez l'*H. congesta*, soit par leur localisation dans des épis denses, munis de bractées recouvrantes, comme chez l'*H. scoparia* et l'*H. hordacea.*

La plupart des espèces d'*Halopteris* sont connues par des exemplaires uniques ou très peu nombreux. Comme j'ai déjà eu l'occasion de le faire remarquer à propos des *Sphacelaria*, ceci montre que les espèces de Sphacélariacées sont bien plus nombreuses dans les mers australes que les Herbiers ne le laissent supposer.

Halopteris novo sensu (incl. *Halopteris* Kütz., *Stypocaulon* Kütz., *Anisocladus* Reinke). — Holoblastées dépourvues d'accroissement secondaire (leptocaulées). Organes reproducteurs asexués et sexués en apparence axillaires et en réalité terminaux.

Le tableau dichotomique suivant pourra être utilisé pour la détermination des neuf espèces dont on connaît les organes reproducteurs sexués ou asexués.

+ Organes reproducteurs (tout au moins les sporanges) isolés ou très peu nombreux, sur les aisselles holoblastiques.
= Sphacèle axillaire de la base des pennes habituellement non développé en un ramule. Thalle rampant bien développé.
‖ Pas de rhizoïdes. Pousses peu ou point ramifiées à leur base. . . . . *H. obovata.*
‖ Rhizoïdes basilaires. Pousses souvent ramifiées dès leur base . . . . *H. platycena.*
= Sphacèle axillaire de la base des pennes habituellement développé en un ramule. Thalle rampant très peu développé. . . . . *H. filicina.*
+ Organes reproducteurs (tout au moins les sporanges) non isolés, mais groupés en sores sur les aisselles holoblastiques.
✕ Sores épars.
◉ Sores répartis principalement ou exclusivement sur les pousses normales.
⊙ Derniers rameaux fructifères non rapprochés en épi; pédicelles fructifères (tout au moins des sporanges) entremêlés de paraphyses. . . . . *H. funicularis.*
⊙ Derniers rameaux fructifères rapprochés en épi terminal. . . . . *H. brachycarpa.*

O Sores répartis principalement ou exclusivement
sur les pousses adventives.

   Pédicelles fructifères (tout au moins les sporanges) entremêlés de paraphyses . . . . *H. funicularis.*

   Pédicelles fructifères non entremêlés de paraphyses . . . . *H. congesta.*

X Sores réunis sur des épis.

   Épis à bractées irrégulièrement disposées.

      Articles secondaires des axes moins hauts que
larges . . . . *H. pseudospicata.*

      Articles secondaires des axes aussi hauts ou plus
hauts que larges . . . . *H. brachycarpa.*

   Épis à bractées tétrastiques.

      Axe à structure primaire . . . . *H. scoparia.*

      Axe à structure passant à la structure secon-
daire visible sur les coupes transversales . . *H. hordacea.*

On n'y a pas compris les espèces connues seulement à l'état
stérile. Dans le deuxième tableau, au contraire, on a essayé de
réunir toutes les espèces d'*Halopteris* supposées stériles. Il est
nécessairement imparfait, car on ne peut pas toujours exposer
en quelques mots les caractères empruntés à l'appareil végétatif,
et d'ailleurs les espèces qui ont été étudiées dans le chapitre de
l'*H. funicularis,* en particulier, sont fort difficiles, sinon parfois
impossibles dans l'état de nos connaissances, à distinguer à l'état
stérile. Pour la même raison, on n'a pas fait intervenir les
caractères anatomiques fournis par les coupes transversales,
sauf pour la distinction de la structure primaire et secondaire.

  Structure primaire.

  || Thalle inférieur en disque rampant.

    = Pas de rhizoïdes . . . . *H. obovata.*

    = Rhizoïdes corticants localisés à la partie inférieure
des axes . . . . *H. platycena.*

  || Pas de base d'insertion ni de rhizoïdes corticants.
Plante rampante ou enchevêtrée parmi d'autres
Algues.

    Pennes divariquées, étalées dans un plan; dernières \ *H. filicina* var. *pa-*
ramifications souvent acroblastiques . . . . . (*tentissima.*

    Pennes divariquées non étalées dans un plan.

      (·) Pennes spinuleuses et souvent simples, sphacèle \ *H. spinulosa* var.
axillaire produisant souvent 1-2 ramules . . . (*patentissima.*

      Pennes ramifiées, sphacèle axillaire produisant \ *H. scoparia* var.
souvent un bouquet de poils . . . . (*patentissima.*

  || Pas de disque inférieur. Base spongieuse produite
par l'enchevêtrement des rhizoïdes corticants.

    X Pas de péricystes; fronde étalée dans un plan.

   ※ Ramification régulière. Sphacèle axillaire géné-
      ralement développé en un ramule . . . . *H. filicina.*
   ※ Ramification irrégulière en pennules. Pousses
      adventives naissant à la base des pennes . . . *H. Novæ-Zelandiæ.*
  ✕ Péricystes; fronde touffue.
   ✢ Pousses adventives absentes ou tardives.
    ⚥ Premier rameau d'une penne éloigné de l'axe;
      ramification des pennes changeante. , . . . *H. ramulosa.*
    ⚥ Premier rameau d'une penne non éloigné de
      l'axe; ramification des pennes plus cons-
      tante mais suivant deux types, *æstivalis*
      et *hiemalis* . . . . *H. scoparia.*
   ✢ Pousses adventives paraissant de bonne heure.
    ᴑ Articles secondaires des axes moins hauts que
      larges . . . . *H. pseudospicata.*
    ᴑ Articles secondaires des axes aussi hauts ou
      plus hauts que larges.
     ⚭ Rhizoïdes corticants descendants et ascen-
       dants. . . . . *H. brachycarpa.*
     ⚭ Rhizoïdes corticants descendants non ascen- ⎰ *H. funicularis.*
       dants. . . . . ⎱ *H. congesta.*
 . . . Légère structure secondaire visible sur les coupes
   transversales. . . . . *H. hordacea.*

CHAPITRE XX. — PHLŒOCAULON Geyler.

Le *Sphacelaria squamulosa* fut décrit en 1834 par Suhr [34, p. 738] d'après des exemplaires stériles récoltés par Ecklon sur la côte sud-africaine. L'auteur le supposait identique au *Fucus squamulosus* de Turner. Kützing, trompé par une apparente ressemblance de structure entre l'espèce africaine et le *Sph. plumosa* de Lyngbye, pour lequel il avait créé le nouveau genre *Chætopteris*, en fit le *Chæt. squamulosa* [49, p. 468], et il en a donné un bon dessin [56, pl. 6]. Mais J. Agardh n'admettant pas l'identification avec l'espèce de Turner, déjà douteuse pour Kützing, changea ce nom en celui de *Chæt. Suhrii* [48, p. 40]. Quoi qu'il en soit, le nom spécifique choisi par Suhr a prévalu. Geyler [66, p. 509] a conservé le nom de *Chætopteris* pour le *Chæt. plumosa,* dont les pousses latérales naissent au-dessous du sphacèle, et sont hémiblastiques; il créa le genre *Phlœocau-lon* (1) pour le *Chæt. squamulosa,* dont les pousses latérales

---

1. Geyler a écrit *Phloiocaulon* et cette orthographe est généralement usitée par les auteurs. J'emploie ici le mot *Phlœocaulon*, plus euphonique, comme on dit *Phlœospora, Phlœorhiza, Glœocapsa, Mesoglœa,* etc.

naissent du sphacèle, sont holoblastiqnes, confirmant ainsi l'idée émise par Meneghini [42, p. 359] que le *Chæt. squamulosa* méritait une place à part. Le genre *Phlæocaulon* se distinguait des genres *Stypocaulon* et *Halopteris* par la présence, autour des pousses indéfinies, d'une épaisse couche de rhizoïdes soudés formant un pseudoparenchyme comparable à celui des *Chætopteris* et *Cladostephus* [66, p. 527 et 529] (1).

M. Reinke a donné une description détaillée du *P. squamulosum* accompagnée de beaux et nombreux dessins, et il a fait connaître une nouvelle espèce, le *P. spectabile*, d'Australie méridionale.

M. de Toni [95, p. 512] cite à propos du genre *Chætopteris*, dans les « Species a genere removandæ » les *C. squamulosa* et *C. Suhrii* comme devant changer leur nom en celui de *Phlæocaulon Geyleri* Reinke, et renvoie à ce sujet à « The marine Algæ of New England, p. 77 » de M. Farlow. Je n'ai pas trouvé trace de ce nom dans la Monographie de M. Reinke, ni dans la Flore de M. Farlow.

. Sous le nom de *P. fæcundum*, je décris, d'après un échantillon unique, une troisième espèce australienne, qui se distingue des deux autres principalement par la grande abondance de ses sporanges situés non seulement à l'aisselle des bractées des épis, comme chez les deux autres espèces, mais aussi sur l'axe même de l'épi. Il est possible que, si elle était mieux connue, elle mériterait d'être séparée comme genre distinct.

1. M. Reinke a déjà fait remarquer que la couche corticale du *Phl. squamulosum* n'est nullement comparable à celle du *Chætopt. plumosa*. Peut-être Geyler, ayant à sa disposition des matériaux insuffisants, s'est-il laissé influencer par la comparaison et les dessins de Kützing. Le sommet d'une pousse, qu'il a dessiné [66, pl. XXXV, fig. 9], ressemble bien à celui du *P. squamulosum*, mais on ne comprend guère la section transversale qu'il a représentée d'une pousse indéfinie [*loc. cit.*, fig. 10], à moins qu'elle n'ait été prise tout à fait au sommet, ce qu'il ne dit pas dans le texte. On se demande même si Geyler a étudié l'espèce décrite par Suhr, ou une autre espèce du Cap qui n'aurait pas été vue depuis. Cette supposition, si elle est justifiée, entraînerait une difficulté de nomenclature. Le nom de *Phl. squamulosum* doit actuellement s'appliquer à la plante décrite par M. Reinke ; un échantillon de l'Herbier du Muséum de Copenhague, récolté par Ecklon, au Cap, et un autre échantillon, de la même collection, d'Algoa-Bai, et marqué « ded. Suhr » sans le nom du collecteur (qui est presque sûrement Ecklon), prouvent que cette description s'applique bien à l'espèce de Suhr.

A. — **Phlœocaulon fœcundum** Sauvageau mscr.

L'Herbier de Trinity College (Dublin) en renferme un bel
exemplaire très abondamment fructifié d'environ 25 centimètres
de longueur, représenté sur la figure 85, et récolté par Harvey
en 1854 à Port Fairy (Victoria, Australie). Il se compose d'un
axe sympodial, continu, portant, en ordre alterne distique, des
pousses indéfinies en succession régulière de la base au sommet,
et de longueur décroissante. Toutefois, l'aspect alterne distique
est peut-être seulement apparent, les pousses indéfinies, assez
éloignées l'une de l'autre, ayant pu facilement être étalées sur
une feuille d'herbier ; il est possible que, sur le vivant, le contour
de la plante soit pyramidal.

Au sommet de l'axe, une pousse latérale holoblastique s'appuie sur chaque cloison primaire. Les articles primaires, d'environ 1/10 de millimètre de hauteur, sont de diamètre un peu
moindre, mais leur hauteur, au lieu de se conserver constante,
comme chez les Leptocaulées, s'accroît rapidement et progressivement, et les pousses latérales, qui sont généralement des
pousses indéfinies, sont bientôt écartées de 2-4 millimètres, souvent 3 millimètres. Puis l'allongement cesse ; les articles primaires atteignent donc, en moyenne, trente fois leur hauteur
primitive. Ils subissent un accroissement en largeur simultané.
Au sommet, où l'allongement est encore nul ou à peine sensible,
chaque article primaire est séparé en deux articles secondaires
divisés longitudinalement, et chacune des cellules, ainsi délimitée dans l'article secondaire, présente de bonne heure, mais
non simultanément, une cloison transversale presque médiane.
Puis, en même temps que l'allongement se produit, l'axe s'élargit, le nombre des cloisons longitudinales augmente, et une
nouvelle cloison transversale apparaît dans chaque cellule périphérique d'un demi-article secondaire. Plus bas, les cloisonnements ultérieurs, irréguliers, deviennent impossibles à suivre ;
la surface, d'abord irrégulièrement chagrinée, devient ensuite
plus unie par le cloisonnement qui isole, à la périphérie, des
cellules de plus en plus petites. Celles-ci sont finalement, vues
de face, de petits polygones que l'on a représentés sur la figure

87, *F*. Cette modification dans l'aspect de la surface correspond à un accroissement radial de l'axe qui englobe la base des pousses latérales, et ne tarde pas à prendre fin ; la plus grande largeur que j'ai mesurée était un peu inférieure à un demi-millimètre ; l'accroissement secondaire est donc environ six fois plus grand en longueur qu'en largeur.

Les pousses latérales, dont les plus grandes atteignent 10 centimètres, se comportent, sous le rapport du cloisonnement terminal, de la ramification, et de l'accroissement secondaire exactement de la même manière que l'axe. Je les appelle pousses indéfinies, bien que, tôt ou tard, elles se terminent en un épi fructifère et par conséquent se comportent comme une pousse définie et que certaines restent à l'état rudimentaire.

Le sphacèle de l'axe, ou d'une pousse indéfinie en voie d'accroissement, produit un sphacèle axillaire aux dépens de chaque sphacèle lenticulaire, qui, après cloisonnements, engendre des poils peu développés et éphémères ; les cellules du coussinet axillaire sur lesquelles s'appuient les poils se désagrègent bientôt ; les coussinets non pilifères m'ont paru se désagréger pareillement. Par suite, l'aisselle est nue au moment où le tissu secondaire la recouvre, et si certaines cellules y persistent, elles seront probablement détachées sous l'influence de la poussée du tissu secondaire, car on n'en voit pas la trace sur les coupes longitudinales. Ceci ne s'applique pas aux aisselles des rameaux produits par les pousses définies, bien qu'ils soient également holoblastiques, ces pousses restant à l'état primaire ; les coussinets axillaires persisteront, qu'ils soient stériles ou fructifères.

Les pousses indéfinies sont donc celles qui présentent un accroissement secondaire. Sur l'unique échantillon étudié, elles étaient insérées presque exclusivement sur l'axe. Elles portent des pousses définies, longues de quelques millimètres (fig. 85), sans accroissement secondaire et de ramification plus ou moins complexe ; les appendices de celles-ci sont des rameaux holoblastiques, simples ou ramifiés, qui deviennent des bractées lorque ces pousses se transforment en épis fructifères. Certaines pousses définies se transforment aussi en pousses indéfinies sans cause apparente, mais, ne dépassant guère un centimètre de longueur, elles ne modifient pas la ramification générale. Il est

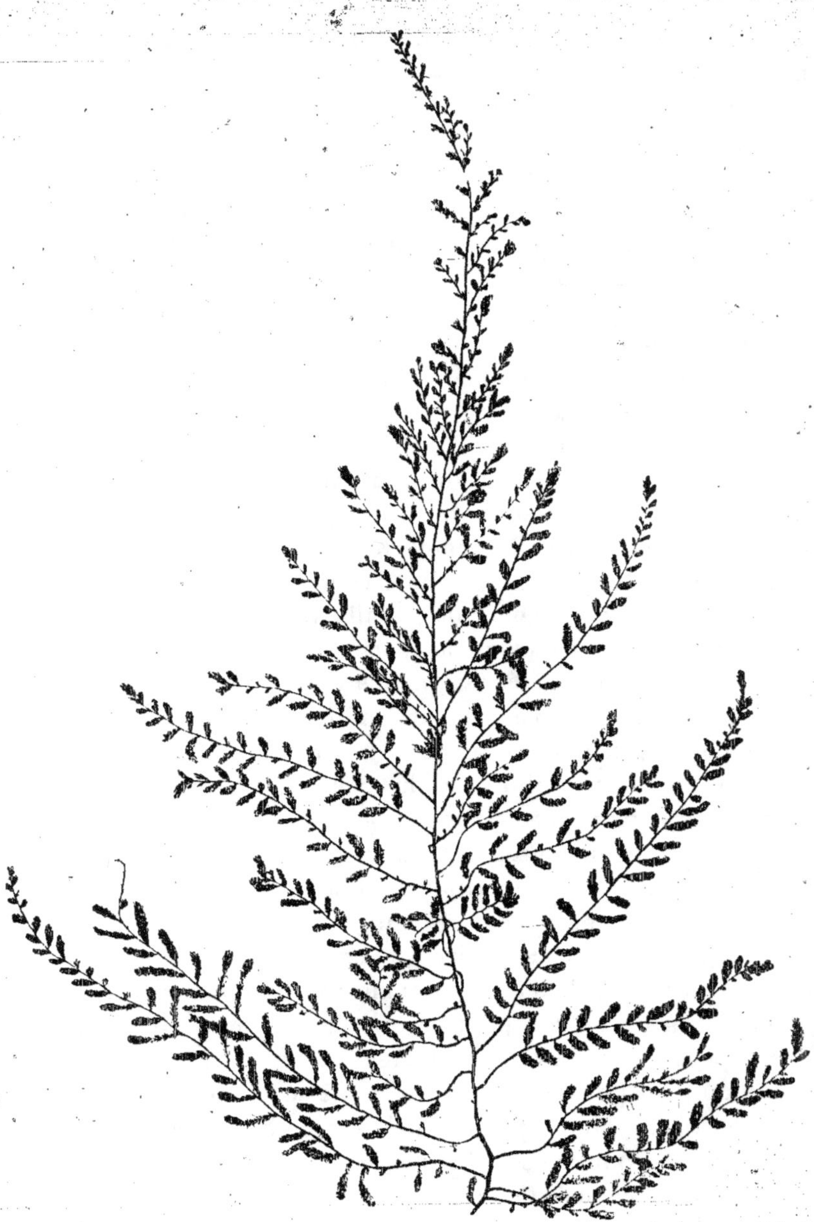

Fig. 85. — *Phlæocaulon fæcundum* Sauv. — Échantillon de l'Herbier de Trinity College
(réd. 1/3). L'axe de la plante mesurait en plus 1 1/2 centimètre de longueur et portait
à sa base deux pousses indéfinies latérales qui ont été enlevées pour l'étude.

probable que si l'axe avait été brisé, une ou plusieurs pousses indéfinies voisines de la troncature l'auraient remplacé comme chez les *Halopteris* et que leurs pousses définies encore jeunes se seraient transformées en pousses indéfinies.

Les pousses définies ne sont pas identiques sur toute la longueur d'une pousse indéfinie. Celles de la base sont courtes, très régulièrement alternes distiques, et de ramification réduite ; certaines même sont simples, terminées en pointe, identiques à un rameau d'une pousse plus complexe, tandis que d'autres présentent un ou quelques rameaux situés dans un même plan. Ces pousses définies basilaires sont caduques, tombent de bonne heure, et leur position n'est plus indiquée que par un très court moignon. En outre, elles sont très rapprochées l'une de l'autre, car la pousse indéfinie ne subit à sa base qu'un accroissement en longueur insignifiant ou nul. On dira plus loin que l'accroissement transversal de cette région est dû à un *tissu cortico-rhizoïdal,* d'origine et de structure différentes du *tissu cortical secondaire* normal, signalé précédemment ; celui-ci commence seulement au-dessus de cette région pennée qui, d'ailleurs, ne dépasse pas quelques millimètres de longueur, parfois un centimètre.

Au delà, les pousses définies, moins régulièrement alternes distiques, espacées de un à quelques millimètres, persistantes, sont complexes ; la plupart se transforment en épi fructifère ; celles restées à l'état stérile sont plus courtes et ramifiées dans un même plan, à rameaux alternes distiques.

Les pousses définies prenant leur origine au sommet de la pousse indéfinie, avant l'apparition du tissu cortical secondaire, leur base se trouve englobée dans celui-ci, comme la base de la pousse indéfinie elle-même est incluse dans le tissu secondaire de l'axe. Si la pousse définie s'est ramifiée de très bonne heure, le point d'attache de son premier, ou de ses deux premiers rameaux, peut être recouvert complètement, et il semble alors que deux ou trois pousses naissent à la même hauteur, en des points très voisins, tandis qu'en réalité il y en a une seule. Le phénomène est produit aussi bien par le tissu cortico-rhizoïdal que par le tissu secondaire normal.

Les pousses définies fertiles se transforment en épi et atteignent un demi-centimètre de longueur environ. Les pousses indéfinies, de premier ou de second ordre, se transforment à leur sommet en épi semblable. Les pousses définies portent d'abord quelques rameaux alternes distiques, simples ou ramifiés, rapprochés, comme dans les pousses stériles ; les suivants deviennent peu à peu irrégulièrement tétrastiques. Ces épis sont très touffus, car les bractées, plus ou moins ramifiées, portent à leur aisselle une paire de paraphyses et des sporanges, comme M. Reinke l'a indiqué chez les deux autres espèces de *Phlœocaulon*; en outre, l'axe de l'épi est garni, sur toute sa longueur, de sporanges adventifs identiques aux sporanges axillaires. On reviendra plus loin sur la constitution de ces épis.

Comme on l'a dit précédemment, la structure et le mode d'accroissement secondaire de l'axe sont les mêmes que ceux des pousses indéfinies. Je n'ai pas pu obtenir de coupes du sommet assez bonnes pour être dessinées. Tout près du sommet, la structure en coupes transversales diffère peu de celle de l'*Hal. scoparia*, c'est-à-dire une assise périphérique de cellules ou écorce, entourant un corps central ou moelle, à cellules plus ou moins régulièrement quadrangulaires. La figure 87, *C*, présente un stade un peu plus avancé ; l'assise périphérique s'est déjà dédoublée par une cloison parallèle à la surface ; l'assise externe continuera à s'allonger radialement, puis à se cloisonner tangentiellement, en même temps que de nouvelles cloisons radiales apparaîtront, conservant leur largeur aux files radiales. Simultanément, quelques cloisons apparaissent dans la moelle, comme on le voit sur la figure 87, *D;* puis, quand ces cellules médullaires ont acquis leur nombre définitif, elles s'épaississent aux angles et s'arrondissent (fig. 86, *B*). Le cloisonnement continue dans l'écorce, puis une assise périphérique à petites cellules, ressemblant un peu à un épiderme, se forme par des cloisons radiales plus rapprochées ; celle-ci entraîne la cessation de l'accroissement en largeur (fig. 86, *B*), qui a lieu lorsque l'épaisseur de la couronne corticale égale 1-2 fois le diamètre de la moelle. La figure 87, *F*, représente un fragment de cette assise épidermique vue de face. La coupe longitudinale 87, *G*, a été prise dans une pousse indéfinie ayant terminé son accroissement secondaire ; on voit que les cellules médullaires se sont allongées beaucoup, tandis que les cellules corticales ont suivi cet allongement en se cloisonnant dans tous les sens. Lorsque la section longitudinale passe par l'insertion d'une pousse définie, on voit l'écorce secondaire monter un peu le long de sa base et lui former une sorte de collerette.

Telle est la structure des pousses indéfinies (et par consé-

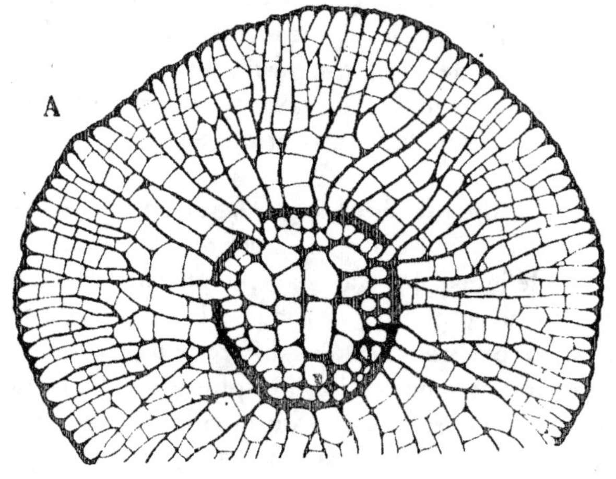

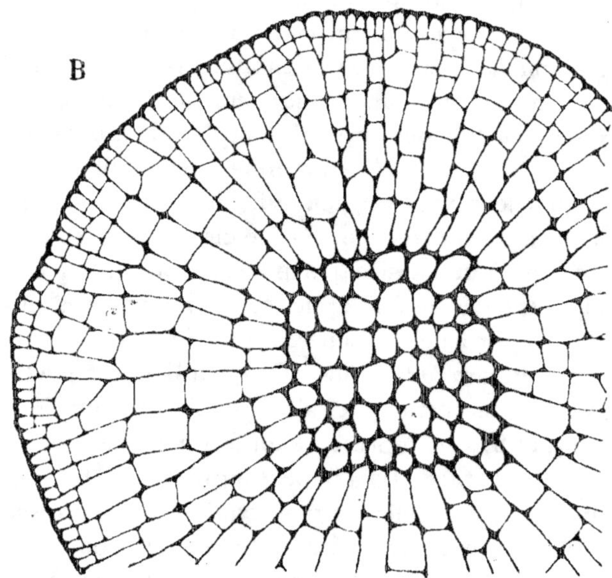

Fig. 86. — *Phlæocaulon fæcundum* Sauv. — *A*, Coupe transversale menée à la base d'une pousse indéfinie. — *B*, Coupe transversale menée à un centimètre de l'insertion d'une pousse indéfinie) *A*, *B*, Gr. 200).

quent de l'axe) dans les points où elles émettent des pousses définies normales, stériles ou fructifères, c'est-à-dire suivant la plus grande partie de leur longueur. Mais, tout à fait à leur base, où la pousse indéfinie produit des pousses définies simples sans subir d'accroissement longitudinal, l'accroissement en largeur se fait par un procédé différent, produisant un tissu que j'ai déjà nommé cortico-rhizoïdal.

On y voit encore un corps central (fig. 86, *A*), dont la disposition des cellules est assez variable d'une coupe à l'autre, mais dont les cellules les plus internes sont plus larges que les autres ; il est protégé par une membrane périphérique épaisse et dure. Je n'ai pas eu l'occasion de suivre le développement de ce corps central ; toutefois, il correspond assurément à l'ensemble d'une coupe transversale prise au sommet de la pousse, c'est-à-dire à une moelle et à l'assise corticale originelle, qui ne prendrait pas de cloisons tangentielles. Par conséquent, en ce point, la pousse, qui déjà ne subit pas d'allongement, conserve aussi transversalement sa structure primaire ; elle se comporte donc comme une Leptocaulée. Mais, sur chaque coupe transversale, ou tout au moins sur la plupart, quelques cellules de la couche extérieure s'allongent à travers la paroi épaisse, produisent une file cellulaire irrégulièrement radiale et irrégulièrement ramifiée ; les files radiales sont soudées intimement l'une à l'autre, comme si elles provenaient du cloisonnement d'un méristème, sans laisser de méats, et l'ensemble de ce pseudo-parenchyme a un contour circulaire régulier. En coupe longitudinale, la structure de ce tissu cortico-rhizoïdal est la même, avec cette simple différence que les files radiales s'infléchissent légèrement vers le bas. L'origine des files radiales semble donc bien comparable à celle des rhizoïdes des *Sphac. plumigera* et *Chætopt. plumosa* par exemple. Mais ces rhizoïdes perdent complètement leur individualité chez le *Phl. fæcundum ;* leurs points d'origine du corps central sont moins nombreux, ils sont par suite plus ramifiés, et la section du manchon qu'ils forment est plus régulier. Vus en coupe longitudinale ils sont très légèrement inclinés vers la base. Chez le *Chætopteris,* au contraire, ils sont très inclinés, et parcourent une longueur égale, en moyenne, à 5-6 articles primaires, en recouvrant les rhizoïdes sous-jacents ; la figure, publiée par M. Reinke, d'une coupe longitudinale menée dans le plan

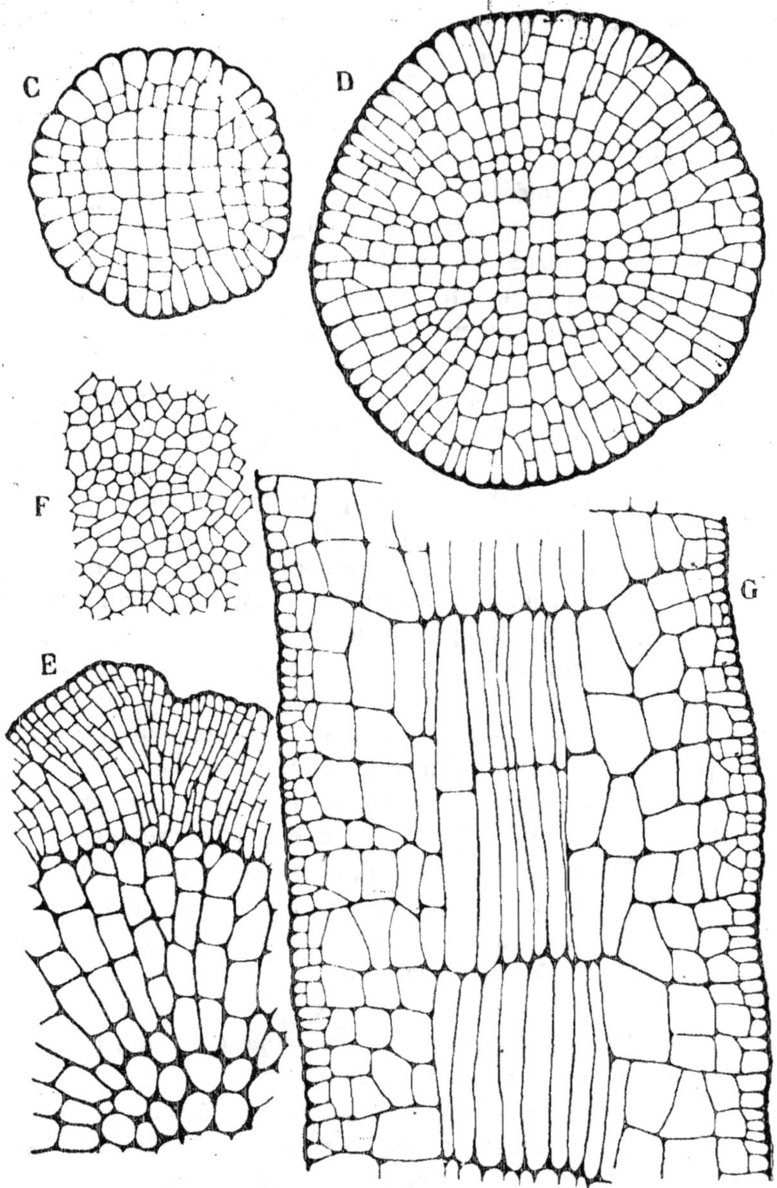

Fig. 87. — *Phlæocaulon fæcundum* Sauv. — *C*, Coupe transversale menée un peu au-dessous du sommet d'une pousse indéfinie. — *D*, Coupe transversale d'une pousse indéfinie à quelques millimètres au-dessous du sommet. — *E*, Coupe transversale de la partie inférieure de l'échantillon. — *F*, Surface d'une pousse indéfinie, au niveau de la coupe *G*. — *G*, Section longitudinale d'une pousse indéfinie un peu au-dessus de sa base (*C*, à *G*, Gr. 200).

de ramification, [89, 2, pl. 50, fig. 3] les fait paraître trop courts, et sous ce rapport, le dessin publié par M. Magnus [73, pl. 2, fig. 36], rend mieux compte de leur position et de leur longueur; les coupes perpendiculaires au plan de ramification sont préférables pour juger leur manière d'être. Le cas du *Chætopteris* est intermédiaire entre celui des espèces où les rhizoïdes, tout en étant très enchevêtrés, ont cependant conservé leur individualité, et celui du *Phl. fœcundum* où, étant à peine inclinés vers le bas, ils prennent un accroissement radial commun et simultané. En outre, le tissu cortico-rhizoïdal n'est jamais fructifère comme chez le *Chætopteris*: il est simplement protecteur.

Le passage du tissu cortico-rhizoïdal au tissu cortical secondaire est insensible : les solutions de continuité de l'épaisse membrane qui entoure le corps central deviennent de plus en plus larges, et finalement chaque cellule semble se prolonger en une file radiale; les files radiales ont encore à ce moment l'irrégulière disposition de la figure 86, *A*, mais prennent bientôt la même disposition que sur la figure 86, *B*; la structure se maintient ensuite. Il y aurait à rechercher, au point de vue du développement, comment se fait le passage d'un tissu à l'autre.

On a dit précédemment que les pousses définies restent à l'état primaire. Leur structure définitive correspond donc à celle du sommet des pousses indéfinies, au stade qui précède celui de la figure 87, *C*. Ceci n'est tout à fait exact que pour les pousses définies stériles, car celles qui se transforment en épi présentent à leur base un manchon de tissu cortico-rhizoïdal, qui diminue d'épaisseur de bas en haut et disparaît bientôt. J'ai pu suivre son développement sur quelques jeunes épis. L'axe de la pousse est d'abord réduit à sa structure primaire, puis, dans l'aisselle de chacun des rameaux inférieurs, et probablement aux dépens des cellules du coussinet axillaire, on voit partir un petit thalle rampant semblable à un jeune *Myrionema* ou à un thalle inférieur d'*Halopteris filicina* (fig. 61, *D, E, F*), de contour plus ou moins circulaire, et qui s'étend en rampant à la surface de l'axe de la pousse. Ces petits thalles voisins se rencontrent, en s'accroissant, arrivent au contact, et le revêtement est alors complet sans solution de continuité. Jusque-là, ils ont une seule épaisseur de cellules, sauf au centre de chacun d'eux; chaque cellule forme ensuite une protubérance perpendiculaire à la surface, qui se soude à sa voisine, s'accroît, et augmente progressivement l'épaisseur de cette couche cortico-rhizoïdale. Comme conséquence de ce mode de développement, on voit, sur les coupes transversales menées à la base des pousses définies fructifères que l'épaisse membrane entourant le corps central est interrompue suivant plusieurs cellules voisines. Le développement du tissu cortico-rhizoïdal doit être un peu différent à la base des pousses indéfinies, puisque, comme on le voit sur la figure 86, *A,* les cellules s'allongeant en files radiales sont éparses au lieu d'être contiguës. L'origine du tissu cortico-rhizoïdal du *Phl. fœcundum* est donc bien différente de celle du tissu de même apparence finale chez le *Chætopteris.*

Pas plus que les pousses indéfinies, l'axe ne produit de rhizoïdes comparables à ceux des Leptocaulées, et à priori la plante est supportée par un large disque rampant et fixateur. Cependant, il est probable que, tout à fait à sa base, l'axe émet des rhizoïdes descendants, soudés entre eux et à l'axe, élargissant sa surface d'attache. En effet, l'exemplaire étudié présentait à sa partie inférieure, sur une longueur d'environ un centimètre, un tissu cortico-rhizoïdal. Sur les coupes transversales, l'écorce secondaire présente sa structure habituelle, mais les cellules de l'assise périphérique se sont allongées en files radiales irrégulières et soudées entre elles (fig. 87, *E*), de manière à former autour de l'écorce secondaire une couche cortico-rhizoïdale d'épaisseur irrégulière. Les coupes longitudinales correspondent à celles de la figure 87, *G,* avec la différence que les cellules périphériques sont aussi allongées en files radiales plus ou moins enchevêtrées et très légèrement inclinées vers le bas. A sa partie inférieure, l'axe se comporte certainement comme les pousses indéfinies, c'est-à-dire que les premières pousses latérales qu'il produit sont étroites, courtes, rapprochées, caduques et sans accroissement cortical secondaire, car les moignons que les sections longitudinales ont rencontrés, étaient garnis seulement par un tissu cortico-rhizoïdal, se continuant insensiblement avec celui de l'axe. Sur quelques-unes des coupes transversales, le pourtour du tissu cortico-rhizoïdal était irrégulièrement dentelé, et cela me fait supposer qu'à un niveau plus inférieur, les files radiales pourraient redevenir indépendantes, et descendre sur le disque basilaire.

En somme, le tissu que j'ai appelé cortico-rhizoïdal peut avoir deux origines différentes. A la base de certaines pousses définies, et à la base des pousses indéfinies, il est produit par l'assise corticale unique non cloisonnée par un accroissement secondaire; il est par conséquent une sorte de prolongement du tissu primaire. A la base de la plante il est produit par l'assise périphérique de l'écorce secondaire, et par conséquent est une sorte de prolongement du tissu secondaire. Mais, d'après le parallélisme de structure entre les pousses indéfinies et l'axe, on suppose que, au-dessous du niveau étudié, plus près du disque, l'axe présente la même structure que la base d'une pousse indéfinie, c'est-à-dire simplement un corps central directement entouré par une couche cortico-rhizoïdale d'origine primaire.

Le *Phl. fœcundum* possède donc une structure fort curieuse. Il a deux modes d'accroissement en épaisseur. L'un, à la base des pousses, non accompagné d'un allongement secondaire, peut s'interpréter comme formé par des rhizoïdes soudés, et par suite non sans rapport avec la cortication des Leptocaulées et mieux du *Chætopteris*. L'autre, sur tout le reste de la longueur de l'axe et des pousses indéfinies, accompagné d'un important accroissement en longueur, est un tissu secondaire, résultat d'un cloisonnement régulier. Cette dualité dans l'origine de l'accroissement en largeur paraît sans utilité pour la plante.

La base de l'axe et des pousses indéfinies, étant privée d'écorce secondaire, ne pourrait supporter le poids des longues pousses indéfinies si elle restait grêle et à l'état primaire. Des cassures se produiraient fatalement près de leur point d'attache. La plante y remédie par deux procédés qui se superposent : en augmentant très notablement l'épaisseur de la membrane périphérique du corps central et en constituant la couche cortico-rhizoïdale. Or si, comme il est probable, la couche cortico-rhizoïdale engendre à la base de la plante des rhizoïdes indépendants qui aident à sa fixation sur le disque, on ne peut, semble-t-il, lui attribuer, à la base des pousses indéfinies, un rôle autre qu'un rôle mécanique protecteur et de soutien, lequel serait tout aussi bien rempli par un tissu cortical secondaire. On le voit, d'ailleurs, chez le *Phl. squamulosum* où la plante fait l'économie du tissu cortico-rhizoïdal et produit uniformément le tissu cortical secondaire sur toute la longueur des pousses indéfinies. Enfin, on a vu que les pousses définies fructifères du *Phl. fœcundum* restent à l'état primaire, mais épaississent leur base ; au lieu de s'élargir par une couche corticale secondaire, qui serait en continuité avec celle de la pousse indéfinie sur laquelle elles naissent, elles empruntent encore le procédé le plus compliqué et produisent une couche cortico-rhizoïdale.

Le tissu cortico-rhizoïdal apparaissant avant le tissu cortical secondaire, dans une région de faible étendue, où l'accroissement en longueur est nul ou insignifiant, et sa présence n'étant pas un perfectionnement pour la plante, on est amené à le considérer comme un caractère ancestral, un souvenir phylogénique de l'évolution de l'espèce et même du genre *Phlœocaulon*. Peut-être trouvera-t-on dans les mers australes, où le *Chætopteris* est inconnu, une *Leptocaulée* à pousses latérales régulièrement alternes distiques sans accroissement longitudinal secondaire, et uniformément recouverte par un tissu cortico-rhizoïdal comme celui du *Phl. fœcundum*. Le *Phl. spectabile* présente la même complication de structure que le *Phl. fœcundum*, tandis que le tissu cortico-rhizoïdal n'existe pas chez le *Phl. squamulosum*. Par suite, d'après l'interprétation donnée plus haut, le *Phl. squamulosum* représenterait le stade le plus élevé de l'évolution du genre. On va voir qu'au point de vue des organes de la reproduction, le *Phl. fœcundum* peut également être considéré comme un type inférieur, puisque ces organes ont aussi une origine double.

On a dit que les pousses définies, stériles ou fertiles, ont la même structure que l'axe de la plante et que les pousses indéfinies, à leur état primaire. Les rameaux, les bractées, les paraphyses ont toujours une structure moins complexe, mais variable suivant leur diamètre. Les figures 89, *Q,* à *U,* représentent des coupes transversales menées à différents niveaux dans ces appendices. Toutes ces figures se retrouvent plus ou moins dans les rameaux des espèces étudiées dans les précédents chapitres ; on voit que les dessins de la figure 89 sont presque la reproduction de ceux des figures 54 et 71 par exemple, appartenant à l'*Alethocladus* et à l'*H. scoparia*. Le dessin 89, *U,* dont la partie centrale est limitée par des cloisons sécantielles, se retrouve dans les ramules ou au sommet des rameaux de toutes

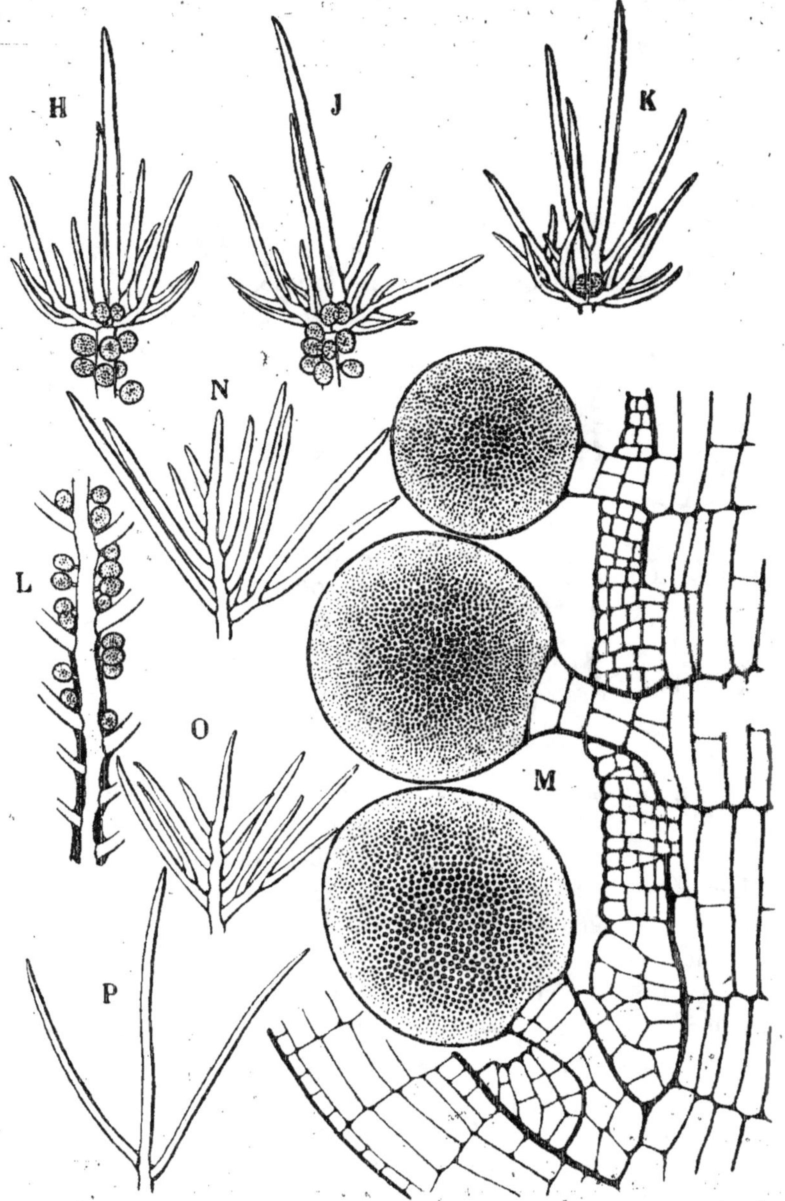

Fig. 88. — *Phlæocaulon fæcundum* Sauv. — *H, J, K*, Bractée fructifère avec les deux
paraphyses et les deux sporanges axillaires; sur *H*, et *J*, l'axe de l'épi, dépouillé de ses
appendices, montre les sporanges adventifs (Gr. 10). — *L*, Coupe longitudinale dans la
partie inférieure d'un épi; à la base, les rameaux sont alternes, distiques, stériles; au-
dessus ils sont tétrastiques et fertiles; la couche cortico-rhizoïdale est indiquée en noir
(Gr. 16). — *M*, Portion d'une coupe longitudinale dans un épi, montrant un sporange
axillaire et deux sporanges adventifs, dont le pédicelle est plus ou moins recouvert par
. . . . (Gr. 500). — *N, O, P*, Pousses définies stériles, montrant la

les Leptocaulées. Enfin, il est à remarquer que ces divers appendices du *Phl. fæcundum*, vus de face, sont toujours plus cloisonnés superficiellement que l'axe de la pousse définie qui les porte, avant son revêtement par la couche cortico-rhizoïdale.

Après les pousses alternes distiques, peu différenciées et caduques de la base des pousses indéfinies, celles-ci présentent ensuite en ordre moins régulier des pousses définies stériles ou fertiles. Sur l'unique exemplaire étudié, les pousses fertiles étaient bien plus fréquentes que les autres, sans qu'aucune règle préside à leur distribution respective.

Les pousses définies stériles sont plus courtes et plus simples (fig. 88, *N, O, P)* que les autres, se terminent bientôt en pointe, portent des rameaux alternes distiques, dont les inférieurs seuls sont ramifiés ; l'aisselle des rameaux et des ramules est occupée par un coussinet cloisonné mais non différencié. L'axe de la pousse n'est jamais recouvert par le tissu cortico-rhizoïdal.

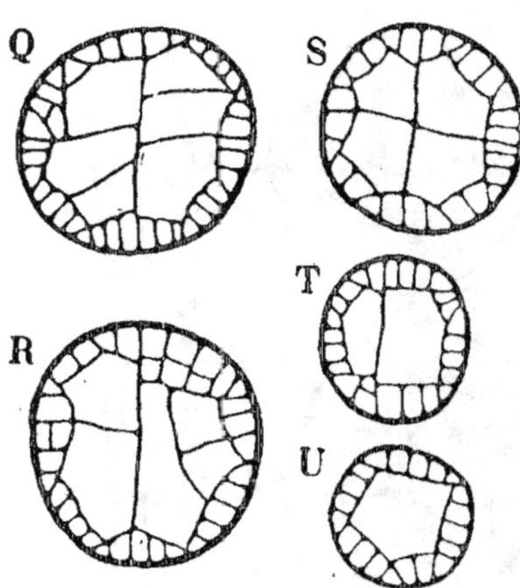

Fig. 89. — *Phlæocaulon fæcundum* Sauv. — *Q, R, S, T, U,* Coupes transversales dans les appendices (rameaux et paraphyses) d'un épi (Gr. 200).

Les pousses fertiles sont plus longues, atteignent environ un demi-centimètre, et portent dans leur région inférieure un revêtement cortico-rhizoïdal. L'aisselle des premiers rameaux (souvent 4-6 de chaque côté), alternes distiques, simples ou plus ou moins ramifiés, insérés sur les cloisons primaires successives, est occupée par un coussinet cellulaire stérile. Au-dessus, les rameaux sont plus irrégulièrement disposés, encore stériles, puis les suivants sont tétrastiques, deviennent des bractées à aisselle fertile, et l'espace qui sépare leur insertion diminue, comme on l'a déjà remarqué chez les *Halopteris* spicigères. Les premières bractées fertiles sont plus ramifiées que les rameaux situés au-dessous, portent souvent 2-3-4 ramules, puis, vers le sommet de l'épi, elles perdent de leur complication, redeviennent simples. Les bractées fertiles produisent à leur aisselle d'abord une paire de paraphyses (préfeuilles ou Vorblätter de M. Reinke), puis les sporanges. Habituellement un peu plus courtes que leur bractée axillante, les paraphyses sont souvent plus ramifiées qu'elle (fig. 88, *H, J, K*). Deux sporanges, parfois trois ou quatre, apparaissent entre les deux paraphyses, mais, habituellement, deux seulement arrivent à complet développement.

De même que chez l'*Hal. funicularis* les sporanges et les paraphyses naissent aux dépens du coussinet axillaire. Le sphacèle axillaire, volumineux, prend d'abord une cloison dans le plan passant par l'axe et la bractée, suivant la règle générale exposée à propos des Leptocaulées (fig. 69, *A*). Chaque moitié s'étale un peu, puis une cloison apparaît de chaque côté de la première ; vues de dessus, les trois cloisons sont parallèles, mais en réalité les deux dernières sont obliques, et viennent rejoindre la première vers sa base. De ces quatre cellules axillaires les deux latérales s'allongent d'abord, et deviennent le sphacèle de la paraphyse, qui se ramifie suivant le mode holoblastique. Quand les paraphyses ont commencé à se ramifier, les deux cellules centrales s'allongent vers le haut et deviennent chacune le pédicelle d'un sporange ; si elles se sont segmentées auparavant, le nombre des sporanges axillaires est plus grand. J'ai vu une fois à l'aisselle d'un ramule inférieur d'une paraphyse, deux sporanges, mais non accompagnés de paraphyses de deuxième ordre.

Ces sporanges, dont la position et l'origine correspondent à ceux des autres espèces d'Holoblastées ne sont pas les seuls que produise le *Phl. fœcundum*. Il en est d'autres, beaucoup plus nombreux, identiques aux précédents comme forme, dimensions et contenu, mais bien différents quant à leur origine qui est adventive. Ceux-ci naissent sur l'axe de l'épi, aux dépens de la couche cellulaire périphérique, parfois aussi à la base des paraphyses, tandis que je n'en ai pas rencontré sur les bractées. On les voit sur la coupe de la figure 88, *L,* et sur les dessins *H,* et *J,* de la même figure, où ils sont restés sur l'axe de l'épi, après qu'on a enlevé les bractées et paraphyses voisines. Ils naissent de très bonne heure, près du sommet de l'épi, et avant que le cloisonnement interne soit terminé ; on en trouve souvent jusqu'à cinq sur une même coupe transversale, qui naissent même de si bonne heure que l'on pourrait peut-être les qualifier de sporanges hémiblastiques au lieu de sporanges adventifs. Ils proviennent du gonflement d'une cellule périphérique, dans la direction perpendiculaire à l'axe de l'épi, et sont toujours d'origine primaire. Quand ils sont situés dans la zone de la couche cortico-rhizoïdale, leur pédicelle est entouré par celle-ci, comme on le voit sur la figure 88, *M*, où le sporange inférieur est normal et formé aux dépens du coussinet holoblastique, tandis que les deux autres sont adventifs; le sporange le plus élevé n'a pas atteint son diamètre définitif. Ces sporanges, étant très gros, sont trop nombreux pour arriver tous à maturité; ils se gênent mutuellement, et on en rencontre qui sont complètement déformés et comprimés par leurs voisins.

Quelque surprenante que soit la situation de ces sporanges adventifs, elle ne peut être considérée comme une anomalie accidentelle, mais bien comme caractéristique du *Phl. fœcundum*, car je les ai rencontrés sur tous les épis examinés; les deux autres espèces, au contraire, en sont dépourvues.

Les sporanges du *Phl. fœcundum* sont les plus volumineux que j'aie vus chez les Sphacélariacées. Ils sont arrondis ou plus longs que larges, et mesurent 160-170 µ et même parfois 180 µ. Lorsque le sporange est jeune, son contenu est contracté par la dessiccation, mais les sporanges mûrs montrent un contenu dense, peu contracté, et divisé en petits corpuscules distincts; étant données les dimensions des sporanges, le nombre des zoospores doit être considérable. Ces organes reproducteurs sont les seuls que porte l'échantillon de *Phl. fœcundum* examiné; selon toute vraisemblance ils sont asexués, car, chez les deux autres espèces du même genre, *Phl. squamulosum* et *Phl. spectabile*, on verra qu'il existe des individus asexués et sexués, ceux-ci portant des anthéridies pluriloculaires et des oogones également pluriloculaires; les organes sexués du *Phl. fœcundum* sont donc probablement pluriloculaires aussi.

Phlœocaulon fœcundum Sauvageau. — Plante de 25 centimètres de hauteur, probablement en touffe pyramidale, née sur un disque rampant. Axe portant une pousse indéfinie sur chaque cloison primaire, rarement une pousse définie, pourvu, à la base, d'une couche cortico-rhizoïdale, puis, sur toute sa longueur, d'un tissu cortical d'origine secondaire. Pousses indéfinies semblables à l'axe, à base sans accroissement secondaire, revêtue d'une couche cortico-rhizoïdale et produisant des pousses définies rapprochées, alternes distiques, courtes, peu ou point ramifiées, caduques; au-dessus de la base, structure avec accroissement secondaire longitudinal et transversal, et pousses définies normales d'environ 1/2 centimètre de hauteur, stériles ou fructifères. Pousses définies normales se transforman' pour la plupart en épis fructifères, et dans ce cas souvent recouvertes à leur base par une couche cortico-rhizoïdale. Aisselle des pousses indéfinies ou définies produisant des poils éphémères; aisselle des rameaux non fertiles restant à l'état de coussinet pluricellulaire. — Epis dus à la transformation de pousses définies non caduques, munies parfois à leur base d'une couche cortico-rhizoïdale, composés d'abord de quelques rameaux alternes distiques, puis de rameaux fertiles irrégulièrement tétrastiques, ou bractées, simples ou ramifiés. Aisselle des bractées occupée par une paire de paraphyses, longues et ramifiées, et habituellement deux sporanges uniloculaires globuleux, de 160-180 μ, à pédicelle pluricellulaire graduellement élargi. Nombreux sporanges adventifs, identiques aux précédents, naissant de bonne heure sur l'axe de l'épi. Organes sexués sur d'autres individus, inconnus.

Hab. — Australie méridionale! Espèce connue par un échantillon unique (Port Fairy, Victoria, Harvey leg., Herbier Trinity College, Dublin).

B. — **Phlœocaulon spectabile** Reinke.

Cantonné dans le Sud de l'Afrique, le *Phl. squamulosum* fut pendant longtemps la seule espèce connue du genre. La description par M. Reinke d'une espèce nouvelle, le *Phl. spectabile,* présentait un double intérêt ; elle montrait que ce genre curieux n'est pas monotype et qu'il croît aussi sur les côtes de l'Australie méridionale. M. Reinke en a vu deux fragments dans la collection Wollny, et la plante paraît très rare dans les Hérbiers, probablement, comme il le fait remarquer, parce qu'elle croît à une assez grande profondeur. J'en ai pareillement vu deux fragments ; l'un, conservé dans l'Herbier de M. Reinbold, de 10 centimètres de longueur, muni de sporanges uniloculaires, provient d'un envoi d'Australie méridionale, par F. von Mueller; l'autre, des Algæ Mullerianæ de J. Agardh, conservé dans l'Herbier Thuret, de 5 centimètres de longueur, pourvu d'organes pluriloculaires sexués, récolté par Miss Bahden en Tasmanie N. W. Celui-ci étend la distribution géographique du genre (1).

Le *Phl. spectabile* a probablement le même port que le *Phl. fœcundum,* mais croît en touffes plus grêles. Il se compose aussi d'un axe portant des pousses indéfinies à accroissement secondaire, longues seulement de 2-3 centimètres, à la base de mes échantillons incomplets, sur lesquelles naissent les pousses définies stériles ou fructifères sans accroissement secondaire. Comme chez le *Phl. fœcundum* quelques-unes de celles-ci deviennent des pousses indéfinies qui, finalement, se terminent aussi en un épi fructifère. Toutes les ramifications sont holoblastiques. Le sommet de l'axe produit, sur chaque cloison primaire et en ordre irrégulièrement alterne distique, une pousse indéfinie. D'abord très courts, les articles primaires s'allongent progressivement, et les pousses indéfinies sont bientôt éloignées l'une de l'autre de 1 1/2-3 millimètres; l'accroissement en largeur est simultané du précédent.

Sur un espace très court de l'échantillon sexué, et plus long de l'échantillon asexué (2-3 millimètres), les pousses indéfinies portent à leur base un nombre variable de pousses définies strictement alternes distiques, stériles, caduques. Dépourvue d'accroissement secondaire transversal, cette région présente une couche cortico-rhizoïdale, et l'accroissement longitudinal y est nul ou très faible. Plus haut, les pousses indéfinies subissent l'accroissement secondaire en longueur et en largeur et portent, dans un ordre beaucoup moins net, des pousses définies plus ramifiées, plus longues, durables, et dont la plupart sont fructifères. Ces dernières ne subissent pas l'accroissement secondaire transversal, mais un bon nombre d'entre elles sont garnies d'un revêtement cortico-rhizoïdal sur une plus grande longueur que chez le *Phl. fœcundum,* et qui m'a paru débuter pareillement à l'aisselle des rameaux inférieurs des pousses fructifères.

1. M. Reinke ayant vu seulement deux fragments de *Phl. spectabile,* c'est sans doute par suite d'un lapsus qu'on lit dans son résumé de la classification des Sphacélariacées [90, p. 213] à propos de cette espèce : « Die grösste aller bekannten Sphacelariaceen », car cette appréciation ne se retrouve pas dans son Mémoire d'ensemble, où il dit [91, 2, p. 31] : « Vielleicht die schönste aller Sphacelariaceen. » Dans le premier travail, « grösste » a sans doute été imprimé pour « schönste ». J'ai cru bon de signaler ce détail parce que M. Kjellman [91, p. 197], puis M. de Toni [95, p. 520], répètent que le *Phl. spectabile* est l'espèce la plus grande de la famille.

Toutes les aisselles, sauf celles qui sont fructifères, peuvent présenter des poils. Les coussinets qui les produisent disparaissent probablement de bonne heure comme chez le *Phl. fœcundum* avant d'être recouverts par le tissu cortical secondaire, mais ils persistent à l'aisselle des rameaux et ramules des pousses définies. M. Reinke, qui a signalé ces poils, en compte deux, situés dans le plan de ramification. J'en ai presque toujours vu quatre disposés par paires, rarement six. Si, d'ailleurs, ils étaient réduits à deux, ils ne pourraient être dans le plan de ramification, puisque, d'après la règle générale, la première cloison qui apparaît dans le sphacèle axillaire est précisément située dans ce plan.

La structure de l'axe et des pousses indéfinies correspond à celle du *Phl. fœcundum,* avec des différences assez sensibles, toutefois, pour permettre de distinguer anatomiquement les deux espèces.

Sur la coupe transversale de la figure 90, *A,* prise tout près du sommet d'une pousse indéfinie longue de 3 centimètres, l'assise externe a déjà pris, dans le plus grand nombre de ses cellules, une cloison parallèle à la surface; c'est l'accroissement secondaire qui commence. L'assise périphérique s'est notablement allongée suivant le rayon sur la coupe de la figure *B,* menée très peu au-dessous de la précédente. La coupe de la figure 90, *C,* éloignée des précédentes seulement de quelques millimètres, a déjà terminé, ou à peu près, son cloisonnement. L'axe, ou des pousses indéfinies plus grosses, montrerait la même disposition des cellules, la différence porterait sur le nombre ou la longueur des cellules des rangées corticales radiales; l'assise périphérique reste unique et bien distincte des assises sous-jacentes. En coupe transversale, les cellules médullaires du *Phl. spectabile* sont donc plus régulières et plus carrées que chez le *Phl. fœcundum* et les files corticales radiales plus larges, à cellules plus grandes, font paraître plus nette l'assise périphérique.

Tout à fait à la base de la même pousse indéfinie, la structure reproduisait aussi celle de la région correspondante chez le *Phl. fœcundum* : la région centrale, limitée par une membrane circulaire très épaisse, était entourée par la couche cortico-

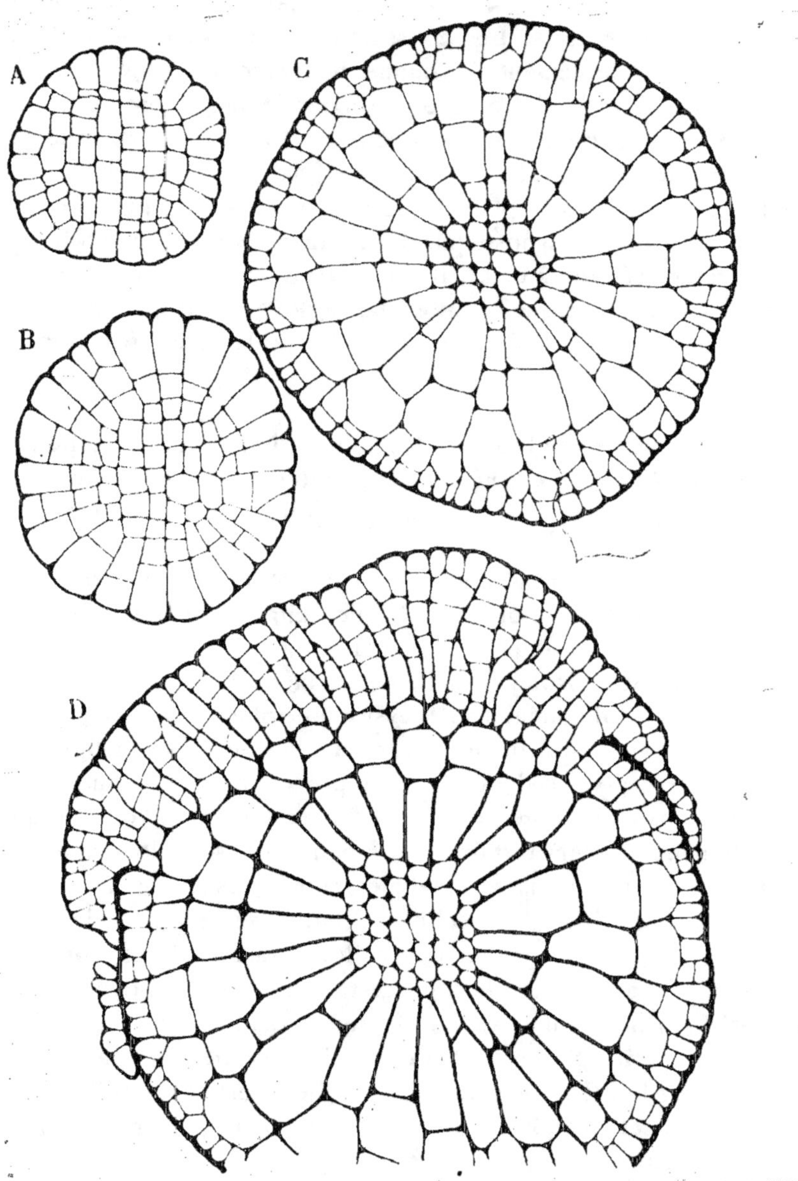

Fig. 90 — *Phloeocaulon spectabile* Reinke. — *A*, Coupe transversale menée près du sommet d'une pousse indéfinie. — *B*, Coupe transversale menée un peu au-dessous de la précédente. — *C*, Coupe transversale menée à quelques millimètres au-dessous de *B*. — *D*, Coupe transversale vers la base de l'échantillon ; la couche cortico-rhizoïdale recouvre latéralement l'écorce secondaire (*A*, à *D*, Gr. 200).

rhizoïdale. M. Reinke a vu cette dernière structure à la base de l'un de ses exemplaires ; ceux que j'ai eus entre les mains avaient été détachés à une plus grande distance du disque basilaire, car les coupes de la région la plus inférieure présentaient, autour de la moelle, une écorce secondaire entourée d'une couche cortico-rhizoïdale de même épaisseur qu'elle, comme dans la figure 87, *E*, puis celle-ci diminuait graduellement d'importance, mais sans la même régularité que chez le *Phl. fœcundum.* Les coupes successives présentaient sous ce rapport une grande variété de contour sur une portion plus ou moins large des coupes, l'écorce secondaire normale arrivait à la périphérie, tandis que, sur une autre portion, elle se continuait en une couche cortico-rhizoïdale secondaire (fig. 90, *D*) qui la débordait comme si elle rampait à sa surface. Cette bizarre disposition se retrouve probablement avec une certaine constance chez le *Phl. spectabile,* car je l'ai vue aussi, mais moins accentuée, à la base des pousses indéfinies. La structure des rameaux est la même que celle indiquée sur la figure 89.

Les épis sont moins bien caractérisés que ceux du *Phl. fœcundum,* car les organes reproducteurs y sont moins localisés, et on n'en trouve pas d'origine adventive. Que les épis soient sexués ou asexués, leur disposition et leur ramification sont les mêmes.

Les pousses fructifères sont de taille variable ; les unes mesurent 2-3 millimètres, les autres jusqu'à 7-8. Tandis que les plus courtes sont parfois fructifères dès leurs aisselles inférieures, on compte à la base des plus longues plusieurs rameaux alternes distiques, simples ou peu ramifiés, à aisselle stérile ; sur certaines, j'en ai vu une dizaine de chaque côté. Puis les rameaux deviennent des bractées fertiles, moins régulièrement disposées, sans arriver à prendre une disposition réellement tétrastique. Les bractées, et aussi les rameaux inférieurs, sont habituellement ramifiés, mais leurs ramules sont très espacés et divariqués au lieu de naître à leur base, et rapprochés l'un de l'autre comme chez le *Phl. fœcundum.* Quand le rameau porte seulement un ou deux ramules, ceux-ci naissent plus près de son sommet que de sa base ; cette disposition contribue à rendre les épis beaucoup moins denses que ceux du *Phl. fœcundum.*

Je n'ai pas rencontré d'épis dont les rameaux fussent aussi régulièrement distiques et aussi régulièrement simples que sur celui figuré par M. Reinke [91, 2, pl. XI, fig. 10]. Par contre, la disposition relative des paraphyses est bien représentée dans ce dessin. Les paraphyses sont courtes et grêles, courbées vers le haut, simples ou bifides. Le cloisonnement axillaire est le même que chez le *Phl. fœcundum*, mais le développement des organes reproducteurs est simultané de celui des paraphyses et parfois même le précède. Enfin, fréquemment, et surtout sur les pousses les plus longues, certaines bractées se transforment en nouvelles pousses définies fructifères, identiques à celles qui les portent. D'autres bractées transforment seulement l'aisselle pilifère de leurs ramules en aisselle fructifère.

Habituellement groupés par paire, les sporanges uniloculaires ont 75-80 µ de diamètre, la moitié par conséquent de celui du *Phl. fœcundum*. Portés par d'autres individus, les organes pluriloculaires sont de deux sortes que leur coloration laisse facilement distinguer, et séparés ou réunis sur une même aisselle. Les anthéridies ont une teinte orangée, tandis que les oogones sont d'un brun foncé ; il est probable que cette différence, reconnaissable sur des échantillons secs, doit frapper au premier coup d'œil sur des individus vivants. On en trouve 1-3, souvent 2, à chaque aisselle, plus variables que les sporanges dans leurs dimensions ; leur plus grand diamètre varie de 75 µ à 105 µ. Vus de face, ils paraissent quadrangulaires à angles arrondis, moins nettement toutefois que M. Reinke les a représentés [*loc. cit.*, pl. XI, fig. 11]. Alors que je connaissais seulement les organes mâles du *Sph. Hystrix* et de l'*Hal. filicina* parmi les Sphacélariacées, j'ai émis la supposition (v. p. 8) que les sporanges pluriloculaires figurés dans le Mémoire de M. Reinke étaient des anthéridies. Ceci est maintenant pour moi une certitude et aussi un témoignage de la précision des dessins de son collaborateur, M. Kuckuck. Les logettes mesurent environ 4 µ de côté sur les anthéridies, et 8 µ sur les oogones ; les cloisons qui les limitent disparaissent avant la maturité et plus rapidement, semble-t-il, chez les premières que chez les seconds ; cependant, elles y restent plus longtemps visibles que sur les anthéridies des *Halopteris*. Une cloison qui souvent dure plus que les autres, et qui contribue à donner sa forme à l'organe, est la première cloison longitudinale, fréquemment indiquée extérieurement par un sillon très net, comme chez le *Phl. squamulosum*. Parfois aussi, en faisant varier la mise au point, on voit très bien les traces du cloisonnement sur la paroi, alors que les cloisons internes ont disparu. A priori, la déhiscence se fait par une ouverture unique.

Phlœocaulon spectabile Reinke. — Plante probablement en touffes moins volumineuses que celles du *Phl. fœcundum,* mais voisine par le port et la ramification. Toutes les aisselles, sauf les fructifères, peuvent porter des poils, souvent 4. — Pousses définies se terminant en épi moins bien caractérisé que chez le *Phl. fœcundum;* rameaux d'abord alternes distiques, stériles, puis moins régulièrement disposés, fertiles, mais non tétrastiques souvent ramifiés, à ramules peu nombreux et très espacés; bractées devenant assez souvent l'axe d'un épi latéral. Paraphyses courtes et grêles, courbées vers le haut, simples ou bifides. Sporanges uniloculaires par deux, globuleux, de 75-80 μ de diamètre. Organes pluriloculaires sur d'autres individus, souvent deux à chaque aisselle, quadranguiaires à angles arrondis, de 75-105 μ de diamètre, à cloisons solides séparant les logettes disparaissant avant la maturité. Anthéridies de couleur brune orangée à logettes de 4 μ de côté. Oogones d'un brun très foncé à logettes de 8 μ de côté.

Hab. — Australie méridionale! Tasmanie!

C. — **Phlœocaulon squamulosum** Geyler.

Le *Phl. squamulosum* atteint 25-30 centimètres de hauteur et forme probablement des touffes à contour circulaire plus volumineuses que celles des deux autres *Phlœocaulon* (1). D'après Suhr, la base de la plante est un disque corné d'où s'élèvent plusieurs tiges [34, p. 738]; M. Reinke compare ce disque inférieur à celui du *Cladostephus,* comme aspect et structure, mais sans autre renseignement. Tous les exemplaires que j'ai eus à ma disposition avaient été arrachés au-dessus de ce disque.

L'irrégulière distribution des pousses indéfinies, qui ne sont nullement distinctes de l'axe, donne au *Phl. squamulosum* un

1. Il est possible que le *Phl. squamulosum* soit une plante d'eau saumâtre, car la localité indiquée par Suhr est « Algoa-Bai, an der Mündung des « Zwadtkap », et la plupart des nombreux exemplaires distribués par le Dr H. Becker sont marqués « The Kowie », qui est un fleuve du Sud de l'Afrique.

aspect bien différent de celui des espèces précédentes. Au sommet de ces pousses, les articles primaires mesurent 120-160 μ de hauteur et 90-120 μ de largeur. Sur les cloisons primaires successives très obliques qui les séparent, s'insèrent largement, et en ordre alterne distique régulier, les pousses latérales accompagnées d'un sphacèle axillaire très volumineux. L'accroissement secondaire en largeur et en hauteur a déjà commencé généralement au huitième article primaire au-dessous du sphacèle; il se continue alors rapidement, jusqu'à atteindre une longueur moyenne de 1-2 1/2 millimètres et une largeur moyenne de 2/3-1 millimètre.

Toutes les pousses latérales sont d'abord identiques. Leur différenciation commence à une certaine distance du sommet, lorsque l'accroissement secondaire est déjà notable. Les unes, les plus nombreuses, cessent bientôt de s'accroître et se terminent en pointe; ce sont des pousses définies (feuilles de M. Reinke) qui mesurent 2-3 millimètres de hauteur. Elles sont composées d'un axe plus ou moins ondulé, sur les cloisons primaires successives duquel s'insèrent, en ordre régulièrement alterne distique, 5-8 rameaux holoblastiques, diminuant graduellement de taille de la base au sommet; leur sphacèle axillaire devient un coussinet pluricellulaire que je n'ai pas vu se transformer en poils; les rameaux inférieurs portent souvent un ramule, les autres sont simples. Ces pousses définies ne présentent ni accroissement secondaire ni tissu cortico-rhizoïdal basilaire; elles sont caduques, et ont disparu à 6-8 centimètres du sommet des pousses indéfinies; ces dernières ont donc leur base nue, car elles produisent toujours d'abord quelques pousses définies. Mais la place qu'elles occupaient est facile à relever; le tissu secondaire de la pousse indéfinie forme en effet autour de leur base un bourrelet qui persiste après leur chute, comme une saillie légèrement creusée en gobelet, peu nette parfois sur les exemplaires en herbier, mais bien visible si l'on plonge la pousse dans l'eau pendant quelques instants. A l'inverse de ce qui existe chez les *Phl. fœcundum* et *spectabile,* les pousses définies basilaires sont identiques à celles qui naissent plus haut.

Les pousses indéfinies diffèrent des précédentes en continuant à s'allonger par leur sphacèle; en outre, elles prennent un accroissement secondaire en longueur et en largeur. Étant séparées l'une de l'autre par un nombre variable de pousses caduques, elles sont insérées à des distances inégales. Leur longueur est indéterminée, et elles vivent aussi longtemps que l'ensemble du thalle dressé, qu'elles soient de 1er, 2e, 3e ordre; la chute des pousses définies, et la croissance indéterminée des pousses indéfinies, reportent constamment la partie assimilatrice et reproductrice de la plante vers sa périphérie.

Des pousses adventives, comparables à celles des *Halopteris*, manquent complètement. J'ai vu plusieurs fois des pousses de remplacement; elles étaient nées sur la troncature de larges pousses indéfinies. Pour cela, toutes les cellules de la troncature se modifient; celles des couches périphériques se cloisonnent, prolifèrent parfois en cellules étroites et courtes, forment un tissu de cicatrisation. La plupart des autres s'allongent en sphacèle, et produisent chacune une pousse; beaucoup de ces pousses sont simples, pointues, comme un rameau d'une pousse définie; les autres, moins nombreuses, dues surtout au cloisonnement des cellules médullaires, forment de vraies pousses indéfinies à accroissement secondaire (1). En outre, celles-ci possèdent dans leur région inférieure une couche cortico-rhizoïdale, qui englobe même la base des pousses voisines en une masse compacte, et dont la présence laisse supposer que les tiges en produisent également une, au-dessus de leur point d'attache sur le disque basilaire, comme chez les *Phl. fœcundum* et *spectabile*.

J'ai rencontré d'autres productions, distinctes seulement à la loupe, et dont la signification est incertaine. Ce sont des sortes de broussins très denses, nés à l'aisselle des bractées inférieures des épis, ou sur la troncature de ces bractées, constitués par de très nombreux filaments enchevêtrés, isodiamétriques, à articles peu ou point cloisonnés, à ramifications abondantes simulant des dichotomies répétées, qui, en réalité, sont souvent acroblastiques, parfois holoblastiques, avec le sphacèle axillaire restant intact entre les deux branches dichotomiques. Certaines branches se terminent en pointe comme de

---

1. Les pousses courtes, à sporanges uniloculaires, nées en touffes sur des sommets d'exemplaires endommagés, représentées par M. Reinke [91, 2, pl. IX, fig. 8] sont probablement aussi des pousses de remplacement.

minuscules rameaux normaux et cloisonnés comme eux. Ces productions, qui ne paraissent avoir aucune importance dans la vie de la plante, ont peut-être la valeur de cécidies. Ce sont sans doute des productions de même nature, mais plus développées, que M. Reinke a rencontrées [*loc. cit.,* pl. IX, fig. 1 et 2] et auxquelles il attribue, avec doute d'ailleurs, un rôle dans la multiplication de la plante.

La structure du *Phl. squamulosum* ressemble à celle des deux espèces précédentes : une moelle à cellules carrées en section transversale et assez régulièrement disposées, une écorce secondaire plus large que chez ces espèces, limitée à la périphérie par une assise de cellules notablement plus étroites. Les pousses indéfinies conservent la même structure sur toute la longueur, c'est-à-dire sont dépourvues de couche cortico-rhizoïdale. J'ai dit pourquoi je suppose que les axes en produisent une à leur point d'attache sur le disque. Enfin, certains épis présentent à leur base une couche cortico-rhizoïdale courte mais bien caractérisée. La structure des rameaux et ramules est la même que chez les deux autres espèces.

Les coupes longitudinales correspondent aussi ; toutefois, les cellules médullaires sont plus courtes ; on compte 6-8 cloisons transversales entre deux cloisons primaires. En outre, la moelle des pousses indéfinies, au lieu de s'insérer directement sur celle de l'axe en conservant son diamètre, s'élargit notablement en éventail, et le mécanisme de l'accroissement en longueur doit différer, dans le détail, de celle du *Phl. fœcundum.*

Les épis asexués et sexués sont semblables et portés par des individus différents ; je n'ai pas constaté entre eux les différences de taille et de situation, signalées par M. Reinke, qui permettraient de les distinguer à l'œil nu. Les épis portent des bractées régulièrement alternes distiques. Parfois, ce sont simplement des pousses définies, non caduques, dont le nombre des rameaux est habituellement plus grand que chez les pousses définies végétatives. D'autres fois, un épi plus ou moins long termine une pousse indéfinie et son axe subit alors l'accroissement secondaire transversal. Enfin, un troisième cas est celui des épis correspondant à des pousses définies, mais munies d'un revêtement basilaire cortico-rhizoïdal; cet épaississement est seul ou plus ou moins intercalé dans une écorce secondaire normale, et il est difficile, sur des exemplaires d'herbier, d'indiquer exactement la part qui revient à chacun de ces modes d'épaississement. Il semble que le mode cortico-rhizoïdal, qui a disparu à la base des pousses indéfinies, tend aussi à disparaître à la base des pousses fructifères pour être remplacé par le cloisonnement cortical normal; toutefois, l'uniformité de l'épaississement n'est pas encore complètement atteinte chez cette espèce, bien que, sous ce rapport, elle soit plus élevée que les deux précédentes.

A la base de chaque épi est au moins un rameau stérile, de chaque côté, souvent ramifié; tandis que les rameaux suivants, ou bractées, sont simples. Leur aisselle se comporte comme on l'a vu pour le *Phl. fæcundum;* les paraphyses, dont le développement est toujours un peu en retard sur celui des organes reproducteurs, présentent 1-2-3 rameaux holoblastiques, assez divariqués, qui font paraître l'épi un peu cylindrique, tandis qu'il est aplati, les bractées étant régulièrement alternes distiques. M. Reinke a donné un beau dessin d'un épi à sporanges uniloculaires. Ceux-ci, généralement au nombre de deux à chaque aisselle, portés par un pédicelle très court, sont globuleux, sphériques; ils mesurent 105-120 μ de diamètre (1).

Les organes pluriloculaires sont très volumineux, globuleux, plus larges que hauts, de 145-170 μ dans leur plus grand diamètre, portés par un court pédicelle de 1-2 larges cellules aplaties. Je n'en ai pas vu d'aussi carrés que celui dessiné par M. Reinke. Ils sont de deux sortes, que leur différence de coloration moins nette que chez le *Phl. spectabile,* permet cependant de distinguer facilement. Les uns, ou anthéridies, de couleur brune orangée, ont des logettes de 4 μ de côté; les autres, ou oogones, d'un brun très foncé, sont divisés en logettes de 8 μ de côté. Les coupes dans ces organes montrent que les logettes persistent jusqu'au moment de la maturité, puis se dissolvent, et la déhiscence se fait alors par une ouverture unique.

---

1. Le diamètre indiqué par M. Reinke est notablement plus fort : 130-150 μ.

Parmi les échantillons en état de reproduction que j'ai examinés, trois seulement, récoltés par le Dr Becker, portaient une date : deux exemplaires asexués ont été récoltés en janvier et en octobre, l'autre, sexué, avait été récolté en juillet.

Phlœocaulon squamulosum Geyler. — Plante de 25-30 centimètres de hauteur, en touffe volumineuse, portée par un disque rampant. Pousses indéfinies peu ou point distinctes des axes, pourvues sur toute leur longueur d'une couche corticale secondaire sans couche cortico-rhizoïdale, sauf peut-être à la base de la plante. Pousses indéfinies produisant de nouvelles pousses indéfinies semblables à elles, séparées par un nombre variable de pousses définies de quelques millimètres de longueur, sans accroissement secondaire, peu ramifiées, caduques, dont l'insertion reste visible et en relief. Coussinets axillaires non fructifères ne se transformant pas en poils. — Épis dus à la transformation de pousses définies non caduques, munies parfois à leur base d'une couche cortico-rhizoïdale, produisant de chaque côté au moins un rameau stérile plus ou moins ramifié, rameaux suivants, ou bractées, simples, alternes distiques, portant à leur aisselle une paire de paraphyses ramifiées et assez longues. Deux sporanges uniloculaires à chaque aisselle, globuleux, de 105-120 μ de diamètre, très brièvement pédicellés. Organes pluriloculaires sur d'autres individus et mélangés à une même aisselle, souvent au nombre de deux, plus larges que hauts, de 145-170 μ, à cloisons de séparation des logettes disparaissant lors de la maturité, portés par un pédicelle court et large. Anthéridies de couleur brune orangée, à logettes de 4 μ de côté. Oogones d'un brun très foncé à logettes de 8 μ de côté.

Hab. — Afrique australe !

D'après l'étude des trois espèces précédentes, on pourra établir la diagnose du genre *Phlœocaulon*.

Phlœocaulon Geyler. — Holoblastées à accroissement secondaire transversal et longitudinal (Auxocaulées). Thalle rampant en disque comme chez le *Cladostephus* (toujours?). Axe dressé caulescent portant des pousses indéfinies à accroissement secondaire, persistantes, et parfois aussi des pousses définies de même origine mais sans accroissement secondaire, et caduques. — Fructification en épis plus ou moins régulièrement distiques ou tétrastiques, par différenciation de pousses définies, ou du sommet de pousses indéfinies. Bractées des épis transformant leur coussinet axillaire en deux paraphyses latérales, ressemblant à des rameaux, entre lesquelles sont situés les organes

reproducteurs. Organes asexués uniloculaires. Organes sexués pluriloculaires.

La couche cortico-rhizoïdale des *Phlœocaulon*, comparable,
dans une certaine mesure, à celle du *Chætopteris* par son
origine et sa structure, en est bien différente par ses fonctions.
Chez le *Chætopteris* elle est protectrice et reproductrice ; chez
les *Phlœocaulon* elle est seulement protectrice ; en outre, elle est
continue chez le premier, très localisée chez les seconds. L'*Halopteris hordacea* est la seule espèce du genre qui présente un
accroissement secondaire transversal, beaucoup moins régulier et moins important, toutefois, que celui des *Phlœocaulon;* il établit un passage des Leptocaulées aux Auxocaulées,
mais en restant beaucoup plus proche des premières que des
secondes.

Faisant abstraction de l'accroissement secondaire, les
Phlœocaulon se distinguent des *Halopteris* spicigères surtout
par la présence, dans les aisselles fructifères, de deux paraphyses très nettement caractérisées. Des paraphyses existent
aussi, il est vrai, chez l'*Hal. funicularis*, mais elles y sont
moins différenciées, ressemblent à des pédicelles et sont en
nombre variable. Enfin, tandis que, chez la plupart des *Halopteris* où ils sont connus, les organes mâles sont pluriloculaires
et les organes femelles uniloculaires, ils sont les uns et les
autres pluriloculaires chez les *Phlœocaulon*. Sous ce rapport,
l'*Hal. filicina* serait l'espèce du genre la plus comparable aux
Phlœocaulon, bien qu'il en paraisse l'une des plus éloignées
par la disposition de l'appareil végétatif et par la répartition
des organes reproducteurs.

Des termes de passage précis manquent donc entre les
Chætopteris, Halopteris et *Phlœocaulon*.

Chapitre XXI. — Ptilopogon botryocladus Reinke.

Syn. *Sphacelaria botryoclada* Hooker fils et Harvey.

Hooker et Harvey ont décrit le *Sphacelaria botryoclada*
d'après deux exemplaires néo-zélandais incomplets et dénudés,

mais fructifiés [55, p. 221, pl. CX, *B*] (1). Ils rapportent cette plante avec doute au genre *Sphacelaria* et remarquent qu'elle ressemble à l'état hivernal du *Cladostephus verticillatus* par son aspect et par la structure du thalle ; toutefois, les sporanges sont portés par des filaments disposés en petites touffes denses et éparses. En outre, les quelques pousses définies, qui étaient encore adhérentes au sommet des branches, ressemblant à celles du *Sphacelaria paniculata,* Hooker et Harvey se demandent si leur *Sph. botryoclada* n'en serait pas un état fructifère particulier. Ils ont donné de bons dessins de cette plante bizarre.

Ces deux exemplaires furent les seuls connus, semble-t-il, jusqu'au moment où M. Reinke en rencontra deux autres, de Nouvelle-Zélande aussi, mais mieux conservés, dans l'Herbier de Wollny, à Kiel, munis, l'un de sporanges uniloculaires, l'autre d'organes pluriloculaires qu'il considère comme des sporanges pluriloculaires ; ils lui ont permis de créer, pour l'espèce de Hooker et Harvey, le nouveau genre *Ptilogopon.*

M. Perceval Wright a bien voulu me communiquer les deux spécimens originaux conservés dans l'Herbier de Trinity College ; l'un est marqué Cook's Straits, May 1849, l'autre ne porte pas d'étiquette. J'en ai reçu un autre, d'une dizaine de centimètres de longueur, aussi dénudé que les précédents, et portant pareillement des sporanges uniloculaires, recueilli par M. R. Laing en Nouvelle-Zélande. J'ai eu aussi entre les mains, grâce à l'obligeance de M. le major Reinbold, un petit exemplaire muni de sporanges uniloculaires, et trois minuscules fragments néo-zélandais, d'environ un centimètre de longueur, et pourvus d'organes pluriloculaires. Enfin, un petit échantillon de *Ptilopogon,* dénudé et stérile, que j'ai trouvé mélangé à des *Halopteris funicularis* de Port Phillip (Australie) conservés dans l'Herbier Thuret, et provenant des *Algæ Mullerianæ* de J. Agardh, montre que ce curieux genre croît aussi sur la côte méridionale d'Australie. Le *Ptil. botryocladus* est actuellement la seule espèce du genre.

<hr>

1. N'ayant pas à ma disposition le *Flora Novæ-Zelandiæ*, M. A. Gepp, sur la demande de M. Hariot, a bien voulu faire copier, pour me les communiquer, la diagnose et les dessins de cette plante. Je m'empresse de remercier mes correspondants de leur obligeance.

Le *Ptilopogon* est peu ramifié. Les échantillons examinés sont composés de quelques pousses indéfinies, longues, non distinctes de l'axe ; l'aspect général, comme l'ont dit Hooker et Harvey, rappelle celui du *Cladostephus*. Je n'ai pas reconnu l'origine de ces pousses indéfinies ; néanmoins, elles sont certainement identiques aux pousses définies dans leur jeune âge, mais leur sphacèle continue à se cloisonner ; elles prennent un accroissement secondaire longitudinal et transversal, tandis que les pousses définies s'arrêtent bientôt dans leur croissance et conservent la structure primaire, comme chez les *Phlœocaulon*. J'ai vu plusieurs fois trois ou quatre pousses indéfinies insérées en un même point, mais qui étaient des pousses de remplacement et non des pousses normales.

Les pousses indéfinies sont dénudées, sauf sur une hauteur de 10-15 millimètres à leur sommet, où elles sont garnies de pousses définies dont la chute ne laisse pas de trace ou simplement un très court moignon. Les pousses définies ne tombent pas seulement vers l'époque de la reproduction, comme chez les *Cladostephus,* mais de bonne heure, comme chez le *Phlœocaulon squamulosum,* car l'échantillon complètement stérile de Port Phillip était cependant dénudé. Très irrégulièrement distiques ou même plus ou moins éparses, les pousses définies s'appuient sur les cloisons primaires successives au sommet des pousses indéfinies. La hauteur des articles primaires de celles-ci est alors d'environ 100-120 μ ; plus bas, dans la région cortiquée et d'après l'examen des coupes longitudinales, elle paraît double ou triple. L'accroissement secondaire en largeur est, au contraire, important. Le sphacèle axillaire situé à l'aisselle d'une pousse définie n'est pas détruit par le développement secondaire, comme chez le *Phl. fœcundum ;* il est persistant, recouvert par l'écorce secondaire et on verra son rôle ultérieurement.

Les pousses définies, de 5 millimètres de longueur, sont ramifiées suivant le mode holoblastique et non constamment dans un même plan ; leurs rameaux, peu nombreux, sont insérés à longue et inégale distance, et les inférieurs sont eux-mêmes ramifiés ; l'ensemble arrive approximativement à la même hauteur. Le sphacèle axillaire des rameaux et ramules reste de très petite taille, peu ou point cloisonné. Parfois, le premier rameau, né très près de la base, est englobé par le tissu secondaire de

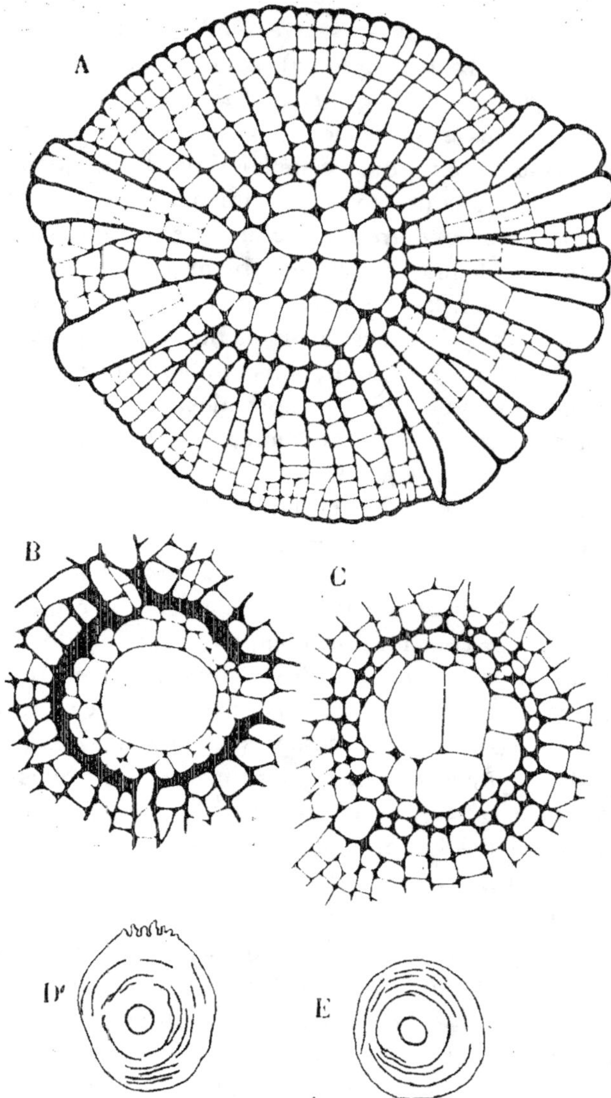

Fig. 91. — *Ptilopogon botryocladus* Reinke. — *A*, Coupe transversale dans une région qui
va produire des glomérules adventifs par le développement de files radiales dormantes,
habituellement moins nombreuses que sur le dessin. — *B*, Partie centrale d'une coupe
menée à la base d'un échantillon, et probablement très près du disque; autour du corps
central était le pseudo-parenchyme cortico-rhizoïdal. — *C*, Partie centrale d'une coupe
menée un centimètre au-dessus de la précédente; autour du corps central était le tissu
cortical secondaire entouré par une couche cortico-rhizoïdale (*A*, *B*, *C*, Gr. 200). —
D, *E*, Coupes transversales menées au niveau de la coupe *B*, les traits indiquent le
contour des couches successives (Gr. 30).

la pousse indéfinie et donne l'impression de pousses jumelles, comme on l'a dit à propos du *Phl. fœcundum.* Mais, bien plus souvent, on rencontre des pousses réellement jumelles, ainsi que le prouvent les coupes transversales. Dans ce cas, la première cloison divisant le sphacèle axillaire, située dans le plan de ramification, suivant la règle générale, affecte en même temps le sphacèle raméal, ou même le sphacèle lenticulaire se divise longitudinalement avant de se diviser transversalement. Les deux pousses jumelles s'écartent légèrement l'une de l'autre, et se développent simultanément.

L'accroissement en largeur commence plus loin du sphacèle terminal que chez les *Phlœocaulon.* Ainsi, sur une coupe longitudinale d'un sommet, j'ai compté une quinzaine d'articles primaires, avant qu'il eût commencé à se manifester. La structure correspond à celle des *Phlœocaulon ;* les cellules de la moelle sont cependant toujours plus irrégulières comme dimensions et disposition ; les files radiales de l'écorce, bien que nées par un cloisonnement semblable, ne sont pas disposées avec autant de régularité (fig. 91, *A),* leur aspect est intermédiaire entre celui de l'écorce secondaire et celui de la couche cortico-rhizoïdale des *Phlœocaulon ;* l'assise périphérique est bien indiquée. La figure 91, *A,* représente une section, dans une région de largeur moyenne, passant par les cellules mères de futures touffes fructifères. Les cellules de la moelle épaississent légèrement leur membrane et ne se cloisonnent pas transversalement. Sur la coupe longitudinale 92, *F,* menée dans une pousse étroite, on voit que les couches corticales sont légèrement inclinées vers le bas.

Sur les coupes longitudinales de régions dénudées, mais non encore fructifères, on retrouve les sphacèles axillaires enfouis dans l'écorce, généralement indivis, gonflés et arrondis. Le composé brun tannique existe en plus ou moins grande quantité dans toutes les cellules, où il paraît être une substance d'excrétion, mais il est surtout abondant dans ces sphacèles axillaires dormants qui reviennent plus tard à l'état de vie active, où il joue assurément le rôle de substance de réserve, au même titre que dans un sphacèle en voie de division. J'ai déjà insisté à plusieurs reprises sur le double rôle de cette matière tannique.

L'extrémité inférieure de l'échantillon reçu de M. Laing était assurément très peu éloignée du disque basilaire. Au-dessous de la première bifurcation, la tige mesurait un centimètre de longueur, était notablement plus large qu'au-dessus (environ 2/3 de millim.) et la structure y était bien différente. Dans les coupes les plus inférieures, le corps central, limité par une paroi très épaisse (fig. 91, *B)*, était constitué par une très large cellule médiane, entourée d'une assise de petites cellules, simple ou dédoublée, comme si la cellule médiane représentait à elle seule la moelle (1), et les petites cellules l'assise corticale de la structure primaire. Les coupes suivantes montraient deux ou trois cellules médianes au lieu d'une. Autour du corps central était un pseudo-parenchyme cortico-rhizoïdal très large, à cellules plus irrégulièrement disposées que sur le *Phlæocaulon,* et formé non d'une seule, mais de plusieurs couches se recouvrant mutuellement, décelées par l'épaisse membrane de leur pourtour. Toutefois, ces couches successives ne sont pas dues à des rhizoïdes descendant d'un niveau plus élevé et recouvrant les couches déjà existantes ; les membranes épaisses indiquent seulement des temps d'arrêt dans le développement, car elles sont incomplètes, ce sont des arcs, entre lesquels les files radiales se continuent vers la périphérie. Sur les figures 91, *D, E,* l'ensemble cortico-rhizoïdal est teinté en gris, et les lignes noires reproduisent le contour des couches. On ne peut expliquer actuellement la cause de ces arrêts de développement ; ils sont trop nombreux pour correspondre aux saisons. Les sections étaient nettement limitées vers l'extérieur, sauf celles menées tout à fait à la base, où une portion était déchiquetée par les rhizoïdes devenus libres (fig. 91, *D)* et qui, selon toute vraisemblance, descendaient sur le disque.

Au-dessus de la bifurcation, à la base des branches, le corps central comprenait encore quelques grandes cellules (fig. 91, *C),* entourées de cellules étroites, puis, venaient quelques assises régulièrement radiales d'écorce secondaire, entourées par une couche cortico-rhizoïdale. Progressivement, celle-ci diminuait d'importance, tandis que l'écorce secondaire en prenait davan-

---

1. Son origine est sans doute la même que dans l'*Halopteris platycena* (fig. 68), mais son contour arrondi ne permet pas de reconnaître la direction des premiers cloisonnements.

tage. Les choses se passent donc comme on l'a dit pour le *Phl. fœcundum,* et ceci est un lien intéressant entre les deux genres *Ptilopogon* et *Phlœocaulon* qui sont, au contraire, bien différents au point de vue de la disposition de l'appareil reproducteur.

Hooker et Harvey ont donné deux bons dessins de la plante à sporanges uniloculaires [*loc. cit.,* fig. 1 et 2]; l'un, de grandeur naturelle, montre de petits glomérules saillants et isolés sur les

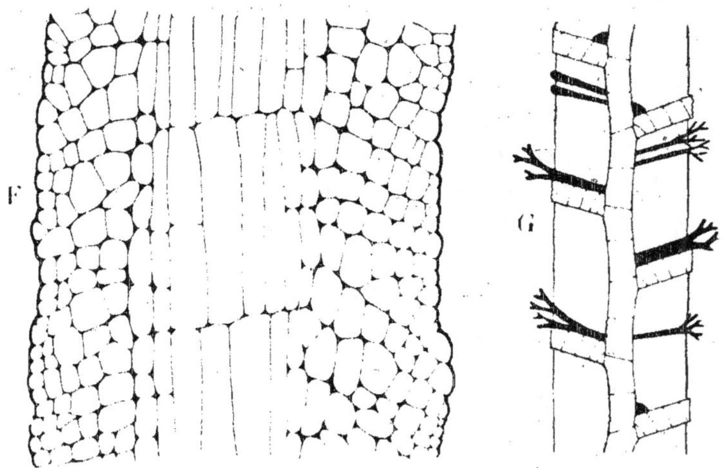

Fig. 92. — *Ptilopogon bouryanulatus* Reinke. — F, Coupe longitudinale dans une pousse étroite (Gr. 200). — G, Schéma de la coupe longitudinale d'une pousse indéfinie à l'état fructifère. L'écorce secondaire est teintée en gris. On a représenté en noir les sphac des axillaires dormants, les files radiales dormantes et les pousses fructifères normales et adventives; les rameaux constituant les glomérules sont supposés coupés près de l'écorce.

pousses dénudées; l'autre est une portion grossie d'une pousse portant plusieurs de ces glomérules, sphériques un peu aplatis, à base étroite, dont les filaments constituants se recourbent vers le milieu du glomérule.

M. Reinke dit que les glomérules produisant les organes uniloculaires sont plus courts et plus isolés que ceux produisant les organes pluriloculaires. Il n'a pas réussi à se rendre compte avec précision de l'origine des glomérules; il les a vu naître vers l'aisselle des pousses définies, contre le corps central, et traverser l'écorce, mais sans pouvoir reconnaître s'ils sont fournis ou non par le placenta axillaire. Au lieu d'être dispersées, sans ordre, comme chez son *Anisocladus*, les pousses fructifères naissent en faisceau à l'aisselle des pousses, et leur place est déterminée ; l'auteur appelle d'ailleurs pousses adventives les pousses fructifères de l'*Anisocladus* et celles du *Ptilopogon*.

J'ai réussi à reconnaître l'origine des glomérules sur les individus portant des sporanges uniloculaires ; elle est double. Les uns, que M. Reinke appelle adventifs, et qui sont au contraire de position normale, naissent réellement à l'aisselle des pousses définies. Les autres, qui ont échappé à son attention, ont une origine toute différente, et je les qualifierai d'adventifs. A priori, il en est de même sur les individus à organes pluriloculaires, et en analysant la figure 1 de la planche XIII du Mémoire de M. Reinke, on peut même prévoir que les glomérules adventifs y sont plus nombreux que les glomérules normaux. Il est impossible, en effet, que, chez une plante auxocaulée, des glomérules naissant tous à l'aisselle de pousses définies soient aussi rapprochés que sur ce dessin (1).

Les pousses reproductrices sont groupées en petits glomérules très denses, plus ou moins saillants, dont la grosseur dépend du nombre des pousses constituantes et du degré de leur ramification ; celles-ci, habituellement très ramifiées, sont courbées dans leur ensemble vers le centre du glomérule.

La distribution des glomérules est irrégulière ; ils sont absents dans certains points, abondants en d'autres, et alors parfois très rapprochés, mais isolés les uns des autres. Comme ils naissent en des points où les pousses définies sont tombées, et que la disposition de celles-ci sur l'axe est elle-même peu régulière, il est impossible de reconnaître directement la position générale des glomérules par rapport aux pousses définies, tout au moins sur des exemplaires d'herbiers.

On a dit plus haut que le sphacèle axillaire des pousses définies restait inclus, à l'état dormant, dans le tissu secondaire cortical, et se reconnaissait facilement, sur les coupes longitudinales, par sa taille souvent plus grande que celle des cellules corticales, et par son contenu d'un brun beaucoup plus foncé.

---

1. Je n'ai pu le vérifier, car il m'eût fallu sacrifier presque complètement le meilleur des échantillons que M. Reinbold avait eu l'obligeance de me communiquer.

A l'époque de là reproduction, il reprend l'état de vie active, s'allonge, se cloisonne, traverse l'écorce, en se maintenant étroitement appliqué contre la base de la pousse définie, arrive au dehors où, pendant quelque temps, il reste à l'état de simple saillie de couleur foncée ; puis, ce sphacèle de la pousse fructifère s'allonge et se cloisonne suivant le mode holoblastique, sans nouveau temps d'arrêt, pour constituer à lui seul un glomérule. Le sphacèle axillaire donne parfois plusieurs pousses internes, probablement par une division hoblastique, et alors plusieurs sphacèles contigus apparaissent à la surface de l'écorce ; cependant, leur ensemble produit encore un seul glomérule. Ces glomérules ne sont donc nullement adventifs, ils sont d'origine normale. Ils peuvent être en nombre égal, mais non supérieur à celui des pousses définies végétatives. Le sphacèle axillaire qui les produit étant terminal d'un axe, les sporanges sont donc terminaux, au même titre que ceux d'un *Hal. filicina* ou d'un *Phl. spectabile* par exemple.

D'autres glomérules, identiques aux précédents et mélangés à eux, ont une origine adventive au lieu d'être primaire ; j'ignore à quel moment ils commencent à se différencier. Peut-être sont-ils indiqués près du sommet des pousses, par des cellules comparables aux péricystes des *Halopteris* ; ils apparaissent plus probablement au début du cloisonnement cortical secondaire. Parmi des coupes transversales d'une pousse indéfinie, pratiquées dans la partie dénudée intermédiaire entre la région à glomérules fructifères et le bouquet terminal de pousses définies, on en rencontre toujours dont une ou plusieurs files corticales radiales ont une allure particulière. Elles sont plus droites et notablement plus larges que les autres ; leurs parois latérales sont plus épaisses, tandis que leurs cloisons périclines sont plus minces ; elles se terminent par une très volumineuse cellule indivise, saillante, remplie de la matière tannique brune et qui est le sphacèle de la future pousse fructifère adventive. Il est rare de les trouver en aussi grand nombre que sur la figure 91, *A ;* on en rencontre plus fréquemment une ou deux ; certaines se bifurquent pour former deux sphacèles. Sur les coupes longitudinales, elles sont pareillement isolées ou contiguës, sans aucun rapport avec les pousses définies normales.

Leur développement est simultané de celui de l'écorce ;

elles s'allongent pour suivre son accroissement transversal, cessent de croître quand elle a acquis son diamètre définitif, et passent alors par une période de repos plus ou moins longue. Puis, lors de la fructification, leur sphacèle entre en activité, et produit une pousse ramifiée suivant le mode holoblastique. Un glomérule provenant d'une seule file radiale est grêle ; il est plus dense et plus volumineux s'il provient de plusieurs files radiales juxtaposées. Le schéma de la figure 92, *G*, montre des sphacèles axillaires dormants, des pousses fructifères dues à leur développement, des files radiales dormantes et d'autres allongées en pousses fructifères.

Ces files radiales, productrices des glomérules adventifs, sont donc comparables aux péricystes de l'*Hal. congesta,* par exemple, tout au moins au point de vue de leur rôle, qui est de fournir des pousses fructifères. Dans une certaine mesure, on pourrait aussi comparer les deux sortes de glomérules du *Ptilopogon* aux deux origines, normale et adventive, des sporanges du *Phl. fæcundum.* Les péricystes des Leptocaulées prenant, au moins théoriquement, toute la hauteur d'un article secondaire, les pousses adventives qu'ils engendrent sont *hémiblastiques* au même titre que les pousses normales des Hémiblastées. La couche périphérique du *Ptilopogon* se cloisonnant plusieurs fois transversalement, comme chez les autres Auxocaulées, les files radiales n'ont jamais qu'une portion de la hauteur d'un article secondaire ; elles correspondent à des péricystes secondaires, qui suivent l'accroissement de l'écorce en diamètre, et les pousses adventives sont *mériblastiques.*

Les filaments constitutifs des glomérules sont convexes vers l'extérieur et très ramifiés ; les aisselles jeunes ou stériles, examinées du côté convexe, paraissent nues et la ramification semble acroblastique, mais le sphacèle axillaire est bien visible du côté concave. Chaque aisselle peut fournir un organe reproducteur. Les sporanges sont ovoïdes de 70-90 μ sur 55-70 μ, portés par un pédicelle large et court, uni ou bicellulaire. Un sporange nouveau croît dans la cavité d'un sporange vidé sans allongement du pédicelle. Sur le dessin de Harvey, tous les sporanges sont latéraux, tandis que je les ai toujours vus axillaires, insérés dans l'angle d'une bifurcation, comme ils sont indiqués sur le dessin de M. Reinke [91, 2, pl. XIII, fig. 13].

Les organes pluriloculaires sont pareillement isolés à chaque aisselle (1). Ils sont presque sphériques, portés par un pédicelle très court uni ou bicellulaire, et de deux sortes mélangés dans un même glomérule. Les uns, de couleur claire, dont le contenu est divisé en petites masses cubiques de 4 μ de côté environ sont des anthéridies ; les autres, foncés, divisés en masses cubiques d'un peu moins de 8 μ de côté, sont vraisemblablement des oogones. Toute trace des cloisons solides limitant les éléments reproducteurs disparaît longtemps avant la maturité. Le diamètre des organes sexués murs varie énormément, de 90 μ à 140 μ.

Le genre *Ptilopogon,* avec sa seule espèce *P. botryocladus,* présente d'étroits rapports avec les *Phlæocaulon* au point de vue de sa structure. Comme chez ceux-ci (tout au moins les *Phl. fœcundum* et *spectabile),* le corps central est entouré par une couche cortico-rhizoïdale à la base de l'axe, et par un tissu cortical secondaire au-dessus. Les pousses définies sont éphémères, comme chez le *Phl. squamulosum,* mais les pousses indéfinies persistantes y sont beaucoup moins nombreuses. Toutes les pousses définies tombant de bonne heure, elles ne peuvent se transformer en épis, et une autre disposition assure la fructification ; aussi, la disposition de l'appareil reproducteur éloigne-t-elle nettement les deux genres, bien que la structure pluriloculaire des anthéridies et des oogones les rapproche. Le *Ptilopogon* et les *Phlæocaulon* sont d'ailleurs connus par un très petit nombre de spécimens (sauf le *Phl. squamulosum);* les espèces sont peut-être plus nombreuses ; on peut supposer un genre intermédiaire, correspondant à un *Phlæocaulon* dont les organes reproducteurs seraient portés, à l'aisselle des bractées de l'épi, par les paraphyses plusieurs fois ramifiées. .

Le *Phl. fœcundum* étant la seule espèce du genre *Phlæocaulon* dont les organes reproducteurs soient les uns normaux et en apparence axillaires, les autres adventifs, j'ai supposé,

1. D'après M. Reinke, ces organes terminent plus rarement une courte branche latérale, et il a donné deux dessins les représentant ainsi [*lot. cit.* fig. 11 et 12]. Je n'en ai pas vu de semblablement situés. Le cas de la figure 11 est comparable à celui signalé chez l'*Halopteris congesta,* mais je doute que la figure 12 soit exacte, car le pédicelle y est inséré entre deux cloisons transversales.

dans les diagnoses suivantes, qu'il en pourrait être de même chez le *Ptilopogon,* et que les glomérules nés des sphacèles axillaires sont un caractère générique, tandis que les autres glomérules sont un caractère spécifique.

Ptilopogon Reinke. — Holoblastées à accroissement secondaire transversal et longitudinal (Auxocaulées). Thalle rampant en disque (?). Axe dressé caulescent, portant des pousses indéfinies persistantes et des pousses définies caduques, de même origine. Sphacèle à l'aisselle des pousses définies dormant jusqu'à l'époque de la reproduction. — Fructification en glomérules nés par le développement tardif de ces sphacèles axillaires en rameaux plusieurs fois ramifiés ; sphacèle axillaire de ces rameaux et ramules se transformant en organe reproducteur. Organes asexués uniloculaires. Organes sexués pluriloculaires.

Ptilopogon botryocladus Reinke. — Plante grêle, de 10-15 centim. de hauteur, ayant un peu l'aspect d'un *Cladostephus verticillatus* à l'état de reproduction, portée par un disque rampant (?). Pousses indéfinies peu ou point distinctes de l'axe, peu nombreuses, pourvues sur toute leur longueur d'une couche corticale secondaire ; couche cortico-rhizoïdale irrégulièrement stratifiée, présente à la base de l'axe. Pousses définies isolées ou jumelles, peu régulièrement disposées. ramifiées, sans accroissement secondaire, éphémères ; aisselle de leurs rameaux et ramules restant à l'état de coussinet stérile. — Glomérules fructifères asexués plus courts et plus isolés que les glomérules sexués et portés par des individus différents. Les uns et les autres d'origine double : ou bien normaux, dus au développement tardif du sphacèle axillaire des pousses définies tombées, ou bien adventifs, dus à des files corticales radiales spécialement différenciées. Sporanges uniloculaires isolés, ovoïdes, de 70-90 μ sur 55-70 μ, brièvement pédicellés, produits par la transformation du sphacèle axillaire des rameaux et ramules des différents ordres dans le glomérule. Organes pluriloculaires pareillement situés, de deux sortes, mélangés dans un même glomérule, sphériques de 90-140 μ de diamètre, à cloisons solides séparant les logettes disparaissant longtemps avant la maturité, brièvement pédicellés. Anthéridies de teinte claire, à logettes de 4 μ de côté. Oogones d'un brun foncé, à logettes de près de 8 μ de côté.

Hab. Nouvelle-Zélande ! Australie méridionale (Port Phillip) !

Syn. *Sphacelaria botryoclada* Hook. fil. et Harvey.

Chapitre XXII. — Polyblastées. — Cladostephus C. Ag.

J'ai établi [06,1] pour le genre *Cladostephus* une division des *Polyblastées*, parallèle à celle des *Hémiblastées, Holoblastées*, etc., justifiée par la variété d'origine de ses axes et de ses appendices : pousses indéfinies et leurs branches, pousses définies ou rameaux verticillés et leurs ramules, pousses fructifères. Elle renferme uniquement des espèces à pousses indéfinies auxocaulées ; on ne connaît encore aucune Polyblastée à pousses indéfinies leptocaulées.

Deux espèces représentent le genre *Cladostephus* sur nos côtes de l'Océan. Les anciens auteurs les rangeaient parmi les Conferves (1) ; le *Conf. spongiosa* fut ainsi nommé par Hudson [62, p. 480] ; quinze ans plus tard, Lightfoot faisait connaître le *Conf. verticillata* [77, p. 984], trouvé dans les mêmes localités. Les deux espèces sont très voisines, dit-il, et seraient facilement confondues sans l'aide du microscope ; la première, haute d'environ trois pouces, est caractérisée par « ... ramulis simplicibus imbricatis » ; la seconde, de 4-5 pouces, par « ... ramulis verticillatis furcatis incurvis ». La seconde édition du *Flora anglica* de Hudson [78, p. 653], admet ce *Conf. verticillata* Lightf. (2).

D'après Dillwyn [09, pl. 42 et pl. 55], qui a figuré les deux Conferves, elles sont parfois malaisées à distinguer. L'*English Botany* en publia aussi de bons dessins [10, pl. 1718 et pl. 2427] ; ses descriptions sont remarquables par les observations de Miss Biddulph que les auteurs vérifièrent seulement longtemps après. Elle a vu les rameaux sporangifères du *Conf. verticillata* portés seulement sur les vieilles tiges dénudées ; ceux du *Conf. spongiosa* sont aussi plus courts que les rameaux végétatifs, mais les tiges qui les portent ne sont pas dénudées.

---

1. L'historique de ces deux *Conferva* et des deux *Cladostephus* est traité avec détails dans un autre Mémoire [06,2.].

2. Le nom spécifique *spongiosa* étant plus ancien que *verticillata*, si l'on considérait l'une des deux espèces comme une variété de l'autre, on ne devrait pas, avec M. Farlow [81, p. 78], la nommer *Clad. verticillatus* var. *spongiosus*, mais inversement. Le binôme *Clad. verticillatus*, il est vrai, est cité par C. Agardh avant *Clad. spongiosus*, mais c'est l'*Halurus* qu'il désigne ainsi ; la priorité reste donc à l'espèce *spongiosus*.

Un *Conf. verticillata* publié par Schmidel [94, p. 79, pl. II]
et différent de celui de Lightfoot portant le même nom, com-
pliqua la synonymie. Désirant éviter la confusion, Roth [97,
III, p. 308] conserva le nom donné par son compatriote Schmidel
et changea le nom *Conf. verticillata* Lightf., malgré son anté-
riorité, en celui de *Conf. Myriophyllum* Roth. Mais Dillwyn
rectifia cette nomenclature : le *Conf. verticillata* Schmid. n'étant
autre chose que le *Conf. equisetifolia* Lightf. (aujourd'hui
appelé *Halurus equisetifolius)* doit disparaître ; le *Conf.
Myriophyllum* Roth, synonyme de *Conf. verticillata* Lightf.,
doit disparaître aussi.

Le *Synopsis* de C. Agardh créa, aux dépens des Conferves
verticillées de Roth, le genre *Cladostephus* [17, p. XXV] caractérisé par des tiges pleines portant des rameaux verticillés,
articulés ; il eut le tort de suivre Roth et non Dillwyn. Les
cinq espèces énumérées sont *Clad. verticillatus* (Roth), *Clad.
spongiosus* (Dillw.), *Clad. Ceratophyllum* (Roth), *Clad. Myriophyllum* (Roth) et *Clad. clavæformis* (Roth), pour lequel il établit ultérieurement le genre *Dasycladus*. C. Agardh appliquait
donc le nom de *Clad. verticillatus* à la plante de Schmidel qui
devait devenir, avec Kützing, le type du genre *Halurus*.

Acceptant comme bien fondé le nouveau genre *Cladostephus*,
Lyngbye [19, p. 102 et pl. 30] corrigea la nomenclature de
C. Agardh dans le même sens que Dillwyn avait corrigé celle
de Roth, en réunissant sous le nom de *Clad. verticillatus* les
Conf. verticillata Lightf. et *Conf. Myriophyllum* Roth ; il eut
le tort, toutefois, de conserver dans la synonymie le *Conf. verticillata* Schmid. Lyngbye décrit longuement le *Clad. verticillatus,* cite les rameaux simples ou bifurqués sur un même individu, disposés par 10-12 à chaque verticille ; il signale la présence d'un disque basilaire, mais n'a pas vu la fructification (1).
Une description parallèle des *Clad. verticillatus* et *spongiosus,*
tels que nous les comprenons aujourd'hui, se trouve pour la première fois dans le *Flora scotica* de W.-J. Hooker [21, II, p. 89].
Ayant enfin reconnu la couleur rose du *Conf. verticillata*
Schmid. déjà signalée par Schmidel, C. Agardh le soupçonne,

---

1. L'absence de fructification et le faible nombre des rameaux verticillés
s'appliquent à la plante récoltée par Lyngbye; les échantillons pourvus d'un
disque basilaire avaient une autre origine. (Voy. chapitre suivant, §. H.)

dans son *Systema*, de ne pas appartenir au genre *Cladostephus* ; il rejette le *Clad. verticillatus* Ag. dans les *Inquirendæ*. Il conserve encore le *Cl. Myriophyllum* Ag. [24, p. 168] avec la synonymie *Conf. verticillata* Lightf., *Clad. verticillatus* Hook., à laquelle il ajoute *Clad. Ceratophyl·um* (Roth) Ag. supprimé comme espèce distincte. En outre, il établit un *Clad. laxus* Ag. pour le *Clad. verticillatus* Lyngb. que, quatre ans plus tard, son *Species* [28, p. 9] considèrera comme une var. *laxus* Ag. du *Clad. spongiosus* Ag. C'est donc à tort que J. Agardh [48, p. 43] et les auteurs ultérieurs attribuent à C. Agardh la paternité du binôme *Clad. verticillatus*.

Les deux espèces de nos côtes *Cl. verticillatus* et *Cl. spongiosus* n'ont jamais été distinguées que par des caractères inconstants et d'importance secondaire, aussi n'est-on pas surpris que les espèces exotiques de ce genre très homogène, insuffisamment décrites ou connues par des échantillons incomplets, aient été acceptées par les uns, rejetées par les autres. Plusieurs d'entre elles donnèrent même lieu à des méprises et furent ensuite rangées parmi les Floridées. Je résume ce que disent les principaux ouvrages généraux.

Le *Species* de C. Agardh [28, p. 10] admet seulement trois espèces : 1. *Cl. Myriophyllum* avec une var. *Ceratophyllum* à verticilles plus espacés ; 2. *Cl. spongiosus* avec une var. *laxus* et 3. *Cl. Lycopodium* du nom d'un *Fucus* de Turner. Le *Cl. australis* créé dans le *Systema* est devenu une Floridée, *Griffithsia australis* Ag. [28, p. 135] ; c'est la plante que Decaisne nomma ultérieurement *Bindera Cladostephus*, Montagne *Polysiphonia Cladostephus*, Meneghini *Bindera australis*.

Le *Species* de J. Agardh [48, p. 42] séparait mieux que celui de son père les deux espèces *Cl. verticillatus* et *Cl. spongiosus* car cette dernière n'y est plus citée en dehors de l'Atlantique et des îles Malouines. Nous y voyons citer le *Cl. Lycopodium* pour la dernière fois car, dès l'année suivante, le *Species* de Kützing [49, p. 841] l'incorporait au *Digenea Wulfeni* Kütz., synonyme du *Digenea simplex* Ag. Aux trois espèces précédentes, J. Agardh ajoute le *Cl. setaceus* décrit en 1836, par Suhr, pour une plante du Chili. Il cite, en outre, deux *species inquirendæ* nommées par Bory, en 1832, dans l'*Expédition de*

Morée : 5. *Cl. hedwigioïdes* sur lequel nous reviendrons et 6. *Cl. dubius* qui, d'après un spécimen authentique, serait l'*Halurus equisetifolius* et pourrait bien être aussi, dit-il, le *Cl. flavidus* Bory. MONTAGNE appelle ce *Cl. dubius, Dudvesnaya Boryana* et M. BORNET en a fait le *Liagora dubia* Born. in herb. voisin du *Liagora* [*Cheyneana* DE TONI, *Sylloge*, IV, p. 1628]. Quant au *Cl. flavidus* attribué à BORY sans aucune référence par J. AGARDH et par KÜTZING [49, p. 633], qui en font un synonyme de l'*Halurus equisetifolius,* BORY n'en fait mention ni dans ses écrits, ni dans son herbier, et je tiens de M. BORNET que celui-ci ne renferme aucun échantillon méditerranéen d'*Halurus* ; j'en ai retrouvé la trace dans l'herbier de Copenhague : un exemplaire de *Cl. verticillatus* ayant appartenu à LYNGBYE est marqué de la main de BORY « *Cladostephus flavidus,* côte de Cadix ». BORY avait probablement consulté LYNGBYE sur cet échantillon qui ne présente rien de particulier, hormis sa teinte jaunâtre, dénotant qu'il fut rejeté à la côte et y subit l'action des intempéries.

KÜTZING reconnaît cinq espèces dans son *Species* [49, p. 468] : 1. *Cl. Myriophyllum* Ag. avec une var. *Ceratophyllum ;* 2. *Cl. spongiosus* Ag. dont la distribution géographique est la même : côtes européennes de l'Atlantique, de la Méditerranée et de l'Adriatique avec une var. *laxus* de la Baltique ; 3. *Cl. hedwigioïdes* Bory ; 4. *Cl. tomentosus* nov. sp. de Cadix et 5. *Cl. setaceus* Suhr. Il figure dans les *Tabulæ* [56] les quatre premières et quatre espèces nouvelles : *Cl. densus* de la mer du Nord ; *Cl. antarcticus* rapporté du cap Horn par J.-D. HOOKER ; *Cl. australis* (qu'il ne faut pas confondre avec le *Cl. australis* Ag.), créé pour une plante australienne reçue de BINDER, et enfin *Cl. Bolleanus,* que MONTAGNE venait de créer dans son *Sylloge* pour une plante de Lancerote (Canaries), reçue de BOLLE.

M. REINKE [90] admit d'abord trois espèces : *Cl. spongiosus, Cl. verticillatus* et *Cl. antarcticus,* si voisines d'ailleurs qu'elles sont peut-être des formes d'une seule. L'année suivante, il terminait le paragraphe consacré au *Cl. verticillatus* [91, 2] en disant qu'après avoir pris beaucoup de peine sans résultat, pour arriver à distinguer les différentes espèces décrites, de *Cladostephus* il en reconnaît seulement deux : *Cl. verticillatus* et *Cl.*

spongiosus et encore leurs différences seraient-elles bien faibles ; chez la première, les entre-nœuds séparant les verticilles se dessinent nettement, tandis qu'il n'en est pas de même chez la seconde. Au *Cl. spongiosus,* répandu sur la plus grande partie du globe, appartiennent, avec des déviations dans son port habituel, les *Cl. densus* Kütz., *Cl. hedwigioides* Bory, *Cl. antarcticus* Kütz., *Cl. australis* Kütz., *Cl. setaceus* Suhr. Par contre, les *Cl. tomentosus* Kütz. et *Cl. Bolleanus* Mont. seraient des états altérés du *Cl. verticillatus.* On regrette toutefois que l'auteur s'en tienne à cette énumération sans préciser quels matériaux d'étude appuient sa manière de voir.

Le *Sylloge* de M. DE TONI ne s'inspire que partiellement de la synonymie admise par M. REINKE. Il cite quatre espèces : 1. *Cl. spongiosus* Ag. ayant avec un ? le *Cl. setaceus* Suhr comme synonyme ; 2. *Cl. verticillatus* Ag. avec le synonyme *Cl. tomentosus* Kütz. et peut-être *Cl. hedwigioides* Bory ; 3. *Cl. antarcticus* Kütz. : 4. *Cl. Bolleanus* Mont.

La synonymie est comme on le voit embarassante. On peut, il me semble, retenir le *Cl. hedwigioides* comme espèce distincte ; je l'étudie plus loin ; si l'on voulait le réduire au rang de variété, il serait préférable d'imiter M. DE TONI, plutôt que M. REINKE, puisque le *Cl. spongiosus* n'est pas connu dans la Méditerranée.

Quant aux autres espèces admises par KÜTZING, leur sort est inégal. Le simple examen des dessins suffit à démontrer que son *Cl. Myriophyllum* est le *Cl. verticillatus* à l'état végétatif (1) ; le *Cl. spongiosus* Kütz., est certainement le *Cl. verticillatus* à verticillation rapprochée et probablement plus ou moins masquée par des pousses microblastiques ; le *Cl. tomentosus* Kütz. de Cadix est un *Cl. verticillatus* en mauvais état et vraisemblablement trouvé sur une plage où les vagues l'avaient roulé ; le *Cl. densus* Kütz. est le *Cl. spongiosus* Ag.

Le *Cl. Bolleanus* Mont., conservé comme espèce par M. DE TONI, mérite un examen plus attentif à cause de son origine lointaine. MONTAGNE le créa dans son *Sylloge* [56, p. 398], pour une plante très ramifiée, dépassant 30 cm., rapportée de l'île Lanzarote (Canaries), par BOLLE ; la même année, KÜTZING [55, tab.

---

1. Je ne cherche pas à mettre d'accord les trois ouvrages de KÜTZING, *Phycologia generalis, Species* et *Tabulæ.*

10], en reproduisant la diagnose de Montagne, publiait le dessin en grandeur naturelle, d'un fragment, et celui d'une section transversale, où l'on voit des rameaux inégalement espacés grêles et confervoïdes à ramuscules inégaux, sortir de la périphérie de la pousse indéfinie. Je n'ai pas trouvé mention de la récolte ultérieure du *Cl. Bolleanus,* ni même de l'examen de l'exemplaire authentique. Piccone le cite dans sa brochure, sur la croisière du *Corsaro* [84, p. 53], seulement d'après la récolte de Bolle, sans dire expressément [84, p. 12] qu'il l'ait eu entre les mains.

L'herbier du Muséum renferme un exemplaire de teinte rousse, long d'environ 17 cm., abondamment ramifié, portant l'étiquette suivante, signée par C. Bolle, « Arecife, Lanzarote, *Cladostephus Bolleanus,* Montg. 1851 ». De toute évidence, l'individu fut trouvé sur la grève où il avait été rejeté puis maintes fois roulé par le flot et probablement exposé au soleil et à la pluie ; il est complètement dégarni de ses rameaux verticillés, dont le lieu d'insertion se reconnaît aux lignes transversales qui donnent à la plante l'aspect articulé. Néanmoins, la densité des pousses microblastiques les a préservées d'une totale destruction, et les restes des pulvinules fructifères persistent çà et là. Les pousses microblastiques (ramuscules pennés de Montagne et de Kützing) sont endommagées à leur sommet, généralement simples, et portent des pédicelles de sporanges ; toutefois, le mauvais état des résidus des sporanges ne m'a pas permis de déterminer s'il étaient uni ou pluriloculaires. Rien ne caractérise la structure des pousses indéfinies par rapport aux *Cl. verticillatus* et *spongiosus.*

Le *Cl. Bolleanus* est un *Cl. verticillatus,* grand et abondamment ramifié ; son très mauvais état de conservation a seul pu attirer l'attention sur lui. J'en ai vu de semblables, dans les collections, provenant de diverses localités.

Je n'ai pas vu d'échantillon authentique de *Cl. setaceus.* Suhr le décrivit en 1836 [36, p. 347, fig. 35], d'après une plante chilienne très probablement stérile, haute de 3-4 pouces, d'un vert sale, pourvue d'un petit disque basilaire (1). Son dessin de

---

1. Suhr indique comme localité « Chili », ce qui est bien vague ; le même Mémoire cite d'autres espèces chiliennes de Valparaiso et du Cap Horn ; le *Cl. setaceus* pourrait donc provenir du Cap Horn, comme le *Cl. Harioti.*

grandeur naturelle rappelle le *Cl. hedwigioides* ; la verticillation du fragment représenté grossi se reconnaît mieux par la hauteur des entre-nœuds que par la disposition des rameaux ; celle-ci est même tellement irrégulière pour un *Cladostephus* qu'on hésite à l'attribuer à une négligence du dessinateur. Les rameaux tous simples, longs, cylindriques à sommet obtus rappellent ceux du *Cl. Harioti*

M. Skottsberg [07, p. 58] a rencontré, à la Terre de Feu et aux îles Malouines, un *Cladostephus* abondant dans la zone sublittorale, mais constamment à l'état stérile, bien qu'il l'ait récolté en janvier, mars et juillet. Il le nomme *Cl. setaceus* Suhr. Une comparaison avec un échantillon authentique du *Cl. spongiosus* cité par Hooker et Harvey [45, 1] dans la même région l'a convaincu que les deux plantes sont identiques. D'autre part, l'auteur admet, en s'en tenant aux descriptions et figures publiées, que le *Cl. antarcticus* Kütz. et le *Cl. setaceus* Suhr sont une même espèce. Mais je ne saisis pas la raison pour laquelle la plante récoltée par lui doit s'appeler *Cl. setaceus* Suhr. D'ailleurs, la forme des rameaux isolés de *Cl. antarcticus* figurés par Kützing rappelle celle des espèces de nos pays ; ceux figurés par Suhr sont plus cylindriques et tous simples ; en s'en tenant à ces documents, les deux plantes ne semblent donc pas identiques.

La plante de Hooker, comme on le dira plus loin, reste aussi douteuse que celle de Suhr. On regrettera donc que M. Skottsberg, dont le beau Mémoire sur les Phéophycées a été si remarqué, n'ait pas décrit la plante qu'il a récoltée ; ses dessins auraient servi de point de repère ; la détermination spécifique des *Cladostephus* des régions australes est trop délicate pour que l'on puisse faire état, en toute sécurité, d'une description datant de 1836, sans l'appui d'un échantillon original. Je préfère donc conserver le *Cl. setaceus* Suhr parmi les *Species inquirendæ*.

J'apprécie plus loin (chap. XXV), les *Cl. australis* Kütz. et *Cl. antarcticus* Kütz. et je sépare, sous le nom de *Cl. Harioti*, celui que M. Hariot rapportait au *Cl. antarcticus*.

Les *Cladostephus* paraissant manquer dans la zone intertropicale, il est possible que Kützing, dont on connaît la tendance à multiplier les espèces, ait admis l'indépendance spécifique de ceux récoltés dans les mers australes, moins d'après des caractères précis et bien apparents que par leur habitat. Toutefois, la tendance inverse à les réunir sans preuves aux espèces européennes n'irait pas sans inconvénient.

Le genre *Cladostephus,* très homogène, est bien caractérisé comme genre, mais ses espèces sont mal limitées. On trouve en Australasie une plante qui ne paraît pas séparable du *Cl. verticillatus;* par contre, la présence du *Cl. spongiosus* dans les mers australes reste douteuse. Or, bien que les côtes d'Europe et de l'Amérique du Nord soient mieux explorées que celles des mers australes, celles-ci nous ont livré un nombre plus grand de genres et d'espèces de Sphacélariacées, et le *Cl. verticillatus* est l'une des rares espèces communes aux deux hémisphères.

On supposera donc, *a priori,* que le genre *Cladostephus* renferme des espèces exclusivement australes. Toutefois, si ces espèces existent, il ne faut guère s'attendre, d'après ce qu'enseignent les individus européens et les collections, à les caractériser à l'aide de particularités bien tranchées ; elles ne pourront être établies définitivement que par des récoltes méthodiques faites dans une même région à diverses saisons.

CHAPITRE XXIII. — CLADOSTEPHUS VERTICILLATUS Lyngbye

Le *Cl. verticillatus* habite l'Océan et la Méditerranée : il atteint souvent 15 cm., parfois 20-25 cm. de hauteur. On le rencontre à mi-marée et à basse mer, de préférence dans les flaques et les rigoles, parfois au pied même des rochers qui 25-50 cm. plus haut portent le *Cl. spongiosus.* Dans le golfe de Gascogne et à l'île de Ré, quand on s'avance vers la zone à *Saccorhiza bulbosa,* les individus augmentent de nombre, et ils abondent vers le niveau de la basse mer avec le *Dictyopteris polypodioides* et le *Cystoseira ericoides.* Son thalle rampant appliqué directement et solidement sur des rochers nus, des pierres propres ou des *Lithothamnion* n'est jamais épiphyte sur des Algues non calcifiées. Les tiges dressées ou pousses indéfinies, nombreuses, assez raides surtout à l'époque de la repro-

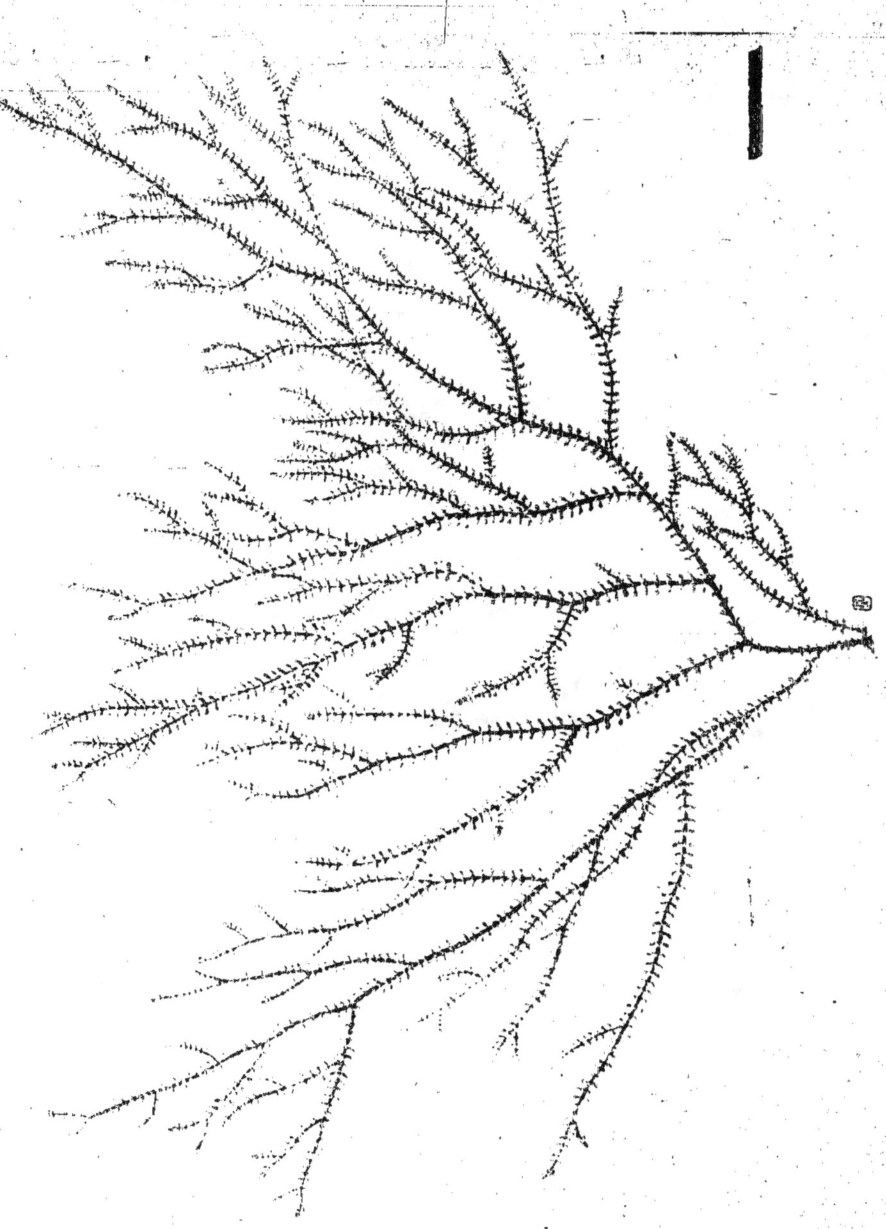

Fig. 93. — *Cladostephus verticillatus* Lyngb. — Exemplaire de l'herbier Thuret récolté à Cherbourg le 21 juillet 1853 (Voy. ce même chapitre § B et § E) (Env. grand. naturelle.)

duction, portent des branches semblables à elles, peu divariquées, souvent isolées et assez espacées quand elles sont d'origine plagioblastique, groupées quand elles sont de remplacement
(fig. 93 et 94). Habituellement très divariqués à leur insertion,

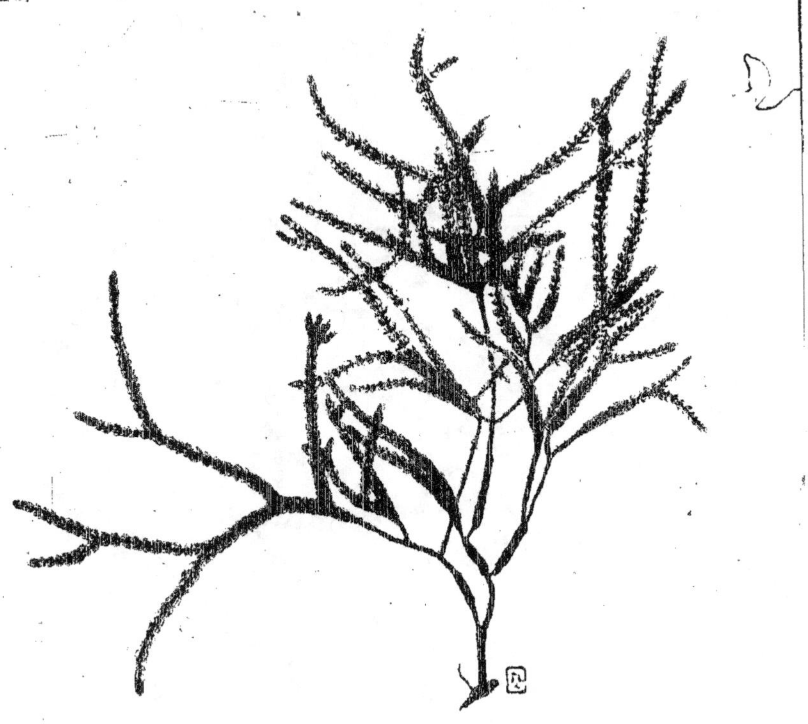

Fig. 94. — *Cladostephus verticillatus* Lyngb. — Une pousse indéfinie d'une touffe récoltée à Guéthary le 6 juillet 1913. (Voy. ce même chapitre ; E.) (Environ grandeur
naturelle.)

puis recourbés vers le haut et vers l'axe, en forme de faux, les
rameaux verticillés atteignent ou dépassent le niveau d'insertion du verticille suivant, restent rarement au-dessous ; cette
courbure a pour effet de rendre les verticilles plus distincts.
Ultérieurement, bon nombre d'entre-nœuds produiront des
pousses denses, courtes et fructifères, qui masqueront l'aspect
verticillé. La destruction des rameaux verticillés dégarnit les

pousses indéfinies progressivement de bas en haut sur une hauteur variable, et ces parties dénudées, noires, dures et raides

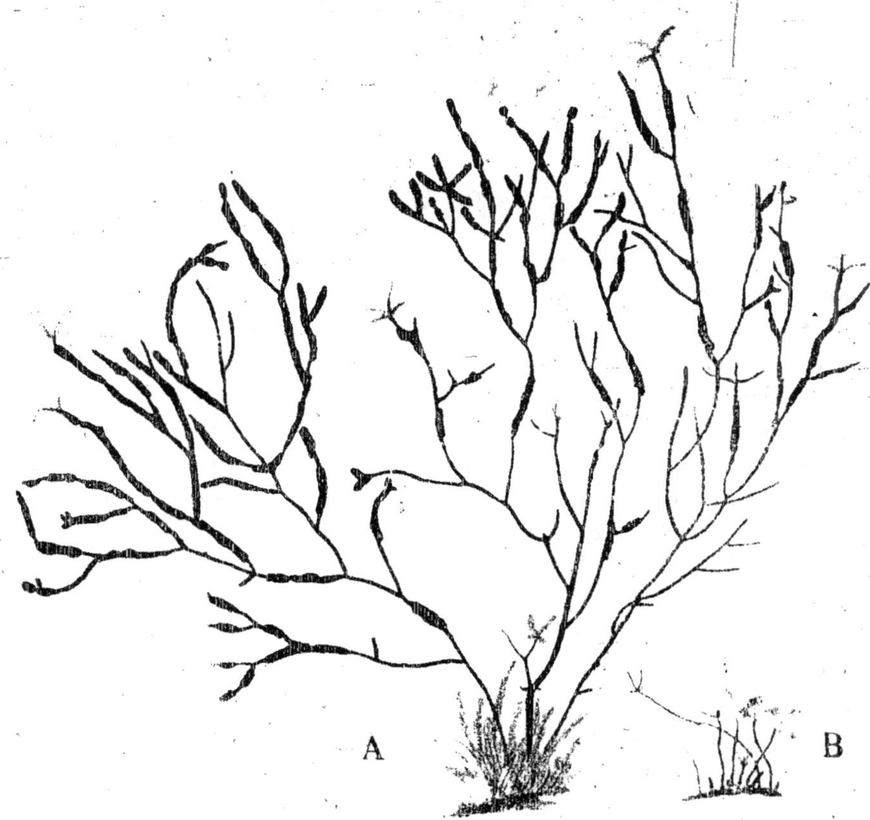

Fig. 95. — *Cladostephus verticillatus* Lyngb. — Guéthary, 10 avril 1902. — *A,* Trois pousses indéfinies ayant perdu leurs rameaux verticillés mais possédant leurs manchons microblastiques; toutes les extrémités sont tronquées et quelques-unes prolifèrent. Du thalle rampant s'élèvent des pousses dressées nouvelles; en réalité, celles-ci étaient plus nombreuses et plus verticales sur ce fragment, mais il eût été impossible de les représenter distinctement ainsi; de même pour la facilité du dessin, les rameaux verticillés sont représentés distiques. — *B,* Fragment d'un thalle rampant dont toutes les pousses indéfinies se réduisent à de courts moignons et qui n'a pas encore produit de nouvelles pousses dressées. (Environ grandeur naturelle.)

comme un *Ahnfeltia plicata,* produiront çà et là des pousses fructifères rapprochées en manchons denses (fig. 95). La période de fructification dure tout l'hiver; ensuite, des pousses indéfinies, parfois toutes, se détruisent partiellement ou entièrement et il en apparaît de nouvelles sur les troncatures et sur le thalle rampant vivace.

On ne connaît de propagules chez aucune espèce de *Cladostephus;* les organes reproducteurs sont uniloculaires ou pluriloculaires portés par des individus différents. Peut-être homologues des gamétanges, les organes pluriloculaires se comportent comme des sporanges.

A. — Structure du thalle rampant.

On ne sait rien du thalle rampant des espèces exotiques. Celui du *Cl. verticillatus* constitue une lame ou croûte compacte d'un brun noir, comparable à un *Ralfsia,* plus ou moins circulaire, de 1-3 cm., parfois même 4-5 cm. de diamètre. Il est notablement mieux développé et plus apparent que celui du *Cl. spongiosus* toujours caché par du limon sabloneux; ceci est un assez bon caractère distinctif entre les deux espèces, mais rarement appréciable sur les échantillons de collection. Je ne sais si DILLWYN avait vu le disque du *Cl. verticillatus* car il dit pareillement pour les deux espèces : « The root is a callus from which... etc.. », [09. tab. 42 et 55]. LYNGBYE l'a certainement observé; toutefois, sa phrase : « Radix callus exiguus, in exemplaribus majoribus discus expansus » qu'il applique au *Cl. verticillatus* [19, p. 102], laisserait supposer qu'il a confondu les deux espèces (1). C. AGARDH [28, p. 9] fait entrer « Radix scutata » dans la diagnose générique ; il spécifie pour le *Cl. Myriophyllum* « Radix scutata, nuda » sans indiquer le thalle rampant du *Cl. spongiosus*. HARVEY, qui représente bien [46] le port des deux espèces, écrit sans doute par erreur « Root discoid » à propos du *Cl. spongiosus* sans rien dire de la base du *Cl. verticillatus*. Les auteurs ultérieurs méconnurent ce thalle rampant; J. AGARDH, HAUCK, PRINGSHEIM, etc., le passent sous silence; pour en retrouver la mention, il faut arriver jusqu'à M. REINKE qui a figuré celui du *Cl. verticillatus*.

Le thalle rampant du *Cl. verticillatus* est un organe vivace

1. J'ai fait remarquer [06,2, p. 20] que LYNGBYE devait cette mention à des échantillons ou à des renseignements reçus de correspondants, car son *Cl. verticillatus* ne vit pas à l'état fixé sur les côtes danoises, et le *Cl. spongiosus* y est extrêmement rare.

formé d'un nombre variable de couches ou disques élémentaires se recouvrant mutuellement dans une intrication impossible à démêler ; des lames de *Lithothamnion* ou d'autres Floridées

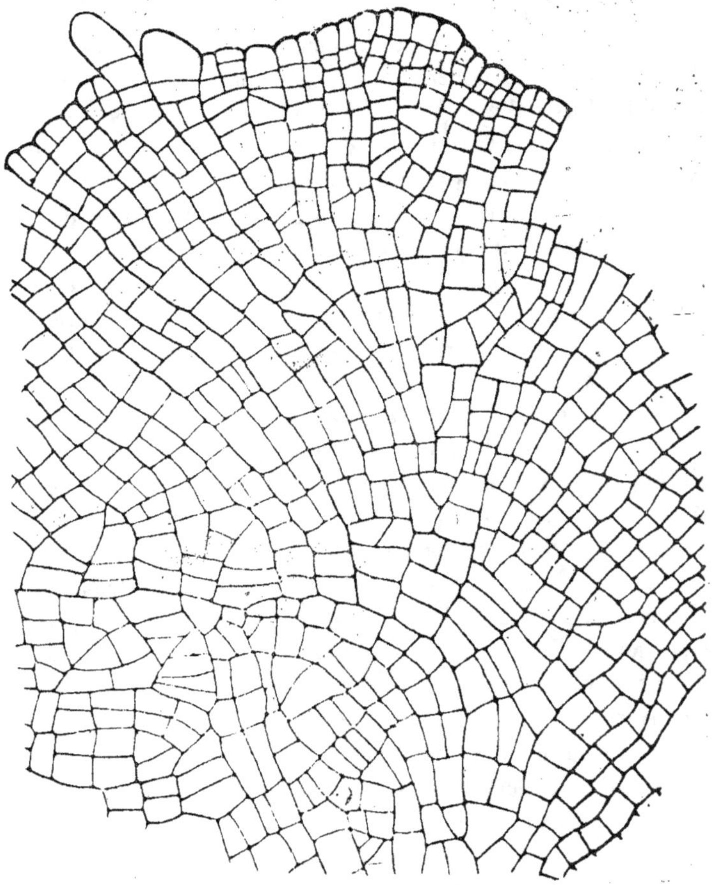

Fig. 96. — *Cladostephus verticillatus* Lyngb. — Face inférieure d'un fragment de thalle rampant ; deux files radiales vont s'allonger en stolons. Ré, mars 1900. (Gr. 150).

rampantes sont parfois incluses, cà et là, entre les couches. Il s'étend par sa périphérie, et certains thalles âgés se réduisent à une couronne continue ou interrompue, le centre ayant disparu. Il augmente d'épaisseur par son cloisonnement propre dans les parties jeunes, par la superposition du disque que chaque pousse indéfinie produit à sa base et par les nouveaux disques provenant d'une prolifération du thalle ou de l'étalement d'un stolon.

D'après M. Reinke [91, 2, pl. VI, fig. 2], les tiges ou pousses indéfinies naîtraient directement d'une cellule superficielle du thalle rampant plus grande que ses voisines. J'ai fait un nombre considérable de coupes sans observer de semblables cellules mères. Au contraire, j'ai toujours vu les pousses s'insérer sur la base d'une des couches constituantes, leurs articles inférieurs étant enfouis dans cette couche ; elles avaient donc une origine profonde (comme celles des *Halopt. obovata* et *Halopt. platycena).* Les coupes les plus favorables montraient une pousse insérée sur quelques cellules aplaties et semblant empilées, comme si la plus élevée d'entre elles s'était directement allongée en pousse dressée (fig. 98, E) (1). Cependant, je n'ai pas réussi à rencontrer des pousses s'élevant de ces cellules, dont la base ne fut pas incluse dans le tissu du disque, et l'étude du *Cl. spongiosus* seulement m'a permis de reconnaître avec certitude que les pousses dressées sortent de stolons émis par les disques rampants ; les cellules aplaties rencontrées dans les coupes appartiennent donc à un stolon sectionné suivant sa longueur. Les disques proprement dits sont fixateurs mais non directement producteurs de pousses dressées.

La dissection permet d'isoler des disques entiers montrant leurs deux faces. Toutefois, l'augmentation rapide de l'épaisseur gêne souvent l'observation de la face supérieure. La figure 96 montre une portion de la face inférieure d'un disque. Les cellules y sont disposées en files moins régulièrement radiales que dans les espèces étudiées précédemment ; on remarquera que toutes ces files semblent s'appuyer, dans la moitié inférieure du dessin, sur une traînée de cellules allongées et autrement disposées ; c'est l'ancien stolon, modifié dans sa forme, et qui fut l'origine de ce disque. Sur le bord, deux files radiales qui dépassent leurs voisines se préparent à devenir des stolons. J'ai d'ailleurs constaté plusieurs fois cette transformation de files radiales en stolons rampants, errants, de section cylindrique ou un peu aplatie.

---

1. M. Reinke admet le développement des pousses dressées aux dépens de cellules superficielles ; sa figure 3 en indique cependant l'origine profonde, car des cellules plates, différentes des cellules superficielles, sont précisément situées vers la base de la pousse.

La figure 97 représente la face supérieure du même thalle. A une faible distance du bord, où l'épaisseur a augmenté, les cellules superficielles, s'étant multipliées plus que les cellules profondes, ont arrondi leur contour et laissent mal distinguer leur orientation radiale.

Les minuscules disques dont l'ensemble constitue le thalle rampant se recouvrent et se gênent mutuellement, s'arrêtent réciproquement dans leur accroissement en diamètre quand ils se rencontrent, se soudent en une masse totale compacte. Lorsque le thalle rampant s'est rapidement accru sur une surface

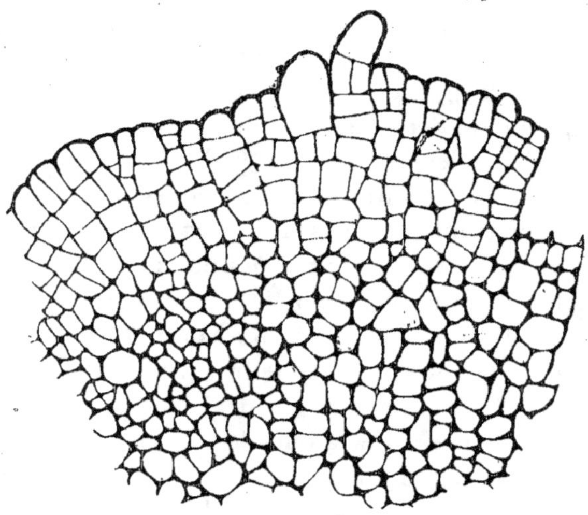

Fig. 97. — *Cladostephus verticillatus* Lyngb. — Face supérieure du fragment de thalle rampant représenté sur la figure 93. (Gr. 150.)

plane, on reconnaît parfois l'origine de sa constitution plus facilement que sur la figure 96. Ainsi, la figure 99 représente un fragment d'un thalle peu épais sur la face inférieure duquel on distinguait plusieurs stolons se croisant ou se bifurquant, et fournissant, çà et là, des disques rampants ; l'ensemble paraissait d'origine plus homogène sur la face supérieure, les stolons n'y étant plus visibles. Le stolon dessiné se dirigeait vers le haut de la figure en longeant un disque régulier et largement étalé, dont le dessin ne montre qu'une minime partie car sa largeur dépassait un millimètre ; le voisinage du stolon contrariait sa croissance et plusieurs de ses files radiales se terminent brusquement faute de place. Réciproquement, le stolon s'est étalé davantage sur son côté libre, où chacune de ses cellules a produit, par bourgeonnement, une ou plusieurs files radiales; celles-ci se gênent mutuellement, et l'on prévoit que, dans les limites de la portion dessinée, elles formeront trois disques s'étalant vers la gauche, eux-mêmes destinés à se fusionner en un seul.

C'est toujours un fait remarquable, que j'ai déjà signalé plusieurs fois, et en particulier à propos des Myrionémacées et des Cutlériacées, de voir ces files radiales qui s'avancent droit devant elles, contournent les obstacles du substratum, ou grimpent sur les graviers ou sur d'autres Algues rampantes s'opposant à leur marche, sembler impuissantes devant une barrière formée par leurs congénères, barrière cependant bien peu élevée, puisqu'elle ne dépasse généralement pas une épaisseur de cellules. Tantôt elles se heurtent et s'arrêtent brusquement dans leur croissance, d'autres fois, certaines se rétrécissent pour s'insinuer dans un étroit passage et continuer leur marche en avant comme on le voit sur plusieurs points de la figure 99. On dirait qu'il y a là un phénomène chimiotactique d'un ordre particulier et c'est peut-être pour une cause comparable que, malgré la grande facilité avec laquelle germent les zoospores du *Cladostephus,* on ne rencontre jamais de plantules fixées sur les individus adultes. Cette question de biologie générale mériterait d'être étudiée. La résistance de deux thalles contigus à se recouvrir mutuellement s'exerce seulement entre les bords s'accroissant simultanément en direction horizontale. Au contraire, les disques constitués par les rhizoïdes descendants s'ajoutent à ceux sur lesquels ils viennent s'appuyer, comme se superposeraient ceux d'espèces différentes.

Les thalles *B, C,* de la figure 100 étaient très minces et s'étalaient sur un petit bloc de mica de granite ; chacun est formé par deux stolons de direction opposée qui s'arrêtent mutuellement. Ultérieurement, l'accroissement devenant simultané, chaque file radiale dont l'extrémité est libre continuera son allongement et chaque thalle agrandi montrera un double noyau. Le dessin *A* (fig. 100) représente un stolon isolé se dirigeant vers le haut de la figure qui, sans être arrêté par un obstacle, se termine en s'étalant. Son extrémité étalée produira simultanément

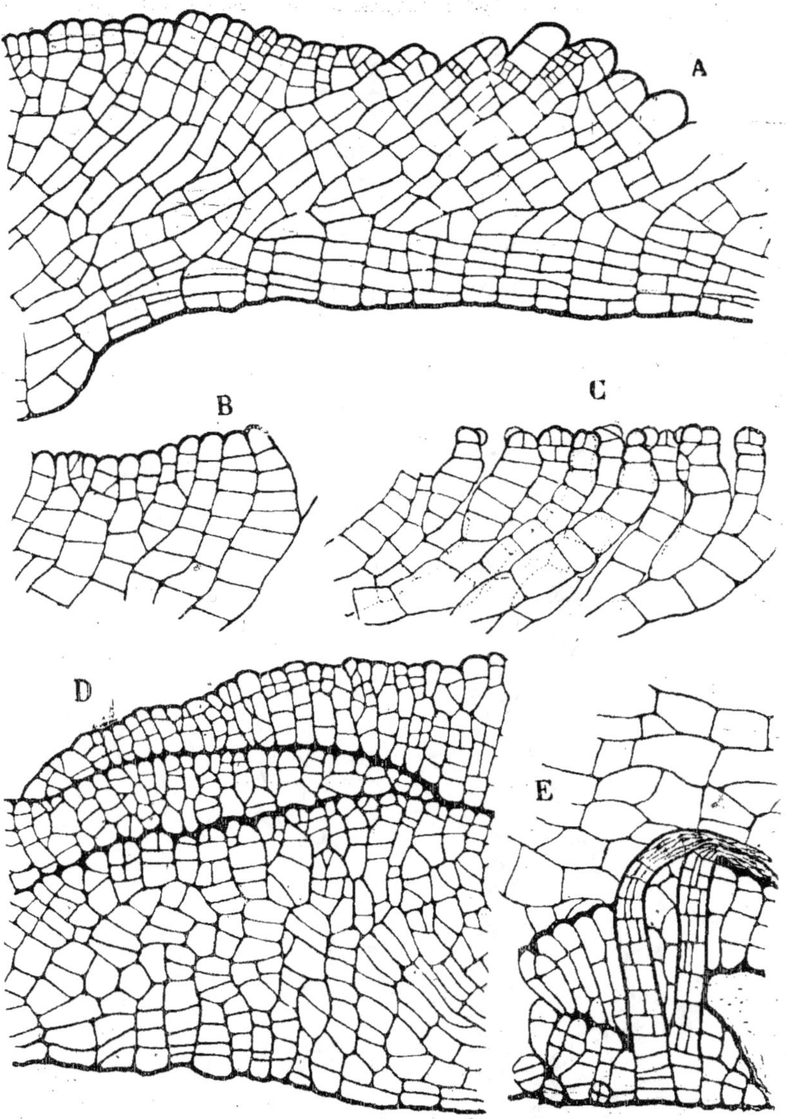

Fig. 98. — *Cladostephus verticillatus* Lyngb. — Thalle rampant; Ré, mars 1900. — *A,* Coupe dirigée à peu près suivant une file radiale. — *B,* fragment dissocié dont les files verticales sont approximativement dans un même plan. — *C,* Fragment dissocié dont les files verticales ne se ramifient pas dans un même plan. — *D,* Coupe ne suivant pas les files radiales et telle qu'on l'obtient le plus souvent. — *E,* Portion d'une coupe montrant deux pousses définies meurtries par un nouveau disque (*A,* à *E,* Gr. 150).

Fig. 99. — *Cladostephus verticillatus* Lyngb. — Face inférieure d'un jeune thalle rampant sur un *Lithothamnion*. — Guéthary, 11 avril 1902. — Un stolon émettant des files radiales côtoie un disque de formation antérieure. (Gr. 150.)

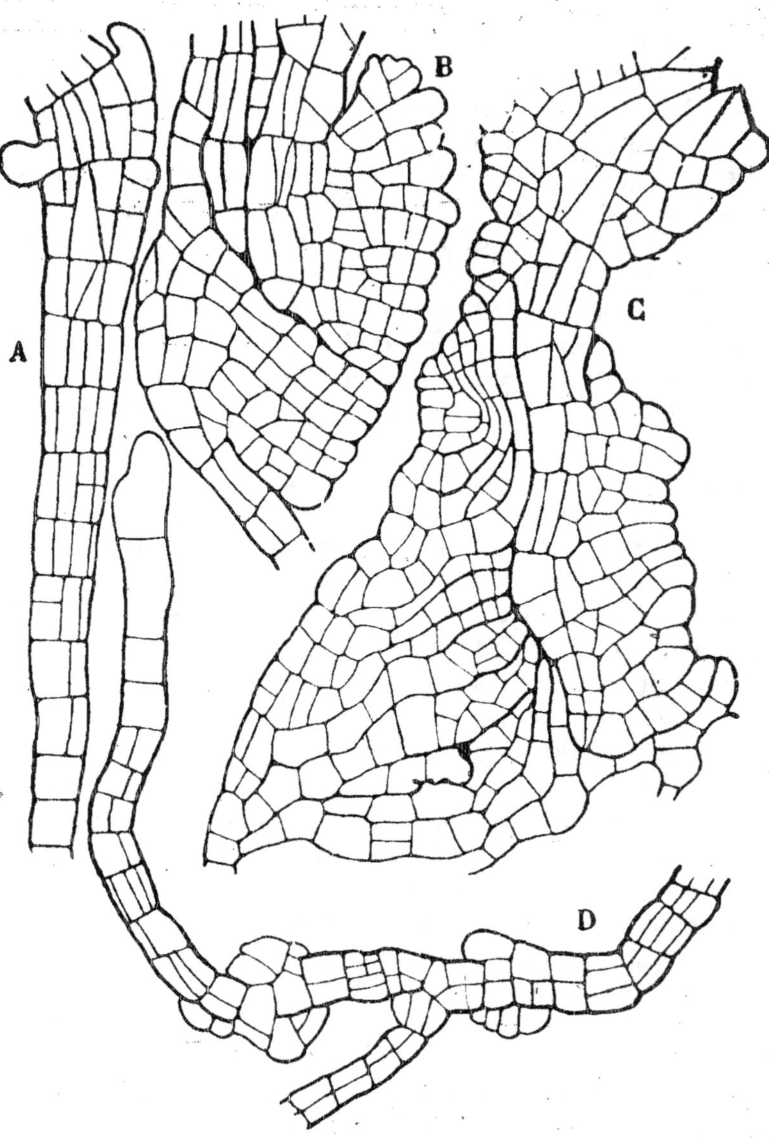

Fig. 100. — *Cladostephus verticillatus* Lyngb. — Fragments de jeunes thalles rampants.
— *A*, Stolon s'élargissant à son sommet pour fournir un nouveau disque. — *B, C*, Thalle
d'une seule épaisseur de cellules formé par la juxtaposition de files radiales provenant de
deux stolons voisins (*A, B, C*, Le Croisic, septembre 1902). — *D*, Stolon se divisant selon
le mode caractéristique des Sphacélariacées et commençant à s'étaler en deux points où
se formeront deux disques. Ré, 1er avril 1900 (*A*, à *D*, Gr. 150).

de nombreuses files rampantes, rayonnant dans tous les sens, et le disque aura cette fois un noyau unique.

Chaque disque, à un moment variable de son existence, peut produire un ou quelques stolons isolés, rapprochés ou juxtaposés. Pour cela, brusquement, une file radiale s'allonge plus que ses congénères, les dépasse, s'élargit, devient un stolon légèrement aplati, rampant et errant qui, tôt ou tard, forme un ou plusieurs nouveaux disques. Si le stolon s'est dirigé au-dessus de disques préexistants, les disques nouveaux augmentent l'épaisseur du thalle rampant; s'il est dirigé vers la périphérie, ils augmentent son diamètre. La figure 100, *D*, représente l'extrémité d'un stolon qui commence à s'étaler pour produire deux disques, celui de droite (près de la lettre *D)* se constituant par prolifération sur la face inférieure; le stolon s'allonge par un sphacèle.

Chaque thalle rampant qui porte une touffe de pousses indéfinies de *Clad. verticillatus,* et qui à première vue semble une masse homogène, est donc constitué par une infinité de disques minuscules soudés et intriqués, ayant chacun, au moins théoriquement, la valeur d'une petite plante indépendante. Si tous les disques du *Cladostephus* provenaient ainsi des stolons, on pourrait comparer son thalle rampant à un gazon de *Sphac. radicans;* toutefois, les filaments dressés de celui-ci naissent sur le disque même, tandis que les tiges du *Cladostephus* naissent sur des stolons, peut-être comme les filaments dressés du *Sphac. Novæ-Caledoniæ.* En s'ajoutant aux précédents, les disques dus à la couche cortico-rhizoïdale des tiges dressées compliquent encore la structure de l'ensemble et augmentent son hétérogénéité. Avant de parler de ces derniers, je signalerai une curieuse particularité que m'ont présentée les disques dus aux stolons.

Un thalle rampant constitue un ensemble tellement adhérent au substratum qu'on ne réussit pas à l'enlever entièrement en passant un couteau par dessous. S'il croît sur un *Lithothamnion* on l'obtient complet en dissolvant celui-ci. Il retient de petits graviers englobés dans sa masse; des thalles rampants, récoltés sur les rochers granitiques du Croisic, renfermaient ainsi de minuscules fragments de quartz et de mica.

Un stolon qui rampe à la surface d'un mica granitique y

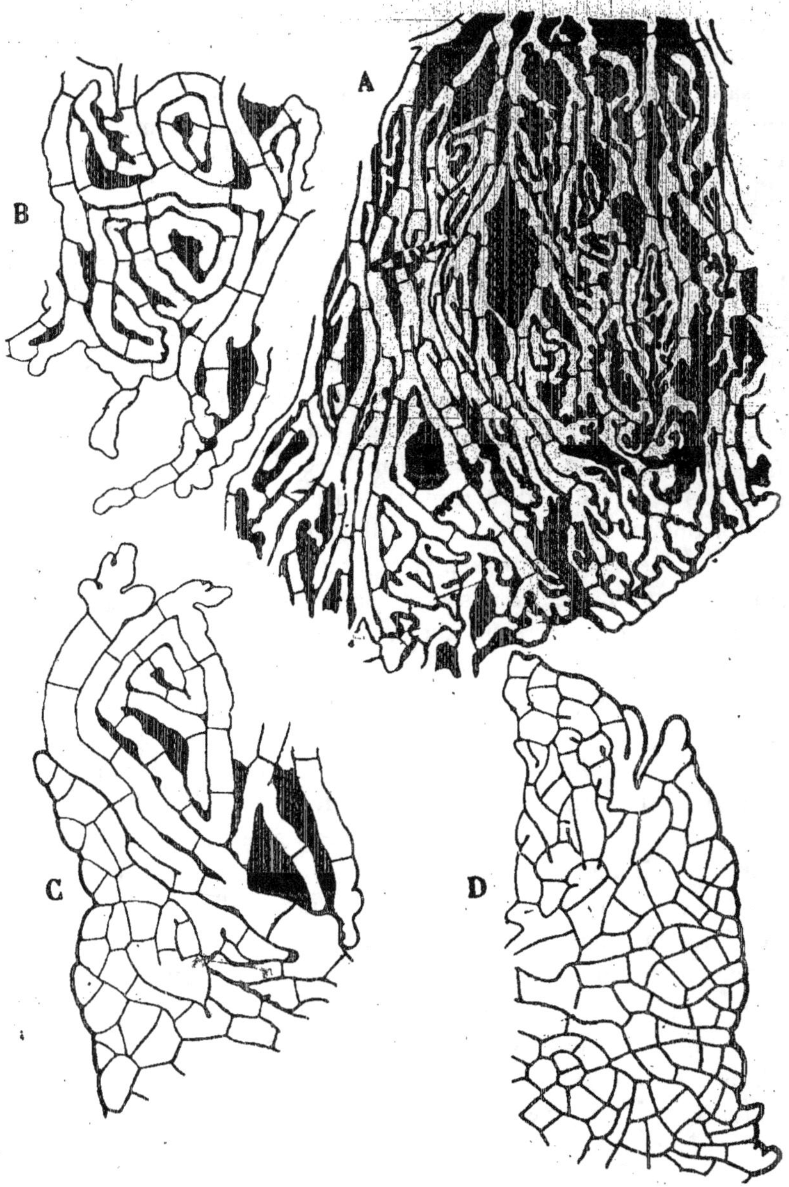

Fig. 101. — *Cladostephus verticillatus* Lyngb. — Fragments de thalles rampants s'étant développés entre les feuillets de blocs de mica. Le Croisic, septembre 1902. — *A*, La préparation était environ six fois plus longue et plus large que la partie dessinée. — Les thalles *C*, et *D*, sont plus réguliers que *A*, et *B*, parce qu'ils parvenaient au bord du bloc de mica (Gr. 200).

produit de petits disques faciles à détacher et commodes pour l'étude. Mais s'il rampe sur la tranche du bloc et y adhère, les protubérances qu'il émet pénètrent entre les feuillets du mica sans le cliver et y produisent un disque. Un même stolon engendre ainsi plusieurs disques extrêmement plats, d'une seule épaisseur de cellules, que l'on distingue par transparence; quelques-uns écartent les feuillets mais d'autres, autant que des blocs aussi petits permettent de s'en rendre compte, pénètrent entre eux sans les écarter, tout au moins le clivage sous le microscope n'est pas plus facile que si aucune végétation interlamellaire n'existait. Ces filaments de *Cladostephus* pénètrent en s'allongeant, comme des files radiales ordinaires, sans trace de corrosion; toutefois, ils produisent un disque moins régulier que s'ils s'étalaient sur une surface libre et parfois si compact, sans interstices (fig. 101, *C, D,*), que l'on ne réussit pas à suivre la direction de toutes les files ni le sens de leur cloisonnement. D'ailleurs, les filaments sont généralement irréguliers; ils divergent au lieu de rester accolés, passent où il leur est plus facile de passer et se ramifient çà et là. Quand un filament en rencontre un autre, il se heurte contre lui, puis se recourbe pour changer de direction, en formant les dessins les plus bizarres jusqu'à occuper tous les espaces restés vides (1). Les figures 101, *B,* et 102 montrent la curieuse complication de ces filaments diversement ramifiés, contournés, souvent terminés en culs-de-sacs. D'autres fois, les filaments déchiquetés laissent entre eux des vides plus larges et plus nombreux, comme on le voit sur le dessin 101, *A,* représentant un fragment d'un thalle qui couvrait une surface d'environ 1 mm. carré. Pour la facilité du dessin, les figures 101 et 102 ont été dessinées à un plus fort grossissement que les figures précédentes se rapportant à des thalles rampants normaux.

Les espaces teintés en noir sur les figures 101 et 102 sont comblés par une substance amorphe, un peu moins dense que la membrane des filaments, fixant les mêmes colorants et prenant la même teinte noire par l'eau de Javel étendue. Si cette

---

1. Ces dessins ne sont pas sans ressemblance avec ceux observés dans les mycorhizes des arbres forestiers lorsque les filaments mycéliens s'insinuent dans l'épaisseur de la lamelle moyenne séparant les cellules de l'assise pilifère. (Voy. MANGIN, *Introduction à l'étude des mycorhizes des arbres forestiers.* Nouvelles Archives du Muséum, Paris, 1910.)

substance de remplissage était localisée entre les filaments, elle pourrait sembler une exsudation du *Cladostephus* accolant les

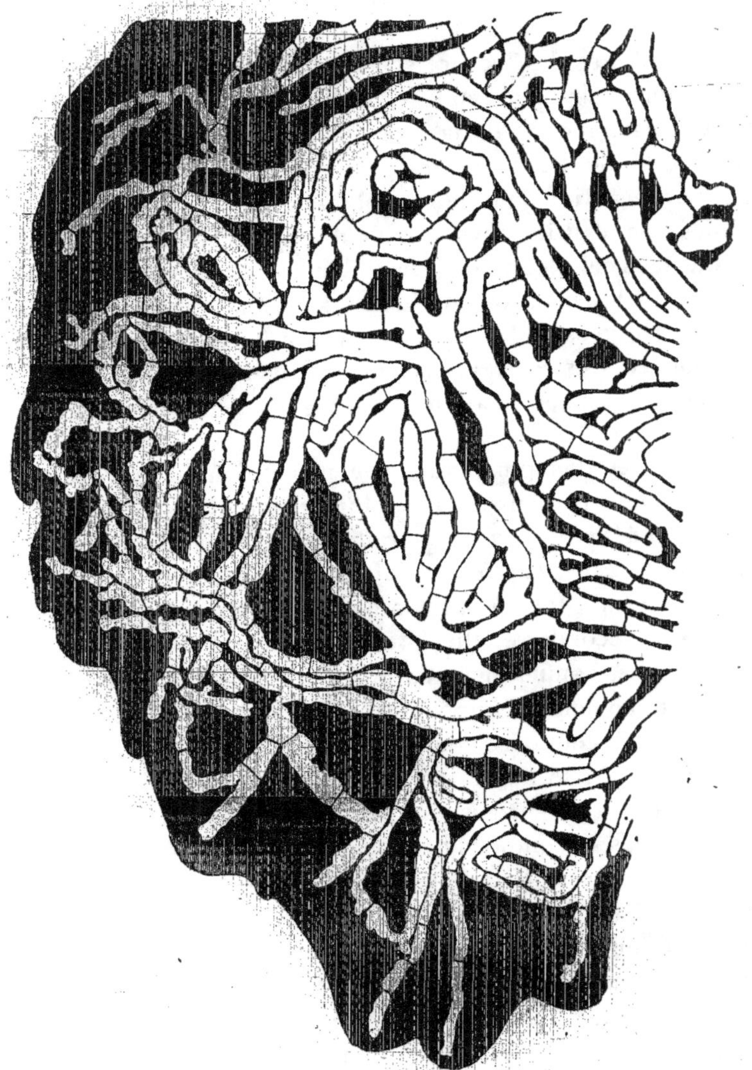

Fig. 102. — *Cladostephus verticillatus* Lyngb. — Thalle rampant entre deux feuillets d'un bloc de mica du granite. Le Croisic, septembre 1912 (Gr. 200).

filaments entre eux, comme celle qui soude les filaments ou les disques dans les thalles rampants normaux. Mais il n'en est pas ainsi ; la figure 102 montre que les filaments extrêmes y sont inclus, comme si la plante l'exsudait avant leur pénétration et probablement au début de la ramification du stolon originel. Les filaments pénétreraient dans cette substance secrétée, en la digérant sur leur passage.

Les exemplaires du Croisic, sur lesquels j'ai observé ces thalles extraordinairement minces, avaient été récoltés pour l'étude du cloisonnement de la tige ; ils étaient restés près de deux jours hors de l'eau, en vrac, puis avaient été conservés sans aucune précaution dans de l'acool faible. Aussi, le contenu des cellules semblait-il souvent avoir disparu ; cependant, j'ai reconnu dans les cellules de plusieurs filaments la présence d'un noyau et de quelques chromatophores. Le *Cladostephus,* n'est pas la seule Algue capable de s'insinuer ainsi dans l'épaisseur du mica ; plusieurs espèces, appartenant à divers groupes, présentaient les mêmes déformations ; ces Algues mériteraient une étude d'ensemble.

Les disques étudiés plus haut proviennent d'un disque pré-existant par l'intermédiaire d'un stolon ; d'autres proviennent des pousses indéfinies. Les files radiales de cellules cortico-rhizoïdales nées dans leur région inférieure s'inclinent de plus en plus vers le bas ; tout à fait à la base, dans la courte région privée d'écorce secondaire, elles prennent l'aspect de rhizoïdes soudés, intriqués, confusément enchevètrés, descendent sur le substratum et deviennent rampantes. Ces rhizoïdes forment d'abord un massif cellulaire compact emprisonnant les pousses définies portées par le thalle rampant, puis, ils ne tardent pas à s'orienter, et, si la surface est plane, se disposent en files radiales contiguës se comportant comme les disques formés par les stolons ; si un creux se trouve sur leur route, elles y pénètrent, le comblent, puis se redressent perpendiculairement à la surface et continuent le disque.

Chaque pousse indéfinie produit ainsi, par l'orientation de ses propres rhizoïdes, un disque dont certaines files radiales engendrent des stolons producteurs de nouveaux disques. Toutefois, tous ces disques, organes de fixation et de consolidation de la plante qui augmentent l'importance du thalle rampant en largeur et en épaisseur, ne produisent de nouvelles pousses dressées que par l'intermédiaire des stolons qu'ils émettent.

Ainsi, la plante se perpétue, se multiplie et se disperse de proche en proche par sa partie rampante. Une pousse dressée indéfinie étant donnée, elle pourra maintenir l'espèce et engendrer, par l'intermédiaire du thalle rampant, un nombre illimité de pousses nouvelles, sans intervention de la reproduction sexuée ou asexuée.

Dans les points du thalle rampant dépourvus de pousses dressées, les coupes offrent souvent l'aspect de la figure 98, *D,* où trois disques se superposent, et elles laissent mal comprendre leur constitution. Un disque nouveau ne mortifie pas celui qu'il recouvre; le disque recouvert épaissit notablement la paroi de ses cellules supérieures jouant le rôle de support (fig. 98, *D)* et reste vivant; j'ai vu fréquemment 5-6 disques superposés sans pouvoir distinguer ceux de l'année actuelle de ceux de l'année précédente. Le sommet des pousses définies de *E* (fig. 98) a été recouvert, comprimé et tué par un disque superposé à celui qui les avait produites.

La coupe 98, *A,* dirigée suivant une file rampante, montre que les files verticales s'élèvent obliquement; sa partie superficielle du côté droit était endommagée, et certaines cellules se sont protégées par un cloisonnement multiple. Les dissociations font mieux comprendre la structure que la plupart des coupes, mais on les réussit difficilement sur une certaine étendue; la figure 98, *B,* montre une lame de files verticales situées dans un même plan; celles de la figure 98, *C,* ne sont pas situées dans un même plan, et c'est le cas le plus fréquent; chaque cellule de l'assise inférieure du thalle rampant produit ainsi une sorte d'arbuscule, et l'on conçoit pourquoi les coupes fournissent si rarement un dessin satisfaisant de la structure.

Chaque disque cesse de s'accroître en épaisseur après son cloisonnement superficiel en petites cellules (fig. 98, *A, B, C, D)* dans lesquelles les chromatophores sont plus abondants; les cellules sous-jacentes se remplissent du composé tannique qui leur donne un teinte brune plus ou moins foncée. Cependant, certaines files radiales contiguës prolifèrent, dépassent leurs voisines, s'étalent à leur surface et constituent bientôt un nouveau disque appliqué sur celui dont elles proviennent; ceci constitue un troisième procédé de formation des disques, non spécial au *Cladostephus;* on le retrouve chez d'autres plantes rampantes; je l'ai maintes fois observé, en particulier sur l'*Aglaozonia parvula,* et je l'ai signalé chez le *Battersia* (p. 12) et le *Chætopteris* (p. 111). Par sa structure et par sa triple origine, le thalle rampant du *Clad. verticillatus* diffère donc notablement de celui des autres Sphacélariacées où nous l'avons étudié : *Batt. mirabilis, Sphac. plumigera, Chætopteris,* etc..

Si les stolons étaient plus longs et éloignaient davantage les disques élémentaires du thalle rampant ; si ces disques se soudaient moins facilement et moins intimement entre eux, un *Cladostephus* semblerait un groupe d'individus rapprochés et non un individu unique, de même qu'une touffe d'*Halopt. filicina,* par ses nombreux disques rampants, simultanément fixateurs, nourriciers et multiplicateurs, est la réunion d'un nombre variable d'individus très rapprochés (Voy. p. 321-324). D'ailleurs, on verra au paragraphe concernant les plantules de germination, et au chapitre consacré au *Cl. spongiosus,* que les stolons obtenus dans les cultures sont beaucoup plus longs et plus faciles à étudier. La multiplication des disques du *Cladostephus* ressemble à une série de bouturages naturels ; aussi, une touffe produit-elle des organes reproducteurs d'une même sorte, uni ou pluriloculaires.

B. — Structure des pousses indéfinies. Origine variée des pousses définies (rameaux verticillés ; rameaux fructifères).

Après Duby [32] et Montagne [40], Geyler [66] *(Cl. verticillatus* et *Cl. spongiosus),* Pringsheim [73] *(Cl. verticillatus)* et M. Magnus [73] *(Cl. spongiosus)* se sont occupé de la structure des tiges des *Cladostephus.* Confiant dans l'autorité de Pringsheim, M. Reinke s'est borné à confirmer sa description en ajoutant divers renseignements sur l'origine de la tige. Malgré leur habileté bien connue, ces auteurs n'ont pas épuisé la question. Certaines particularités, l'accroissement secondaire longitudinal, par exemple, sont à peine effleurées ; l'accroissement terminal et l'origine des branches sont souvent mal interprétés.

Les *Cladostephus* n'ont pas, comme les *Phlæocaulon*, de pousse indéfinie jouant nettement le rôle d'axe par rapport aux autres pousses indéfinies. Une tige produit à intervalles irréguliers d'autres pousses indéfinies semblables à elle (fig. 93) par une ramification souvent qualifiée dichotomie ; cependant, sur des exemplaires frais ou conservés en liquide, on distingue presque toujours les appendices, à leur direction et à leur moindre longueur. Les pousses définies ou rameaux verticillés (feuilles de Pringsheim et de M. Reinke) naissent en verticilles sur les précédentes.

Les auteurs ont signalé l'accroissement secondaire diamétral des pousses indéfinies du *Cl. verticillatus* sans en noter suffisamment les détails. J'ai déjà fait remarquer (p. 294) à propos de la distinction à établir entre les Holoblastées leptocaulées et les Holoblastées auxocaulées que seul, Pringsheim mentionne l'accroissement longitudinal secondaire et encore incidemment, sans y insister ; il dit simplement [73, p. 369] que les articles des pousses indéfinies, formés comme d'habitude aux dépens du sphacèle, s'allongent ensuite tandis que ceux des pousses définies ne s'allongent pas, et que cette remarquable différence entre les deux sortes de pousses est exclusive aux *Cladostephus* parmi les Sphacélariacées. D'ailleurs, le simple examen à l'œil nu démontre l'évidence de l'allongement secondaire puisque les verticilles sont bien plus rapprochés au sommet des tiges que plus bas. Les tiges ne portent jamais ni poils ni péricystes.

J'étudie d'abord l'accroissement transversal.

Souvent, le sommet des pousses indéfinies est légèrement infléchi. Leur sphacèle, parfois complètement caché par les plus jeunes verticilles de rameaux se recouvrant mutuellement, arrive d'autres fois au niveau de leur extrémité ou les dépasse et échappe alors à leur protection. Ces variations se rencontrent sur un même individu.

Les premiers articles secondaires s'élargissent souvent dès qu'ils sont différenciés ; si l'accroissement en largeur se continue régulièrement, le sommet de la tige prend la forme d'un pain de sucre ; s'il est tardif et plus brusque, le sommet est effilé (fig. 105).

Dès que l'article primaire est divisé en articles secondaires,

les cloisonnements longitudinaux apparaissent et se continuent
activement ; leur orientation est moins régulière et moins cons-

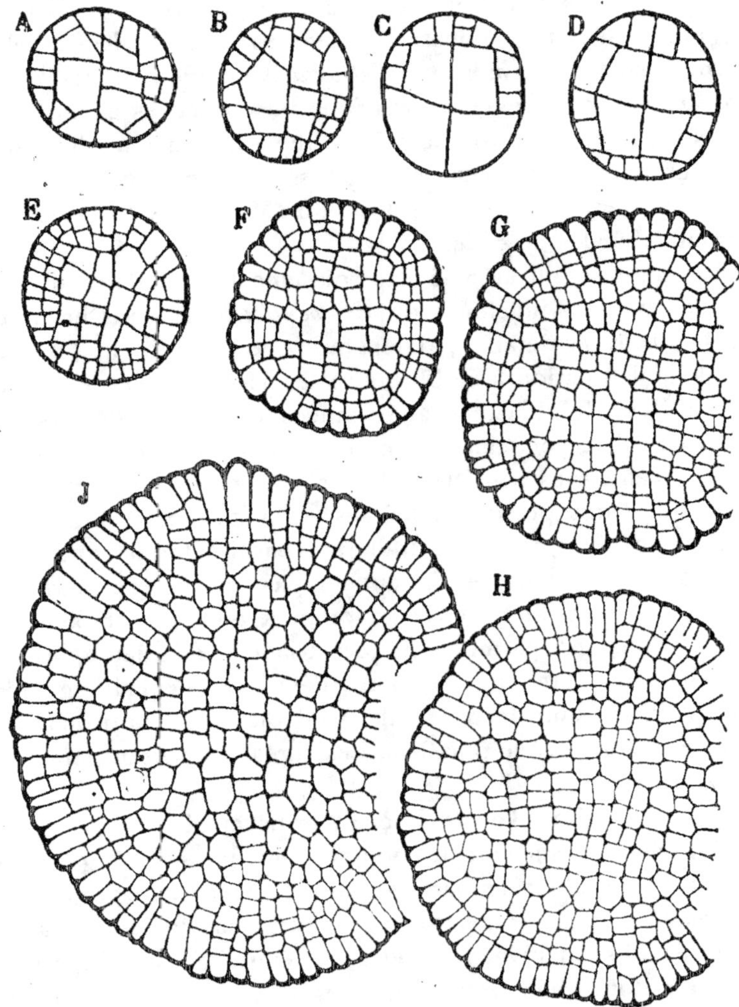

Fig. 103. — *Cladostephus verticillatus* Lyngb. — Coupes transversales menées à différents niveaux dans des articles secondaires stériles de pousses indéfinies.
Roscoff, 9 mai 1902, et Biarritz, 8 juillet 1902 (Gr. 200).

tante que dans l'*Hal. scoparia*, par exemple. Les dessins *A*, et
B (fig. 103), représentent des coupes transversales dans deux
très jeunes articles secondaires successifs, *C*, et *D*, dans deux

articles secondaires successifs d'une autre pousse. D'une manière générale, les deux premières cloisons sont approximativement diamétrales et perpendiculaires. Puis, des sécantes limitent quatre cellules centrales qui seront l'origine du tissu médullaire, et quatre arcs périphériques qui seront l'origine du tissu cortical. A ce schéma, il y a des variations ; si les sécantes ne se rencontrent pas ou ne rencontrent pas les diamètres, la cellule centrale se clôt peu après par une cloison périphérique ; ou bien le cloisonnement reste en retard dans l'une des moitiés de la section transversale (fig. 103, *C*). Ensuite, des cloisons anticlines dans les arcs périphériques limitent des cellules qui seront, s'il y a lieu, l'origine des rameaux verticillés, lesquels naîtront sous forme de renflements occupant toute la hauteur de chaque cellule, comme les rameaux d'un *Sphacelaria* ou d'un *Chætopteris*.

A partir de ce moment, on doit distinguer les coupes transversales menées à un niveau stérile (fig. 103) de celles (fig. 104) menées au niveau de l'insertion des rameaux. Ces deux niveaux ne correspondent pas aux articles secondaires supérieurs et inférieurs, comme chez les Hémiblastées.

A un niveau stérile, le cloisonnement longitudinal qui provoque l'accroissement transversal étant simultané dans la moelle et dans l'écorce (fig. 103), bientôt on ne reconnaît que difficilement les deux cloisons diamétrales primitives. Chacune des quatre cellules médullaires se divise habituellement en quatre par deux cloisons perpendiculaires, parfois seulement en deux ; ce cloisonnement médullaire, d'autant plus facile à apprécier que la coupe est menée dans une région plus jeune, se reconnaît mieux sur les coupes que sur les dessins, par l'épaisseur légèrement moindre des cloisons nouvelles ; il se continue avec moins de régularité, mais souvent encore par quatre. Les cellules périphériques constituent d'abord une assise unique ; chacune se divise bientôt par une péricline et, après allongement radial, par une deuxième, puis une troisième péricline plus extérieures (fig. 103, *E, F, G*) ; en même temps, apparaissent des anticlines nécessitées par l'accroissement diamétral de la tige, assez nombreuses pour conserver aux cellules approximativement la même largeur. La simultanéité du cloisonnement médullaire et cortical d'une part, et de l'accroissement en largeur d'autre part, entraînant

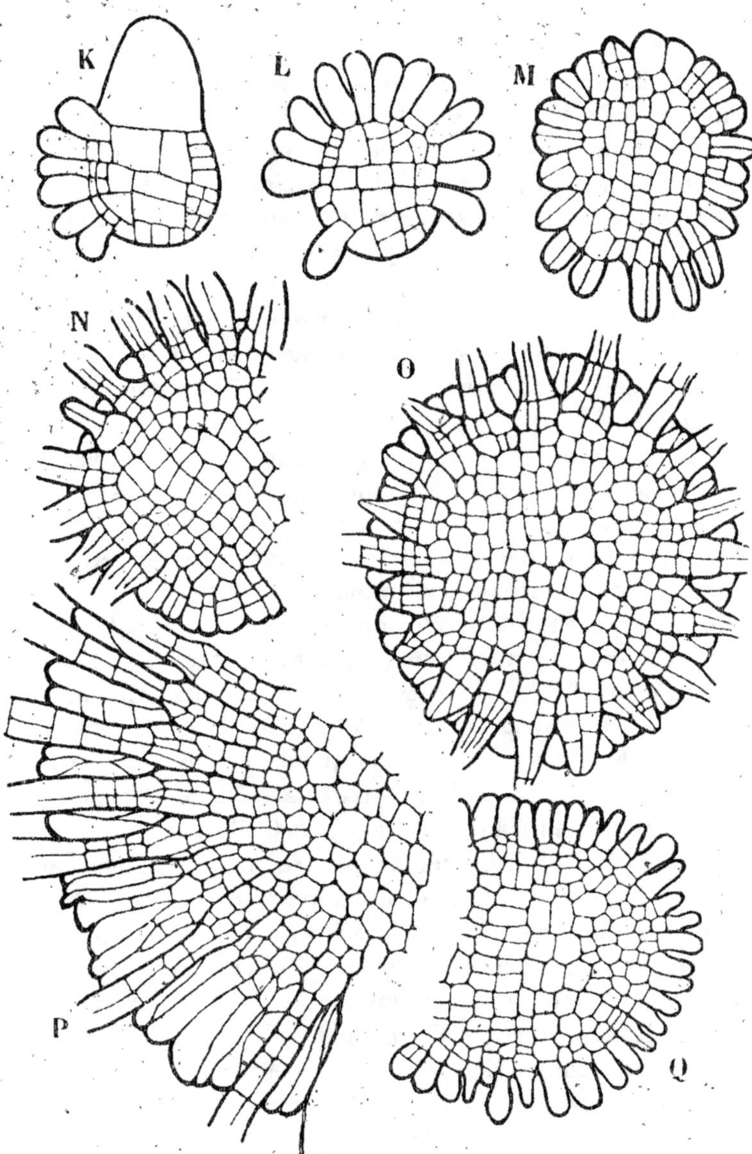

Fig. 104. — *Cladostephus verticillatus* Lyngb. — Coupes transversales menées à différents niveaux dans des articles secondaires fertiles de pousses indéfinies. Roscoff, 9 mai 1902, et Biarritz, 8 juillet 1902 (Gr. 200).

des changements dans la forme des cellules, une limitation quelque peu précise entre la moelle et l'écorce devient impossible. On s'en rend compte sur la coupe *J,* menée à un niveau relativement jeune; après le stade qu'elle représente, les cellules médullaires ne se divisent guère ; elles arrondissent leurs angles et épaississent légèrement leurs parois; l'augmentation de diamètre reste désormais localisée dans la région corticale.

Par rapport à la description précédente, les modifications de structure à un niveau fertile affectent seulement la région corticale. Avant l'apparition de sa première péricline, chaque cellule périphérique produit une protubérance qui sera l'origine d'un rameau; le nombre des protubérances, souvent de 20-24, varie donc avec celui des premières anticlines. Si plusieurs cellules périphériques des dessins *K,* et *L* (fig. 104), semblent stériles, cela tient à ce que leurs protubérances, un peu moins redressées que celles représentées, ne se trouvent pas dans l'épaisseur de la coupe, ou bien à un réel retard sur leurs voisines. Pringsheim a déjà signalé la fréquente inégalité de taille des jeunes rameaux d'un même verticille, leur développement n'étant pas rigoureusement simultané. On conçoit, par exemple, que si la coupe *C* était fertile, les rameaux du côté inférieur du dessin retarderaient notablement sur ceux du côté supérieur. D'ailleurs, cette différence s'efface par la suite du développement.

La protubérance se sépare du corps de la tige par une péricline, puis elle prend une anticline (fig. 104, *M)* qui la dédouble parfois, chaque moitié devenant un rameau. Tandis que le rameau s'allonge par son extrémité libre, sa base participe et contribue à l'accroissement en épaisseur en se cloisonnant parallèlement à la surface de la tige (fig. 104, *N,O,P).* L'aspect de ces rameaux varie sur les coupes transversales parce que le rasoir les rencontre sous des angles différents; ceux qui paraissent terminés en pointe obtuse sont coupés en sifflet.

Le degré de développement des rameaux est donc concomitant de celui du corps de la tige. Cependant, bien que la coupe 104, *Q,* représente un état assez avancé du cloisonnement central et périphérique, son pourtour est occupé par un verticille de futurs rameaux encore au stade de la simple protubérance; il s'agit, en effet, de rameaux *mériblastiques,* plus tardifs que les autres pousses définies, et dont les coupes longitudinales montreront l'origine. On peut toutefois constater, dès maintenant, que le verticille de la coupe Q comprendra notablement plus de rameaux que celui des coupes M, N, O, P, voire même le double ; cette variation du nombre des rameaux dans deux verticilles successifs, suivant l'époque de leur apparition, explique les divergences des auteurs à ce sujet.

Sur le dessin M, les rameaux constituent à eux seuls tout le pourtour de la coupe. Sur le dessin N, d'un état plus avancé, on voit une cellule entre les rameaux contigus ; elle a grandi et s'est cloisonnée sur le dessin O, davantage encore sur le dessin P, d'une coupe pratiquée à quelques millimètres du sommet. Ces productions comblent les vides entre les bases des rameaux ; leur origine est la suivante : les cellules périphériques situées immédiatement au-dessus d'un verticille jeune, s'allongent radialement, s'infléchissent un peu vers le bas, puis s'intercalent entre les bases des rameaux, et enfin concourent à l'accroissement général en épaisseur ; les rameaux étant progressivement englobés dans le tissu environnant, leur origine semble de plus en plus profonde (fig. 107, A).

Voyons maintenant l'accroissement longitudinal. Les premiers verticilles de rameaux apparaissent dans les articles secondaires supérieurs ; ils occupent toute la hauteur de l'article, autrement dit, sont parfaitement *hémiblastiques* (fig. 105, S^3, S^4, S^5). Geyler [66, p. 520] croyait qu'il en est toujours ainsi. M. Magnus [73, p. 10] et Pringsheim [73, p. 374] ont mieux vu : les articles inférieurs sont fertiles aussi, et d'autres verticilles peuvent naître du tissu secondaire. Toutefois, leur description restant incomplète a besoin d'être reprise.

Nous considérerons successivement les articles secondaires supérieurs et les articles secondaires inférieurs.

Les articles secondaires supérieurs sont d'abord seuls fertiles ; les papilles latérales, sphacèles des futurs rameaux, y apparaissent aussitôt après que les premières périclines ont constitué les cellules de bordure. Dans la figure 105, elles débutent au 3e article. Les rameaux du 4e article sont déjà plus longs ; celui de gauche est un peu en arrière du plan de section ; celui de droite s'est cloisonné transversalement à sa base,

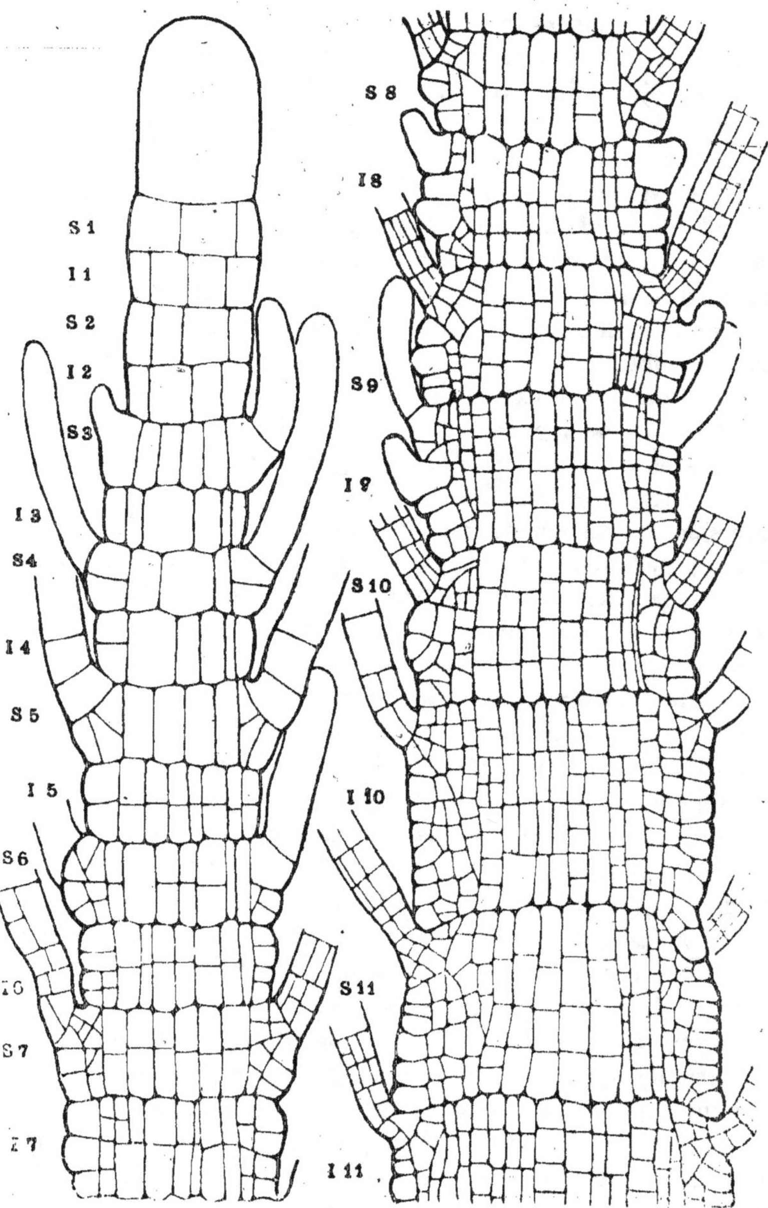

Fig. 105. — *Cladostephus verticillatus* Lyngb. — Coupe longitudinale dans une jeune pousse indéfinie née sur une pousse tronquée de l'année précédente. Le dessin de gauche est le sommet de celui de droite. — S^1, S^2, S^3,... articles secondaires supérieurs; I^1, I^2, I^3,... articles secondaires inférieurs. Roscoff, 9 mai 1902 (Gr. 200).

puis, au-dessous, dans la tige même ; ces deux cloisons correspondent aux cloisons primaire et secondaire de la base des rameaux des *Sphacelaria* (fig. 18, p. 81) ; néanmoins, elles ne sont pas toujours aussi régulières. Le cloisonnement s'est continué dans les rameaux du 5ᵉ article. Le 6ᵉ article présente deux particularités : le rameau de droite, le seul situé dans le plan de la coupe, est moins différencié que celui situé au-dessus, par suite d'un retard dans son développement ; sa base fait une légère saillie, indiquant un accroissement du diamètre de l'article. Cette saillie, qui appartient à la base incluse du rameau, augmentera d'importance par suite de l'accroissement longitudinal et semblera faire de nouveau partie de la région corticale de l'axe. Enfin, le cloisonnement transversal médian des cellules médullaires devient général dans le 7ᵉ article ; il reste souvent reconnaissable, sur les articles plus âgés, après que les cellules de la moelle se sont cloisonnées dans chacune de leurs moitiés, le premier cloisonnement transversal étant toujours plus régulier que le second ; il semble une ligne continue, comme la cloison qui sépare les articles entre eux, si bien que l'on hésite parfois à reconnaître l'une ou l'autre sorte de cloison dans les articles âgés.

Dans le 7ᵉ et surtout dans le 8ᵉ article supérieur, où l'allongement est déjà sensible, le cloisonnement qui complique la structure est plus avancé dans l'écorce que dans la moelle. Le développement du massif cortical, qui faisait partie de la base du rameau dans les articles plus jeunes, relève progressivement l'insertion apparente du rameau ; malgré son origine, on ne considérera plus dorénavant ce massif comme appartenant à la base du rameau, mais bien à la tige, car il est identique à celui des articles secondaires inférieurs qui, cependant, n'ont pas encore produit de rameaux. D'ailleurs, ce tissu jouera bientôt un rôle important. Dans le 9ᵉ article, en effet, l'une des cellules périphériques de droite fait une volumineuse papille, origine d'un nouveau rameau ; du côté gauche, deux cellules sont renflées, et celle de dessous l'emportera probablement sur l'autre pour devenir un rameau. Un nouveau verticille apparaît donc immédiatement au-dessous de celui normalement formé et semble pour ainsi dire le doubler. Devenus adultes, ces rameaux de seconde formation ne se distinguent en rien de leurs aînés ;

tandis que ceux-ci étaient d'origine hémiblastique, les nouveaux seront dits *mériblastiques*, car ils naissent aux dépens d'une portion de hauteur d'article secondaire (1). C'est au niveau d'une semblable couronne de sphacèles que passait la section transversale Q (fig. 104), et l'on conçoit que le nombre des rameaux d'un verticille mériblastique puisse dépasser celui d'un verticille hémiblastique, mais tous n'arrivent pas à maturité. Tous les articles secondaires supérieurs ne se comportent pas nécessairement ainsi; le 11e article, par exemple, a produit seulement un verticille hémiblastique. Les articles successifs de la figure 105 montrent que le cloisonnement de la région médullaire devient de plus en plus complexe, comme on l'a déjà constaté sur les sections transversales.

Revenons maintenant aux articles secondaires inférieurs. La simple inspection de la figure 105 enseigne que leurs cloisonnements sont identiques aux précédents; le 5e et le 6e articles sont même en avance sur les articles supérieurs correspondants, quant au cloisonnement transversal; toutefois, ils retardent notablement quant à la formation des verticilles, car l'ébauche des rameaux apparaît seulement sur le 8e; l'évolution des rameaux du 9e est au même degré de développement que dans les 3e et 4e articles secondaires supérieurs. Bien que le phénomène subisse des variations individuelles, il se produit constamment dans le même sens. La naissance tardive des rameaux des articles inférieurs change leur signification sans influer sur leur forme. Apparaissant alors que l'article s'est déjà notablement allongé et transversalement cloisonné, ils ne peuvent être hémiblastiques; ils sont toujours mériblastiques; ils sont situés dès le début au sommet de l'article longitudinalement accru, position qui, pour les rameaux des articles supérieurs, au lieu d'être originelle, est passivement acquise. Autrement dit, malgré leur situation finale comparable, les rameaux des deux sortes d'articles ne sont pas homologues. Ultérieurement, les articles secondaires inférieurs produisent, comme les articles secondaires supérieurs, de nouveaux rameaux mériblastiques au-dessous des premiers formés; le côté gauche

---

1. J'ai employé ce terme de *mériblastique* dans le même sens à propos du *Ptilopogon* (p. 478) pour désigner des pousses d'origine comparable mais de rôle tout différent.

des 8ᵉ et 9ᵉ articles secondaires inférieurs de la figure 105 en montre l'ébauche.

Avec une telle variété d'âge, on conçoit que certains verticilles mériblastiques comprennent de nombreux rameaux, et que d'autres, au contraire, incomplets, en présentent moins que les verticilles hémiblastiques, car toutes les papilles mériblastiques ne deviennent pas nécessairement un rameau, des vides se produisent dans le verticille. En outre, à un niveau donné, des rameaux mériblastiques ne se développent pas nécessairement sur tout le pourtour de la tige et il en résulte alors un verticille incomplet. D'ailleurs, de la continuité des cloisonnements périphériques résultent des pressions de divers sens qui peuvent déplacer la base des rameaux, et il n'est pas toujours facile, sur un échantillon examiné de face, de préciser les éléments appartenant à tel ou tel verticille. Si même un verticille mériblastique naît immédiatement au-dessous du verticille hémiblastique, ou si deux verticilles mériblastiques incomplets naissent très près l'un de l'autre, ils sembleront n'en former qu'un seul largement et irrégulièrement inséré.

La tige de la figure 106, récoltée le même jour que la précédente, se cloisonnait encore plus activement. Le 5ᵉ article secondaire inférieur, déjà divisé en son milieu, se prépare à émettre des rameaux. On remarquera que les cloisons transversales médianes des 5ᵉ, 6ᵉ, 7ᵉ articles secondaires inférieurs délimitent la région d'insertion des premiers rameaux mériblastiques ; ceux-ci s'appuient donc sur une demi-hauteur d'article secondaire ; ils correspondent à un demi-rameau hémiblastique. Ce cas est fréquent, sans être général. Le 9ᵉ article secondaire supérieur est intéressant ; sur le côté droit de la figure, le rameau hémiblastique occupe sa place normale, un rameau mériblastique a déjà une certaine longueur, et entre eux une papille annonce la formation d'un second rameau mériblastique ; les trois rameaux, qui plus tard sembleront de même âge et de même origine, ne seront donc même pas disposés dans l'ordre de leur apparition. Un cas plus compliqué se prépare sur le côté droit du 8ᵉ article secondaire inférieur ; il y aura quatre rameaux superposés, dont un intercalé entre le premier et le deuxième rameau, et un autre sous-jacent à celui-ci.

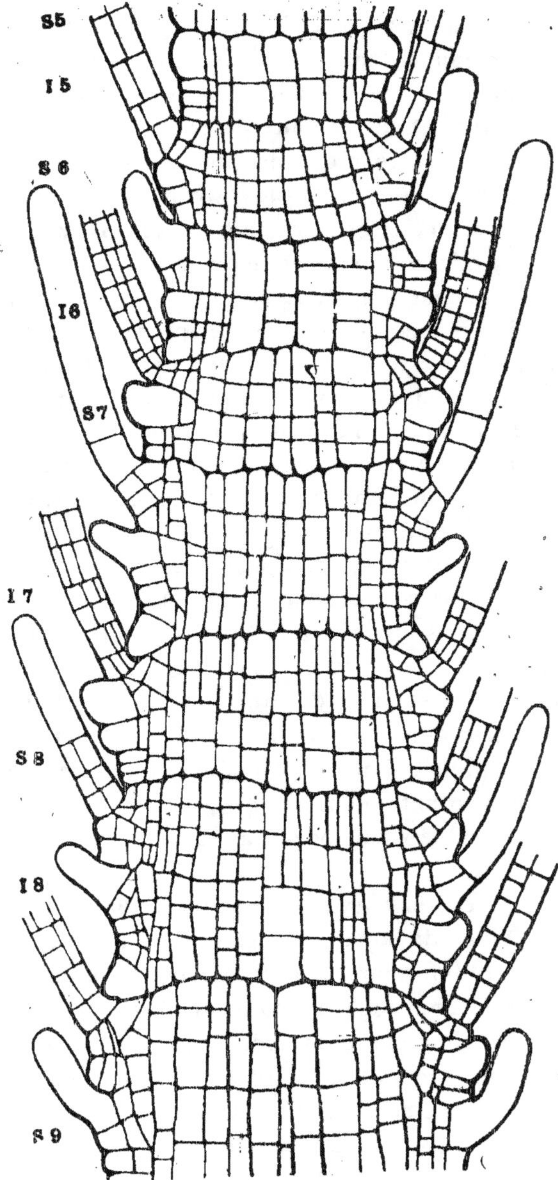

Fig. 106. — *Cladostephus verticillatus* Lyngb. — Coupe longitudinale dans une jeune pousse indéfinie née sur une pousse
tronquée de l'année précédente. — S^5, S^6, S^7... articles secondaires supérieurs; I^5, I^6, I^7... articles secondaires inférieurs.
Roscoff, 9 mai 1902 (Gr. 200).

Ces dessins montrent aussi comment se comblent les vides entre les bases des rameaux verticillés, particulièrement sur les 9° et 10° articles secondaires inférieurs de la figure 105 et les 7° et 8° articles secondaires inférieurs de la figure 106, où les cellules de la base s'allongent pour s'intercaler entre les rameaux, puis se cloisonnent ; il en résulte une poussée vers le bas qui impose aux rameaux une direction plus divariquée.

Pringsheim, remarquant que les rameaux d'abord fastigiés s'écartent ensuite de la tige, attribuait cette divarication à leur mode de cloisonnement ; elle me paraît, au contraire, surtout passive. Tandis que le cylindre médullaire arrête bientôt son cloisonnement, la couronne corticale continue d'augmenter le diamètre de la pousse jusqu'à un maximum généralement atteint à moins d'un centimètre du sommet ; la base des rameaux est de plus en plus profondément enfouie. L'accroissement transversal se termine par la différenciation d'une *assise périphérique* (fig. 107, *A*, et 108, *A)* de cellules plus petites, à contenu plus dense, qui jouera un rôle important puisqu'elle produira les rameaux fructifères et la couche cortico-rhizoïdale. Les parois des cellules corticales sont alors plus épaisses que celles des cellules médullaires, qui cependant s'épaississent aux angles. Déjà, Duby |32, pl. I| publiait des dessins montrant bien les deux régions et aussi l'enfoncement des rameaux. Sur une section transversale relativement éloignée d'un verticille, le cylindre médullaire est parfois circulaire et nettement distinct ; il s'irradie au niveau des verticilles et semble plus large par rapport à la couronne corticale.

L'accroissement cortical exerce son effet sur le cylindre médullaire : la cloison de séparation entre les articles secondaires supérieurs et inférieurs, d'abord plane, se bombe graduellement et forme une voussure souvent plus accentuée que sur la figure 108, *A*. Souvent aussi, certaines des cloisons qui segmentent les cellules médullaires constituent, sur les coupes longitudinales, une ligne convexe vers le bas, peu éloignée de la voussure, et les rameaux semblent nés sur le bord d'une masse lenticulaire de tissu médullaire.

L'intensité du développement des pousses mériblastiques varie notablement selon des conditions individuelles ou selon la saison. Les verticilles mériblastiques seront plus nombreux sur une jeune tige de printemps qu'au sommet de cette même tige en automne où même ils pourront manquer. La différence s'accentue entre une jeune pousse de remplacement, naissant au printemps sur une vieille tige tronquée et le sommet non tronqué d'une vieille tige du même individu.

L'écartement entre les verticilles successifs adultes dépend donc de la fréquence des verticilles mériblastiques et de l'importance de l'allongement secondaire ; les coupes longitudinales permettent d'estimer le rapport entre ces deux facteurs. Ainsi, les verticilles de rameaux d'un bel échantillon récolté par Thuret en juillet 1853, à Cherbourg, notablement plus espacés et plus divariqués que de coutume (fig. 93), laissaient bien voir l'axe ; les articles secondaires s'accroissaient, en effet, longitudinalement et transversalement comme chez les individus étudiés précédemment, mais les articles supérieurs développaient seulement un verticille hémiblastique, et les inférieurs un unique verticille mériblastique (1). Des individus à verticilles très rapprochés récoltés par M. Kuckuck, à Rovigno, en janvier 1897, devaient cet aspect au très faible allongement des articles, car chacun de ceux-ci produisait un seul verticille comme dans la plante de Cherbourg ; les articles secondaires supérieurs de certaines pousses étaient même seuls fertiles.

L'aspect extérieur laisse parfois apprécier l'importance de l'allongement secondaire et le nombre des productions mériblastiques. Ainsi, les lignes pointillées transversales, indiquant l'insertion des verticilles sur une pousse indéfinie du début de l'été dont on a râclé les rameaux, se répartissent parfois très inégalement ; non seulement la hauteur des entre-nœuds varie notablement, mais parfois deux, trois ou même quatre lignes pointillées très rapprochées, dues à des verticilles mériblastiques particulièrement abondants, constituent certains nœuds ; d'autres fois un ou quelques rameaux, isolés dans un entre-nœud, représentent un verticille mériblastique incomplet.

Une fois atteinte, cette structure ne se modifie plus par multiplication de cellules. Lors de la fructification, qui a lieu pen-

---

1. C'est peut-être pour de semblables individus que C. Agardh admettait un *Cl. Myriophyllum* var. β. *Ceratophyllum.*

dant la saison froide, l'assise corticale périphérique est seule le siège des modifications ultérieures ; elle produit les rameaux fructifères que j'appellerai *microblastiques*.

PRINGSHEIM croyait que cette structure est définitive et que les rameaux fructifères ont une origine constante, qu'ils « n'ont jamais leur base empâtée dans l'écorce et qu'ils sont complètement libres au-dessus de la surface de la plante » [73, p. 381]. Mais il n'en est rien. Sur une longueur variable selon l'âge de la plante, et se développant à partir de sa base, qu'il s'agisse de la tige principale ou des branches inférieures, l'assise périphérique produit en effet une *couche cortico-rhizoïdale* recouvrante et continue, plus dense que l'écorce secondaire. Ainsi, sur une pousse dressée de l'année, haute de 13 cm., récoltée au Croisic en septembre, la couche cortico-rhizoïdale s'étendait sur les 5 cm. inférieurs ; au niveau supérieur, les cellules de l'assise périphérique formaient çà et là des protubérances dont certaines s'étaient déjà cloisonnées ; un peu au-dessous, le revêtement encore mince était uniforme, chacune des cellules périphériques ayant produit une file de cellules soudées à ses voisines ; son importance augmentait progressivement vers la base. Sur une pousse de l'année précédente récoltée en juin à l'île de Ré, elle montait au delà de 8 cm. Grâce à elle, la base des pousses dépasse souvent 1 mm. de diamètre. La figure 107, *B,* représente une coupe menée à 2 cm. du thalle rampant ; sur des coupes plus rapprochées de celui-ci, la couche cortico-rhizoïdale augmente d'épaisseur, tandis que l'écorce secondaire diminue jusqu'à disparaître complètement. En effet, les pousses indéfinies qui s'élèvent du thalle rampant sont d'abord grêles ; c'est seulement à une certaine hauteur, et progressivement, que l'accroissement secondaire transversal entre en jeu et augmente leur diamètre, mais tout à fait à la base, où manque l'écorce secondaire, la couche cortico-rhizoïdale se développe aux dépens des cellules les plus externes de la structure primaire, y atteint une épaisseur plus grande et y compense l'absence d'écorce secondaire ; chaque article secondaire de cette région de la pousse forme un double verticille de ces files de cellules. Nous avons vu une couche cortico-rhizoïdale de constitution et d'origine comparables chez les *Phlœocaulon* et *Ptilopogon* (fig. 86, *A ;* 87, *E ;*

91, *B,C).* Elle est d'ailleurs nécessaire pour permettre à cette région basilaire grêle de supporter sans se rompre le poids de la plante ballottée par les mouvements de l'eau.

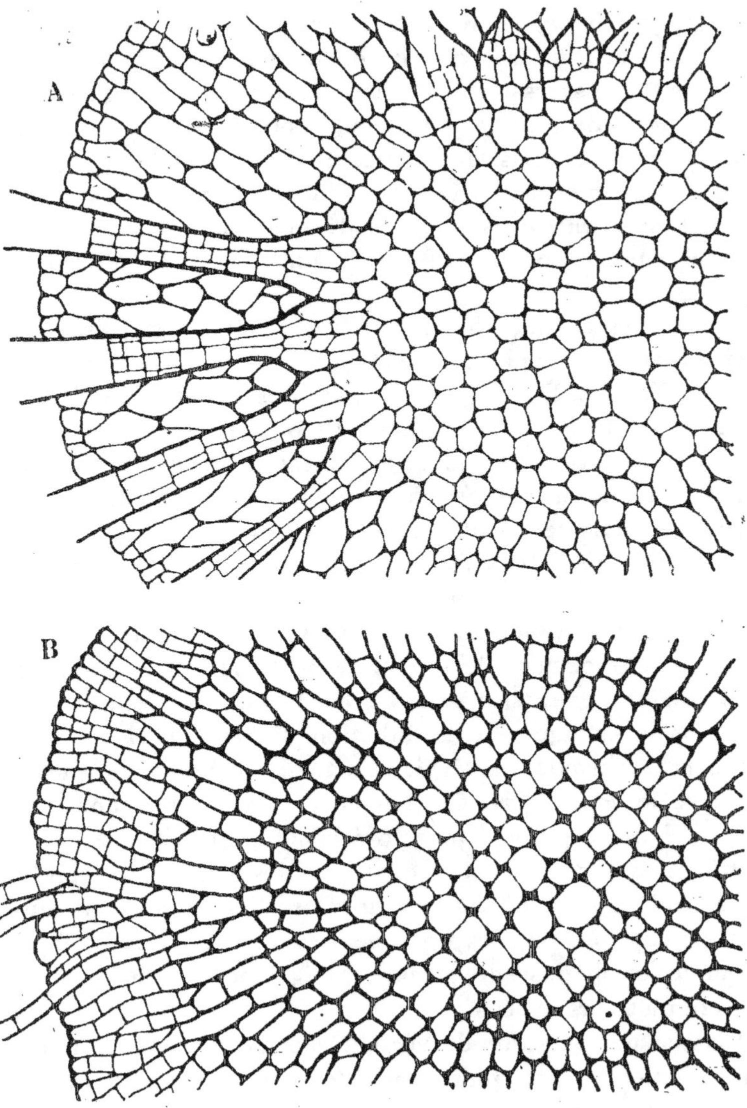

Fig. 107. — *Cladostephus verticillatus* Lyngb. — Coupes transversales dans une pousse indéfinie haute de 13 cm. Le Croisic, 20 septembre 1902. — *A*, à 9 cm. du disque basilaire. — *B*, à 2 cm. du disque basilaire ; des rameaux microblastiques sortent de la couche cortico-rhizoïdale *(A, B,* Gr. 200).

Les files de cellules de la couche cortico-rhizoïdale sont ramifiées et n'ont pas une direction uniforme. A partir d'une certaine distance de la base, elles sont horizontales ou légèrement inclinées vers le bas et en même temps souvent obliques par rapport à la direction radiale (fig. 107, *B*); elles donnent l'impression d'un vrai parenchyme sur les coupes transversales. Puis, au fur et à mesure que la couche augmente d'épaisseur, les coupes transversales les rencontrent plus obliquement et elles donnent de plus en plus l'impression d'un pseudo-parenchyme sans méats. C'est qu'en effet les files de cellules, progressivement infléchies vers le bas (fig. 108, *B*), prennent finalement le caractère de rhizoïdes et descendent en masse compacte sur le thalle rampant pour constituer un nouveau disque superposé à l'ancien.

La couche cortico-rhizoïdale couvre aussi, sans discontinuité, la base des branches que les tiges produisent dans leur région inférieure. Elle englobe la base des rameaux verticillés comme l'avait déjà fait l'écorce secondaire; ceux-ci, étant caducs, se désorganisent jusqu'au niveau de la surface actuelle de la tige et la couche cortico-rhizoïdale, qui continue à s'accroître, recouvre leur troncature. C'est, au moins en partie, la raison pour laquelle la surface des pousses indéfinies dénudées est unie en hiver. La prolifération d'une cellule de la troncature de ces rameaux donne parfois un rameau fructifère.

Le développement de la couche cortico-rhizoïdale s'interrompt parfois; une assise à parois plus brunes et à contenu plus foncé, ou le changement de direction de ses files de cellules indiquent des temps d'arrêt, jamais aussi nombreux cependant que chez le *Ptilopogon*. Ces temps d'arrêt sont probablement spéciaux à des tiges de l'année précédente, tronquées après la fructification et continuant à végéter par les pousses de remplacement qui les surmontent. S'il en est réellement ainsi, il faudrait en conclure que les tiges de *Ptilopogon*, sur la biologie desquelles on ne possède aucun renseignement, sont capables de vivre plusieurs années.

L'assise périphérique de l'écorce secondaire est essentiellement et directement génératrice des rameaux fructifères ou *microblastiques*. Si des rameaux microblastiques se sont développés avant la couche cortico-rhizoïdale, celle-ci, qui naît aux dépens des cellules restées stériles, englobe leur base et leur donne l'apparence d'une origine profonde. Le manchon cortico-rhizoïdal produit aussi des rameaux microblastiques (fig. 107, *B*),

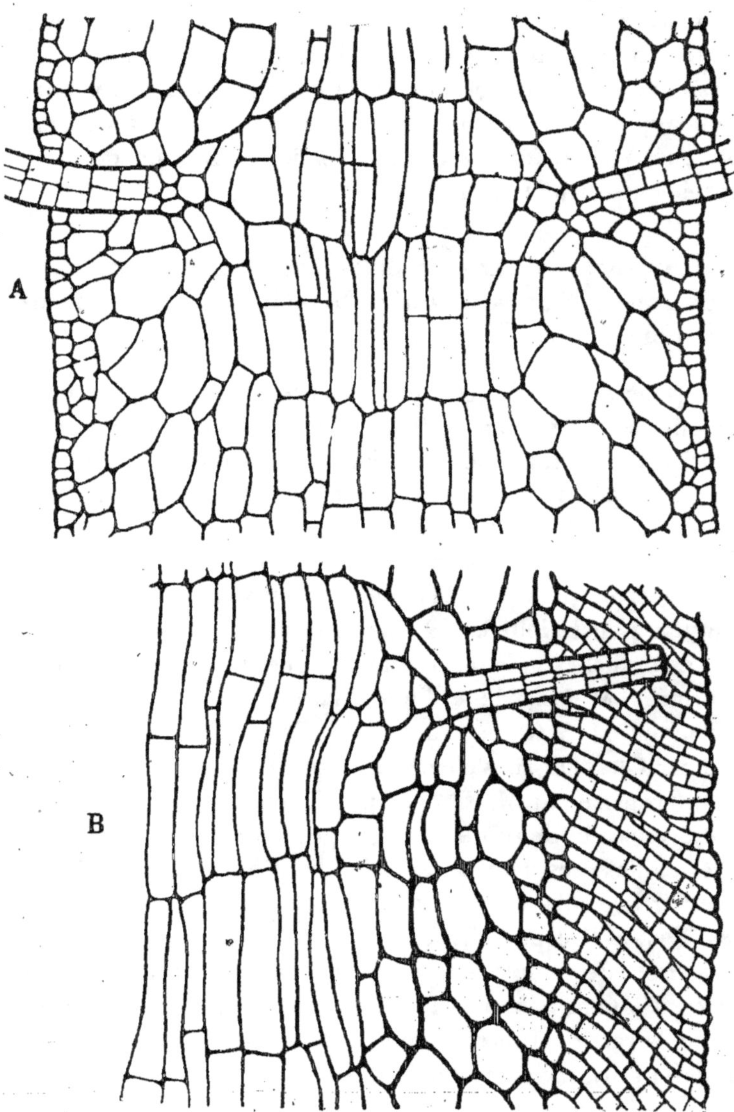

Fig. 108. — *Cladostephus verticillatus* Lyngb. — Coupes longitudinales dans une pousse indéfinie haute de 13 cm. Le Croisic, 20 septembre 1902. — *A*, à 1/2 cm. du sommet. — *B*, à moins de 1 cm. du disque basilaire ; la couche cortico-rhizoïdale recouvre l'extrémité tronquée d'un rameau verticillé. (*A, B,* Gr. 200.)

qui sembleront d'origine profonde ou superficielle selon le moment où ils apparaîtront. Enfin, on voit parfois de nombreux rameaux microblastiques, nés sur l'assise limite indiquant un arrêt de développement, qui semblent avoir une origine uniformément profonde ; cela peut s'expliquer ainsi : pendant l'année courante, l'assise externe, longtemps restée à l'état de repos, a repris son activité vers l'époque de la fructification et a produit des rameaux microblastiques ; simultanément, ou peu après, elle a continué à accroître la couche cortico-rhizoïdale qui s'est intercalée entre les rameaux.

C. — Ramification des pousses indéfinies en pousses indéfinies. Pousses plagioblastiques. Pousses de remplacement.

Les pousses indéfinies du *Cl. verticillatus* ne jouent pas nettement le rôle d'axe ; leurs ramifications, qualifiées de bifurcations dichotomiques, ont lieu à intervalles inégaux. Les auteurs ne s'accordent pas sur l'origine des bifurcations, et aucun d'eux ne paraît l'avoir bien saisie.

De temps en temps, d'après Geyler [66, p. 520], une pousse définie s'accroît plus que les autres rameaux du verticille et devient une pousse indéfinie de même importance que la pousse mère. Les branches indéfinies seraient donc des pousses définies transformées. M Magnus et Pringsheim combattirent cette manière de voir. M. Magnus n'a jamais observé la transformation admise par Geyler ; il s'élève aussi contre l'interprétation de Decaisne reprise par M. Kny, d'après laquelle le sphacèle de la tige se diviserait longitudinalement pour fournir deux pousses jumelles égales ; ces deux auteurs auraient observé la prolifération de l'article sous-jacent à des sphacèles détruits ou endommagés, c'est-à-dire une bifurcation accidentelle, correspondant à ces pousses de remplacement si fréquentes chez les Sphacélariacées. N'ayant pas réussi à constater directement comment s'effectue la ramification au sommet des pousses indéfinies, mais ayant suivi l'origine sympodiale des ramules et des poils sur les rameaux du *Cl. spongiosus*, M. Magnus admet que les bifurcations des pousses indéfinies se produisent suivant le même procédé. A l'appui de cette idée, il cite la structure des bifurcations d'un certain âge représentée sur sa figure [27 73, pl. III] ; la moelle d'une pousse y semble, en effet, s'appuyer sur celle de l'autre pousse avec la même disposition des cloisons que dans une ramification d'Holoblastée. Je l'ai constaté aussi sur mes préparations ; toutefois, ce n'est qu'une apparence due à l'accroissement longitudinal des articles. La cloison transversale, qui s'appuie sur la cloison basilaire de la pousse de droite [73, fig. 27], ne sépare pas deux articles superposés ; c'est une cloison médiane dans un article secondaire ; j'ai dit en effet [fig. 105 et 106] que les cloisons médianes, presque simultanément apparues dans les cellules d'un article secondaire, donnent parfois l'illusion d'une cloison continue, et excusent l'erreur de M. Magnus. La ramification des pousses indéfinies, en pousses indéfinies, à l'inverse de celle des pousses définies en pousses définies, n'est donc pas holoblastique.

Pour Pringsheim, l'aspect dichotomique n'est pas une simple apparence, mais une réalité. La ramification des pousses indéfinies s'effectuerait de deux façons : l'une, normale, par vraie dichotomie du sphacèle, l'autre, accessoire, par des pousses adventives ; elle n'aurait jamais lieu par le cloisonnement des cellules de bordure de la structure primaire [73, p. 367, 369], comme le croyait Geyler, ne serait jamais non plus d'origine sympodiale, puisque l'auteur combattait l'interprétation de M. Magnus pour l'ensemble des Sphacélariacées.

Plusieurs ouvrages ont adopté la manière de voir de Pringsheim. C'est ainsi que M. Reinke [90, p. 211] fait entrer dans la diagnose du *Cladostephus* : « Pousses indéfinies irrégulièrement ramifiées par division du sphacèle », par opposition au *Chætopteris* dont les branches proviennent du développement de certaines pousses définies. De même, le traité de M. Oltmanns dit [04, vol. I, p. 421] : « La ramification des pousses indéfinies n'a rien à voir avec la formation des pousses définies ; elle est dichotome ». J'examinerai donc les deux cas que distingue l'interprétation de Pringsheim.

La dichotomie est déjà prouvée, dit Pringsheim [p. 369], par l'étude des bifurcations adultes en coupe longitudinale, qui montre le passage du tissu de la moelle dans les deux branches de la fourche (c'est l'observation de M. Magnus interprétée différemment). La division même du sphacèle la prouverait

encore mieux [73, p. 370, pl. XXIII et XXIV] (Voy. *B* et *C*,
fig. 109, qui reproduisent deux dessins de Pringsheim) : une
cloison en verre de montre sépare latéralement une cellule lenticulaire *a*, qui sera mère de l'une des branches de la future
fourche. Dans le reste de l'ancien sphacèle apparaît une
deuxième cloison inclinée, s'appuyant vers le milieu de la précédente et aussi vers le bas du côté opposé ; elle détermine
deux cellules, une supérieure *b*, mère de l'autre branche de la
fourche, et une inférieure *c*, base de la fourche. Cette cellule *c*,
ou nœud de ramification (Verzweigunsknoten), est très caractéristique, dit Pringsheim ; elle est la portion inutilisée de l'ancien sphacèle, qui ne se divise pas en articles secondaires, mais
directement par des cloisons longitudinales. Les deux cellules *a*
et *b* se distinguant l'une de l'autre simplement en ce que l'une, *a*,
fait sa cloison basilaire avant l'autre *b*, les deux branches de la
fourche ont la même valeur et la ramification serait une dichotomie. Toutefois, on pourrait interpréter autrement les dessins
fournis par Pringsheim ; ils correspondraient à un acroblastie,
mais de ramification lente, car Pringsheim semble s'être adressé,
dans toute son étude, à des plantes d'arrière-saison où le cloisonnement, devenu lent, risque d'être irrégulier ; la cellule *a*
correspondrait au sphacèle lenticulaire de l'*Alethocladus*, le
reste serait le prolongement de l'axe, et la cloison qui détermine la cellule *b* serait simplement une cloison primaire ; la cellule *c* serait un article primaire non divisé transversalement, ce
qui, à vrai dire, constitue une irrégularité dans mon interprétation (1). La description de Pringsheim, ainsi retournée, donne-
rait raison à M. Magnus. Mais elle me paraît fautive. J'ai disséqué au moins deux cents sommets de *Clad. verticillatus* de
tout âge et de toute provenance, sans rencontrer une division
rappelant soit le schéma de Pringsheim, soit le cloisonnement
d'une Acroblastée ou d'une Holoblastée, et, jusqu'à preuve du
contraire, je reste convaincu qu'il ne s'en produit point.

Si la description de Pringsheim n'a pas été établie d'après
des plantes arrivées à la fin de leur végétation (2), je ne puis

---

1. Pringsheim ne semble pas avoir retrouvé sur les coupes longitudinales des
parties adultes ce « nœud de ramification » qu'il donne comme caractéristique ?
2. Des trois dessins de Pringsheim se rapportant à cette dichotomie, l'un, la
figure 9 de la planche XXIV, est un schéma, et peut-être aussi la figure 8. Or,

me l'expliquer que par une faute d'observation : l'auteur, tombé dans l'erreur de Decaisne et de Kny, aurait décrit le cas de sphacèles endommagés, à l'intérieur desquels croissent deux sphacèles de remplacement, par prolifération de l'article sous-jacent.

La division normale d'un axe s'opère selon le procédé que Pringsheim tient pour accessoire dans la ramification générale et pour caractéristique des pousses adventives, procédé qu'il a vu imparfaitement.

D'après Pringsheim [73, p. 373], les pousses adventives naissent dans les jeunes articles secondaires, parfois primaires, et en occupent toute la hauteur. Leur cellule mère va du centre à la périphérie ; c'est un quadrant, sans cellules de bordure, s'allongeant en une pousse indéfinie. De semblables formations se voient, dit-il, dans les articles des rameaux (feuilles) où elles ne s'accroissent jamais vers l'extérieur et sont les traces phylogéniques des précédentes. Enfin, l'auteur compare cette cellule-mère aux péricystes du *Sph. olivacea*.

Une comparaison entre les cellules origine de pousses latérales, chez deux plantes de différenciation aussi inégale que le *Sph. olivacea* et le *Cl. verticillatus,* et entre lesquelles manquent les termes de passage, ne repose sur rien de précis et ne peut se prouver, puisque la plupart des autres Hémiblastées n'ont pas de péricystes. Une comparaison avec les péricystes des Holoblastées, engendrés par un cloisonnement différent et tardivement fertiles, serait aussi difficile.

D'ailleurs, la cellule-mère des pousses indéfinies latérales n'est pas un quadrant. J'ai dit que le cloisonnement longitudinal des jeunes articles secondaires se manifeste, après les deux cloisons diamétrales, par quatre cloisons en sécante séparant le corps central de la région périphérique. Chacun des quatre segments périphériques se divise ensuite par des anticlines qui, dans les articles secondaires supérieurs, déterminent les futurs sphacèles des rameaux verticillés hémiblastiques. Or, pour produire une pousse latérale indéfinie, l'un des segments périphériques, au lieu de se cloisonner par des anticlines, s'accroît

sur l'autre dessin, fig. 3, pl. XXIII, la forte épaisseur de la cloison qui sépare *a* et *b* indique suffisamment que l'auteur a représenté un cas tout particulier.

tout entier en une large papille qui est le sphacèle de la branche. Sa différenciation, parfois concomitante de celle des papilles mères des rameaux (fig. 104, *K)*, la précède d'autres fois ; le développement ultérieur est rapide et semblable à celui de l'axe. Le segment périphérique mère de la branche équivaut donc à plusieurs cellules-mères de rameaux, schématiquement au quart d'un verticille. La branche est une sorte de synclade d'origine périphérique ; pour rappeler qu'elle s'étend transversalement, je dirai qu'elle est *plagioblastique*.

Toute *pousse plagioblastique* naît dans un article secondaire supérieur. Au début, elle constitue une large protubérance perpendiculaire à l'axe sans déformer l'article. Puis, elle se redresse en s'allongeant et fait un angle un peu plus ouvert que les rameaux du même âge. Ensuite, quand elle se cloisonne, sa base croît (fig. 109, *A)* et déforme l'article mère ; pendant quelque temps encore, elle conserve l'aspect d'une production latérale. Enfin, en prenant son accroissement secondaire, légèrement en retard sur celui de l'axe, elle repousse celui-ci, et la ramification ressemble alors à une bifurcation d'origine dichotomique, mais cette apparence est due aux cloisonnements secondaires qui font coin entre l'axe et la pousse plagioblastique et les écartent.

Ayant leur origine dans un segment et non dans un quadrant, les pousses plagioblastiques empruntent à l'axe sa portion corticale, mais non son tissu médullaire et, par suite, possèdent indiscutablement le caractère appendiculaire ; les coupes des sommets le montrent nettement. Plus tard, sur les coupes axiales des bifurcations adultes, la moelle des deux pousses a la même largeur, comme s'il y avait eu bifurcation égale suivant une paroi verticale de séparation (1).

L'origine et la valeur des pousses plagioblastiques sont difficilement décelées par l'examen direct de la plante adulte, car leur base, garnie de rameaux verticillés, a souvent un plus grand diamètre que l'intervalle entre les verticilles. Certains

---

1. Les sections longitudinales axiales des deux pousses s'obtiennent rarement. Les sections axiales par rapport à l'une seulement des pousses changent l'importance réciproque des tissus. J'ai vu une fois, sur une bonne coupe, la moelle de la pousse plagioblastique se rétrécir pour rejoindre celle de l'axe, comme si la largeur d'insertion correspondait à un moindre nombre de pousses définies que dans le cas normal.

exemplaires à verticilles très espacés (comme l'individu de Cherbourg représenté sur la figure 93) sont plus favorables; aucun doute n'est alors possible, car l'une des branches de chaque bifurcation semble faire partie d'un verticille. Si GEYLER a examiné un semblable exemplaire, on conçoit qu'il ait cru à la transformation directe d'un rameau en une pousse indéfinie.

Quelques auteurs ayant rapproché le *Chætopteris* du *Cla-*

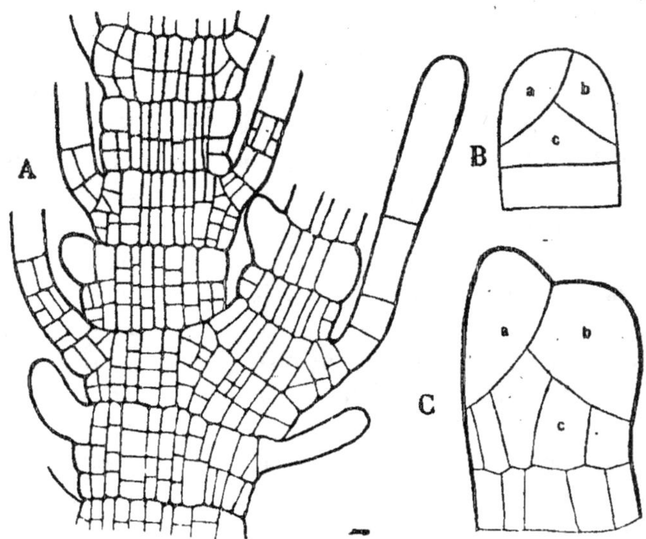

Fig. 109. — *Cladostephus verticillatus* Lyngb. — *A*, Coupe longitudinale dans une pousse indéfinie produisant une pousse plagioblastique dans son 8ᵉ article secondaire supérieur. Roscoff, août 1902 (Gr. 200).

B, et *C*, Dessins donnés par PRINGSHEIM [73, pl. XXIV, fig. 9 et 8] pour expliquer la ramification dichotomique et reproduits ici à titre documentaire pour être autrement interprétés.

dostephus (Voy. p. 107), on remarquera que l'axe adulte du premier présente, en section transversale, une certaine ressemblance avec l'axe jeune du second. Les rameaux du *Chætopteris* (fig. 24, *F, G, H)*, qui semblent avoir une origine comparable aux pousses plagioblastiques du *Cladostephus*, en diffèrent cependant; ce sont des pousses distiques, définies, terminées en pointe et parfois pilifères.

L'existence d'un accroissement secondaire transversal et longitudinal, celle d'une couche cortico-rhïzoidale rapprochent le *Cladostephus* des deux autres genres d'Auxocaulées, *Phlœo-*

caulon et *Ptilopogon* qui, par ailleurs, en diffèrent notablement. Non seulement l'origine des ramules reproducteurs les éloigne, mais les pousses latérales régulièrement disposées, des *Phlœocaulon* et *Ptilopogon,* indéfinies et de même structure que l'axe ayant une origine holoblastique, ne sont point homologues des pousses indéfinies, éparses, plagioblastiques du *Cladostephus ;* en outre, leurs pousses définies, qui restent à l'état primaire, étant aussi d'origine holoblastique, ne sont pas davantage comparables aux rameaux verticillés du *Cladostephus.*

Les apparentes dichotomies sont dues parfois à des pousses de remplacement. Un sphacèle endommagé est suppléé par deux ou même trois pousses jumelles qui s'élèvent dans sa cavité. M. MAGNUS l'a représenté [73, pl. II, fig. 32] ; d'abord contiguës, elles s'écartent sous l'influence de leur accroissement secondaire et simulent une dichotomie. Ceci correspond au cas fréquent chez les *Sphacelaria,* avec la différence de l'accroissement secondaire qui modifie la direction des pousses. Si une troncature se produit dans une région plus cloisonnée, toutes les cellules médullaires bourgeonnent ou peuvent bourgeonner, mais 2-4 d'entre elles, seulement, fournissent des pousses indéfinies rapidement élargies, les autres produisent des pousses définies identiques aux rameaux verticillés. En outre, la troncature d'une région très jeune provoque toujours l'apparition de rameaux mériblastiques sur un ou quelques articles voisins.

Des pousses de remplacement naissent aussi sur de vieilles tiges. Après la fructification, les tiges tombent ; leur chute naturelle ou due à une cause mécanique (poids des Corallines épiphytes), fréquemment totale, laisse parfois sur le thalle rampant des tronçons noirs sans rameaux. Au début du printemps suivant, pendant que de nouvelles pousses indéfinies s'élèvent du thalle rampant, d'autres apparaissent sur la troncature des vieilles tiges qui, au lieu d'être annuelles, dureront deux ans au moins (fig. 95). Ces pousses de remplacement sont aussi d'origine médullaire ; toutefois, elles sont généralement plus nombreuses, forment de petits bouquets, et leur écorce secondaire englobe la base des pousses définies qui les accompagnent ; en outre, elles produisent des rhizoïdes corticants, qui augmentent légèrement le diamètre de la tige ancienne.

Enfin, sur des blessures latérales de ces mêmes tiges vieilles, naissent aussi des pousses indéfinies semblables aux précédentes. Si la couche cortico-rhizoïdale et l'écorce secondaire sont seules endommagées, aucune prolifération ne se produit ; au contraire, si la blessure atteint le cylindre médullaire, ses cellules engendrent une ou deux pousses indéfinies dans un bouquet de pousses définies ; leur couche cortico-rhizoïdale s'allonge en rhizoïdes qui comblent la blessure, puis s'étalent à la surface de la tige ancienne, en constituant un petit disque rampant, semblable à ceux du thalle basilaire, mais d'étendue très limitée. Le *Cl. verticillatus* n'a plus alors l'aspect de tiges à rameaux verticillés, comme en été, ni de tiges plus ou moins dénudées couvertes, çà et là, de manchons denses, comme à l'époque de la reproduction ; il est réduit à de courtes tiges, noires et dénudées, portant à leur sommet, ou çà et là suivant leur hauteur, de petits bouquets de pousses nouvelles à croissance vigoureuse. Des individus ainsi modifiés se rencontrent au printemps.

PRINGSHEIM, qui suivit longtemps le *Cl. verticillatus* à San Remo (Golfe de Gènes) [73, p. 387, 388] le dit capable de vivre plusieurs années avec de réguliers arrêts dans la végétation, allant de fin novembre au début de février. Ces arrêts seraient définitifs pour certaines pousses dressées, temporaires pour d'autres. Deux cas se présenteraient alors : ou bien le sphacèle resté intact fonctionne de nouveau après la pause hivernale, ou bien, s'il a subi des cloisonnements variés pendant cette pause, s'il est pour ainsi dire oblitéré, l'une des cellules formées à ses dépens se comporte comme un péricyste, se transforme en sphacèle nouveau, et produit une pousse indéfinie adventive, de croissance rapide, dans le prolongement de l'ancienne. Le point où la pousse a recommencé à croître se reconnaîtrait chez les *Cladostephus* comme chez les arbres et les arbustes vivant plusieurs années.

Le mécanisme de la pérennité indiqué par PRINGSHEIM me paraît s'appliquer à des cas exceptionnels, car les pousses indéfinies ne sont vivaces qu'occasionnellement. Le thalle rampant est la partie vraiment vivace ; on raserait en hiver toutes les pousses dressées que la plante renaîtrait au printemps par de nouvelles et nombreuses pousses dressées produites par le thalle rampant. Aux époques de l'année où Pringsheim séjournait à San Remo, de très jeunes pousses dressées garnissaient assurément le thalle rampant, mais il ne les a pas vues.

Les pousses indéfinies qui ont conservé leur sphacèle intact et recommencent à s'allonger après la pause hivernale sont peu nombreuses. Aussi bien dans l'Océan (Guéthary, île de Ré) que dans la Méditerranée (Banyuls), les tiges et leurs branches sont garnies de manchons de *Jania corniculata* qui augmentent leur poids, donnent prise à la vague, et entraînent leur chute, aussi, les individus dont le thalle rampant porte seulement des moignons de tiges, parfois très courts, sont-ils nombreux vers le milieu ou la fin de l'hiver. En outre, les articles formés par les pousses indéfinies en arrière-saison, ne subissant que peu ou point d'accroissement secondaire transversal, sont peu résistants et leur fragilité occasionne souvent une rupture du sommet. Certaines des pousses indéfinies qui se continuent par le cloisonnement de l'ancien sphacèle, vu par Pringsheim, seront emportées par le poids des *Jania* et seront perdues pour la plante. Les pousses de remplacement, insérées sur un tronçon court et dénudé, auront plus de chances de se maintenir que celles nées vers l'extrémité d'une pousse indéfinie garnie d'épiphytes.

D. — Les pousses définies ; leurs ramules et leurs poils.

Les seules pousses définies connues des auteurs (outre les pousses microblastiques) sont les rameaux verticillés (feuilles de Pringsheim et de M. Reinke) dont j'ai montré l'origine hémiblastique ou mériblastique. D'autres pousses définies, identiques aux précédentes comme taille, forme, cloisonnement et ramification, naissent directement et sans ordre sur le thalle rampant adulte, de la même manière que les pousses indéfinies. A part leur différence d'origine, ce qui sera dit des unes s'applique aussi aux autres.

Les premiers rameaux verticillés d'une nouvelle pousse indéfinie (née directement sur le thalle rampant, ou en remplacement sur une pousse tronquée), sont simples, les suivants se ramifient en ramules jusqu'à un maximum rapidement atteint, qui se maintient pendant la période active de végétation. A l'approche de la saison froide, alors que la pousse indéfinie ralentit ou arrête son allongement, les nouveaux rameaux verticillés croissent plus lentement, se ramifient moins et les derniers restent sim-

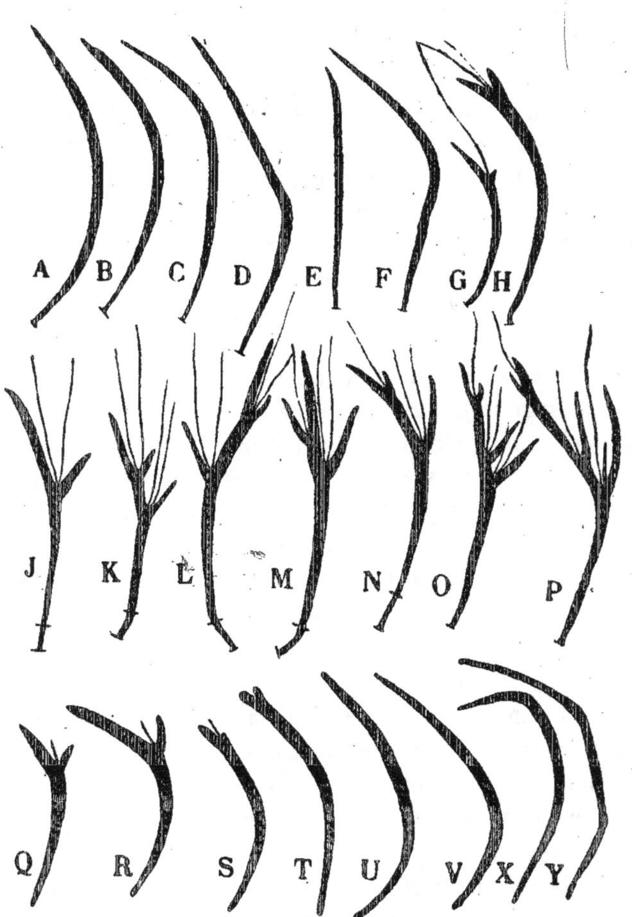

Fig. 110. — *Cladostephus verticillatus* Lyngb. — Rameaux verticillés. — *A*, à *D*, Rameaux de la base d'une pousse de 1 cm. née sur le thalle rampant. Ré, 1er avril 1900. — *E*, à *H*, Rameaux de la base d'une pousse de remplacement de 4 cm. — *J*, à *N*, Rameaux pris à 1 cm. au-dessus des précédents. — *O*, *P*, Rameaux pris à 1/2 cm. au-dessus des précédents. — *E*, à *P*, Roscoff, 9 mai 1902. — *Q*, à *V*, Rameaux pris près du sommet d'une longue pousse dressée (Voy. fig. 114). Le Croisic, 20 septembre 1902. — *X*, *Y*, Rameaux du sommet d'une pousse de l'année précédente. Ré, 1er avril 1900. — On a choisi, pour le dessin, des rameaux ramifiés dans un même plan. Les poils du plan antérieur sont seuls indiqués; en réalité leur nombre est double. (Gr. 30.)

ples. Toutefois (fig. 110), cette règle souffre de fréquentes exceptions, et les rameaux varient dans leur complexité, suivant les localités ou les exemplaires d'une même localité. D'ailleurs, ceux d'un même verticille sont parfois d'inégale longueur et d'inégale complexité.

Ils sont étroits à la base, renflés dans la région moyenne, terminés en pointe. Leur insertion d'abord superficielle (fig. 104, K, L, M, Q ; fig. 105 et 106) devient de plus en plus profonde, par suite de l'augmentation progressive d'épaisseur de la pousse indéfinie (fig. 104, N, O, P; fig. 107, A) ; les coupes longitudinales (fig. 108, A, B), et mieux encore les dissociations, montrent leur implantation sur la partie centrale par des cellules qui s'irradient ; le trait extérieur avec hachures marqué sur E, F, et G (fig. 114) indique le niveau atteint par l'assise corticale externe ; le trait marqué en J, K, L, M, N, (fig. 110), indique aussi la partie enfouie dans l'écorce.

Leur croissance et leur cloisonnement suivent la règle des Sphacélariacées leptocaulées ; les articles primaires se divisent en articles secondaires sauf au sommet des rameaux et ramules, où des irrégularités se produisent, particulièrement à l'arrière-saison. Les cloisonnements longitudinaux des articles secondaires apparaissent avant les cloisonnements transversaux (fig. 111, 112, 113). Les articles secondaires de la partie la plus large, présentent souvent trois cloisons transversales ; toutefois, certaines de leurs cellules occupent toute la hauteur d'un article, ou prennent une seule cloison, sans avoir le caractère de péricyste, car elles ne renferment pas de tannin apparent et ne donnent naissance à aucune production externe. Dans leur partie étroite (base ou sommet) les rameaux n'offrent qu'un petit nombre de cloisons longitudinales (fig. 113, N, O), les seules formées ou les premières formées étant diamétrales ; dans leur partie large, au contraire, les premiers cloisonnements sont sécantiels, et constituent une cellule centrale peu colorée, de largeur variable, parfois divisée suivant sa longueur, aussi haute que l'article secondaire ; les segments périphériques produisent une seule épaisseur de cellules riches en chromatophores (fig. 113, G à M).

Bien que constamment en voie de division (voy. p. 252), le sphacèle des jeunes pousses définies est généralement rempli du composé tannique qui lui donne une couleur brune plus ou moins accentuée selon leur vigueur et selon la saison. Lorsque le sphacèle se divise, une partie du tannin passe dans l'article primaire et, lorsque celui-ci se cloisonne, il se localise dans la cellule centrale. Plus tard, la teinte plus foncée des cellules centrales superposées montre que le tannin s'y accumule comme s'il était une substance de déchet ; les cellules périphériques en renferment seulement au sommet des rameaux et ramules et aussi pendant l'arrière-saison.

Les rameaux verticillés se courbent vers l'axe, parfois même décrivent un demi-cercle ; leurs ramules, habituellement simples, s'insèrent souvent sur le côté convexe, le premier formé se tenant généralement dans le plan de courbure ; les ramules, étant holoblastiques, apparaissent de bas en haut, et des poils occupent leur aisselle. Néanmoins, tous les poils n'ont pas l'apparence axillaire ; il en naît au-dessus de l'unique ramule, ou du premier ramule, mais jamais au-dessous et les rameaux verticillés dépourvus de ramules sont également privés de poils ; leur présence nous guide dans l'appréciation de la ramification, qui est moins simple que le croyait Pringsheim.

Geyler signale à l'aisselle des ramules du *Cl. verticillatus* la présence de plusieurs poils nés du sphacèle axillaire, et sa figure 25 [66, pl. XXXVI] en représente un faisceau de quatre ; ils manqueraient chez le *Cl. spongiosus,* mais M. Magnus fait remarquer que cette affirmation repose sur l'examen d'un exemplaire à rameaux verticillés simples.

Les observations de Pringsheim sur l'origine et la position des poils, sont défectueuses : on en trouverait deux paires, toujours limitées à l'aisselle des ramules, et nées de la division en quatre du sphacèle axillaire. Or, si la présence de ces quatre poils axillaires est fréquente, leur développement montre qu'ils ne sont pas jumeaux ; leur constante inégalité de taille pendant leur jeunesse suffirait d'ailleurs à indiquer une différence d'âge. Celles de M. Magnus [73, p. 8] sont meilleures ; j'aurai plutôt à les compléter qu'à les infirmer.

Les pousses définies ont la même forme et le même mode de cloisonnement, qu'elles naissent en verticilles sur les pousses indéfinies ou directement et isolément sur le thalle rampant. Bien que celles-ci soient moins abondantes et moins propres, je

les ai figurées en *A* à *J* et *O* (fig. 111 et 112) pour montrer leur
identité. Les autres dessins de la fig. 112, ceux des fig. 110,
113 et 114 appartiennent à des pousses verticillées. Pour simplifier les dessins, j'ai constamment représenté un poil au lieu

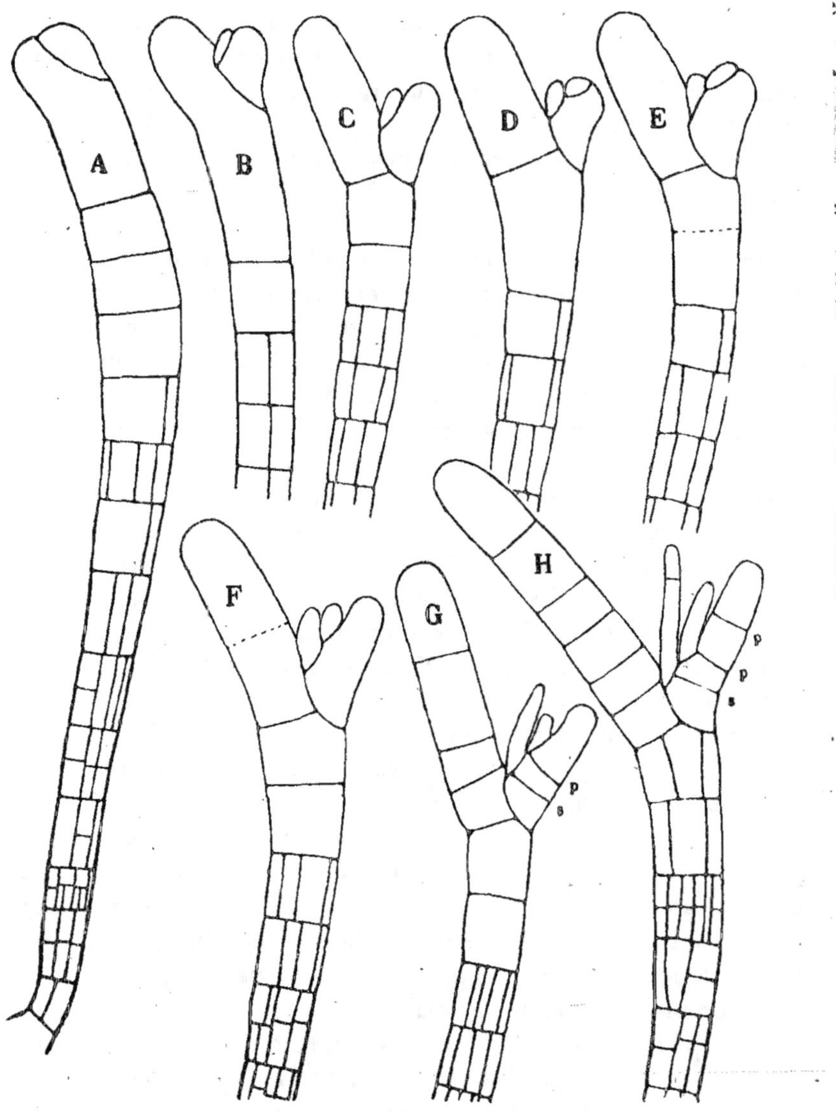

Fig. 111. — *Cladostephus verticillatus* Lyngb. — Pousses définies nées sur le thalle rampant et identiques aux rameaux verticillés. Ré, 1er avril 1900 (Gr. 200).

d'une paire de poils ; un autre poil, visible en variant la mise au point s'il est très jeune, ou distinct par sa direction un peu différente s'il est plus développé, existait derrière celui figuré. Ces poils sont endogènes, leur gaine, nettement visible dès que le poil est sorti de sa cellule-mère, persiste seule sur les parties âgées ou sur des échantillons mal conservés ; la gaine n'est pas représentée sur les dessins.

D'abord dressées, rectilignes et graduellement élargies, les jeunes pousses définies se courbent en s'allongeant. Leur courbure, débutant avant toute ébauche de ramification et sur des articles non encore cloisonnés (fig. 111, *A*), n'est donc attribuable ni à la nature sympodiale de la pousse, ni à l'orientation des premiers cloisonnements longitudinaux ; elle est indépendante de la divarication due à l'accroissement secondaire de la pousse indéfinie.

En *A*, (fig. 111), le sphacèle lenticulaire est nettement séparé ; en *B*, il s'est segmenté en sphacèle raméal, origine du ramule, et sphacèle axillaire (terminal de la génération finissante) ultérieurement trichoblastique ; la grande cellule qui prolonge la pousse définie est le sphacèle d'une nouvelle génération ; le développement ultérieur du sphacèle raméal est plus rapide que celui du sphacèle axillaire (fig. 111, *C*). Ceci est conforme au cas normal des Holoblastées. Mais, avant de se diviser par une cloison primaire, le sphacèle raméal allongé sépare sur sa face supérieure un sphacèle lenticulaire, généralement contigu au sphacèle axillaire et souvent disposé, comme lui, dans le plan de la ramification (fig. 111, *D*). Chacune de ces petites calottes (axillaire et lenticulaire), se divise une fois dans le plan du dessin qui est le plan de ramification. Il en résulte deux paires de cellules, et chaque cellule produira un poil. Or, Pringsheim, qui a donné un dessin semblable à cette figure *D* [73, pl. XXV, fig. 10, *h'*], considère que les deux petites calottes résultent de la division du sphacèle axillaire, perpendiculairement au plan de ramification, ce qui, comme je l'ai dit à propos des *Halopteris*, n'a lieu chez aucune Holoblastée, car la première division d'un sphacèle axillaire quelconque se fait dans le plan de ramification. Les deux calottes sont donc successives et non jumelles comme le croyait Pringsheim. Même sur un très jeune ramule comme celui de la figure *D*, le sphacèle axillaire a déjà

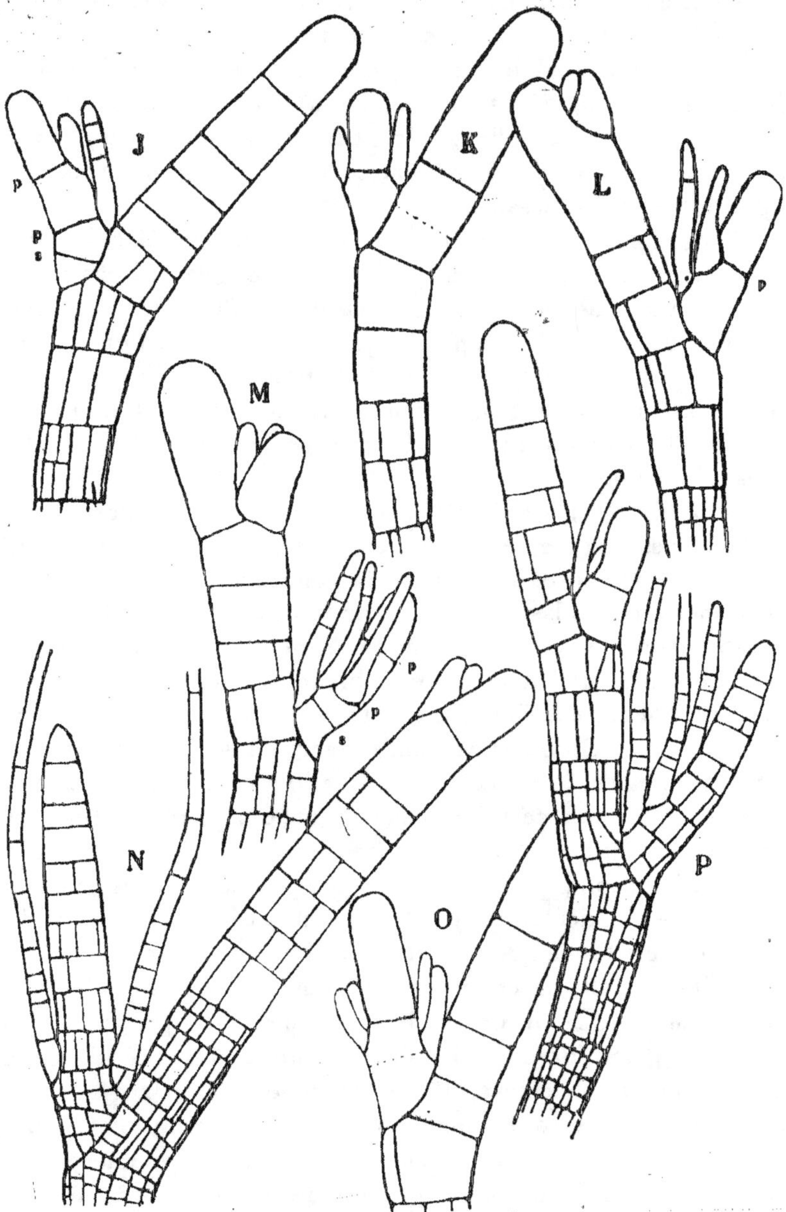

Fig. 112. — *Cladostephus verticillatus* Lyngb. — *J*, et *O*, Pousses définies nées sur le thalle rampant. — *K*, *L*, *M*, *P*, Rameaux verticillés de jeunes pousses indéfinies encore dépourvues de branches plagioblastiques. On n'a représenté ni la gaine des poils ni les poils du second plan. *J*, *K*, *L*, *M*, *O*, Ré, 1er avril 1906; *N*, *P*, Ré, 7 juin 1902 (Gr. 200).

produit deux cellules-mères de poil juxtaposées que l'on aperçoit en variant la mise au point, alors que le sphacèle lenticulaire est encore simple.

Malgré sa fréquence, le cas de la figure *D,* est loin de représenter la règle invariable. En effet, tandis que le sphacèle axillaire est toujours situé dans le plan de ramification, le sphacèle en calotte se forme souvent en avant (fig. 111, *E;* 112, *L),* ou en arrière de ce plan (fig. 111, *F, G).* D'ailleurs, la différence d'âge, déjà sensible en *D,* devient évidente peu après ; les deux poils axillaires s'allongent plus rapidement que les deux autres et se cloisonnent plus tôt (fig. 111, *G, H;* 112, *L;* 113, *A);* cette différence s'atténue, puis disparaît quand les poils sortis de leur gaine s'allongent par cloisonnement basilaire. Parfois aussi, mais plus rarement, les deux paires de poils de l'aisselle des ramules sont voisines sans être contiguës (fig. 111, *J),* soit parce que le sphacèle lenticulaire s'est plus tardivement séparé, soit parce que le sphacèle raméal s'est plus rapidement allongé ; la différence d'âge entre les deux sphacèles trichoblastiques s'est accentuée. Enfin, le sphacèle lenticulaire peut naître du côté opposé au sphacèle axillaire (fig. 112, *K, N, O);* dans ce cas encore, la paire axillaire de poils est plus âgée, et insérée plus bas que l'autre. La réalité des faits précédents ne laisse guère place à l'hésitation que si les poils sont vieux ou réduits à leur gaine. Cependant, le sphacèle axillaire se divise parfois en quatre, le cloisonnement dans le plan de ramification précédant toujours le cloisonnement perpendiculaire ; on voit alors six poils au lieu de quatre (fig. 113, *E);* si le sphacèle lenticulaire se divise pareillement en quatre, on voit huit poils (fig. 112, *O),* mais ceci est plus rare.

Pour une raison différente de celle qui vient d'être indiquée, on compte parfois six poils au lieu de quatre, tout au moins à l'aisselle du premier ramule. Un troisième sphacèle trichoblastique, toujours plus jeune que les deux autres et d'insertion assez variable, apparaît plus haut sur le ramule (fig. 112, *M, P;* 113, *A, D).* PRINGSHEIM a remarqué ce troisième sphacèle, et il en a publié une figure [73, pl. XXV, fig. 9, *z'*] qui correspond à mon dessin *D* (fig. 113) ; c'est pour lui l'origine d'un ramule court de deuxième ordre, promptement terminé en pointe et sans poil axillaire. Cette interprétation me paraît

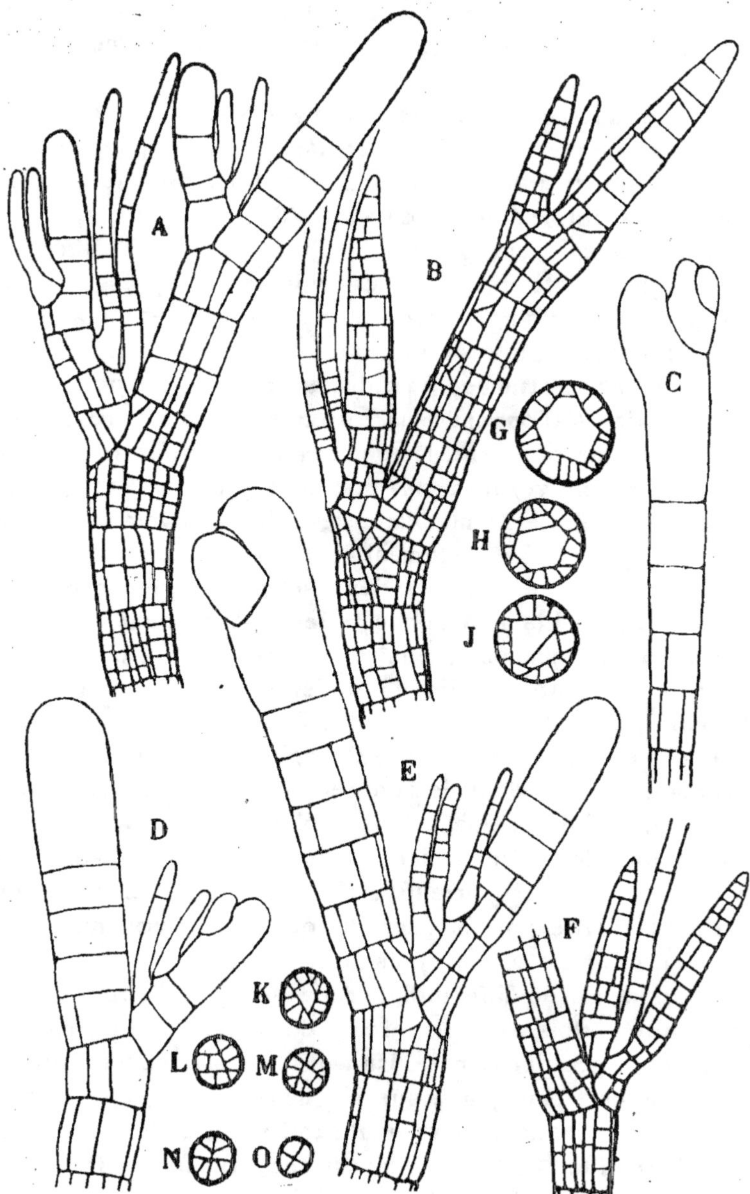

Fig. 113. — *Cladostephus verticillatus* Lyngb. — *A*, à *F*, Rameaux verticillés de jeunes
pousses indéfinies encore dépourvues de branches. On n'a représenté ni la gaine des
poils ni les poils du second plan, sauf les poils très jeunes de *A*, et de *E*,. Ré,
1ᵉʳ avril 1900 et 7 juin 1902. — *G*, à *O*, Coupes transversales de rameaux verticillés
(Gr. 200).

incorrecte, car le ramule fournissant le sphacèle, et le rameau sur lequel il s'appuie, semblent en voie d'actif développement, tandis que c'est plutôt sur des rameaux ou ramules épuisés, à cloisonnement lent, que l'on rencontre les ramules courts sans poil axillaire. D'ailleurs, ce troisième sphacèle trichoblastique, dont le plan de division est sans rapport avec celui de la ramification (fig. 113, *A),* manque souvent.

Sur les premiers rameaux verticillés d'une pousse indéfinie, sur les derniers rameaux verticillés d'arrière-saison, ou à l'aisselle des derniers ramules de rameaux plusieurs fois ramifiés, on trouvera parfois deux poils seulement, le second sphacèle trichoblastique manquant souvent et le troisième manquant toujours. Au contraire, les sphacèles axillaires divisés en quatre, et les deuxième et troisième sphacèles trichoblastiques contigus, s'observent plus souvent, indépendamment du nombre des ramules, au moment de la pleine vigueur de la pousse indéfinie.

Identiques comme taille, forme, etc., ces poils diffèrent par leur position et, par conséquent, n'ont pas la même valeur morphologique. La troisième paire de poils, rapprochée ou éloignée de l'aisselle du ramule, est comparable aux poils d'un *Sphacelaria (S. cirrosa, S. tribuloides...* etc., et mieux *S. radicans),* leur cellule mère est le sphacèle terminal d'une génération, et leur présence révèle une ramification sympodiale. Le sphacèle axillaire, origine de la première paire de poils, s'interprète aussi facilement ; c'est le sphacèle terminal de toute ramification holoblastique, qu'il reste stérile *(Halopt. filicina)* ou qu'il fournisse un ou plusieurs poils *(Halopt. scoparia).* Le deuxième sphacèle trichoblastique est, comme le troisième, terminal d'une génération très courte ; la difficulté d'interprétation vient du cloisonnement transversal du ramule sur lequel il paraît inséré. La première cloison primaire qui, dans la ramification sympodiale des Sphacélariacées, apparaît après la séparation d'un sphacèle lenticulaire, est perpendiculaire à la cloison en verre de montre ; elle sépare la génération ancienne de a génération nouvelle ; on sait aussi (voy. p. 271) que la première cloison primaire d'un rameau holoblastique s'appuie sur le sphacèle situé à son aisselle. Or, ceci ne se produit, sur les ramules du *Cladostephus,* que si les deux premiers sphacèles trichoblastiques sont plus espacés que de coutume (fig. 112, *J),* car, lorsqu'ils sont contigus, la première cloison s'appuie sur le deuxième sphacèle trichoblastique (fig. 111, *G, H;* 112, *L).* La cloison secondaire qui divise l'article primaire s'appuie alors sur le sphacèle axillaire (111, *G, H;* 113, *D, E);* on s'en rend compte, sur les ramules jeunes où ces deux cloisons existent déjà, par la moindre épaisseur de celle formée la deuxième. L'irrégularité s'explique donc par la contiguité inusitée de deux sphacèles terminaux ; le deuxième sphacèle terminal étant séparé avant l'apparition de la première cloison primaire, celle-ci manque ; la première cloison primaire formée devrait théoriquement être la seconde, et le premier article primaire, avec les deux sphacèles trichoblastiques qui le surmontent, équivaut à deux générations au lieu d'une. Le même fait se produit avec le troisième sphacèle trichoblastique. Quand celui-ci est suffisamment éloigné du second (fig. 113, *D),* la deuxième cloison primaire s'appuie contre lui (fig. 113, *A,* à gauche). S'il est contigu au deuxième sphacèle, c'est contre lui que s'appuie la première cloison primaire (fig. 112, *M, P);* le premier article primaire du ramule équivaut alors à trois générations ; il y a raccourcissement du phénomène sympodial. La ramification sympodiale se retrouve donc constamment.

Cependant, le cas représenté par les dessins *B* et *C* (fig. 113), dont j'ai rencontré fort peu d'exemples, mérite d'être signalé : les poils se développent du côté opposé à l'aisselle du ramule. C'est que l'holoblastie est incomplète ; le sphacèle lenticulaire né sur le rameau s'allonge directement en ramule, autrement dit, la ramification est acroblastique (fig. 113, *C);* la séparation ultérieure, par le jeune ramule, d'un sphacèle lenticulaire trichoblastique, rentre dans le cas général (fig. 113, *C);* s'il sépare successivement deux sphacèles lenticulaires trichoblastiques (fig. 113, *B),* la première cloison primaire s'appuie sur le second et non sur le premier. Autrement dit, le cas du dessin *B* (fig. 113), à deux paires de poils, correspond aux dessins *M, P* (fig. 112) et *A, D* (fig. 113) à trois paires de poils ; la différence tient au point de départ, qui donne un ramule acroblastique dans le premier cas, un ramule holoblastique dans le second. Cette disposition exceptionnelle est une irrégularité, puisque le deuxième ramule de *B* (fig. 113) est holoblastique, comme dans le cas général.

Une autre irrégularité est plus fréquente, surtout quand la végétation est peu active : un ramule remplace les poils. Pour cela, le sphacèle axillaire, normalement trichoblastique, se

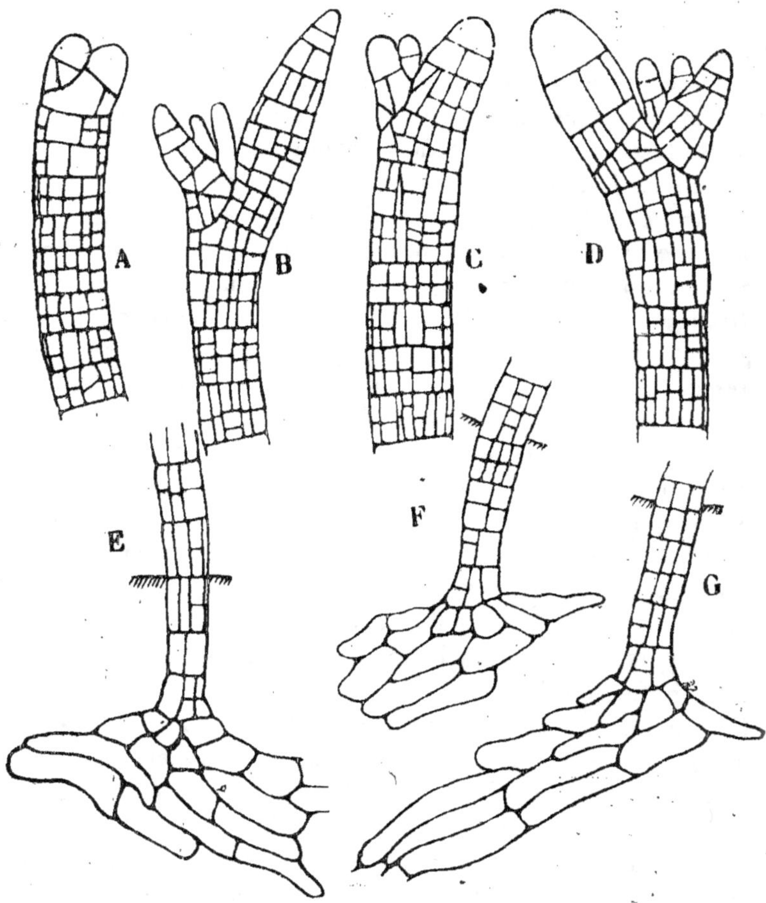

Fig. 114. — *Cladostephus verticillatus* Lyngb. — *A,* à *D,* Extrémité de rameaux verticillés voisins du sommet de longues pousses indéfinies. Le Croisic, 20 septembre 1902. — *E, F, G,* Base de rameaux verticillés et cellules de l'axe séparées par dissection ; le trait transversal limite la partie enfouie dans le tissu secondaire. Roscoff, 9 mai 1902 (*A,* à *G,* Gr. 200).

développe en un ramule pouvant atteindre la même longueur que le ramule axillant ; si sa transformation suit sa division dans le plan de ramification, au lieu de la précéder, il fournit deux ramules ou un ramule et un poil. S'il existe deux sphacèles contigus, c'est tantôt le premier, tantôt le second, qui se transforme (fig. 113, *F*), plus rarement les deux. Enfin, un cas intermédiaire se présente quand le poil sépare à sa base une cellule simple ou cloisonnée (fig. 113, *N*), comparable à un pédicelle ; cette modification m'a semblé plus fréquente chez le *Cl. spongiosus*.

Le retard de la croissance générale en automne diminue l'uniformité des rameaux verticillés ; ils sont d'abord les uns ramifiés, les autres simples ; les suivants sont tous ou presque tous simples. Leurs ramules, de plus en plus courts, naissent plus loin de la base, comme on le voit sur les rameaux *Q* à *V* (fig. 110), pris vers le sommet d'une longue pousse indéfinie récoltée le 20 septembre au Croisic ; les ramules encore plus modifiés des rameaux *A* à *D* (fig. 114), de la même récolte, s'allongeront à peine ; en *B* (fig. 114), la paroi plus épaisse que de coutume des deux paires de cellules trichoblastiques indique qu'elles ne se développeront pas davantage ; de même, le développement des cellules axillaires de *C* et *D* (fig. 114), cloisonnées en ébauches de ramules, n'ira pas plus loin. La pousse holoblastique de *A* n'a même pas séparé de sphacèle axillaire ; elle est acroblastique. Enfin, le dernier article primaire des rameaux *A* et *C* (fig. 114) s'est divisé longitudinalement au lieu de produire des articles secondaires. Les cellules terminales de ces divers rameaux verticillés étaient remplies de matière tannique brune foncée.

Les pousses microblastiques garnissent souvent la tige jusque près du sommet ou même jusqu'au sommet, entre les rameaux verticillés qui ont persisté. Certains de ceux-ci, arrêtés dans leur développement durant la saison froide, s'allongent au printemps par cloisonnement du même sphacèle ; ils utilisent probablement alors la matière tannique amassée dans les cellules terminales car la portion nouvelle est peu teintée. Cet allongement printanier ne se fait pas toujours exactement dans le prolongement du rameau et il en résulte une courbe plus ou moins brusque, comme on le voit sur les dessins *X*, *Y* (fig. 110) pris sur des plantes récoltées le 1ᵉʳ avril.

Un échantillon de l'herbier Thuret, récolté par SCHOUSBOE à Tanger en 1825, haut d'environ 20 cm., dénudé à sa base et cependant privé de pousses microblastiques, présente çà et là des broussins saillants, les plus volumineux atteignant la grosseur d'une tête d'épingle, qui tantôt semblent intercalés parmi les verticilles, tantôt déforment la pousse et la coudent à leur niveau. Les rameaux verticillés sont simples ou présentent, près de leur extrémité, un ramule à aisselle pilifère.

De très nombreuses pousses définies enchevêtrées, correspondant à des rameaux verticillés plus ou moins modifiés, constituent ces broussins. J'en ai disséqué trois. Tantôt ces pousses se ramifient plusieurs fois dès leur base, en branches égales, ou bien l'une d'elles se bifurque à un niveau variable en deux branches égales très écartées et recourbées, comme si elles provenaient d'une dichotomie ; tantôt l'une des pousses rampe comme un stolon de *Sphacelaria* émettant de nombreux filaments dressés ; enfin, certaines pousses produisent simultanément et dans toutes les directions plusieurs rameaux très divariqués.

Ces broussins apparaissent de bonne heure ; à leur niveau, la portion médullaire élargie et déformée émet des pousses définies contiguës déjà ramifiées dans l'épaisseur de la couche corticale. Un échantillon d'herbier ne pouvait permettre de reconnaître la cause de cette bizarrerie.

E. — Les pousses dressées portées par le thalle rampant ; remarques biologiques.

Le thalle rampant engendre simultanément des pousses dressées indéfinies, qui sont la forme connue de la plante, et en plus grand nombre, des pousses définies que les auteurs n'ont pas signalées. Celles-ci, de très petite taille par rapport aux premières, sont plus ou moins incluses dans le mince dépôt limoneux, qui recouvre même les disques les plus propres ; les unes sont identiques comme forme, taille, etc., à des rameaux verticillés ; les autres, 2-3 fois plus longues, plus cylindriques, plus rectilignes, dressées ou inclinées ou un peu ondulées, comme on le conçoit pour des pousses grêles relativement longues et non soutenues, sont simples, ou portent quelques poils ou de courts ramules holoblastiques. A part le cas signalé au paragraphe G, p. 576, je n'en ai rencontré aucune fournissant des ramules hémiblastiques ni pouvant être appréciée comme intermédiaire avec les pousses indéfinies.

L'augmentation constante de largeur et d'épaisseur du thalle rampant, d'après les modes indiqués plus haut, est insensible à l'œil nu. On dirait, pendant la majeure partie de l'année, qu'il ne se modifie point. Mais, vers la fin de mars et au commencement d'avril, alors que les anciennes pousses indéfinies dénudées terminent leur période de reproduction, il devient le siège d'une activité considérable. On en voit sortir de jeunes pousses indéfinies dressées, s'allongeant rapidement, pourvues de rameaux verticillés ; leur teinte brun pâle tranche sur le noir du thalle rampant et des vieilles tiges dénudées. On en trouve souvent une cinquantaine ou même une centaine entassées sur un même disque ; la figure 95, *A*, qui correspond seulement à un fragment du thalle rampant, montre la taille qu'elles avaient déjà acquise le 10 avril à Guéthary. Bon nombre d'entre elles atteindront leur complet développement ; les autres disparaîtront, étouffées par leurs voisines, ou resteront grêles, courtes et étiolées. Ainsi, la pousse indéfinie représentée sur la figure 94, appartenait à une touffe très dense, cueillie le 6 juillet à Guéthary, dont les autres pousses indéfinies avaient la même taille et la même ramification ; cependant, on trouvait parmi elles des pousses grêles, en partie dénudées, de même hauteur qu'au 10 avril ; celles-ci ne provenaient pas d'une nouvelle prolifération du thalle rampant ; toutes avaient le même âge, mais leur développement avait été entravé ; ces pousses étiolées disparaissent généralement avant l'automne.

M. REINKE, qui a étudié seulement la plante adulte, a vu (dans la Mer du Nord ?), sur chaque thalle rampant, pouvant dépasser un centimètre de diamètre, 1-6 pousses dressées [91, 2, p. 18] ; le thalle rampant est souvent plus large sur nos côtes, et ses pousses dressées sont habituellement plus nombreuses. Ceci est d'ailleurs en relation avec la distribution géographique du *Cl. verticillatus ;* les conditions devenant défavorables, il disparaît progressivement vers le Nord.

Les pousses indéfinies sont de diamètre inégal dans leur très jeune âge ; souvent plus larges dès leur apparition que les pousses définies, elles sont parfois plus étroites. En s'allon-

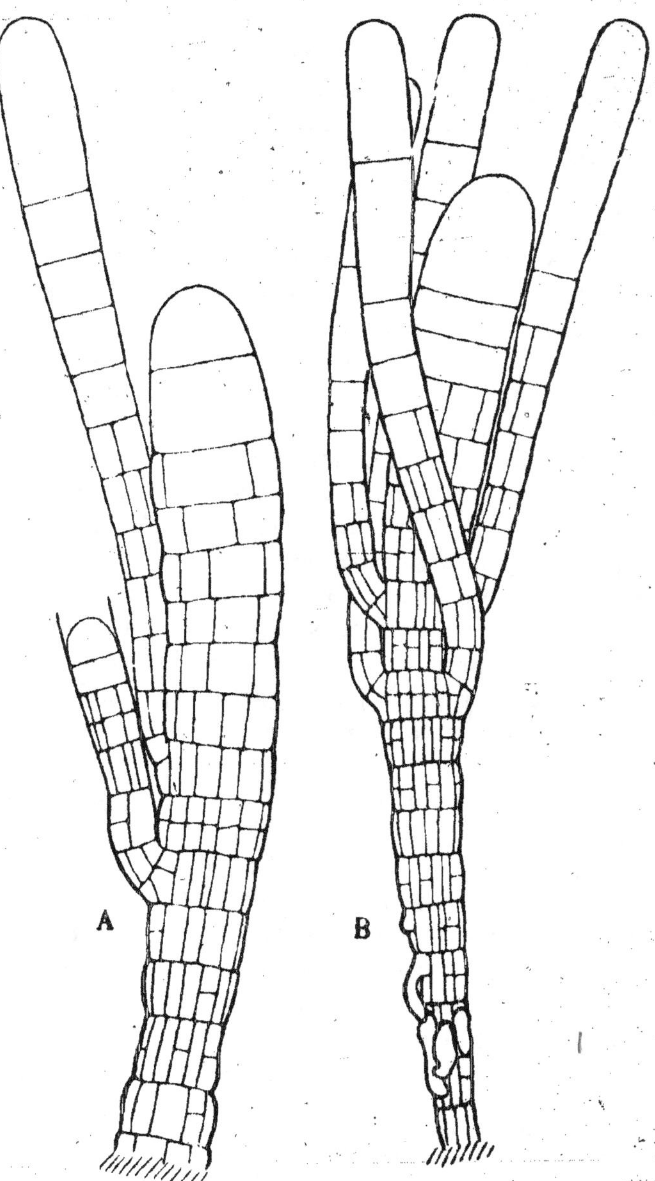

Fig. 115. — *Cladostephus verticillatus* Lyngb. — Jeunes pousses indéfinies nées sur le thalle rampant et qui ne montrent encore aucun indice du tissu cortico-rhizoïdal; en *B*, quelques rhizoïdes. Ré, 1er avril 1900 (Gr. 200).

geant, elles s'élargissent graduellement jusqu'à ce que le sphacèle ait acquis son diamètre définitif. Leurs premiers articles
ne subissent aucun accroissement secondaire : quelques-uns, et
surtout sur les pousses grêles, émettent de courts rhizoïdes
corticants (fig. 115, *B)* qui, souvent, ne descendent pas jusqu'au
thalle rampant et que la couche cortico-rhizoïdale recouvrira
bientôt ; n'ayant aucune importance pour la fixation ou l'augmentation du diamètre de la pousse, on pourrait les considérer
comme un organe ancestral indiquant une parenté avec les
Leptocaulées. Au-dessus, l'accroissement transversal débute
directement, par une couche cortico-rhizoïdale, sans cloisonnement cortical ; les cellules périphériques, remplies d'un protoplasme abondant, s'allongent en files de cellules d'abord plus
ou moins descendantes, qui rampent ensuite sur le disque et
consolident l'insertion de la plante. En *A* (fig. 116), toutes les
files cortico-rhizoïdales, étant uniformément descendantes, sont
coupées obliquement ; les pousses qui ont fourni les coupes *B*
et *C* (fig. 116) s'inséraient sur une surface irrégulière, aussi les
files rhizoïdales, qui sont descendantes sur la gauche de la figure,
sont-elles presque horizontales sur sa droite. Les sections *A,
B, C,* faites à la base de trois pousses jumelles, montrent que
le diamètre de l'axe primaire varie selon les individus (1). La
pousse indéfinie naissant parmi un bouquet de pousses définies,
la couche cortico-rhizoïdale en englobe parfois quelques-unes
(fig. 116, *B)*.

Cette couche cortico-rhizoïdale se manifeste donc sur quelques articles conservant leur structure primaire ; quelques articles suivants ne produisent pas de couche cortico-rhizoïdale (2),
mais subissent un accroissement secondaire transversal par cloisonnement cortical, sans accroissement longitudinal ; enfin, au
delà, tous les articles montrent un double accroissement secondaire longitudinal et transversal, et il en est ainsi ultérieurement
pendant toute la végétation active de la pousse indéfinie ; autrement dit, c'est seulement dans sa quatrième zone que la jeune

---

1. Le grossissement de ces dessins est le même que celui des figures 103, 104, 107.
2. Ou plutôt celle-ci cesse lorsque l'accroissement transversal commence.
Ceci s'applique aux jeunes pousses indéfinies. Ultérieurement, une couche cortico-rhizoïdale se constituera lentement, de bas en haut, aux dépens de la couche
corticale, et recouvrira la première formée. — On reviendra sur ce sujet à propos des plantules de germination.

pousse indéfinie prend sa structure définitive, les trois premières zones étant extrêmement courtes par rapport à la quatrième, comme si elles reproduisaient des stades phylogéniques.

M. REINKE signale [91, p. 19, et pl. VI, fig. 3] une membrane très épaisse enveloppant la base de l'axe des pousses dressées.

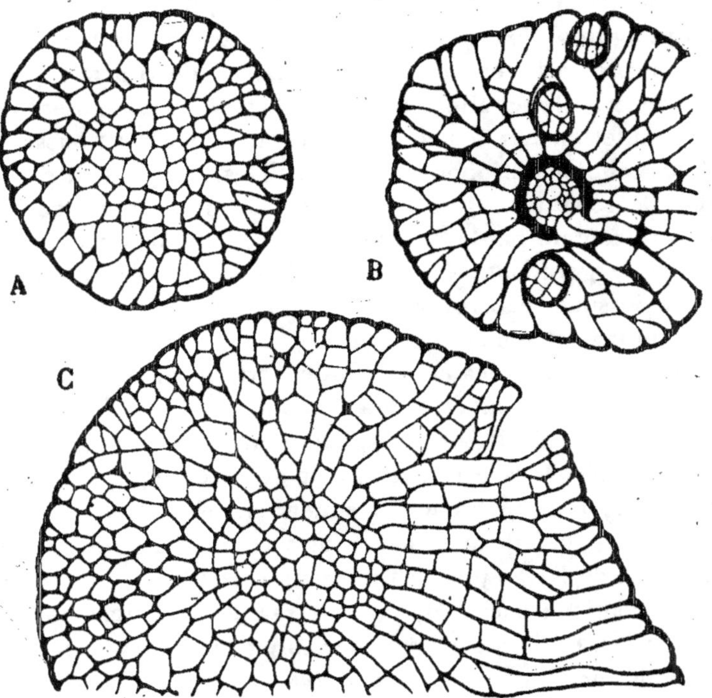

Fig. 116. — *Cladostephus verticillatus* Lyngb. — Coupes transversales de jeunes pousses indéfinies nées sur le thalle rampant. Ré, 31 mars 1900. — En *B*, le revêtement rhizoïdal inclut trois pousses définies; le vide dans la coupe *C*, correspond à une pousse indéfinie détachée par le rasoir (Gr. 200).

J'en ai rarement constaté l'existence (fig. 116, *B)* et seulement sur une faible hauteur, dans la région tout à fait basilaire ; elle apparaît lorsque la couche cortico-rhizoïdale commence à se manifester, par épaississement de l'assise interne de ses cellules, au contact de l'axe primaire non modifié.

Les pousses indéfinies *A* et *B* (fig. 115) se tenaient au milieu d'un bouquet de pousses définies deux à trois fois plus hautes qu'elles, ayant terminé leur croissance ou à peu près terminé, plus ou moins cylindriques, simples ou munies de quelques poils ou de ramules holoblastiques.

On les a choisies pour le dessin à cause du faible nombre de leurs rameaux. Les premiers rameaux sont isolés ou par deux sur un article secondaire, tantôt presque distiques, tantôt épars, que les articles secondaires supérieurs soient tous fertiles ou qu'ils présentent des solutions de continuité. Ainsi, les plantules *A* et *B* présenteront nécessairement une interruption au-dessus des rameaux figurés. Souvent, cette interruption n'existe pas; les rameaux, progressivement plus nombreux, constituent rapidement un verticille régulier; les verticilles se succèdent ensuite et cachent le sommet de la pousse. Vers le milieu des pousses *A* et *B*, les cellules périphériques des articles, remplies de protoplasme dense et foncé, ne tarderont pas à fournir une couche cortico-rhizoïdale par le procédé qui sera indiqué à propos des plantules de germination. Les verticilles mériblastiques apparaîtront lorsque l'accroissement secondaire aura fonctionné depuis un certain temps.

Les premiers rameaux, isolés ou verticillés, sont simples, les suivants sont ramifiés, selon le mode holoblastique, jamais acroblastique. Ainsi, sur des pousses indéfinies, hautes d'un centimètre, récoltées le 1er avril à l'île de Ré et au milieu d'avril à Guéthary, tous les rameaux étaient simples. Mais, sur des pousses de 2-3 cm. de la même récolte de Guéthary, ou rapportées de l'île de Ré en juin, les rameaux verticillés, au-dessus du premier centimètre environ, étaient ramifiés une fois, souvent deux fois (1), et il en est ainsi ultérieurement. Le 17 décembre, à Banyuls, une tige atteignant 6 mm. portait uniquement des rameaux simples; sur une autre, de 15 mm., ils étaient simples sur les 6 premiers millimètres, ramifiés au-dessus.

Plus tard, quand la pousse dressée émet une branche plagioblastique, les rameaux de celle-ci sont dès le début verticillés et sympodiaux, comme ils le sont sur la pousse mère au niveau de la ramification. Au contraire, sur les pousses de remplacement des vieilles tiges de l'année précédente, tous les rameaux des premiers verticilles sont simples; elles se comportent donc

---

1. Habituellement, tous les rameaux d'un même verticille sont semblables, cependant, on trouve çà et là une pousse définie simple dans un verticille de pousses définies ramifiées.

comme si elles provenaient du thalle rampant ; la ressemblance ne s'arrête d'ailleurs pas là, puisqu'elles naissent dans un bouquet de pousses définies.

Les thalles rampants récoltés à l'île de Ré le 1ᵉʳ avril portaient aussi des pousses indéfinies de l'année précédente, dégarnies de rameaux végétatifs, sauf tout à fait à leur sommet. Or, ces derniers étaient presque tous simples, quelques-uns seulement portaient une branche holoblastique rudimentaire. Les derniers verticilles se comportent donc comme les premiers ; cette réaction apparaît probablement à l'époque de l'année où la tige, devenue fructifère, ne s'allonge plus que très lentement.

Les rameaux verticillés sont éphémères. Ils se désorganisent progressivement, soit en laissant quelque temps un court moignon, soit jusqu'au ras de la pousse indéfinie. Déjà incluse dans l'écorce secondaire, la base des rameaux pourra aussi être recouverte par la couche cortico-rhizoïdale. La désorganisation des rameaux se fait dans l'ordre de leur apparition. J'ai récolté à Cadix, le 28 avril 1903, de jeunes touffes de 5 cm. dont les verticilles inférieurs étaient déjà tombés sur près d'un centimètre ; leur disparition est généralement plus tardive. Des individus de 15-18 cm., récoltés au Croisic le 20 septembre, très vigoureux et en état d'allongement, étaient dénudés sur le tiers de leur hauteur ou davantage. L'exemplaire de l'herbier Thuret, représenté sur la figure 93, récolté le 21 juillet 1853 à Cherbourg, est remarquable par la netteté de ses verticilles et par la rapidité de sa croissance que dénoncent les rameaux verticillés dont il est encore garni jusqu'à sa base, l'absence complète de pousses microblastiques et l'état encore jeune de certaines de ses branches inférieures ; le dessin le représente trop étalé dans un plan, il ressemble trop à un exemplaire d'herbier ; dans la nature, sa tige et ses branches étaient évidemment plus verticales, plus rassemblées. Bien que la hauteur de l'exemplaire représenté sur la figure 94, récolté le 6 juillet à Guéthary, soit moindre que celle du précédent, son développement est plus avancé : des rameaux ont complètement disparu, d'autres sont réduits à un court moignon, des pousses microblastiques constituent, dans la région inférieure, des pulvinules denses et définitifs et d'autres se développent parmi les rameaux dont ils masquent la disposition verticillée déjà moins nette que sur l'exemplaire de

Cherbourg; si (comme cela se présente), les rameaux verticillés enrayaient leur chute précoce et si les pousses microblastiques continuaient à apparaître de bas en haut, le long de leurs entre-nœuds, la ressemblance serait grande, deux mois plus tard, avec le *Cl. spongiosus*.

L'accroissement longitudinal, rapide au printemps, devenant ensuite de plus en plus lent, les tiges et leurs branches sont dénudées de leurs rameaux verticillés, jusque tout près du sommet, dans les premiers mois de l'année suivante. Elles sont alors noires et raides, cassantes, de 400–800 μ de diamètre et ressemblent à un *Ahnfeltia plicata*, comme le montre la figure 95, *A*, où l'exemplaire dessiné représente un cas extrême, mais assez fréquent, car toutes les extrémités étant tronquées, tous les rameaux verticillés ont disparu. Toutefois, les Algues épiphytes, qui recouvrent le *Cladostephus* à cette époque de l'année, le travestissent parfois au point de le rendre méconnaissable.

Bien que la plante garnie de rameaux verticillés paraisse un site très favorable à la fixation et au développement des épiphytes, ceux-ci sont généralement beaucoup plus envahissants dans les parties dénudées, fructifères ou stériles (sauf les Diatomées et autres organismes microscopiques). Ces épiphytes sont très variés : *Sphacelaria cirrosa* souvent abondant, *Calothrix*, *Cladophora*, *Chylocladia*, *Ceramium*, *Chantransia*, *Melobesia*, *Jania corniculata*... etc. Ce dernier abonde parfois sur le *Cl. verticillatus* à tel point qu'il le masque complètement. J'ai souvent remarqué le fait, mais particulièrement à l'île de Ré dans les derniers jours de mars 1900 : pendant mes deux premières excursions, par des marées favorables, et bien que l'espèce fut très répandue, j'ai vainement cherché des exemplaires qui en fussent indemnes; j'en ai récolté seulement le troisième jour, dans une autre localité de l'île. Tous les individus rencontrés les deux premiers jours, de 15-25 cm. de hauteur, étaient littéralement couverts de superbes touffes de *Jania* qui les transformaient en larges cylindres roses et raides. De larges mèches terminales de *Ceramium rubrum*, souples et polychrômes, ondulant au gré de l'eau, contribuaient à les rendre méconnaissables. Mais, après avoir compris ce déguisement, je diagnostiquais facilement à distance l'invisible *Cladostephus* en cherchant les longs cylindres roses de *Jania*. Or, les épiphytes, et en particulier le *Jania corniculata*, jouent un rôle mécanique important dans la vie du *Cl. verticillatus* souvent fixé dans des rigoles où l'eau coule rapidement pendant la marée basse ; les volumineuses touffes de *Jania*, augmentant considérablement son poids et diminuant sa souplesse, opposent au courant une appréciable résistance et finalement la tige brisée, emportée par le courant, laisse sur le thalle rampant un tronçon plus ou moins long. On est même surpris que ces tiges lourdement chargées de *Jania* résistent aussi longtemps, car, chaque pousse dressée portant plusieurs branches corallinifères, les tractions s'ajoutent sur le pied unique. La traction est encore plus brutale lorsque plusieurs pousses de remplacement sont insérées sur un même point.

Les tiges brisées sont entraînées au gré du courant. Étant plus lourdes que l'eau, elles ne flottent point et la mer n'en rejette guère sur la grève. Cette action mécanique du *Jania corniculata* est sans doute la même dans nombre de localités, car les auteurs s'accordent à citer le *Cladostephus* comme son habitat favori. J'ai observé aussi à Banyuls, en hiver et au début du printemps, des *Cladostephus* presque complètement couverts de *Jania* ; or, c'est précisément à cette époque de l'année que la mer est le plus fréquemment agitée ; les choses se passent donc dans la Méditerranée comme dans l'Océan. Les autres Algues épiphytes étant moins lourdes, exercent une action moins intense et il est possible que les tiges persistantes soient alors plus longues.

Si tous les moignons se désorganisent, la plante sera composée, pour la nouvelle année, seulement de pousses dressées nouvelles nées sur le thalle rampant ancien. Mais des pousses de remplacement naissent souvent sur la troncature des moignons, ou tout au moins de certains d'entre eux, et les anciennes pousses indéfinies vivent alors une année de plus ; d'ailleurs, des sommités meurent pendant l'hiver, sans que le *Jania* ou d'autres épiphytes en soient la cause, et leur troncature prolifère pareillement. L'aspect de la plante est alors curieux en avril : des tiges noires, dénudées et ramifiées, se terminent par des bouquets de jeunes pousses de teinte claire. La figure 95, *A*, montre trois pousses indéfinies en cet état, et la touffe en comprenait nombre d'autres semblables, toutes propres ou portant seulement de minuscules épiphytes ; les bouquets de remplacement, qui s'élèvent de certains sommets tronqués, sont plus courts que les nouvelles tiges dressées du thalle rampant, mais d'autres exemplaires montraient la disposition inverse.

On trouve donc, au début du printemps, des tiges dressées prolifères, dont la longueur est probablement en relation avec la nature et l'abondance des épiphytes qu'elles ont abrité. J'en ai observé, à Guéthary, le 10 avril, de tellement courtes qu'il fallait écarter les autres pour les voir ; la distinction des pousses normales et des pousses de remplacement demandait alors quelque attention. Il en sera de même sur l'exemplaire de la figure 95, *B*. si ses moignons les plus courts prolifèrent et si le thalle rampant (en retard à cette date) produit des pousses dressées. L'exemplaire de la figure 95, *A,* possède peu de branches nées par trois et encore peut-être proviennent-elles de pousses plagioblastiques nées au même niveau ; il était probablement âgé d'un an. Mais si plusieurs tiges voisines, dénudées, portent chacune un bouquet de branches vers la même hauteur, on peut diagnostiquer qu'elles ont deux ans d'existence. Ainsi, d'autres exemplaires, récoltés le même jour, longs de 15-18 cm., pareillement dégarnis de leurs rameaux verticillés et privés d'épiphytes, se composaient d'une partie inférieure âgée de deux ans, dont toutes les pousses de remplacement (âgées d'un an) étaient tronquées ; parmi celles-ci, les unes, semblant incapables de proliférer, disparaîtront prochainement, les autres émettaient de jeunes bouquets poussant vigoureusement ; de nombreuses tiges nouvelles, longues de 2 cm., constituaient un gazon dense sur le thalle rampant ; or, le *Cl. verticillatus* pouvant atteindre au bout d'un an sa taille maxima de 20-25 cm., ces pousses dressées prolifères ne peuvent vivre une année de plus et se détruisent probablement durant le printemps, tandis que celles issues du thalle rampant croissent activement. Par suite, la base d'une tige dressée vivra d'autant plus longtemps que le tronçon persistant sera plus court.

Le thalle rampant est si dense que de nouveaux disques ne s'intercalent pas dans son épaisseur, et son adhérence est si grande qu'il reste fixé aussi longtemps qu'il est vivant. Cependant, sa face inférieure rendue libre peut fournir des productions dressées comme la face supérieure. J'ai fait à ce sujet une seule expérience, mais elle est probante.

Le 2 janvier 1907, je jetai, dans un aquarium du Laboratoire de Banyuls où je conservais d'autres Algues, une touffe de *Cl. verticillatus* munie de son thalle rampant et dont j'avais séparé quelques fragments pour établir des cultures de zoospores. Elle tomba couchée sur le fond, la face inférieure du disque tournée obliquement vers la surface de l'eau, et y fut laissée jusqu'au 29 mai suivant. Les pousses indéfinies, définies et microblastiques se modifièrent à peine, mais, de la section d'une pousse indéfinie restée emmêlée dans la touffe, s'élevait un bouquet de rameaux, parmi lesquels se dressaient trois jeunes pousses indéfinies. Le thalle rampant avait fourni seulement trois nouvelles pousses indéfinies sur sa face supérieure, peu distinctes parmi les anciennes, mais, de sa face inférieure, sortait un gazon de pousses définies et indéfinies, celles-ci hautes d'environ 2 cm. Autrement dit, la face inférieure, autrefois adhérente au rocher, se comportait comme eût dû le faire la face supérieure.

Un *Derbesia* et le *Sphac. cirrosa*, épiphytes sur le *Cladostephus* s'étaient abondamment développés ; je n'ai pas vu de filaments bruns, errants ou dressés, pouvant être confondus avec ceux du *Sphac. cirrosa*, mais émanant du *Cladostephus*, comme j'en décrirai à propos du *Cl. spongiosus*.

F. — Les pousses microblastiques.

Générale en hiver, la fructification du *Cl. verticillatus* débute en automne et se termine durant le printemps ; le 4 juin 1898 à Guéthary et le 7 juin 1902 à l'île de Ré, j'ai récolté des individus dont les pousses de l'année précédente étaient encore fructifères, tandis que les plus âgées parmi les pousses indéfinies, nées deux à trois mois plus tôt sur le thalle rampant, produisaient déjà de nouvelles pousses microblastiques.

Les pousses microblastiques, très rapprochées l'une de l'autre et longues de 1/2-1 mm. (souvent 700-800 μ), très divariquées ou perpendiculaires et ressemblant à des filaments de *Sphacela-*

ria pulvinata, sont disposées en plages éparses, longues de quelques millimètres jusqu'à 1-2 cm. Moins apparentes sur les pousses encore pourvues de leurs rameaux verticillés, elles constituent, dans les parties dénudées, des pulvinules saillants et denses, souvent nettement limités, disposés en manchons complets ou incomplets, continus ou interrompus, espacés ou rapprochés, si visibles sur les parties stériles noires et lisses (de 400-800 μ de diamètre) qu'elles leur semblent étrangères (fig. 95). Longtemps après que Miss BIDDULPH eut reconnu leur vraie nature (voy. p. 481), DE NOTARIS et MENEGHINI [42, p. 340] les attribuaient à un *Sphacelaria* parasite, le *S. Bertiana,* manière de voir combattue par HARVEY [46, pl. 33]. Rien n'indique pourquoi ces plages microblastiques se constituent en un point plutôt qu'en un autre. Lorsqu'elles apparaissent parmi les rameaux verticillés, elles persistent longtemps après la chute de ceux-ci ; elles masquent parfois complètement la verticillation (fig. 94), changent l'aspect de la plante et, d'après J. AGARDH [48, p. 44], les individus ainsi modifiés furent maintes fois confondus avec le *Cl. spongiosus.*

Chaque pousse se développe aux dépens d'une cellule périphérique de la couche corticale, comme le montrent les dessins d'ensemble publiés par PRINGSHEIM [73, pl. XXIII, fig. 4, et pl. XXIV, fig. 5] ou de la couche cortico-rhizoïdale. Au début, certaines cellules seulement produisent une pousse microblastique, puis le nombre des cellules fertiles augmente et finalement presque toutes en fournissent une. Si l'accroissement diamétral se continue pendant la durée du pulvinule fructifère, la base des plus anciennes pousses microblastiques paraît enfouie dans la couche corticale et plus souvent dans la couche cortico-rhizoïdale ; les rameaux verticillés nous ont déjà présenté le même phénomène mais beaucoup plus accentué (1).

Les rameaux verticillés insérés parmi les plages microblastiques restent stériles ; cependant, ceux qui se développent à la fin de l'hiver ou au début du printemps, alors que la pousse indéfinie s'allonge encore, peuvent être fertiles. Je l'ai vu, par exemple, sur des individus récoltés à l'île de Ré, le 20 mars 1900, dont l'allongement était très lent ; les articles, conservant leur

---

1. PRINGSHEIM croyait [73, p. 381] que les pousses microblastiques sont toujours entièrement libres au-dessus de la surface de la plante.

structure primaire sans subir aucun accroissement secondaire
longitudinal ou transversal, ne pouvaient produire ni pousse
mériblastique ni pousse microblastique, mais les pousses hémiblastiques, de même forme et de même disposition verticillée
qu'à l'ordinaire, portaient des sporanges pédicellés comme
l'eussent fait des pousses microblastiques. J'ai vu aussi des
pousses hémiblastiques et microblastiques fructifères tout près du
sommet de pousses indéfinies récoltées à Biarritz le 8 mars 1894
et à Rovigno en janvier 1897.

Souvent, les plages microblastiques apparaissent d'abord
dans la région dénudée, puis progressivement de bas en haut ;
d'autres fois, elles apparaissent presque simultanément sur toute
la longueur de la plante. D'ailleurs, des pousses microblastiques
se développant souvent dès le début de juin, alors que l'allongement des pousses indéfinies se continuera pendant l'été, les
plages fertiles seront d'âge différent à l'époque de la reproduction. On observe toutefois d'importantes variations. Ainsi, sur
un exemplaire en grande partie dénudé récolté au Croisic,
le 20 septembre 1902, c'était seulement à la base, et aux dépens
de la couche cortico-rhizoïdale, qu'existaient plusieurs manchons
peu denses de pousses microblastiques étroites et fusiformes,
sans poils, ni ramules, ni indices de fructification, ayant néanmoins toutes atteint leur taille définitive et dont la base était
incluse, sur une épaisseur de 25-40 μ, dans la couche cortico-
rhizoïdale. Le cas inverse peut se présenter ; ainsi, la partie
inférieure des pousses indéfinies dénudées et fertiles, longues
de 12-16 cm., récoltées à Guéthary, le 10 avril 1902, présentait
des manchons d'apparition récente, moins foncés que les autres,
brunâtres, constitués par des pousses microblastiques non fructifères ou même s'allongeant encore. L'état des pousses microblastiques varie aussi selon les manchons considérés, dès le début
de la saison ; ainsi, les rameaux verticillés garnissaient encore,
sur une grande partie de leur longueur, la plupart des individus
récoltés à Guéthary, le 9 novembre 1912 ; or, les manchons inférieurs de la région dénudée, bien que la base des pousses
microblastiques fut déjà incluse dans un bourrelet cortico-rhizoïdal, présentaient de rares sporanges, jeunes ou mûrs, mais
non vidés ; au contraire, les pousses microblastiques insérées
parmi les rameaux verticillés, même vers l'extrémité des

poùsses indéfinies, présentaient souvent deux sporanges emboîtés.

Les pousses microblastiques disparaissent au printemps sur les pousses indéfinies qui durent deux années ; celles-ci semblent incapables d'en produire de nouvelles. Ainsi, de beaux individus dépourvus de *Jania,* récoltés à Guéthary, le 10 avril 1902, commençaient leur troisième année par de jeunes bouquets de remplacement sur les sommets tronqués ; ils se composaient de trois parties : l'inférieure, née deux ans avant, longue de quelques centimètres et entièrement stérile, la supérieure, plus longue, constituée par des pousses de remplacement disposées en bouquet sur la précédente, était au contraire très fertile.

Toutes les pousses microblastiques sont ou peuvent être fructifères. Les unes, courtes et grêles, se terminent par un sporange (fig. 117, *A, B, C, D,* et fig. 118, *P, Q, R) ;* on les trouve çà et là parmi les autres, mais elles ne constituent pas à elles seules des pulvinules. Les autres, plus longues, plus larges et plus cloisonnées, fertiles dans leur région moyenne et terminées en pointe, ressemblant davantage à de courts rameaux verticillés, portent, vers leur extrémité, des poils isolés ou géminés ou de courts ramules holoblastiques à aisselle pilifère (fig. 117, *E, F, G, H, K) ;* d'autres, enfin, plus souvent courbées que rectilignes, s'élargissent assez régulièrement jusqu'à leur sommet large, arrondi et stérile. Un même pulvinule renferme simultanément des pousses simples et des pousses ramifiées ; toutefois, celles ramifiées et pilifères constituent en majeure partie les pulvinules développés de bonne heure, en juillet, alors que les rameaux verticillés sont très pilifères ; au contraire, ies pulvinules tardifs sont en majeure partie composés de pousses simples et non pilifères. Les pousses microblastiques se détruisent progressivement à leur extrémité, aussi sont-elles pour la plupart tronquées dans les pulvinules âgés.

Les sporanges latéraux sont toujours pédicellés et naissent sur les articles secondaires supérieurs, comme chez les *Sphacelaria,* par la protubérance d'une cellule généralement non divisée transversalement ; les pédicelles, uni ou paucicellulaires, naissent assez fréquemment d'un même côté du filament (fig. 117,

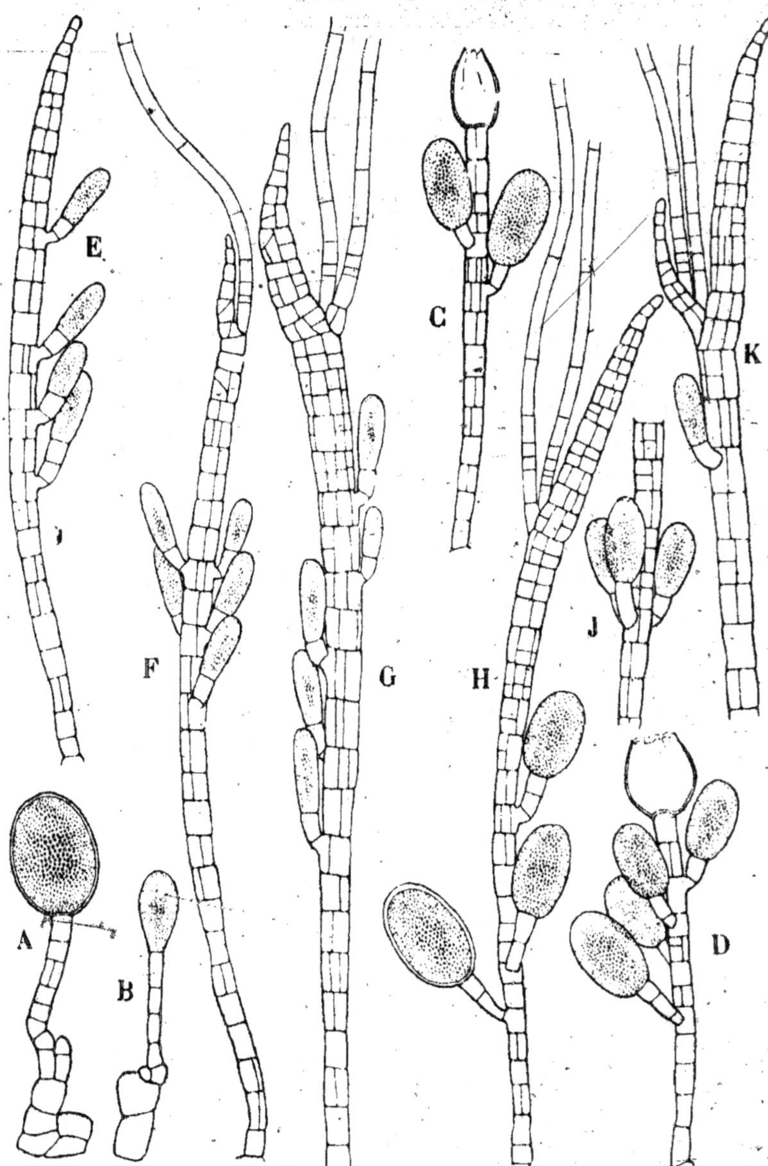

Fig. 117. — *Cladostephus verticillatus* Lyngb. — Pousses microblastiques portant des sporanges uniloculaires. Banyuls, 17 décembre 1905. — *A*, et *B*, Pousses courtes avec les cellules de l'axe séparées par dissection. — *J*, et *K*, sont des portions de pousses, les autres sont des pousses entières. On n'a représenté ni la gaine des poils ni les poils du second plan (Gr. 200).

E, 119, *A*, *B*); un article porte parfois deux pédicelles, plus rarement trois (fig. 117, *J*). Les sporanges d'un même filament se développent à peu près simultanément.

Les sporanges uniloculaires, d'abord cylindriques (fig. 117, *E*, *F*, *G*) s'élargissent ensuite ; presque toujours plus longs que larges, les sporanges mûrs sont ovales, parfois plus larges à leur base et ovoïdes ; j'ai mesuré des sporanges (non emboîtés) sur des individus de Cherbourg, de l'île de Ré, de Guéthary de Banyuls, de Crimée, sans constater de différences sensibles dans leurs dimensions ; celles-ci, souvent de 63-66 μ sur 45 μ varient de 55 à 80 μ sur 35 à 55 μ.

Leur déhiscence se fait par une ouverture terminale relativement large et le sporange vidé diminue légèrement sa largeur en se plissant, mais la membrane persiste longtemps. Peu après, un nouveau sporange se développe dans la cavité de l'ancien (fig. 118) ; pour cela, le pédicelle s'allonge d'un ou de plusieurs articles ou parfois le nouveau sporange se développe sur le même article légèrement accru ; il en résulte des sporanges emboîtés l'un dans l'autre, les derniers formés étant souvent de moindres dimensions ; en arrière-saison, on en trouve fréquemment quatre ou cinq emboîtés. Dans des pulvinules vieux et encombrés de microscopiques épiphytes, récoltés à Guéthary le 4 juin 1898, j'ai compté jusqu'à huit sporanges emboîtés, et des traces laissées sur les articles sous-jacents indiquaient qu'un même pédicelle avait fourni dix à douze sporanges successifs. Déjà, les sporanges emboîtés par deux n'étaient pas rares sur des pulvinules récoltés le 9 novembre à Guéthary, et emboîtés par trois sur des pulvinules récoltés à Banyuls le 17 décembre. Le cas représenté en *N*, (fig. 118) d'un sporange latéral sur un pédicelle ancien est exceptionnel.

Les organes pluriloculaires sont disposés comme les précédents et mesurent 50-90 μ sur 25-30 μ lors de la maturité ; les logettes ont environ 4 μ de hauteur. Malgré des recherches souvent répétées, je n'ai jamais vu d'organes pluriloculaires mûrs ou vidés présentant de plus grandes logettes. Leur déhiscence est individuelle pour chaque logette. Le sporange vidé se maintient un certain temps avec la même forme et les mêmes dimensions, grâce aux cloisons internes qui lui conservent sa raideur ; il est mince, transparent, peu résistant et les orifices de déhiscence se distinguent assez mal si l'on ne colore pas la membrane ; puis, il se flétrit, s'affaisse et disparaît.

PRINGSHEIM croyait que les nouveaux sporanges pluriloculaires, à l'inverse des sporanges uniloculaires, naissent toujours latéralement sur le pédicelle ancien plus ou moins accru après la déhiscence [73, p. 385]. Ceci n'est nullement une règle générale. Un sporange nouveau naît souvent à la place de l'ancien ; toutefois, la paroi vide, peu résistante, et promptement déchi-

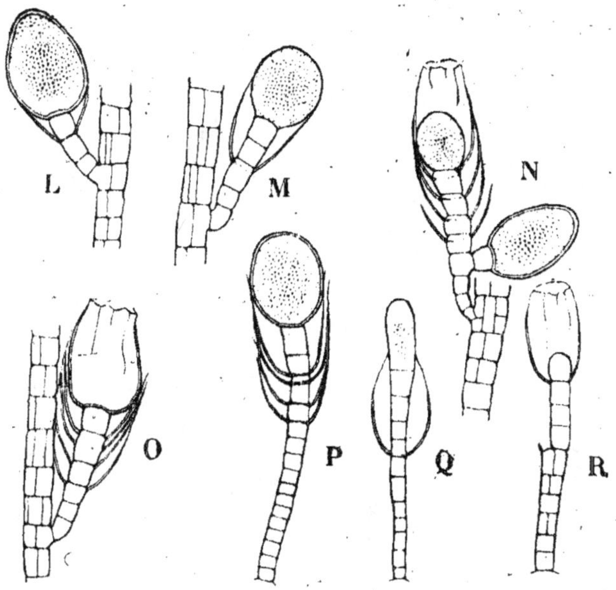

Fig. 118. — *Cladostephus verticillatus* Lyngb. — Pousses microblastiques à la fin de la saison de reproduction, Guéthary, 10 avril 1902. — P, Q, R, sont des pousses courtes entières ; les autres dessins représentent des fragments de pousses longues (Gr. 200).

rée, se manifeste encore par une collerette parfois à peine marquée ; la figure 119, *C*, montre que des sporanges pluriloculaires se sont succédé sur le même pédicelle, comme l'eussent fait des sporanges uniloculaires et en aussi grand nombre. Mais les choses se passent souvent autrement ; la cellule du pédicelle, qui supportait le sporange, s'élargit latéralement et en produit un nouveau, soit lorsque la dépouille de l'ancien est détruite, soit pendant qu'elle persiste encore. Les sporanges vidés, rejetés sur le côté, persistent plus longtemps que ceux traversés. Ainsi,

sur les dessins *A*, et *B*, (fig. 119) le pédicelle supérieur porte
le sporange premier formé, les cinq autres sporanges sont des
sporanges de remplacement ; la dépouille de celui qu'ils remplacent existait encore, plus ou moins flétrie, répoussée sur le
côté ou contiguë, mais on ne l'a pas représentée ; les dessins

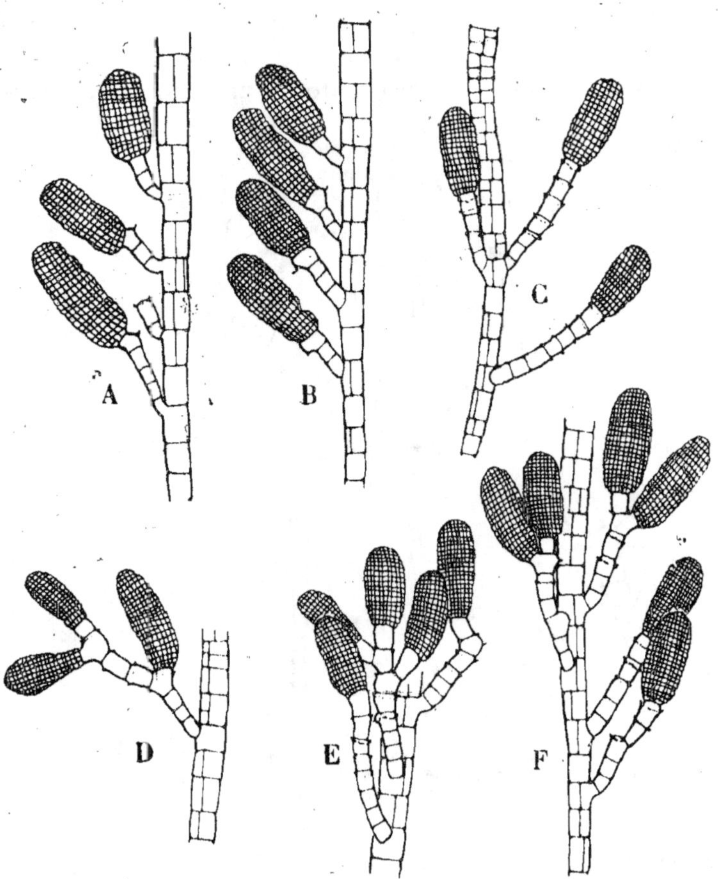

Fig. 119. — *Cladostephus verticillatus* Lyngb. — Pousses microblastiques à sporanges
pluriloculaires. — *A*, *B*, Banyuls, 22 décembre 1905. — *C*, *D*, *E*, *F*, Biarritz,
8 mars 1894. — Le contour des sporanges est dessiné exactement, mais le cloisonnement en logettes est schématisé (Gr. 200).

montrent l'emplacement de son insertion soit au-dessus soit au-
dessous de celle du nouveau sporange. Les autres dessins *C*, *D*,
E, *F*, montrent aussi le lieu d'insertion des sporanges anciens ;
ceux-ci n'existaient plus sur la préparation ; une très légère

collerette, ou simplement un liséré saillant, indiquait leur situation. Des dispositions semblables à *D, E, F*, sont fréquentes en-arrière-saison. Les dessins de la figure 119, indiquent fidèlement les pédicelles et les contours des sporanges ; les cloisonnements en logettes sont schématisés.

G. — Les plantules de germination.

Les touffes munies de sporanges pluriloculaires m'ont paru moins fréquentes que celles munies de sporanges uniloculaires ; elles ne se distinguent pas extérieurement. J'ai longtemps supposé que les organes pluriloculaires pourraient être des gamétanges et j'ai suivi bien des déhiscences à l'île de Ré en mars 1900, à Biarritz en janvier 1904 et à Banyuls en décembre 1905 et janvier 1908, sans jamais assister à une conjugaison ni voir un seul élément libre ou fixé pourvu de deux points rouges, que les zoospores circulant dans la goutte pendante proviennent d'une même touffe ou de deux touffes. Des cultures mixtes à sporanges uniloculaires et pluriloculaires où se produisaient des déhiscences simultanées fournirent le même résultat négatif. D'ailleurs, la germination est facile et générale. Si les organes pluriloculaires sont des gamétanges, ils ont donc perdu leur sexualité et se comportent comme des sporanges.

La déhiscence d'un organe pluriloculaire s'opère à peu près simultanément pour les différentes logettes et quelques zoospores y restent parfois prisonnières. Les zoospores (ou gamètes parthénogénétiques) sont un peu moins grosses que celles des sporanges uniloculaires, plutôt ovoïdes que piriformes, ou presque cylindriques, de 6-8 μ sur 3-5 μ, souvent 6 μ sur 4 μ; on voit mal l'insertion de leurs cils longs et très grêles ; un chromatophore pâle et irrégulièrement discoïde, sur lequel est fixé le point rouge peu foncé, occupe toute leur moitié postérieure ; la partie antérieure incolore renferme le noyau et deux ou trois granules qui fixent les colorants vitaux (fig. 120). Elles se meuvent longtemps et aussi rapidement que des anthérozoïdes de *Fucus* ou de *Cutleria* dont elles ont d'ailleurs approximativement les dimensions, puis se fixent de préférence sur

le bord de la goutte pendante, du côté de la fenêtre ou du côté
opposé. Avant de se fixer, elles s'agitent pour ainsi dire sur
place, d'un mouvement de trépidation, puis elles s'arrêtent,
s'arrondissent si elles sont isolées, ou se glissent dans l'intervalle
de celles déjà fixées. Il est fréquent, surtout au pourtour de la
goutte, que le cil antérieur d'une zoospore sur le point de se
fixer devienne plus visible, presque raide, avec son extrémité
légèrement épaissie et cela parfois durant une à deux heures.
Toutes les zoospores d'un même sporange ne se meuvent pas
pendant le même temps ; certaines se fixent peu après la déhiscence, mais j'en ai vu circuler dans la goutte pendante, avec

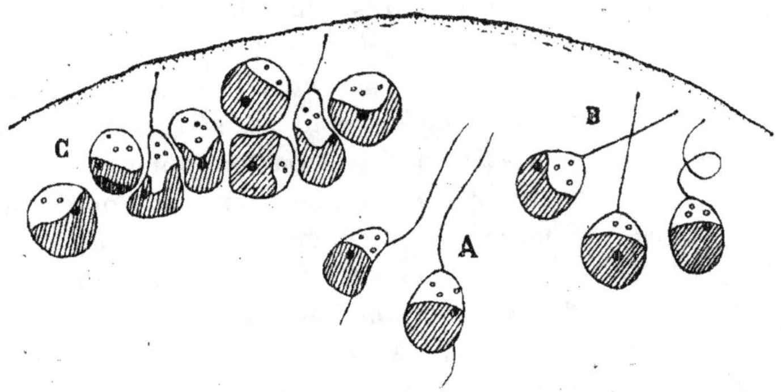

Fig. 120. — *Cladostephus verticillatus* Lyngb. — Zoospores (ou gamètes parthénogénétiques) d'une culture en goutte pendante d'organes pluriloculaires, d'après des croquis pris
à Banyuls, le 24 décembre 1905. — Le noyau, situé dans la portion antérieure incolore,
non visible sur le vivant, n'a pas été dessiné ; on a figuré le chromatophore, son point
rouge et les granules de la partie antérieure incolore. — *A*, Zoospores en mouvement.
B, Zoospores sur le point de se fixer. *C*, Zoospores fixées ou presque fixées.

moins de rapidité il est vrai, trente heures après la déhiscence
et douze heures plus tard, dans la même goutte, quelques zoospores, adhérentes à la lamelle par l'extrémité de leur cil antérieur, avaient encore un mouvement de secousses. Leur motilité se conserve à l'obscurité ; ainsi, le 8 janvier, une goutte
pendante ayant fourni sous mes yeux des déhiscences simultanées à 10 heures du matin, j'enlevai aussitôt les fragments
du *Cladostephus* et je plaçai la cellule de culture à l'obscurité
pour éparpiller les fixations ; le lendemain matin, à 9 heures, les
zoospores étaient en grande majorité fixées, mais d'autres, adhérentes par l'extrémité du cil antérieur, s'agitaient encore d'un
mouvement de secousses.

Mes cultures furent établies avec des lamelles dépolies, qui permettent une fixation plus complète et plus durable [08,2].

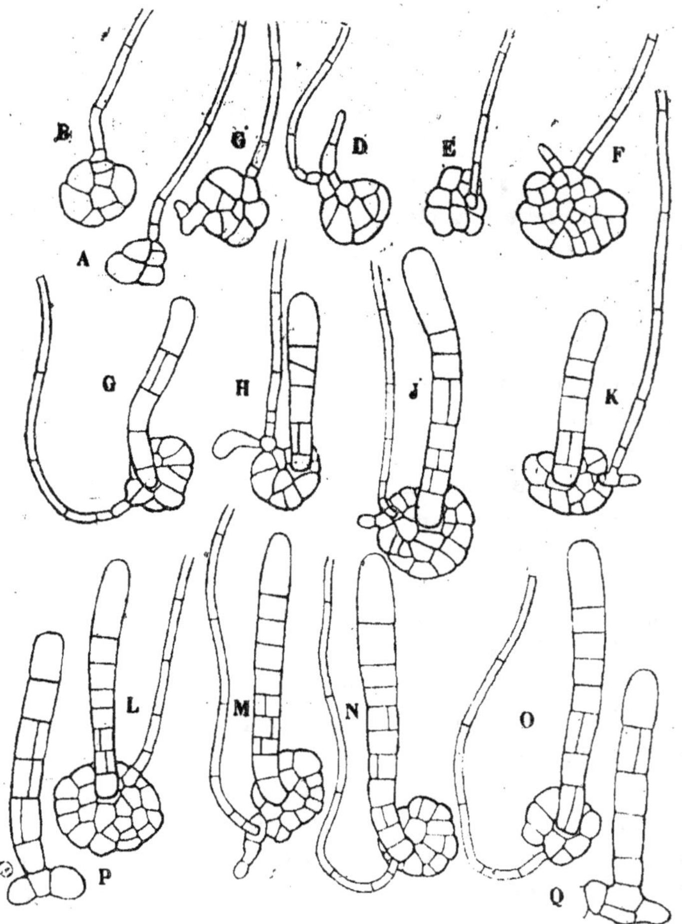

Fig. 121. — *Cladostephus verticillatus* Lyngb. — Plantules de zoospores (ou gamètes parthénogénétiques) d'organes pluriloculaires d'une culture réalisée à Banyuls. — Déhiscence du 8 janvier 1908; culture tuée le 20 février suivant, âgée de 43 jours. — *A*, à *O*, sont vues de dessus ; *P*, et *O*, obtenues par dilacération, montrent le disque en coupe (Gr. 270).

Le 6 janvier 1908, j'ai déposé dans six gouttes pendantes des sporanges pluriloculaires paraissant mûrs ; les déhiscences se produisirent le 8 dans cinq gouttes. Les cinq lamelles obtenues,

mises le lendemain dans une petite cuve en verre alimentée par
un mince filet d'eau filtrée sur du sable fin, y restèrent jusqu'au 19 juin (1). Aussitôt fixées, les zoospores isolées s'arrondissent, mesurent environ 4 à 6 μ de diamètre, s'entourent d'une
membrane et sont alors peu colorées par leur pâle chromatophore.

J'ai examiné les cultures dix jours après, le 17 janvier.
Beaucoup de zoospores fixées, adhérant encore à la lamelle,
sont mortes et reconnaissables à leur contenu incolore, plus ou
moins décomposé ; nombreuses cependant étaient celles en bon
état, mais aucune ne s'était cloisonnée. Celles-ci affectaient deux
états d'ailleurs reliés par tous les intermédiaires ; ou bien la
germination, au moins deux fois plus longue que large, ne laisse
pas distinguer le tube de germination de ce qui appartenait à
l'ancienne zoospore, ou bien l'ancienne zoospore ayant augmenté son diamètre, son tube de germination est nettement distinct. Les germinations sont de teinte foncée, car les chromatophores provenant de la multiplication de celui de la zoospore
se touchent presque et ont augmenté leur coloration ; aucune
n'a conservé son point rouge.

Je n'ai pas examiné les lamelles de culture entre le 17 janvier et le 20 février. Lent à ses débuts, le développement fut
ensuite plus rapide ; la figure 121 représente diverses plantules
isolées d'inégal développement, âgées de 43 jours, choisies sur
l'une des lamelles et ayant par conséquent vécu dans les mêmes
conditions. En plusieurs points de la lamelle, les plantules très
tassées, se déformaient mutuellement ; les disques se soudaient
entre eux, s'enchevêtraient et il devenait parfois impossible
de déterminer ce qui appartenait à l'un ou à l'autre.

Le premier résultat de la germination est la constitution
d'un minuscule disque monostromatique appliqué sur le support
comme chez l'*Hal. scoparia* [voy. 09]. Certains disques (fig. 121,
C, D, F, H....) possèdent dans leur plan un petit prolongement uni ou bicellulaire qui rappelle celui de signification morphologique incertaine de l'*Hal. scoparia*. Tandis que la première production dressée d'un *Hal. scoparia* est un filament res-

<hr>

1. Ces cultures furent établies au laboratoire de Banyuls, grâce à l'obligeance
des directeurs, MM. Pruvot et Racovitza ; elles restèrent pures, sauf la présence
d'une Algue verte microscopique et de quelques Diatomées.

semblant à un *Sphacelaria*, c'est toujours un long poil sessile chez le *Cladostephus*; chaque disque en porte un seul, né sur une cellule quelconque, parfois même dans le prolongement d'une cellule de bordure ; sa gaîne basilaire indistincte se reconnaît cependant par les colorants. J'ai examiné plus d'une centaine de germinations isolées sans jamais constater son absence. Ce poil de signification problématique dure longtemps, ou tout au moins peut durer longtemps, et je l'ai reconnu sur la plupart des plantules examinées le 30 mars suivant ; même sur les préparations chiffonnées, où les longs poils des filaments dressés sont mal étalés, on le reconnaît à sa moindre largeur, de 5-6 seulement, tandis que les poils des filaments dressés mesurent 10-12 µ.

Le premier filament dressé apparait ensuite ; il s'élève d'une cellule quelconque du disque, sauf des cellules de bordure, comme chez l'*Hal. scoparia*. Toutefois, le disque de celui-ci [09] n'en émettait point d'autre ; le filament ne fournissait cependant pas la plantule définitive ; c'était une nourrice, dite pousse de première génération, sur laquelle s'élevait une pousse de seconde génération plus longue et plus vigoureuse, elle-même productrice d'une pousse de troisième ou même de quatrième génération encore plus vigoureuse, laquelle constituait la pousse définitive ; autrement dit, la plantule définitive de l'*Hal. scoparia* était une pousse adventive du 3e ou du 4e degré par rapport à ce filament dressé. L'*Hal. scoparia* est la seule espèce du genre où les plantules de germination aient été observées, mais les plantules de l'*Hal. filicina*, nées sur les disques dus à l'épatement et au cloisonnement de l'extrémité d'un rhizoïde corticant, paraissent se comporter de même (voy. p. 323) ; elles ne fournissent pas, en effet, un thalle dressé définitif, elles sont seulement les nourrices d'une plantule adventive plus robuste qui deviendra le thalle définitif. Le filament dressé, né sur le disque du *Cl. verticillatus*, représenté sur la figure 121, ne deviendra pas davantage la pousse indéfinie caractéristique de l'adulte ; néanmoins, celle-ci aura une origine différente de ce qu'elle est chez l'*Halopteris* et sera sans relation directe avec le premier filament dressé. Celui-ci mesure seulement une quinzaine de µ à sa base ; de nouveaux filaments dressés, plus larges que le premier, mais approximativement de même longueur, apparaîtront successivement sur le même thalle rampant accru; puis, la pousse indéfinie caractéristique du *Cladostephus* surgira parmi ce bouquet de pousses définies, sans formes intermédiaires.

Plusieurs pousses définies, semblant jouer le rôle de nourrices, précèdent donc la pousse indéfinie du *Cladostephus*. Ceci est comparable, sans être identique, au développement indirect de la pousse indéfinie des *Hal. scoparia* et *Hal. filicina*. Le développement de ces plantes est échelonné.

La lamelle du 20 février, sur laquelle s'étaient développées les plantules de la figure 121, présentait aussi de plus longs filaments, mais trop longs pour être dessinés à la même échelle. Les tout premiers cloisonnements de ces filaments dressés ne sont pas ceux caractéristiques des Sphacélariacées, car l'article séparé du sphacèle ne se divise pas en deux articles secondaires; le premier filament dressé de l'*Hal. scoparia* présente la même anomalie; c'est un peu plus tard que les cloisonnements transversaux s'effectuent selon le mode caractéristique.

J'ai examiné les cultures le 30 mars ; elles étaient alors âgées de 82 jours. Le développement très inégal des plantules dépendait de leur situation sur la lamelle; celles accumulées sur la ligne correspondante au pourtour de la goutte pendante où se produisit la déhiscence, gênées dans leur développement, retardaient sur les autres (fig. 122, *A, B)*; elles possédaient un seul filament dressé, résultant de l'allongement de celui représenté sur la figure 121 et de taille plus ou moins réduite, selon leur entassement; le poil porté par le disque y était généralement bien visible. J'en ai enlevé beaucoup pour laisser plus de liberté ultérieure aux plantules isolées. Parmi celles-ci, les unes étaient constituées par un disque monostromatique, de 100-200 μ de diamètre, sur lequel se dressaient 2-4 filaments; sur les plus avancés et d'ailleurs peu nombreux, le disque plus épais, à faces supérieure et inférieure dissemblables portait déjà, parmi 4-6 filaments dressés, une très jeune pousse indéfinie caractéristique du *Cladostephus* (fig. 122, *J)*. Quelques-unes avaient fourni un stolon producteur de filaments dressés (fig. 122, *G)*; en *H* (fig. 122), on voit un stolon dont l'extrémité a été brisée en isolant la plantule et qui déjà fournit de jeunes pousses

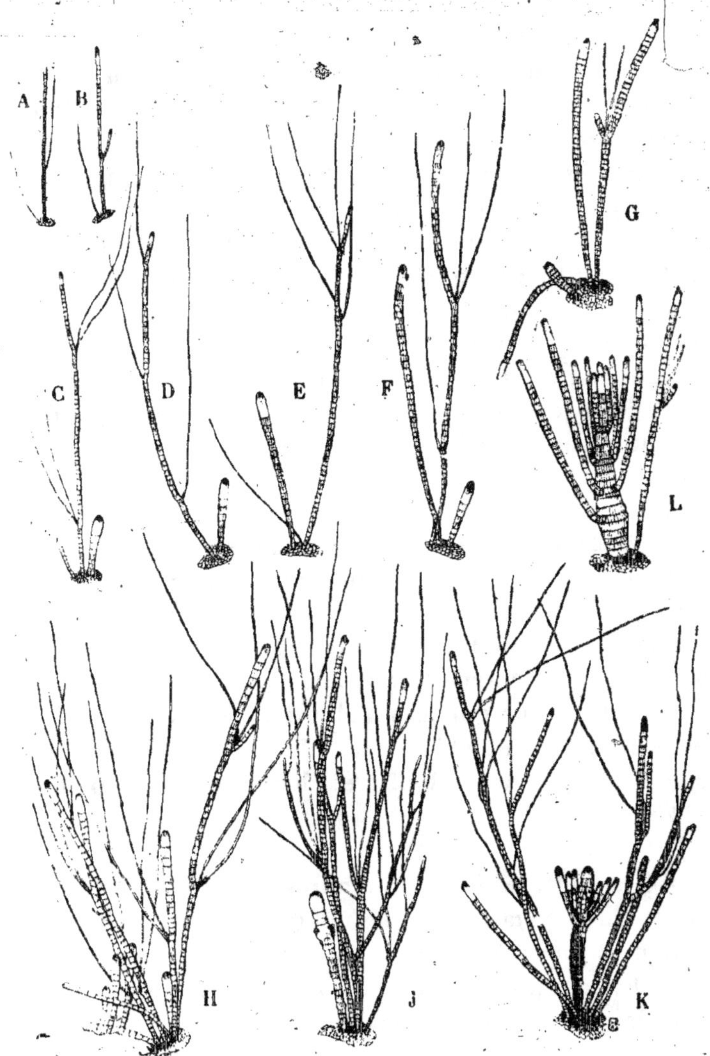

Fig. 122. — *Cladostephus verticillatus* Lyngb. — Plantules de germination obtenues à Banyuls de déhiscences d'organes pluriloculaires. — *A*, à *J*, âgées de 82 jours; *K*, et *L*, âgées de 163 jours. — Les plantules *A*, *B*, et *C, D*, restées à l'état jeune, étaient trop rapprochées et gênées dans la culture, ce qui a retardé leur croissance, tandis que les autres étaient isolées (Grossi).

La plantule *L*, montrait par transparence, dans la région axiale de sa portion inférieure, les lignes transversales séparant les articles secondaires; sur le dessin, elles sont à tort prolongées jusqu'à la périphérie. — Les cloisonnements des pousses définies et des rameaux sont approximatifs; les cloisonnements longitudinaux indiqués à leur base et à leur sommet sont trop nombreux sur cette figure et sur la suivante.

définies, mais il y avait alors dans la culture peu de stolons aussi développés ; les pousses définies y apparaissent généralement plus tard et un peu plus loin de la plantule mère (1).

Le premier filament dressé rappelle un *Sphacelaria* (fig. 122). Il est grêle et simple ; la plupart des articles secondaires de sa portion inférieure ne sont pas cloisonnés longitudinalement. Au 30 mars, ces premiers filaments dressés s'allongeaient encore et, en juin, les plus longs atteignaient 4 mm. ; les moins vigoureux fournissent uniquement des poils isolés ; d'autres fournissent d'abord un ou quelques poils isolés, puis des poils géminés comme ceux du *Sphac. radicans,* d'autres, enfin, uniquement des poils géminés ; ils produisent rarement une branche holoblastique ; toutefois, certains portaient çà et là un poil à l'aisselle d'un autre poil ce qui, somme toute, correspond à une ramification holoblastique. J'ai vu deux filaments ayant produit une branche hémiblastique et pilifère, mais ceci est une exception.

Les autres filaments dressés naissent successivement en des points variables du disque et pareillement aux dépens d'une seule cellule ; ils sont plus larges, plus régulièrement cloisonnés longitudinalement et atteindront la même hauteur ; au lieu de poils isolés (sauf ultérieurement vers leur extrémité), ils portent généralement des poils géminés d'abord épars, puis situés à l'aisselle de branches holoblastiques plus ou moins longues. Ces filaments, du type des Holoblastées leptocaulées, rappellent un *Halopteris.*

J'ai cessé les cultures le 19 juin, après 163 jours ; les plantules étaient en bel état. Les plus longues pousses indéfinies caractéristiques du *Cladostephus* atteignaient 5 mm. ; des disques simples mesuraient 1 mm. de diamètre. Pendant que la pousse indéfinie s'allonge et s'épaissit, de nouveaux filaments dressés, identiques aux anciens, s'élèvent du disque accru ; toutefois, ils n'ont assurément pas la signification de nourrices, car la pousse indéfinie s'accroît vigoureusement dès le début et

---

1. Avant de remettre les lamelles en culture, j'ai enlevé, à l'aide d'un pinceau fin, la majeure partie des Diatomées s'étant multipliées parmi les plantules et dont elles gênaient le développement. Toutefois, les plantules semblent piutôt contrariées par leurs voisines et croître d'autant mieux qu'elles sont plus isolées.

produit bientôt des rameaux hémiblastiques verticillés suffi-
sants à sa nutrition ; ils correspondent plutôt à ceux qui se

Fig. 123. — *Cladostephus verticillatus* Lyngb. — Plantules de germination, âgées de
163 jours, obtenues à Banyuls de déhiscences d'organes pluriloculaires. — *M, N*; Plantules stolonifères n'ayant pas encore fourni de pousse indéfinie. — *O*, Fragment d'un
stolon sorti d'un disque et émettant lui-même six pousses définies et sept stolons très rapprochés. — *P*, Plantule montrant le renflement de la pousse indéfinie ; la verticillation est
souvent plus précoce que sur cette plantule où les verticilles restent longtemps incomplets (Grossi).

développent sur le thalle rampant de la plante adulte. D'ailleurs, une seconde pousse indéfinie peut s'élever du même disque, lorsque la première a atteint une certaine taille.

Chaque plantule émet un ou plusieurs stolons errants (fig. 123, *M, N, P)* parfois une dizaine, simples ou ramifiés, ayant deux origines bien que de même aspect. En effet, ou bien le stolon homologue d'un filament dressé sort comme lui du disque, mais se courbe, s'infléchit pour rejoindre le support, ou bien il résulte du rapide allongement dans le sens horizontal d'une file radiale quelconque du disque. Ces stolons plus ou moins onduleux, irrégulièrement cylindriques, s'accroissent par un sphacèle (1); ils sont toujours privés de poils, sauf dans le cas peu fréquent où un filament dressé, ou une branche holoblastique de filament dressé, prend tardivement les caractères d'un stolon par son extrémité. Sortant du disque dans toutes les directions, ils disséminent la plante. Ils présentent çà et là des crampons fixateurs plus ou moins coralloïdes, nés en des points quelconques, ou au pied des filaments dressés qu'ils émettent. Ces derniers, isolés ou groupés par 2-3, identiques à ceux du disque et toujours vigoureux, naissent sur la face supérieure du stolon (fig. 124); tôt ou tard, les cellules qui les ont produits, et aussi quelques cellules voisines (fig. 125), émettent des proliférations qui s'orientent en files radiales, constituent un nouveau disque à croissance marginale et fourniront de nouveaux filaments dressés, puis une pousse indéfinie. L'action disséminatrice des stolons est d'autant plus efficace que, dès le début, certaines files radiales de ces nouveaux disques s'allongent aussi en stolons. Sur des cultures plus âgées, les nombreux petits disques, épars autour du disque de germination, se rejoindraient vraisemblablement et se souderaient en englobant les stolons. La figure 123, *O* (dont l'orientation est perpendiculaire à celle des autres dessins), montre un stolon qui, en un point où il s'est élargi sans produire de rhizoïdes, a émis sept stolons anormale-

1. Souvent simples sur une assez grande longueur, ils se ramifient en branches juxtaposées ou soudées lorsqu'elles proviennent d'une prolifération sous-jacente à un sphacèle endommagé, ou d'une protubérance de l'extrémité antérieure d'une cellule quelconque; ou bien ils se ramifient en branches de direction perpendiculaire, comme pour fournir un filament dressé. Le sphacèle présente parfois une protubérance latérale, comme s'il devait fournir une branche holoblastique ou acroblastique, mais je n'ai pas retrouvé trace de cette disposition dans les parties adultes.

ment rapprochés, et l'un de ceux-ci a déjà fourni trois pousses définies.

Certaines plantules du 19 juin adhéraient imparfaitement à la lamelle; leur disque soulevé n'était soutenu que par les petits disques et par les rhizoïdes issus des stolons. Les cellules de la

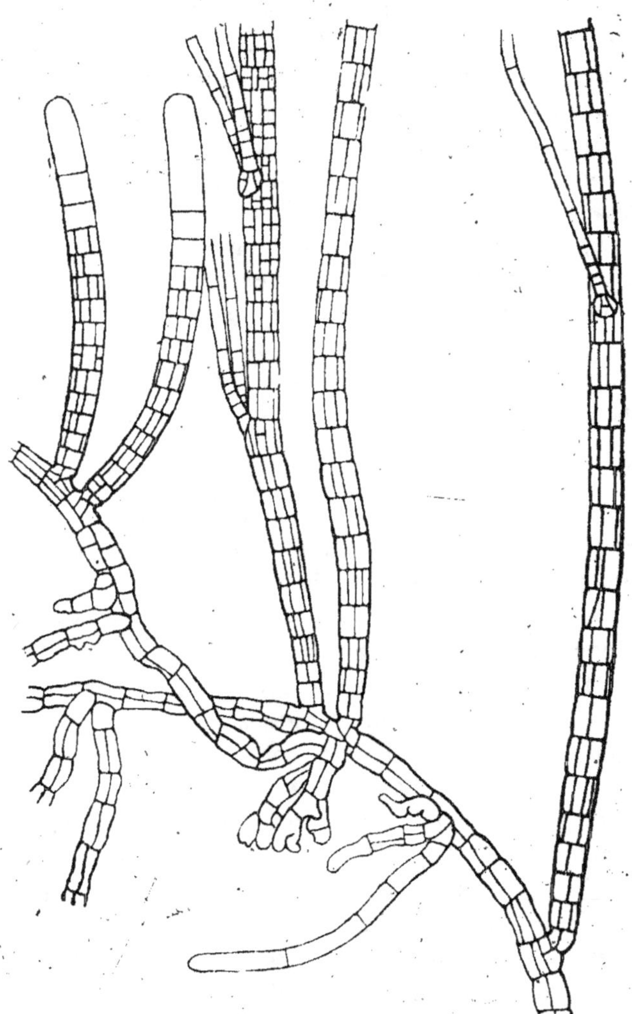

Fig. 124. — *Cladostephus verticillatus* Lyngb. — Plantule provenant d'une culture de zoospores (ou gamètes parthénogénétiques) de sporanges pluriloculaires réalisée à Banyuls. — Portion d'un stolon ramifié et fixé à la lamelle émis par une plantule âgée de 163 jours (8 janvier au 19 juin 1908) ayant déjà produit plusieurs pousses définies et une pousse indéfinie (Gr. 150).

face inférieure du disque émettaient vers la lamelle de courts prolongements en doigt de gant, tandis que la plupart de ses cellules marginales se recourbaient vers le bas, ou s'étaient allongées en stolons producteurs de filaments dressés; il en résultait une dissémination plus abondante.

La base d'un stolon émis par un disque jeune continue à en faire partie; elle reste incluse parmi les autres files radiales qui s'accroissent. Or, j'ai constaté à diverses reprises que les filaments dressés, au lieu de sortir de cellules quelconques du disque, naissent sur la portion incluse de ces stolons; c'est même probablement le cas général, et ceci est à rapprocher de l'origine des parties dressées sur les thalles rampants adultes (v. p. 494). Néanmoins, il pourrait en être autrement. Je n'ai pas vu dans mes cultures, il est vrai, de pousse indéfinie naître directement sur un stolon non élargi en disque, ou en un point éloigné d'un disque, mais on verra que le *Cl. spongiosus*, en cultures réalisées dans d'autres conditions, en produit facilement. La différence n'est probablement pas d'ordre spécifique; elle tient plutôt aux rapports plus ou moins faciles d'un stolon avec un support.

Les pousses indéfinies naissent, comme les pousses définies, de la protubérance d'une seule cellule. Elles s'élargissent graduellement, puis deviennent cylindriques, et émettent les premières pousses hémiblastiques à une hauteur variable; celles-ci, généralement isolées ou par deux, sans ordre, naissent toujours sur les articles secondaires supérieurs; plus haut, elles sont verticillées et leur sphacèle est assez abondamment tannifère. Ces jeunes pousses indéfinies sont identiques à celles de la figure 115, nées sur un thalle adulte.

Les plantules indéfinies sont rarement privées de rameaux aussi longtemps qu'en *J* et *K* (fig. 122) et, lorsque ceux-ci se développent, ils croissent rapidement, le sommet de l'axe ne restant pas découvert comme en *K*, mais plus ou moins masqué et protégé par eux, comme en *L* (fig. 122).

Quelques cellules des articles basilaires s'allongent parfois en courts rhizoïdes isolés (fig. 115, *B)* adhérents et descendants, irrégulièrement contournés. Dans un nombre variable d'articles superposés, au-dessus des précédents, d'autres rhizoïdes appa-

renflé en son milieu, tandis que *J* n'en présente encore aucun raissent bientôt par un processus plus régulier; on en voit la première manifestation en *K* (fig. 122), où l'axe est légèrement

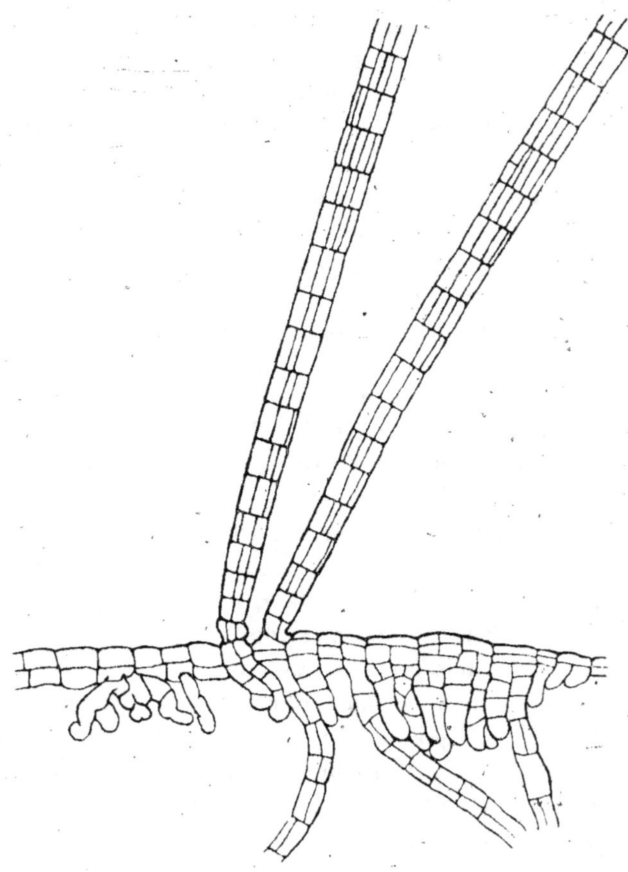

Fig. 125. — *Cladostephus verticillatus* Lyngb. — Plantule provenant d'une culture de zoospores (ou gamètes parthénogénétiques) de sporanges pluriloculaires réalisée à Banyuls — Portion d'un stolon émis par une plantule âgée de 163 jours (8 janvier au 19 juin 1908 montrant la naissance d'un disque au pied de pousses définies dressées, nées sur le stolon; les files radiales, aussi nombreuses sur l'autre face, n'ont pas été dessinées (Gr. 150).

indice. Pour cela, la base de chaque cellule de ces articles secondaires se fonce par accumulation du protoplasme et du composé tannique, puis fait une bosse peu accentuée, mais infléchie vers le bas, qui masque la ligne les séparant de l'article sous-jacent ; les saillies contiguës d'un même article s'allongent ensuite simultanément, accolées à la paroi ; elles restent peu de temps simples et parallèles, se ramifient, s'enchevêtrent, descendent jusqu'au disque en cortiquant la partie tout à fait basilaire restée grêle. Au-dessus de ces quelques articles secondaires, on ne saisit pas aussi nettement ce phénomène, parce que les cellules engendrant la couche cortico-rhizoïdale s'allongent en direction transversale infléchie, et pour la plupart ne descendront pas jusqu'au disque. L'épaisseur du revêtement cortico-rhizoïdal compact égale ou dépasse rapidement le diamètre de la pousse ; on continue à voir par transparence la disposition des articles, et la base des premiers rameaux est enfouie dans cette couche d'épaississement (fig. 122, *L*). Les pousses indéfinies de 4-5 mm. de hauteur sont cylindriques à la base, parce que la structure précédente n'y a pas varié autrement que par une légère augmentation de diamètre, puis très renflées et ensuite effilées ; le renflement, souvent moins marqué cependant que sur la figure 123, *P*, est dû à la superposition d'une couche corticale secondaire et d'une couche cortico-rhizoïdale, tandis que la couche corticale existe seule au-dessus et diminue graduellement d'épaisseur pour disparaître vers le sommet. Ce renflement ne sera plus sensible ultérieurement, par suite du fonctionnement de la couche corticale secondaire. Certains rhizoïdes, après avoir atteint le disque, se transforment en stolons.

Les rameaux verticillés portent des ramules holoblastiques et des poils. Nous avons vu, au contraire, que les premiers rameaux verticillés des jeunes pousses indéfinies, observées dans la nature sur le thalle rampant adulte, étaient simples, les suivants étaient ramifiés. Aucune pousse mériblastique n'existait encore sur les plus âgées de mes plantules de germination, bien qu'elles eussent commencé à subir l'accroissement longitudinal secondaire.

La pousse indéfinie apparaît brusquement, sans forme de transition ; j'ai vu une seule pousse d'état intermédiaire : Parmi des pousses définies ordinaires, un long filament s'élargissait régulièrement jusqu'au 16° article secondaire, puis se rétrécissait lentement pour se terminer en pointe ; les articles secondaires de la portion inférieure avaient la même régularité, et le même cloisonnement longitudinal, qu'une pousse indéfinie de *Cladostephus* ; le 14° article portait un rameau hémiblastique et une ébauche de rameau semblable; au delà du 16ᵉ article, le filament émettait deux couples de poils géminés, puis deux poils isolés vers l'extrémité. Ce filament représentait assurément une pousse indéfinie qui, à un moment de son évolution, s'était transformée en pousse définie. Cette anomalie isolée ne laisse rien déduire quant à la parenté du *Cladostephus,* mais elle était intéressante à signaler.

La déhiscence des sporanges uniloculaires se fait, comme l'a dit PRINGSHEIM, tout d'un coup; les zoospores restent quelques instants amassées au voisinage de l'ouverture, puis elles se dispersent. Leur forme est la même que celle des sporanges pluriloculaires; elles se meuvent aussi rapidement et aussi longtemps, mais elles sont plus volumineuses, mesurent souvent 8-9 µ sur 5-6 µ et leur chromatophore est légèrement plus foncé; après fixation, leur diamètre est de 6-7 µ.

Le 20 décembre 1905, je plaçai, dans un aquarium du Laboratoire de Banyuls, des lamelles portant des zoospores de sporanges uniloculaires fixées l'avant-veille en goutte pendante; quelques jours après, elles étaient en très bon état. Je revins à Banyuls le 24 février suivant; un accident étant survenu dans les conduites d'eau en mon absence, je trouvai toutes mes cultures recouvertes et tuées par une couche de rouille. Cependant, quelques germinations moins endommagées que les autres, avaient produit, sur l'une des quelques cellules constituant le disque, un poil dressé d'origine endogène. La présence d'un poil sur le disque est donc vraisemblablement aussi générale que sur les plantules provenant des sporanges pluriloculaires.

Des cultures sur lamelles, faites le 2 janvier 1907, furent laissées au Laboratoire de Banyuls jusqu'au 20 avril suivant: à cette date, je trouvai les plantules bien développées; elles ne se distinguaient pas de celles fournies par les sporanges pluriloculaires; quelques-unes avaient produit une pousse indéfinie [07]. Cependant, toutes étaient soulevées et adhéraient à peine à la lamelle, çà et là, par les stolons; c'est même pour éviter cet inconvénient que, l'année suivante, j'ai cultivé les zoospores de l'*Halopt. scoparia* et du *Cladostephus* sur des lamelles dépolies [08,2].

Les sporanges uniloculaires et pluriloculaires du *Cl. verti-*

cillatus fournissent donc des zoospores par myriades qui germent facilement et produisent des plantules semblables à la plante mère. Cependant, s'il paraît abondant en certaines stations, c'est souvent moins par le nombre des individus que par le nombre de leurs pousses dressées. Des plantules isolées provenant de germinations, et aussi minuscules que celles de mes cultures, seraient assurément difficiles à apercevoir dans la nature; j'en ai rencontré une seule fois, c'était en disséquant des *Sphac. radicans* cultivés par M. Kuckuck, à Helgoland, dans un aquarium.

Le faible nombre d'individus de *Cl. verticillatus* possédant un disque petit et relativement jeune m'a souvent frappé dans mes excursions; la plupart des disques sont larges et âgés. L'*Halopteris scoparia,* qui est d'ailleurs beaucoup plus abondant au même niveau, en individu de tout âge, se présente parfois sur quelques décimètres carrés, en gazon de plantules d'un à deux centimètres de hauteur, comme si des éléments reproducteurs provenant de déhiscences simultanées y avaient été transportés; or, bien que l'*Hal. scoparia* puisse vivre au moins deux ans, puisqu'il se rajeunit par ses pousses adventives, je n'ai jamais rencontré d'individus adultes rapprochés en gazon, comme si des ennemis détruisaient les jeunes individus. La même cause détruit peut-être le *Cladostephus* plus tôt encore.

Il est à remarquer aussi que le *Cladostephus* croît toujours sur des pierres, des coquilles, des Lithothamniées, mais ne vit jamais en épiphyte sur des Algues non calcifiées. Bien que la très grande densité du revêtement microblastique et des pousses verticillées, en constituant un obstacle à la libre dissémination des zoospores, semble particulièrement favorable à leur fixation, on n'y rencontre jamais aucun jeune *Cladostephus;* il est donc possible que le *Cladostephus* ne germe pas sur lui-même, comme les filaments radiaux d'un disque n'empiètent pas sur ceux d'un disque voisin.

H. — **Clad.** **verticillatus** var. **patentissimus** Sauvageau.

J'ai déjà eu l'occasion d'exposer [06, 2] que le nom *Cl. verticillatus* n'appartient pas à C. AGARDH, comme on l'écrit couramment, mais à LYNGBYE, qui l'appliquait à une plante danoise rare, ultérieurement appelée par C. AGARDH *Cl. laxus* Ag., puis *Cl. spongiosus* β *laxus* Ag., nom sous lequel ARESCHOUG l'a distribuée.

Elle vit librement dans le Skagerrak et le Kattegat, par 6-12 m. de profondeur, parmi les Zostères, et on la trouve mêlée aux débris que la mer rejette sur le rivage. Elle ressemble au *Cl. verticillatus* de nos pays ; toutefois, elle est plus grêle, plus souple, plus contournée ; les branches, plus irrégulièrement espacées, sont aussi souvent, sinon plus souvent, de remplacement que plagioblastiques ; les verticilles comptent seulement 8-12 rameaux plus longs, moins divariqués et moins recourbés en faux que de coutume dans cette espèce. Le sommet des pousses indéfinies, au lieu de constituer, par ses jeunes rameaux fastigiés, un pinceau cylindrique dépassant ou non le sphacèle, est plus conique, comme si les rameaux, plus écartés de l'axe dès le début, s'allongeaient plus lentement.

Les pousses microblastiques constituent des manchons courts, homogènes ou mélangés à des rameaux verticillés. Sur des exemplaires récoltés par LYNGBYE, Mlle ROSENBERG, M. ROSENVINGE, en avril, août, septembre, octobre, novembre et décembre, elles étaient simples, sans indice ni trace de fructification. Selon toute vraisemblance, la plante ne fructifie donc pas ; les pousses microblastiques restent stériles et la plante, modifiée dans ses conditions d'existence et dans son aspect extérieur, paraît comparable aux var. *patentissima* des *Sphac. cirrosa, Plumula, plumigera, Hal. filicina, Hal. scoparia, Hal. spinulosa,* pareillement stériles.

La plante des Zostères, pour laquelle LYNGBYE employa le nom de *Cl. verticillatus,* constituera donc une var. *patentissimus* du type.

D'après M. ROSENVINGE, plusieurs espèces d'Algues vivent ainsi dans le Kattegat, librement parmi les Zostères, en modifiant et réduisant plus ou moins leur forme habituelle. Elles sont stériles et se multiplient par fragmentation, la mort des portions âgées isolant les parties jeunes qui en sont les ramifications. Parmi ces Algues, il a bien voulu me citer les suivantes : *Phyllophora Brodiæi, Ph. membranifolia, Ph. rubens, Ahnfeltia plicata, Polysiphonia nigrescens, Pol. violacea* (f. *divaricata* et f. *aculeata), Ascophyllum nodosum* (f. *scorpioides).*

I. — Distribution géographique.

En Europe, le *Cl. verticillatus* remonte moins vers le nord que le *Cl. spongiosus.* On ne l'a trouvé dans le Kattegat et le Skagerrak que sous la forme *patentissimus,* et il n'est pas connu dans la Baltique. BATTERS [02] le cite en Écosse (les Orcades comprises), en Irlande et en Angleterre. Il existe à Helgoland et est abondant sur toute la côte française et espagnole ; au sud, on le retrouve à Cadix, à Tanger et aux Canaries. Il paraît exister sur toute la côte méditerranéenne et passe dans la mer Noire, car l'herbier Thuret en renferme plusieurs exemplaires de Crimée.

L'herbier Bory (herb. Thuret) en renferme un bel échantillon de Terre-Neuve, récolté par DE LA PYLAIE ; M. F.-S. COLLINS (*Phycotheca Boreali-Americana,* n° 275) en a distribué de beaux exemplaires récoltés à Newport (Rhode-Island).

J. AGARDH [48, p. 43] le signale en Nouvelle-Hollande ; HARVEY ne l'ayant pas eu entre les mains de cette région, le *Flora antarctica* [63, p. XIII] le cite seulement *fide Agardh;* M. DE TONI [95, p. 513] ne le cite qu'avec un ?

Cependant, le *Cl. verticillatus* semble bien exister en Australasie ; j'ai vu des exemplaires de même taille et de même aspect que la plante de nos côtes.

Ainsi, l'herbier Thuret renferme deux échantillons des « Algæ Muellerianæ, curante J.-G. Agardh distributæ » marqués par J. AGARDH « *Cladostephus verticillatus australis,* Geographe Bay, Mrs. Irvine » et deux échantillons de « Port Fairy, Victoria ; Coll. Rev. W. WHAN, 1892 » ; l'un de ceux-ci, haut de 15 cm., inférieurement dénudé, est stérile ; l'autre, dont la plupart des rameaux verticillés sont tronqués ou tombés, est garni de pousses microblastiques à sporanges pluriloculaires. Sur ces quatre exemplaires, les rameaux verticillés peu éloignés du sommet des pousses indéfinies sont longs, simples et arqués ; ceux des parties plus âgées portent un ramule à aisselle pilifère. La moelle des tiges est très développée.

En outre, un échantillon en très bon état, du sud de l'Australie, que m'a communiqué M. le major REINBOLD, ne pourrait être distingué du *Cl. verticillatus*.

CHAPITRE XXIV. — CLADOSTEPHUS SPONGIOSUS C. Agardh.

Les deux espèces de nos côtes, *Cl. verticillatus* et *Cl. spongiosus* sont séparées par des caractères de faible valeur. D'après HARVEY [46], le caractère des rameaux simples ou bifurqués, invoqué par plusieurs auteurs pour les distinguer, manque de constance ; les différences spécifiques sont vagues : le *Cl. spongiosus* est moins grand, plus massif, moins élégant ; ses branches sont plus flexueuses et ses rameaux plus étroitement imbriqués. HARVEY attribue même, dans le *Nereis boreali-americana* [52, p. 134], à des différences de station, les différences indiquées entre les deux espèces. D'ailleurs, J. AGARDH fait remarquer que la forme hivernale du *Cl. verticillatus* fut souvent prise pour le *Cl. spongiosus*.

En signalant le *Cl. spongiosus* aux Canaries, MONTAGNE disait [40, p. 148] : « Je voudrais qu'on me montrât un caractère certain auquel je pusse distinguer l'un de l'autre les *C. Myriophyllum* et *spongiosus*. J'avoue pour mon compte n'avoir pas su le trouver. Tous les auteurs se sont copiés sans examen comme sans critique. Il est évident que si l'on compare ensemble les variations extrêmes, on trouvera des différences qui frapperont même à la vue simple, Mais, soyez certain qu'il n'en sera pas tout à fait ainsi, si vous soumettez la question à un examen consciencieux. En effet, le rapprochement ou l'éloignement plus ou moins grand des verticilles, les ramules simples ou bifurqués, aigus ou obtus, sont des signes extrêmement variables dépendant des localités, et qu'on rencontre souvent sur le même individu. J'en dirai autant de la denudation de la base du filament principal. »

Un demi-siècle plus tard, M. BORNET, étudiant les spécimens de la collection de SCHOUSBOE, se heurtait aux mêmes difficultés : après avoir rappelé le desideratum de MONTAGNE, il ajoutait [92, p. 240] : « Le souhait exprimé par MONTAGNE est encore de mise. Le meilleur caractère distinctif que je connaisse est fourni par les sporanges uniloculaires qui sont moins volumineux dans le *Cladostephus spongiosus* que dans le *verticillatus.* »

Les anatomistes n'ont pas augmenté la précision des signes distinctifs invoqués par les floristes. GEYLER [66, p. 530] reconnaît le *Cl. spongiosus* à ses rameaux verticillés plus rapprochés, simples et non pilifères, caractères que M. MAGNUS [73, p. 8], qui a particulièrement étudié cette espèce, qualifie variations individuelles sans valeur spécifique. Enfin, M. REINKE [91, 2] n'admet d'autre différence que l'intervalle plus ou moins grand des verticilles successifs, caractère bien fragile et qui, s'il était appréciable lorsque la plante à l'état végétatif croît activement, ne pourrait être invoqué lorsque les pousses microblastiques masquent la disposition verticillée.

J'ai mesuré nombre de sporanges uniloculaires des deux espèces, sur des exemplaires d'origine variée, sans réussir à vérifier l'assertion de M. BORNET ; leurs dimensions varient assez largement et se correspondent pour les deux espèces. D'ailleurs, la différence, si elle existait, ne s'apprécierait guère hors de la période active de reproduction ; dès qu'un sporange est vidé, en effet, un autre de taille souvent un peu moindre le remplace. J'ai indiqué incidemment [06, 2, p. 22] deux autres caractères qui paraissent plus constants. Les pousses microblastiques du *Cl. spongiosus,* simples ou ramifiées comme celles du *Cl. verticillatus,* produisent généralement un plus grand nombre de sporanges ; leur région moyenne porte parfois 20 à 30 pédicelles naissant souvent par 2 ou 3 sur un même article. En outre, tandis que les sporanges uniloculaires du *Cl. verticillatus* s'emboîtent fréquemment, ceux du *Cl. spongiosus* sont simples ; M. HARIOT l'a récemment confirmé [12, p. 36] ; moins longtemps distinct que le précédent, et parfois plus délicat à observer sur des échantillons d'herbier, ce second caractère tient à ce que le *Cl. spongiosus* semble réellement produire moins de sporanges sur chaque pédicelle, et à la disparition plus rapide de leurs parois plus minces et plus flasques.

Ces caractères, s'ajoutant à certaines différences d'aspect extérieur et de station, les deux espèces observées dans une même localité paraissent distinctes. La difficulté existe particulièrement pour certains échantillons de collection ; un grand *Cl. verticillatus* se distingue de suite d'un *Cl. spongiosus*, mais des exemplaires petits et touffus, cueillis au moment où les pousses microblastiques non encore fructifères dissimulent la verticillation, s'en distinguent moins facilement.

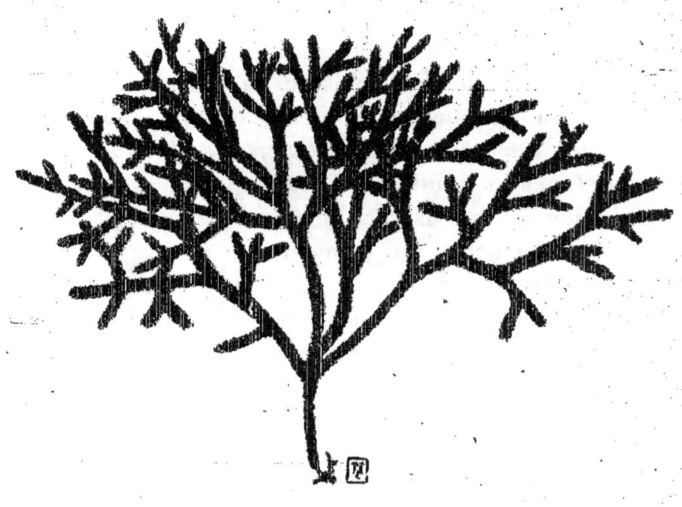

Fig. 126. — *Cladostephus spongiosus* C. Ag. récolté a Guethary, le 6 juillet 1913 (Environ grandeur naturelle).

Le *Cl. spongiosus* (fig. 126) vit au niveau du *Fucus vesiculosus* et découvre plus souvent que le *Cl. verticillatus ;* sa station explique son absence dans la Méditerranée. Il croît sur des rochers peu éloignés du bord et non battus, recouverts de limon sabloneux, en individus épars à base étroite, relativement courts (4-10 cm.), très touffus au sommet par l'abondance de leurs branches. Ses rameaux verticillés, de même nombre que ceux du *Cl. verticillatus* (souvent 24), mais plus fastigiés et plus longs, se recouvrent mutuellement sur une plus grande hauteur, persistent plus longtemps et les régions fructifères n'en sont qu'incomplètement dégarnies. Quand la mer l'abandonne, la plante, infléchie sur le rocher, constitue une masse foncée, noirâtre, souple, imbibée d'eau, qui justifie bien son nom de *spongiosus ;* les épiphytes nombreux et variés qui l'infestent sont parfois assez abondants, au début de l'été, pour le rendre méconnaissable, alors que le *Cl. verticillatus* est généralement propre à cette époque.

Assez souvent, deux ou trois tiges seulement s'élèvent du thalle rampant; elles sont parfois plus nombreuses (10-20) sans l'être autant, toutefois, que chez le *Cl. verticillatus.* Le thalle rampant est réduit ; on l'obtient en entier lorsque la couche de limon sabloneux est mince, moins facilement quand elle atteint 1 à 2 cm. d'épaisseur ; de son pourtour très irrégulier, il émet de nombreux stolons, sur lesquels naissent çà et là des rhizoïdes corticants qui se moulent sur les grains de sable (1), plus favorables pour l'étude que ceux du *Cl. verticillatus* (voy. p. 494). Les pousses indéfinies (dépouillées de leurs rameaux) sont plus grêles, moins raides et moins rectilignes. Une tige présente souvent une seule branche, ou même reste simple, sur ses 2-3 cm. inférieurs (longueur relativement plus importante que chez l'autre espèce), puis des branches plagioblastiques rapprochées, assez souvent opposées, atteignent rapidement le niveau de la pousse mère; il en résulte, ajouté à la moindre raideur de la plante, que l'ordre de la ramification est moins net, que la plante est plus touffue dans sa partie supérieure, et que son aspect est plus spongieux.

Vers le milieu de mars, le sphacèle des pousses indéfinies recommençant à se cloisonner activement, elles s'accroissent dans leur prolongement. Les rameaux verticillés nés à la fin de mars et en avril, courbés vers le haut puis fastigiés, atteignent fréquemment 3 mm. et recouvrent plusieurs entre-nœuds, ce qui masque la verticillation ; ils sont presque tous simples, non pilifères, terminés en pointe obtuse. Ceux nés ultérieurement, en juin et juillet, sont plus courts, mais recouvrent encore quelques entre-nœuds, légèrement divariqués, et la plupart

1. Bien que le *Cl. spongiosus* vive à un niveau élevé, il abrite souvent des boutures d'*Halopt. scoparia* et d'*Halopt. filicina,* fournissant des stolons et de petits disques pouvant induire en erreur. J'ai dit précédemment (p. 329), que l'*Hal. filicina* ne découvre jamais à Guéthary; depuis, je l'ai vu, en très petits individus, çà et là, en étudiant des *Cystoseira* ou des *Cladostephus.*

portent des ramules à aisselle pilifère ; par suite, quand la plante est dans l'eau, le dernier centimètre des pousses indéfinies paraît entouré d'une gaîne blanchâtre transparente, identique à celle qui, à la même époque de l'année, garnit le *Cl. verticillatus* sur une plus grande longueur, car l'allongement des pousses indéfinies y est plus rapide. En redevenant simples et non pilifères, comme ceux du printemps, les rameaux verticillés d'automne restent notablement plus courts ; les entre-nœuds, dont la hauteur était environ le tiers de leur diamètre, sont aussi plus courts.

Les rameaux verticillés persistent plus longtemps que chez le *Cl. verticillatus* et, sur des exemplaires favorables non endommagés par les animaux ou des parasites, les longs rameaux du printemps permettent d'estimer que certaines tiges sont dans leur troisième année de végétation. Cependant, les rameaux verticillés et les pousses microblastiques persistent souvent à l'état tronqué et il devient alors impossible d'évaluer l'âge de la plante.

Assez apparente en été sur les parties jeunes, la verticillation est bientôt masquée par le revêtement de pousses microblastiques plus continu, et souvent aussi dense, que chez le *Cl. verticillatus*. Au lieu de disparaître après la fructification sur les tiges qui durent deux ans, les pousses microblastiques persistent, plus ou moins tronquées, sauf en certains points où la dénudation est totale. Ainsi, en novembre, elles sont déjà bien développées sur toute la longueur des pousses indéfinies apparues depuis la fin de l'hiver précédent ; or, les anciennes persistent encore vers la base de la plante, infestées d'épiphytes variés, en bon état cependant et très tannifères, portant tous les pédicelles des anciens sporanges ; elles sont dans leur deuxième, peut-être leur troisième année d'existence ; elles peuvent vivre aussi longtemps que la pousse indéfinie qui les porte et disparaissent plutôt par l'action des animaux et des épiphytes que par caducité. Des rameaux verticillés tronqués persistent aussi parmi ces pulvinules anciens.

Les sporanges des individus récoltés à Guéthary en novembre étaient jeunes ou à peine indiqués, tandis que beaucoup de sporanges des *Cl. verticillatus* récoltés le même jour (voy. p. 557) étaient déjà mûrs ou vidés. Mes observations ne sont pas assez nombreuses pour affirmer que la fructification du *Cl. spongiosus* commence toujours plus tardivement ; cela est cependant très probable.

On a vu (p. 555) que la face inférieure du thalle rampant d'un *Cl. verticillatus*, abandonné dans un aquarium où l'eau se renouvelait constamment, devint prolifère, tandis que les pousses anciennes se modifièrent à peine. J'ai obtenu avec le *Cl. spongiosus* et dans d'autres conditions des résultats assez intéressants ; ces expériences, réalisées incidemment, mériteraient d'être reprises avec méthode.

Le 9 novembre 1912, à Guéthary, je jetai dans un cristallisoir rempli d'eau de mer quelques individus de *Cl. spongiosus* sans thalle rampant, récoltés le matin même. Ils s'y maintinrent en si parfait état de fraîcheur, bien que l'eau ne fût pas renouvelée, que je pensai à rechercher si cette plante, normalement découverte à chaque marée, résisterait longtemps à la submersion totale dans l'eau stagnante. Le 18 novembre, j'en transportai trois touffes à Bordeaux, à sec. Le lendemain, après avoir donné quelques coups de ciseaux dans l'une des touffes pour expérimenter si ces fragments deviendraient des boutures, je mis le tout dans une cuve de verre, placée devant une fenêtre, renfermant 8-10 litres d'eau qui ne fut ni changée ni aérée.

Quelques fragments examinés à la fin de janvier 1913 s'étaient légèrement accrus ; des pousses définies apparaissaient sur leur section. En outre, des filaments bruns appartenant au *Sphac. cirrosa* s'étaient allongés depuis novembre et envahissaient le *Cladostephus*.

J'examinai la cuve le 2 juin suivant après une longue absence. L'eau était saine. Le *Cladostephus* vivait encore, mais était peu florissant ; il s'était à peine allongé. Plusieurs fragments avaient produit, aux dépens des cellules médullaires de leur troncature, des pousses définies ou même une pousse indéfinie ; l'un d'eux, mesurant à peine 3 mm., avait émis une pousse indéfinie aussi longue que lui dans un bouquet de pousses définies et, à l'autre extrémité, en remplacement du sphacèle mort, deux pousses étaient nées par bourgeonnement latéral.

La production des stolons et de leurs pousses dressées est plus inattendue. Un enchevêtrement de filaments d'un brun foncé, riches en chromatophores et de croissance vigoureuse, entourait la plupart des fragments et la portion supérieure des grandes pousses indéfinies ; certains de ces filaments appartenaient au *Sphac. cirrosa* mais la majeure partie émanait du *Cladostephus.*

Bien que beaucoup plus longs, ces stolons du *Cl. spongiosus* sont tout à fait comparables à ceux faisant partie du thalle rampant ou à ceux des plantules du *Cl. verticillatus ;* comme eux, ils émettent des filaments dressés et des pousses indéfinies caractéristiques. Je les ai toujours vus naître aux dépens des rameaux verticillés, sans aucune relation avec les pousses indéfinies proprement dites. Ils apparaissent généralement sur la troncature d'un rameau, parfois aussi résultent de l'allongement d'une cellule superficielle quelconque d'un rameau intact ; enfin, j'en ai vu dériver de la cellule portant la gaine d'un poil situé à l'aisselle d'un ramule.

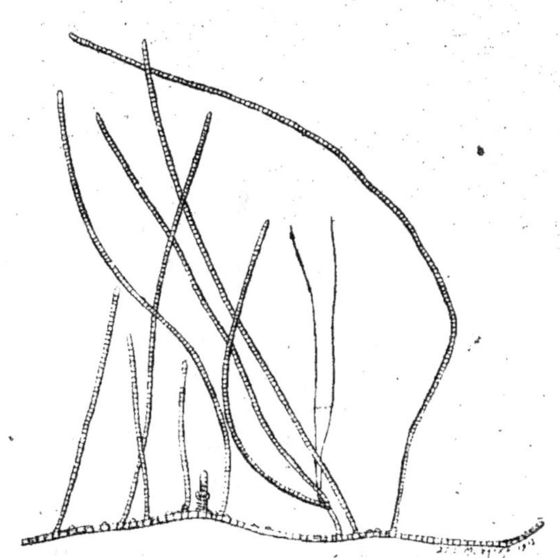

Fig. 127. — *Cladostephus spongiosus* C. Ag. — Fragment d'un stolon né sur un rameau verticillé d'une pousse indéfinie conservée en eau stagnante. Le stolon se dirigeait de droite à gauche de la figure ; une pousse indéfinie s'élève sur une cellule du stolon, entre deux pousses définies, et commence à émettre des rhizoïdes ; on voit l'ebauche des premiers rameaux verticillés qui apparaissent généralement plus haut (Grossi).

Il est plus rare de voir une pousse indéfinie naître directement sur un rameau, sans passer par l'intermédiaire d'un stolon et sans être précédée de pousses définies ; je l'ai cependant observé trois fois sur mes dissections du 2 juin ; leurs rhizoïdes cortiquaient le rameau verticillé autour du point d'attache. Ces pousses indéfinies étaient déjà trop âgées pour montrer si leur origine correspond exactement à celle des stolons, mais elle m'a semblé être ainsi.

L'âge très inégal des stolons correspondait à des différences de longueur et de développement ; les uns atteignant 1 cm., souvent impossibles à obtenir entiers, ramifiés, errants en tous sens, emmêlés les uns dans les autres, et presque inextricables, car ils circulent parmi les verticilles et les pulvinules du *Cladostephus ;* les autres très jeunes, très courts, n'ayant encore émis aucun filament dressé.

Très étroit à son insertion, le stolon s'élargit bientôt ; son diamètre est souvent plus large et moins régulier que celui des pousses dressées. Dès le début, il s'allonge dans une direction en apparence quelconque, sans chercher de point d'appui sur les verticilles voisins. La plupart des stolons se ramifient, mais leurs branches semblent surtout le résultat de proliférations dues à la destruction du sphacèle. Les stolons sont généralement des monopodes ; néanmoins, je les ai vus parfois produire des poils, ou des ramules holoblastiques à aisselle pilifère.

Des filaments dressés, comparables à ceux des plantules de germination, apparaissent bientôt sur les stolons, irrégulièrement espacés. Ils naissent aux dépens de l'une des cellules des articles secondaires supérieurs ; parfois cependant, un même article émet deux filaments jumeaux aux dépens de deux cellules contiguës ; parfois encore, certains articles secondaires inférieurs deviennent fertiles et, dans ce cas, deux articles secondaires successifs peuvent fournir chacun un filament dressé. Tous les filaments dressés sont semblables entre eux et aucune différence constante n'existe entre les premiers et les derniers formés ; leur ramification est nulle ou faible, consistant en poils ou en ramules holoblastiques à aisselle pilifère (fig. 127 et 128). D'ailleurs, les filaments dressés ne naissent pas nécessairement dans l'ordre de succession des articles du stolon ; des filaments nouveaux apparaissent parfois entre les filaments déjà longs. Des stolons portant une douzaine de filaments dressés n'étaient pas rares ; un stolon sans branches m'en a montré trente-sept. A la base de certains filaments dressés, le stolon émet de courtes protubérances qui s'étendent à sa surface et englobent parfois la base de plusieurs filaments voisins.

Après avoir fourni un certain nombre de filaments dressés, le stolon produit, par le même processus, une pousse indéfinie caractéristique de *Cladostephus*, pareillement insérée sur une cellule d'un article secondaire. La jeune pousse indéfinie émet bientôt des rhizoïdes qui atteignent le stolon, s'orientent, et le

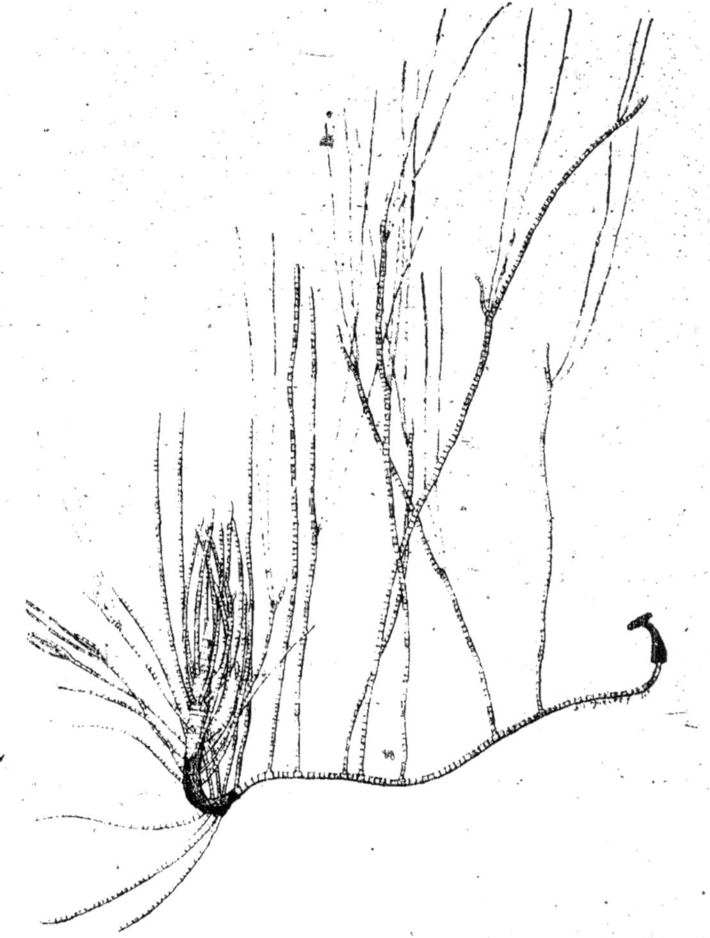

Fig. 128. — *Cladostephus spongiosus* C. Ag. — Stolon né sur un rameau verticillé tronqué, d'une pousse indéfinie conservée en eau stagnante. Une pousse indéfinie s'élève à son extrémité que les rhizoïdes ont revêtue d'un manchon compact (Grossi).

revêtent comme d'un manchon. La figure 127 représente un fragment d'un stolon peu âgé, intéressant par la très jeune pousse indéfinie apparue entre deux filaments dressés. Une semblable pousse intercalaire est plus souvent la seconde produite par le stolon ; généralement, en effet, la pousse indéfinie est terminale du stolon et sa dernière production dressée (fig. 128); les rhizoïdes corticants de la pousse indéfinie recouvrent toute l'extrémité du stolon d'un manchon compact, opaque, sans solution de continuité et brusquement limité en bourrelet; je n'ai jamais vu ces rhizoïdes errer ensuite comme ils l'eussent fait (d'après ce qu'enseignent les plantules du *Cl. verticillatus*), après avoir atteint un disque, pour constituer çà et là un nouveau stolon. Cette différence paraît tenir à la croissance de la pousse indéfinie sur un stolon quasi sans point d'appui ; si les rhizoïdes rencontraient un support large et résistant, ils formeraient vraisemblablement un disque. Quoi qu'il en soit, les rameaux verticillés du *Cl. spongiosus* produisent donc, dans certaines conditions, des stolons comparables à ceux qu'émettent les disques élémentaires d'un thalle rampant adulte, comparables aussi à ceux qu'émettent les plantules de germination du *Cl. verticillatus* et fournissant, comme ceux-ci, d'abord des filaments dressés définis, puis des pousses dressées indéfinies.

A l'époque où j'ai examiné la culture, les stolons produisant deux pousses indéfinies étaient assez rares ; leur nombre eût augmenté ultérieurement, car toute cette végétation nouvelle était vigoureuse ; les épiphytes végétaux s'étaient développés en quantité insignifiante. Malheureusement, une Oscillariée se multiplia peu après, en extraordinaire abondance, gênant beaucoup le *Cladostephus*. Aussi, les quelques stolons examinés en août suivant n'étaient-ils guère plus avancés qu'en juin.

Le *Cl. spongiosus* remonte plus au nord que le *Cl. verticillatus*. J'ai signalé [06, p. 14] sa présence, d'après KJELLMAN, sur la côte scandinave, depuis le cercle polaire jusqu'au Bohuslän, et il ne descend pas sur la côte suédoise du Kattegat ni de la Baltique. Il existe aux Feroë, en Ecosse, en Irlande et en Angleterre, à Helgoland ; il n'est pas rare sur toute la côte atlantique française et du nord de l'Espagne et descend jusqu'à Tanger. Sa présence aux Canaries est douteuse et il semble manquer dans toute la Méditerranée.

On admet la présence du *Cl. spongiosus* dans l'hémisphère austral d'après les livres de HOOKER et HARVEY. Le *Cryptogamia antarctica* [45, 1, p. 163] le cite comme abondant à l'île l'Hermite, au Cap Horn et aux îles Malouines ; les quelques lignes de remarques accompagnant cette citation offrent peu d'intérêt car elles paraissent se rapporter aux caractères de la plante européenne ; Hooker en distribua divers exemplaires (voy. p. 597) ; l'herbier du Muséum en renferme un offert à Decaisne, marqué par Hooker : « *Cladostephus spongiosus* ; On the beach ; San Salvador Bay, East Falkland I. ; July 1842. » C'est un très mauvais échantillon indéterminable, couvert d'une épaisse couche de Cyanophycées en particulier de *Lyngbya* ; les sommets, indemnes sur quelques millimètres, portent seuls des rameaux verticillés, tous les autres ayant disparu ; ces rameaux sont simples et au nombre d'une vingtaine par verticille. Tout ce que l'on peut en dire c'est qu'il ne correspond point au *Cl. Harioti*.

Jusqu'à plus ample informé, la présence du *Cl. spongiosus* dans le Sud-Amérique reste douteuse.

Harvey cite aussi le *Cl. spongiosus* en Australie [63, p. XIII] ; il l'a distribué de Port Phillip sous le n° 104. L'exemplaire conservé au Muséum est embarrassant. Son aspect rappelle autant le *Cl. spongiosus* que le *Cl. verticillatus ;* la plupart des rameaux verticillés sont presque aussi ramifiés que ceux du *Cl. australis*, mais ceux de la partie inférieure sont simples. La plante est douteuse.

Chapitre XXV. — Espèces exotiques de Cladostephus et Diagnoses.

A. — Cladostephus hedwigioides Bory.

Bory de Saint-Vincent décrit avec figures à l'appui dans l'*Expédition scientifique de Morée* [32, p. 330], puis dans la *Flore du Péloponnèse* [38, p. 77], un *Cl. hedwigioides* dont Kützing a publié un bon dessin [56, pl. 8]. La trop brève diagnose de Bory n'en indique guère les caractères distinctifs, si ce n'est, toutefois, les rameaux verticillés simples ; aussi J. Agardh le laissait-il dans les *Species inquirendæ ;* M. Reinke le considère comme synonyme du *Cl. spongiosus*, et M. De Toni comme synonyme du *Cl. verticillatus*. A part Kützing, aucun de ces auteurs ne dit s'il a eu la plante originale entre les mains et, autant que je sache, le *Cl. hedwigioïdes* n'a pas été récolté depuis l'expédition en Morée.

La plante, dit Bory, « croît en touffes noirâtres, fournies, un peu dures au toucher, dans le petit bassin que forme, au sortir des rochers, la source salée de Mili, près d'Armyros, au-dessus des meules que cette source fait tourner ». Elle est longue de 3-5 pouces (8-13 cm.); ses tiges dichotomes, dures, cylindracées, noires, rigides constituent « des touffes confuses » qui, « au sortir de l'eau, rappellent assez, par leur aspect et leur rigidité, les paquets d'*Hedwigia aquatica*, de *Fontinalis* ou d'autres mousses inondées » (1).

La station du *Cl. hedwigioïdes* serait donc bien différente de celle des autres espèces du genre. Parmi les plantes que Bory cite dans la même localité, j'ai remarqué le *Solenia compressa* (actuellement *Enteromorpha*), qui résiste à des degrés variés de salure, et le *Ruppia maritima* dont la présence suffirait à indiquer la nature saumâtre du bassin de Mili. Néanmoins, Armyros étant un port de mer, j'ai eu recours à l'obligeance et à la compétence de M. H. Peragallo pour déterminer les Diatomées restées adhérentes au *Cladostephus* conservé dans l'herbier de Bory. Il y a reconnu le *Cocconeis scutellum* Ehrenb. var. *parva* Grun. fort abondant, et l'*Achnanthes subsessilis* Kütz. en moindre quantité. Les deux plantes vivent indifféremment dans les eaux marines et les eaux saumâtres. Une autre Diatomée, *Melosira Borreri* Grev. var. *hispida* Castrac., était aussi abondante que le *Cocconeis*. Or, si l'espèce *M. Borreri* est très répandue dans les mers tempérées, sa var. *hispida* paraît très localisée; les ponctuations du type y deviennent des épines, comme dans certaines Diatomées dites « renforcées », phénomène que les spécialistes attribuent à des conditions d'existence différentes des conditions normales. Castracane

1. L'herbier du Muséum de Copenhague renferme deux feuillets portant le *Cl. hedwigioïdes* reçus de Bory par Lyngbye pour obtenir son avis sur cette plante. Sur chacun, Bory a écrit : « N'est-ce pas une Mousse? Qu'est-ce? ». En outre, l'un porte : « Au fond de l'eau salée qui jaillit des rochers... etc... » et l'autre : « au fond de l'eau très salée jaillissant... etc... ». Lyngbye l'attribua à un *Cladostephus* voisin du *Cl. laxus*, ainsi qu'en témoigne l'annotation écrite sur l'un des feuillets : « Vidi 23 Juli, det er nu *Cladostephus*, som kommer nover til *laxus* » dont je dois la lecture et la traduction à l'obligeance de M. Börgesen. —

observa sa var. *hispida* dans le canal de Trau, mince détroit qui sépare l'île de Bua de la côte de Dalmatie : une masse d'eau, assez abondante pour alimenter des moulins, sort du pied de la montagne et s'étend en une lagune qui se confond avec la mer ; l'eau de cette lagune était de goût salé et certaines de ses Algues étaient couvertes de *M. Borreri* var. *hispida*. Les conditions d'existence y semblent donc comparables à celles du bassin de la source de Mili exploré par Bory.

On ne pouvait demander à l'étude des Diatomées épiphytes sur le *Cl. hedwigioides* de déterminer la nature de la source salée dont parle Bory, puisque l'on sait que la flore diatomologique des salines terrestres ne diffère en rien de celle des fossés littoraux saumâtres. Toutefois, puisqu'on ne trouve pas de Diatomées exclusivement marines dans l'eau du bassin de Mili (que celui-ci soit ou non en relation avec la mer), c'est donc que le *Cl. hedwigioides* vit dans une eau moins salée que celle de la Méditerranée.

Les échantillons de l'herbier Thuret manquent de thalle rampant ; l'un d'eux, cependant, composé de nombreuses tiges séchées en tas, pourrait signifier que la plante possède un disque plus large que celui du *Cl. verticillatus,* si même elle n'est pas gazonnante. Une mention écrite par Bory fournit la date de la récolte : été 1829.

Le dessin de Kützing montre bien l'aspect général d'un brin de la plante, dont les pousses indéfinies, garnies de verticilles assez lâches, se terminent en pinceau dense. Cet aspect, assez caractéristique, tient à ce que les rameaux verticillés adultes, grêles, longs (1-2 mm.) et peu nombreux (10-16 par verticille), séparés par des entre-nœuds dont la hauteur égale 1-2 fois le diamètre, font avec l'axe un angle d'environ 45° et sont approximativement rectilignes ; parfois même leur extrémité s'incurve légèrement vers le bas, tandis que les jeunes rameaux, séparés par des entre-nœuds courts, sont fastigiés, parallèles à l'axe, dont ils protègent et couvrent le sommet longuement saillant.

Les rameaux verticillés sont simples, cylindriques, grêles, terminés en pointe obtuse et s'élèvent jusqu'au niveau de l'insertion du 2° ou du 3° verticille situé au-dessus ; un poil naît parfois vers leur extrémité. Des pousses indéfinies, en grande partie dénudées, et datant certainement de l'année précédente, portaient des rameaux verticillés plus arqués et munis, près de leur sommet, d'un court ramule à aisselle pilifère. La plante âgée possède de nombreuses branches plagioblastiques d'égale valeur, contournées, qui doivent produire sur le vivant l'enchevêtrement « en touffes confuses » dont parle BORY.

Les pousses microblastiques, localisées (à l'époque de la récolte) dans la région inférieure plus ou moins dénudée, sont plus cylindriques que celles des autres espèces ; le nombre et la disposition des pédicelles sporangifères paraît correspondre plutôt au *Cl. verticillatus* qu'au *Cl. spongiosus ;* certains pédicelles avaient déjà fourni des sporanges qui ne s'étaient pas conservés sur les fragments examinés.

L'anatomie de la tige diffère peu de celle des précédentes espèces ; les rameaux verticillés apparaissent régulièrement sur les articles secondaires supérieurs ; ceux des articles secondaires inférieurs se développent plus tard ou manquent ; les pousses mériblastiques paraissent rares sur les coupes longitudinales.

L'écorce, surtout lorsqu'elle est jeune, constitue des files radiales plus régulières et dont les périclines sont plus régulièrement disposées ; la direction des files de cellules de la couche cortico-rhizoïdale est aussi plus radiale et plus horizontale. Sur des coupes qui m'ont paru correspondre à la base d'une tige, les files cellulaires étaient horizontales sauf les plus inférieures qui se continuaient en rhizoïdes. Il serait possible que le *Cl. hedwigioides,* habitant une eau calme, ne développe point les rhizoïdes de consolidation dont on conçoit l'utilité pour le *Cl. verticillatus.*

En résumé, le *Cl. hedwigioides,* encore bien incomplètement connu, est très voisin des *Cl. verticillatus* et *spongiosus ;* néanmoins, il paraît en différer suffisamment, par son aspect extérieur et par quelques légères différences anatomiques, pour constituer une espèce indépendante. Des recherches locales apprendraient s'il est une modification du *Cl. verticillatus* attribuable à des conditions particulières d'existence, ou s'il se rencontre aussi dans les stations ordinaires de cette espèce. Les collections ne m'ont point montré de *Cladostephus* récoltés sur les rochers de la côte grecque.

B. — Cladostephus australis Kützing.

Kützing a décrit et figuré un *Cl. australis* de Nouvelle-Hollande [56, Tab. 9], reçu de Binder sous le nom de *Griffithsia australis*, caractérisé par les bifurcations répétées de ses rameaux verticillés et par l'épaississement des cellules médullaires de ses pousses indéfinies, dont l'aspect général est celui du *Cl. verticillatus*.

Or, l'épaisseur des parois médullaires des *Cladostephus* varie, dans une certaine mesure, selon les individus et selon la région étudiée dans un même individu ; les parois médullaires âgées s'épaississent parfois, ou plutôt se gonflent notablement par une sorte de dégénérescence. A moins d'être constante et très frappante, cette différence d'épaisseur ne constitue donc pas un caractère spécifique. D'autre part, certains rameaux verticillés des *Cl. verticillatus* et *Cl. spongiosus* possèdent deux ramules. Aussi, ni M. Reinke ni M. De Toni n'admettent-ils le *Cl. australis*. En outre, le *Cl. verticillatus* étant géographiquement très répandu, et habitant même l'Australie, et d'autre part les deux espèces de nos côtes se séparant difficilement l'une de l'autre, il pouvait paraître inopportun de conserver l'espèce de Kützing. D'ailleurs, autant que je sache, aucun auteur n'a étudié le spécimen de Kützing.

Grâce à l'obligeance de Mme Weber van Bosse, j'ai eu entre les mains l'échantillon figuré dans les *Tabulæ*; le dessin en est correct. La plante n'a pas l'aspect soyeux du *Cl. antarcticus*; elle ressemble à un *Cl. verticillatus* de verticillation imparfaitement marquée ; ses rameaux, en effet, ne sont pas courbés en faux et, leur divarication diminuant graduellement vers le sommet, ils n'y constituent pas un pinceau évident comme chez le *Cl. antarcticus* ou le *Cl. hedwigioides*.

Au nombre d'une vingtaine par verticille, les rameaux sont bien tels que Kützing les a figurés et cela sur toute la longueur de l'échantillon. Aussi, la plante vivante doit-elle paraître, dans l'eau, entourée d'une large enveloppe transparente constituée par ses nombreux poils.

L'une des branches porte des pulvinules fructifères ; les pousses microblastiques, simples ou bifurquées et pilifères, portent des sporanges uniloculaires, encore jeunes et assez nombreux. De la base de certains pédicelles, partent deux ou plusieurs filaments monosiphoniés plus longs que les pédicelles normaux ; quelques-uns se terminaient par un très jeune sporange, mais la plupart n'avaient pas fini leur croissance ; la troncature de certaines pousses microblastiques produisait un bouquet de ces longs pédicelles. Je ne sais si cette formation, que je n'ai rencontrée chez aucun autre *Cladostephus,* est un caractère spécifique ou une variation individuelle.

Si les collections montrent d'autres exemplaires des mers australes à rameaux verticillés aussi ramifiés que ceux de l'échantillon de KÜTZING, ce sera un argument pour le maintien, au moins provisoire, du *Cl. australis.* Or, j'ai vu quelques exemplaires s'y rapportant.

M. le major REINBOLD m'a communiqué un échantillon de Nouvelle-Zélande, âgé et en grande partie dénudé, dont les pulvinules microblastiques sont encore stériles. Ses rameaux verticillés, plus ramifiés qu'ils ne sont habituellement chez les espèces de nos pays, correspondent bien à ceux dessinés par KÜTZING. Sur la plupart des coupes transversales, quelques-unes des cellules médullaires possédaient des parois arrondies très gonflées ; sur les coupes longitudinales, les cellules médullaires sont longues et plusieurs fois cloisonnées transversalement.

Le cahier de l'herbier Thuret consacré au *Ptilopogon* contient un feuillet avec deux échantillons que je rapporte au *Cl. australis.* L'un, marqué par J. AGARDH « *Sphacelaria* an *Sph. botryoclada* forma? Bluff », a perdu la majeure partie de ses rameaux et ceux qui persistent sont ramifiés ; les pulvinules microblastiques possèdent des sporanges uniloculaires peu fournis, comme ceux du *Cl. verticillatus ;* la partie tout à fait basilaire de l'échantillon est dépourvue de couche corticale et la couche cortico-rhizoïdale recouvre directement la partie médullaire, comme chez les espèces de nos pays (Voy. chap. XXIII, § B). L'autre exemplaire, reçu de M. FARLOW avec l'étiquette « *Sphacelaria botryoclada,* H. et H., Bluff, New-Zealand ; Merriman » est plus jeune. Il a un aspect soyeux, et la disposition de ses rameaux rappelle le dessin du *Cl. antarcticus*

Kütz. ; toutefois, les plus jeunes rameaux constituent un pinceau plus accentué et plus effilé que sur ce dessin (comme chez le *Cl. hedvigioides*). Les rameaux verticillés portent des ramules eux-mêmes ramifiés et certains produisent jusqu'à dix bouquets de poils ; le *Cl. verticillatus* ne m'a point montré de rameaux aussi ramifiés.

A cause de la différence de leur état, ces deux exemplaires de Bluff n'ont pu être récoltés à la même saison ; puisque l'un et l'autre possèdent des rameaux verticillés ramifiés, c'est vraisemblablement que le *Cl. australis* en possède toute l'année.

L'Australasie étant plus riche en espèces et en genres de Sphacélariacées que les côtes européennes, elle abrite vraisemblablement des *Cladostephus* différents des nôtres. Le *Cl. australis,* caractérisé par les bifurcations de ses rameaux, n'a peut-être qu'une faible valeur, je crois néanmoins bon de le maintenir comme espèce distincte ; sa séparation aura l'avantage d'inciter les collecteurs à examiner les *Cladostephus* de plus près.

G. — Cladostephus antarcticus Kützing et Cladostephus Harioti Sauvageau

Kützing [56, pl. 8] a décrit et figuré son *Cl. antarcticus* sur un exemplaire récolté au Cap Horn, par J.-D. Hooker ; les rameaux verticillés, simples ou bi-trifurqués, sont divariqués à la base, fastigiés au sommet.

Je dois à l'obligeance de Mme Weber van Bosse la communication de cet exemplaire, conservé par Kützing ; le dessin des *Tabulæ* en représente bien la ramification et l'aspect soyeux. Hooker distribua à quelques correspondants, et entre autres à Kützing, des Algues récoltées pendant son voyage dans la région antarctique, et Kützing créa vraisemblablement son *Cl. antarcticus* sur l'échantillon reçu sous le nom de *Cl. spongiosus ;* toutefois, il n'en dit rien et ne cite point le *Cl. spongiosus* de Hooker en synonyme.

Chaque verticille comprend une vingtaine de rameaux. Les rameaux simples ne sont pas mélangés à ceux ramifiés, comme la diagnose de Kützing le laisserait croire ; la différence dans leur situation dépend probablement de la saison, comme chez les espèces de nos pays. Ceux des parties adultes, simples pour la plupart, un peu divariqués, longs de 2, 5 - 3 mm., atteignent le niveau du 3ᵉ ou du 4ᵉ verticille situé au-dessus. Ceux des parties jeunes sont notablement plus courts, généralement bifurqués, leur ramule étant divariqué et relativement long ; les plus jeunes sont disposés en pinceau autour d'un sommet peu saillant, comme Kützing l'a figuré.

La partie inférieure de la branche de droite (dessin des *Tabulæ)* est fertile, mais la fructification est à son début. En certains points, les pousses microblastiques apparaissent ; en d'autres, elles ont acquis leur longueur définitive ; toutes sont simples ; certaines portent de très jeunes sporanges uniloculaires. La fructification doit être abondante, car plusieurs articles secondaires portaient chacun trois ou quatre pédicelles, comme on le voit souvent chez le *Cl. spongiosus*.

En somme, l'échantillon nommé par Kützing *Cl. antarcticus* ressemble au *Cl. verticillatus* de nos pays, mais son aspect est plus soyeux. Je le laisse dans les *Inquirendæ* avec le *Cl. setaceus*. J'ai dit précédemment que l'échantillon des îles Falkland donné à Decaisne par Hooker, sous le nom de *Cl. spongiosus*, est indéterminable.

M. Hariot [88, p. 40] a rapporté au *Cl. antarcticus* Kütz., qu'il connaissait seulement par les *Tabulæ*, un échantillon trouvé dans la baie Orange (Sud-Amérique) « mêlé à d'autres Algues rejetées sur la plage. Par la disposition de ses rameaux distiques et non verticillés, cette Algue, dit-il, serait un *Chætopteris*, *(Chætopteris antarctica)* plutôt qu'un *Cladostephus* ». Dans le même Mémoire, l'auteur cite aussi au Cap Horn le *Cl. spongiosus*, mais seulement d'après Hooker, et non d'après ses récoltes personnelles.

Après comparaison des échantillons authentiques de *Cl. antarcticus* Kütz. et *Cl. antarcticus* Har., je sépare ce dernier sous le nom de *Cl. Harioti*, en le dédiant à mon ami le savant assistant de la chaire de Cryptogamie du Muséum. Si les particularités qu'il présente ne sont pas dues aux conditions exceptionnelles dans lesquelles vécut l'unique exemplaire connu, le

Cl. Harioti se distingue nettement des autres espèces du genre.

Il mesure environ 5 cm. de hauteur ; certaines de ses branches sont des pousses de remplacement ; bien qu'en majeure partie dénudé, sauf aux extrémités, il est stérile sans aucun indice de pousse microblastique. C'est un fragment qui, après avoir été détaché, vécut dans une station très calme jusqu'au jour où il fut rejeté à la côte. En effet, de la section de sa base partent quelques pousses définies et quatre pousses indéfinies, dont les deux plus vigoureuses dépassent 3 mm.

Le sommet de chaque pousse indéfinie est très grêle, effilé, et si long que les rameaux verticillés le dépassent à peine ; sur l'un de ces sommets, j'ai compté 22 articles secondaires entre le sphacèle et le plus jeune article ayant émis des rameaux ; les autres paraissaient semblablement construits. Les rameaux verticillés sont simples, grêles, cylindriques, non pilifères, à sommet obtus ; les jeunes mesurent 2-3 mm. et sont souvent au nombre de deux, opposés, disposition que M. Hariot interprétait comme une affinité avec le *Chætopteris* ; toutefois, ils ne sont pas distiques et je n'ai pas saisi l'ordre de leur succession : néanmoins, ils m'ont paru, parfois, insérés sur quatre génératrices ; des coupes montrent que deux rameaux seulement se développent ; il n'y a pas de rameaux avortés. La structure est celle d'un *Cladostephus* et non d'un *Chætopteris*.

En outre, les plus inférieurs des rameaux, constituant le pinceau terminal des pousses indéfinies, sont disposés par 3-4 au lieu de 2. Puis, dans les parties dénudées, les traces des anciens verticilles montrent 6-8 ou même 10 rameaux, mais probablement pas davantage. Ces portions dénudées, unies comme si tous les rameaux étaient tombés naturellement jusqu'à leur point d'insertion, présentent çà et là quelques rameaux isolés appartenant à un ancien verticille et beaucoup plus longs que ceux récents ; j'en ai mesuré d'entiers qui dépassaient 5 mm., mais bon nombre de ces rameaux isolés étaient tronqués. La plante produit donc vraisemblablement des rameaux simples en toute saison.

Il paraît évident que si l'exemplaire avait été roulé à diverses reprises sur la plage où on le rencontra ou si, après avoir été séparé de la plante mère, il n'avait pas vécu dans un endroit très calme, ces rameaux isolés auraient disparu, et les sommets

turgescents et fragiles des pousses indéfinies auraient été brisés.
Dans les conditions normales, la plante perd donc vraisemblablement ses rameaux adultes sur une plus grande étendue que
les *Cl. verticillatus* et *Cl. hedwigioides,* et peut-être les perd-il
de bonne heure, comme les *Phlæocaulon squamulosum* et
Ptilopogon botryocladus.

Le petit nombre des rameaux à chaque verticille (6 à 10)
doit caractériser l'espèce ; rien ne laisse supposer qu'il caractérise un état libre comparable à la var. *patentissimus* du *Cl.
verticillatus.* Si l'échantillon récolté par M. HARIOT, qui n'est en
somme qu'une bouture, possédait seulement un ou deux sommets effilés en voie de croissance et pourvus de rameaux opposés, on pourrait attribuer le nombre réduit de ces rameaux aux
exceptionnelles conditions d'existence ; mais il en comprend une
vingtaine, normaux ou de remplacement. Dans les conditions
ordinaires, la plante se comporte donc de même, et l'on dira
que les rameaux verticillés naissent par 6 à 10, à une certaine
époque de l'année, et par 2 seulement (ou 3 ou 4), à une autre
époque. Rien de semblable n'a été signalé chez les autres
Cladostephus.

Les sections transversales dans une branche jeune fournissaient la structure d'un *Cladostephus* grêle ; la partie inférieure
plus épaisse de l'échantillon, dont je n'ai rien distrait pour ne
pas séparer les repousses qui prouvaient son caractère de bouture, possédait vraisemblablement une couche cortico-rhizoïdale.

Si le *Cl. setaceus* possède uniquement des rameaux simples,
comme le dit SUHR, les *Cl. setaceus* et *Harioti* sont peut-être
des espèces voisines.

D. — Diagnoses des Cladostephus.

Cladostephus C. Agardh. — Polyblastées à accroissement secondaire transversal et longitudinal (Auxocaulées). — Thalle rampant
émettant des pousses indéfinies dressées, caulescentes, cylindriques,
pleines et de consistance ferme, non pilifères, produisant à intervalles
irréguliers des branches plagioblastiques semblables à elles, s'épaississant par une couche corticale secondaire enveloppant la région centrale médullaire et, en outre, dans leur région inférieure, par une couche

cortico-rhizoïdale. Pousses définies (rameaux hémiblastiques et mériblastiques) verticillées, stériles et caduques, simples, pilifères ou non
pilifères, ou ramifiées à ramules holoblastiques, plus ou moins divariquées et entourant le sommet de la tige dans leur jeunesse. Assise
périphérique des pousses indéfinies, plus ou moins dégarnies de leurs
rameaux verticillés, émettant de courtes pousses fructifères (microblastiques) très rapprochées, disposées en pulvinules épars et denses.
Organes reproducteurs uniloculaires et pluriloculaires portés par des
individus différents.

Cladostephus verticillatus Lyngbye. — Thalle rampant vivace,
discoïde (diamètre jusqu'à 4-5 cm., souvent 1-3 cm.), foncé, généralement apparent, dense, solidement appliqué, composé de nombreux
disques élémentaires soudés, portant des pousses définies éparses, non
apparentes, semblables aux rameaux verticillés, et des pousses indéfinies. Pousses indéfinies dressées nombreuses (jusqu'à une centaine)
apparaissant au début du printemps, atteignant 25 cm. (souvent 15 cm.),
bifurquées en apparence dichotomiquement et devenant progressivement plus foncées et plus raides, cessant de s'allonger pendant la saison
froide, puis disparaissant totalement ou partiellement, ou reprenant
leur végétation au début du printemps dans leur prolongement ou par
des pousses de remplacement et parfois disparaissant peu après. Verticilles de rameaux plus ou moins espacés laissant voir plus ou moins
nettement la verticillation. Rameaux verticillés (24 environ) divariqués,
puis courbés en faux, renflés dans leur région moyenne et terminés en
pointe, à un ou quelques ramules holoblastiques, mais souvent simples
à la base d'une jeune pousse dressée ou d'une pousse de remplacement
et aussi en automne, toutefois sans règle précise. Rameaux verticillés
détruits progressivement de bas en haut. En été et en automne, pousses
microblastiques nées sur les entre-nœuds masquant la verticillation.
En hiver, pousses indéfinies larges de 400-800 μ, noires, raides et
unies, complètement ou presque complètement dégarnies de leurs
rameaux verticillés sauf aux sommets, portant çà et là des pulvinules
denses, saillants, de hauteur uniforme (1/2 mm.-1 mm.) composés de
pousses microblastiques fructifères simples, pilifères ou non, munies
parfois de courts ramules holoblastiques. — Sporanges uniloculaires
terminaux (sur des pousses courtes) ou latéraux et brièvement pédicellés, ovales, parfois ovoïdes, de 55-80 μ sur 35-55 μ, à membrane
assez épaisse et longtemps persistante, emboîtant les sporanges successifs ultérieurs. Zoospores de 8-9 μ sur 5-6 μ munies d'un seul chromatophore et d'un point rouge. Sporanges pluriloculaires (ou gamétanges ?)
portés par des individus différents, disposés comme les précédents,

irrégulièrement cylindriques, de 50-90 μ sur 25-30 μ, à logettes hautes d'environ 4 μ, à membrane mince; sporanges nouveaux naissant à la place de l'ancien ou latéralement. Zoospores (ou gamètes parthénogénétiques) plus petites (6-8 μ sur 3-5. μ) et moins colorées que les précédentes. — Zoospores des deux sortes de sporanges germant sans fécondation et fournissant des plantules identiques. Plantules composées d'un disque, d'abord monostromatique, d'où s'élève un poil sessile puis des pousses définies successives avec ou sans ramules holoblastiques, parmi lesquelles s'élève enfin la pousse indéfinie caractéristique. Stolons partant du disque et fournissant aussi des pousses définies, des pousses indéfinies, et des disques qui se réuniront et se souderont entre eux pour constituer un thalle rampant.

Hab. — Sur des rochers propres, des pierres ou des *Lithothamnion,* à mi-marée et à basse mer dans les flaques et les rigoles, et au-dessous du niveau de l'eau. — Océan Atlantique: des Orcades et d'Helgoland jusqu'aux Canaries, Terre-Neuve, Nord des Etats-Unis. Méditerranée : De Gibraltar jusque dans la mer Noire. Australie.

Syn. — *Cladostephus Myriophyllum* C. Agardh.
Cladostephus spongiosus Kützing non al.
Cladostephus Bolleanus Montagne.
Cladostephus tomentosus Kützing.

Cladostephus verticillatus var. **patentissimus** Sauvageau. — Plante non fixée, plus grêle, plus souple, plus contournée que le type et à branches plus irrégulièrement espacées. Verticilles à 8-12 rameaux plus longs, moins divariqués et moins recourbés. Pousses microblastiques restant stériles.

Hab. — Sur le fond, parmi les Zostères. — Skagerrak et Kattegat.

Syn. — *Cladostephus laxus* C. Agardh.
Cladostephus spongiosus var. *laxus* C. Agardh.

Cladostephus spongiosus C. Agardh. — Espèce peu différente du *Cl. verticillatus.* — Thalle rampant vivace moins large et moins régulier, couvert et non apparent, portant aussi des pousses définies et un moindre nombre de pousses indéfinies (jusqu'à une vingtaine). Pousses indéfinies moins hautes (4-10 cm.), moins épaisses, plus flexueuses, moins raides, à branches terminales rapprochées donnant au sommet un aspect plus touffu. Pousses indéfinies cessant aussi de s'allonger pendant la saison froide, puis s'accroissant plus fréquemment dans leur prolongement ou fournissant des pousses de remplacement qui dureront toute l'année. Verticillation assez apparente en été sur les parties jeunes. Rameaux verticillés du printemps fastigiés, souvent simples et non pilifères (24 environ); ceux de l'été, plus courts que les précédents, légèrement divariqués, généralement munis de ramules holoblastiques, puis redevenant simples et non pilifères à l'automne, plus longtemps persistants que chez le *Cl. verticillatus.* Pousses microblastiques masquant la verticillation en constituant des pulvinules moins nettement limités parmi les rameaux verticillés non ou incomplètement détruits. — Sporanges uniloculaires, pluriloculaires et zoospores, comme ceux du *Cl. verticillatus.* Sporanges généralement plus nombreux sur une même pousse microblastique, les pédicelles naissant souvent par deux ou trois sur un même article. Paroi des sporanges uniloculaires plus mince, plus flasque, disparaissant plus vite, emboîtant peu ou point les nouveaux sporanges.

Hab. — Sur des rochers couverts de limon sablonneux, au niveau du *Fucus vesiculosus,* s'affaissant à basse mer, d'ensemble plus foncé et d'aspect plus spongieux que le *Cl. verticillatus.* — Océan : du Cercle polaire jusqu'au Maroc. Présence douteuse dans l'hémisphère austral.

Syn. — *Cladostephus densus* Kützing.

Cladostephus hedwigioides Bory. — Thalle rampant inconnu, mais probablement large. Pousses indéfinies atteignant jusqu'à 13 cm., dures et foncées. Verticilles de 10-16 rameaux simples, cylindriques, grêles, divariqués et approximativement rectilignes; jeunes rameaux fastigiés, parallèles à l'axe, constituant un pinceau entourant le sommet. Pousses microblastiques plus cylindriques que celles du *Cl. verticillatus.*

Hab. — Dans l'eau saumâtre du bassin de la source de Mili, près d'Amyros (Grèce).

Obs. — Espèce imparfaitement connue, non récoltée depuis Bory; différente des *Cl. verticillatus* et *Cl. spongiosus* par son aspect général, ses rameaux verticillés simples, cylindriques et peu nombreux, ses sommités en pinceau. Pourrait être une adaptation du *Cl. verticillatus* à la vie dans l'eau saumâtre.

Cladostephus australis Kützing. — Port du *Cladostephus verticillatus.* — Thalle rampant inconnu. Verticilles d'une vingtaine de rameaux portant chacun plusieurs ramules holoblastiques divariqués.

Hab. — Australie, Nouvelle-Zélande.

Obs. — Espèce imparfaitement connue et peut-être provisoire. Si des filaments monosiphoniés partant de pédicelles de sporanges uniloculaires, observés sur un échantillon, ont une existence constante, ils constitueront un caractère spécifique.

Cladostephus Harioti Sauvageau. — Thalle rampant inconnu. Pousses indéfinies à sommet grêle et effilé, probablement sans pousses mériblastiques. Rameaux verticillés simples, grêles, cylindriques, non pilifères, caduques, atteignant jusqu'à 5 mm. Verticilles de 6-10 rameaux à une époque de l'année ; verticilles de 2 rameaux opposés ou 3-4 rameaux à une autre époque. Pousses microblastiques inconnues.

Hab. — Sud-Amérique (Baie Orange).

Obs. — Connu par un échantillon stérile recueilli sur le rivage par M. Hariot. Paraît être bien différent des autres *Cladostephus.*

Syn. — *Cladostephus antarcticus* Hariot.
Chætopteris antarctica Hariot.

Species inquirendæ : *Cladostephus setaceus* Suhr.
Cladostephus antarcticus Kützing.

Chapitre XXVI. — Remarques sur les groupes de Sphacélariacées.

Les *Choristocarpus tenellus, Discosporangium mesarthrocarpum, Polytretus Reinboldii* sont, à des degrés divers, des formes de passage entre les Ectocarpacées et les Sphacélariacées inférieures. Par contre, on ne voit aucune relation entre les Sphacélariacées les plus élevées en organisation et les autres groupes de Phéosporées.

J'ai établi que certaines Sphacélariacées sont sexuées ; toutefois, la nature des organes reproducteurs semble trop peu en rapport avec les véritables affinités des genres, et même des espèces, pour servir de base à une division en groupes. Par exemple, séparer le *Sph. Hystrix* à reproduction hétérogamique, du *Sph. cirrosa* dont les organes pluriloculaires sont tous semblables, aboutirait à la création d'un genre aussi peu justifié que le *Giffordia* parmi les *Ectocarpus.* Les organes reproducteurs des *Halopteris* sont encore trop insuffisamment connus pour que l'on puisse séparer les espèces dont l'oogone paraît renfermer une oosphère unique, des espèces dont l'oogone est cloisonné en logettes plus volumineuses que celles de l'anthéridie, ou même dont tous les organes pluriloculaires sont semblables.

La disposition de ces organes sur le thalle est un caractère plus constant et de plus grande valeur. Sous ce rapport, les *Halopteris* sont bien distincts des *Sphacelaria*. Peut-être établira-t-on, un jour, une section des *Sympodicarpées* pour les *Sphacelaria* dont les sporanges uniloculaires apparaissent successivement en sympode ; il renfermerait des espèces d'inégale différenciation, depuis le *Sph. sympodicarpa*, de structure très simple, jusqu'au *Sph. spuria*, aussi différencié que le *Sph. plumigera*. A part le *Sph. sympodicarpa* du golfe de Gascogne, toutes les Sympodicarpées vivent dans l'hémisphère austral.

Le mode de fixation des espèces à vie indépendante, par un disque, par des stolons ou des crampons qui, *a priori*, devrait indiquer des affinités utilisables dans la classification, est encore trop incomplètement étudié pour fournir des résultats dans l'établissement des genres.

Le groupement des Sphacélariacées, d'après la manière dont naissent les rameaux et d'après la présence d'un accroissement secondaire, fournit des résultats plus conformes aux affinités des espèces entre elles. Je le résume dans le tableau suivant :

	Leptocaulées	Auxocaulées
1. Dichoblastées . . .	*Disphacella.*	
2. Hémiblastées . . .	*Sphacella.*	
	Sphacelaria.	
	Chætopteris.	
2 *bis.* Opséblastées ?		
3. Acroblastées . . .	*Alethocladus.*	
4. Holoblastées . . .	*Halopteris.*	*Halopt. hordacea.*
		Phlœocaulon.
		Ptilopogon.
5. Polyblastées . . .	. . . .	*Cladostephus.*

Si PRINGSHEIM avait connu le *Disphacella*, il aurait inévitablement comparé la dichotomie de ses filaments à la prétendue dichotomie des pousses indéfinies du *Cladostephus*, mais j'ai démontré que celle-ci n'existe pas. Les Dichoblastées sont donc actuellement isolées parmi les Sphacélariacées.

Les rameaux des Hémiblastées naissent d'un article secondaire supérieur. En réalité, il faudrait réserver le nom d'Hémiblastées aux espèces dont les rameaux naissent d'un article encore incomplètement cloisonné, ou d'un article jeune surmonté d'articles incomplètement cloisonnés. C'est le cas chez les *Sphacelaria* du groupe *Sph. cirrosa*, chez ceux à rameaux pennés (*Sph. spuria, Sph. Plumula, Sph. plumigera*), chez le *Chæt. plumosa* et même chez le *Cladostephus*.

Les rameaux de certains autres *Sphacelaria* apparaissent beaucoup plus tardivement et ne sont pas strictement comparables aux précédents ; ils sont homologues des pousses adventives que développent les péricystes de diverses Holoblastées. C'est surtout par suite de sa troncature ou de la mort de son sphacèle, qu'un filament de *Sph. radicans* ou de *Sph. olivacea*, par exemple, simple jusque là, pousse des branches qui émanent chacune d'un péricyste. Il en est de même chez le *Sph. Reinkei*. Or, les espèces dont les articles secondaires subissent un cloisonnement transversal présentent seules des péricystes nettement différenciés ; celles dont les articles ne sont pas cloisonnés (*Sph. saxatilis, Sph. sympodicarpa, Sph. furcigera...* etc...) ne laissent pas prévoir quelles cellules fourniront un rameau. Cette différence entre les vraies Hémiblastées à rameaux normaux, et celles qui manquent de rameaux normaux ou *Acladées*, justifierait la création, pour celles-ci, d'une section que je proposerais de nommer *Opséblastées* pour rappeler la constitution tardive des rameaux, autrement dit qu'ils sont en retard sur ceux des vraies Hémiblastées. Cette section entraînerait nécessairement la création d'un genre nouveau aux dépens du genre *Sphacelaria ;* toutefois, ceci manquerait actuellement d'opportunité, notre incomplète connaissance de plusieurs espèces exotiques ne permettant pas, en effet, d'affirmer qu'elles appartiennent à l'un ou à l'autre genre. Je nomme donc ici les Acladées ou Opséblastées pour attirer l'attention ; je me propose de revenir ultérieurement sur ce sujet.

On ne connaît aucune forme de passage des Hémiblastées aux Holoblastées. M. Reinke considérait le *Sph. cirrosa,* l'une des espèces les plus différenciées du genre, comme la plus voisine de l'*Halopteris filicina* et, par suite, comme l'intermédiaire vraisemblable entre les deux groupes. A mon avis, la seule forme intermédiaire connue, et encore bien peu satisfaisante, est le *Sph. radicans*. A l'état stérile, il produit quelques poils géminés ou groupés; des cultures en aquarium, que naguère M. Kuckuck m'avait obligeamment remises, m'ont démontré [09] que l'origine des poils bigéminés est la même que chez une Holoblastée, et qu'en outre cette plante émet des ramules holoblastiques à aisselle pilifère; par contre, je n'y ai vu aucun rameau acroblastique ni franchement hémiblastique. Toutefois, on aurait pu interpréter ces ramules holoblastiques comme des malformations dues à la végétation en aquarium. Or, M. Kuckuck m'a gracieusement fait un envoi de gazons récoltés le 14 mai 1909 sur les rochers d'Helgoland; la plante n'avait pas terminé sa fructification; j'y ai vu, néanmoins, quelques poils et quelques rares ramules holoblastiques. Le *Sph. radicans* forme donc aussi ces ramules dans la nature; il en eût probablement fourni davantage deux à trois mois plus tard. Des *Sph. olivacea,* récoltés le même jour, ne présentaient ni poils ni ramules.

Le *Sph. radicans* est donc la seule Hémiblastée, la seule Opséblastée, ayant montré des ramules holoblastiques; s'il figure parmi les ancêtres des *Halopteris,* il est séparé d'eux par des intermédiaires disparus ou inconnus. L'origine péricystique des rhizoïdes et des pousses adventives, la présence de quelques rameaux holoblastiques, la gémination des poils, indiquent plus de parenté entre le *Sph. radicans* et les Holoblastées qu'avec les *Sphacelaria* franchement hémiblastées. Toutefois, il y a loin entre la disposition des sporanges du *Sph. radicans* et celle des *Halopteris.*

L'*Alethocladus corymbosus* est le seul représentant du groupe des Acroblastées, et encore savons-nous peu de chose à son sujet; son étude préciserait peut-être les affinités des Hémiblastées et des Holoblastées.

Un *Sphacelaria* pilifère, les premiers filaments dressés non ramifiés d'une germination d'*Halopteris scoparia*, les filaments dressés non ramifiés qui précèdent l'apparition de la tige sur un disque de *Cladostephus*, sont simultanément des exemples d'une ramification acroblastique et d'une ramification sympodiale. La différence est que le sphacèle y fournit un poil et non un rameau comme chez l'*Alethocladus*. Les *Sphacelaria* australasiens (*Sph. pymæa, Sph. bracteata, Sph. fœcunda*) à poils pédicellés sont des formes intermédiaires. On ignore si, à un moment de son existence, l'*Alethocladus* est capable de fournir des poils, mais il ne produit probablement point de rameaux hémiblastiques comparables à ceux des *Sphacelaria*, comme il paraît certain qu'aucun *Sphacelaria* ne donne de rameaux acroblastiques.

L'Holoblastie semble une Acroblastie perfectionnée ; le sphacèle lenticulaire, au lieu de produire seulement un rameau, produit un rameau et un poil ou une touffe de poils. Si l'Holoblastie procède phylogéniquement de l'Acroblastie, celle-ci devrait se retrouver dans les premiers stades du développement des Holoblastées. Or, il n'en est pas ainsi et lorsque les espèces holoblastiques, ou les rameaux verticillés du *Cladostephus*, montrent des ramules comparables à ceux de l'*Alethocladus*, ce n'est ni sur de jeunes pousses vigoureuses ni lorsque la plante est en pleine végétation ; leur présence est plutôt un signe d'épuisement. Par suite, au lieu d'être un stade dans l'évolution de l'Holoblastie, l'Acroblastie en est peut-être dérivée.

Pour retrouver les affinités de l'*Alethocladus*, il y aurait lieu de rechercher s'il produit des poils et si ces poils sont sessiles ou pédicellés, isolés ou à l'aisselle des branches ; si les organes reproducteurs naissent sur les rameaux, comme chez les *Sphacelaria* de nos pays, ou à la base de rameaux ou de poils pédicellés, comme chez certains *Sphacelaria* australasiens, ou à l'aisselle des rameaux comme chez les *Halopteris*.

Par ses tiges dépourvues de poils (monopodiales) et ses rameaux hémiblastiques, le *Cladostephus* se rapproche des Hémiblastées dont l'axe est bien marqué par rapport aux rameaux (*Sph. Plumula, Sph. spuria, Sph. plumigera, Chæt. plumosa*) ; les rameaux, il est vrai, y sont opposés et distiques, mais la verticillation n'est qu'une exagération de cette disposition, et l'on concevrait des *Sphacelaria* dont les rameaux seraient verticillés. La variété *patentissima* du *Sph. cirrosa,* où les rameaux sont opposés distiques, présente çà et là trois ou même quatre rameaux sur un même article secondaire ; si le filament était plus large, il en formerait sans doute davantage. Le *Clad. Harioti,* qui fournit, à certaines époques de l'année, des rameaux opposés au lieu de rameaux verticillés, pourrait être considéré comme une forme de passage. Mais, en opposition avec le *Cladostephus,* toutes les Hémiblastées connues sont leptocaulées.

Les rameaux mériblastiques des *Cladostephus* ne contredisent pas cette parenté ; ils ne sont pas comparables, en effet, à des pousses produites par des péricystes ; ils semblent résulter de l'accroissement secondaire longitudinal et transversal de l'axe ; d'ailleurs, bien que toutes les pousses indéfinies du *Cladostephus* subissent ce double accroissement secondaire, toutes ne développent pas des pousses mériblastiques, il y a des variations individuelles et saisonnières. Si les autres genres auxocaulés, *Phlæocaulon* et *Ptilopogon,* n'ont pas de rameaux mériblastiques, c'est que, leur ramification étant holoblastique, le nombre des rameaux ne peut augmenter que par le fonctionnement de péricystes, ou de cellules comparables à des péricystes.

Chez toutes ces Hémiblastées, bien qu'il y ait différenciation nette entre axe et rameaux, un rameau quelconque, plus vigoureux et plus fort que les autres, se transforme en axe identique à celui qui le porte. Il n'en est jamais ainsi chez un *Cladostephus,* les branches naissent dans un verticille, elles ont la même hauteur d'insertion que les rameaux, mais elles sont spécialisées dès le début du cloisonnement de l'article secondaire qui fournira le verticille ; elles sont plagioblastiques.

Une autre différence avec les Hémiblastées est la suivante : les rameaux pilifères des *Sphacelaria* sont des sympodes ; leurs ramules ne sont jamais holoblastiques, sauf parfois chez le *Sph. radicans ;* ceux du *Sph. Reinkei* ont l'apparence holoblastique sans en avoir l'origine. Au contraire, les ramules des rameaux verticillés du *Cladostephus* sont d'origine holoblastique.

Les organes reproducteurs des *Sphacelaria* distiques naissent sur les rameaux et, chez le *Sph. spuria*, parfois aussi sur les axes. La disposition est différente chez le *Chætopteris*; ses rameaux sont uniquement végétatifs et les rhizoïdes, qui ailleurs jouent seulement un rôle fixateur, portent les organes reproducteurs; certains rhizoïdes du *Sph. racemosa* en portent aussi. On n'a jamais observé de sporanges sur les rhizoïdes du *Cladostephus* ni sur son thalle rampant *(Sph. olivacea)*. Ses rameaux verticillés en émettent parfois, disposés comme ils le seraient chez un *Sphacelaria*; ceci, toutefois, ne semble pas indiquer une véritable affinité, puisque le phénomène se produit seulement en arrière-saison, sur la plante épuisée; le fait présente néanmoins un certain intérêt car, les rameaux verticillés se ramifiant selon le mode holoblastique, les sporanges pourraient, aussi bien, se développer à l'aisselle des ramules, comme chez les *Halopteris* et, par là, augmenter la parenté avec les Holoblastées en diminuant celle avec les Hémiblastées.

Ces rameaux verticillés fructifères du *Cladostephus* se développent pendant la saison froide ; les rameaux verticillés purement végétatifs de printemps et d'été, infiniment plus nombreux et éphémères, sont en majeure partie tombés lors de la saison froide, favorable à la fructification. La plante constituera donc ses organes reproducteurs par une disposition nouvelle, conséquence de sa structure auxocaulée. La même nécessité s'impose au *Ptilopogon*; chez celui-ci, les cellules ou groupes de cellules qui forment les ramules fructifères, réservées dès la structure primaire, se maintiennent à l'état dormant jusqu'au moment où la couche corticale d'accroissement secondaire cesse son cloisonnement. Au lieu de produire, comme le *Ptilopogon*, ses ramuscules fructifères aux dépens d'éléments anciens, le *Cladostephus* les produit aux dépens d'éléments nouveaux, qui sont les cellules périphériques de son écorce secondaire. Mais, dans les points où la couche cortico-rhizoïdale remplace ou recouvre la couche corticale, c'est d'elle que sortent les ramules fructifères ; or, d'une part, la couche cortico-rhizoïdale peut être considérée comme constituée par des rhizoïdes rapprochés et soudés en tissu compact ; d'autre part, les rhizoïdes du *Chætopteris* naissent aussi de l'axe ; d'abord soudés entre eux, puis simplement enchevêtrés, leur masse paraît comparable à la couche cortico-rhizoïdale des *Cladostephus, Phlœocaulon* et *Ptilopogon*. Bien que forts différents l'un de l'autre, les deux genres *Chætopteris* et *Cladostephus* se rapprochent donc par certaines particularités de structure.

La tige du *Cladostephus* produit un système très lourd de branches et de rameaux verticillés qui explique la nécessité d'un accroissement secondaire transversal. Toutefois, les articles basilaires de cette tige restant courts, étroits, dépourvus d'écorce secondaire, la base d'un *Cladostephus* correspond à une pousse indéfinie de *Sphacelaria*; les *Phlœocaulon* et *Ptilopogon* présentent le même fait; l'absence de cloisonnement secondaire dans la région de la plante qui en a le plus besoin, et qui se développe la première, s'explique comme un caractère ancestral, le *Cladostephus* dérivant d'une Leptocaulée hémiblastée, les *Phlœocaulon* et *Ptilopogon* dérivant de Leptocaulées holoblastées.

Cette base de l'axe grêle et à l'état primaire, doit nécessairement se renforcer pour supporter le poids de la plante. Or, les tout premiers articles émettent souvent un ou quelques rhizoïdes rudimentaires, si insignifiants qu'ils n'atteignent pas toujours le disque; les articles situés au-dessus produisent une couche cortico-rhizoïdale, qui les renforce et les protège, descend et s'applique sur les articles basilaires, qu'elle renforce et protège aussi et, finalement, consolide l'insertion de la plante en s'étalant sur le disque. Or, les premiers rhizoïdes rappellent ceux des *Sphacelaria* cortiqués, la couche cortico-rhizoïdale, dans cette région de structure primaire, rappelle la cortication du *Chœtopteris*. Au début de son développement, une pousse indéfinie de *Cladostephus*, interprétée phylogéniquement, reproduit donc successivement deux stades ancestraux.

Ce tissu cortico-rhizoïdal apparaît dans une courte région où l'accroissement en longueur est nul ou insignifiant. Mais, dès que l'accroissement longitudinal fonctionne, l'accroissement secondaire transversal apparaît; désormais, la couche cortico-rhizoïdale se constituera aux dépens de la couche corticale. Le *Cladostephus* prend donc tardivement son caractère d'Auxocaulée. Les mêmes phénomènes s'observent chez le *Phlœocaulon*; or, si la couche cortico-rhizoïdale est un souvenir ancestral, le *Phl. squamulosum*, qui en manque au point d'insertion des pousses indéfinies, représente un stade d'évolution plus élevé que les *Phl. fæcundum* et *Phl. spectabile* qui en possèdent. Il semble y avoir une sorte de parallélisme dans l'évolution des Leptocaulées: les Hémiblastées aboutissent au *Cladostephus*, les Holoblastées aboutissent aux *Phlæocaulon* et *Ptilopogon*. L'*Halopt. hordacea* étant la seule Leptocaulée où existe un rudiment de cloisonnement cortical secondaire, les formes de passage manquent; on en rencontrera vraisemblablement dans l'hémisphère austral.

L'étude des plantules confirme imparfaitement cette parenté du *Cladostephus* avec les Hémiblastées. Le disque ou le stolon, en effet, fournit d'abord des filaments dressés pilifères ressemblant à un *Sphacelaria* mais qui, s'ils se ramifient, le font toujours suivant le mode holoblastique; par suite, la poussé indéfinie apparaît brusquement, sans transition, parmi ces filaments dressés. D'ailleurs, les plantules de germination étant connues chez deux espèces seulement, *Hal. scoparia* et *Clad. verticillatus*, on ne peut guère en tirer une conclusion applicable à l'ensemble des Sphacélariacées.

INDEX ALPHABÉTIQUE DES GENRES
ET DES ESPÈCES MENTIONNÉS

Les noms en caractères gras sont ceux des espèces décrites. — Les noms d'espèces en italiques indiquent des synonymes; un nom d'auteur en italiques signifie que cet auteur a employé le nom spécifique avec une acception différente, soit dans une publication imprimée, soit sur une étiquette de collection. — Les chiffres arabes renvoient aux pages où le nom est mentionné. — Les chiffres en caractères gras indiquent soit la page où l'espèce est citée en tête d'un chapitre ou d'un paragraphe traitant de cette espèce, soit la page de sa diagnose, soit celle d'un tableau où elle figure. — Le trait séparant deux nombres signifie « à ».

Les subdivisions d'espèces appelées formes ou variétés par les auteurs sont uniformément appelées variétés dans cet Index.

Les Algues et quelques Phanérogames citées incidemment, ou comme support de Sphacélariacées, ne sont pas suivies du nom de l'auteur.

Achnanthes subsessilis Kützing. . . . . 592.

Acinetospora Bornet. . . . . 235, 262.

Aglaozonia Zanardini . . . . 9-11, 13, 16, 63, 79.

— chilosa Falkenberg. . . . . 251.

— parvula Zanardini . . . . 15, 251, 312, 506.

Ahnfeltia plicata . . . . 168, 201, 227, 276, 380, 491, 552, 580.

Alethocladus Sauvageau . . . . 256, 270, 272, 273, **288**, 304, 318, 322, 329, 342, 384, 452, 526, **605**, 608.

— **corymbosus** Sauvageau . . **280**, **288**, 396, 607.

Amphiroa californica . . . . 160.

Anisocladus Reinke . . . . **288**, 352, 396, 397, 412, 437, 476.

— *congestus Reinke* . . . . 8, 293, 353, 396, 397, 411, 415, 417.

Ascophyllum nodosum f. scorpioides . . . . 580.

Battersia Reinke . . . . 4, 6, 10, 71, 73, 110, 111, **264**, 385.

— **mirabilis** Reinke . . . . 9, **12**, 241, 247, 249-252, 506.

Bindera Cladostephus Decaisne . . . . . . 483.

— *australis Meneghini* . . . . 483.

Calothrix . . . . 552.
Carpomitra Cabreræ. . . . . 17, 242.
Ceramium . . . . 552.
— *elatines Mertens* . . . . 296.
— *elatinoides Mertens* . . . . 296.
— *elatinum Mertens* . . . . 308.
— *filicinum Grateloup* . . . . 289, 295, 296.
— *Hænsleri C. Agardh* . . . . 296.
— *pennatum Roth* . . . . 201.
— *reticulatum Lyngbye* . . . . 278.
— *rude Bory?* . . . . 367.
— *scoparium Roth* . . . . 288.
— *tenue' C. Agardh* . . . . 296, 298.
Chætopteris Kützing 2, 14, 16, 73, 112, **264**,
           289, 439, 440, 469, 509,
           525, 529, **605**, 610, 611.
— *antarctica Hariot* . . . . . . 598, 604.
— **plumosa** *Crouan* . . . . . . 78.
— — *Debray* . . . . . . 79.
— — *Falkenberg* . . . . 79.
— — *Hohenacker* . . . . 94.
— — *Kützing* 9, 50, 94-102, **106**, 143,
           241-247, 250, 253, 255,
           265, 337, 379, 380, 436,
           439, 440, 447-452, 506,
           606, 608.
— — *Meneghini* 80
— *squamulosa Kützing* . . . . 439, 440.
— *Suhrii J. Agardh* . . . . . 439, 440.
Chantransia . . . . 552.
Chloronema sphacelarioides Sonder . . . . 396.
Chorda Filum . . . . 214.
Choristocarpus tenellus Zanardini . . . . . 235, 262, 264, 604.
Chylocladia . . . . 552.
Chytridium sphacellarum Kny . . . . 222.
Cladophora . . . . 552.
— *lanosa* . . . . 181.
— rupestris . . . . 203, 210, 211, 213.
Cladostephus C. Agardh 2, 6, 9, 16, 68, 73, 107,
           109, 147, 249, 250, 263,
           267, 294, 374, 440, 463,
           471, **481**, **600**, **605**,
           606, 608-612.
— antarcticus *Hariot* . . . . . 487, 598, 604.
— — *Kützing* 484, 485, 487, 595, **597**,
           604.
— **australis** *C. Agardh* . . . 483, 484.

Cladostephus australis Kützing non Ag. 484, 485, 487, 591, **595, 603.**

— *Bolleanus Montagne* . . . . 484-486, 602.

— *Ceratophyllum C. Agardh* . . 482, 483.

— *clavæformis C. Agardh?* . . 482.

— *densus Kützing* . . . . 484, 485, 603.

— *distichus Holmes* . . . . . . 107.

— *dubius Bory* . . . . 484.

— *flavidus Bory* . . . . 484.

— **Harioti** Sauvageau . . . 486, 591, **597, 604,** 609.

— **hedwigioides** Bory . . . . 484-486, **591,** 595, 597, 600, **603.**

— *laxus C. Agardh.* . . . . . 483, 579, 592, 602.

— *Lycopodium C. Agardh* . . 483.

— *Myriophyllum C. Agardh* . . 482-485, 492, 581, 602.

— — var. *Ceratophyllum C. Ag.* . 483, 484, 519.

— *plumosus Holmes* . . . . . . 107.

— setaceus Suhr . . . . 483-486, 600, 604.

— **spongiosus** C. Agardh . . 6, 145, 481-488, 492, 494, 506, 524, 535, 544, 552, 556, 574, 580, **581,** 591, 594, 598, **602,** 603.

— — *Kütz.* non Ag. 484, 485, 602.

— — var. *laxus C. Ag.* 483, 484, 579, 602.

— *tomentosus Kützing* . . . . 484, 485, 602.

— **verticillatus** *C. Agardh* . . 481-483.

— — Lyngbye . . 5, 8, 9, 11, 213, 213, 214, 470, 480, 482-**488,** 581-**601,** 602, 603, 612.

— — var. *australis J. Ag.* 580.

— — var. **patentissimus** Sauv. . . . **579,** 580, 600, **602.**

— — var. *spongiosus* Farlow . . . . . 481.

Cocconeis scutellum Ehrenb. var. parva Grün. 592.

Codium adhærens . . . . 11, 125, 147, 148, 214.

— Bursa . . . . 124, 125, 215, 220, 237.

Conferva cirrosa Roth . . . . 168.

— *disticha Vahl* . . . . 375.

— *elatinoides Mertens* . . . . 289.

— *equisetifolia Lightfoot* . . . . . . 482.

— *fusca Dillwyn* . . . . 206.

— — *Hudson* . . . . : 206.

— *intertexta Roth* . . . . 168.

— *Myriophyllum Roth* . . . . . . : 482.

— *olivacea Dillwyn* . . . . 51, 52, 56, 66.

Conferva pennata Dillwyn . . . . 168, 201, 288.
— — *Hudson* . . . . 167, 168.
— *radicans Dillwyn* . . . . 51, 52.
— *scoparia Dillwyn* . . . . 376.
— — *Linné* . . . . 201, 288.
— *spongiosa Hudson* . . . . 481.
— *verticillata Lightfoot* . . . . 481–483.
— — *Schmidel* . . . . 482.
Corallina officinalis . . . . 201, 213.
Cutleria Greville . . . . 180, 251, 563.
Cystophora . . . . 25, 29, 35, 157, 191, 193, 239.

— botryocystis . . . . 47, 51.
— expansa . . . . 163, 167.
— monilifera . . . . 39, 42.
— (Blossevillea) retorta . . . . . . 118, 121.
— retroflexa . . . . 31, 34.
— scalaris . . . . 31, 34, 148, 121.
— subfarcinata . . . . 42, 47, 118.
Cystophyllum muricatum . . . . 159.
— trinode . . . . 146, 153.
Cystoseira . . . . 124, 214.
— Abies-marina . . . . 190.
— amentacea . . . . 187.
— discors . . . . 11, 147, 170, 186, 196, 213, 214, 225.

— ericoides . . . . 7, 148, 169, 170, 172-174, 178, 179, 185-191, 225, 259, 488.

— fibrosa . . . . 36, 180, 195, 196, 203, 205, 225, 226.

— granulata . . . . 213.
— Hoppii . . . . 168.
— selaginoides . . . . 190.
Dasycladus . . . . 482.
Derbesia . . . . 555.
Dermocarpa Crouan . . . . 345.
— biscayensis Sauvageau . . . . 369.
— prasina Bornet . . . . 369.
Desmarestia aculeata . . . . 229.
Discosporangium mesarthrocarpum Hauck . 264.
Dictyopteris polypodioides . . . . 488.
Dictyota dichotoma . . . . 215, 220.
— ligulata . . . . 148.
Digenea simplex C. Agardh . . . . 483.
— *Wulfeni Kützing* . . . . 483.
Disphacella Sauvageau . . . . 272, 273, **280**, 605.

Disphacella reticulata Sauvageau . . . . **275, 280.**
— — var. **patentissima?**
Sauvageau . . . 280, **384.**
Dudresnaya Boryana Montagne. . . . . . . 484.
Ectocarpus Lyngbye 3, 5, 8, 39, 75, 112, 184,
262, 604.
— fasciculatus Harvey. . . . . 202, 203, 226.
— granulosus C. Agardh . . . . . 4, 5.
— Hincksiæ Harvey. . . . . 35.
— Lebelii Crouan 7, 112, 154, 174, 179, 181,
183, 369.
— *Reinboldii Reinke* . . . . 5, 6, 263.
— secundus Kützing . . . . 5, 7, 154, 183, 371.
— siliculosus Lyngbye . . . . . . 4.
— simplex Crouan . . . . 181.
— Valiantei Bornet 174, 179, 181,
— virescens Thuret . . . . 126, 154, 263, 369.
Elachistea Duby . . . . 186.
Enteromorpha compressa . . . . 592.
Epithemia turgida. . . . . 228.
Fastigiaria furcellata . . . . 169, 213, 228.
Fontinalis. . . . . 592.
Fucus. . . . . 171, 563.
— *Lycopodium Turner*. . . . . 483.
— *scoparia Bauhin* . . . . 288.
— serratus . . . . 168, 201, 212.
— *squamulosus Turner* . . . . 439.
— vesiculosus. . . . . 148, 583, 603.
— — var. crispatus Sauvageau . 214.
Gelidium corneum. . . . . 174.
Giffordia Batters . . . . 604.
Gigartina acicularis . . . . 215.
Griffithsia australis C. Agardh . . . 483, 595.
Halidrys siliquosa 168, 171, 172, 194–196,
202, 205, 226, 228, 235.
Halopteris *Kützing* . . . . 2, 266, **288**, 437, 440.
— — emend. Sauvageau . . 9, 293, **294**, 433, 434,
437, 444, 465, 469, 477,
537, 570, 604, **605-610.**
— brachycarpa Sauvageau . . 291, 401, **404, 407**, 415,
419, 422, 429, 435, **437,**
438, 439.
— congesta Sauvageau 394, 402, 404, 405, **411,**
415, 429, 431, 435-**438,**
439, 478, 479.
— filicina Kützing 7, 8, 68, 79, 89, 154, 232,
233, 272, 287-**294, 331,**

332, 335, 336, 342, 349, 357, 365, 371, 382-385, 392, 430-**437, 439,** 449, 462, 541, 567, 568, 584, 607.

Halopteris filicina var. **patentissima**
  Sauvageau. . . .   310, 312, 322, **332,** 372, **438,** 579.

— **funicularis** Sauvageau. . . .   268, 337, 353, 376, 377, 386, 392, **393, 402**-424, 434-**437, 438, 439,** 455, 469, 470.

— **hordacea** Sauvageau . . . .   334, 372, 394, 404, 405, 408, 411-**416, 432-438, 439,** 469, **605,** 612.

— **Novæ-Zelandiæ** Sauvageau .   292, 324, **332, 336,** 434, **439.**

— **obovata** Sauvageau . . . . .   285, 286, 292, 293, 316, **336, 342,** 348, 390, 392, 396, 434-**437, 438,** 494.

— **platycena** Sauvageau . . . .   286, 292, 335, **343, 348,** 434-**437, 438,** 474, 494.

— **pseudospicata** Sauvageau . .   407, **408, 411,** 415, 434, **438, 439.**

— **ramulosa** Sauvageau. . . . .   **386, 393,** 434, **439.**

— **scoparia** Sauvageau . . . . .   268, 270, 286, 297, 314, 316, 318, 320, 326, **349, 377,** 379-392, 398, 401, 404-407, 410, 412, 414, 424, 429, 430, 434-**438, 439,** 445, 508-541, 566-568, 577, 578, 584, 608, 612.

    var. **patentissima** Sauv.   292, 332, 372-374, **379,** 380-385, **438,** 579.

— *Sertularia Kützing* . . . . . .   290, 295, 332.
— **spinulosa** Sauvageau. . . . .   276, 280, 384, **385,** 434.
— — var. **patentissima** Sauv.   **379, 385, 438,** 579.
Halopithys . . . .   214.
Halurus equisetifolius Kützing . . . .   481, 482, 484.
Hedwigia aquatica . . . .   592.
Jania corniculata . . . .   532, 552, 553.
— **rubens** . . . .   374.
— — var. **concatenata** . . . .   145.
Laminaria digitata . . . .   212.
— **hyperborea** . . . .   212.

Laminaria saccharina . . . . 168, 201.
Laurencia tasmanica . . . . 163, 167.
Liagora Cheyneana Harvey . . . . 484.
— dubia Bornet . . . . 484.
Lithoderma Areschoug . . . . 9, 11, 13, 63, 73.
— fontanum Flahault . . . . 10.
Lithothamnion . . . . 11, 148, 214, 488, 493, 498, 500, 602.
Melobesia . . . . 552.
Melosira Borreri Greville . . . . 592.
— — — var. hispida Castrac. 592, 593.
Myrionema Greville . . . . 63, 184, 321, 449.
— vulgare Thuret . . . . . 10.
Padina Pavonia . . . . 11, 147.
Phlœocaulon Geyler . . . . 2, 294, 367, **439, 468,** 469, 475, 507, 520, 530, **605,** 609-612.
— **fœcundum** Sauvageau . . . 440, **441, 456,** 458-467, 471, 473, 475, 478, 479, 612.
— *Geyleri De Toni* . . . . 440.
— **spectabile** Reinke . . . . . 440, 452, 456, **457, 463-**467, 479, 612.
— **squamulosum** Geyler . . . 294, 440, 451, 452, 456, 457, **463, 468,** 471, 473, 479, 600, 612.
Phyllophora Brodiæi . . . . 580.
— membranifolia . . . . 580.
— rubens . . . . 580.
Polyides . . . . 181, 212.
Polysiphonia . . . . 201.
— *Cladostephus Montagne* . . . . 483.
— nigrescens . . . . 212, 580.
— violacea . . . . 580.
— — f. aculeata . . . . . . 580.
— — f. divaricata . . . . . 580.
Polytretus Sauvageau . . . . **6.**
— **Reinboldii** Sauvageau (*Ecto-carpus Reinke*) . . . . **6,** 263, 264, 604.
Posidonia australis . . . . 215, 226, 239.
— Caulini . . . . 220.
Pseudochætopteris Batters . . . . 94.
Ptilopogon Reinke . . . . 294, 470, 471, 475, **480,** 520, 530, 596, 605, 609-612.
— **botryocladus** Reinke . . . . **469, 480,** 515, 522, 600.
Ralfsia Berkeley . . . . 9, 12, 13, 492.
Rhodochorton Rothii . . . . 54.

Rhodomela . . . .   212.
Ruppia maritima . . . .   592.
Saccorhiza bulbosa . . . .   488.
Sargassum . . . .   145, 157.
—   polycystum . . . .   145.
—   siliquosum . . . .   214.
Solenia compressa . . . .   592.
Sorocarpus . . . .   61.
Sphacelaria Lyngbye 2, 4, 9, 11, 60, 79, 112,
                                           128, 195, 215, 235, 240,
                                           248, 254, 256, 262, **263**,
                                           266, 272, 289-291, 330,
                                           436, 509, 514, 530, 545,
                                           558, 567, **605**-612.

—   *affinis Dickie* . . . .   35, 281.
—   *amphicarpa Lebel* . . . .   194, 195.
—   *arctica Harvey* . . . .   99, 247.
—   — *Kjellman* . . . .   100.
—   *Bertiana De Notaris* . . . . .   556.
—   **bipinnata** *Piccone* . . . . .   196.
—   — Sauvageau 171-**173**, 185, **193, 205**,
                                           217, 224-228, 233, 235,
                                           236, 241, 242, 249, 253,
                                           258-260, **266**.

—   **biradiata** Askenasy 88, 132, 152, **163, 166**,
                                           184, 227, 234, 236, **237**,
                                           241, 257, 259, 261, 264,
                                           266.

—   **Borneti** Hariot **34**, 120, 155, 241, 243, 244,
                                           248, **265**.

—   — *Reinke* . . . .   **35**, 38, 46, 47, 121, 240.
—   — var. *affinis Reinke*.   35, 281.
—   *botryoclada Hooker et Harvey*.   469, 470, 480.
—   — *J. Agardh* . . . .   596.
—   — *Farlow* . . . . . .   596.
—   **brachygonia** *Le Jolis* . . . .   140.
—   — Montagne . . .   121-**123**, **134**, 138-140,
                                           143, **144**, 208, 212, 213,
                                           241, 242, 260, 261, **266**.

—   — *Montagne* . . .   137.
—   **bracteata** Sauvageau 22, 24, **25, 29**-34, 39-41,
                                           50, 192, 240-243, 248,
                                           256, **265**, 285, 608.

—   **britannica** Sauvageau . . .   56, 64-**66**, 69, 77, 212,
                                           240, 241, 248, 249, 254,
                                           257, 258, **265**, 268.

—   **cæspitula** *Crouan* . . . . . .   224, 225.

Sphacelaria cæspitula Lyngbye . . . . . 8, 150, 225, 241, 247, **265**, 268.

—   — *Montagne* . . . . 145, 150.
— californica ? Sauvageau . . . 92.
— *cervicornis C. Agardh* . . . . 92, 168, 242.
—   — *J. Agardh* . . . . 92.
—   — *Ardissone* . . . . 215.
—   — *Auct.* . . . . . . 94.
—   — *Falkenberg* . . . . 93.
—   — *Kützing* . . . . . 93.
—   — *Montagne* . . . . 145.
—   — *W. Schimper* . . . 124.
—   — *Zanardini* . . . . 93.
— **ceylanica** Sauvageau . . . . **112, 114**, 155, 241, 242, 258, **266**.
— **chorizocarpa** Sauvageau . . 34, **39, 42**, 50, 240-243, 256, **266**.
— **cirrosa** C. Agardh . . . . . 9, 78, 92-94, 116, 134, 140, 146, 152, 163, **167, 173, 211, 227**, 240-244, 248, 249, 253, 255, 257-261, **266**, 268, 275, 276, 289, 297, 357, 374, 379, 541, 552, 555, 586, 587, 604-607.
—   — *Areschoug* . . . . . . 170, 171, 194.
—   — *Batters* . . . . 202.
—   — *Bonnemaison* . . . . 296.
—   — *John Cocks* . . . . . 194.
—   — *Crouan* . . . . 195, 200.
—   — *De Notaris* . . . . . 314.
—   — *De Toni* . . . . . . 93.
—   — *Farlow* . . . . 91.
—   — *Foslie* . . . . 172.
—   — *Lenormand* . . . . . 195.
—   — *Lloyd* . . . . 204.
—   — *Magnus* . . . . 194.
—   — *Rabenhorst* . . . . . . 194.
—   — *Reinke* . . . . 93.
—   — *Thuret* . . . . 194.
—   var. *ægagropila C. Ag.* . 169, 171, 228.
—   —   — *Lloyd* . . 204, 228.
—   var. *cervicornis Ardiss.* 93.
—   var. *fusca Crouan* . . . 207.
—   — *Holm. et Batt.* 206.
—   var. *irregularis Hauck.* 93, 228.
—   — *Reinke.* 169, 170, 189, 228.

Sphacelaria cirrosa f. **mediterranea** Sauv. 222, **228**.

— — f. **meridionalis** Sauv. 206, 222, 226, **227**, 230.

— — var. *nana* Griffiths . . . **228**.

— — var. **patentissima** *Cr*. 207.

— — — Greville. 169, 207, 228, **230**, 244, 309, 310, 332, 372, 373, 380, 385, 579, 609.

— — var. *pennata* Hauck . . 228.

— — — Reinke . . 172, 228.

— — var. *pygmæa Lebel* . . . 229.

— — var. *reticulata C. Ag.* . 275.

— — f. **septentrionalis** Sauvageau . . . . 201, 222, 226, **227**, 229.

— — var. *simplex Frölich* . . 57.

— — var. *subsecunda Grun* . . 228.

— — var. *typica Wittrock* . . 171, 228.

— *Clevei Grunow* . . . . . . 100.

— *compacta Bory* . . . . . . 377.

— **cornuta** Sauvageau . . . . 122, **123**, **132**, 137-140, 143, **144**, 151, 241, 242, 261, **266**.

— *corymbosa Dickie* . . . . . 280-282, 288, 396.

— *cristata Bonnemaison* . . . 296, 297.

— didichotoma Alton Saunders . 160, 162.

— *disticha Lyngbye* . . . . . . 296, 351, 375.

— — *Schousboe* . . . . . . 315, 326.

— **divaricata** *Montagne* . . . . 151, 153, **156**, **160**, 162, 241, 242, 259-261, **266**, 273, 278.

— *fasciculata Schousboe* . . . . 212, 213.

— *filaris Sonder* . . . . 418.

— *filicina C. Agardh* . . . . . 289, 290, 297.

— — var. *æstivalis J. Ag.* . 295, 297, 298, 300, 306, 312, 331.

— — — *Crouan.* 299.

— — var. *hyemalis J. Ag.* . 297-300.

— — — *Crouan.* 300, 303, 315.

— — var. *patens Harvey.* . 289, 297, 310.

— — var. *recurva Montagne* 297.

— *firmula Kützing* . . . . . . 215.

— **fœcunda** Sauvageau . . . . 22, **31**, **34**, 41, 50, 240, 241, 256, **265**, 608.

— *fulva Martens.* . . . . 145.

— *funicularis Askenasy.* . . . . 287.

— — *Farlow* . . . . . 281, 282.

— — *Montagne* . . . . 281, 282, 376, 393-396, 402, 403.

Sphacelaria furcigera Kützing. . . . . 7-11, 26, 54, 93, 114, 127, 130, 141, **144, 145, 146,** 172, 189, 207, 212, 214, 218, 222, 234-243, 248, 255, 257-263, **266,** 606.

— — var. *major Grunow.* . 146.

— — var. *princeps Reinke* / 145.

— — var. *saxatilis Kuckuck.* 5.

— **fusca** C. Agardh . . . . 162, 170, **173, 206, 211,** 217, 234, 236, 241, 242, 259, 260, **266.**

— — *Crouan* . . . . 207.

— — *Farlow* . . . . 160.

— — *Reinke* . . . . 168, 207.

— *globifera Areschoug.* . . . . . 376, 395, 398, 401, 403, 417, 418.

— *Gomeziana Welwitsch* . . . . . 230.

— *gracilescens Diesing et J. Agardh.* 394, 418, 419.

— *Hænseleri Bonnemaison* . . . . 296, 350, 351.

— **Harveyana** Sauvageau . . . . **173, 191, 193,** 200, 236, 241, 242, 258, 262, **266.**

— *hordacea Harvey.* . . . . 376, 395, 416-420, 433.

— *hypnoides Greville* . . . . . . 294, 296, 297.

— **Hystrix** Suhr. . . . . 5-9, 154, 168, **173, 191,** 192, 198-200, 204, 217, 220, 223-225, 228, 233, 236, 241, 249, 255-262, **266,** 462, 604.

— **implicata** Sauvageau . . . . **118, 121,** 240, 241, 256, **265.**

— **indica** Reinke . . . . 114, 241, 258, **265.**

— **intermedia** Sauvageau . . . . **114, 117,** 143, 156, 241, 242, 249, 257, 258, **266.**

— *irregularis Kützing.* . . . . . 168, 174, 189, 191, 225, 228, 242.

— — *Liebetruth* . . . . . . 174, 187.

— — *Suhr* . . . . 215.

— *japonica Martens.* . . . . . . 168, 215.

— *Lebelii Sauvageau.* . . . . . . 171, 193-196.

— mirabilis? Sauvageau . . . . . 251, **264,** 385.

— *Muelleri Sonder.* . . . . 377, 395, 396, 403, 418, 419.

— *notata C. Agardh.* . . . . . . 100.

— **Novæ-Caledoniæ** Sauvageau. 122-**123,** 138, **141,** 144, 147, 154, 241, 242, 249, 261, **266,** 500.

Sphacelaria Novæ-Hollandiæ *J. Agardh* .   140, 210.
—   —   Sonder . . .   121-**123**, 130, 131, 136,
                                                   137-144, 237, 239, 241,
                                                   242, 261, **266**.

—   *obovata Hooker et Harvey* . . .   293, 336, 337, 343, 396.
—   —   *Reinke* . . . .   337.
—   **olivacea** *C. Agardh* . . . . . .   51.
—   —   *J. Agardh* . . . . . .   52, 54.
—   —   var. *radicans J. Ag.*   52.
—   —   *Areschoug* . . . . . .   56, 76.
—   —   *Arnott* . . . .   57.
—   —   *Auct.* . . . .   **51**.
—   —   *Batters* . . . .   55, 66.
—   —   *Berthold* . . . . . .   146.
—   —   *Binder* . . . .   57.
—   —   *Foslie* . . . .   **105**, 106, 246 (voy. *Er-
                                               rata*, p. 629).

—   —   *Holmes* . . . .   55.
—   —   *Kjellman* . . . . . .   56, 57, **76**, 240.
—   —   *Kuckuck* . . . . . .   145.
—   —   *Kützing* . . . .   53.
—   —   *Montagne* . . . . . .   57, 68, 137.
—   —   *Pringsheim* . . . . .   4, 9, 53, 54, 59, 61.
—   —   — var. *cæspitosa
                         Pringsheim.*   53.
—   —   — var. *elatior
                         Pringsheim.*   53.
—   —   — var. *radicans
                         Pringsheim.*   53, 55.
—   —   — var. *solitaria
                         Pringsheim.*   53, 54, 146.
—   —   Pringsheim emend.
                 Sauvageau 5, 6, 8, 10, 11, 14-17, 56,
                                        66, 68, **70, 76**, 105, 110,
                                        143, 146, 150, 152, 212,
                                        241, 242, 245-251, 257,
                                        264, 265, 268, 274, 278,
                                        321, 330, 337, 345, 371,
                                        384, 606, 607, 610.

—   —   *Reinbold* . . . .   54.
—   —   *Reinke* . . . .   54, 57, 70, 75, 212, 246.
                                               (Voy. *Errata*, p. 629).

—   —   *Rosenvinge* . . . . . .   69, 212 (Voy. *Errata*,
                                               p. 629).

—   —   *Traill* . . . .   54, 55, 64, 66.
—   *paniculata J. Agardh* . . . . .   386, 398, 402.
—   —   *Harvey* . . . .   404, 408, 418, 419.

Sphacelaria *paniculata Suhr* . . . . 377, 395, 417, 420, 470.
— *pennata Greville* . . . . 201, 213, 219.
— — *Kützing* . . . . 168, 169.
— — *Lyngbye* . . . . 168, 171, 193, 200, 201, 275, 276, 296.
— **plumigera** Holmes . . . . . 50, 90, 92, **94, 98,** 101, 102, 108, 109, 112, 168, 201, 212, 232, 241-247, 250,251, 255, **265,** 385, 436, 447, 506, 605-608.
— — var. **patentissima** Sauvageau . . . **233,** 310, 385, 579.
— *plumosa C. Agardh* . . . . . . 94.
— — *Harvey* . . . . 245.
— — *Holmes* . . . . 107.
— — *Lehmann* . . . . . . 94.
— — *Lyngbye* . . . . . . 107, 245, 439.
— — *Meneghini* . . . . . . 289.
— **plumula** *Meneghini* . . . . . 80.
— — Zanardini . . . . . . 36, 47, 50, **78, 90,** 121, 123, 127, 128, 133, 151, 164, 168, 173, 177, 213, 226, 232, 233, 240-244, 249, 253, 255, 260-264, **266,** 436, 606, 608.
— — var. **californica** Sauv. 91, 244.
— — var. **cervicornis** Sauv. 92, 242, 244.
— — var. **patentissima** Sauvageau . . . . . **233,** 244, 310, 332, 579.
— *pseudoplumosa* Crouan . . . . 78.
— **pulvinata** Hooker et Harvey. **22, 24,** 25, 29, 38, 241, 248, 250, **265,** 556.
— ? — *Reinke* . . . . **22.**
— — — var. *bracteata Reinke.* . . 22, 25.
— *pusilla Kützing* . . . . 53.
— **pygmæa** Lenormand . . . . 22, 24, **29, 30-34,** 41, 240, 241, 256, **265,** 608.
— **racemosa** Greville . . . . . . 9, 50, 62, 68, 70, 92, **99,** 105, 106, 112, 235, 241-250, 255, 257, 258, 610.
— — var. **arctica** Reinke. 99, 245, 246, 253, **265.**
— — var. *pinnata Reinke.* 102.
— — var. **typica** Reinke. 212, 245, 246, 251, **265.**
— **radicans** *Auct.* . . . . 51.
— — *Batters* . . . . 55.
— — — var. *typica Batt.* 55.

Sphacelaria radicans *Batters* var. *olivacea*
      Batters. . . 55, 56.
—   —   *Farlow* . . . . 54, 64.
—   —   *Hauck* . . . . 54.
—   —   Harvey 10, 43-46, 51-**56, 63**, 66,
           68, 71, 73, 100, 101, 106,
           170, 210, 213, 241, 245-
           250, 255, 258, **265**, 268,
           270, 274, 281, 500, 541,
           570, 578, 606-609.

—   —   — var. **coactilis**
        Sauv. . . 56, **64, 65**.
—   —   *Kützing* . . . . . . 53.
—   —   *Reinke* . . . . 57.
—   **Reinkei** Sauvageau 36, **42, 46**, 50, 118, 120,
           121, 240, 241, 248, **265**,
           606, **609**.

—   *reticulata Lyngbye* . . . . . . 168, 273, 275, 276, 280.
—   *rhizophora Kützing* . . . . . 168, 205, 225, 242.
—   *rigida Grunow* . . . . 124.
—   *rigidula Crouan*. . . . . . . 145.
—   **saxatilis** Kuckuck 5, 69, 152, 241, 248, 249,
           254, **265**, 606.

—   *scoparia Lenormand*. . . . . 145.
—   —   *Lyngbye* . . . . . . 288-290, 296, 376, 395, 416.
—   —   — var. *æstivalis J. Ag.* 350-355, 369, 376-378, 386,
           388.
—   —   — var. *hiemalis J. Ag.* 350-355, 369, 375-378.
—   —   *Sonder*. . . . . . . 377.
—   *scoparioides Lyngbye* 232, 290, 296, 372-374, 379-
           381.

—   *secundata Schousboe* . . . . 213, 214.
—   *Sertularia Bonnemaison*. . . 230, 232, 233, 296, 308, 310.
—   *simpliciuscula C. Agardh.* . . 68, 290, 295, 297, 298, 332.
—   —   *Lyngbye* . . . . 68.
—   *spartioides Meneghini* . . . . 350.
—   *spicigera Areschoug*. . . . 418-420, 433.
—   *spinulosa Lyngbye*. 276, 280, 292, 373, 379-381,
           384.
—   —   *Schousboe*. . . . . 174, 188.
—   **spuria** Sauvageau 47, **51**, 90, 112, 198, 240,
           241, 244, 250, **265**, 605,
           606, 608, 610.

—   *squamosa ? Montagne* . . . . . 145.
—   *squamulosa Suhr* . . . . 416, 439.
—   **sympodicarpa** Sauvageau . . 36, **39**, 40, 50, 226, 240,
           241, **265**, 605, 606.

Sphacelaria *tenuis Bonnemaison* . . . . . 290, 290-294, 300-302, 314, 325, 332.

— — *De Toni* . . . . 298.

— — *Reinke* . . . . 297.

— **tribuloides** *Kützing* . . . . 137.

— — Meneghini . . . . 5, 6, 26, 89, 92, 94, **121, 123, 144**-149, 163, 164, 220, 237, 240-244, 248, 249, 255-262, **266**, 289, 541.

— — — var. *radicata De Not.* 124, 125.

— — *Reinke* . . . . . 121.

— — — v. *crassa Rke* 134.

— — — v. *pennata Rke* 78, 122, 244.

— — sp. aff. . . . . . 131.

— — d'Adélaïde . . . 163, 240, 244, 259.

— *Ulex Bonnemaison* . . . . . . 232, 233, 290, 296, 372, 379.

— **variabilis** Sauvageau . . . . 145, 153, **160, 162**, 241, 242, 259-261, **266**.

— *virgata* Harvey . . . . 419.

Sphacella Reinke . . . . 6, 24, **264**, 266, **605**.

— **subtilissima** Reinke . . . . . **17**, 24, 25, 241, 242, 250, **265**.

Sphaceloderma Kuckuck . . . . 10, 17, 71, 73, 250, 251, 264, 338.

— *helgolandicum Kuckuck* . . 71.

— olivaceum ? Sauvageau . . . 72.

Spongomorpha Muelleri Kützing . . . . . 390.

Sporochnus pedunculatus . . . . 242.

Stypocaulon Kützing . . . . 2, 3, 61, 195, 215, 249, 256, 257, 266, **288**, 434, 437 440.

— *bipinnatum Kützing* . . . . . 171, 193, 195, 290.

— — *Reinke* . . . . 168.

— *filare Kützing* . . . . . . 418, 426, 433.

— *funiculare Kützing* . . . . . 8, 282, 290-293, 337, 353, 393-396, 403.

— — var. *laxum Reinke* 396.

— — var. *typicum Reinke* 396.

— *hordaceum Kützing* . . . . . 396, 418, 420, 433.

— *Muelleri Geyler* . . . . 395.

— *paniculatum Hohenacker* . . . 398.

— — *Kützing* . . . . 290, 291, 293, 408, 418.

— — *Reinke* . . . . . 416, 418-420, 433.

— *scoparium Kützing* . . . . . 2, 104, 215, 232, 233, 290-293, 297, 313, 349, 378, 381.

Stypocaulon scoparium var. *coarctatum Kütz.*   351.
—   — var. *compactum Heydr.*   376, 377.
—   — var. *corymbiferum Kütz.*   351.
—   —   — *Lenorm.*   343.
—   — var. *distichum Kütz.* .   351.
—   — var. *glomeratum Kütz.*   351.
—   — var. *spinulosum Kjellm.*   379, 380.
—   — var. *virgatum Kützing.*   351.
Tilopteris Kützing . . . .   235, 262, 263.
Turbinaria . . . .   132, 159.
—   ornata . . . .   141, 146, 153, 155.
—   triquetra . . . .   114, 118.
—   vulgaris . . . .   112, 114.
Zanardinia Nardo . . . .   181.
Zostera marina . . . .   332, 372, 379, 380, 385, 579, 602.

ERRATA

Page 58, fig. 14, les dessins *C*, et *D*, représentent le *Sph. racemosa* et non le *Sph. radicans*. (Voy. p. 246.)

Page 70, titre du paragraphe, à Pringsheim, ajouter emend.

Page 70, le *Sph. olivacea* de M. REINKE paraît appartenir au *Sph. race-mosa*. (Voy. p. 246.)

Page 100, renvoi 2, ligne 1, au lieu de p. 33, lire p. 62.

Page 105, le *Sph. olivacea* Foslie non al. doit être rapporté au *Sph. racemosa* f. *typica* Reinke. (Voy. p. 246.)

Page 167, ligne 5, au lieu de *Cystoseira*, lire *Cystophora*.

Pages 212 et 247, la plante récoltée dans le Lille Belt par M. ROSENVINGE et rapportée au *Sph. olivacea* Pringsh. emend. est peut-être une espèce nouvelle ou le *Sph. olivacea* pourvu de rameaux holoblastiques. (Voy. SAUVAGEAU, 09, page 26.)

Page 289, ligne 3, au lieu de [26, p. 22], lire [28, p. 22].

ligne 9, au lieu de : (à Cadix) et d'Angleterre, lire : et dans l'Atlantique, de Cadix jusqu'en Angleterre.

Page 339, légende de la fig. 65, ligne 3, à sporange uniloculaire, ajouter : jeune.

TABLE DES MATIÈRES

Avis au lecteur. . . . .   I.

Index bibliographique des ouvrages cités.   III

CHAP.   I. — Généralités   I

CHAP.   II. — Battersia mirabilis Reinke.   12

CHAP.   III. — Sphacella subtilissima Reinke.   17

CHAP.   IV. — Sphacelaria pulvinata Reinke non Harvey.   22
               A. — Sphacelaria pulvinata Hooker et Harvey.   22
               B. —   — bracteata Sauvageau   25
               C. —   — pygmæa Lenormand in herb. .   29
               D. —   — fœcunda Sauvageau.   31

CHAP.   V. — Sphacelaria Borneti Hariot et espèces voisines. . .   34
               A. — Sphacelaria Borneti Hariot.   34
               B. —   — Borneti Reinke   35
               C. —   — sympodicarpa Sauvageau . .   36
               D. —   — chorizocarpa Sauvageau . .   39
               E. —   — Reinkei Sauvageau   42
               F. —   — spuria Sauvageau.   41

CHAP.   VI. — Sphacelaria radicans Auct. et S. olivacea Auct. . .   57
               A. — Sphacelaria radicans Harvey.   56
               B. —   — — var. coactilis Sauv. .   64
               C. —   — britannica Sauvageau   66
               D. —   — olivacea Pringsheim emend.
                                     Sauvageau.   70
               E. —   — olivacea Kjellman non al. . .   76

CHAP. VII. — Sphacelaria Plumula Zanardini et quelques autres
           espèces pennées.   78
               A. — Sphacelaria Plumula Zanardini.   78
                   — — var. californica Sauv.   91
                   — — var. cervicornis Sauv.   92
               B. —   — plumigera Holmes.   94
               C. —   — racemosa Greville   99
                   — olivacea Foslie non al. . . .   105
               D. — Chætopteris plumosa Kützing   106

CHAP. VIII. — Trois Sphacelaria nouveaux 112
    A. — Sphacelaria ceylanica Sauvageau. 112
    B. —   —   intermedia Sauvageau. . . . 114
    C. —   —   implicata Sauvageau 118

CHAP. IX. — Sphacelaria tribuloides Meneghini et autres es-
    pèces à propagules tribuliformes. 121
    A. — Sphacelaria tribuloides Meneghini 123
    B. —   —   cornuta Sauvageau 132
    C. —   —   brachygonia Montagne. . . . 134
    D. —   —   Novæ-Hollandiæ Sonder. . . 137
    E. —   —   Novæ-Caledoniæ Sauvageau. 141

CHAP. X. — Sphacelaria furcigera Kützing et espèces voisines 144
    A. — Sphacelaria furcigera Kützing. 145
    B. — divaricata Montagne. 156
    C. — variabilis Sauvageau 160

CHAP. XI. — Sphacelaria biradiata Askenasy 163

CHAP. XII. — Sphacelaria cirrosa Agardh et espèces voisines . . 167
    A. — Sphacelaria Hystrix Suhr. 173
    B. —   —   Harveyana Sauvageau. . . . 191
    C. —   —   bipinnata Sauvageau. 193
    D. —   —   fusca Agardh 206
    E. —   —   cirrosa Agardh 211
    F. —   —   cirrosa var. nana Griffiths. . 228
    G. —   —   — var. patentissima Gre-
    ville 230
    H. —   —   tribuloides (appendice) et S.
    biradiata (appendice). . . 237

CHAP. XIII. — Résumé des chapitres précédents 240
    A. — Répartition géographique. 240
    B. — Thalle inférieur. 248
    C. — Thalle dressé. 252
    D. — Propagules et organes de reproduction. 258
    E. — Tableau pour la détermination des espèces. 263

CHAP. XIV. — Hémiblastées, Holoblastées, Acroblastées, Dicho-
    blastées 266

CHAP. XV. — Dichoblastées et Acroblastées 275
    A. — Disphacella reticulata Sauvageau. 275
    B. — Alethocladus corymbosus Sauvageau . . . 280

CHAP. XVI. — Halopteris filicina Kützing et espèces voisines . . . 288
    A. — Leptocaulées et Auxocaulées ; Halopteris,
    Stypocaulon et Anisocladus. 288
    B. — Halopteris filicina Kützing. 294

C. — Halopteris Novæ-Zelandiæ Sauvageau . . . 332
D. — — obovata Sauvageau 336
E. — — platycena Sauvageau 343

CHAP. XVII. — Halopteris scoparia et espèces voisines. 347
A. — Halopteris scoparia Sauvageau 349
B. — — spinulosa var. patentissima Sauv. 379
C. — — ramulosa Sauvageau. 386

CHAP. XVIII. — Halopteris funicularis Sauvageau et espèces voisines 393
A. — Halopteris funicularis Sauvageau. 393
B. — — brachycarpa Sauvageau. . . . 404
C. — — pseudospicata Sauvageau . . . 408
D. — — congesta Sauvageau. 411

CHAP. XIX. — Halopteris hordacea Sauvageau 416
Tableau pour la détermination des espèces d'Halopteris 433

CHAP. XX. — œocaulon Geyler 439
— Phlœocaulon fœcundum Sauvageau. . . . 441
— — spectabile Reinke. 457
— — squamulosum Geyler. . . . 463

CHAP. XXI. — Ptilo. . . botryocladus Reinke 469

CHAP. XXII. — Polyb. . . — Cladostephus C. Agardh. 481

CHAP. XXIII. — Clados. . . verticillatus Lyngbye. 488
A. — . . . e du thalle rampant. 492
B. — . . . e des pousses indéfinies. Origine
variée des pousses définies (rameaux
verticillés ; rameaux fructifères). . . . 506
C. — Ramification des pousses indéfinies en
pousses indéfinies. Pousses plagioblas-
tiques. Pousses de remplacement. . . . 524
D. — Les pousses définies ; leurs ramules et leurs
poils. 532
E. — Les pousses dressées portées par le thalle
rampant ; remarques biologiques. . . . 545
F. — Les pousses microblastiques 555
G. — Les plantules de germination. 563
H. — Clad. verticillatus var. patentissimus Sauv. 579
I. — Distribution géographique 580

CHAP. XXIV. — Cladostephus spongiosus C. Agardh 581

CHAP. XXV. — Espèces exotiques de Cladostephus et Diagnoses . 591
A. — Cladostephus hedwigioides Bory. 591
B. — — australis Kützing . . . 595

C. — Cladostephus antarcticus Kützing et Cl. Harioti Sauvageau   597
D. — Diagnoses des Cladostephus   600

CHAP. XXVI. — Remarques sur les groupes de Sphacélariacées . .   604

Index alphabétique des genres et des espèces mentionnés   613

Errata   629

Imp. J. Mersch, 17, villa d'Alésia.-Paris-14ᵉ — 15.7.52.

AVIS AU LECTEUR

Les pages 1 à 348 des *Remarques sur les Sphacélariacées* sont extraites du *Journal de Botanique*. Elles ont paru dans ce Recueil aux dates suivantes :

> pages   1 à 51, vol. XIV,   1900,
> pages 51 à 167, vol. XV,   1901,
> pages 167 à 228, vol. XVI,   1902,
> pages 228 à 332, vol. XVII, 1903,
> pages 332 à 348, vol. XVIII, 1904.

Les pages 1 à 320 ont été réunies en un premier fascicule paru en 1903. Les pages 321 à 480 ont constitué un second fascicule paru en octobre 1904.

La fin de ce Mémoire, constituant un troisième fascicule, a paru en janvier 1914. Une allocation, prise sur le fonds de réserve de la Faculté des sciences de Bordeaux, et gracieusement votée par mes collègues, a permis d'en assurer l'impression.

De 1904 à 1913, j'ai publié dans divers Recueils plusieurs Notes sur les Sphacélariacées ; l'Index bibliographique en donne l'énumération. Celles qui se rapportent à l'*Halopteris scoparia* et au *Sphacelaria radicans* [07,1 ; 08,3 ; 09] n'ont pas été reproduites dans le présent Mémoire. La Note sur les Pousses indéfinies du *Cladostephus verticillatus* [06,1] est reproduite dans des termes peu différents et complétée au chapitre XXIII, §§ *B* et *C* ; celle sur la Paternité du *Cladostephus verticillatus* [06,2] est brièvement résumée au chapitre XXII. Deux Notes sur la Germination du *Cladostephus* [07,2 ; 08,1] sont fondues et complétées dans le § *G* du chapitre XXIII.

Les chiffres entre crochets [ ] renvoient à l'Index bibliographique.

INDEX BIBLIOGRAPHIQUE DES OUVRAGES CITES [1]

11. — AGARDH (C.), *Dispositio Algarum Sueciæ* (Lund, 1811).

17. — AGARDH (C.), *Synopsis Algarum Scandinaviæ* (Lund, 1817).

24. — AGARDH (C.), *Systema Algarum* (Lund, 1824).

27. — AGARDH (C.), *Aufzählung einiger in den œsterreichischen Ländern gefundenen Gattungen und Arten von Algen* (Flora oder Botanische Zeitung, herausgegeben von der Kön. bayer. botan. Gesellschaft in Regensburg; Vol. II, Ratisbonne, 1827).

28. — AGARDH (C.), *Species Algarum rite cognitæ;* Vol. II, Sect. I. (Gryphiswald, 1828).

36. — AGARDH (J.), *Observations sur la propagation des Algues* (Annales des Sciences naturelles, 2e Série, Botanique, Vol. VI, Paris, 1836).

41. — AGARDH (J.), *In historiam Algarum Symbolæ* (Continuatio prima) (Linnaea, Vol. XV, Halle, 1841).

48. — AGARDH (J.), *Species Genera et Ordines Algarum;* Vol. I, Fucoideæ (Lund, 1848).

86. — ARDISSONE (F.), *Phycologia mediterranea;* Vol. II. (Memorie della Societa Crittogamologica Italiana, Varese, 1886).

50. — ARESCHOUG (J.-E.), *Phyceæ Scandinavicæ marinæ* sive Fucearum nec non Ulvacearum quæ in maribus pæninsulam scandinavicam alluentibus crescunt, descriptiones. (Upsal, 1850; sectio prior, Fucaceæ ex Actor. Upsaliensis Vol. XIII, 1846; sectio posterior, Ulvaceæ, Ibid., Vol. XIV, 1849). J'ai cité ce livre seulement à propos des *Cladostephus,* ne l'ayant pas eu à ma disposition antérieurement. Les autres espèces décrites sont *Sphac. (Chæptoteris) plumosa,* p. 163; *Sphac. (Halopteris) scoparia,* p. 164; *Sphac. scoparioides (Hal. scoparia* var. *patentissima),* p. 165; *Sphac. cirrosa,* p. 165; *Sphac. (Halopteris) spinulosa,* p. 166; *Sphac. (Disphacella) reticulata,* p. 167; *Sphac. olivacea (S. radicans, S. britannica?),* p. 168; *Sphac. cæspitula,* p. 169.

51. — ARESCHOUG (J.-E.), *Phyceæ capenses, quarum particulam tertiam...* etc... (Nova Acta Regiæ Societatis Scientiarum Upsaliensis, Upsal, 1851).

54. — ARESCHOUG (J.-E.), *Phyceæ novæ et minus cognitæ in maribus extraeuropæis collectæ,* 1854. (Ibid., Upsal, 1855).

61. — ARESCHOUG (J.-E.), *Algæ Scandinavicæ exsiccatæ,* Series nova, Fasc. I-IX (Upsal, 1861-1879).

1. Ma Note [06, 2] sur la Recherche de la paternité du *Cladostephus* indique un certain nombre de travaux anciens se rapportant aux Sphacélariacées qui, n'ayant pas été utilisés dans ce Mémoire, ne sont pas cités ici.

75. — ARESCHOUG (J.-E.), *Observationes Phycologicæ* ; Part. III ; *De Algis nonnullis scandinavicis... etc.* (Nova Acta Regiæ etc..., Série III, Vol. X, Upsal, 1875).

88. — ASKENASY (E.), *Forschungsreise S. M. S. « Gazelle »* ; Theil IV, Botanik. *Algen* (Berlin, 1888).

94. — ASKENASY (E.), *Ueber einige australische Meeresalgen* (Flora oder allgemeine Zeitung, Vol. LXXVIII, Marbourg, 1894).

96. — ASKENASY (E.), *Enumération des Algues des îles du Cap Vert* (Bole tim da Sociedade Broteriana, Vol. XIII, Coimbre, 1896).

89. — BATTERS (E.-A.), *A List of the Marine Algæ of Berwick-on-Tweed* Reprinted from Berwickshire Naturalist's Club Transactions, Alnwick, 1889).

91. — BATTERS (E.-A.), *The Clyde Sea Area* with map by JOHN MURRAY. — *Hand-List of the Algæ* by E.-A. BATTERS (Reprinted, with additions, from the Journal of Botany, Londres, 1891).

02. — BATTERS (E.-A.), *A Catalogue of the British Marine Algæ* (Issued as a Supplement to the Journal of Botany, Vol. XL, Londres, 1902).

82. — BERTHOLD (G.), *Ueber die Vertheilung der Algen im Golf von Neapel* (Mittheilungen aus der zoologischen Station zu Neapel, Vol. III, Leipzig, 1882).

24. — BONNEMAISON (Th.), *Essai sur les Hydrophytes loculées (ou articulées) de la famille des Epidermées et des Céramiées.* Présenté à l'Institut de France en mai 1824.

28. — BONNEMAISON (Th.), *Essai sur les Hydrophytes loculées (ou articulées) de la famille des Epidermées et des Céramiées.* Présenté à l'Institut de France en mai 1824. (Mémoires du Muséum d'Histoire naturelle, Vol. XVI, Paris, 1828).

92. — BORNET (Ed.), *Les Algues de P.-K.-A. Schousboe* (Extrait des Mémoires de la Société nationale des Sciences naturelles et mathématiques de Cherbourg, Vol. XXVIII, Cherbourg, 1892).

32. — BORY DE SAINT-VINCENT, *Expédition scientifique de Morée*, section des Sciences physiques, Botanique, Vol. III, 2e partie, Paris, 1832.

38. — BORY DE SAINT-VINCENT, *Nouvelle Flore du Péloponèse et des Cyclades, par Chaubard pour les Phanérogames et Bory de Saint-Vincent pour les Cryptogames*, Paris et Strasbourg, 1838.

15. — CANDOLLE (A.-P. DE), in DE LAMARCK et DE CANDOLLE, *Flore française*, ou description succincte de toutes les plantes qui croissent naturellement en France, 3e Edition, Vol. II (Paris 1815).

52. — CROUAN, *Algues marines du Finistère* (exsiccata, Vol. I. Fucoïdées, Brest, 1852).

60. — CROUAN, *Liste des Algues marines découvertes dans le Finistère depuis la publication des Algues de ce Département en 1852* (Bulletin de la Société botanique de France, Vol. VII, Paris, 1860).

67. — Crouan, *Florule du Finistère* (Brest, 1867).

74. — Debeaux (O.), *Énumération des Algues marines de Bastia (Corse)* (Extrait de la Revue des Sciences Naturelles, Montpellier, 1874).

82. — Debray (F.), *Algues recueillies sur les côtes du département de la Loire-Inférieure entre le Pouliguen et le Croisic* (Association française pour l'Avancement des Sciences. Congrès de la Rochelle. Paris, 1882).

99. — Debray (F.), *Florule des Algues marines du Nord de la France* (Bulletin scientifique de la France et de la Belgique, Vol. XXXII, Paris, 1899).

41. — Decaisne (J.), *Plantes de l'Arabie Heureuse recueillies par M. P.-E. Botta* (Archives du Muséum d'Histoire Naturelle, Vol. II, Paris 1841).

42. — Decaisne (J.), *Essais sur une classification des Algues et des Polypiers calcifères de Lamouroux* (Annales des Sciences naturelles, Botanique, 2ᵉ Série, Vol. XVII, Paris, 1842).

95. — De Toni (J.-B.), *Sylloge Algarum;* Vol. III, Fucoideæ (Padoue, 1895).

79. — Dickie (G.), *Notes on Algæ found at Kerguelen Land by the Rev. A.-E. Eaton* (Linnean Journal Society, Botany, Vol. XV, Londres, 1876).

79. — Dickie (G.), *Marine Algæ of Kerguelen Island* (An account of the petrological, botanical, and zoological collections made in Kerguelen's Land and Rodriguez during the Transit of Venus Expeditions in the years 1874-75. — Philosophical Transactions of The Royal Society of London, Vol. CLXVIII, Extra volume, 1879. — Marine Algæ, pp. 53-64).

41. — Dillenius (J.-J.), *Historia Muscorum* (Oxford, 1741).

09. — Dillwyn (L.-W.), *British Confervæ*, or coloured figures and descriptions of the British Plants, referred by Botanists to the genus *Conferva*. Londres, 1809. — Cet ouvrage a été publié par fascicules; le 1ᵉʳ est daté de juin 1802.

30. — Duby (J.-E.), *Botanicon Gallicum* seu synopsis plantarum in Flora Gallica descriptarum, 2ᵉ Édition, Vol. II (Paris, 1830).

32. — Duby (J.-E.), Essai d'application à une tribu d'Algues de quelques principes de Taxonomie, ou Mémoire sur le groupe des Céramiées (Genève, 1832).

10. — English botany, Voy. Smith et Sowerby.

79. — Falkenberg (P.), *Die Meeres Algen des Golfes von Neapel* (Mittheilungen aus der Zoologischen Station zu Neapel, Vol. I, Leipzig, 1879).

76. — Farlow (W.-G.), *Contributions to the Natural History of Kerguelen Island,* made in connection with the United States Transit-of-Venus Expedition, 1874-75, by J.-H. Kidder, Part. II, Washington, 1876, *Algæ,* by Farlow, p. 30 et 31. (Bulletin of the United States National Museum,

n° 3, Washington, 1876, in Smithsonian Miscellaneous Collections, Vol. XIII, 1878).

81. — FARLOW (W.-G.), *The Marine Algæ of New England and Adjacent Coast* (Reprinted from Report of U. S. Fish Commission for 1879, Washington, 1881).

90. — FOSLIE (M.), *Contribution to Knowledge of the Marine Algæ of Norway; I, East Finmarken* (Tromsö Museums Aarshefter, Vol. XIII, Tromsö, 1890).

91. — FOSLIE (M.), *Idem, II. Species from different tracts* (Tromsö, 1891).

92. — FOSLIE (M.), *List of the Marine Algæ of the Isle of Wight* (Reprinted from Det Kgl. norske Videnskabers Selskabs Skrifter, Trondhjem, 1892).

66. — GEYLER (Th.), *Zur Kenntniss der Sphacelarieen* (Jahrbücher für wissenschaftliche Botanik, Vol. IV, Leipzig, 1866).

74. — GOBI (Chr.), *Die Brauntange (Phæosporeae und Fucaceae) der Finnischen Meerbusens* (Mémoires de l'Académie imp. des Sc. de Saint-Pétersbourg, Sér. VII, Vol. XXI, Saint-Pétersbourg, 1874).

77. — GOBI (Chr.), *Ueber einige Pheosporeen der Ostsee und des Finnischen Meerbusens* (Botanische Zeitung, Vol. XXXV, Leipzig, 1877).

78. — GOBI (Chr.), *Die Algenflora des weissen Meeres* (Mémoires de l'Acad. imp. des Sc. de Saint-Pétersbourg, Sér. VII, Vol. XXVI, Saint-Pétersbourg, 1878).

06. — GRATELOUP, *Descriptiones aliquorum Ceramiorum novorum, cum iconum explicationibus. Description de quatre espèces de plantes du genre* Ceramium *figurées dans une planche gravée par l'auteur et jointe à la dissertation inaugurale pour le Doctorat en Médecine intitulée : Observations sur la Constitution de l'Eté de* 1806... etc. (Montpellier, décembre 1806).

24. — GREVILLE (R.-K.), *Scottish Cryptogamic Flora,* Vol. II (Edimbourg, 1824) et Vol. VI (Edimbourg, 1828).

67. — GRUNOW (A.), *Reise seiner Majestät Fregatte Novara um die Erde.* Algen (Vienne, 1867).

74. — GRUNOW (A.), *Sphacelaria Clevei nov. spec.* (Hedwigia, Vol. XIII, Dresde, 1874).

87. — HARIOT (P.), *Algues magellaniques nouvelles* (Journal de Botanique, Vol. I, Paris, 1887).

88. — HARIOT (P.), *Mission scientifique du Cap Horn 1882-1883*, Vol. V, *Botanique, Algues* (Paris, 1888).

12. — HARIOT (P.), *Flore algologique de la Hougue et de Tatihou* (Annales de l'Institut océanographique, T. IV, Paris, 1912).

30. — HARVEY (W.-H.), *Algæ* in MACKAY (J.-T.), *Flora Hibernica* comprising the Flowering Plants Ferns Characeæ Musci Hepaticæ Lichenes and Algæ of Ireland (Dublin, 1836).

41. — HARVEY (W.-H.), *A Manual of the British Algæ* (Londres, 1841).

44-1. — HARVEY (W.-H.), in HOOKER (W.-J.), *Icones plantarum*, Vol. III, New Series or Vol. VII of the entire Work (Londres, 1844).

44-2. — HARVEY (W.-H.), *Confervoideæ* in SMITH (J.-E.), *The English Flora*, Vol. V, or Vol. II of Dr. HOOKER'S, British Flora, Part I (Londres, 1844).

45-1. — HARVEY (W.-H.) et HOOKER (J.-D.), *Cryptogamia antarctica; Algæ*, in the Cryptogamic Botany of the Antarctic Voyage of H. M. Discovery Ships Erebus and Terror in the years 1839-1843, by J.-D. HOOKER (Londres, 1845).

45-2. — HARVEY (W.-H.) et HOOKER, *Algæ Novæ-Zelandiæ;* being a Catalogue of all the Species of Algæ... etc. (Londres, 1845).

46. — HARVEY (W.-H.), *Phycologia Britannica* (Londres, 1846-51).

49. — HARVEY (W.-H.), *A Manual of the British Marine Algæ* (Londres, 1849).

52. — HARVEY (W.-H.), *Nereis Boreali-Americana;* Part I; *Melanospermeæ* (Smithsonian Institution, Washington, 1852).

63. — HARVEY (W.-H.), *Synoptic Catalogue of Australian and Tasmanian Algæ* (Phycologia australica, Vol. V, Londres, 1863).

67. — HARVEY (W.-H.) in HOOKER (J.-D.), *Handbook of the New Zealand Flora;* Part II; IX. Algæ (Londres, 1867).

78. — HAUCK (F.), *Beiträge zur Kenntniss der Adriatischen Algen.* X. *(Sphacelaria tribuloides)* (Œsterreichische Botanische Zeitschrift, Vienne, 1878).

85. — HAUCK (F.), *Die Meeresalgen Deutschlands und Œsterreichs* (Rabenhorst's Kryptogamen-Flora, Vol. II, Leipzig, 1885).

92. — HEYDRICH (F.), *Beiträge zur Kenntniss der Algenflora von Kaiser-Wilhelm-Land* (Deutsch-Neu-Guinea) (Berichte der deutschen Botanischen Gesellschaft. Vol. X, Berlin, 1892).

83. — HOLMES (E.-M.), *New British Marine Algæ* (Grevillea, n° 60, Vol. XI, Londres, 1882-83).

88. — HOLMES (E.-M.), *Remarks on* Sphacelaria radicans *Harv., and* Sphacelaria olivacea *J. Ag.* (Transactions of the Botanical Society of Edinburgh, Vol. XVII, Edimbourg, 1888).

92. — HOLMES et BATTERS, *A Revised List of the British Marine Algæ* (Annals of Botany, Vol. V, Londres, 1892).

21. — HOOKER (W.-J.), *Flora Scotica;* or a Description of scottish Plants, Vol. II (Londres, 1821).

55. — HOOKER et HARVEY, *Flora Novæ-Zelandiæ*, Part II. *Flowerless Plants* (Londres, 1855).

62. — HUDSON (G.), *Flora Anglica*, Londres, 1762. — Jusqu'à la page 480 de ces *Remarques*, c'est-à-dire dans les deux premiers fascicules, le

n° 62 renvoie à la seconde édition que j'avais seule entre les mains; puis, 62 indique la 1re édition et 78 la seconde édition publiée à Londres, 1778.

73. — JANCZEWSKI (Ed. de), *Etudes anatomiques sur les ,*Porphyra *et sur les propagules du* Sphacelaria cirrosa (Annales des Sciences naturelles, Botanique, 5e série, Vol. XVII, Paris, 1873).

03. — JÓNSSON (Helgi), *The Marine Algæ of Iceland,* II. *Phæophyceæ* (Botanisk Tidsskrift, Vol. XXV, Copenhague, 1903).

04. — JÓNSSON (Helgi), *The Marine Algæ of East Greenland* (Meddelelser om Grönland, Vol. XXX, Copenhague, 1904).

83. — KJELLMAN (F.-R.), *The Algæ of the Artic Sea* (Kongl. Svenska Vetenskaps-Akademiens Handlingar, Vol. XX, Stockholm, 1883).

91. — KJELLMAN (F.-R.), *Sphacelariaceæ* (in ENGLER et PRANTL, Die natürlichen Pflanzenfamilien, Teil I, Abth 2. Leipzig, 1891).

71. — KNY (L.), *Ueber ächte und falsche Dichotomie im Pflanzenreiche* (Botanische Zeitung, Vol. XXX, Leipzig, 1872). (Aus den Sitzungsberichten der Gesellschaft naturforschender Freunde zu Berlin, 19 déc. 1871 et 16 janv. 1872).

72. — KNY (L.), *Dichotomie bei* Cladostephus (Botanische Zeitung, Vol. XXXI, Leipzig, 1873 (Ibid., 19 nov. 1872 et 17 déc. 1872).

94. — KUCKUCK (P.), *Bemerkungen zur marinen Algenvegetation von Helgoland,* I. (Wissenschaftliche Untersuchungen, herausgegeben von der Kommission zur Untersuchung der deutschen Meere in Kiel und der Biologischen Anstalt auf Helgoland, Neue Folge, Vol. I, Kiel et Leipzig, 1893).

97. — KUCKUCK (P.), *Bemerkungen zur marinen Algenvegetation von Helgoland,* II. (Ibid., Vol. II, Kiel et Leipzig, 1897).

99. — KUCKUCK (P.), *Ueber Polymorphie bei einigen Phaeosporeen* (Festschrift für Schwendener, Berlin, 1899).

43. — KÜTZING (F.-T.), *Phycologia generalis oder Anatomie, Physiologie und Systemkunde der Tange* (Leipzig, 1843).

49. — KUTZING (F.-T.), *Species Algarum* (Leipzig, 1849).

55. — KÜTZING (F.-T.), *Tabulæ Phycologicæ*, Vol. V (Nordhausen, 1855).

56. — KUTZING (F.-T.), *Ibid.*, Vol. VI (Nordhausen, 1856).

63. — LE JOLIS (A.), *Liste des Algues marines de Cherbourg* (Paris et Cherbourg, 1863).

77. — LIGHTFOOT (John), *Flora Scotica,* or a systematic arrangement of the native plants of Scotland and the Hebrides. Vol. II (Londres, 1777).

79. — LLOYD (James), *Algues de l'Ouest de la France* (exsiccata); 24 fascicules, n°s 1 à 480 (Nantes, 1847 à 1894).

18. — LYNGBYE (H.-C.), in HORNEMANN, *Flora Danica* (Icones plantarum sponte nascentium in regno Daniæ) (Copenhague, 1818).

19. — LYNGBYE (H.-C.), *Tentamen Hydrophytologicæ Danicæ* (Copenhague, 1819).

73. — MAGNUS (P.), *Zur Morphologie der Sphacelarieen* (Abdruck aus der Festschrift zur Feier des hundertjährigen Bestehens der Gesellschaft Naturforschender Freunde zu Berlin, 18?3).

72, 1. — MAGNUS (P.), *Zu* KNY'S *Vortrag über dichotomie* (Botanische Zeitung, Vol. XXX, Leipzig, 1871) (Aus den Sitzungsberichten der Gesellschaft naturforschender Freunde zu Berlin, 16 janv. 1872).

72, 2. — MAGNUS (P.), *Bezüglich Dichotomie bei* Cladostephus. — *Regenerationserscheinungen. — Verzweigung bei Algen.* (Botanische Zeitung, Vol. XXXI, Leipzig, 1873 (Ibid., 19 nov. 1872, 17 déc. 1872, 15 avril 1873).

70. — MAZÉ et SCHRAMM, *Essai de classification des Algues de la Guadeloupe* (Basse-Terre, 1870-1877).

42. — MENEGHINI (G.), *Alghe italiane e dalmatiche* (Padoue, 1842).

66. — MERTENS (G.-V.), *Die preussische Expedition nach Ost-Asien. — Die Tange* (Berlin, 1866).

37. — MONTAGNE (C.), *Centurie de plantes cellulaires exotiques nouvelles* (Annales des Sciences naturelles, Botanique, 2e Série, Vol. VIII, Paris, 1837).

40. — MONTAGNE (C.), in WEBB et BERTHELOT, *Histoire naturelle des îles Canaries,* Vol. III, 2e partie (Paris, 1840).

42. — MONTAGNE (C.), *Prodromus generum specierumque phycearum novarum, in itinere ad polum antarcticum ab illustri Dumont d'Urville peracto collectarum... etc.* (Paris, 1842).

43. — MONTAGNE (C.), *Quatrième centurie de plantes cellulaires exotiques nouvelles,* Décade VIII (Annales des Sciences naturelles, Botanique, 3e série, Vol. XX, Paris, 1843).

45. — MONTAGNE (C.), *Voyage au Pôle sud et dans l'Océanie sur les corvettes l'Astrolabe et la Zélée, Botanique,* Vol. I (Paris, 1845), et Atlas (Paris, 1852).

46. — MONTAGNE (C.), *Exploration scientifique de l'Algérie,* in BORY DE SAINT-VINCENT et DURIEU DE MAISONNEUVE, *Cryptogamie, Algues,* Vol. I (Paris, 1846).

49. — MONTAGNE (C.), *Sixième centurie des plantes cellulaires nouvelles* (Annales des Sciences naturelles, Botanique, 3e série, Vol. XI (Paris, 1849).

50. — MONTAGNE (C.), in Claude GAY, *Historia fisica y politica de Chile,* Vol. VII, *Plantas cellulares* (Paris, 1850).

56. — MONTAGNE (C.), *Sylloge Generum Specierumque Cryptogamarum quas in variis operibus descriptas... etc.* (Paris, 1856).

04. — OLTMANNS (F.), *Morphologie und Biologie der Algen.* Vol. I, Spezieller Teil (Iéna, 1904); Vol. II, Allgemeiner Teil (Iéna, 1905).

84. — Piccone (A.), *Alghe raccolte nella crociera del « Corsaro » alle isole Madera et Canarie del Cap.* E. d'Albertis con 1 tavola colorata (Génes, 1884).

55. — Pringsheim (N.), *Ueber die Befruchtung und Keimung der Algen und das Wesen des Zeugungsactes* (Monatsberichte der Königl. Akademie der Wissenschaften, Berlin, 1855). (Les pages et les planches citées se rapportent à l'édition des *Gesammelte Abhandlungen*, Vol. I, 1895).

73. — Pringsheim (N.), *Ueber den Gang der morphologischen Differenzirung in der Sphacelarien-Reihe* (Abhandlungen der Königl. Akademie der Wissenschaften, Berlin, 1873). (Les pages et les planches citées se rapportent à l'édition des *Gesammelte Abhandlungen*, Vol. I, 1895).

93. — Reinbold (Th.), *Die Phæophyceen (Brauntange) der Kieler Föhrde* (Schriften des Naturwissenschaftlichen Vereins für Schleswig-Holstein, Vol. X, Kiel, 1893).

89-1. — Reinke (J.), *Algenflora der westlichen Ostsee deutschen Antheils* (Sechster Bericht der Kommission zur wissenschaftlichen Untersuchung der deutschen Meere, Kiel, 1889).

89-2. — Reinke (J.), *Atlas deutscher Meeresalgen* (Sechster Bericht der Kommission zur wissenschaftlichen Untersuchung der deutschen Meere, Berlin, 1889-1892).

90. — Reinke (J.), *Uebersicht der bisher bekannten Sphacelariaceen* (Berichte der deutschen botanischen Gesellschaft, Vol. VIII, Berlin, 1890).

91-1. — Reinke (J.), *Die braunen und rothen Algen von Helgoland* (Berichte der deutschen botanischen Gesellschaft, Vol. IX, Berlin, 1891).

91-2. — Reinke (J.), *Beiträge zur vergleichende Anatomie und Morphologie der Sphacelariaceen* (Bibliotheca botanica, Vol. XXIII, Cassel, 1891).

94. — Rosenvinge (K.), *Les Algues marines du Groënland* (Annales des Sciences naturelles, 7e Série, Vol. XIX, Paris, 1894).

98. — Rosenvinge (K.), *Deuxième Mémoire sur les Algues marines du Groënland* (Meddelelser om Grönland, Vol. XX, Copenhague, 1898).

97. — Roth (A.-G.), *Catalecta botanica*, quibus Plantæ novæ et minus cognitæ describuntur atque illustrantur (fasc. I, Leipzig, 1797, II, 1800, et III, 1806).

98. — Saunders (de Alton), *Phycological Memoirs* (Proceedings of the California Academy of Sciences, 3e série, Vol. I, San Francisco, 1898).

96. — Sauvageau (C.), *Remarques sur la reproduction des Phéosporées et en particulier des* Ectocarpus (Annales des Sciences naturelles, Botanique, 8e Série, Paris, 1896).

97. — Sauvageau (C.), *Note préliminaire sur les Algues marines du Golfe de Gascogne* (Journal de Botanique, Vol. XI, Paris, 1897).

98-1. — SAUVAGEAU (C.), *Sur quelques Myrionémacées* (Annales des Sciences naturelles, Botanique, 8e Série, Vol. V, Paris, 1898).

98-2. — SAUVAGEAU (C.), *Sur la sexualité et les affinités des Sphacélariacées* (Comptes-rendus de l'Académie des Sciences, Vol. CXXVI, Paris, 1898).

99-1. — SAUVAGEAU (C.), *Sur les Algues qui croissent sur les Araignées de mer, dans le Golfe de Gascogne* (Comptes-rendus de l'Académie des Sciences, Vol. CXXVIII, Paris, 1899).

99-2. — SAUVAGEAU (C.), *Les* Acinetospora *et la sexualité des Tiloptéridacées* (Journal de Botanique, Vol. XIII, Paris, 1899).

99-3. — SAUVAGEAU (C.), *Les Cutlériacées et leur alternance de générations* (Annales des Sciences naturelles, Botanique, 8e Série, Vol. X, Paris, 1899).

00. — SAUVAGEAU (C.), *Influence d'un parasite sur la plante hospitalière* (Comptes-rendus de l'Académie des Sciences, Vol. CXXX, Paris, 1900).

02. — SAUVAGEAU (C.), *Sur les* Sphacelaria *d'Australasie* (Notes from the Botanical School of Trinity College n° 5, Dublin, 1902).

03. — SAUVAGEAU (C.), *Sur les variations du* Sphacelaria cirrosa *et sur les espèces de son groupe* (Mémoires de la Société des Sciences physiques et naturelles de Bordeaux, 6e Série, Vol. III, Bordeaux, 1903).

06-1. — SAUVAGEAU (C.), *Sur les pousses indéfinies dressées du* Cladostephus verticillatus (Actes de la Société linnéenne de Bordeaux, 6e Série, Vol. LXI, Bordeaux, 1906).

06-2. — SAUVAGEAU (C.), *Recherche de la paternité du* Cladostephus verticillatus (Bulletin de la Station biologique d'Arcachon, 9e année, Bordeaux, 1906).

07-1. — SAUVAGEAU (C.), *Sur la sexualité de l'*Halopteris (Stypocaulon) scoparia (Comptes-Rendus de la Société de Biologie, Vol. LXII, Paris, 1907).

07-2. — SAUVAGEAU (C.), *Sur la germination et les affinités des* Cladostephus (*Ibid.*, Vol. LXII, Paris, 1907).

08-1. — SAUVAGEAU (C.), *Nouvelles observations sur la germination du* Cladostephus verticillatus (*Ibid.*, Vol. LXIV, Paris, 1908).

08-2. — SAUVAGEAU (C.), *Sur les cultures cellulaires d'Algues* (*Ibid.*, Vol. LXIV, Paris, 1908).

08-3. — SAUVAGEAU (C.), *Sur le développement de l'*Halopteris (Stypocaulon) scoparia (*Ibid.*, Vol. LXV, Paris, 1908).

09. — SAUVAGEAU (C.), *Sur le développement échelonné de l'*Halopteris (Stypocaulon *Kütz.*) scoparia *Sauv. et Remarques sur le* Sphacelaria radicans *Harv.* (Journal de Botanique, Sér. II, Vol. II, Paris, 1909).

94. — SCHMIDEL (C.-C.), *Descriptio itineris per Helvetiam Galliam et Germaniæ* partem anno 1763 et 1774 instituti (Erlangen, 1794). Ouvrage posthume.

07. — SKOTTSBERG (Carl), *Zur Kenntniss der subantarktischen und antarktischen Meeresalgen. — I. Phæophyceen* (Wissenschaftiche Ergebnisse schwedischen Südpolar — Expédition 1901-1903, Vol. IV, Stockholm 1907).

10. — SMITH (J.-E.) et SOWERBY (J.), *English Botany,* or Coloured Figures of British Plants, 36 vol. (Londres, 1790-1814) et 5 vol. de suppléments (Londres, 1831-1863). Les Sphacélariacées décrites et figurées dans cet ouvrage sous le nom de *Conferva,* sont : *C. scoparia,* pl. 1552, Vol. XXII, 1806. — *C. verticillata (Clad. verticillatus),* pl. 1718, Vol. XXIV, 1807. — *C. radicans,* pl. 2138, Vol. XXX, 1810. — *C. olivacea,* pl. 2172, vol. XXXI, 1810. — *C. pennata (Sph. cirrosa* et *Sph. plumigera),* pl. 2330, Vol. XXXIII, 1812. — *C. spongiosa (Clad. verticillatus* et *spongiosus),* pl. 2427, vol. XXXIV, 1812).

45. — SONDER (G.), *Nova Algarum genera et species, quas in itinere ad oras occidentalis Novæ Hollandiæ, collegit* L. PREISS. (Botanische Zeitung, Vol. III, Berlin, 1845).

52. — SONDER (G.), *Plantæ Mullerianæ. — Algæ* (Linnæa, Vol. XXV, Halle, 1852).

53. — SONDER (G.), *Algæ annis 1852 et 1853 collectæ* (Linnæa, Vol. XXVI, Halle, 1853).

34. — SUHR (J.-N. von), *Uebersicht der Algen, welche von Hrn. Ecklon an der südafrikanischen Küste gefunden worden sind* (Flora oder allgemeine botanische Zeitung, Vol. XVII, Ratisbonne, 1834).

36. — SUHR (J.-N. von), *Beiträge zur Algenkunde* (Flora oder allgemeine botanische Zeitung, Vol. XIX, Ratisbonne, 1836).

40. — SUHR (J.-N. von), *Beiträge zur Algenkunde* (Flora oder allgemeine botanische Zeitung, Vol. XXIII, Ratisbonne. 1840).

88. — TRAILL (G.-W.), *On the Fructification of* Sphacelaria radicans *Harvey, and* Sphacelaria olivacea *J. Ag.* (Transactions of the Botanical Society of Edinburgh, Vol. XVII, Edimbourg, 1888).

96. — VICKERS (Mlle A.), *Contribution à la Flore algologique des Canaries* (Annales des Sciences naturelles, Botanique, 8ᵉ Série, Vol. IV, Paris, 1896).

91. — VINASSA (P.-E.), *I propagoli delle Sfacelarie* (Atti della Societa Toscana di Scienze naturali, Vol. VII, Pise, 1891).

00. — WILDEMAN (E. de), *Les Algues de la Flore de Buitenzorg. — Essai d'une Flore algologique de Java* (Leyde, 1900).

84. — WITTROCK (V.-B.), *Ueber* Sphacelaria cirrosa *(Roth) Ag.* β aegagropila *Ag.* (Botanisches Centralblatt, Vol. XVIII, Cassel, 1884).

60. — ZANARDINI (G.), *Iconographia phycologica adriatica* (Vol. I, pl. 1 à 40, Venise, 1860; Vol. II, pl. 41 à 80, Venise, 1865; Vol. III, pl. 81 à 111, Venise, 1871).